中国科学院中国孢子植物志编辑委员会 编辑

中 国 真 菌 志

第七十四卷

拟层孔菌科及相关类群

崔宝凯 主编

国家自然科学基金应急管理项目

科学出版社
北京

内 容 简 介

拟层孔菌科及相关类群是大型真菌的重要类群，该类真菌均能降解木材的纤维素和半纤维素，引起木材褐色腐朽，在森林生态系统中具有重要的生态功能，部分种类是重要的食药用真菌，具有一定的经济价值，还有一些种类能够引起林木腐朽病害，为害林木。本书包括绪论和专论两部分。绪论阐述了拟层孔菌科及相关类群的分类地位、生物学特性、国内外研究历史与现状，并简要介绍了它们的生态习性。专论论述了我国拟层孔菌科及相关类群12科51属166种，对每个种进行了详细的论述，包括宏观形态、显微结构、生境、分布、研究标本，以及一些必要的讨论，同时提供了每一个种的显微结构图。书中提供了我国拟层孔菌科及相关类群中各个科的分属及分种检索表，书末附有相关的参考文献、真菌汉名索引和真菌学名索引。

本书可供微生物学、菌物学、植物病理学、森林保护学、真菌资源开发等领域的工作者，大专院校相关专业的师生，以及真菌爱好者参考。

图书在版编目(CIP)数据

中国真菌志. 第七十四卷, 拟层孔菌科及相关类群 / 崔宝凯主编.
北京：科学出版社，2024.6. — ISBN 978-7-03-078758-3
Ⅰ. Q949.32；Q949.329
中国国家版本馆 CIP 数据核字第 2024T1D920 号

责任编辑：刘新新／责任校对：杨　赛
责任印制：肖　兴／封面设计：刘新新

科学出版社 出版
北京东黄城根北街 16 号
邮政编码：100717
http://www.sciencep.com
北京建宏印刷有限公司印刷
科学出版社发行　各地新华书店经销

*

2024 年 6 月第 　一　 版　　开本：787×1092　1/16
2024 年 6 月第一次印刷　　印张：24　彩插：1
字数：550 000
定价：398.00 元
（如有印装质量问题，我社负责调换）

CONSILIO FLORARUM CRYPTOGAMARUM SINICARUM
ACADEMIAE SINICAE EDITA

FLORA FUNGORUM SINICORUM

VOL. 74

FOMITOPSIDACEAE ET TAXA COGNATA

REDACTOR PRINCIPALIS

Cui Baokai

An Emergency Management Project of the National Natural Science Foundation of China

Science Press

Beijing

拟层孔菌科及相关类群

本 卷 著 者

崔宝凯　刘　顺　陈圆圆　申露露　韩美玲　宋　杰　孙一翡

（北京林业大学）

FOMITOPSIDACEAE ET TAXA COGNATA

AUCTORES

Cui Baokai, Liu Shun, Chen Yuanyuan, Shen Lulu, Han Meiling, Song Jie, Sun Yifei

(*Beijing Forestry University*)

中国孢子植物志第五届编委名单

(2007年5月)(2017年5月调整)

主　　　编　魏江春

副 主 编　庄文颖　夏邦美　吴鹏程　胡征宇

编　　　委　(以姓氏笔画为序)

丁兰平　王幼芳　王全喜　王旭雷　吕国忠
庄剑云　刘小勇　刘国祥　李仁辉　李增智
杨祝良　张天宇　陈健斌　胡鸿钧　姚一建
贾　渝　高亚辉　郭　林　谢树莲　蔡　磊
戴玉成　魏印心

序

  中国孢子植物志是非维管束孢子植物志，分《中国海藻志》、《中国淡水藻志》、《中国真菌志》、《中国地衣志》及《中国苔藓志》五部分。中国孢子植物志是在系统生物学原理与方法的指导下对中国孢子植物进行考察、收集和分类的研究成果；是生物物种多样性研究的主要内容；是物种保护的重要依据，与人类活动及环境甚至全球变化都有不可分割的联系。

  中国孢子植物志是我国孢子植物物种数量、形态特征、生理生化性状、地理分布及其与人类关系等方面的综合信息库；是我国生物资源开发利用、科学研究与教学的重要参考文献。

  我国气候条件复杂，山河纵横，湖泊星布，海域辽阔，陆生和水生孢子植物资源极其丰富。中国孢子植物分类工作的发展和中国孢子植物志的陆续出版，必将为我国开发利用孢子植物资源和促进学科发展发挥积极作用。

  随着科学技术的进步，我国孢子植物分类工作在广度和深度方面将有更大的发展，这部著作也将不断被补充、修订和提高。

中国科学院中国孢子植物志编辑委员会
1984 年 10 月·北京

中国孢子植物志总序

　　中国孢子植物志是由《中国海藻志》、《中国淡水藻志》、《中国真菌志》、《中国地衣志》及《中国苔藓志》所组成。至于维管束孢子植物蕨类未被包括在中国孢子植物志之内，是因为它早先已被纳入《中国植物志》计划之内。为了将上述未被纳入《中国植物志》计划之内的藻类、真菌、地衣及苔藓植物纳入中国生物志计划之内，出席1972年中国科学院计划工作会议的孢子植物学工作者提出筹建"中国孢子植物志编辑委员会"的倡议。该倡议经中国科学院领导批准后，"中国孢子植物志编辑委员会"的筹建工作随之启动，并于1973年在广州召开的《中国植物志》、《中国动物志》和中国孢子植物志工作会议上正式成立。自那时起，中国孢子植物志一直在"中国孢子植物志编辑委员会"统一主持下编辑出版。

　　孢子植物在系统演化上虽然并非单一的自然类群，但是，这并不妨碍在全国统一组织和协调下进行孢子植物志的编写和出版。

　　随着科学技术的飞速发展，在人们对真菌知识的了解日益深入的今天，黏菌与卵菌已从真菌界中分出，分别归隶于原生动物界和管毛生物界。但是，长期以来，由于它们一直被当作真菌由国内外真菌学家进行研究，而且，在"中国孢子植物志编辑委员会"成立时已将黏菌与卵菌纳入中国孢子植物志之一的《中国真菌志》计划之内，因此，沿用包括黏菌与卵菌在内的《中国真菌志》广义名称是必要的。

　　自"中国孢子植物志编辑委员会"于1973年成立以后，作为"三志"的组成部分，中国孢子植物志的编研工作由中国科学院资助；自1982年起，国家自然科学基金委员会参与部分资助；自1993年以来，作为国家自然科学基金委员会重大项目，在国家基金委资助下，中国科学院及科技部参与部分资助，中国孢子植物志的编辑出版工作不断取得重要进展。

　　中国孢子植物志是记述我国孢子植物物种的形态、解剖、生态、地理分布及其与人类关系等方面的大型系列著作，是我国孢子植物物种多样性的重要研究成果，是我国孢子植物资源的综合信息库，是我国生物资源开发利用、科学研究与教学的重要参考文献。

　　我国气候条件复杂，山河纵横，湖泊星布，海域辽阔，陆生与水生孢子植物物种多样性极其丰富。中国孢子植物志的陆续出版，必将为我国孢子植物资源的开发利用，为我国孢子植物科学的发展发挥积极作用。

中国科学院中国孢子植物志编辑委员会
主编　曾呈奎
2000年3月　北京

Foreword of the Cryptogamic Flora of China

Cryptogamic Flora of China is composed of *Flora Algarum Marinarum Sinicarum, Flora Algarum Sinicarum Aquae Dulcis, Flora Fungorum Sinicorum, Flora Lichenum Sinicorum,* and *Flora Bryophytorum Sinicorum*, edited and published under the direction of the Editorial Committee of the Cryptogamic Flora of China, Chinese Academy of Sciences (CAS). It also serves as a comprehensive information bank of Chinese cryptogamic resources.

Cryptogams are not a single natural group from a phylogenetic point of view which, however, does not present an obstacle to the editing and publication of the Cryptogamic Flora of China by a coordinated, nationwide organization. The Cryptogamic Flora of China is restricted to non-vascular cryptogams including the bryophytes, algae, fungi, and lichens. The ferns, a group of vascular cryptogams, were earlier included in the plan of *Flora of China*, and are not taken into consideration here. In order to bring the above groups into the plan of Fauna and Flora of China, some leading scientists on cryptogams, who were attending a working meeting of CAS in Beijing in July 1972, proposed to establish the Editorial Committee of the Cryptogamic Flora of China. The proposal was approved later by the CAS. The committee was formally established in the working conference of Fauna and Flora of China, including cryptogams, held by CAS in Guangzhou in March 1973.

Although myxomycetes and oomycetes do not belong to the Kingdom of Fungi in modern treatments, they have long been studied by mycologists. *Flora Fungorum Sinicorum* volumes including myxomycetes and oomycetes have been published, retaining for *Flora Fungorum Sinicorum* the traditional meaning of the term fungi.

Since the establishment of the editorial committee in 1973, compilation of Cryptogamic Flora of China and related studies have been supported financially by the CAS. The National Natural Science Foundation of China has taken an important part of the financial support since 1982. Under the direction of the committee, progress has been made in compilation and study of Cryptogamic Flora of China by organizing and coordinating the main research institutions and universities all over the country. Since 1993, study and compilation of the Chinese fauna, flora, and cryptogamic flora have become one of the key state projects of the National Natural Science Foundation with the combined support of the CAS and the National Science and Technology Ministry.

Cryptogamic Flora of China derives its results from the investigations, collections, and classification of Chinese cryptogams by using theories and methods of systematic and evolutionary biology as its guide. It is the summary of study on species diversity of cryptogams and provides important data for species protection. It is closely connected with human activities, environmental changes and even global changes. Cryptogamic Flora of

China is a comprehensive information bank concerning morphology, anatomy, physiology, biochemistry, ecology, and phytogeographical distribution. It includes a series of special monographs for using the biological resources in China, for scientific research, and for teaching.

China has complicated weather conditions, with a crisscross network of mountains and rivers, lakes of all sizes, and an extensive sea area. China is rich in terrestrial and aquatic cryptogamic resources. The development of taxonomic studies of cryptogams and the publication of Cryptogamic Flora of China in concert will play an active role in exploration and utilization of the cryptogamic resources of China and in promoting the development of cryptogamic studies in China.

C.K. Tseng
Editor-in-Chief
The Editorial Committee of the Cryptogamic Flora of China
Chinese Academy of Sciences
March, 2000 in Beijing

《中国真菌志》序

　　《中国真菌志》是在系统生物学原理和方法指导下，对中国真菌，即真菌界的子囊菌、担子菌、壶菌及接合菌四个门以及不属于真菌界的卵菌等三个门和黏菌及其类似的菌类生物进行搜集、考察和研究的成果。本志所谓"真菌"系广义概念，涵盖上述三大菌类生物（地衣型真菌除外），即当今所称"菌物"。

　　中国先民认识并利用真菌作为生活、生产资料，历史悠久，经验丰富，诸如酒、醋、酱、红曲、豆豉、豆腐乳、豆瓣酱等的酿制，蘑菇、木耳、茭白作食用，茯苓、虫草、灵芝等作药用，在制革、纺织、造纸工业中应用真菌进行发酵，以及利用具有抗癌作用和促进碳素循环的真菌，充分显示其经济价值和生态效益。此外，真菌又是多种植物和人畜病害的病原菌，危害甚大。因此，对真菌物种的形态特征、多样性、生理生化、亲缘关系、区系组成、地理分布、生态环境以及经济价值等进行研究和描述，非常必要。这是一项重要的基础科学研究，也是利用益菌、控制害菌、化害为利、变废为宝的应用科学的源泉和先导。

　　中国是具有悠久历史的文明古国，古代科学技术一直处于世界前沿，真菌学也不例外。酒是真菌的代谢产物，中国酒文化博大精深、源远流长，有几千年历史。约在公元300年的晋代，江统在其《酒诰》诗中说："酒之所兴，肇自上皇。或云仪狄，一曰杜康。有饭不尽，委余空桑。郁积成味，久蓄气芳。本出于此，不由奇方。"作者精辟地总结了我国酿酒历史和自然发酵方法，比意大利学者雷蒂（Radi，1860）提出微生物自然发酵法的学说约早1500年。在仰韶文化时期（5000~3000 B.C.），我国先民已懂得采食蘑菇。中国历代古籍中均有食用菇蕈的记载，如宋代陈仁玉在其《菌谱》（1245）中记述浙江台州产鹅膏菌、松蕈等11种，并对其形态、生态、品级和食用方法等作了论述和分类，是中国第一部地方性食用蕈菌志。先民用真菌作药材也是一大创造，中国最早的药典《神农本草经》（成书于102~200 A.D.）所载365种药物中，有茯苓、雷丸、桑耳等10余种药用真菌的形态、色泽、性味和疗效的叙述。明代李时珍在《本草纲目》（1578）中，记载"三菌"、"五蕈"、"六芝"、"七耳"以及羊肚菜、桑黄、鸡㙡、雪蚕等30多种药用真菌。李时珍将菌、蕈、芝、耳集为一类论述，在当时尚无显微镜帮助的情况下，其认识颇为精深。该籍的真菌学知识，足可代表中国古代真菌学水平，堪与同时代欧洲人（如C. Clusius，1529~1609）的水平比拟而无逊色。

　　15世纪以后，居世界领先地位的中国科学技术逐渐落后。从18世纪中叶到20世纪40年代，外国传教士、旅行家、科学工作者、外交官、军官、教师以及负有特殊任务者，纷纷来华考察，搜集资料，采集标本，研究鉴定，发表论文或专辑。如法国传教士西博特（P.M. Cibot）1759年首先来到中国，一住就是25年，写过不少关于中国植物（含真菌）的文章，1775年他发表的五棱散尾菌（*Lysurus mokusin*），是用现代科学方法研究发表的第一个中国真菌。继而，俄国的波塔宁（G.N. Potanin，1876）、意大利的吉拉迪（P. Giraldii，1890）、奥地利的汉德尔-马泽蒂（H. Handel-Mazzetti，1913）、美国的梅里尔（E.D. Merrill，1916）、瑞典的史密斯（H. Smith，1921）等共27人次来我国采集标本。研究发表中国真菌论著114篇册，作者多达60余人次，报道中国真菌2040种，其中含

10新属、361新种。东邻日本自1894年以来，特别是1937年以后，大批人员涌到中国，调查真菌资源及植物病害，采集标本，鉴定发表。据初步统计，发表论著172篇册，作者67人次以上，共报道中国真菌约6000种（有重复），其中含17新属、1130新种。其代表人物在华北有三宅市郎（1908），东北有三浦道哉（1918），台湾有泽田兼吉（1912）；此外，还有斋藤贤道、伊藤诚哉、平冢直秀、山本和太郎、逸见武雄等数十人。

国人用现代科学方法研究中国真菌始于20世纪初，最初工作多侧重于植物病害和工业发酵，纯真菌学研究较少。在一二十年代便有不少研究报告和学术论文发表在中外各种刊物上，如胡先骕1915年的"菌类鉴别法"，章祖纯1916年的"北京附近发生最盛之植物病害调查表"以及钱穟孙（1918）、邹钟琳（1919）、戴芳澜（1920）、李寅恭（1921）、朱凤美（1924）、孙豫寿（1925）、俞大绂（1926）、魏喦寿（1928）等的论文。三四十年代有陈鸿康、邓叔群、魏景超、凌立、周宗璜、欧世璜、方心芳、王云章、裘维蕃等发表的论文，为数甚多。他们中有的人终生或大半生都从事中国真菌学的科教工作，如戴芳澜（1893～1973）著"江苏真菌名录"（1927）、"中国真菌杂录"（1932～1939）、《中国已知真菌名录》（1936，1937）、《中国真菌总汇》（1979）和《真菌的形态和分类》（1987）等，他发表的"三角枫上白粉病菌之一新种"（1930），是国人用现代科学方法研究、发表的第一个中国真菌新种。邓叔群（1902～1970）著"南京真菌之记载"（1932～1933）、"中国真菌续志"（1936～1938）、《中国高等真菌》（1939）和《中国的真菌》（1963）等，堪称《中国真菌志》的先导。上述学者以及其他许多真菌学工作者，为《中国真菌志》研编的起步奠定了基础。

在20世纪后半叶，特别是改革开放以来的20多年，中国真菌学有了迅猛的发展，如各类真菌学课程的开设，各级学位研究生的招收和培养，专业机构和学会的建立，专业刊物的创办和出版，地区真菌志的问世等，使真菌学人才辈出，为《中国真菌志》的研编输送了新鲜血液。1973年中国科学院广州"三志"会议决定，《中国真菌志》的研编正式启动，1987年由郑儒永、余永年等编撰的《中国真菌志》第1卷《白粉菌目》出版，至2000年《中国真菌志》已出版14卷。《中国真菌志》自第2卷开始实行主编负责制，2.《银耳目和花耳目》（刘波，1992）；3.《多孔菌科》（赵继鼎，1998）；4.《小煤炱目Ⅰ》（胡炎兴，1996）；5.《曲霉属及其相关有性型》（齐祖同，1997）；6.《霜霉目》（余永年，1998）；7.《层腹菌目 黑腹菌目 高腹菌目》（刘波，1998）；8.《核盘菌科 地舌菌科》（庄文颖，1998）；9.《假尾孢属》（刘锡琎、郭英兰，1998）；10.《锈菌目（一）》（王云章、庄剑云，1998）；11.《小煤炱目Ⅱ》（胡炎兴，1999）；12.《黑粉菌科》（郭林，2000）；13.《虫霉目》（李增智，2000）；14.《灵芝科》（赵继鼎、张小青，2000）。盛世出巨著，在国家"科教兴国"英明政策的指引下，《中国真菌志》的研编和出版，定将为中华灿烂文化做出新贡献。

余永年
庄文颖 谨识
中国科学院微生物研究所
中国·北京·中关村
2002年9月15日

Foreword of Flora Fungorum Sinicorum

Flora Fungorum Sinicorum summarizes the achievements of Chinese mycologists based on principles and methods of systematic biology in intensive studies on the organisms studied by mycologists, which include non-lichenized fungi of the Kingdom Fungi, some organisms of the Chromista, such as oomycetes etc., and some of the Protozoa, such as slime molds. In this series of volumes, results from extensive collections, field investigations, and taxonomic treatments reveal the fungal diversity of China.

Our Chinese ancestors were very experienced in the application of fungi in their daily life and production. Fungi have long been used in China as food, such as edible mushrooms, including jelly fungi, and the hypertrophic stems of water bamboo infected with *Ustilago esculenta*; as medicines, like *Cordyceps sinensis* (caterpillar fungus), *Poria cocos* (China root), and *Ganoderma* spp. (lingzhi); and in the fermentation industry, for example, manufacturing liquors, vinegar, soy-sauce, *Monascus*, fermented soya beans, fermented bean curd, and thick broad-bean sauce. Fungal fermentation is also applied in the tannery, paperma-king, and textile industries. The anti-cancer compounds produced by fungi and functions of saprophytic fungi in accelerating the carbon-cycle in nature are of economic value and ecological benefits to human beings. On the other hand, fungal pathogens of plants, animals and human cause a huge amount of damage each year. In order to utilize the beneficial fungi and to control the harmful ones, to turn the harmfulness into advantage, and to convert wastes into valuables, it is necessary to understand the morphology, diversity, physiology, biochemistry, relationship, geographical distribution, ecological environment, and economic value of different groups of fungi.

China is a country with an ancient civilization of long standing. In ancient times, her science and technology as well as knowledge of fungi stood in the leading position of the world. Wine is a metabolite of fungi. The Wine Culture history in China goes back to thousands of years ago, which has a distant source and a long stream of extensive knowledge and profound scholarship. In the Jin Dynasty (*ca.* 300 A.D.), JIANG Tong, the famous writer, gave a vivid account of the Chinese fermentation history and methods of wine processing in one of his poems entitled *Drinking Games* (Jiu Gao), 1500 years earlier than the theory of microbial fermentation in natural conditions raised by the Italian scholar, Radi (1860). During the period of the Yangshao Culture (5000—3000 B.C.), our Chinese ancestors knew how to eat mushrooms. There were a great number of records of edible mushrooms in Chinese ancient books. For example, back to the Song Dynasty, CHEN Ren-Yu (1245) published the *Mushroom Menu* (Jun Pu) in which he listed 11 species of edible fungi including *Amanita* sp. and *Tricholoma matsutake* from Taizhou, Zhejiang Province, and described in detail their morphology, habitats, taxonomy, taste, and way of cooking. This was the first local flora of the Chinese edible mushrooms. Fungi used as medicines originated in ancient China. The earliest Chinese pharmacopocia, *Shen-Nong Materia Medica* (Shen Nong Ben Cao Jing), was published in 102—200 A.D. Among the 365 medicines recorded, more than 10 fungi, such as *Poria cocos* and *Polyporus mylittae*, were included. Their fruitbody shape, color, taste, and medical functions were provided. The great pharmacist of Ming Dynasty, LI Shi-Zhen published his eminent work *Compendium Materia Medica* (Ben Cao Gang Mu) (1578) in which more than thirty fungal species were accepted as medicines, including *Aecidium mori*, *Cordyceps sinensis*, *Morchella* spp., *Termitomyces* sp., etc. Before the invention of microscope, he managed to bring fungi of different classes together, which demonstrated his intelligence and profound knowledge of biology.

After the 15th century, development of science and technology in China slowed down. From middle of the 18th century to the 1940's, foreign missionarics, tourists, scientists, diplomats, officers, and other professional workers visited China. They collected specimens of plants and fungi, carried out taxonomic studies, and published papers, exsi ccatae, and monographs based on Chinese materials. The French missionary, P.M. Cibot, came to China in 1759 and stayed for 25 years to investigate plants including fungi in different regions of China. Many papers were written by him. *Lysurus mokusin*, identified with modern techniques and published in 1775, was probably the first Chinese fungal record by these visitors. Subsequently, around 27 man-times of foreigners attended field excursions in China, such as G.N. Potanin from Russia in 1876, P. Giraldii from Italy in 1890, H. Handel-Mazzetti from Austria in 1913, E.D. Merrill from the United States in 1916, and H. Smith from Sweden in 1921. Based on examinations of the Chinese collections obtained, 2040 species including 10 new genera and 361 new species were reported or described in 114 papers and books. Since 1894, especially after 1937, many Japanese entered China. They investigated the fungal resources and plant diseases, collected specimens, and published their identification results. According to incomplete information, some 6000 fungal names (with synonyms) including 17 new genera and 1130 new species appeared in 172 publications. The main workers were I. Miyake (1908) in the Northern China, M. Miura (1918) in the Northeast, K. Sawada (1912) in Taiwan, as well as K. Saito, S. Ito, N. Hiratsuka, W. Yamamoto, T. Hemmi, etc.

Research by Chinese mycologists started at the turn of the 20th century when plant diseases and fungal fermentation were emphasized with very little systematic work. Scientific papers or experimental reports were published in domestic and international journals during the 1910's to 1920's. The best-known are "Identification of the fungi" by H.H. Hu in 1915, "Plant disease report from Peking and the adjacent regions" by C.S. Chang in 1916, and papers by S.S. Chian (1918), C.L. Chou (1919), F.L. Tai (1920), Y.G. Li (1921), V.M. Chu (1924), Y.S. Sun (1925), T.F. Yu (1926), and N.S. Wei (1928). Mycologists who were active at the 1930's to 1940's are H.K. Chen, S.C. Teng, C.T. Wei, L. Ling, C.H. Chow, S.H. Ou, S.F. Fang, Y.C. Wang, W.F. Chiu, and others. Some of them dedicated their lifetime to research and teaching in mycology. Prof. F.L. Tai (1893—1973) is one of them, whose representative works were "List of fungi from Jiangsu"(1927), "Notes on Chinese fungi"(1932—1939), *A List of Fungi Hitherto Known from China* (1936, 1937), *Sylloge Fungorum Sinicorum* (1979), *Morphology and Taxonomy of the Fungi* (1987), etc. His paper entitled "A new species of *Uncinula* on *Acer trifidum* Hook. & Arn." (1930) was the first new species described by a Chinese mycologist. Prof. S.C. Teng (1902—1970) is also an eminent teacher. He published "Notes on fungi from Nanking" in 1932—1933, "Notes on Chinese fungi" in 1936—1938, *A Contribution to Our Knowledge of the Higher Fungi of China* in 1939, and *Fungi of China* in 1963. Work done by the above-mentioned scholars lays a foundation for our current project on *Flora Fungorum Sinicorum*.

Significant progress has been made in development of Chinese mycology since 1978. Many mycological institutions were founded in different areas of the country. The Mycological Society of China was established, the journals *Acta Mycological Sinica* and *Mycosystema* were published as well as local floras of the economically important fungi. A young generation in field of mycology grew up through postgraduate training programs in the graduate schools. In 1973, an important meeting organized by the Chinese Academy of Sciences was held in Guangzhou (Canton) and a decision was made, uniting the related scientists from all over China to initiate the long term project "Fauna, Flora, and Cryptogamic Flora of China". Work on *Flora Fungorum Sinicorum* thus started. The first volume of Chinese Mycoflora on the Erysiphales (edited by R.Y. Zheng & Y.N. Yu, 1987) appeared. Up to now, 14 volumes have been published: Tremellales and Dacrymycetales edited by B. Liu (1992), Polyporaceae by J.D. Zhao (1998), Meliolales Part I (Y.X. Hu, 1996), *Aspergillus* and its related teleomorphs (Z.T. Qi, 1997), Peronosporales (Y.N. Yu, 1998), Hymenogastrales, Melanogastrales and Gautieriales (B. Liu, 1998), Sclerotiniaceae and Geoglossaceae (W.Y. Zhuang, 1998), *Pseudocercospora* (X.J. Liu & Y.L. Guo, 1998), Uredinales Part I (Y.C. Wang & J.Y. Zhuang, 1998), Meliolales Part II (Y.X. Hu, 1999), Ustilaginaceae (L. Guo, 2000), Entomophthorales (Z.Z. Li, 2000), and Ganodermataceae (J.D. Zhao & X.Q. Zhang, 2000). We eagerly await the coming volumes and expect the completion of Flora *Fungorum Sinicorum* which will reflect the flourishing of Chinese culture.

Y.N. Yu and W.Y. Zhuang
Institute of Microbiology, CAS, Beijing
September 15, 2002

致　谢

在标本采集、鉴定，以及本卷志书的编研、撰写过程中，得到了国内外很多专家、同行、同事等的大力支持和帮助，主要有北京林业大学戴玉成教授、何双辉教授、司静副教授、吴芳教授、员瑗副教授等，以及实验室的已毕业和在读研究生：周均亮、邢佳慧、冀星、韩玉立、朱琳、王敏、刘雪莹、许太敏、宋长阁、王妍等，中国科学院微生物研究所庄文颖院士、蔡磊研究员、赵瑞琳研究员、周丽伟研究员、郑焕娣高级工程师、曾昭清高级工程师、王新存高级工程师、刘世良副研究员等，中国科学院沈阳应用生态研究所袁海生研究员、魏玉莲副研究员、秦问敏工程师等，中国科学院昆明植物研究所杨祝良研究员、王向华副研究员、李艳春研究员、赵琪正高级工程师、吴刚研究员等，广东省科学院微生物研究所李泰辉研究员、宋斌研究员、邓旺秋研究员、黄浩工程师、张明副研究员、王超群副研究员等，吉林农业大学李玉院士、图力古尔教授、刘淑艳教授、张波副教授等，山东农业大学张修国教授，四川省食用菌研究所何晓兰研究员、王迪助理研究员等，中国热带农业科学院热带生物技术研究所马海霞研究员，福建农林大学邱君志教授，湖南师范大学陈作红教授、张平教授，西南科技大学贺新生教授，云南农业大学刘鸿高教授，云南大学余泽芬教授等，云南省农业科学院王元忠副研究员，新疆农垦科学院武冬梅研究员、高能助理研究员，台湾自然科学博物馆吴声华研究员，捷克 J. Vlasák 博士，法国 B. Rivoire 博士，巴西 T.B. Gibertoni 博士，阿根廷 M. Rajchenberg 博士，美国李德伟研究员、王征博士等学者。

在本卷志书编研过程中，国内外一些标本馆为我们提供了借阅标本的服务，主要包括：中国科学院微生物研究所菌物标本馆（HMAS）、广东省科学院微生物研究所真菌标本馆（GDGM）、中国科学院昆明植物研究所隐花植物标本馆（HKAS）、台湾自然科学博物馆（TNM）、中国科学院沈阳应用生态研究所东北生物标本馆（IFP）、吉林农业大学菌物标本馆（HMJAU）、日本国家科学博物馆植物标本馆（TNS）、美国哈佛大学标本馆（FH）、英国皇家植物标本馆（K）、芬兰赫尔辛基大学植物标本馆（H）、挪威奥斯陆大学植物博物馆（O）、捷克国家自然博物馆（PRM）、法国里昂大学真菌标本馆（LY）、阿根廷森林调查和研究中心标本室（CIEFAP）和新西兰国土保护研究所标本室（PDD）等。

中国科学院微生物研究所的庄文颖院士对本卷志书的编研提出了很多宝贵的意见和建议。首都师范大学范黎教授和吉林农业大学图力古尔教授对本卷志书进行仔细审稿并提出宝贵意见和建议。

本卷志书得到了国家自然科学基金委员会国家自然科学基金应急管理项目（31750001）的资金资助和项目主持单位中国科学院微生物研究所的大力支持！在本卷

志书的编研过程中，北京林业大学中央高校优秀青年团队项目（QNTD202307）也提供了一定的资助。

　　作者对所有给予我们帮助的单位和个人表示诚挚的谢意！

目 录

序
中国孢子植物志总序
《中国真菌志》序
致谢

绪论 ··· 1
  一、拟层孔菌科及相关类群的分类学 ··· 1
  二、拟层孔菌科及相关类群的中国研究简史 ·· 5
  三、拟层孔菌科及相关类群的形态特征 ·· 7
  四、拟层孔菌科及相关类群的功能、价值与危害 ····································· 11
  五、拟层孔菌科及相关类群的生态与分布 ··· 12
  六、研究材料和方法 ·· 13

专论 ··· 16
  焦灰孔菌科 ADUSTOPORIACEAE Audet ··· 16
    焦灰孔菌属 *Adustoporia* Audet ··· 17
      斜纹焦灰孔菌 *Adustoporia sinuosa* (Fr.) Audet ································· 17
    淀粉伏孔菌属 *Amyloporia* Bondartsev & Singer ex Singer ······················ 19
      亚黄淀粉伏孔菌 *Amyloporia subxantha* (Y.C. Dai & X.S. He) B.K. Cui & Y.C. Dai ·· 20
      黄淀粉伏孔菌 *Amyloporia xantha* (Fr.) Bondartsev & Singer ················ 22
    硬伏孔菌属 *Lentoporia* Audet ·· 24
      亚碳硬伏孔菌 *Lentoporia subcarbonica* B.K. Cui, Y.Y. Chen & Shun Liu ··· 24
    胶质孔菌属 *Resinoporia* Audet ··· 26
      厚胶质孔菌 *Resinoporia crassa* (P. Karst.) Audet ································ 27
      松胶质孔菌 *Resinoporia pinea* (B.K. Cui & Y.C. Dai) Audet ················· 29
      锡特卡胶质孔菌 *Resinoporia sitchensis* (D.V. Baxter) Audet ················· 30
    玫瑰孔菌属 *Rhodonia* Niemelä ··· 32
      斜管玫瑰孔菌 *Rhodonia obliqua* (Y.L. Wei & W.M. Qin) B.K. Cui, L.L. Shen & Y.C. Dai ··· 33
      鲑色玫瑰孔菌 *Rhodonia placenta* (Fr.) Niemelä, K.H. Larss. & Schigel ··· 34
      酸味玫瑰孔菌 *Rhodonia rancida* (Bres.) B.K. Cui, L.L. Shen & Y.C. Dai ·· 36
      亚鲑色玫瑰孔菌 *Rhodonia subplacenta* (B.K. Cui) B.K. Cui, L.L. Shen & Y.C. Dai ··· 38
      天山玫瑰孔菌 *Rhodonia tianshanensis* Yuan Yuan & L.L. Shen ············· 39
  黄孔菌科 AURIPORIACEAE B.K. Cui, Shun Liu & Y.C. Dai ························ 41
    黄孔菌属 *Auriporia* Ryvarden ·· 41
      金黄黄孔菌 *Auriporia aurea* (Peck) Ryvarden ···································· 42
      橘黄黄孔菌 *Auriporia aurulenta* A. David, Tortič & Jelić ····················· 43
  索孔菌科 FIBROPORIACEAE Audet ·· 45

· xv ·

索孔菌属 *Fibroporia* Parmasto ··· 45
　白索孔菌 *Fibroporia albicans* B.K. Cui & Yuan Y. Chen ··· 46
　竹生索孔菌 *Fibroporia bambusae* Yuan Y. Chen & B.K. Cui ··· 48
　蜡索孔菌 *Fibroporia ceracea* Yuan Y. Chen & B.K. Cui ··· 49
　黄索孔菌 *Fibroporia citrina* (Bernicchia & Ryvarden) Bernicchia & Ryvarden ··· 51
　棉絮索孔菌 *Fibroporia gossypium* (Speg.) Parmasto ··· 53
　根状索孔菌 *Fibroporia radiculosa* (Peck) Parmasto ··· 54
　威兰索孔菌 *Fibroporia vaillantii* (DC.) Parmasto ··· 56
假索孔菌属 *Pseudofibroporia* Yuan Y. Chen & B.K. Cui ··· 58
　黄假索孔菌 *Pseudofibroporia citrinella* Yuan Y. Chen & B.K. Cui ··· 59

拟层孔菌科 FOMITOPSIDACEAE Jülich ··· 60
花孔菌属 *Anthoporia* Karasiński & Niemelä ··· 62
　白褐花孔菌 *Anthoporia albobrunnea* (Romell) Karasiński & Niemelä ··· 63
薄孔菌属 *Antrodia* P. Karst. ··· 64
　竹生薄孔菌 *Antrodia bambusicola* Y.C. Dai & B.K. Cui ··· 65
　异形薄孔菌 *Antrodia heteromorpha* (Fr.) Donk ··· 67
　大薄孔菌 *Antrodia macra* (Sommerf.) Niemelä ··· 69
　新热带薄孔菌 *Antrodia neotropica* Kaipper-Fig., Robledo & Drechsler-Santos ··· 71
　亚异形薄孔菌 *Antrodia subheteromorpha* B.K. Cui, Y.Y. Chen & Shun Liu ··· 73
　亚蛇形薄孔菌 *Antrodia subserpens* B.K. Cui & Yuan Y. Chen ··· 74
　田中薄孔菌 *Antrodia tanakae* (Murrill) Spirin & Miettinen ··· 76
褐伏孔菌属 *Brunneoporus* Audet ··· 78
　苹果褐伏孔菌 *Brunneoporus malicolus* (Berk. & M.A. Curtis) Audet ··· 79
牛舌孔菌属 *Buglossoporus* Kotl. & Pouzar ··· 82
　桉牛舌孔菌 *Buglossoporus eucalypticola* M.L. Han, B.K. Cui & Y.C. Dai ··· 82
软体孔菌属 *Cartilosoma* Kotl. & Pouzar ··· 84
　贴生软体孔菌 *Cartilosoma ramentacea* (Berk. & Broome) Teixeira ··· 84
迷孔菌属 *Daedalea* Pers. ··· 86
　腊肠孢迷孔菌 *Daedalea allantoidea* M.L. Han, B.K. Cui & Y.C. Dai ··· 87
　圆孔迷孔菌 *Daedalea circularis* B.K. Cui & Hai J. Li ··· 89
　迪氏迷孔菌 *Daedalea dickinsii* Yasuda ··· 91
　谦逊迷孔菌 *Daedalea modesta* (Kunze ex Fr.) Aoshima ··· 93
　放射迷孔菌 *Daedalea radiata* B.K. Cui & Hai J. Li ··· 95
黄伏孔菌属 *Flavidoporia* Audet ··· 97
　厚垣孢黄伏孔菌 *Flavidoporia pulverulenta* (B. Rivoire) Audet ··· 98
　垫形黄伏孔菌 *Flavidoporia pulvinascens* (Pilát) Audet ··· 99
拟层孔菌属 *Fomitopsis* P. Karst. ··· 101
　冷杉拟层孔菌 *Fomitopsis abieticola* B.K. Cui, M.L. Han & Shun Liu ··· 102
　竹生拟层孔菌 *Fomitopsis bambusae* Y.C. Dai, Meng Zhou & Yuan Yuan ··· 104
　桦拟层孔菌 *Fomitopsis betulina* (Bull.) B.K. Cui, M.L. Han & Y.C. Dai ··· 106

邦氏拟层孔菌 *Fomitopsis bondartsevae* (Spirin) A.M.S. Soares & Gibertoni ⋯⋯⋯⋯⋯⋯ 108
　　灰拟层孔菌 *Fomitopsis cana* B.K. Cui, Hai J. Li & M.L. Han⋯⋯⋯⋯⋯⋯⋯⋯⋯⋯⋯⋯⋯⋯ 109
　　银杏拟层孔菌 *Fomitopsis ginkgonis* B.K. Cui & Shun Liu ⋯⋯⋯⋯⋯⋯⋯⋯⋯⋯⋯⋯⋯⋯⋯⋯ 111
　　横断山拟层孔菌 *Fomitopsis hengduanensis* B.K. Cui & Shun Liu ⋯⋯⋯⋯⋯⋯⋯⋯⋯⋯⋯⋯ 112
　　伊比利亚拟层孔菌 *Fomitopsis iberica* Melo & Ryvarden ⋯⋯⋯⋯⋯⋯⋯⋯⋯⋯⋯⋯⋯⋯⋯⋯ 114
　　马尾松拟层孔菌 *Fomitopsis massoniana* B.K. Cui, M.L. Han & Shun Liu ⋯⋯⋯⋯⋯⋯⋯⋯ 116
　　雪白拟层孔菌 *Fomitopsis nivosa* (Berk.) Gilb. & Ryvarden ⋯⋯⋯⋯⋯⋯⋯⋯⋯⋯⋯⋯⋯⋯⋯ 117
　　瘤盖拟层孔菌 *Fomitopsis palustris* (Berk. & M.A. Curtis) Gilb. & Ryvarden ⋯⋯⋯⋯⋯⋯ 119
　　平伏拟层孔菌 *Fomitopsis resupinata* B.K. Cui & Shun Liu ⋯⋯⋯⋯⋯⋯⋯⋯⋯⋯⋯⋯⋯⋯⋯ 121
　　亚楝树拟层孔菌 *Fomitopsis submeliae* B.K. Cui & Shun Liu ⋯⋯⋯⋯⋯⋯⋯⋯⋯⋯⋯⋯⋯⋯ 123
　　亚红缘拟层孔菌 *Fomitopsis subpinicola* B.K. Cui, M.L. Han & Shun Liu ⋯⋯⋯⋯⋯⋯⋯⋯ 125
　　亚热带拟层孔菌 *Fomitopsis subtropica* B.K. Cui, Hai J. Li & M.L. Han⋯⋯⋯⋯⋯⋯⋯⋯⋯ 126
　　天山拟层孔菌 *Fomitopsis tianshanensis* B.K. Cui & Shun Liu⋯⋯⋯⋯⋯⋯⋯⋯⋯⋯⋯⋯⋯⋯ 128
　　沂蒙拟层孔菌 *Fomitopsis yimengensis* B.K. Cui & Shun Liu ⋯⋯⋯⋯⋯⋯⋯⋯⋯⋯⋯⋯⋯⋯ 130
脆层孔菌属 *Fragifomes* B.K. Cui, M.L. Han & Y.C. Dai ⋯⋯⋯⋯⋯⋯⋯⋯⋯⋯⋯⋯⋯⋯⋯⋯⋯⋯ 131
　　白边脆层孔菌 *Fragifomes niveomarginatus* (L.W. Zhou & Y.L. Wei) B.K. Cui, M.L. Han &
　　　　Y.C. Dai⋯⋯⋯⋯⋯⋯⋯⋯⋯⋯⋯⋯⋯⋯⋯⋯⋯⋯⋯⋯⋯⋯⋯⋯⋯⋯⋯⋯⋯⋯⋯⋯⋯⋯⋯⋯ 132
灰黑孔菌属 *Melanoporia* Murrill ⋯⋯⋯⋯⋯⋯⋯⋯⋯⋯⋯⋯⋯⋯⋯⋯⋯⋯⋯⋯⋯⋯⋯⋯⋯⋯⋯⋯ 133
　　栗灰黑孔菌 *Melanoporia castanea* (Imazeki) T. Hatt. & Ryvarden ⋯⋯⋯⋯⋯⋯⋯⋯⋯⋯⋯ 134
新薄孔菌属 *Neoantrodia* Audet⋯⋯⋯⋯⋯⋯⋯⋯⋯⋯⋯⋯⋯⋯⋯⋯⋯⋯⋯⋯⋯⋯⋯⋯⋯⋯⋯⋯⋯ 136
　　窄孢新薄孔菌 *Neoantrodia angusta* (Spirin & Vlasák) Audet ⋯⋯⋯⋯⋯⋯⋯⋯⋯⋯⋯⋯⋯⋯ 136
　　乳白新薄孔菌 *Neoantrodia leucaena* (Y.C. Dai & Niemelä) Audet ⋯⋯⋯⋯⋯⋯⋯⋯⋯⋯⋯⋯ 138
　　原始新薄孔菌 *Neoantrodia primaeva* (Renvall & Niemelä) Audet ⋯⋯⋯⋯⋯⋯⋯⋯⋯⋯⋯⋯ 140
　　狭檐新薄孔菌 *Neoantrodia serialis* (Fr.) Audet⋯⋯⋯⋯⋯⋯⋯⋯⋯⋯⋯⋯⋯⋯⋯⋯⋯⋯⋯⋯⋯ 142
　　梯形新薄孔菌 *Neoantrodia serrata* (Vlasák & Spirin) Audet⋯⋯⋯⋯⋯⋯⋯⋯⋯⋯⋯⋯⋯⋯⋯ 144
新镜孔菌属 *Neolentiporus* Rajchenb. ⋯⋯⋯⋯⋯⋯⋯⋯⋯⋯⋯⋯⋯⋯⋯⋯⋯⋯⋯⋯⋯⋯⋯⋯⋯⋯⋯ 146
　　热带新镜孔菌 *Neolentiporus tropicus* B.K. Cui & Shun Liu⋯⋯⋯⋯⋯⋯⋯⋯⋯⋯⋯⋯⋯⋯⋯ 146
白孔层孔菌属 *Niveoporofomes* B.K. Cui, M.L. Han & Y.C. Dai ⋯⋯⋯⋯⋯⋯⋯⋯⋯⋯⋯⋯⋯⋯⋯ 148
　　东方白孔层孔菌 *Niveoporofomes orientalis* B.K. Cui & Shun Liu ⋯⋯⋯⋯⋯⋯⋯⋯⋯⋯⋯⋯ 148
假薄孔菌属 *Pseudoantrodia* B.K. Cui, Yuan Y. Chen & Shun Liu⋯⋯⋯⋯⋯⋯⋯⋯⋯⋯⋯⋯⋯⋯ 150
　　单系假薄孔菌 *Pseudoantrodia monomitica* B. K. Cui, Yuan Y. Chen & Shun Liu⋯⋯⋯⋯⋯ 150
红薄孔菌属 *Rhodoantrodia* B.K. Cui, Y.Y. Chen & Shun Liu ⋯⋯⋯⋯⋯⋯⋯⋯⋯⋯⋯⋯⋯⋯⋯⋯ 152
　　亚热带红薄孔菌 *Rhodoantrodia subtropica* B.K. Cui & Shun Liu ⋯⋯⋯⋯⋯⋯⋯⋯⋯⋯⋯⋯ 152
　　热带红薄孔菌 *Rhodoantrodia tropica* (B.K. Cui) B.K. Cui, Yuan Y. Chen & Shun Liu ⋯⋯⋯⋯ 154
　　云南红薄孔菌 *Rhodoantrodia yunnanensis* (M.L. Han & Q. An) B.K. Cui & Shun Liu⋯⋯⋯⋯ 156
红层孔菌属 *Rhodofomes* Kotl. & Pouzar ⋯⋯⋯⋯⋯⋯⋯⋯⋯⋯⋯⋯⋯⋯⋯⋯⋯⋯⋯⋯⋯⋯⋯⋯⋯ 157
　　粉红层孔菌 *Rhodofomes cajanderi* (P. Karst.) B.K. Cui, M.L. Han & Y.C. Dai ⋯⋯⋯⋯⋯⋯ 158
　　灰红层孔菌 *Rhodofomes incarnatus* (K.M. Kim, J.S. Lee & H.S. Jung) B.K. Cui, M.L. Han &
　　　　Y.C. Dai⋯⋯⋯⋯⋯⋯⋯⋯⋯⋯⋯⋯⋯⋯⋯⋯⋯⋯⋯⋯⋯⋯⋯⋯⋯⋯⋯⋯⋯⋯⋯⋯⋯⋯⋯⋯ 160
　　玫瑰红层孔菌 *Rhodofomes roseus* (Alb. & Schwein.) Kotl. & Pouzar ⋯⋯⋯⋯⋯⋯⋯⋯⋯⋯ 162

亚肉色红层孔菌 *Rhodofomes subfeei* (B.K. Cui & M.L. Han) B.K. Cui, M.L. Han & Y.C. Dai ·················· 164

玫红拟层孔菌属 *Rhodofomitopsis* B.K. Cui, M.L. Han & Y.C. Dai ·················· 166

单系玫红拟层孔菌 *Rhodofomitopsis monomitica* (Yuan Y. Chen) B.K. Cui, Yuan Y. Chen & Shun Liu ·················· 166

粉红层孔菌属 *Rubellofomes* B.K. Cui, M.L. Han & Y.C. Dai ·················· 168

囊体粉红层孔菌 *Rubellofomes cystidiatus* (B.K. Cui & M.L. Han) B.K. Cui, M.L. Han & Y.C. Dai ·················· 168

蹄迷孔菌属 *Ungulidaedalea* B.K. Cui, M.L. Han & Y.C. Dai ·················· 170

脆蹄迷孔菌 *Ungulidaedalea fragilis* (B.K. Cui & M.L. Han) B.K. Cui, M.L. Han & Y.C. Dai ·················· 171

硫黄菌科 LAETIPORACEAE Jülich ·················· 172
 硫黄菌属 *Laetiporus* Murrill ·················· 173
  哀牢山硫黄菌 *Laetiporus ailaoshanensis* B.K. Cui & J. Song ·················· 174
  奶油硫黄菌 *Laetiporus cremeiporus* Y. Ota & T. Hatt. ·················· 176
  墨脱硫黄菌 *Laetiporus medogensis* J. Song & B.K. Cui ·················· 178
  高山硫黄菌 *Laetiporus montanus* Černý ex Tomšovský & Jankovský ·················· 179
  硫色硫黄菌 *Laetiporus sulphureus* (Bull.) Murrill ·················· 181
  变孢硫黄菌 *Laetiporus versisporus* (Lloyd) Imazeki ·················· 183
  新疆硫黄菌 *Laetiporus xinjiangensis* J. Song, Y.C. Dai & B.K. Cui ·················· 186
  环纹硫黄菌 *Laetiporus zonatus* B.K. Cui & J. Song ·················· 187
 小沃菲卧孔菌属 *Wolfiporiella* B.K. Cui & Shun Liu ·················· 189
  骨小沃菲卧孔菌 *Wolfiporiella cartilaginea* (Ryvarden) B.K. Cui & Shun Liu ·················· 190
  弯孢小沃菲卧孔菌 *Wolfiporiella curvispora* (Y.C. Dai) B.K. Cui & Shun Liu ·················· 191
  宽丝小沃菲卧孔菌 *Wolfiporiella dilatohypha* (Ryvarden & Gilb.) B.K. Cui & Shun Liu ·················· 193
 拟沃菲卧孔菌属 *Wolfiporiopsis* B.K. Cui & Shun Liu ·················· 194
  锥拟沃菲卧孔菌 *Wolfiporiopsis castanopsidis* (Y.C. Dai) B.K. Cui & Shun Liu ·················· 195

落叶松层孔菌科 LARICIFOMITACEAE Jülich ·················· 197
 落叶松层孔菌属 *Laricifomes* Kotl. & Pouzar ·················· 197
  药用落叶松层孔菌 *Laricifomes officinalis* (Vill.) Kotl. & Pouzar ·················· 197

褐暗孔菌科 PHAEOLACEAE Jülich ·················· 199
 褐暗孔菌属 *Phaeolus* (Pat.) Pat. ·················· 200
  栗褐暗孔菌 *Phaeolus schweinitzii* (Fr.) Pat. ·················· 200
 沃菲卧孔菌属 *Wolfiporia* Ryvarden & Gilb. ·················· 203
  茯苓沃菲卧孔菌 *Wolfiporia hoelen* (Fr.) Y.C. Dai & V. Papp ·················· 203
  假茯苓沃菲卧孔菌 *Wolfiporia pseudococos* F. Wu, J. Song & Y.C. Dai ·················· 205

小剥管孔菌科 PIPTOPORELLACEAE B.K. Cui, Shun Liu & Y.C. Dai ·················· 206
 小剥管孔菌属 *Piptoporellus* B.K. Cui, M.L. Han & Y.C. Dai ·················· 207
  海南小剥管孔菌 *Piptoporellus hainanensis* M.L. Han, B.K. Cui & Y.C. Dai ·················· 207
  梭伦小剥管孔菌 *Piptoporellus soloniensis* (Dubois) B.K. Cui, M.L. Han & Y.C. Dai ·················· 209

三角小剥管孔菌 *Piptoporellus triqueter* M.L. Han, B.K. Cui & Y.C. Dai ················ 211
波斯特孔菌科 POSTIACEAE B.K. Cui, Shun Liu & Y.C. Dai ································ 213
　苦味波斯特孔菌属 *Amaropostia* B.K. Cui, L.L. Shen & Y.C. Dai ···························· 214
　　海南苦味波斯特孔菌 *Amaropostia hainanensis* B.K. Cui, L.L. Shen & Y.C. Dai········ 214
　　具柄苦味波斯特孔菌 *Amaropostia stiptica* (Pers.) B.K. Cui, L.L. Shen & Y.C. Dai ········ 216
　黑囊孔菌属 *Amylocystis* Bondartsev & Singer ex Singer·································· 218
　　北方黑囊孔菌 *Amylocystis lapponica* (Romell) Bondartsev & Singer ···················· 219
　澳洲波斯特孔菌属 *Austropostia* B.K. Cui & Shun Liu ······································ 221
　　亚斑点澳洲波斯特孔菌 *Austropostia subpunctata* B.K. Cui & Shun Liu ··············· 221
　钙质波斯特孔菌属 *Calcipostia* B.K. Cui, L.L. Shen & Y.C. Dai ····························· 222
　　油斑钙质波斯特孔菌 *Calcipostia guttulata* (Sacc.) B.K. Cui, L.L. Shen & Y.C. Dai ········ 223
　灰蓝孔菌属 *Cyanosporus* McGinty··· 225
　　赤杨灰蓝孔菌 *Cyanosporus alni* (Niemelä & Vampola) B.K. Cui, L.L. Shen & Y.C. Dai ········ 226
　　黄灰蓝孔菌 *Cyanosporus auricomus* (Spirin & Niemelä) B.K. Cui & Shun Liu········· 228
　　双色灰蓝孔菌 *Cyanosporus bifaria* (Spirin) B.K. Cui & Shun Liu ······················ 229
　　黄白盖灰蓝孔菌 *Cyanosporus bubalinus* B.K. Cui & Shun Liu························· 231
　　淡绿灰蓝孔菌 *Cyanosporus coeruleivirens* (Corner) B.K. Cui, Shun Liu & Y.C. Dai ······ 232
　　毛灰蓝孔菌 *Cyanosporus comatus* (Miettinen) B.K. Cui & Shun Liu ···················· 234
　　淡黄灰蓝孔菌 *Cyanosporus flavus* B.K. Cui & Shun Liu ································ 235
　　梭囊体灰蓝孔菌 *Cyanosporus fusiformis* B.K. Cui, L.L. Shen & Y.C. Dai ·············· 237
　　毛盖灰蓝孔菌 *Cyanosporus hirsutus* B.K. Cui & Shun Liu ······························ 238
　　大灰蓝孔菌 *Cyanosporus magnus* (Miettinen) B.K. Cui & Shun Liu ···················· 240
　　小孔灰蓝孔菌 *Cyanosporus microporus* B.K. Cui, L.L. Shen & Y.C. Dai ··············· 241
　　云杉灰蓝孔菌 *Cyanosporus piceicola* B.K. Cui, L.L. Shen & Y.C. Dai··················· 243
　　杨生灰蓝孔菌 *Cyanosporus populi* (Miettinen) B.K. Cui & Shun Liu···················· 244
　　硬灰蓝孔菌 *Cyanosporus rigidus* B.K. Cui & Shun Liu ·································· 246
　　亚毛盖灰蓝孔菌 *Cyanosporus subhirsutus* B.K. Cui, L.L. Shen & Y.C. Dai············· 247
　　亚小孔灰蓝孔菌 *Cyanosporus submicroporus* B.K. Cui & Shun Liu···················· 249
　　亚蹄形灰蓝孔菌 *Cyanosporus subungulatus* B.K. Cui & Shun Liu····················· 250
　　薄肉灰蓝孔菌 *Cyanosporus tenuicontextus* B.K. Cui & Shun Liu ······················ 251
　　薄灰蓝孔菌 *Cyanosporus tenuis* B.K. Cui, Shun Liu & Y.C. Dai ························ 253
　　三色灰蓝孔菌 *Cyanosporus tricolor* B.K. Cui, L.L. Shen & Y.C. Dai ···················· 254
　　蹄形灰蓝孔菌 *Cyanosporus ungulatus* B.K. Cui, L.L. Shen & Y.C. Dai ················· 256
　囊体波斯特孔菌属 *Cystidiopostia* B.K. Cui, L.L. Shen & Y.C. Dai ························· 257
　　爱尔兰囊体波斯特孔菌 *Cystidiopostia hibernica* (Berk. & Broome) B.K. Cui, L.L. Shen &
　　　Y.C. Dai··· 258
　　丝盖囊体波斯特孔菌 *Cystidiopostia inocybe* (A. David & Malençon) B.K. Cui, L.L. Shen &
　　　Y.C. Dai··· 260
　　盖形囊体波斯特孔菌 *Cystidiopostia pileata* (Parmasto) B.K. Cui, L.L. Shen & Y.C. Dai········ 261
　　希玛囊体波斯特孔菌 *Cystidiopostia simanii* (Pilát) B.K. Cui, L.L. Shen & Y.C. Dai ········ 263

亚爱尔兰囊体波斯特孔菌 *Cystidiopostia subhibernica* B.K. Cui & Shun Liu ⋯⋯⋯⋯⋯⋯ 264
褐波斯特孔菌属 *Fuscopostia* B.K. Cui, L.L. Shen & Y.C. Dai ⋯⋯⋯⋯⋯⋯⋯⋯⋯⋯⋯⋯⋯ 266
 榛色褐波斯特孔菌 *Fuscopostia avellanea* B.K. Cui & Shun Liu ⋯⋯⋯⋯⋯⋯⋯⋯⋯⋯ 267
 异质褐波斯特孔菌 *Fuscopostia duplicata* (L.L. Shen, B.K. Cui & Y.C. Dai) B.K. Cui,
  L.L. Shen & Y.C. Dai ⋯⋯⋯⋯⋯⋯⋯⋯⋯⋯⋯⋯⋯⋯⋯⋯⋯⋯⋯⋯⋯⋯⋯⋯⋯⋯⋯⋯ 268
 白褐波斯特孔菌 *Fuscopostia leucomallella* (Murrill) B.K. Cui, L.L. Shen & Y.C. Dai ⋯⋯⋯ 270
 桃红褐波斯特孔菌 *Fuscopostia persicina* B.K. Cui & Shun Liu⋯⋯⋯⋯⋯⋯⋯⋯⋯⋯⋯ 272
 亚脆褐波斯特孔菌 *Fuscopostia subfragilis* B.K. Cui & Shun Liu ⋯⋯⋯⋯⋯⋯⋯⋯⋯⋯ 273
 毛褐波斯特孔菌 *Fuscopostia tomentosa* B.K. Cui & Shun Liu ⋯⋯⋯⋯⋯⋯⋯⋯⋯⋯⋯ 275
杨氏孔菌属 *Jahnoporus* Nuss ⋯⋯⋯⋯⋯⋯⋯⋯⋯⋯⋯⋯⋯⋯⋯⋯⋯⋯⋯⋯⋯⋯⋯⋯⋯⋯⋯ 276
 伸展杨氏孔菌 *Jahnoporus brachiatus* Spirin, Vlasák & Miettinen ⋯⋯⋯⋯⋯⋯⋯⋯⋯⋯ 277
褐腐干酪孔菌属 *Oligoporus* Bref. ⋯⋯⋯⋯⋯⋯⋯⋯⋯⋯⋯⋯⋯⋯⋯⋯⋯⋯⋯⋯⋯⋯⋯⋯⋯ 278
 罗汉松褐腐干酪孔菌 *Oligoporus podocarpi* Y.C. Dai, Chao G. Wang & Yuan Yuan ⋯⋯⋯ 279
 厚垣孢褐腐干酪孔菌 *Oligoporus rennyi* (Berk. & Broome) Donk ⋯⋯⋯⋯⋯⋯⋯⋯⋯⋯ 280
 洛梅里褐腐干酪孔菌 *Oligoporus romellii* (M. Pieri & B. Rivoire) Niemelä⋯⋯⋯⋯⋯⋯ 282
 柔丝褐腐干酪孔菌 *Oligoporus sericeomollis* (Romell) Bondartseva ⋯⋯⋯⋯⋯⋯⋯⋯⋯ 283
骨质孔菌属 *Osteina* Donk ⋯⋯⋯⋯⋯⋯⋯⋯⋯⋯⋯⋯⋯⋯⋯⋯⋯⋯⋯⋯⋯⋯⋯⋯⋯⋯⋯⋯ 285
 硬骨质孔菌 *Osteina obducta* (Berk.) Donk ⋯⋯⋯⋯⋯⋯⋯⋯⋯⋯⋯⋯⋯⋯⋯⋯⋯⋯⋯ 286
 亚弯边骨质孔菌 *Osteina subundosa* (Y.L. Wei & Y.C. Dai) B.K. Cui, Shun Liu & L.L. Shen
  ⋯⋯⋯⋯⋯⋯⋯⋯⋯⋯⋯⋯⋯⋯⋯⋯⋯⋯⋯⋯⋯⋯⋯⋯⋯⋯⋯⋯⋯⋯⋯⋯⋯⋯⋯⋯ 287
 弯边骨质孔菌 *Osteina undosa* (Peck) B.K. Cui, L.L. Shen & Y.C. Dai ⋯⋯⋯⋯⋯⋯⋯⋯ 289
波斯特孔菌属 *Postia* Fr. ⋯⋯⋯⋯⋯⋯⋯⋯⋯⋯⋯⋯⋯⋯⋯⋯⋯⋯⋯⋯⋯⋯⋯⋯⋯⋯⋯⋯⋯ 291
 阿穆尔波斯特孔菌 *Postia amurensis* Y.C. Dai & Penttilä ⋯⋯⋯⋯⋯⋯⋯⋯⋯⋯⋯⋯⋯⋯ 292
 白垩波斯特孔菌 *Postia calcarea* Y.L. Wei & Y.C. Dai ⋯⋯⋯⋯⋯⋯⋯⋯⋯⋯⋯⋯⋯⋯⋯ 293
 灰波斯特孔菌 *Postia cana* H.S. Yuan & Y.C. Dai ⋯⋯⋯⋯⋯⋯⋯⋯⋯⋯⋯⋯⋯⋯⋯⋯⋯ 294
 圆柱波斯特孔菌 *Postia cylindrica* H.S. Yuan⋯⋯⋯⋯⋯⋯⋯⋯⋯⋯⋯⋯⋯⋯⋯⋯⋯⋯⋯ 296
 胶囊波斯特孔菌 *Postia gloeocystidiata* Y.L. Wei & Y.C. Dai ⋯⋯⋯⋯⋯⋯⋯⋯⋯⋯⋯⋯ 297
 绒毛波斯特孔菌 *Postia hirsuta* L.L. Shen & B.K. Cui ⋯⋯⋯⋯⋯⋯⋯⋯⋯⋯⋯⋯⋯⋯⋯ 299
 奶油波斯特孔菌 *Postia lactea* (Fr.) P. Karst. ⋯⋯⋯⋯⋯⋯⋯⋯⋯⋯⋯⋯⋯⋯⋯⋯⋯⋯⋯ 300
 洛氏波斯特孔菌 *Postia lowei* (Pilát) Jülich ⋯⋯⋯⋯⋯⋯⋯⋯⋯⋯⋯⋯⋯⋯⋯⋯⋯⋯⋯ 302
 赭白波斯特孔菌 *Postia ochraceoalba* L.L. Shen, B.K. Cui & Y.C. Dai ⋯⋯⋯⋯⋯⋯⋯⋯ 303
 秦岭波斯特孔菌 *Postia qinensis* Y.C. Dai & Y.L. Wei ⋯⋯⋯⋯⋯⋯⋯⋯⋯⋯⋯⋯⋯⋯⋯ 305
 亚洛氏波斯特孔菌 *Postia sublowei* B.K. Cui, L.L. Shen & Y.C. Dai ⋯⋯⋯⋯⋯⋯⋯⋯⋯ 306
 灰白波斯特孔菌 *Postia tephroleuca* (Fr.) Jülich ⋯⋯⋯⋯⋯⋯⋯⋯⋯⋯⋯⋯⋯⋯⋯⋯⋯ 308
翼状孔菌属 *Ptychogaster* Corda ⋯⋯⋯⋯⋯⋯⋯⋯⋯⋯⋯⋯⋯⋯⋯⋯⋯⋯⋯⋯⋯⋯⋯⋯⋯⋯ 309
 白翼状孔菌 *Ptychogaster albus* Corda ⋯⋯⋯⋯⋯⋯⋯⋯⋯⋯⋯⋯⋯⋯⋯⋯⋯⋯⋯⋯⋯ 310
平伏波斯特孔菌属 *Resupinopostia* B.K. Cui & Shun Liu ⋯⋯⋯⋯⋯⋯⋯⋯⋯⋯⋯⋯⋯⋯⋯ 312
 砖红平伏波斯特孔菌 *Resupinopostia lateritia* (Renvall) B.K. Cui & Shun Liu ⋯⋯⋯⋯⋯ 312
 亚砖红平伏波斯特孔菌 *Resupinopostia sublateritia* B.K. Cui & Shun Liu ⋯⋯⋯⋯⋯⋯ 314
绵孔菌属 *Spongiporus* Murrill⋯⋯⋯⋯⋯⋯⋯⋯⋯⋯⋯⋯⋯⋯⋯⋯⋯⋯⋯⋯⋯⋯⋯⋯⋯⋯⋯ 315

香绵孔菌 *Spongiporus balsameus* (Peck) A. David ·············· 316
蜡绵孔菌 *Spongiporus cerifluus* (Berk. & M.A. Curtis) A. David ·············· 318
莲座绵孔菌 *Spongiporus floriformis* (Quél.) B.K. Cui, L.L. Shen & Y.C. Dai ·············· 320
胶孔绵孔菌 *Spongiporus gloeoporus* (L.L. Shen, B.K. Cui & Y.C. Dai) B.K. Cui, L.L. Shen & Y.C. Dai ·············· 322
日本绵孔菌 *Spongiporus japonica* (Y.C. Dai & T. Hatt.) B.K. Cui, L.L. Shen & Y.C. Dai ·············· 324
桃绵孔菌 *Spongiporus persicinus* (Niemelä & Y.C. Dai) B.K. Cui, L.L. Shen & Y.C. Dai ·············· 325
斑纹绵孔菌 *Spongiporus zebra* (Y.L. Wei & W.M. Qin) B.K. Cui, L.L. Shen & Y.C. Dai ·············· 327

小红孔菌科 PYCNOPORELLACEAE Audet ·············· 328
  小红孔菌属 *Pycnoporellus* Murrill ·············· 329
    光亮小红孔菌 *Pycnoporellus fulgens* (Fr.) Donk ·············· 329

萨尔克孔菌科 SARCOPORIACEAE Audet ·············· 331
  萨尔克孔菌属 *Sarcoporia* P. Karst. ·············· 332
    多孢萨尔克孔菌 *Sarcoporia polyspora* P. Karst. ·············· 332

牛樟芝科 TAIWANOFUNGACEAE B.K. Cui, Shun Liu & Y.C. Dai ·············· 334
  牛樟芝属 *Taiwanofungus* Sheng H. Wu, Z.H. Yu, Y.C. Dai & C.H. Su ·············· 334
    牛樟芝 *Taiwanofungus camphoratus* (M. Zang & C.H. Su) Sheng H. Wu, Z.H. Yu, Y.C. Dai & C.H. Su ·············· 335

参考文献 ·············· 337
索引 ·············· 346
  真菌汉名索引 ·············· 346
  真菌学名索引 ·············· 350

图版

绪 论

一、拟层孔菌科及相关类群的分类学

拟层孔菌科 Fomitopsidaceae Jülich 隶属于真菌界 Fungi、担子菌门 Basidiomycota、蘑菇亚门 Agaricomycotina、蘑菇纲 Agaricomycetes、多孔菌目 Polyporales Gäum.。该科建立于 1981 年，模式属为拟层孔菌属 Fomitopsis P. Karst.（Jülich，1981）。拟层孔菌科是薄孔菌分支（the antrodia clade）中重要的科，近些年的研究表明与拟层孔菌科相关的类群主要有焦灰孔菌科 Adustoporiaceae Audet、黄孔菌科 Auriporiaceae B.K. Cui, Shun Liu & Y.C. Dai、耳壳菌科 Dacryobolaceae Jülich、索孔菌科 Fibroporiaceae Audet、硫黄菌[①]科 Laetiporaceae Jülich、落叶松层孔菌科 Laricifomitaceae Jülich、褐暗孔菌科 Phaeolaceae Jülich、小剥管孔菌科 Piptoporellaceae B.K. Cui, Shun Liu & Y.C. Dai、波斯特孔菌科 Postiaceae B.K. Cui, Shun Liu & Y.C. Dai、小红孔菌科 Pycnoporellaceae Audet、萨尔克孔菌科 Sarcoporiaceae Audet 和牛樟芝科 Taiwanofungaceae B.K. Cui, Shun Liu & Y.C. Dai 等，这些类群的种类均可造成木材褐色腐朽，属于褐腐真菌（Binder et al.，2005，2013；Ortiz-Santana et al.，2013；Justo et al.，2017；He et al.，2019；Liu et al.，2023a，b）。在这些科中，物种丰富且研究较多的类群主要有广义薄孔菌属 Antrodia sensu lato、迷孔菌属 Daedalea Pers.、拟层孔菌属及近缘属、硫黄菌属 Laetiporus Murrill 及近缘属、波斯特孔菌属 Postia Fr. 及近缘属等。

多孔菌是大型真菌的一个重要类群，一般认为多孔菌的发生大约在 3 亿年前的石炭纪时代（Carboniferous Age）（Gilbertson and Ryvarden，1986），而多孔菌目出现在大约 2 亿年前的侏罗纪时代（Floudas et al.，2012）。真菌分类以 Linnaeus（1753）为起点，在他出版的 *Species Plantarum* 书籍中记载了 80 多种真菌，其中 8 个种属于多孔菌，在该书中他将具管状子实层的真菌种类放置于牛肝菌属 Boletus L. 中。近代真菌分类则是从 Persoon（1801）所著的 *Synopsis Methodica Fungorum* 开始，他所提出的分类体系为真菌分类学奠定了基础，在该书中，有些他所建立的属和发现的物种目前隶属于拟层孔菌科，如迷孔菌属。随后，Fries 对多孔菌分类系统进行了阐述，对后世该类群的研究产生了深远的影响。19 世纪初，基于子实层和担子果的类型，Fries 先后提出了多个新的分类单元，其中包括某些拟层孔菌科真菌及相关类群的褐腐真菌。Fries（1819）将担子果为绣球状的种类放置于新属绣球菌属 Sparassis Fr.，以绣球菌 S. crispa (Wulfen) Fr. 为模式种。Fries（1821）在 Persoon（1801）的研究基础上，确定了多孔菌的 3 个属，其中多孔菌属 Polyporus P. Micheli ex Adans. 中的奶油多孔菌 Polyporus lacteus Fr.，即为现在波斯特孔菌属的模式种，Polyporus caesius (Schrad.) Fr. 为现在灰蓝孔菌属

---

① 根据《现代汉语词典》（第 7 版），硫磺为硫黄的旧名，故本书使用"硫黄菌"一词。

Cyanosporus McGinty 的模式种；对迷孔菌属进行了重新定义，将所有具有迷宫状子实层的种类均放置于迷孔菌属中。Fries（1849）建立耳壳菌属 *Dacryobolus* Fr.，以苏丹耳壳菌 *D. sudans* (Alb. & Schwein.) Fr.为模式种。Fries（1874）建立波斯特孔菌属，但未列出该属所包含的具体物种，在之后的研究中，关于该属名的合法性一直存在争议。Brefeld（1888）建立褐腐干酪孔菌属 *Oligoporus* Bref.，他对褐腐干酪孔菌属的定义与波斯特孔菌属无异，并且也没有提及这两个属的异同。

芬兰真菌学家 Karsten 对 Fries 建立的真菌分类系统进行了修订，他将微观特征和担子果的类型、颜色等结合起来进行属级单元分类，并创立了许多新属。Karsten（1879）建立薄孔菌属 *Antrodia* P. Karst.，以蛇栓孔菌 *Trametes serpens* (Fr.) Fr.为模式种，旨在把平伏的多孔菌归类到一个较小的单元。Karsten（1881）建立拟层孔菌属，以红缘拟层孔菌 *F. pinicola* (Sw.) P. Karst.为模式种，将拟层孔菌属定义为担子果多年生，菌盖白色、黄色或玫瑰色的层孔菌；同时建立剥管孔菌属 *Piptoporus* P. Karst.，以桦剥管孔菌 *P. betulinus* (Bull.) P. Karst 为模式种；此外，他将 6 个组合种放置于波斯特孔菌属，并确定奶油波斯特孔菌 *Postia lactea* (Fr.) P. Karst.为该属模式种。随后，Karsten（1894）建立萨尔克孔菌属 *Sarcoporia* P. Karst.，并以多孢萨尔克孔菌 *S. polyspora* P. Karst.为模式种。

Patouillard（1900）认为 Fries 所提出的某些分类单元是多源的，他将显微性状，如担子的形态和担孢子的萌发方式等引入分类研究并建立了一个新的分类体系，将担子菌分为无隔担子菌类（同担子菌纲 Homobasidiomycetes）和有隔担子菌类（异担子菌亚纲 Heterobasidiomycetes）。在该研究中，他建立了褐暗孔菌属 *Phaeolus* (Pat.) Pat.，以栗褐暗孔菌 *P. schweinitzii* (Fr.) Pat.为模式种。

20 世纪初，Murrill 对北美多孔菌作了一系列报道，建立多个拟层孔菌科及相关类群中的属。Murrill（1904）建立硫黄菌属，模式种是硫色硫黄菌 *L. sulphureus* (Bull.) Murrill，广泛分布于欧美地区。Murrill（1905）建立小红孔菌属 *Pycnoporellus* Murrill，模式种是光亮小红孔菌 *P. fulgens* (Fr.) Donk。Murrill（1905）建立绵孔菌属 *Spongiporus* Murrill，模式种是白绵孔菌 *S. leucospongia* (Cooke & Harkn.) Murrill，在该研究中，绵孔菌属包括一个新种沃沱西卓绵孔菌 *S. altocedronensis* Murrill 及一组合种白绵孔菌 *S. leucospongia* (Cooke & Harkn.) Murrill，许多物种被转移至干酪菌属 *Tyromyces* P. Karst.，包括波斯特孔菌属的模式种也被合并为奶油干酪菌 *Tyromyces lacteus* (Fr.) Murrill。Murrill（1907）建立灰黑孔菌属 *Melanoporia* Murrill，模式种是黑灰黑孔菌 *M. nigra* (Berk.) Murrill，同时建立小灰黑孔菌属 *Melanoporella* Murrill，模式种是黑小灰黑孔菌 *M. carbonacea* (Berk. & M.A. Curtis) Murrill。

20 世纪中期，Kotlába 和 Pouzar 提出了多个拟层孔菌科及相关类群中的属。Kotlába 和 Pouzar（1957）建立落叶松层孔菌属 *Laricifomes* Kotl. & Pouzar，并将药用拟层孔菌 *Fomitopsis officinalis* (Vill.) Bondartsev & Singer 定为该属的模式种，该属区别于拟层孔菌属的主要特征是具有白垩质的菌肉，脆质，宽且强烈厚壁的石细胞，菌盖表面无树脂质的皮壳。Kotlába 和 Pouzar（1958）建立软体孔菌属 *Cartilosoma* Kotl. & Pouzar，模式种为亚斜纹栓孔菌 *Trametes subsinuosa* Bres.，后来的研究中该属的模式种被更名为贴生软体孔菌 *C. ramentacea* (Berk. & Broome) Teixeira（Spirin，2007）。Kotlába 和 Pouzar

（1966）建立牛舌孔菌属 *Buglossoporus* Kotl. & Pouzar，模式种为栎牛舌孔菌 *B. quercinus* (Schrad.) Kotl. & Pouzar。Kotlába 和 Pouzar（1990，1998）定义了狭义拟层孔菌属 *Fomitopsis* sensu stricto，并从拟层孔菌属中分出两个新属，即红层孔菌属 *Rhodofomes* Kotl. & Pouzar 和皮拉特孔菌属 *Pilatoporus* Kotl. & Pouzar，分别以 *Fomitopsis rosea* (Alb. & Schwein.) P. Karst. 和 *Fomitopsis palustris* (Berk. & M.A. Curtis) Gilb. & Ryvarden 作为这两个属的模式种。根据他们的研究结果，拟层孔菌属的主要特征是：菌盖表面具有树脂质的皮壳，担孢子中度厚壁；红层孔菌属的主要特征是：菌盖表面没有树脂质的皮壳，菌肉玫瑰色，生殖菌丝薄壁，具有锁状联合，担孢子薄壁；皮拉特孔菌属不同于拟层孔菌属的主要特征是具有显著的锁状联合的假骨架菌丝，担孢子薄壁。

Donk（1960）对多孔菌科 Polyporaceae Fr. ex Corda 的分属提出了一些建议，在他的文章中，许多拟层孔菌科及相关类群中的属被放置于多孔菌科，其中包括薄孔菌属、迷孔菌属、拟层孔菌属、硫黄菌属和波斯特孔菌属等。Donk（1966）建立骨质孔菌属 *Osteina* Donk，模式种是硬骨质孔菌 *O. obducta* (Berk.) Donk，但该属自成立后一直被视为褐腐干酪孔菌属的同物异名（Ryvarden and Melo，2014），直到 Cui 等（2014）利用 ITS 基因片段证明了骨质孔菌属独立的分类地位。随后，基于形态学特征，Parmasto（1968，2001）提出多个拟层孔菌科及相关类群中的属，如壳皮革菌属 *Crustoderma* Parmasto、索孔菌属 *Fibroporia* Parmasto 和吉尔孔菌属 *Gilbertsonia* Parmasto。

20 世纪 70 年代后，Ryvarden 及其合作者对世界范围内的多孔菌进行了全面系统的研究，发现了大量新的拟层孔菌科及相关类群褐腐真菌的分类单元，包括建立了新属黄孔菌属 *Auriporia* Ryvarden（Ryvarden，1973）、宽丝孔菌属 *Macrohyporia* I. Johans. & Ryvarden（Johansen and Ryvarden，1979）和沃菲卧孔菌属 *Wolfiporia* Ryvarden & Gilb.（Ryvarden and Gilbertson，1984）。Rajchenberg（1994）建立瑞瓦德尼孔菌属 *Ryvardenia* Rajchenb.，以表达对 Ryvarden 教授的崇敬之情；次年，Rajchenberg（1995）建立新属新镜孔菌属 *Neolentiporus* Rajchenb.。

20 世纪 80 年代之前，拟层孔菌科及相关类群中的种类多被放置于多孔菌科。Jülich（1981）在 *High Taxa of Basidiomycetes* 书中提出了大量新科，其中多个为拟层孔菌科及相关类群，例如，迷孔菌科 Daedaleaceae Jülich、耳壳菌科、拟层孔菌科、硫黄菌科、落叶松层孔菌科、褐暗菌科和剥管孔菌科 Piptoporaceae Jülich。自此，拟层孔菌科及相关类群中的种类开始陆续被放置于不同的科中，但这些科名并没有得到广泛接受与使用，并且有些科名在之后的研究中被处理为同物异名。

随着分子生物学技术的进步，DNA 测序和系统发育技术已被应用于拟层孔菌科及相关类群的分类研究中。Hibbett 和 Donoghue（1995）基于 mt-SSU 序列的系统发育研究发现，菌丝结构双系的褐腐真菌迷孔菌属、拟层孔菌属和剥管孔菌属聚类在一个进化支系，而同为菌丝结构双系的褐腐真菌薄孔菌属没有和它们聚类在一起。Boidin 等（1998）基于 ITS 序列的系统发育分析结果显示，薄孔菌属与菌丝结构单系的褐腐干酪孔菌属和菌丝结构双系的拟层孔菌属聚类在一起。

Hibbett 和 Donoghue（2001）首次提出了薄孔菌分支概念，包含了 11 个造成木材褐色腐朽的属：薄孔菌属、黄孔菌属、迷孔菌属、拟层孔菌属、硫黄菌属、新镜孔菌属、褐腐干酪孔菌属、褐暗孔菌属、剥管孔菌属、波斯特孔菌属和绣球菌属，这些种类均属于拟层孔菌科及相关类群。

Binder 等（2005）基于核糖体 DNA 序列研究了同担子菌纲平伏的类群，证实了担子菌纲中共包括 12 个支系（clade），其中多孔菌分支（the polyporoid clade）、红菇分支（the russuloid clade）和刺革菌分支（the hymenochaetoid clade）这 3 个支系是平伏子实体真菌最多的类群，多孔菌分支包含 3 个次级分支：核心多孔菌分支（the core polyporoid clade）、薄孔菌分支和射脉菌分支（the phlebioid clade）。拟层孔菌科及相关类群聚类到薄孔菌分支中，该研究为薄孔菌分支类群真菌更高级别的系统发育分析研究提供了方向和参考数据。

Binder 等（2013）对多孔菌目进行了系统发育分析，将多孔菌目分成了 4 个主要的分支：残余多孔菌分支（the residual polyporoid clade）、薄孔菌分支、核心多孔菌分支和射脉菌分支；所有的薄孔菌分支中的物种均可造成木材褐色腐朽，但是它们有着不同形态的子实体，如具柄盖形、无柄盖形、孔状或迷宫状、平伏或绣球形。并指出，如果薄孔菌分支作为单系类群，可将绣球菌科 Sparassidaceae 作为科名；如果不是单系类群，薄孔菌分支包含着耳壳菌科、迷孔菌科、拟层孔菌科、落叶松层孔菌科、褐暗孔菌科、剥管孔菌科和绣球菌科。

Ortiz-Santana 等（2013）基于 ITS 序列、nLSU 序列及 ITS-nLSU 联合序列对薄孔菌分支中 26 个褐腐真菌属的 123 个物种进行了系统发育分析，并对薄孔菌分支中的某些类群进行了系统的概述。分析结果显示，淀粉伏孔菌属 Amyloporia、薄孔菌属、迷孔菌属、拟层孔菌属、灰黑孔菌属、剥管孔菌属和玫瑰孔菌属 Rhodonia 聚类在一起，其中除淀粉伏孔菌属和灰黑孔菌属外的其他属都得到了支持。曾被认定为淀粉伏孔菌属的种类并未形成独立的进化支，而是同玫瑰孔菌属聚类在一起。薄孔菌属的类群则形成了 4 个具有中等以上支持率的亚支（subclade）：狭义薄孔菌分支（Antrodia sensu stricto clade）、狭檐薄孔菌类群（A. serialis group）、苹果薄孔菌类群（A. malicola group）和垫形薄孔菌分支（A. pulvinascens clade）；其余种类则形成各自的单独支系。同时证实了索孔菌属和牛樟芝属 Taiwanofungus Sheng H. Wu, Z.H. Yu, Y.C. Dai & C.H. Su 的单源性。

Justo 等（2017）对多孔菌目中的 292 个物种基于 ITS、nLSU 和 rpb1 的系统发育分析，评估了 Binder 等（2013）对多孔菌目中划分 37 个科的分类体系，提出将一些不常用的科进行合并，只保留最早命名的名称，将多孔菌目划分 18 个科：齿毛孔菌科 Cerrenaceae Miettinen, Justo & Hibbett、耳壳菌科、拟层孔菌科、胶孔菌科 Gelatoporiaceae Miettinen, Justo & Hibbett、树花孔菌科 Grifolaceae Jülich、丝皮革菌科 Hyphodermataceae Jülich、晶囊孔菌科 Incrustoporiaceae Jülich、耙齿菌科 Irpicaceae Spirin & Zmitr.、薄皮孔菌科 Ischnodermataceae Jülich、硫黄菌科、肉孔菌科 Meripilaceae Jülich、干朽菌科 Meruliaceae P. Karst.、革耳科 Panaceae Miettinen, Justo & Hibbett、原毛平革菌科 Phanerochaetaceae Jülich、柄杯菌科 Podoscyphaceae D.A. Reid、多孔菌科、绣球菌科和刺孢齿耳菌科 Steccherinaceae Parmasto，以及索孔菌属+淀粉伏孔菌属分支（the fibroporia+amyloporia clade）等未定名类群。其中拟层孔菌科及相关类群主要聚类在耳壳菌科、拟层孔菌科、硫黄菌科、绣球菌科以及索孔菌属+淀粉伏孔菌属分支中。

2017~2018 年，Serge Audet 创办在线期刊"Mushrooms nomenclatural novelties（https://sergeaudetmyco.com）"，依据近年来 Ortiz-Santana 等（2013）、Spirin 等（2013b，2015a，2016，2017）及 Han 等（2016）的研究，提出了拟层孔菌科及相关类群中的 10 个新属名和 7 个新科名（Audet，2017-2018），脆薄孔菌 *Antrodia oleracea* (R.W. Davidson & Lombard) Ryvarden 归入新属拟薄孔菌属 *Antrodiopsis* Audet；苹果薄孔菌类群（*Antrodia malicola* group）的 5 个种类归入褐伏孔菌属 *Brunneoporus* Audet；白薄孔菌 *Antrodia albidoides* A. David & Dequatre 被建立单种属齿卧孔菌属 *Dentiporus* Audet；垫形薄孔菌类群（*Antrodia pulvinascens* group）的 3 个种归入新属黄伏孔菌属 *Flavidoporia* Audet；炭生薄孔菌 *Antrodia carbonica* (Overh.) Ryvarden & Gilb. 被建立单种属硬伏孔菌属 *Lentoporia* Audet 与新科硬伏孔菌科 Lentoporiaceae Audet；狭檐薄孔菌类群（*Antrodia serialis* group）的 13 个种归入新薄孔菌属 *Neoantrodia* Audet；厚薄孔菌类群（*Antrodia crassa* group）的 11 个种归属胶质孔菌属 *Resinoporia* Audet；透明薄孔菌 *Antrodia hyalina* Spirin, Miettinen & Kotir. 被建立新属菌索孔菌属 *Rhizoporia* Audet；柏薄孔菌类群（*Antrodia juniperina* group）构成新属亚薄孔菌属 *Subantrodia* Audet；斜纹薄孔菌 *Antrodia sinuosa* (Fr.) P. Karst. 则被归入新属焦灰孔菌属 *Adustoporia* Audet 与新科焦灰孔菌科。将淀粉伏孔菌属中的种类移至新科淀粉伏孔菌科 Amyloporiaceae Audet；索孔菌属和假索孔菌属 *Pseudofibroporia* 中的物种转移至新科索孔菌科；小红孔菌属和壳皮革菌属转移至新科小红孔菌科；玫瑰孔菌属的种类被建立新科玫瑰孔菌科 Rhodoniaceae Audet；萨尔克孔菌属被建立新科萨尔克孔菌科。这些属名与科名在发表时并没有相应的形态描述和系统发育分析，因此没有得到广泛的认可（He et al.，2019；Runnel et al.，2019）。

Liu 等（2023a，b）基于多基因系统发育分析、分子钟分析及形态学研究对多孔菌目中褐腐真菌的分类体系和系统演化关系进行了修订。其中，拟层孔菌科及相关类群包括焦灰孔菌科、黄孔菌科、耳壳菌科、索孔菌科、拟层孔菌科、硫黄菌科、落叶松层孔菌科、褐暗孔菌科、小剥管孔菌科、波斯特孔菌科、小红孔菌科、萨尔克孔菌科、绣球菌科和牛樟芝科。本文中后面涉及的拟层孔菌科及相关类群包括上述科中子实层体为孔状的种类，而子实体为膜质至皮质且子实层为齿状、尖锥形至圆柱形的耳壳菌科和子实层体为绣球状的绣球菌科中的种类未包括在本卷志书中。

二、拟层孔菌科及相关类群的中国研究简史

过去，中国的拟层孔菌科及相关类群的种类被归入到多孔菌科中，如薄孔菌属、黄孔菌属、迷孔菌属、拟层孔菌属、硫黄菌属、褐腐干酪孔菌属、褐暗孔菌属、小红孔菌属和沃菲卧孔菌属等（赵继鼎，1998）。21 世纪以来，国内的真菌学家们陆续开展了拟层孔菌科及相关类群的分类与系统发育研究工作，涉及的类群主要有广义薄孔菌属、拟层孔菌属及相关类群、硫黄菌属及相关类群、波斯特孔菌属及相关类群等。

薄孔菌属是薄孔菌属分支（the antiodia clade）的核心成员之一，该属的分类体系发生过多次变化。牛樟芝 *Antrodia camphorata* (M. Zang & C.H. Su) Sheng H. Wu, Ryvarden & T.T. Chang 曾属于薄孔菌属，是重要的药用真菌，Wu 等（2004）利用形态

学与系统发育分析相结合的方法，建议将该种从薄孔菌属中移出，并建立了牛樟芝属。Yu 等（2006）基于 nLSU 序列的系统发育分析，评估了薄孔菌属中的 12 个物种与其他褐腐真菌的关系，其中索孔菌属和牛樟芝属的属级地位得到了很高的支持率，但淀粉伏孔菌属的种类并没有形成独立的进化支系。Cui 和 Dai（2013）对淀粉伏孔菌属的 10 个物种基于 ITS 序列进行了系统的总结讨论，承认了淀粉伏孔菌属的属级地位。Chen 等（2015）对索孔菌属进行了分类研究，发现中国分布有 5 个种。Chen 和 Cui（2016）对异形薄孔菌复合群（*Antrodia heteromorpha* complex）进行了分类研究，发现该复合群含有 5 个种。Chen 等（2017）对索孔菌属及近缘属进行了物种多样性与分子系统学的研究，建立了假索孔菌属 *Pseudofibroporia* Yuan Y. Chen & B.K. Cui 并描述了 3 个新种。

拟层孔菌属被认为是拟层孔菌科中分类较为混乱的一个类群，国内关于该属的研究较多，许多新种被发现，而且其他属的一些种被转移至该属（Zhou and Wei，2012；Li et al.，2013；Han et al.，2014，2015，2016；Han and Cui，2015；Liu et al.，2019，2021a，2022b；Zhou et al.，2021）。Han 等（2016）基于多基因片段系统发育分析，对拟层孔菌属及近缘属进行了系统研究，建立脆层孔菌属 *Fragifomes* B.K. Cui, M.L. Han & Y.C. Dai、白孔层孔菌属 *Niveoporofomes* B.K. Cui, M.L. Han & Y.C. Dai、小剥管孔菌属 *Piptoporellus* B.K. Cui, M.L. Han & Y.C. Dai、玫红拟层孔菌属 *Rhodofomitopsis* B.K. Cui, M.L. Han & Y.C. Dai、粉红层孔菌属 *Rubellofomes* B.K. Cui，M.L. Han & Y.C. Dai 和蹄迷孔菌属 *Ungulidaedalea* B.K. Cui, M.L. Han & Y.C. Dai，很大程度上解决了拟层孔菌属及相关属分类混乱的局面，分析结果中再次揭示了广义薄孔菌属具有多系起源的可能。Liu 等（2021a）对红缘拟层孔菌复合群 *Fomitopsis pinicola* complex 进行了系统发育学的研究，发现了东亚的 6 个新种，中国分布有 5 个。

Song 等（2014）对我国的硫黄菌属 *Laetiporus* 进行了系统研究，发现中国有 5 种硫黄菌：哀牢山硫黄菌 *L. ailaoshanensis* B.K. Cui & J. Song、奶油硫黄菌 *L. cremeiporus* Y. Ota & T. Hatt.、高山硫黄菌 *L. montanus* Černý ex Tomšovský & Jankovský、变孢硫黄菌 *L. versisporus* (Lloyd) Imazeki 和环纹硫黄菌 *L. zonatus* B.K. Cui & J. Song。Song 和 Cui（2017）对硫黄菌属进行了起源演化和生物地理学的研究，推测硫黄菌属的最初分化时间约为 20.17 ± 0.12 Mya（29.09 Mya~12.66 Mya，95% HPD）的早中新世，东亚和北美是最可能的起源中心。Song 等（2018）在中国西部发现了 2 个硫黄菌新种：墨脱硫黄菌 *L. medogensis* J. Song & B.K. Cui 和新疆硫黄菌 *L. xinjiangensis* J. Song, Y.C. Dai & B.K. Cui。

近年来，国内对波斯特孔菌属及近缘属开展了较多的研究，并发现了多个新种（Dai and Renvall，1994；Dai and Penttilä，2006；Dai et al.，2009）。魏玉莲（2006）对中国波斯特孔菌属和褐腐干酪孔菌属进行了形态分类学研究，共描述波斯特孔菌属和褐腐干酪孔菌属的 28 个物种。Cui 等（2014）对硬骨质孔菌 *Osteina obducta* 进行了研究，并综合形态特征讨论了骨质孔菌属的系统发育位置，结果表明骨质孔菌属独立于波斯特孔菌属，形成一个单独的分支，从而支持了骨质孔菌属的合法性。之后，一些研究者发表了波斯特孔菌属的多个新种（Shen and Cui，2014；Shen et al.，2014，2015）。Shen 等（2019）对波斯特孔菌属及近缘属进行了分类与系统发育研究，发现广义波斯特孔菌属

Postia sensu lato 是多系起源的，且都属于薄孔菌属分支。在系统发育研究中，广义波斯特孔菌属形成 10 个分支，建立了 4 个新属：苦味波斯特孔菌属 *Amaropostia* B.K. Cui, L.L. Shen & Y.C. Dai、钙质波斯特孔菌属 *Calcipostia* B.K. Cui, L.L. Shen & Y.C. Dai、囊体波斯特孔菌属 *Cystidiopostia* B.K. Cui, L.L. Shen & Y.C. Dai、褐波斯特孔菌属 *Fuscopostia* B.K. Cui, L.L. Shen & Y.C. Dai。Liu 等（2021b，2022b）对灰蓝孔菌属进行了分类与系统发育学研究，发表了 9 个新种，提出了 15 个新组合种。

He 等（2019）对担子菌门中所有的属进行了概述，拟层孔菌科及相关类群分散于多个科中，如耳壳菌科、拟层孔菌科、硫黄菌科和绣球菌科。但是，许多拟层孔菌科及相关的属仍为未定科，需要进一步研究，如苦味波斯特孔菌属、淀粉伏孔菌属、黄孔菌属、灰蓝孔菌属、囊体波斯特孔菌属、索孔菌属、褐波斯特孔菌属、小剥管孔菌属、假索孔菌属、玫瑰孔菌属、萨尔克孔菌属和牛樟芝属等。刘顺等（2022）综述了中国多孔菌目中褐腐真菌的分类与系统发育的研究进展与现状，提供了目前中国范围内分布的该类群的物种名录，初步探讨并展望了该类群今后的研究方向及需要重点解决的问题。Liu 等（2023a, b）对多孔菌目中的褐腐真菌进行了分类与系统演化研究，该研究证实了 69 个褐腐真菌属分散于 14 个科中。

三、拟层孔菌科及相关类群的形态特征

担子果

担子果（basidiocarp）是指产生担子的子实体（basidioma）。拟层孔菌科及相关类群真菌的担子果通常为一年生或多年生，有平伏、平伏反转、盖状等几种类型。平伏型的担子果一般贴附于基物上，有些种类担子果的边缘翘起但不形成菌盖。平伏反转型的担子果边缘反转成檐状、条状、半圆形或扇形菌盖，有时呈覆瓦状叠生。盖状的担子果形态各异，有的具菌柄，有的无菌柄。

担子果的质地有肉质、纤维质、革质、木栓质、木质、白垩质、骨质、海绵质等类型。拟层孔菌科及相关类群真菌的颜色多变，有白色、奶油色、淡黄色、黄色、橙黄色、黄褐色、褐色、橘红色、淡紫色至黑色。多数具菌盖种类的菌盖表面颜色和子实层体表面颜色有所区别，而且有些种类干燥后与新鲜时的颜色相比会有变化，因而准确记录新鲜时子实体的颜色对正确描述物种非常重要。

多数拟层孔菌科及相关类群种类的担子果新鲜时无特殊气味，但有些种类口味偏酸，如新疆硫黄菌 *Laetiporus xinjiangensis* J. Song, Y.C. Dai & B.K. Cui；有些种类口味偏苦，如海南苦味波斯特孔菌 *Amaropostia hainanensis* B.K. Cui, L.L. Shen & Y.C. Dai 和具柄苦味波斯特孔菌 *A. stiptica* (Pers.) B.K. Cui, L.L. Shen & Y.C. Dai，可作为分类鉴定的依据。

拟层孔菌科及相关类群的担子果通常由子实层、近子实层和菌肉层组成。子实层是由担子及其他不育结构如囊状体、拟囊状体和拟担子组成。近子实层是由菌丝构成的靠近子实层的结构，近子实层的菌丝一般排列比较紧密且大量分枝；菌肉层是基质与近子实层之间的不育部分，该层菌丝一般较宽且排列疏松。有的种类菌肉与子实层之间具一黑色条带。

菌盖

具菌盖（pileus）的拟层孔菌科及相关类群种类其菌盖形状各异，有圆形、近圆形、半圆形、扇形、扁平和马蹄形，剖面呈舌形、三角形等。着生方式有单生、簇生、丛生、覆瓦状叠生等。表面光滑或被绒毛、粗毛或具各种瘤状物，有或无同心环带和放射状皱褶，具外皮层或被皮壳，颜色多样。菌盖边缘锐或圆钝，薄或厚，完整、具缺刻或开裂，平展、内卷或反转。

菌肉

从形态解剖学上讲，担子果是由菌肉（context）和子实层（hymenium）两部分组成。对于具盖状担子果的种类来说，菌肉是介于菌管层和菌盖皮层之间的组织，事实上菌盖皮层是菌肉特化的结构，菌肉也是支持子实层生长的组织。对于平伏担子果类型的种类，菌丝层（subiculum）是介于基物和子实层间的不育部分。通常菌肉是从生长点的基部呈放射状向边缘生长。真菌在生长发育的初期都是由菌丝扩展形成一定面积和厚度的菌肉，继而在菌肉层上形成明显或不明显的亚子实层（subhymenium），最后形成子实层这一繁殖结构。菌肉的质地一般为革质至木栓质。多数种类的菌肉质地均匀，有的种类的菌肉异质，即菌肉被一条黑线分为二层，上层通常松软，下层质地较密。有些种类的菌肉还具环纹或环带，但环纹和环带一般不是重要的分类性状。

子实层体

拟层孔菌科及相关类群真菌的子实层体（hymenophore）为孔状，其中部分种类的孔状子实层体异化为迷宫状、片层状，齿状等，如迷孔菌属的部分种类。

菌柄

拟层孔菌科及相关类群中有些种类具菌柄（stipe），如桉牛舌孔菌 *Buglossoporus eucalypticola* M.L. Han, B.K. Cui & Y.C. Dai、热带新镜孔菌 *Neolentiporus tropicus* B.K. Cui & Shun Liu 和栗褐暗孔菌 *Phaeolus schweinitzii* (Fr.) Pat.等都具有菌柄。菌柄的着生方式有侧生、偏生或中生，一般为单生，偶尔也从一生长点分化出几个菌柄，呈簇生状。菌柄的颜色和质地通常与菌盖相同。菌柄一般为圆柱形，但有时基部膨大，表面具绒毛或光滑。菌柄的存在与否是拟层孔菌科及相关类群分类的重要特征之一。

菌丝系统

担子菌的子实体由菌丝构成，但是自18世纪真菌系统学研究开始的很长时间里，菌丝的类型和结构并没有引起人们的注意。Corner（1932a，1932b，1950，1953）对于菌丝系统的描述开创了现代真菌研究的新纪元，对真菌学研究起到了极大的促进作用。菌丝系统（hyphal system）是拟层孔菌科及相关类群分属的重要特征。拟层孔菌科及相关类群的菌丝有两种类型：生殖菌丝和营养菌丝，其中营养菌丝又包括骨架菌丝和缠绕菌丝两种类型，均由生殖菌丝发育而来。担子果中只具生殖菌丝的，称为单系；担子果中具生殖菌丝和骨架菌丝的，称为二系；担子果中同时具生殖菌丝、骨架菌丝和缠绕菌丝的则称为三系。Alexopoulos 等（1996）将三种菌丝定义如下。

生殖菌丝（generative hypha）：一般薄壁透明，但有些种类为厚壁，具分隔，能够产生担子。生殖菌丝是形成子实体的基本单位，因此存在于所有类型的子实体中。生殖菌丝简单分隔或具锁状联合，在子实体形成的开始阶段通常都由生殖菌丝构成。生殖菌丝的分隔类型在拟层孔菌科及相关类群分类中是一个基本特征，通常一个种类中只具一种分隔类型，只在少数种类中简单分隔和锁状联合同时存在。

骨架菌丝（skeletal hypha）：一般为厚壁甚至实心，有时空心，具或无分枝，无隔膜，宽度常比较一致。不同种类的骨架菌丝的颜色有所变化：无色、淡黄褐色、淡红色或其他颜色。

缠绕菌丝（binding hypha）：厚壁到实心，不分隔，具分枝，通常直径小于骨架菌丝，并且不定向生长。缠绕菌丝有两种来源：一种是来源于生殖菌丝，侧生或顶生；一种来源于骨架菌丝末端。

担子和拟担子

担子（basidium）是担子菌进行有性生殖的结构，是子实层上的一种特殊细胞，细胞核配和减数分裂都在该结构中进行。减数分裂完成后形成的单倍体担孢子生长在担子顶端突出的被称为担孢子梗的小梗上，拟层孔菌科及相关类群的每个担子可以产生 4 个担孢子。担子通常为薄壁、无色，形状变化较大，有棍棒状、圆桶状、梨形等；基部具锁状联合。不同种类的担子大小有差异；担孢子梗长短也不同，但担子的性状通常不能作为稳定的分类性状。

拟担子（basidiole）是未发育成熟的担子，可能在细胞核的融合过程中发生了退化，因而未能形成担子，拟担子的形状与担子相似，但通常比担子小。

担孢子

担孢子（basidiospore）是拟层孔菌科及相关类群最重要的分类性状，其形状、大小、颜色和壁的薄厚、表面有无纹饰等都是拟层孔菌科及相关类群分类的重要特征。担孢子的形状有腊肠形、圆柱形、长椭圆形、椭圆形、宽椭圆形、近球形、球形等。拟层孔菌科及相关类群的担孢子为薄壁至厚壁。大部分种类的担孢子壁都是平滑的。

囊状体和拟囊状体

囊状体（cystidium）是生长在子实层或子实层下层的明显的不育细胞。根据生成部位的不同，可以将其分为两类：一类是自亚子实层伸出，形状与担子相似，但通常比担子稍大，薄壁或者厚壁，表面光滑或顶端包被具结晶体，有些种类中数量较多，而在有些种类中则很少能够观察到；另一类是源自菌髓中的骨架菌丝，有时埋生于菌髓中，有时会伸出子实层，通常厚壁至几乎实心，表面光滑或覆盖结晶体，这类囊状体通常被称为骨架囊状体（skeletocystidium），拟层孔菌科及相关类群的种类中目前还没有发现骨架囊状体。

胶质囊状体（gloeocystidium）形状与第一类囊状体相似，薄壁至厚壁，光滑，细胞内含折射率较高的油滴状物质，在 Melzer 试剂中非常明显，拟层孔菌科及相关类群的部分种类中具胶质囊状体，如白褐波斯特孔菌 *Fuscopostia leucomallella* (Murrill) B.K.

Cui, L.L. Shen & Y.C. Dai、异质褐波斯特孔菌 *F. duplicata* (L.L. Shen, B.K. Cui & Y.C. Dai) B.K. Cui, L.L. Shen & Y.C. Dai、胶囊波斯特孔菌 *Postia gloeocystidiata* Y.L. Wei & Y.C. Dai 和秦岭波斯特孔菌 *P. qinensis* Y.C. Dai & Y.L. Wei 等。

拟囊状体是子实层中的另外一类不育细胞，薄壁，大小与担子类似，但是担子通常呈棍棒形或圆柱形，顶端圆钝，而拟囊状体顶端尖锐。拟囊状体可能是担子未能完成减数分裂而形成的（Ryvarden and Gilbertson, 1993），拟层孔菌科及相关类群的很多种类具拟囊状体。囊状体和拟囊状体是拟层孔菌科及相关类群分类的重要特征之一。

结晶体

拟层孔菌科及相关类群真菌的子实层、菌髓和菌肉中有时存在结晶（crystal），结晶体通常无色透明，覆盖于菌丝表面或顶端、囊状体表面。在显微镜下呈正方形、菱形或星形等。有无结晶也是拟层孔菌科及相关类群分类的特征之一。

化学反应特征

拟层孔菌科及相关类群真菌分类研究中常用到以下 3 种切片浮载剂（染色剂）：棉蓝试剂（cotton blue）、碘试剂（Melzer's reagent，也叫 Melzer 试剂）和 KOH 试剂。

有些子实体颜色较淡的种类需要在棉蓝试剂中进行观察，如果担孢子或菌丝壁在棉蓝试剂中呈深蓝色，称为嗜蓝反应（cyanophilous），反之则不具嗜蓝反应（acyanophilous）。如褐腐干酪孔菌属的担孢子通常具较明显的嗜蓝反应，而玫瑰孔菌属物种的担孢子则无此反应，因此担孢子是否具嗜蓝反应也是拟层孔菌科及相关类群分类的重要特征之一。

有些担子菌种类的担孢子、菌丝壁或囊状体在 Melzer 试剂中变为蓝黑色，该反应称为淀粉质反应（amyloid），如淀粉伏孔菌属和硬伏孔菌属物种的骨架菌丝具此反应；如果变为红褐色则称为拟糊精反应（dextrinoid），萨尔克孔菌属物种的担孢子；如果无变化则称为无变色反应。

有些拟层孔菌科及相关类群中存在较多的油滴，以 KOH 试剂作为切片浮载剂可以分散溶解其中的油滴，使其显微结构清晰显现出来，而在其他切片浮载剂中难以观察其显微结构，还有的种类其菌丝在 KOH 试剂中易膨胀或消解。

嗜蓝反应、拟糊精反应的有无，以及菌丝组织在 KOH 试剂中的反应是拟层孔菌科及相关类群分类的重要特征之一。

无性孢子

厚垣孢子（chlamydospore）是一种由菌丝体直接断裂产生、厚壁、能抗御外界不良环境的无性孢子，厚垣孢子在条件适宜时可以萌发产生菌丝。厚垣孢子的产生也是一个重要的分类特征。拟层孔菌科及相关类群中仅有个别种类有时会产生厚垣孢子，如厚垣孢黄伏孔菌 *Flavidoporia pulverulenta* (B. Rivoire) Audet 和牛樟芝 *Taiwanofungus camphoratus* (M. Zang & C.H. Su) Sheng H. Wu, Z.H. Yu, Y.C. Dai & C.H. Su。

四、拟层孔菌科及相关类群的功能、价值与危害

拟层孔菌科及相关类群是木材腐朽真菌的一个重要类群，作为森林生态系统的组成部分，有着重要的生态服务功能。同时，拟层孔菌科及相关类群真菌还是重要的生物资源，与人类的生产与生活密切相关，具有重要的经济价值。此外，拟层孔菌科及相关类群真菌还能引起木材腐朽或林木死亡，具有一定的危害性。

1. 拟层孔菌科及相关类群真菌的生态服务功能

菌物是地球上最重要的分解力量，真菌作为分解者是生态系统能量流动和物质循环的重要组成部分，是生态系统中生物与非生物之间循环并维持正常运转的重要动力。森林生态系统是陆地生态系统中最大、最重要的组成部分，而木材腐朽真菌作为森林生态系统的重要组成部分，它们通过分泌产生各种生物酶，将木材中的纤维素、半纤维素和木质素分解成可被其他生物利用的营养物质，从而完成森林生态系统中的物质循环。木腐菌在森林生态系统物质循环中扮演着尤为特殊的分解者的角色，是森林生态系统中分解纤维素和木材原始成分木质素的主要动力，在森林生态系统物质循环和能量流动中起着关键的降解还原作用。森林生态系的生物量在很大程度上由木腐菌物控制，木腐菌决定了树木死亡之后营养物释放回该生态系中的速率（Alexopoulos et al., 1996）。如果没有木腐菌分解并利用森林枯落物中的木质素、纤维素和半纤维素，整个森林生态系统物质循环将陷于停滞。可以说，木材腐朽菌在很大程度上控制了森林生态系统中的生物产量。木材腐朽菌主要包括两大类：白腐菌和褐腐菌，拟层孔菌科及相关类群真菌都属于褐腐真菌，褐腐真菌主要分泌纤维素酶系，大量降解木材中的纤维素和半纤维素，遗留下难以分解的木质素，使木材呈现出易于粉碎解体和变形的红褐色或棕褐色腐朽。

木腐菌与森林生态系统中的许多生物之间有着密切的联系，对森林生态系统中其他物种的生物多样性具有重要的维护作用（严东辉和姚一建，2003；周丽伟和戴玉成，2013）。很多木材腐朽菌被用作保护森林生物多样性的指示性物种（Kotiranta and Niemelä, 1996; Penttila et al., 2004）。真菌对木材的腐朽作用对于其他生物的生活非常重要，木材腐朽菌为很多鸟类和昆虫创造了生活环境，原木、树桩、枝条、倒木的主干等，集聚了大量的真菌、昆虫，甚至鸟类和一些小型哺乳动物，而由木腐菌造成腐烂的倒木也为苔藓和其他一些植物提供了生长基质，是森林更新的育苗温床（Swift, 1977; Harmon et al., 1986; Franklin, 1987; Harmon and Franklin, 1989）。

2. 拟层孔菌科及相关类群真菌的经济价值

真菌用作药材在我国已有近 2000 年的历史，中国最早的药学专著《神农本草经》一书中就对猪苓 *Polyporus umbellatus*、茯苓 *Wolfiporia cocos* 和雷丸 *Laccocephalum mylittae* 等担子菌具有药效的记载，在此后的历代医药书籍中都有对真菌的记载。药用木腐菌含有丰富的真菌多糖和多肽等多种生理活性物质，能够调节、增强人体免疫力，具有抗肿瘤、降血压、降血脂、降低胆固醇、软化血管、预防血管内壁粥样硬化、抗血栓、保肝、健肾等诸多功能，对神经衰弱、风湿性关节炎、冠心病、高血压、肝炎、糖

尿病、肿瘤等有良好的治疗作用。这类真菌因含有特殊的化学成分而具有不可替代的应用潜力，在防治疾病、提高人类健康水平等方面发挥着越来越重要的作用。中国拟层孔菌科及相关类群中已报道的药用真菌有 14 种（Wu et al., 2019）。

拟层孔菌科及相关类群中的大部分种类是木质、木栓质或革质，不能食用。只有极少数的种类幼时子实体比较鲜嫩，可以食用。中国拟层孔菌科及相关类群中已报道的可食用真菌有哀牢山硫黄菌 *Laetiporus ailaoshanensis* B.K. Cui & J. Song 和硬骨质孔菌 *Osteina obducta* (Berk.) Donk 等（Wu et al., 2019）。

3. 拟层孔菌科及相关类群真菌引起的林木腐朽危害

拟层孔菌科及相关类群的有些种类是树木病原菌，它们能侵染活立木，导致根部、干基、心材、边材或整个树干腐朽，侵染根部的种类能在短时间内造成树木死亡，侵染其他部位的种类有时最终也能造成树木死亡。在林业生产上，从经营和保护森林的角度讲，它们对树木的生长有害，有些甚至造成严重的经济损失。另外，有的种类尽管生长在活立木上，但是他们通常生长在树木的心材部位，而活立木的形成层对这些菌具有免疫能力，因此这些树木被侵染后也能生长很多年，但是也有一些种类在树木的形成层受伤后，也能侵入并杀死形成层细胞，最终导致树木死亡。

拟层孔菌科及相关类群真菌以木材为生长基质，它们能将木材中的纤维素和半纤维素大量降解，并利用木材细胞中的养分来生长和繁殖。拟层孔菌科及相关类群的有些种类能够生长在储木和建筑木材上，造成木材从采伐、运输、储藏、加工、建筑的全过程的腐朽，严重影响木材的质量，造成巨大经济损失。储木主要包括林区贮木场的原木和其他地方销售的木材，建筑木材主要包括木质房屋、桥梁、坑木、桩木、仓库、车辆、堤坝、栅栏等木质结构材料。

五、拟层孔菌科及相关类群的生态与分布

拟层孔菌科及相关类群的种类都属于木生真菌，绝大多数生长在活立木、枯立木、倒腐木或树桩上，偶尔生长在林地于土壤中的腐木上，造成木材褐色腐朽，在森林生态系统的物质循环中起着关键的降解还原作用（周丽伟和戴玉成，2013）。

有关拟层孔菌科及相关类群生态的研究较少，主要包含在一些大型真菌或木材腐朽菌的相关研究中，下面对拟层孔菌科及相关类群的生态习性及分布做一些简单的介绍。

1. 环境条件

温度是影响拟层孔菌科及相关类群真菌孢子萌发和菌丝生长的重要因素，绝大多数拟层孔菌科及相关类群真菌的生长温度在 3~40℃之间，最适宜温度为 20~30℃。在最适温度下拟层孔菌科及相关类群真菌菌丝代谢活性高、繁殖快，对基质的分解速度也非常快；而温度高于或低于最适生长温度则菌丝体内各种酶活性受到抑制，从而降低了生长速度和对基质的分解速度（池玉杰，2003）。

适当的湿度是拟层孔菌科及相关类群真菌孢子萌发的一个重要条件，湿度过低与过高都不利于拟层孔菌科及相关类群真菌的生长。拟层孔菌科及相关类群真菌分解利用木

材过程中所释放出的胞外酶系必须以水作为媒介，因此，在固定区域内，拟层孔菌科及相关类群真菌出现的多少在很大程度上是由当年当地降雨量决定的。在进行野外采集时，同一地区不同年份所能见到的拟层孔菌科及相关类群真菌数量和种类丰富程度与湿度密切相关。

光线对于拟层孔菌科及相关类群真菌的生长发育并不十分重要，直射光会抑制孢子的萌发，而适度的散射光对担子果的正常生长是必不可少的，当担子果生长发育时，光线的缺乏会使某些种类发育畸形（赵继鼎和张小青，1994）。很多的平伏类多孔菌生长在倒木下面光线难以直射的地方。

2. 营养方式

拟层孔菌科及相关类群真菌的营养方式主要有3种。①专性腐生：拟层孔菌科及相关类群真菌多数种类营专性腐生生活，腐生在倒木、死树和伐木桩上。②兼性腐生：主要寄生在活立木上，但在寄主死亡后仍能从死树上吸取营养，大多数林木病原真菌都属于此种营养方式。③兼性寄生：主要生长在死树或倒木上，有时发现于活立木上，这些种类并不直接造成树木的死亡，但会引起树木生长势衰弱。

3. 专化性

拟层孔菌科及相关类群的种类多数可以同时生长在阔叶树和针叶树上，但有些拟层孔菌科及相关类群真菌对生长基质也有一定的选择性，而有些种类则专性生长在一科、一属或一种树木上，是一些树木的特有种，如罗汉松褐腐干酪孔菌 *Oligoporus podocarpi* Y.C. Dai, Chao G. Wang & Yuan Yuan 只生长在罗汉松 *Podocarpus macrophyllus*。

4. 分布

拟层孔菌科及相关类群属于全球广布类群，从热带、亚热带、温带、寒温带到寒带均有分布。通常分布于温暖湿润的地区，干燥的地区分布的种类很少。拟层孔菌科及相关类群真菌生长在各种不同的木材上或林地上，通常分布于原始林中，次生林中也有较多分布，人工林中的多孔菌种类非常少，多发现于倒腐木或树桩上，也有一些生长在活树上，个别种类生长在林地上，但其地下通常与腐木相连。

六、研究材料和方法

1. 研究材料来源

本书中涉及的研究标本主要来源于北京林业大学微生物研究所标本馆（BJFC）、中国科学院沈阳应用生态研究所东北生物标本馆（IFP）、中国科学院微生物研究所菌物标本馆（HMAS）、广东省科学院微生物研究所真菌标本馆（GDGM）、中国科学院昆明植物研究所隐花植物标本馆（HKAS）和台湾自然科学博物馆（TNM）等。

2. 研究方法

1）野外采样

对我国不同区域、不同森林类型中的拟层孔菌科及相关类群真菌进行广泛资源调查、标本采集和菌种分离保藏，野外采集标本时记录新鲜子实体的颜色、质地、气味、生态习性、寄生关系、腐朽类型并进行生境拍照等。在样品的采集过程中，详细地记录采集标本的信息，包括采集地点、采集人、采集时间、海拔、生境（森林类型、树种组成、优势树种、坡向等）、寄主或基物及其状态（活树、倒木、朽木、树桩、落枝等）、新鲜子实体的性状（担子果的形状、质地、颜色、气味、触摸是否变色等）、腐朽类型、发生频度（常见种、普通种或稀有种）、生活习性（寄生或腐生），并尽可能对新鲜的标本及其生境进行实地拍照；标本采集后进行登记编号，然后用便携式野外烤箱在35~50℃温度下及时进行烘干处理，以避免腐烂或污染。标本烘干后，记录其形态和颜色变化等性状，如标本质地是否发生变化、颜色是否变化、重量是否改变等。

2）形态学鉴定

按照现代分类系统，综合宏观、微观、生态习性和腐朽类型等性状，对借阅和采集的标本进行形态分类研究，并进行详细的形态描述和绘图。形态鉴定时，首先直接肉眼观察或在体视显微镜下观察子实体的宏观形态特征，包括担子果（单年生或多年生，平伏或平伏反转或盖状无柄或盖状具柄，单生或左右连生或数个群生或覆瓦状叠生，大小、形状、厚度、质地、气味等），菌盖表面（颜色，光滑或粗糙，具绒毛或粗毛，有无环带或纵纹，边缘钝或锐、薄或厚等），子实层体表面（子实层体类型、形状、颜色，每毫米孔的个数，孔口边缘全缘或撕裂，不育边缘宽或窄、厚或薄），纵切面特征（皮层或绒毛厚度，与菌肉有无细线分隔；菌肉质地，环带有无，颜色，厚度；子实层体长度、颜色）等。然后利用 Melzer、棉蓝和 5%的 KOH 三种试剂作为切片浮载剂，在显微镜下观察显微性状，包括菌丝系统（单系或二系或三系、菌丝在棉蓝试剂中有无嗜蓝反应、在 Melzer 试剂中有无淀粉质反应或拟糊精反应、在 5%KOH 试剂中有无变化或反应、菌髓或菌肉菌丝的排列方式），生殖菌丝（颜色、简单分隔或锁状联合、分隔常见或稀少、薄壁或厚壁、平直或弯曲、有无分枝、菌髓或菌肉中生殖菌丝常见或稀少、致密或疏松交织排列或平行排列、直径），骨架菌丝（颜色、薄壁或厚壁或近实心、平直或弯曲、有无分枝、致密或疏松交织排列或平行排列、直径），囊状体或拟囊状体（有或无、形状、厚壁或薄壁、是否包被结晶、大小），其他结构如树状菌丝或菌丝钉等的有无，担子和拟担子（形状、担孢子梗数量、基部具简单分隔或锁状联合、大小），孢子（形状、颜色、厚壁或薄壁、表面光滑或具纹饰、在棉蓝试剂和 Melzer 试剂中的反应、大小、平均长、平均宽、长宽比，并对相关数据进行测量)。显微测量和绘图均在棉蓝试剂的切片中进行，显微绘图借助于尼康显微镜的管状绘图仪。在测量担孢子大小时，测量成熟孢子的长度和宽度，为了测量具有统计学意义，每号标本随机测量 30 个孢子。在种的描述中，担孢子的长或宽用（a~）b~c（~d）表示，95%的测量值在 b~c 之间，a、d 分别为测量数据中的最小值和最大值；担孢子的平均长、宽分别用 L、W 表示；长宽比用 Q 表示，其中 $Q = L/W$（如果某种类有多号标本，则用各标本的长宽比的平均值表示该种类的 Q 值）。

形态学研究所用 3 种试剂的简要配方如下。

Melzer 试剂：1 g 碘溶于 40 mL 蒸馏水中，再添加 3 g 碘化钾和 44 g 水合氯醛，摇匀备用。

棉蓝试剂：0.2 g 棉蓝粉在 120 g 乳酸中溶解，摇匀备用。

氢氧化钾试剂：将 5 g 氢氧化钾溶于 100 mL 蒸馏水中，摇匀备用。

3）分子系统学研究

利用 Phire Plant Direct PCR Kit 试剂盒（Thermo）或 CTAB 植物基因组 DNA 快速提取试剂盒（Aidlab）等进行拟层孔菌科及相关类群真菌样品基因组 DNA 的提取，提取的 DNA 进行 ITS、nrLSU、mtSSU、nuSSU、*Tef-1*、*rpb1*、*rpb2* 等多个基因片段的 PCR 扩增和序列测定，测序在华大基因有限公司完成，将测得的 DNA 序列对照测序色谱仔细核查每一个碱基以确保所得序列的准确性；从 GenBank 有选择地下载相关序列与本研究所得序列用 ClustalX1.83 或 Muscle 软件进行比对，然后用 Bioedit Sequence Alignment Editor 对需要调整的序列进行手工调整；根据获得的序列矩阵利,运用 PAUP、RAxML 和 MrBayes 等软件进行最大简约法、最大似然法和贝叶斯法分析，构建系统发育树，结合形态学研究结果，以提高标本鉴定的准确性。

专　论

焦灰孔菌科 ADUSTOPORIACEAE Audet
Mushr. Nomen. Novel. 12: 1, 2018

担子果一年生至多年生，平伏至反转，木栓质至硬木质，子实层体呈孔状，孔口圆形至多角形。菌丝系统单体系至二体系，生殖菌丝具锁状联合；担孢子腊肠形、圆柱形至长椭圆形，无色，薄壁，光滑，无拟糊精反应和淀粉质反应，无嗜蓝反应。

模式属：*Adustoporia* Audet。

生境：常生长在针叶树上，偶尔也会生长在阔叶树上，引起木材褐色腐朽。

中国分布：全国广泛分布。

世界分布：世界各地广泛分布。

讨论：焦灰孔菌属 *Adustoporia*、硬伏孔菌属 *Lentoporia* 和胶质孔菌属 *Resinoporia* 均由 Audet（2017-2018）建立，随后，焦灰孔菌科、淀粉伏孔菌科 Amyloporiaceae、硬伏孔菌科 Lentoporiaceae 和玫瑰孔菌科 Rhodoniaceae 作为新科被提出（Audet，2017-2018）。近些年的系统发育研究表明，焦灰孔菌属、淀粉伏孔菌属 *Amyloporia*、硬伏孔菌属、胶质孔菌属和玫瑰孔菌属 *Rhodonia* 这 5 个属中的种类聚集在一起且有着相似的形态特征（Binder et al., 2013；Ortiz-Santana et al., 2013；Justo et al., 2017；Liu et al., 2023a）。基于形态学研究和系统发育分析，它们可以被处理为不同的属但不建议被处理为不同的科。因此，根据命名优先权法则，焦灰孔菌科被接受，淀粉伏孔菌科、硬伏孔菌科和玫瑰孔菌科均被建议处理为焦灰孔菌科的同物异名（Liu et al., 2023a）。目前，该科共有 6 属 28 种，中国分布 5 属 12 种。

中国焦灰孔菌科分属检索表

1. 菌丝系统单体系 ··· 玫瑰孔菌属 *Rhodonia*
1. 菌丝系统二体系 ··· 2
　　2. 骨架菌丝具淀粉质反应 ··· 3
　　2. 骨架菌丝无淀粉质反应 ··· 4
3. 担孢子腊肠形或圆柱形 ··· 淀粉伏孔菌属 *Amyloporia*
3. 担孢子椭圆形至宽椭圆形 ·· 硬伏孔菌属 *Lentoporia*
　　4. 担孢子圆柱形至宽椭圆形；菌肉与菌管中有大量胶状物 ················· 胶质孔菌属 *Resinoporia*
　　4. 担孢子圆柱形至腊肠形；菌肉与菌管中无或少有胶状物 ················· 焦灰孔菌属 *Adustoporia*

焦灰孔菌属 Adustoporia Audet

Mushr. Nomen. Novel. 11: 1, 2017

担子果大多一年生，平伏至反转，新鲜时木栓质至韧皮质，干后木栓质；孔口表面奶油色，成熟后变为木褐色；孔口圆形至多角形；菌肉奶油色至深黄色或浅黄色，木栓质；菌管奶油色至浅褐色，木栓质。菌丝系统二体系；生殖菌丝具锁状联合，骨架菌丝无拟糊精反应和淀粉质反应，无嗜蓝反应；子实层中无囊状体，具拟囊状体；担孢子腊肠形，无色，薄壁，光滑，无拟糊精反应和淀粉质反应，无嗜蓝反应。

模式种：*Adustoporia sinuosa* (Fr.) Audet。

生境：广泛分布于世界各地，常生长在针叶树上，偶尔也生长在阔叶树上，引起木材褐色腐朽。

中国分布：全国广泛分布。

世界分布：北半球广泛分布。

讨论：焦灰孔菌属是由 Audet 在 2017 年从广义薄孔菌属中分离出的新属（Audet，2017-2018），该属与薄孔菌属的区别有：焦灰孔菌属的孔口表面新鲜时浅褐色，担孢子尺寸较小，腊肠形。作为焦灰孔菌属中唯一的种类，斜纹焦灰孔菌 *A. sinuosa* 曾被 Rajchenberg 等（2011）置于淀粉伏孔菌属，但淀粉伏孔菌属的担子果孔口表面黄色，且骨架菌丝在 Melzer 试剂中有淀粉质反应。目前，该属有 1 个物种，中国分布有 1 个物种。

斜纹焦灰孔菌　图 1，图版 I 1

Adustoporia sinuosa (Fr.) Audet, Mushr. Nomen. Novel. 11: 1, 2017. Liu et al., Mycosphere 14(1): 1591, 2023.

Polyporus sinuosus Fr., Syst. Mycol. (Lundae) 1: 381, 1821.

Trametes sinuosa (Fr.) Cooke & Quél., Clavis Syn. Hymen. Europ. (London): 190, 1878.

Physisporus sinuosus (Fr.) Gillet, Hyménomycètes (Alençon): 695, 1878.

Antrodia sinuosa (Fr.) P. Karst., Meddn Soc. Fauna Flora Fenn. 6: 10, 1881.

Poria sinuosa (Fr.) Cooke, Grevillea 14(72): 113, 1886.

Polystictus sinuosus (Fr.) Lloyd, Mycol. Writ. 5: 626, 1917.

Coriolus sinuosus (Fr.) Bondartsev & Singer, Annls Mycol. 39(1): 59, 1941.

Coriolellus sinuosus (Fr.) A.K. Sarkar, Can. J. Bot. 37: 1264, 1959.

Spongiporus sinuosus (Fr.) Aoshima, Trans. Mycol. Soc. Japan 8(1): 1, 1967.

Amyloporia sinuosa (Fr.) Rajchenb., Gorjón & Pildain, Aust. Syst. Bot. 24(2): 117, 2011.

子实体：担子果大多一年生，平伏至反转，贴生，不易与基质分离，新鲜时木栓质至韧皮质，干后木栓质，重量变轻；平伏担子果长可达 25 cm，宽可达 6 cm，厚约 2 mm；孔口表面新鲜时奶油色，干后木褐色；不育边缘不明显或几乎不存在；孔口圆形至多角形，每毫米 1~4 个；管口边缘薄，全缘或稍撕裂状；菌肉奶油色至深黄色或浅黄色，木栓质，厚约 0.5 mm；菌管奶油色至浅褐色，木栓质，长可达 1.5 mm。

显微结构：菌丝系统二体系；生殖菌丝具有锁状联合，骨架菌丝无拟糊精反应和淀粉质反应，无嗜蓝反应；菌丝组织在 KOH 试剂中无变化。菌肉中生殖菌丝较少，无色，薄壁至稍厚壁，很少分枝，直径为 2~3.3 µm；骨架菌丝占多数，无色，厚壁，具一窄的内腔至近实心，偶尔分枝，直径为 2~3.6 µm。菌管中生殖菌丝较少，无色，薄壁，偶尔分枝，直径为 1.4~3 µm；骨架菌丝占多数，无色，厚壁，具一窄的内腔至近实心，很少分枝，近平行排列，直径为 2~3 µm。子实层中无囊状体，具拟囊状体，纺锤形，薄壁，光滑，11.2~16.3 × 3.4~4.6 µm。担子棍棒状，着生 4 个担孢子梗，基部具一锁状联合，13~26 × 4.2~5.2 µm；拟担子占多数，形状与担子类似，比担子稍小。担孢子腊肠形，无色，薄壁，光滑，无拟糊精反应和淀粉质反应，无嗜蓝反应，4~6 × 1~2 µm，平均长 L = 4.69 µm，平均宽 W = 1.28 µm，长宽比 Q = 3.35~3.93 (n = 90/3)。

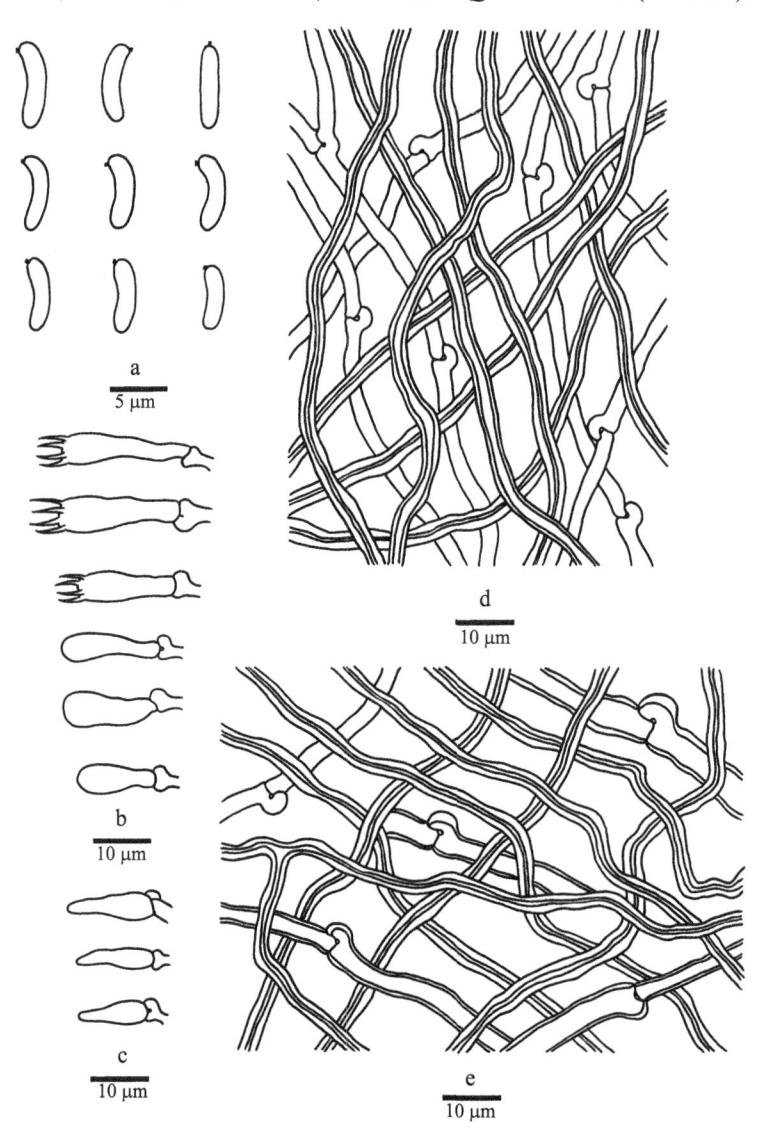

图 1 斜纹焦灰孔菌 Adustoporia sinuosa (Fr.) Audet 的显微结构图
a. 担孢子；b. 担子和拟担子；c. 拟囊状体；d. 菌管菌丝；e. 菌肉菌丝

研究标本：内蒙古：呼伦贝尔市，红花尔基樟子松国家森林公园，2019 年 7 月 24

日，戴玉成 20122（BJFC 031794），戴玉成 20123（BJFC 031795）。云南：大理白族自治州，剑川县，甸南镇，印合村，2021 年 9 月 27 日，戴玉成 23108（BJFC 037679）；兰坪县，通甸镇，罗古箐，2017 年 9 月 18 日，崔宝凯 16252（BJFC 029551），崔宝凯 16253（BJFC 029552）。西藏：林芝市，波密县，易贡茶场，2021 年 10 月 24 日，戴玉成 23450（BJFC 038022）；林芝市，波密县，2021 年 10 月 25 日，戴玉成 23504（BJFC 038076），戴玉成 23523（BJFC 038095），戴玉成 23609（BJFC 038181）；林芝市，波密县，岗云杉林景区，2021 年 10 月 27 日，戴玉成 23634（BJFC 038206），戴玉成 23651（BJFC 038223）。甘肃：张掖市，祁连山自然保护区，寺大隆保护站，2018 年 9 月 4 日，戴玉成 18998（BJFC 027467），戴玉成 19003（BJFC 027472）。

生境：广泛分布于世界各地，常生长在针叶树上，偶尔也会生长在阔叶树上，引起木材褐色腐朽。

中国分布：河北、内蒙古、吉林、黑龙江、浙江、安徽、福建、山东、湖北、广西、云南、西藏、甘肃、新疆等。

世界分布：白俄罗斯、爱沙尼亚、俄罗斯、法国、芬兰、瑞典、意大利、越南、中国等。

讨论：斜纹焦灰孔菌的担子果大多一年生，平伏，且非常薄，孔口通常每毫米 1~4 个，不规则，孔口表面奶油色至浅褐色，担孢子腊肠形（4~6 × 1~2 μm）。兴安薄孔菌 *Antrodia hingganensis* Y.C. Dai & Penttilä 是 Dai 和 Penttilä（2006）发现的物种，该种与斜纹焦灰孔菌有着极其相似的形态特征，区别在于兴安薄孔菌的孔口较小（每毫米 3~5 个），在进行更深入的研究发现，兴安薄孔菌在不同生态环境产生的子实体在形态上有着极大的多样性，在比对了该种模式标本的 ITS 序列后，发现兴安薄孔菌的序列与斜纹焦灰孔菌一致，因此认定兴安薄孔菌是斜纹焦灰孔菌的同物异名。此外，斜纹焦灰孔菌与胶质孔菌属的种类有着相似的宏观形态，但斜纹焦灰孔菌产生大孔的灰褐色担子果，常有浓厚的甘草味，其骨架菌丝在 KOH 试剂中几乎无反应，且担孢子腊肠形；相比之下，胶质孔菌属种类的骨架菌丝在 KOH 试剂中有膨胀消解的变化，菌肉和菌管中富含胶质物质，且其担孢子圆柱形至宽椭圆形。调查发现，斜纹焦灰孔菌在我国广泛分布，多生长在针叶树上（Liu et al., 2023a）。

淀粉伏孔菌属 Amyloporia Bondartsev & Singer ex Singer
Mycologia 36: 67, 1944

担子果一年生至多年生，平伏，新鲜时柔软，干后白垩质，易碎；孔口表面新鲜时柠檬黄色至奶油色，烘干以后变成柠檬黄色、浅黄色、奶油色至白色，未成熟时光滑，成熟后表面龟裂成方片状；菌肉白色至奶油色，白垩质，脆而易碎；菌管与孔口表面同色。菌丝系统二体系；生殖菌丝具锁状联合，骨架菌丝具有淀粉质反应，无嗜蓝反应；子实层中无囊状体，具拟囊状体；担孢子腊肠形或圆柱形，无色，薄壁，光滑，无拟糊精反应和淀粉质反应，无嗜蓝反应。

模式种：*Amyloporia xantha* (Fr.) Bondartsev & Singer。
生境：多生长在针叶树倒木上，偶尔生长在阔叶树上，引起木材褐色腐朽。

中国分布：全国广泛分布。

世界分布：世界各地广泛分布。

讨论：淀粉伏孔菌属由 Bondartsev 和 Singer 建立（Singer，1944），模式种为灰白多孔菌 *Polyporus calceus* (Fr.) Schwein.。厚多孔菌 *Polyporus crassus* Fr.和柔软多孔菌 *Polyporus lenis* Lév.也曾被移至淀粉伏孔菌属，但这两个物种的骨架菌丝均没有淀粉质反应，在之后的研究中又被移出。随后的研究发现，灰白多孔菌的模式标本是被鉴定错误的黄卧孔菌 *Poria xantha* (Fr.) Cooke。因此，Ryvarden（1991）将黄卧孔菌重新定义为淀粉伏孔菌属的模式种，并判定灰白多孔菌是黄卧孔菌的同物异名。自此，淀粉伏孔菌属则被定义为担子果黄色至白色，菌丝结构二体系，骨架菌丝在 Melzer 试剂中有多变的淀粉质反应，且担孢子腊肠形的褐腐真菌，但其属的独立地位并未得到充分肯定，一些分类学家将淀粉伏孔菌属作为薄孔菌属的同物异名（Ryvarden，1991）。近些年的系统发育研究表明，淀粉伏孔菌属种类聚集在一起形成高支持率分支，并且远离于薄孔菌属。目前，该属有 6 个物种，中国分布有 2 个物种。

中国淀粉伏孔菌属分种检索表

1. 菌管中生殖菌丝占多数，担孢子圆柱形至宽椭圆形，3~4 × 1.6~2.2 μm ·· 亚黄淀粉伏孔菌 *A. subxantha*
1. 菌管中骨架菌丝占多数，担孢子腊肠形，4~5 × 1~1.6 μm ················· 黄淀粉伏孔菌 *A. xantha*

亚黄淀粉伏孔菌　图 2

Amyloporia subxantha (Y.C. Dai & X.S. He) B.K. Cui & Y.C. Dai, Antonie van Leeuwenhoek 104(5): 825, 2013. Cui & Dai, Antonie van Leeuwenhoek 104(5): 825, 2013.

Antrodia subxantha Y.C. Dai & X.S. He, Mycosystema 31(2): 171, 2012.

子实体：担子果一年生至多年生，平伏，贴生，不易与基质分离，软木栓质，稍有香气，烘干以后味苦涩；平伏担子果长可达 7 cm，宽可达 3.5 cm，厚约 12 mm；孔口表面干后呈浅黄色至柠檬黄色；不育边缘不明显或几乎不存在；孔口圆形至多角形，孔口每毫米 5~8 个；管口边缘薄，全缘至轻微撕裂状；菌肉奶油色至浅黄色，脆而易碎，厚约 1 cm；菌管与菌肉同色，软木栓质，长可达 2 mm。

显微结构：菌丝系统二体系；生殖菌丝具锁状联合；骨架菌丝在 Melzer 试剂中具有强淀粉质反应；无嗜蓝反应；菌丝组织在 KOH 试剂中无变化。菌肉中生殖菌丝较少，无色，薄壁至稍厚壁，很少分枝，直径为 2.4~3.6 μm；骨架菌丝占多数，无色，厚壁，具一窄的内腔，偶尔分枝，交织排列，直径为 2.4~6.2 μm。菌管中生殖菌丝占多数，无色，薄壁至稍厚壁，常具分枝，直径为 1.7~5 μm；骨架菌丝较少，无色，厚壁，具一窄的内腔，很少分枝，直径为 1.8~4.7 μm。子实层中无囊状体，具拟囊状体，纺锤形，薄壁，光滑，11~21 × 3~4 μm。担子棍棒状，着生 4 个担孢子梗，基部具一锁状联合，11~16 × 3.6~5 μm；拟担子占多数，形状与担子类似，比担子稍小。担孢子圆柱形至宽椭圆形，无色，薄壁，光滑，无拟糊精反应和淀粉质反应，无嗜蓝反应，(2.7~)3~4(~4.2) × (1.3~)1.6~2.2(~2.4) μm，平均长 $L = 3.47$ μm，平均宽 $W = 1.89$ μm，长宽比 $Q = 1.66~1.96$ ($n = 120/4$)。

研究标本：四川：剑阁县，2011 年 9 月 10 日，崔宝凯 10572（BJFC 011467，模式标本），崔宝凯 10573（BJFC 011468）；剑阁县，翠云廊古柏自然保护区，2018 年 11 月 9 日，崔宝凯 17174（BJFC 030474），崔宝凯 17175（BJFC 030475）；江油市，六合乡，2012 年 2 月 23 日，崔宝凯 10588（BJFC 013513）。云南：昆明市，西山森林公园，2013 年 7 月 17 日，崔宝凯 11154（BJFC 015269），崔宝凯 11155（BJFC 015270）；昆明市，西山森林公园，2017 年 10 月 25 日，崔宝凯 16487（BJFC 029786）。

生境：生长在针叶树上，引起木材褐色腐朽。
中国分布：四川、云南。
世界分布：中国。

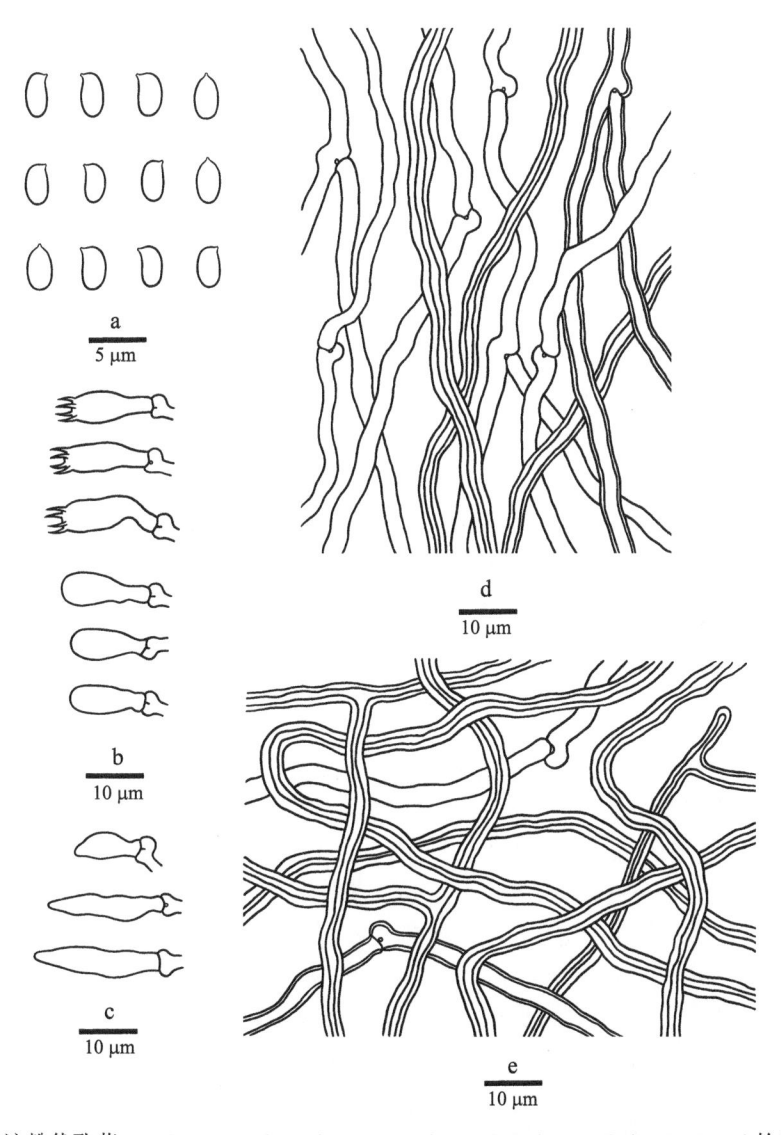

图 2　亚黄淀粉伏孔菌 *Amyloporia subxantha* (Y.C. Dai & X.S. He) B.K. Cui & Y.C. Dai 的显微结构图
a. 担孢子；b. 担子和拟担子；c. 拟囊状体；d. 菌管菌丝；e. 菌肉菌丝

讨论：亚黄淀粉伏孔菌的主要特征是担子果一年生至多年生，平伏且薄，孔口通常每毫米 5~8 个，孔口表面浅黄色至柠檬黄色，菌管中生殖菌丝占多数，骨架菌丝在 Melzer 试剂中有强淀粉质反应，担孢子圆柱形至宽椭圆形（3~4 × 1.6~2.2 μm）。亚黄淀粉伏孔菌与黄淀粉伏孔菌宏观形态非常相似，且都生长在针叶树倒木上；然而，黄淀粉伏孔菌具有腊肠形的担孢子（4~5 × 1~1.6 μm），菌管中骨架菌丝占多数（Cui and Dai, 2013）。

黄淀粉伏孔菌 图 3

Amyloporia xantha (Fr.) Bondartsev & Singer, Annls Mycol. 39(1): 50, 1941. Liu et al., Mycosphere 14(1): 1591, 2023.

Polyporus xanthus Fr., Observ. Mycol. (Havniae) 1: 128, 1815.

Physisporus xanthus (Fr.) P. Karst., Bidr. Känn. Finl. Nat. Folk 37: 58, 1882.

Poria xantha (Fr.) Cooke, Grevillea 14(72): 112, 1886.

Antrodia xantha (Fr.) Ryvarden, Norw. Jl Bot. 20: 8, 1973.

Daedalea xantha (Fr.) A. Roy & A.B. De, Mycotaxon 61: 421, 1997.

Polyporus flavus P. Karst., Sydvestra Finlands Polyporeer, Disp. Praes. Akademisk Afhandling (Helsingfors): 40, 1859.

Polyporus selectus P. Karst., Not. Sällsk. Fauna et Fl. Fenn. Förh. 9: 360, 1868.

Polyporus sulphurellus Peck, Ann. Rep. N.Y. St. Mus. 42: 123, 1889.

Poria sulphurella (Peck) Sacc., Syll. Fung. (Abellini) 9: 190, 1891.

Poria greschikii Bres., Annls Mycol. 18(1/3): 38, 1920.

Poria selecta Rodway & Cleland, Pap. Proc. R. Soc. Tasm.: 15, 1930.

Amyloporiella flava A. David & Tortič, Trans. Br. Mycol. Soc. 83(4): 662, 1984.

Antrodia flava Teixeira, Revista Brasileira de Botânica 15(2): 125, 1992.

子实体：担子果一年生，平伏，贴生，通常大面积延展，不易与基质分离，新鲜时柔软，干后易碎至白垩质，重量变轻；平伏担子果长可达 30 cm，宽可达 10 cm，厚约 5 mm；孔口表面新鲜时柠檬黄色至奶油色，干后纯白色至奶油色；不育边缘不明显或几乎不存在；孔口圆形，每毫米 5~7 个；管口边缘薄，全缘或稍撕裂状；菌肉白色，白垩质，厚约 0.2 mm；菌管奶油色，易碎至白垩质，长可达 3 mm。

显微结构：菌丝系统二体系；生殖菌丝具有锁状联合，骨架菌丝在 Melzer 试剂中具有弱淀粉质反应，无嗜蓝反应；菌丝组织在 KOH 试剂中无变化。菌肉中生殖菌丝较少，无色，薄壁至稍厚壁，很少分枝，直径为 2~4 μm；骨架菌丝占多数，无色，厚壁，具一窄的内腔，偶尔分枝，直径为 3~6 μm。菌管中生殖菌丝较少，无色，薄壁至稍厚壁，偶尔分枝，直径为 2~3.6 μm；骨架菌丝占多数，无色，厚壁，具一窄的内腔，不分枝，近平行排列，直径为 3~5 μm。子实层中无囊状体，具拟囊状体，纺锤形，薄壁，光滑，10~14 × 3~4 μm。担子棒棒状，着生 4 个担孢子梗，基部具一锁状联合，10~15 × 4~6 μm；拟担子占多数，形状与担子类似，比担子稍小。担孢子腊肠形，无色，薄壁，光滑，无拟糊精反应和淀粉质反应，无嗜蓝反应，4~5 × 1~1.6 μm，平均长 $L = 4.57$ μm，平均宽 $W = 1.42$ μm，长宽比 $Q = 3.29~4.12$ ($n = 60/2$)。

研究标本：河北：兴隆县，雾灵山自然保护区，2009 年 7 月 29 日，崔宝凯 6836（BJFC 005323）；兴隆县，雾灵山自然保护区，2009 年 7 月 30 日，崔宝凯 6890（BJFC

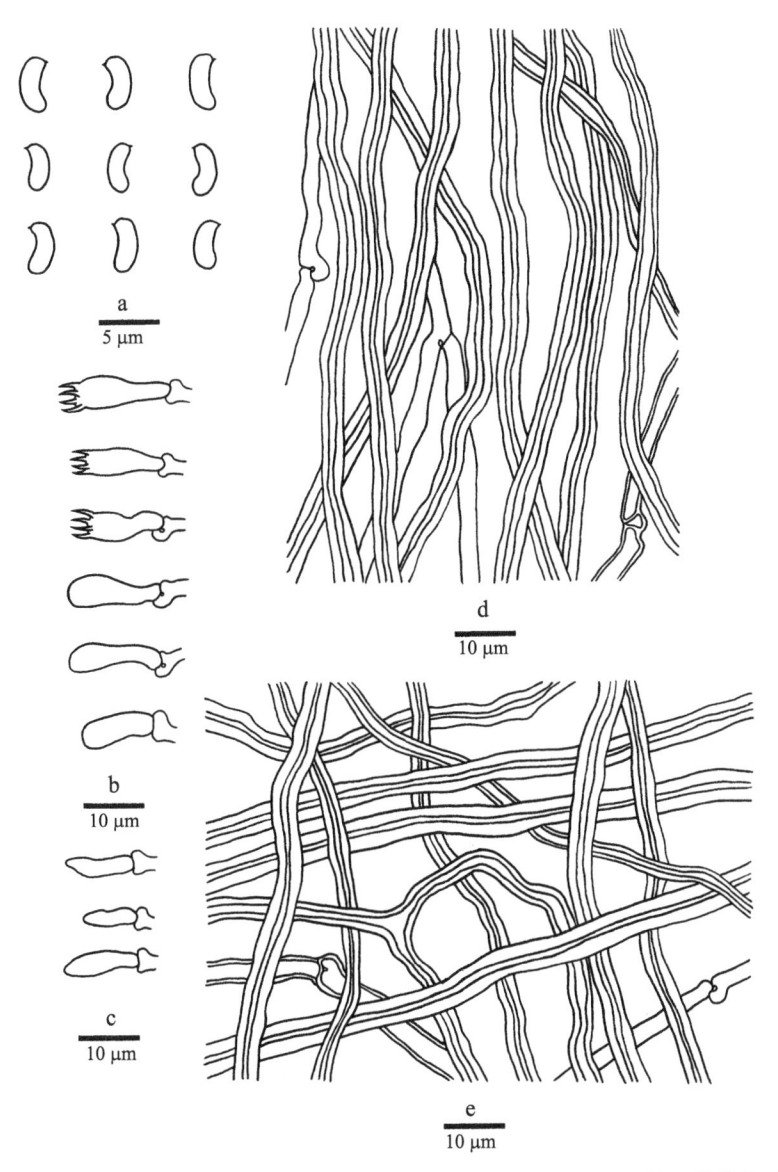

图 3 黄淀粉伏孔菌 *Amyloporia xantha* (Fr.) Bondartsev & Singer 的显微结构图
a. 担孢子；b. 担子和拟担子；c. 拟囊状体；d. 菌管菌丝；e. 菌肉菌丝

005377），崔宝凯 6932（BJFC 005419），崔宝凯 6947（BJFC 005434），崔宝凯 6949（BJFC 005436），崔宝凯 6951（BJFC 005438）。内蒙古：阿尔山市，阿尔山国家森林公园，2020 年 8 月 24 日，戴玉成 21643（BJFC 035544）。黑龙江：宁安市，镜泊湖景区，2007 年 9 月 10 日，戴玉成 8926（BJFC 000165）；宁安市，镜泊湖景区，2013 年 9 月 5 日，戴玉成 13467A（BJFC 014928）。福建：武夷山市，龙川大峡谷，2005 年 10 月 16 日，崔宝凯 2905（BJFC 000174）。湖北：神农架神农顶，2016 年 10 月 16 日，戴玉成 17258（BJFC 023357）。四川：普格县，螺髻山，2012 年 9 月 19 日，戴玉成 12984（BJFC 013226）。云南：宾川县，鸡足山景区，2015 年 9 月 8 日，崔宝凯 12532（BJFC 028310）。西藏：林芝市，2010 年 9 月 18 日，崔宝凯 9456（BJFC 008394）；

林芝市，波密县，2010年9月20日，崔宝凯 9555（BJFC 008493）；林芝市，波密县，易贡茶场，2021年10月24日，戴玉成 23398（BJFC 037970）。陕西：佛坪县，佛坪自然保护区，2006年10月28日，袁海生 2856（BJFC 000171）。甘肃：张掖市，祁连山自然保护区寺大隆保护站，2018年9月4日，戴玉成 19011（BJFC 027480）。新疆：哈密市，白石头保护区，2018年9月14日，戴玉成 19081（BJFC 027551）。

生境： 多生长在针叶树倒木上，尤喜松树，其次是冷杉和云杉，偶尔生长在阔叶树上，引起木材褐色腐朽。

中国分布： 河北、山西、内蒙古、辽宁、吉林、黑龙江、浙江、福建、湖北、四川、贵州、云南、西藏、陕西、甘肃、青海、新疆等。

世界分布： 阿根廷、澳大利亚、印度、新西兰、葡萄牙、芬兰、日本、中国等。

讨论： 黄淀粉伏孔菌的主要特征是担子果一年生，平伏，新鲜时柔软，干后易碎呈白垩质，孔口通常每毫米 5~7 个，孔口表面柠檬黄至奶油色，烘干以后呈纯白色或奶油色，骨架菌丝在 Melzer 试剂中有弱淀粉质反应，担孢子腊肠形（4~5 × 1~1.6 μm）。皲裂且柠檬黄至浅硫黄色的孔口表面使该种类在野外很易辨认，成熟后褪色而未出现皲裂的标本可以将骨架菌丝的弱淀粉质反应和腊肠形的孢子作为区别于他种类的特征。调查发现，该物种在我国广泛分布，多生长在针叶树上（Liu et al.，2023a）。

硬伏孔菌属 Lentoporia Audet

Mushr. Nomen. Novel. 5: 1, 2017

担子果一年生，平伏，新鲜时木栓质，干后硬木栓质；孔口表面新鲜时白色，干后奶油色至桃红色；孔口圆形；菌肉白色至奶油色，木栓质；菌管奶油色，木栓质至硬木栓质。菌丝系统二体系；生殖菌丝具锁状联合，骨架菌丝具淀粉质反应，无嗜蓝反应；子实层中无囊状体，具拟囊状体；担孢子宽椭圆形，无色，薄壁，光滑，无拟糊精反应和淀粉质反应，无嗜蓝反应。

模式种： *Lentoporia carbonica* (Overh.) Audet。

生境： 常生长在针叶树上，引起木材褐色腐朽。

中国分布： 吉林、四川、西藏。

世界分布： 北美洲，东亚。

讨论： 硬伏孔菌属是由 Audet 从广义薄孔菌属中分离出的新属（Audet，2017-2018），该属与薄孔菌属的区别在于：硬伏孔菌属的孔口是规则的圆形，骨架菌丝在 Melzer 试剂中具有强淀粉质反应，担孢子尺寸较小且为宽椭圆形。碳硬伏孔菌 *Lentoporia carbonica* 曾被 Vampola 和 Pouzar（1993）放置于淀粉伏孔菌属，但淀粉伏孔菌属的担子果孔口表面黄色，且担孢子腊肠形。目前，该属有 2 个物种，中国分布有 1 个物种。

亚碳硬伏孔菌 图 4

Lentoporia subcarbonica B.K. Cui, Y.Y. Chen & Shun Liu, Fungal Divers. 118: 39, 2023.

子实体： 担子果一年生，平伏，贴生，不易与基质分离，新鲜时木栓质，干后硬木栓质，重量变轻；平伏担子果长可达 10 cm，宽可达 4.5 cm，厚约 6 mm；孔口表面新鲜时白色，干后奶油色至桃红色；不育边缘不明显或几乎不存在；孔口圆形，每毫米 2~3 个；管口边缘薄，全缘或稍撕裂状；菌肉白色，木栓质，厚约 2 mm；菌管奶油色，木栓质至硬木栓质，长可达 4 mm。

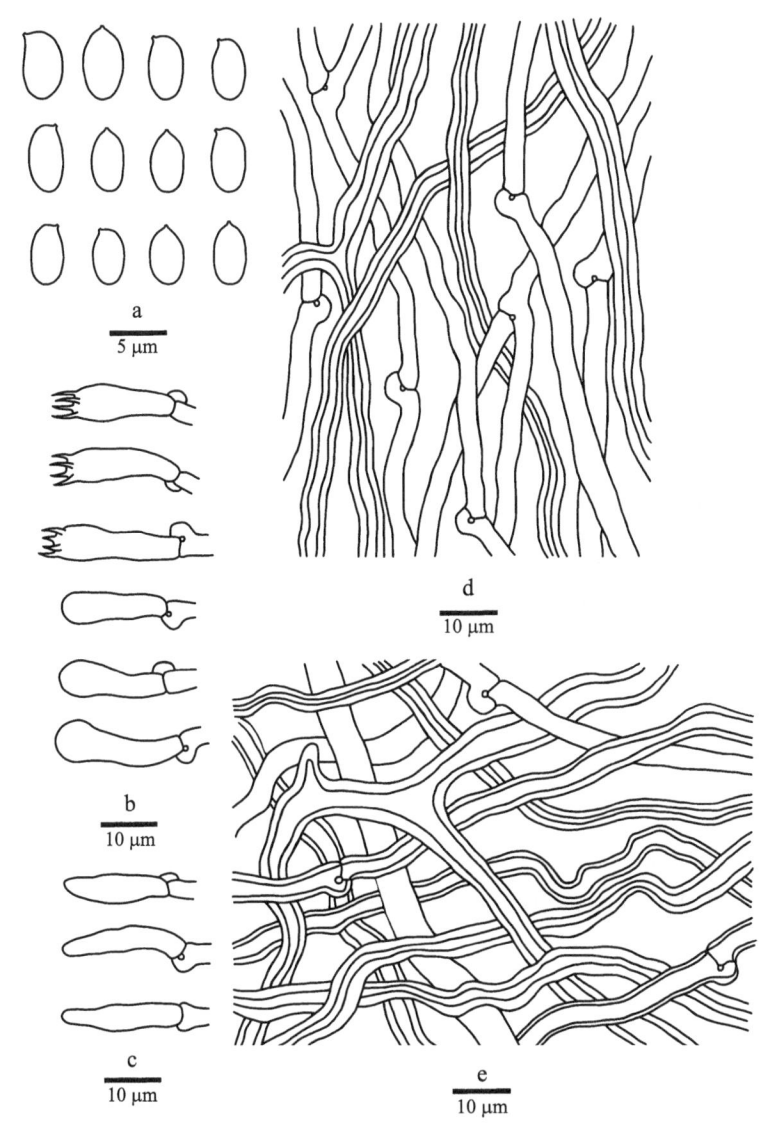

图 4 亚碳硬伏孔菌 *Lentoporia subcarbonica* B.K. Cui, Y.Y. Chen & Shun Liu 的显微结构图
a. 担孢子；b. 担子和拟担子；c. 拟囊状体；d. 菌管菌丝；e. 菌肉菌丝

显微结构：菌丝系统二体系；生殖菌丝具有锁状联合，骨架菌丝具强淀粉质反应，无嗜蓝反应；菌丝组织在 KOH 试剂中无变化。菌肉中生殖菌丝较少，无色，薄壁至稍厚壁，很少分枝，直径为 2~6 μm；骨架菌丝占多数，无色，厚壁，具一窄的内腔，偶尔分枝，直径为 3~7 μm。菌管中生殖菌丝较多，无色，薄壁，偶尔分枝，直径为 2~5 μm；骨架菌丝占少数，无色，厚壁，具一窄的内腔，偶尔分枝，交织排列，直径为 2.4~6 μm。子实层中无囊状体，具拟囊状体，纺锤形，薄壁，光滑，12.7~20.3 × 4~5 μm。担子棍

棒状，着生 4 个担孢子梗，基部具一锁状联合，18~21 × 5~6 μm；拟担子占多数，形状与担子类似，比担子稍小。担孢子宽椭圆形，无色，薄壁，光滑，无拟糊精反应和淀粉质反应，无嗜蓝反应，4~5.6 × 2.2~3(~3.3) μm，平均长 L = 4.71 μm，平均宽 W = 2.65 μm，长宽比 Q = 1.75~1.84 (n = 60/2)。

研究标本：四川：九寨沟县，九寨沟自然保护区，2012 年 10 月 11 日，崔宝凯 10614（BJFC 013539，模式标本）。西藏：林芝市，波密县，鲁朗镇，2019 年 7 月 21 日，戴玉成 20204（BJFC 031875）；林芝市，波密县，扎木村，2014 年 9 月 19 日，崔宝凯 12212（BJFC 017126）；林芝市，波密县至墨脱县，2019 年 7 月 18 日，戴玉成 20175（BJFC 031846），戴玉成 20177（BJFC 031848）。

生境：多生长在针叶树上，引起木材褐色腐朽。

中国分布：吉林、四川、西藏。

世界分布：中国。

讨论：亚碳硬伏孔菌和碳硬伏孔菌有着相似的形态特征，它们的担子果都是一年生，平伏，新鲜时孔口表面白色至奶油色，骨架菌丝有淀粉质反应，担孢子宽椭圆形，薄壁。然而，碳硬伏孔菌的孔口相对较小（每毫米 3~5 个），担孢子较大（6~7.5 × 2.7~4 μm）（Ryvarden and Melo，2014）。

胶质孔菌属 Resinoporia Audet

Mushr. Nomen. Novel. 7: 1, 2017

担子果一年生至多年生，平伏，新鲜时软木栓质，干后木栓质，易碎或白垩质；孔口表面新鲜时白色、奶油色至稻草色，干后稻草色、浅赭色、黄褐色至褐色；孔口圆形至多角形；菌肉白色至奶油色，木栓质，易碎或白垩质；菌管与孔口表面同色，木栓质。菌丝系统二体系；生殖菌丝具锁状联合，骨架菌丝无拟糊精反应和淀粉质反应，无嗜蓝反应，在 KOH 试剂中膨胀或消解，菌肉和菌管中含有丰富的树脂物质；子实层中无囊状体，具拟囊状体；担孢子椭圆形至窄椭圆形，无色，薄壁，光滑，无拟糊精反应和淀粉质反应，无嗜蓝反应。

模式种：*Resinoporia crassa* (P. Karst.) Audet。

生境：生长在针叶树上，引起木材褐色腐朽。

中国分布：内蒙古、吉林、黑龙江、江西、广东、海南、四川、云南、西藏、台湾。

世界分布：广泛分布于世界各地。

讨论：胶质孔菌属是由 Audet 从广义薄孔菌属中分离出的新属（Audet，2017-2018），该属与薄孔菌属 *Antrodia* 的区别在于：胶质孔菌属的孔口较小，菌肉和菌管中含有丰富的树脂物质，骨架菌丝在 KOH 试剂中膨胀或消解，担孢子圆柱形至宽椭圆形，且尺寸较小。胶质孔菌属的种类曾被归属于淀粉伏孔菌属，但淀粉伏孔菌属的孔口表面黄色，且骨架菌丝在 Melzer 试剂中有淀粉质反应，担孢子腊肠形。目前，该属有 12 个物种，中国分布有 3 个物种。

中国胶质孔菌属分种检索表

1. 骨架菌丝在 KOH 试剂中剧烈膨胀并消解，担孢子椭圆形至窄椭圆形 ········· 厚胶质孔菌 *R. crassa*
1. 骨架菌丝在 KOH 试剂中无反应，担孢子圆柱形 ··· 2
    2. 担子果一年生且边缘奶油色，骨架菌丝在 Melzer 试剂中无淀粉质反应 ····· 松胶质孔菌 *R. pinea*
    2. 担子果多年生且边缘棕色，骨架菌丝在 Melzer 试剂中有微弱的淀粉质反应 ·····················
       ·· 锡特卡胶质孔菌 *R. sitchensis*

厚胶质孔菌　图 5

Resinoporia crassa (P. Karst.) Audet, Mushr. Nomen. Novel. 7: 1, 2017. Liu et al., Mycosphere 14(1): 1591, 2023.

Physisporus crassus P. Karst., Bidr. Känn. Finl. Nat. Folk 48: 319, 1889.

Poria crassa (P. Karst.) Sacc., Syll. Fung. (Abellini) 9: 190, 1891.

Amylopria crassa (P. Karst.) Bondartsev & Singer, Annls Mycol. 39(1): 50, 1941.

Fomitopsis crassa (P. Karst.) Bondartsev, Trut. Grib Evrop. Chasti SSSR Kavkaza [Bracket Fungi Europ. U.S.S.R. Caucasus] (Moscow-Leningrad): 313, 1953.

Fibuloporia crassa (P. Karst.) Bondartsev, Trut. Grib Evrop. Chasti SSSR Kavkaza [Bracket Fungi Europ. U.S.S.R. Caucasus] (Moscow-Leningrad): 313, 1953.

Amyloporia crassa (P. Karst.) Bondartsev & Singer ex Bondartsev, Trut. Grib Evrop. Chasti SSSR Kavkaza [Bracket Fungi Europ. U.S.S.R. Caucasus] (Moscow-Leningrad): 149, 1953.

Fomes crassus (P. Karst.) Komarova, Opredelitel' Trutovykh Gribov Belorussii: 193, 1964.

Antrodia crassa (P. Karst.) Ryvarden, Norw. Jl Bot. 20: 8, 1973.

Amyloporiella crassa (P. Karst.) A. David & Tortič, Trans. Br. Mycol. Soc. 83(4): 660, 1984.

Polyporus caseicarnis Speg., Anal. Mus. Nac. Hist. Nat. B. Aires 6: 161, 1898.

子实体：担子果多年生，平伏，贴生，不易与基质分离，新鲜时软木栓质，干后木栓质，重量变轻；平伏担子果长可达 20 cm，宽可达 12 cm，厚约 3 mm；孔口表面新鲜时奶油色至稻草色，干后褐色；不育边缘不明显或几乎不存在；孔口圆形，每毫米 6~7 个；管口边缘厚，全缘或稍撕裂状；菌肉白色至奶油色，木栓质至白垩质，厚约 1 mm；菌管奶油色至稻草色，木栓质，长可达 10 mm。

显微结构：菌丝系统二体系；生殖菌丝具有锁状联合，骨架菌丝无拟糊精反应和淀粉质反应，无嗜蓝反应；菌丝组织在 KOH 试剂中消解；含有丰富的树脂物质。菌肉中生殖菌丝较少，无色，薄壁至稍厚壁，偶尔分枝，直径为 2.4~4 μm；骨架菌丝占多数，无色，厚壁，具一窄的内腔，很少分枝，在 KOH 试剂中剧烈膨胀并消解，直径为 2~4.3 μm。菌管中生殖菌丝较少，无色，薄壁，偶尔分枝，直径为 2.4~3.6 μm；骨架菌丝占多数，无色，厚壁，具一窄的内腔至近实心，不分枝，近平行排列，在 KOH 试剂中膨胀并消解，直径为 3~4 μm。子实层中无囊状体，具拟囊状体，纺锤形，薄壁，光滑，(12.3~)12.7~22.2(~24.3) × 4.8~7.6(~8.2) μm。担子棍棒状，着生 4 个担孢子梗，基部具一锁状联合，10.6~19.2(~22.6) × (5.6~)5.8~9.2(~10.8) μm；拟担子占多数，形状与担子类似，比担子稍小。担孢子椭圆形至窄椭圆形，无色，薄壁，光滑，无拟糊精反应和淀粉质反应，无嗜蓝反应，(4.8~)4.9~8.2(~9) × (2.9~)3~3.7(~4) μm，平均长 L = 5.54 μm，平均宽 W = 3.31 μm，长宽比 Q = 1.59~1.74 (n = 240/8)。

研究标本：吉林：安图县，池北区，长白山保护区黄松蒲林场，2019 年 9 月 21 日，戴玉成 20860（BJFC 032529）。黑龙江：伊春市，五营丰林自然保护区，2000 年 7 月 31 日，Penttilä 13040（BJFC 013494），2000 年 8 月 14 日，Penttilä 13510（BJFC 013497）。云南：兰坪县，罗古箐自然保护区，2021 年 9 月 3 日，戴玉成 22792（BJFC 037365）。

生境：生长在针叶树上，引起木材褐色腐朽。

中国分布：内蒙古、吉林、黑龙江、云南。

世界分布：俄罗斯、芬兰、瑞典、中国等。

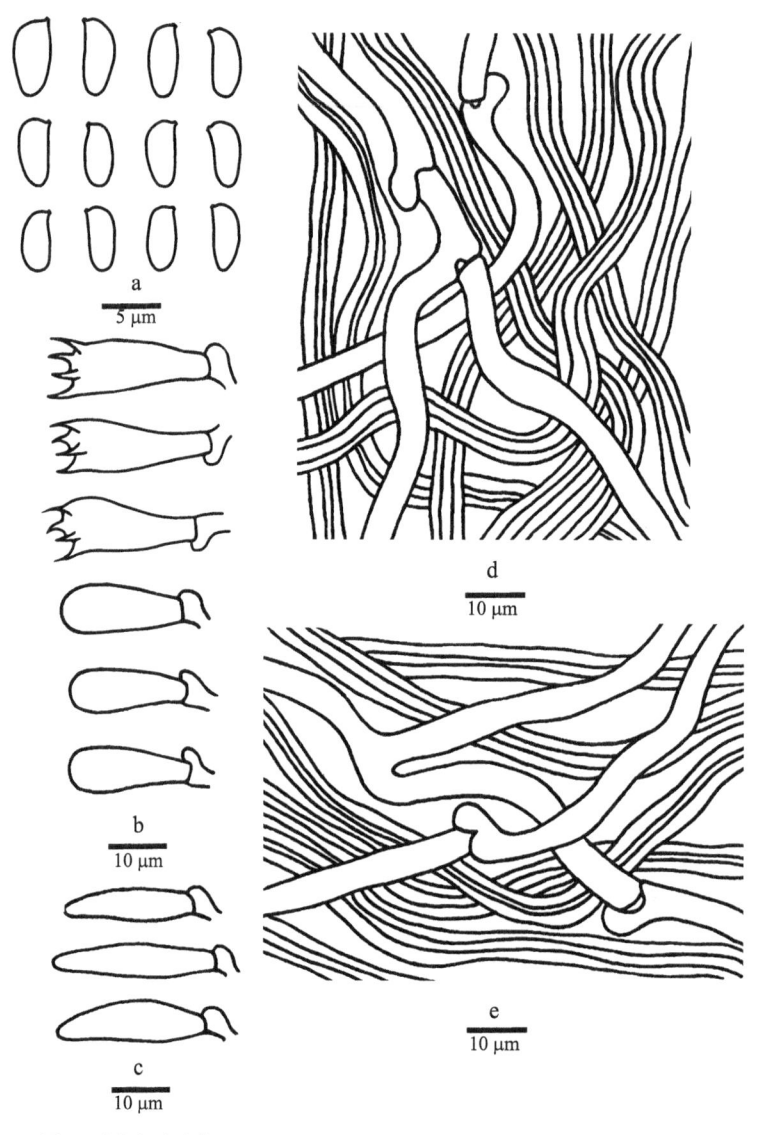

图 5　厚胶质孔菌 *Resinoporia crassa* (P. Karst.) Audet 的显微结构图
a. 担孢子；b. 担子和拟担子；c. 拟囊状体；d. 菌管菌丝；e. 菌肉菌丝

讨论：厚胶质孔菌的主要特征是担子果多年生，有明显分层，孔口表面通常发黄至浅赭色，孔口每毫米 6~7 个，菌肉和菌管中含有丰富的树脂物质，骨架菌丝遇 KOH 试剂膨胀消解，担孢子椭圆形至窄椭圆形（4.9~8.2 × 3~3.7 μm）。调查发现，该物种分布在我国东北地区和西南地区，生长在针叶树上（Liu et al.，2023a）。

松胶质孔菌　图 6

Resinoporia pinea (B.K. Cui & Y.C. Dai) Audet, Mushr. Nomen. Novel. 7: 2, 2017.

Amyloporia pinea B.K. Cui & Y.C. Dai, Antonie van Leeuwenhoek 104(5): 821, 2013.

Antrodia pinea (B.K. Cui & Y.C. Dai) Spirin, Fungal Biology 119(12): 1305, 2015.

子实体：担子果一年生，平伏，贴生，不易与基质分离，新鲜时软木栓质，干后木栓质，重量变轻；平伏担子果长可达 18 cm，宽可达 6 cm，厚约 2 mm；孔口表面新鲜时奶油色至浅黄色，干后黄褐色至稻草色；不育边缘不明显或几乎不存在；孔口圆形至多角形，每毫米 5~7 个；管口边缘薄，全缘或稍撕裂状；菌肉奶油色，木栓质，厚约 0.3 mm；菌管浅黄色至稻草色，木栓质，长可达 1.7 mm。

显微结构：菌丝系统二体系；生殖菌丝具有锁状联合，骨架菌丝无拟糊精反应和淀粉质反应，无嗜蓝反应；菌丝组织在 KOH 试剂中轻微膨胀；含有丰富的树脂物质。菌肉中生殖菌丝较少，无色，薄壁，常具分枝，直径为 2~3 μm；骨架菌丝占多数，透明至浅黄棕色，厚壁，具一窄的内腔至近实心，偶尔分枝，直径为 2.4~5 μm。菌管中生殖菌丝较少，无色，薄壁，很少分枝，直径为 1.6~3 μm；骨架菌丝占多数，透明至浅黄棕色，厚壁，具一窄的内腔至近实心，很少分枝，近平行排列，直径为 1.8~4.4 μm。子实层中无囊状体，具拟囊状体，纺锤形，薄壁，光滑，8~16 × 3~5 μm。担子棍棒状，着生 4 个担孢子梗，基部具一锁状联合，10~18 × 4.4~7 μm；拟担子占多数，形状与担子类似，比担子稍小。担孢子圆柱形，无色，薄壁，光滑，无拟糊精反应和淀粉质反应，无嗜蓝反应，5~6(~6.2) × (1.6~)1.8~2(~2.2) μm，平均长 L = 5.39 μm，平均宽 W = 2 μm，长宽比 Q = 2.63~2.78 (n = 90/3)。

研究标本：广东：乳源县，南岭自然保护区，2009 年 5 月 15 日，戴玉成 10930（BJFC 005171）。海南：昌江县，霸王岭自然保护区，2009 年 5 月 10 日，崔宝凯 6517（BJFC 004370），崔宝凯 6522（BJFC 004375，模式标本），崔宝凯 6525（BJFC 004378），崔宝凯 6529（BJFC 004382），戴玉成 10827（BJFC 005069），戴玉成 10830（BJFC 005072）。台湾：花莲县，林田山林场，2009 年 11 月 22 日，戴玉成 11557（BJFC 007426），戴玉成 11562（BJFC 007431），戴玉成 11563（BJFC 007432）。

生境：生长在针叶树上，尤喜松树，引起木材褐色腐朽。

中国分布：广东、海南、台湾。

世界分布：俄罗斯、中国。

讨论：松胶质孔菌的主要特征是担子果一年生，平伏，孔口每毫米 5~7 个，孔口表面新鲜时奶油色至浅黄色，干燥后变成黄褐色至稻草色，菌管和菌肉中骨架菌丝均占多数，在 Melzer 试剂中无淀粉质反应，在 KOH 试剂中轻微膨胀，菌肉和菌管中含有丰富的树脂物质，担孢子圆柱形（5~6 × 1.8~2 μm）。松胶质孔菌与厚胶质孔菌和锡特卡胶质孔菌形态相似，都有带有黄色平伏的担子果，多生长于针叶树上，且菌丝间存在大量树脂物质。但厚胶质孔菌有别于松胶质孔菌在于其骨架菌丝在 KOH 试剂中剧烈膨胀并消解，且二者担孢子的形状和大小均有差别；锡特卡胶质孔菌有别于松胶质孔菌在于其多年生且边缘棕色的担子果，较大的孔口（每毫米 4~6 个）以及在 Melzer 试剂中有微弱的淀粉质反应的骨架菌丝。

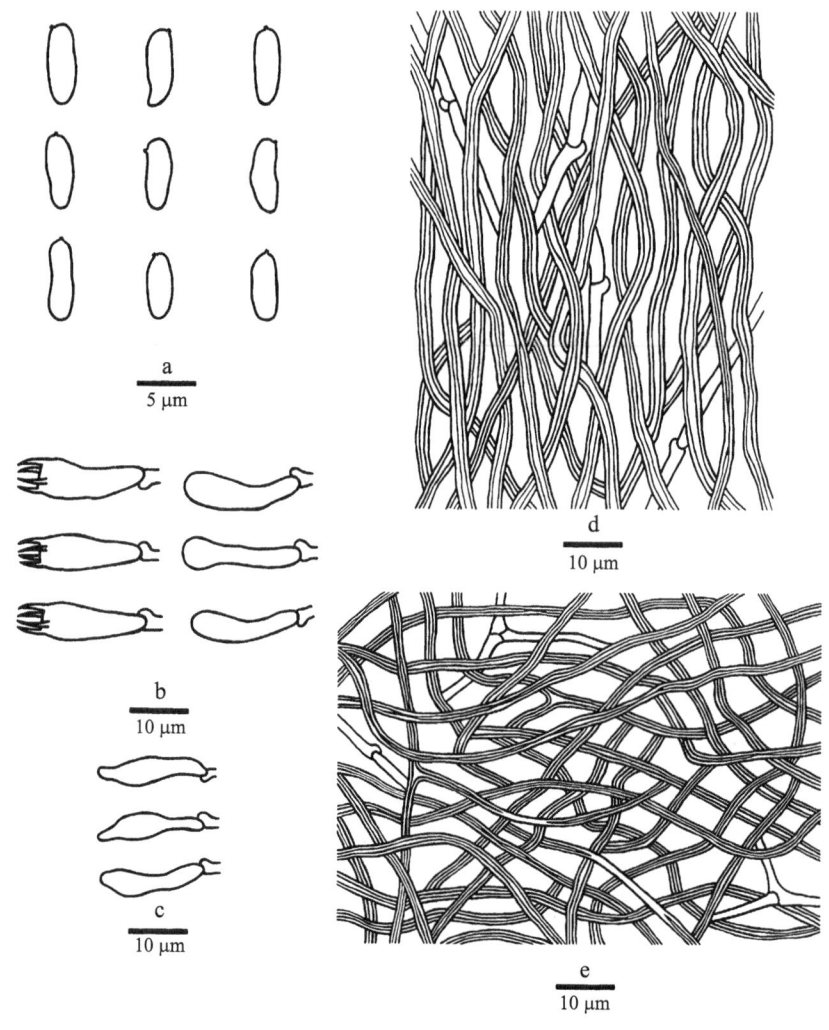

图 6 松胶质孔菌 *Resinoporia pinea* (B.K. Cui & Y.C. Dai) Audet 的显微结构图
a. 担孢子；b. 担子和拟担子；c. 拟囊状体；d. 菌管菌丝；e. 菌肉菌丝

锡特卡胶质孔菌　图 7

Resinoporia sitchensis (D.V. Baxter) Audet, Mushr. Nomen. Novel. 7: 1, 2017. Liu et al., Mycosphere 14(1): 1592, 2023.

Poria sitchensis D.V. Baxter, Pap. Mich. Acad. Sci. 23: 293, 1938.

Antrodia sitchensis (D.V. Baxter) Gilb. & Ryvarden, Mycotaxon 22(2): 364, 1985.

Amyloporia sitchensis (D.V. Baxter) Vampola & Pouzar, Česká Mykol. 46(3-4): 213, 1993.

子实体：担子果多年生，平伏，贴生，不易与基质分离，新鲜时干酪质至革质，干后白垩质至硬木栓质，重量变轻；平伏担子果长可达 15 cm，宽可达 10 cm，厚约 6 mm；

孔口表面新鲜时奶油色至浅黄色,干后浅橙棕色至棕色;不育边缘明显,棕色至近黑色;孔口圆形至多角形,每毫米 4~6 个;管口边缘厚,全缘;菌肉白色,革质至白垩质,厚约 1 mm;菌管奶油色至棕色,干酪质至硬木栓质,长可达 12 mm。

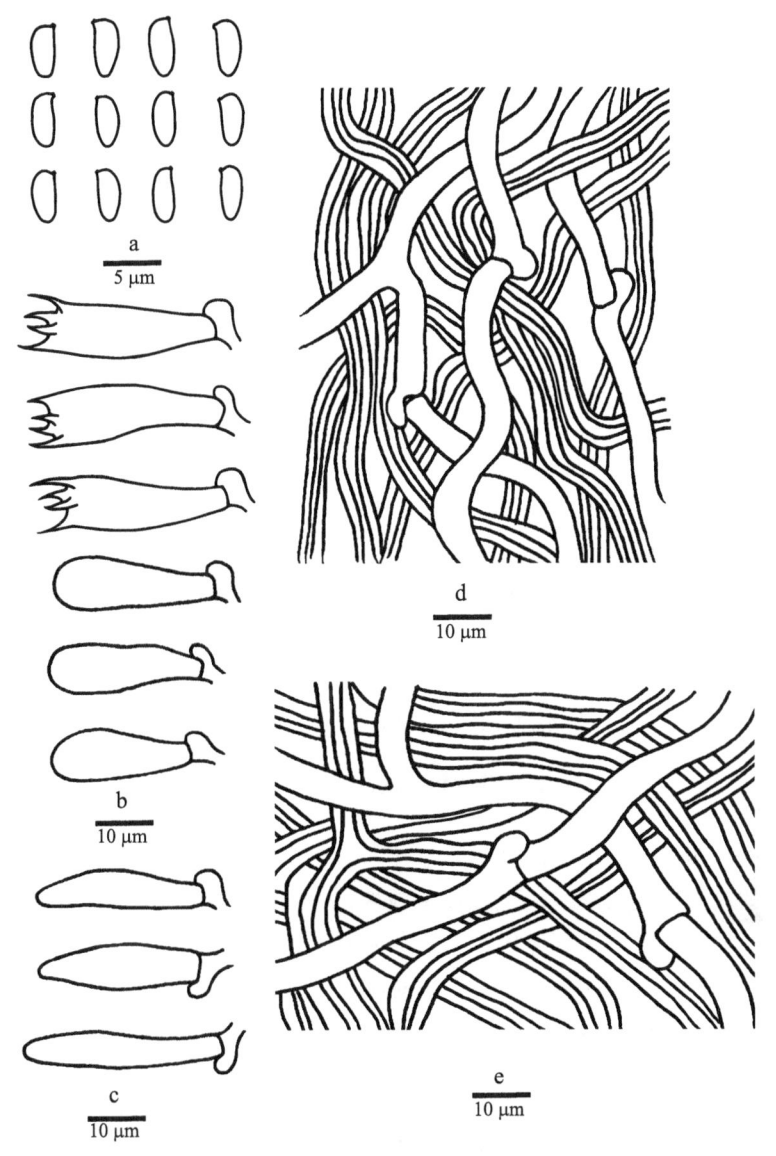

图 7 锡特卡胶质孔菌 *Resinoporia sitchensis* (D.V. Baxter) Audet 的显微结构图
a. 担孢子;b. 担子和拟担子;c. 拟囊状体;d. 菌管菌丝;e. 菌肉菌丝

显微结构:菌丝系统二体系;生殖菌丝具有锁状联合,骨架菌丝有微弱淀粉质反应,无嗜蓝反应;菌丝组织在 KOH 试剂中轻微膨胀;含有丰富的水滴状树脂物质。菌肉中生殖菌丝较少,无色,薄壁至稍厚壁,偶尔分枝,直径为 2.4~4 µm;骨架菌丝占多数,无色,厚壁,具一窄的内腔至近实心,很少分枝,直径为 2~5 µm。菌管中生殖菌丝较少,无色,薄壁,偶尔分枝,直径为 2~4 µm;骨架菌丝占多数,无色,厚壁,具一窄的内腔至近实心,很少分枝,不规则排列,直径为 2.7~4.3 µm。子实层中无囊状体,具拟囊状体，纺锤形，薄壁，光滑，10~19.5 × 3.7~5.6 μm。担子棍棒状，着生 4 个担孢子梗，基部具一锁状联合，12~20 × 5~7 μm；拟担子占多数，形状与担子类似，比担子稍小。担孢子圆柱形，无色，薄壁，光滑，无拟糊精反应和淀粉质反应，无嗜蓝反应，4~6.8(~7.6) × 1.8~3 μm，平均长 L = 4.80 μm，平均宽 W = 2.21 μm，长宽比 Q = 1.79~2.48 (n = 60/2)。

研究标本：吉林：安图县，长白山自然保护区黄松蒲林场，2007 年 9 月 13 日，戴玉成 8227（IFP 000422），戴玉成 9111（BJFC 000152）。黑龙江：伊春市，五营丰林自然保护区，2002 年 9 月 7 日，戴玉成 3617（BJFC 013423）。江西：分宜县，大岗山，2009 年 9 月 23 日，崔宝凯 7861（BJFC 006350）。四川：九寨沟县，九寨沟自然保护区，2005 年 9 月 20 日，戴玉成 4085（IFP 000423）。西藏：林芝市，米林县，南伊沟，2021 年 10 月 22 日，戴玉成 23281（BJFC 037852）。

生境：生长在针叶树上，引起木材褐色腐朽。

中国分布：吉林、黑龙江、江西、四川、西藏。

世界分布：加拿大、美国、中国等。

讨论：锡特卡胶质孔菌的主要特征是担子果多年生，平伏，边缘明显，棕色至近黑色，孔口表面奶油色至浅黄色，随着菌龄的增长或烘干以后呈浅橙棕色，孔口每毫米 4~6 个，菌管和菌肉中骨架菌丝均占多数，在 Melzer 试剂中有微弱的淀粉质反应，在 KOH 试剂中轻微膨胀，菌肉和菌管中含有丰富的树脂物质，担孢子圆柱形（4~6.8 × 1.8~3 μm）。调查发现，该物种在我国分布较广泛，生长在针叶树上（Liu et al.，2023a）。

玫瑰孔菌属 Rhodonia Niemelä
Karstenia 45(2): 79, 2005

担子果一年生，平伏，新鲜时柔软多汁，干后木栓质至易碎；孔口表面新鲜时白色至奶油色或玫瑰色，干后奶油色至浅黄色或棕色；孔口圆形至多角形；菌肉白色至红棕色，木栓质；菌管奶油色至红棕色，木栓质至易碎。菌丝系统单体系；生殖菌丝具锁状联合，无拟糊精反应和淀粉质反应，无嗜蓝反应；胶化菌丝偶尔存在；子实层中无囊状体，具拟囊状体；担孢子圆柱形，无色，薄壁，光滑，无拟糊精反应和淀粉质反应，无嗜蓝反应。

模式种：*Rhodonia placenta* (Fr.) Niemelä, K.H. Larss. & Schigel。

生境：常生长在针叶树上，偶尔也生长在阔叶树上，引起木材褐色腐朽。

中国分布：吉林、黑龙江、四川、云南、西藏、新疆。

世界分布：北半球广泛分布。

讨论：玫瑰孔菌属由 Niemelä 等（2005）基于过去的研究建立（Boidin et al.，1998；Kim et al.，2001；Binder et al.，2005），该属的主要特征是子实体平伏且较厚，孔口表面新鲜时白色至奶油色或玫瑰色，菌肉白色至红棕色，菌管奶油色至红棕色，木栓质至易碎，菌丝系统单体系，担孢子圆柱形。目前，该属有 6 个物种，中国分布有 5 个物种。

中国玫瑰孔菌属分种检索表

1. 胶化菌丝存在 ·· 2
1. 胶化菌丝不存在 ·· 3
   2. 菌管倾斜而生；孢子宽 2~2.5 μm ··· 斜管玫瑰孔菌 *R. obliqua*
   2. 菌管直生；担孢子宽 2.5~3 μm ·· 鲑色玫瑰孔菌 *R. placenta*
3. 囊状体存在 ··· 天山玫瑰孔菌 *R. tianshanensis*
3. 囊状体不存在 ·· 4
   4. 子实体有酸味；孔口表面干后褐色 ··· 酸味玫瑰孔菌 *R. rancida*
   4. 子实体味道温和；孔口表面干后浅黄色至肉桂色 ······················· 亚鲑色玫瑰孔菌 *R. subplacenta*

斜管玫瑰孔菌　图 8

Rhodonia obliqua (Y.L. Wei & W.M. Qin) B.K. Cui, L.L. Shen & Y.C. Dai, Persoonia 42: 121, 2019.

Postia obliqua Y.L. Wei & W.M. Qin, Sydowia 62(1): 166, 2010.

子实体：担子果一年生，平伏，贴生，不易与基质分离，新鲜时软木栓质，干后木栓质至易碎，重量变轻；平伏担子果长可达 100 cm，宽可达 50 cm，厚约 1 mm；孔口表面新鲜时白色，干后棕色；不育边缘不明显或几乎不存在；孔口圆形至多角形，每毫米 2~3 个；管口边缘薄，全缘或稍撕裂状；菌肉红棕色，木栓质，厚约 0.2 mm；菌管奶油色至红棕色，木栓质至易碎，长可达 10 mm。

显微结构：菌丝系统单体系；生殖菌丝具有锁状联合，无拟糊精反应和淀粉质反应，无嗜蓝反应；菌丝组织在 KOH 试剂中无变化。菌肉中生殖菌丝无色，薄壁，偶尔分枝，交织排列，直径为 3.5~5 μm。菌管中生殖菌丝无色，薄壁，很少分枝，交织排列，直径为 2.5~3.5 μm。子实层中无囊状体及其他不育结构。担子棒棒状，着生 4 个担孢子梗，基部具一锁状联合，13~20 × 5~7 μm；拟担子占多数，形状与担子类似，比担子稍小。担孢子圆柱形，无色，薄壁，光滑，无拟糊精反应和淀粉质反应，无嗜蓝反应，(4.2~)4.8~6.2(~7) × 2~2.5(~2.8) μm，平均长 L = 5.53 μm，平均宽 W = 2.2 μm，长宽比 Q = 2.39~2.51 (n = 60/2)。

研究标本：四川：九龙县，伍须海景区，2019 年 9 月 13 日，崔宝凯 17704（BJFC 034563）。云南：维西县，2011 年 9 月 22 日，崔宝凯 10470（BJFC 011365）。西藏：林芝市，波密县，易贡茶场，2021 年 10 月 24 日，戴玉成 23436（BJFC 038008）；林芝市，林芝县，色季拉山，2004 年 8 月 4 日，戴玉成 5724（IFP 015757，模式标本），戴玉成 5728（IFP 015758）。

生境：生长于针叶树树桩或腐木上，引起木材褐色腐朽。

中国分布：四川、云南、西藏。

世界分布：中国。

讨论：斜管玫瑰孔菌的主要特征是具有较大的平伏子实体，菌管倾斜生长，孔口每毫米 2~3 个，有胶化菌丝存在。黄伏孔菌属的一些种类如垫形黄伏孔菌也具有较大的平伏子实体和倾斜生长的菌管，但是垫形黄伏孔菌具有二系的菌丝结构，较小的孔口（每毫米 4~5 个）和较大的担孢子（6~7.5 × 2.4~3.2 μm）（Ryvarden and Gilbertson, 1994）。

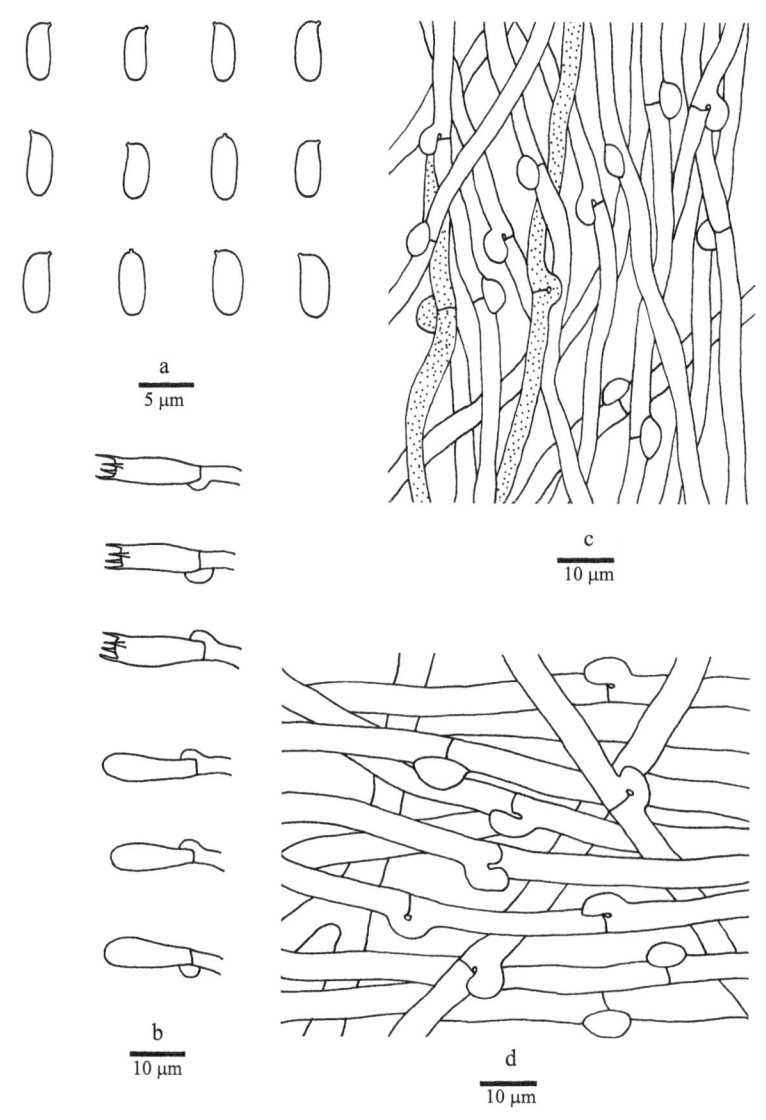

图 8　斜管玫瑰孔菌 Rhodonia obliqua (Y.L. Wei & W.M. Qin) B.K. Cui, L.L. Shen & Y.C. Dai 的显微结构图

a. 担孢子；b. 担子和拟担子；c. 菌管菌丝；d. 菌肉菌丝

鲑色玫瑰孔菌　图 9

Rhodonia placenta (Fr.) Niemelä, K.H. Larss. & Schigel, Karstenia 45: 79, 2005. Liu et al., Mycosphere 14(1): 1592, 2023.

Polyporus placenta Fr., Öfvers. K. Svensk. Vetensk.-Akad. Förhandl. 18: 30, 1861.

Physisporus placenta (Fr.) P. Karst., Bidr. Känn. Finl. Nat. Folk 37: 57, 1882.

Poria placenta (Fr.) Cooke, Grevillea 14 (72): 110, 1886.

Leptoporus placenta (Fr.) Pat., Essai Tax. Hyménomyc. (Lons-le-Saunier): 85, 1900.

Ceriporiopsis placenta (Fr.) Domański, Acta Soc. Bot. Pol. 32: 732, 1963.

Tyromyces placentus (Fr.) Ryvarden [as '*placenta*'], Norw. Jl Bot. 20: 10, 1973.

Oligoporus placenta (Fr.) Gilb. & Ryvarden [as '*placentus*'], Mycotaxon 22: 365, 1985.
Postia placenta (Fr.) M.J. Larsen & Lombard, Mycotaxon 26: 272, 1986.
Poria incarnata Pers., Ann. Bot. (Usteri) 11: 30, 1794.
Boletus incarnatus (Pers.) Pers., Syn. Meth. Fung. (Göttingen) 2: 546, 1801.
Polyporus incarnatus (Pers.) Fr., Syst. Mycol. (Lundae) 1: 379, 1821.
Physisporus incarnatus (Pers.) Gillet, Hyménomycètes (Alençon): 699, 1878.
Caloporus incarnatus (Pers.) P. Karst., Revue Mycol., Toulouse 3(9): 18, 1881.
Bjerkandera roseomaculata P. Karst., Hedwigia 30: 247, 1891.
Physisporus albolilacinus P. Karst., Hedwigia 31: 220, 1892.
Polyporus roseomaculatus (P. Karst.) Sacc., Syll. Fung. (Abellini) 11: 84, 1895.
Poria albolilacina (P. Karst.) Sacc., Syll. Fung. (Abellini) 11: 95, 1895.
Poria monticola Murrill, Mycologia 12: 90, 1920.
Poria carnicolor D.V. Baxter, Pap. Mich. Acad. Sci. 26: 109, 1941.
Poria microspora Overh., Can. J. Res., Section C 21: 224, 1943.

子实体：担子果一年生，平伏，贴生，不易与基质分离，新鲜时软木栓质，干后硬木质至易碎，重量变轻；平伏担子果长可达 10 cm，宽可达 3 cm，厚约 0.8 mm；孔口表面新鲜时鲑色，干后颜色稍微变淡；不育边缘不明显或几乎不存在；孔口圆形，每毫米 3~4 个；管口边缘薄，全缘；菌肉白色，硬木质，厚约 0.5 mm；菌管鲑色，易碎，长可达 0.3 mm。

显微结构：菌丝系统单体系；生殖菌丝具有锁状联合，无拟糊精反应和淀粉质反应，无嗜蓝反应；菌丝组织在 KOH 试剂中无变化。菌肉中生殖菌丝无色，薄壁至稍厚壁，偶尔分枝，交织排列，直径为 4~5 μm。菌管中生殖菌丝无色，薄壁至稍厚壁，常具分枝，交织排列，直径为 2.5~3.5 μm。胶化菌丝存在，弯曲，3~3.5 μm。子实层中有囊状体，纺锤形，薄壁，光滑，19~23 × 5~8 μm。担子棍棒状，着生 4 个担孢子梗，基部具一锁状联合，12.6~19.5 × 4.7~6.8 μm；拟担子占多数，形状与担子类似，比担子稍小。担孢子圆柱形，无色，薄壁，光滑，无拟糊精反应和淀粉质反应，无嗜蓝反应，(4.9~)5~7(~7.2) × 2.5~3(~3.2) μm，平均长 L = 5.86 μm，平均宽 W = 2.73 μm，长宽比 Q = 2.04~2.37 (n = 60/2)。

研究标本：四川：木里县，李子坪乡，2019 年 8 月 16 日，崔宝凯 17572（BJFC 034431）。新疆：布尔津县，喀纳斯保护区，2004 年 8 月 12 日，魏玉莲 1406（BJFC 002092）；巩留县，西天山自然保护区，2015 年 9 月 14 日，戴玉成 15934（BJFC 020035）。

生境：生长于针叶树或阔叶树树桩，引起木材褐色腐朽。

中国分布：四川、新疆。

世界分布：日本、中国；美洲（落基山脉），欧洲；太平洋西北部。

讨论：鲑色玫瑰孔菌的主要特征是孔口表面新鲜时鲑色，干后颜色稍微变淡，孔口圆形，每毫米 3~4 个，菌管鲑色，担孢子圆柱形（5~7 × 2.5~3 μm）。调查发现，该物种在我国新疆和四川有分布，生长在针叶树或阔叶树上（Shen et al.，2014；Liu et al.，2023a）。

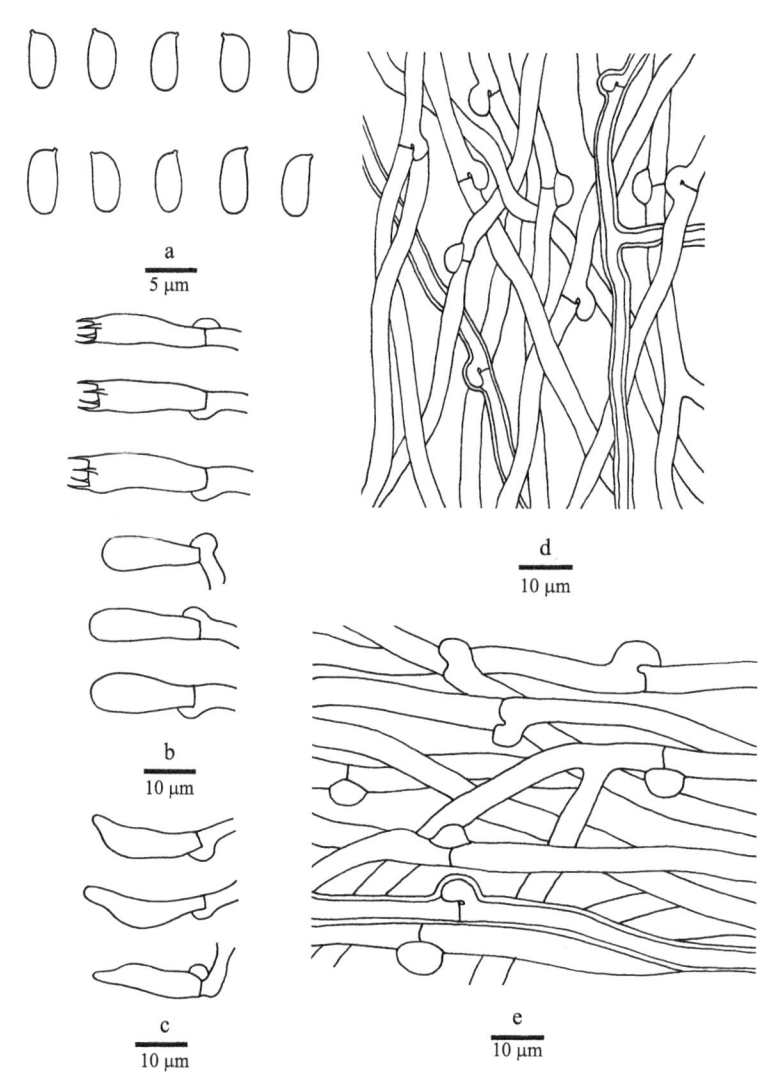

图 9 鲑色玫瑰孔菌 Rhodonia placenta (Fr.) Niemelä, K.H. Larss. & Schigel 的显微结构图
a. 担孢子；b. 担子和拟担子；c. 囊状体；d. 菌管菌丝；e. 菌肉菌丝

酸味玫瑰孔菌 图 10

Rhodonia rancida (Bres.) B.K. Cui, L.L. Shen & Y.C. Dai, Persoonia 42: 122, 2019.

Poria rancida Bres., Fung. Trident. 2: 96, 1900.

Aporpium rancidum (Bres.) Bondartsev & Singer ex Bondartsev, Trut. Grib Evrop. Chasti SSSR Kavkaza [Bracket Fungi Europ. U.S.S.R. Caucasus] (Moscow-Leningrad): 160, 1953.

Coriolus rancidus (Bres.) Park.-Rhodes, Bot. Zh. SSSR 37: 327, 1960.

Oligoporus rancidus (Bres.) Gilb. & Ryvarden, Mycotaxon 22: 365, 1985.

Postia rancida (Bres.) M.J. Larsen & Lombard, Mycotaxon 26: 272, 1986.

子实体：担子果一年生，平伏，贴生，不易与基质分离，新鲜时肉质，软而多汁，干后脆而易碎至木栓质，重量变轻；平伏担子果长可达 10 cm，宽可达 2 cm，厚约 2 mm；

孔口表面新鲜时白色，干后褐色；不育边缘不明显或几乎不存在；孔口多角形，每毫米 2~4 个；管口边缘薄，撕裂状；菌肉浅黄色，木栓质，厚约 0.1 mm；菌管黄色，易碎，长可达 2 mm。

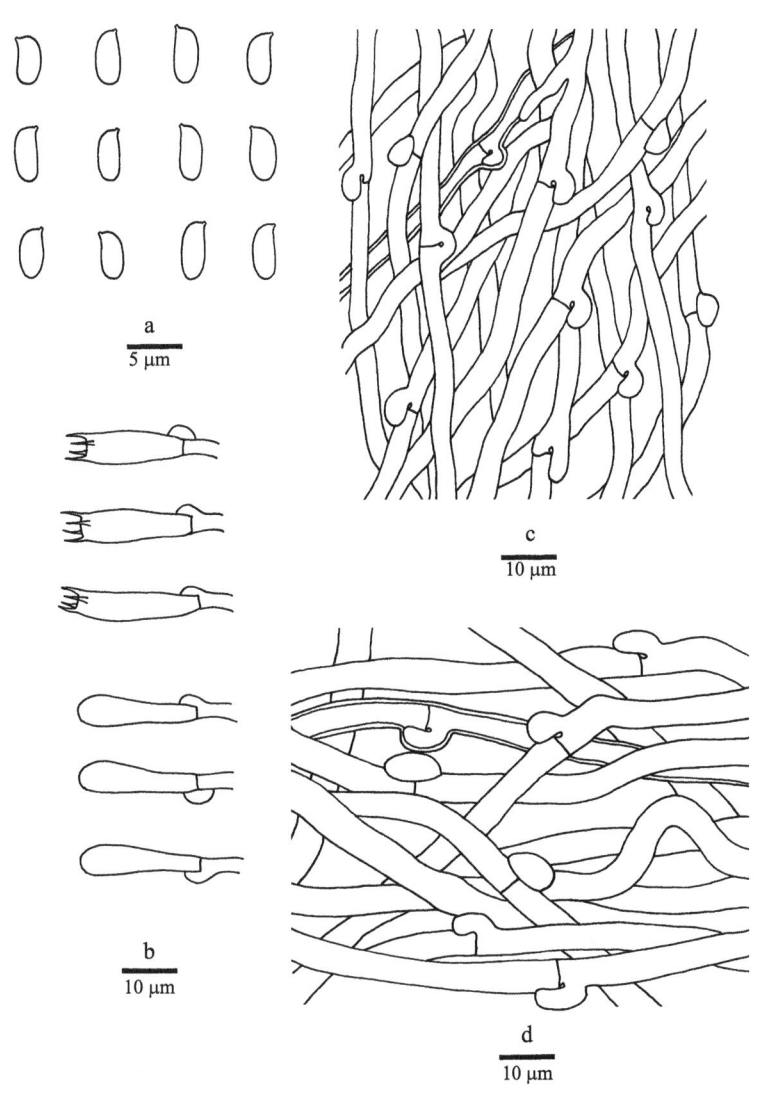

图 10 酸味玫瑰孔菌 *Rhodonia rancida* (Bres.) B.K. Cui, L.L. Shen & Y.C. Dai 的显微结构图
a. 担孢子；b. 担子和拟担子；c. 菌管菌丝；d. 菌肉菌丝

显微结构：菌丝系统单体系；生殖菌丝具有锁状联合，无拟糊精反应和淀粉质反应，无嗜蓝反应；菌丝组织在 KOH 试剂中无变化。菌肉中生殖菌丝无色，薄壁至稍厚壁，很少分枝，交织排列，直径为 4~6 μm。菌管中生殖菌丝无色，薄壁至稍厚壁，很少分枝，交织排列，直径为 3~5 μm。子实层中无囊状体及其他不育结构。担子棍棒状，着生 4 个担孢子梗，基部具一锁状联合，14~23 × 4~5 μm；拟担子占多数，形状与担子类似，比担子稍小。担孢子圆柱形，无色，薄壁，光滑，无拟糊精反应和淀粉质反应，无嗜蓝反应，(4.5~)5~6.2(~6.5) × 2~2.3(~2.5) μm，平均长 L = 5.47 μm，平均宽 W = 2.2 μm，

长宽比 $Q = 2.55$~2.62 ($n = 60/2$)。

研究标本：西藏：林芝市，林芝县，卡定沟公园，2014 年 9 月 24 日，崔宝凯 12317（BJFC 017231），崔宝凯 12339（BJFC 017253）。

生境：生长于针叶树的倒木上，引起木材褐色腐朽。

中国分布：西藏。

世界分布：挪威中北部、奥地利、中国；美洲东部。

讨论：酸味玫瑰孔菌的主要特征是子实体有酸的味道。斜管玫瑰孔菌和酸味玫瑰孔菌都有白色平伏子实体和相似形状与大小的担孢子，但是斜管玫瑰孔菌新鲜时无臭无味，且有胶化菌丝存在（Wei and Qin, 2010）。调查发现，酸味玫瑰孔菌在我国西藏有分布，生长在针叶树上（Shen et al., 2019）。

亚鲑色玫瑰孔菌　图 11

Rhodonia subplacenta (B.K. Cui) B.K. Cui, L.L. Shen & Y.C. Dai, Persoonia 42: 122, 2019.

Postia subplacenta B.K. Cui, Mycotaxon 120: 232, 2012.

子实体：担子果一年生，平伏，贴生，易与基质分离，新鲜时木栓质，干后木栓质至脆革质，重量变轻；平伏担子果长可达 5 cm，宽可达 3 cm，厚约 2.5 mm；孔口表面新鲜时白色至浅黄色，干后浅黄色至肉桂色；不育边缘不明显或几乎不存在；孔口多角形，每毫米 3~5 个；管口边缘薄，全缘或撕裂状；菌肉奶油色至浅黄色，木栓质，厚约 0.2 mm；菌管白色至奶油色，脆而易碎，长可达 23 mm。

显微结构：菌丝系统单体系；生殖菌丝具有锁状联合，无拟糊精反应和淀粉质反应，无嗜蓝反应；菌丝组织在 KOH 试剂中无变化。菌肉中生殖菌丝无色，薄壁至厚壁，常具分枝，交织排列，直径为 3~7 μm。菌管中生殖菌丝无色，薄壁至厚壁，偶尔分枝，交织排列，直径为 3~4.5 μm。子实层中无囊状体及其他不育结构。担子棒棒状，着生 4 个担孢子梗，基部具一锁状联合，12~18 × 4~5 μm；拟担子占多数，形状与担子类似，比担子稍小。担孢子圆柱形，无色，薄壁，光滑，无拟糊精反应和淀粉质反应，无嗜蓝反应，(4~)4.2~6.2(~6.9) × 2~2.3(~2.5) μm，平均长 $L = 5.11$ μm，平均宽 $W = 2.13$ μm，长宽比 $Q = 2.34$~2.49 ($n=60/2$)。

研究标本：吉林：安图县，长白山自然保护区，2011 年 8 月 8 日，崔宝凯 10001（BJFC 010894，模式标本）。黑龙江：宁安市，镜泊湖地下森林公园，2013 年 9 月 5 日，戴玉成 13456（BJFC 014917）；伊春市，丰林自然保护区，2011 年 8 月 1 日，崔宝凯 9818（BJFC 010711）。

生境：生长于松树倒木上，引起木材褐色腐朽。

中国分布：吉林、黑龙江。

世界分布：中国。

讨论：亚鲑色玫瑰孔菌与鲑色玫瑰孔菌有着相似的形态特征，都有平伏子实体，相似大小的孔口，圆柱形担孢子，但是鲑色玫瑰孔菌有鲑红色的孔口表面，胶化菌丝存在，和较大的担孢子（5~7 × 2.5~3 μm）（Ryvarden and Melo, 2014）。

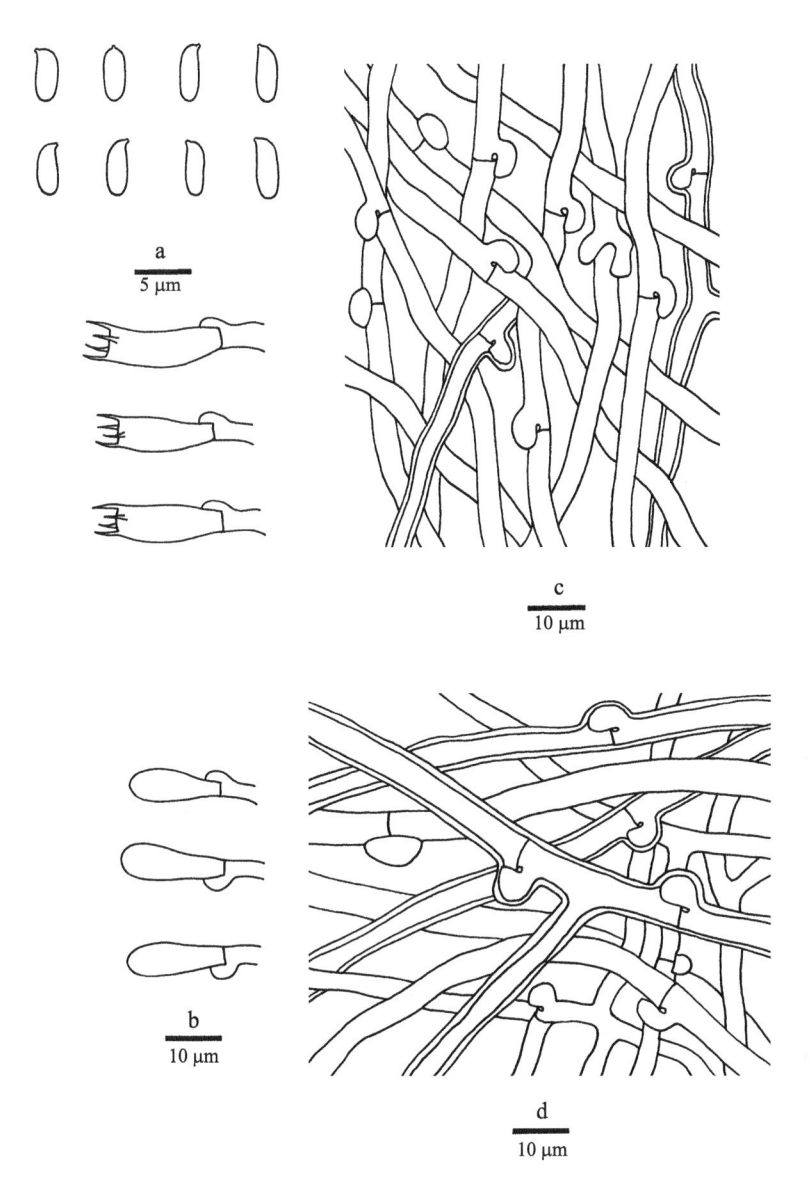

图 11　亚鲑色玫瑰孔菌 Rhodonia subplacenta (B.K. Cui) B.K. Cui, L.L. Shen & Y.C. Dai 的显微结构图
a. 担孢子；b. 担子和拟担子；c. 菌管菌丝；d. 菌肉菌丝

天山玫瑰孔菌　图 12

Rhodonia tianshanensis Yuan Yuan & L.L. Shen, Phytotaxa 328: 181, 2017. Yuan & Shen, Phytotaxa 328: 181, 2017.

子实体：担子果一年生，平伏，贴生，不易与基质分离，新鲜时软木栓质，干后木栓质至易碎，重量变轻；平伏担子果长可达 15 cm，宽可达 5.5 cm，厚约 15 mm；孔口表面新鲜时白色至奶油色，干后浅棕色至棕色；不育边缘不明显或几乎不存在；孔口多角形，每毫米 3~4 个；管口边缘薄，全缘或撕裂状；菌肉白色至奶油色，木栓质，厚约 0.2 mm；菌管浅土黄色，易碎，长可达 1.5 mm。

显微结构：菌丝系统单体系；生殖菌丝具有锁状联合，无拟糊精反应和淀粉质反应，

无嗜蓝反应；菌丝组织在 KOH 试剂中无变化。菌肉中生殖菌丝无色，薄壁，偶尔分枝，交织排列，直径为 4~5.5 μm。菌管中生殖菌丝无色，薄壁至稍厚壁，偶尔分枝，交织排列，直径为 2.5~4 μm。子实层中有囊状体，纺锤形，无色，薄壁，光滑，25~38 × 4~6 μm。担子棍棒状，着生 4 个担孢子梗，基部具一锁状联合，18~22 × 3~5 μm；拟担子占多数，形状与担子类似，比担子稍小。担孢子圆柱形，无色，薄壁，光滑，无拟糊精反应和淀粉质反应，无嗜蓝反应，(5~)5.2~5.5(~5.8) × (2.4~)2.5~2.8(~3) μm，平均长 L = 5.42 μm，平均宽 W = 2.72 μm，长宽比 Q = 1.86~1.96 (n = 60/2)。

研究标本：云南：德钦县，梅里雪山明永景区，2021 年 9 月 4 日，戴玉成 22803（BJFC 037376）。新疆：巩留县，西天山自然保护区，2015 年 9 月 14 日，戴玉成 15934（BJFC 020035，模式标本）。

生境：生长在针叶树上，引起木材褐色腐朽。

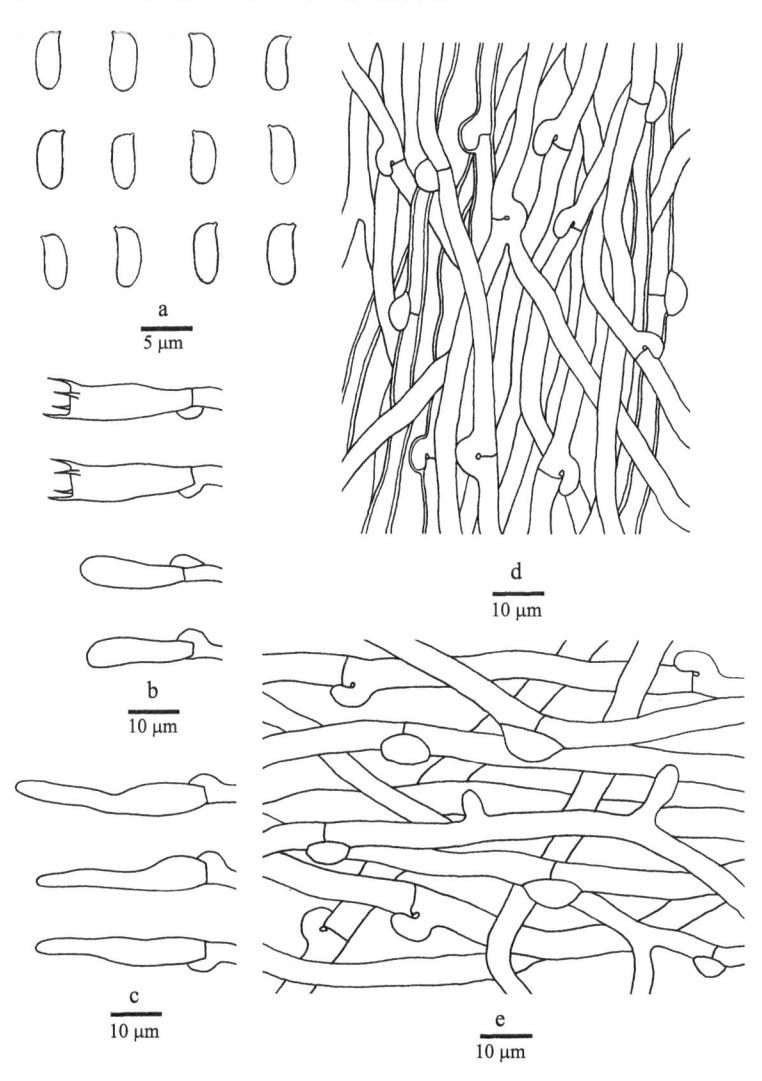

图 12 天山玫瑰孔菌 *Rhodonia tianshanensis* Yuan Yuan & L.L. Shen 的显微结构图
a. 担孢子；b. 担子和拟担子；c. 拟囊状体；d. 菌管菌丝；e. 菌肉菌丝

中国分布：云南、新疆。

世界分布：中国。

讨论：天山玫瑰孔菌的主要特征是担子果平伏，菌管斜生，囊状体纺锤形（25~38 × 4~6 μm），担孢子圆柱形（5.2~5.5 × 2.5~2.8 μm）（Yuan and Shen，2017）。斜管玫瑰孔菌也有平伏的担子果和斜生的菌管，但它的菌管中存在着胶化菌丝，且担孢子较狭窄（4.8~6.2 × 2~2.5 μm）（Wei and Qin，2010）；鲑色玫瑰孔菌与天山玫瑰孔菌有着相似的孔口与担孢子，但鲑色玫瑰孔菌新鲜时孔口表面鲑色，且有胶化菌丝存在（Ryvarden and Melo，2014）。

黄孔菌科 AURIPORIACEAE B.K. Cui, Shun Liu & Y.C. Dai
Fungal Divers. 118: 42, 2023

担子果一年生，平伏或具菌盖，木栓质至易碎，子实层体呈孔状，孔口圆形至多角形。菌丝系统单体系至二体系，生殖菌丝具锁状联合；担孢子腊肠形、圆柱形至椭圆形，无色，薄壁，光滑，无拟糊精反应和淀粉质反应，无嗜蓝反应。

模式属：*Auriporia* Ryvarden。

生境：生长在针叶树或阔叶树上，引起木材褐色腐朽。

中国分布：北京、辽宁、黑龙江、浙江、安徽、江西、湖南、广西、四川、贵州。

世界分布：世界各地广泛分布。

讨论：近些年的系统发育研究表明，黄孔菌属 *Auriporia* 镶嵌于多孔菌目中，但其科级地位未定（Justo et al.，2017；He et al.，2019）。在 Liu 等（2023a）的研究中，黄孔菌属种类聚集在一起，形成一个支持率高的独立分支。形态特征上，黄孔菌属种类的担子果平伏或具菌盖，孔口表面黄色，菌丝系统单体系至二体系，生殖菌丝具锁状联合，囊状体有短的侧枝或突起，通常在顶部被有结晶，担孢子椭圆形或腊肠形（Ryvarden，1973；Ryvarden and Gilbertson，1993）。结合形态学特征与系统发育分析，Liu 等（2023a）将黄孔菌属建立为新科黄孔菌科。目前，该科共有 1 个属 4 个物种，中国分布有 1 个属 2 个物种。

黄孔菌属 Auriporia Ryvarden
Norw. Jl Bot. 20 (1): 2, 1973

担子果一年生，平伏或具菌盖，新鲜时木栓质，干后木栓质至易碎；菌盖表面土黄色至棕黄色；孔口表面奶油色至金黄色；孔口圆形至多角形；菌肉土黄色至棕黄色，木栓质；菌管与孔口同色，木栓质。菌丝系统单体系至二体系；生殖菌丝具锁状联合，骨架菌丝无拟糊精反应和淀粉质反应，无嗜蓝反应；子实层中囊状体存在，拟囊状体存在或缺失；担孢子腊肠形、圆柱形至椭圆形，无色，薄壁，光滑，无拟糊精反应和淀粉质反应，无嗜蓝反应。

模式种：*Auriporia aurea* (Peck) Ryvarden。

生境：生长在针叶树或阔叶树上，引起木材褐色腐朽。

中国分布：北京、辽宁、黑龙江、浙江、安徽、江西、湖南、广西、四川、贵州。

世界分布：北半球广泛分布。

讨论：黄孔菌属是分布于北半球的小类群多孔菌（Ryvarden，1991；Ryvarden and Gilbertson，1993；Teixeira，1994；Núñez and Ryvarden，2001）。该属由 Ryvarden（1973）建立，以金黄卧孔菌 *Poria aurea* Peck 为模式种。目前，该属有 4 个物种，中国分布有 2 个物种。

中国黄孔菌属分种检索表

1. 担子果黄色；担孢子长椭圆形，5~10 × 3~4.5 μm ·················· **金黄黄孔菌 *A. aurea***
1. 担子果金黄色至橘黄色；担孢子椭圆形至近圆柱形，4~8 × 2~4 μm ········ **橘黄黄孔菌 *A. aurulenta***

金黄黄孔菌　图 13

Auriporia aurea (Peck) Ryvarden, Norw. Jl Bot. 20: 2, 1973. Liu et al., Mycosphere 14(1): 1592, 2023.

Poria aurea Peck, Ann. Rep. Reg. N.Y. St. Mus. 43: 67, 1890.

Leptoporus aureus (Peck) Pat., Essai Tax. Hyménomyc. (Lons-le-Saunier): 85, 1900.

Chaetoporellus aureus (Peck) Bondartsev, Trut. Grib Evrop. Chasti SSSR Kavkaza [Bracket Fungi Europ. U.S.S.R. Caucasus] (Moscow-Leningrad): 167, 1953.

子实体：担子果一年生，平伏，贴生，不易与基质分离，新鲜时软木栓质，干后木栓质，重量变轻；平伏担子果长可达 8 cm，宽可达 5 cm，厚约 4 mm；孔口表面新鲜时黄色，干后浅黄色至浅褐色；不育边缘不明显或几乎不存在；孔口圆形至多角形，每毫米 2~4 个；管口边缘薄，全缘或稍撕裂状；菌肉奶油色至淡黄色，木栓质，厚约 1 mm；菌管浅黄色至浅褐色，木栓质，长可达 3 mm。

显微结构：菌丝系统二体系；生殖菌丝具有锁状联合，骨架菌丝无拟糊精反应和淀粉质反应，无嗜蓝反应；菌丝组织在 KOH 试剂中无变化。菌肉中生殖菌丝较少，无色，薄壁，很少分枝，直径为 2.3~4 μm；骨架菌丝占多数，无色，厚壁，具一窄的内腔，很少分枝，直径为 2~4.2 μm。菌管中生殖菌丝较少，无色，薄壁，很少分枝，直径为 2~3 μm；骨架菌丝占多数，无色，厚壁，具一窄的内腔至近实心，不分枝，近平行排列，直径为 2~4 μm。子实层中具囊状体，纺锤形，无色，厚壁，光滑，顶端常被结晶，20~55 × 12~25 μm。担子棒棒状，着生 4 个担孢子梗，基部具一锁状联合，25~30 × 6~8 μm；拟担子占多数，形状与担子类似，比担子稍小。担孢子长椭圆形，无色，薄壁，光滑，无拟糊精反应和淀粉质反应，无嗜蓝反应，(4.5~)5~10(~10.3) × (2.5~)3~4.5(~4.7) μm，平均长 L = 7.83 μm，平均宽 W = 3.96 μm，长宽比 Q = 1.76~2.54 (n = 60/2)。

研究标本：北京：延庆区，松山自然保护区，2005 年 7 月 27 日，戴玉成 6629（IFP 011795）。辽宁：宽甸县，灌水镇，1995 年 9 月 26 日，戴玉成 2191（IFP 000848）。湖南：宜章县，莽山自然保护区，2007 年 6 月 26 日，戴玉成 8164（IFP 000849）。四川：松潘县，黄龙自然保护区，2012 年 10 月 14 日，崔宝凯 10665（BJFC 013589）。

生境：生长在针叶树或阔叶树上，引起木材褐色腐朽。

中国分布：北京、辽宁、湖南、四川。

世界分布：韩国、美国、日本、中国等。

讨论：金黄黄孔菌的主要特征是孔口表面新鲜时黄色，干燥后淡黄色至浅褐色，囊状体厚壁，被有结晶，担孢子长椭圆形（5~10 × 3~4.5 μm）。调查发现，该物种在我国分布较广泛，生长在针叶树或阔叶树上（Liu et al., 2023a）。

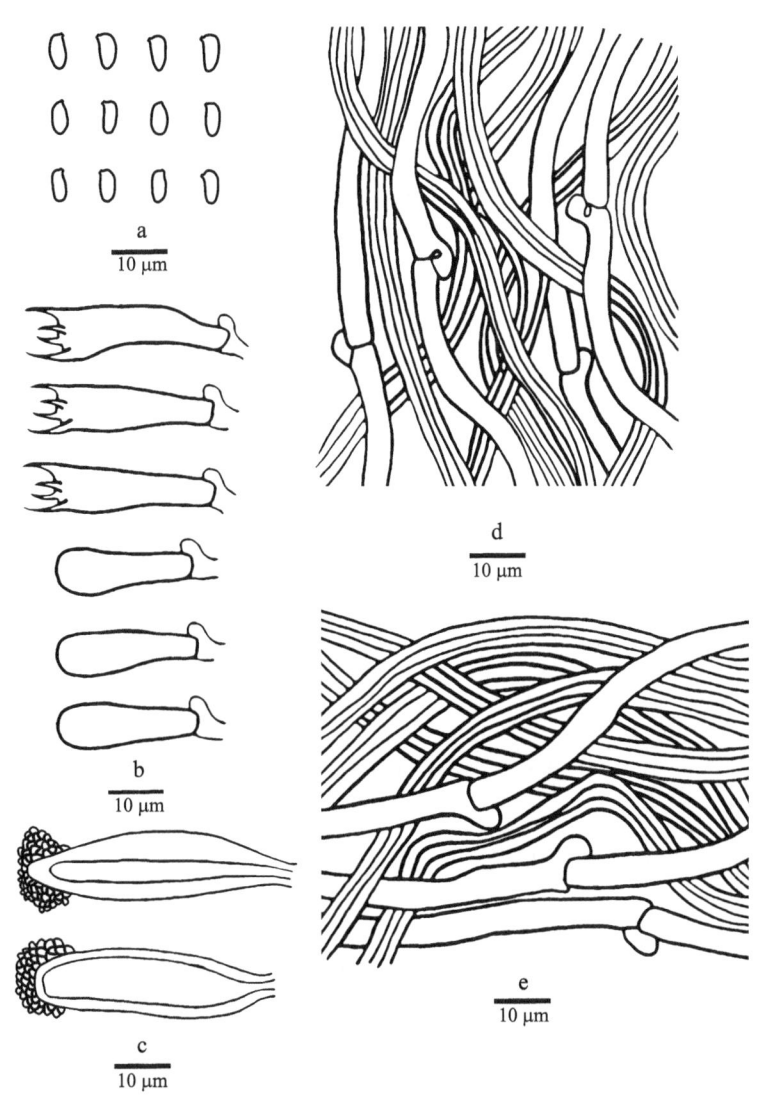

图 13　金黄黄孔菌 *Auriporia aurea* (Peck) Ryvarden 的显微结构图
a. 担孢子；b. 担子和拟担子；c. 囊状体；d. 菌管菌丝；e. 菌肉菌丝

橘黄黄孔菌　图 14

Auriporia aurulenta A. David, Tortič & Jelić, Bull. Trimest. Soc. Mycol. Fr. 90(4): 364, 1975. Liu et al., Mycosphere 14(1): 1592, 2023.

子实体：担子果一年生，平伏，贴生，易与基质分离，新鲜时软木栓质，干后木栓质，重量变轻；平伏担子果长可达 16 cm，宽可达 10 cm，厚约 5 mm；孔口表面新鲜时金黄色至橘黄色，干后浅黄色；不育边缘不明显或几乎不存在；孔口圆形至多角形，每

• 43 •

毫米 2~3 个；管口边缘稍厚，全缘或稍撕裂状；菌肉黄色，木栓质，厚约 1 mm；菌管与孔口表面同色，木栓质，长可达 10 mm。

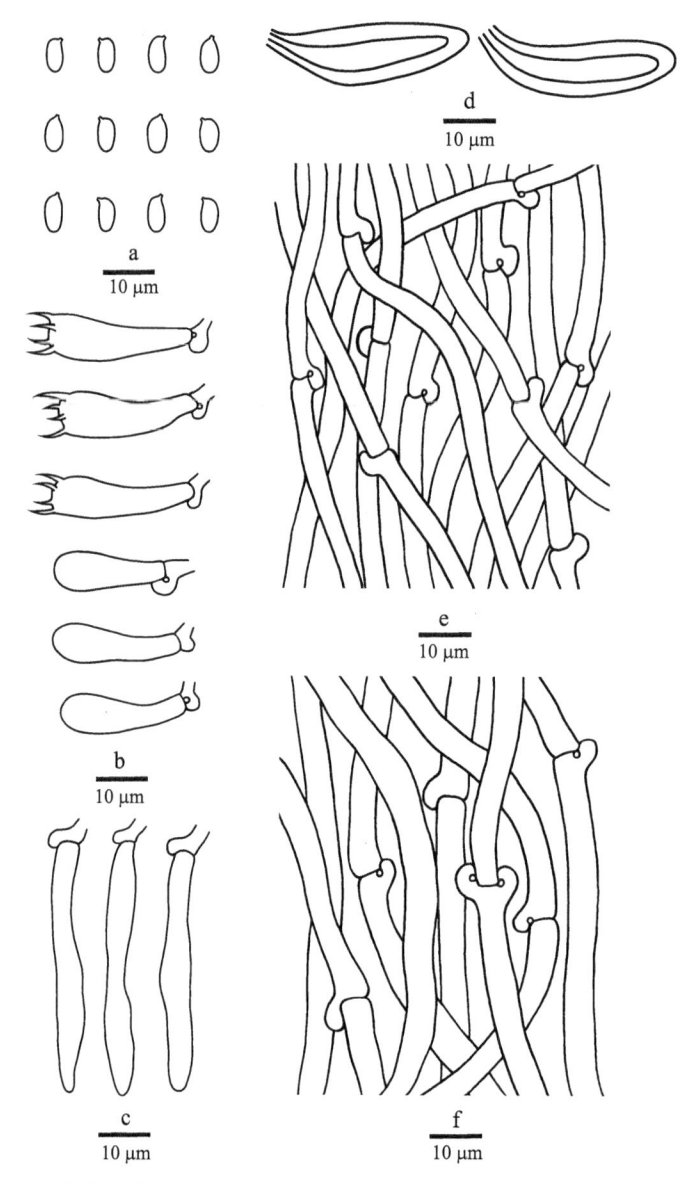

图 14　橘黄黄孔菌 *Auriporia aurulenta* A. David, Tortič & Jelić 的显微结构图
a. 担孢子；b. 担子和拟担子；c. 薄壁拟囊状体；d. 厚壁拟囊状体；e. 菌管菌丝；f. 菌肉菌丝

显微结构：菌丝系统单体系；生殖菌丝具有锁状联合，无拟糊精反应和淀粉质反应，无嗜蓝反应；菌丝组织在 KOH 试剂中变红至紫罗兰色。菌肉中生殖菌丝无色，薄壁，很少分枝，交织排列，直径为 2~4 μm。菌管中生殖菌丝无色，薄壁，很少分枝，交织排列，直径为 1.8~3 μm。子实层中有囊状体，纺锤形，无色，厚壁，光滑，20~35 × 8~12 (~15) μm；拟囊状体菌丝形，无色，厚壁，光滑，35~70 × 4~6 μm。担子棍棒状，着生 4 个担孢子梗，基部具一锁状联合，20~26 × 7~8 μm；拟担子占多数，形状与担子类似，比担子稍小。担孢子椭圆形至近圆柱形，无色，薄壁，光滑，无拟糊精反应和淀粉质反

应，无嗜蓝反应，4~8 × 2~4 μm，平均长 L = 6.58 μm，平均宽 W = 2.86 μm，长宽比 Q = 2.05~2.47 (n = 60/2)。

研究标本：浙江：临安市，天目山自然保护区，2005年10月9日，崔宝凯 2545（BJFC 000296）；杭州市，九溪森林公园，2010年10月17日，戴玉成 11808（BJFC 008911）。安徽：黄山市，黄山风景区，2004年10月13日，戴玉成 6178（BJFC 000295）。广西：南宁市，青秀山风景区，2005年8月13日，戴玉成 6922（BJFC 000294）。

生境：常生长在针叶树上，偶尔生长在阔叶树上，引起木材褐色腐朽。

中国分布：黑龙江、浙江、安徽、江西、广西、贵州。

世界分布：奥地利、捷克、斯洛伐克、法国、瑞士、意大利、中国等。

讨论：橘黄黄孔菌由 David 等（1974）描述，主要特征是担子果新鲜时有明显的杏仁香味，孔口表面新鲜时金黄色至橘黄色，在 KOH 试剂中变红至紫罗兰色，孔口圆形至多角形，每毫米 2~3 个，担孢子椭圆形至近圆柱形（4~8 × 2~4 μm）。调查发现，该物种在我国分布较广泛，多生长在针叶树上（Liu et al., 2023a）。

索孔菌科 FIBROPORIACEAE Audet
Mushr. Nomen. Novel. 14: 1, 2018

担子果一年生，平伏或具菌盖，边缘经常有流苏状菌索，新鲜时肉质至软木栓质，干后木栓质，易碎或白垩质，子实层体呈孔状，孔口圆形至多角形。菌丝系统单体系至二体系，生殖菌丝具锁状联合，偶尔有简单分隔；担孢子椭圆形至宽椭圆形，无色，稍厚壁，光滑，无拟糊精反应和淀粉质反应，无嗜蓝反应。

模式属：*Fibroporia* Parmasto。

生境：常生长在针叶树上，偶尔也生长在阔叶树上，引起木材褐色腐朽。

中国分布：全国广泛分布。

世界分布：世界各地广泛分布。

讨论：索孔菌科由 Audet 于 2018 年建立，模式属是索孔菌属 *Fibroporia*。索孔菌科与焦灰孔菌科形态相似，但焦灰孔菌科的骨架菌丝偶尔有淀粉质反应，通常在 KOH 试剂中消解，担孢子薄壁，腊肠形、圆柱形至长椭圆形。目前，该科共有 2 属 12 种，中国分布有 2 属 8 种。

中国索孔菌科分属检索表

1. 担子果具菌盖，无柄 ·· 假索孔菌属 *Pseudofibroporia*
1. 担子果平伏或平伏至反转 ··· 索孔菌属 *Fibroporia*

索孔菌属 **Fibroporia** Parmasto
Consp. System. Corticiac. (Tartu): 176, 1968

担子果一年生，平伏，边缘常具流苏状菌索，新鲜时肉质至软木栓质，干后木栓质至易碎；孔口表面新鲜时白色、奶油色、浅黄色、黄粉色或橘黄色，干后部分褪色，白色、浅黄色、肉桂色或亮黄色；孔口圆形至多角形；菌肉白色至奶油色，木栓质至棉絮状；菌管与孔口表面同色，木栓质至易碎。菌丝系统单体系至二体系；生殖菌丝具锁状联合或简单分隔，骨架菌丝无拟糊精反应和淀粉质反应，无嗜蓝反应；子实层中无囊状体，具拟囊状体；担孢子宽椭圆形，无色，稍厚壁，光滑，无拟糊精反应和淀粉质反应，无嗜蓝反应。

模式种：*Fibroporia vaillantii* (DC.) Parmasto。

生境：常生长在针叶树上，偶尔也生长在阔叶树上，引起木材褐色腐朽。

中国分布：全国广泛分布。

世界分布：世界各地广泛分布。

讨论：索孔菌属由 Parmasto 建立于 1968 年，以威兰多孔菌 *Polyporus vaillantii* (DC.) Fr.为模式种，旨在从薄孔菌属中将边缘有明显根状菌索深入寄主的种类划分出来（Parmasto，1968）。依据原始描述，该类群的担孢子、菌丝结构及木材腐朽类型都和薄孔菌属相似，因此，Ryvarden（1973）认为只依据根状菌索这一形态特征不能用来区分属级地位，于是将索孔菌属作为薄孔菌属的同物异名。近些年的系统发育学研究表明，索孔菌属是一个独立的属，并且索孔菌属种类的担子果完全平伏，质软而薄，边缘毛状或具根状菌索，孔口表面白色、浅黄色至橘黄色，生殖菌丝明显稍厚壁，且担孢子宽椭圆形，稍厚壁，这些特征均可用以区别其他相近属的种类（Ortiz-Santana et al.，2013；Chen et al.，2015，2017）。目前，该属有 10 种，中国分布 7 种。

中国索孔菌属分种检索表

1. 菌丝系统单体系 ··· **蜡索孔菌 *F. ceracea***
1. 菌丝系统二体系 ··· 2
　　2. 根状菌索浅黄色至亮黄色 ·· 3
　　2. 根状菌索白色至奶油色 ·· 5
3. 孔口每毫米 1~2 个 ··· **根状索孔菌 *F. radiculosa***
3. 孔口每毫米 3~5 个 ··· 4
　　4. 菌肉中的生殖菌丝具锁状联合或简单分隔 ···································· **竹生索孔菌 *F. bambusae***
　　4. 菌肉中的生殖菌丝只具锁状联合 ··· **黄索孔菌 *F. citrina***
5. 菌管中生殖菌丝占多数 ·· **棉絮索孔菌 *F. gossypium***
5. 菌管中骨架菌丝占多数 ··· 6
　　6. 孔口每毫米 6~8 个；担孢子 4~5.3 × 3~3.7 μm ······································ **白索孔菌 *F. albicans***
　　6. 孔口每毫米 2~4 个；担孢子 5~7 × 3~4 μm ··· **威兰索孔菌 *F. vaillantii***

白索孔菌　图 15

Fibroporia albicans B.K. Cui & Yuan Y. Chen, Phytotaxa 203: 51, 2015.

子实体：担子果一年生，平伏，贴生，易与基质分离，新鲜时软木栓质，干后木栓质，重量变轻；平伏担子果长可达 42 cm，宽可达 15 cm，厚约 2.5 mm；孔口表面新鲜时白色至奶油色，干后奶油色至浅黄色；不育边缘不明显或几乎不存在；孔口多角形，每毫米 6~8 个；管口边缘薄，全缘或撕裂状；菌肉白色至奶油色，木栓质，厚约 0.5 mm；菌管奶油色至浅黄色，木栓质至易碎，长可达 2 mm；菌索白色至奶油色，深入基质。

显微结构：菌丝系统二体系；生殖菌丝具有锁状联合，骨架菌丝无拟糊精反应和淀粉质反应，无嗜蓝反应；菌丝组织在 KOH 试剂中无变化。菌肉中生殖菌丝较少，无色，薄壁至厚壁，偶尔分枝，直径为 2~5 μm；骨架菌丝占多数，无色，厚壁，具一窄的内腔至近实心，偶尔分枝，直径为 2~6 μm。菌管中生殖菌丝较少，无色，薄壁，偶尔分枝，直径为 2~4.4 μm；骨架菌丝占多数，无色，厚壁，具一窄的内腔至近实心，很少分枝，近平行排列，直径为 2~5 μm。子实层中无囊状体，具拟囊状体，纺锤形，薄壁，光滑，10.2~15.9 × 3~5.6 μm。担子棍棒状，着生 4 个担孢子梗，基部具一锁状联合，10.2~17 × 5~7 μm；拟担子占多数，形状与担子类似，比担子稍小。担孢子椭圆形至宽椭圆形，无色，薄壁至稍厚壁，光滑，无拟糊精反应和淀粉质反应，无嗜蓝反应，(3.4~)4~5.3(~6) × 3~3.7(~4) μm，平均长 L = 4.49 μm，平均宽 W = 3.25 μm，长宽比 Q = 1.35~1.44 (n = 120/4)。

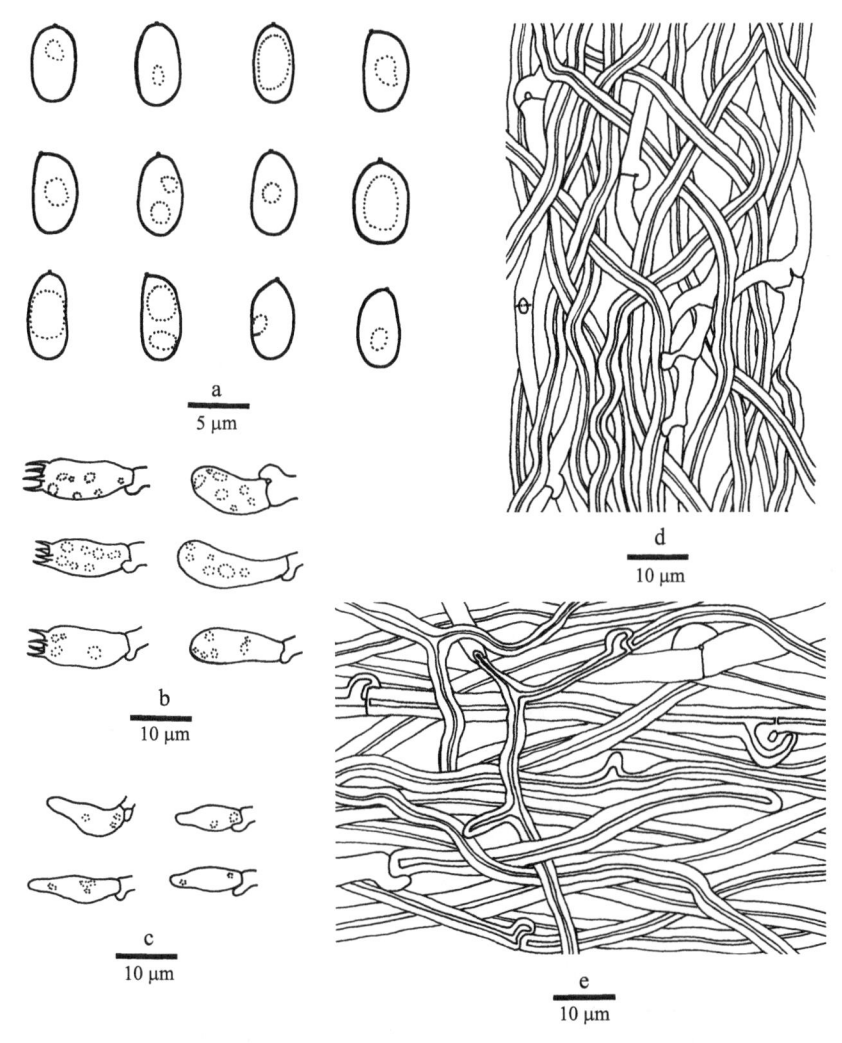

图15 白索孔菌 *Fibroporia albicans* B.K. Cui & Yuan Y. Chen 的显微结构图
a. 担孢子；b. 担子和拟担子；c. 拟囊状体；d. 菌管菌丝；e. 菌肉菌丝

研究标本：江西：井冈山市，井冈山风景区，2008 年 9 月 23 日，戴玉成 10595（BJFC

004844，模式标本）。湖北：十堰市，赛武当自然保护区，2019 年 8 月 6 日，戴玉成 20268（BJFC 031936），戴玉成 20271（BJFC 031939）。云南：大理，宾川县，鸡足山，2021 年 9 月 1 日，戴玉成 22683（BJFC 037256）。西藏：林芝市，波密县，2010 年 9 月 19 日，崔宝凯 9464（BJFC 008402），崔宝凯 9495（BJFC 008433），崔宝凯 9504（BJFC 008442）。

生境：生长在松树树桩上，引起木材褐色腐朽。

中国分布：江西、湖北、云南、西藏。

世界分布：中国、越南。

讨论：白索孔菌的主要特征是孔口表面新鲜时白色至奶油色，烘干以后奶油色至浅黄色，孔口每毫米 6~8 个，菌索白色至奶油色，菌丝系统二体系，生殖菌丝具锁状联合，担孢子椭圆形至宽椭圆形（4~5.3 × 3~3.7 μm）。白索孔菌与棉絮索孔菌和威兰索孔菌的形态相似，都有白色平伏的子实体，但棉絮索孔菌菌管中生殖菌丝占多数，且担孢子更狭窄（4.5~6 × 2.2~2.6 μm）（Ryvarden and Gilbertson，1993）；威兰索孔菌区别于白索孔菌在于其较大的孔口（每毫米 2~4 个）和担孢子（5~7 × 3~4 μm）（Ryvarden and Gilbertson，1993）。

竹生索孔菌 图 16

Fibroporia bambusae Yuan Y. Chen & B.K. Cui, Mycol. Prog. 16: 525, 2017.

子实体：担子果一年生，平伏，贴生，不易与基质分离，新鲜时柔软至棉絮状，干后木栓质，重量变轻；平伏担子果长可达 6 cm，宽可达 4 cm，厚约 1.5 mm；孔口表面新鲜时奶油色至黄粉色，干后白色至奶油色；不育边缘不明显或几乎不存在；孔口圆形至多角形，每毫米 3~4 个；管口边缘薄，全缘或稍撕裂状；菌肉白色，棉絮状，厚约 0.5 mm；菌管与孔口同色，木栓质，长可达 1 mm；菌索浅黄色至肉桂色，深入基质。

显微结构：菌丝系统二体系；生殖菌丝具有锁状联合或简单分隔，骨架菌丝无拟糊精反应和淀粉质反应，无嗜蓝反应；菌丝组织在 KOH 试剂中无变化。菌肉中生殖菌丝较少，无色，薄壁至稍厚壁，偶尔分枝，直径为 2~5.5 μm；骨架菌丝占多数，无色，厚壁，具一宽的内腔至窄的内腔，很少分枝，直径为 2.7~5 μm。菌管中生殖菌丝占多数，无色，薄壁，偶尔分枝，直径为 2~5 μm；骨架菌丝较少，无色，厚壁，具一宽的内腔至窄的内腔，很少分枝，交织排列，直径为 4~6 μm。子实层中无囊状体，具拟囊状体，长棍棒状，薄壁，光滑，18.3~21.8 × 2.6~4 μm。担子棍棒状，着生 4 个担孢子梗，基部具一锁状联合，13~24 × 5~6 μm；拟担子占多数，形状与担子类似，比担子稍小。担孢子椭圆形至宽椭圆形，无色，稍厚壁，光滑，无拟糊精反应和淀粉质反应，无嗜蓝反应，(3.5~)3.8~5 × (2.3~)2.5~3 μm，平均长 L = 4.15 μm，平均宽 W = 2.8 μm，长宽比 Q = 1.45~1.5 (n = 90/3)。

研究标本：海南：五指山市，五指山自然保护区热带雨林，2015 年 11 月 15 日，戴玉成 16209（BJFC 020295），戴玉成 16210（BJFC 020296，模式标本），戴玉成 16211（BJFC 020297），戴玉成 16212（BJFC 020298）。

生境：生长在腐烂的竹子上，引起木材褐色腐朽。

中国分布：海南。

世界分布：中国。

讨论：竹生索孔菌的主要特征是孔口表面新鲜时奶油色至黄粉色，烘干以后变成白色至奶油色，孔口每毫米 3~4 个，菌索浅黄色至肉桂色，菌丝系统二体系，生殖菌丝具锁状联合或简单分隔，担孢子椭圆形至宽椭圆形（3.7~5 × 2.4~3 μm）（Chen et al., 2017）。竹生索孔菌与黄索孔菌形态相似，都有白色平伏的子实体和黄色的根状菌索，但黄索孔菌的孔口较小（每毫米 4~5 个），且生殖菌丝只具有锁状联合（Bernicchia et al., 2012）。

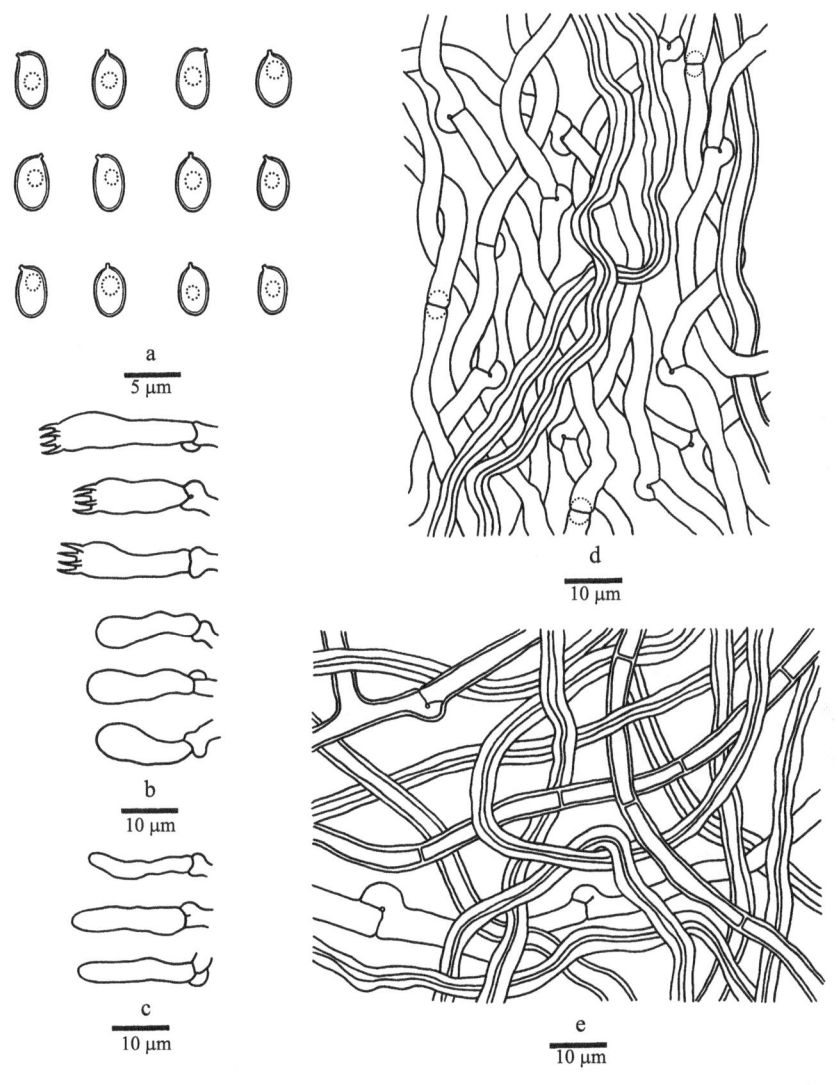

图 16 竹生索孔菌 *Fibroporia bambusae* Yuan Y. Chen & B.K. Cui 的显微结构图
a. 担孢子；b. 担子和拟担子；c. 拟囊状体；d. 菌管菌丝；e. 菌肉菌丝

蜡索孔菌　图 17

Fibroporia ceracea Yuan Y. Chen & B.K. Cui, Mycol. Prog. 16: 526, 2017.

子实体：担子果一年生，平伏，贴生，不易与基质分离，新鲜时软木栓质，干后木栓质，重量变轻；平伏担子果长可达 10 cm，宽可达 7.4 cm，厚约 10 mm；孔口表面新鲜时奶油色至浅鼠灰色，干后肉桂色至灰褐色；不育边缘不明显或几乎不存在；孔口多角形，每毫米 2~4 个；管口边缘薄，全缘；菌肉白色，木栓质，厚约 0.5 mm；菌管与孔口表面同色，蜡质，长可达 0.5 mm；菌索不存在。

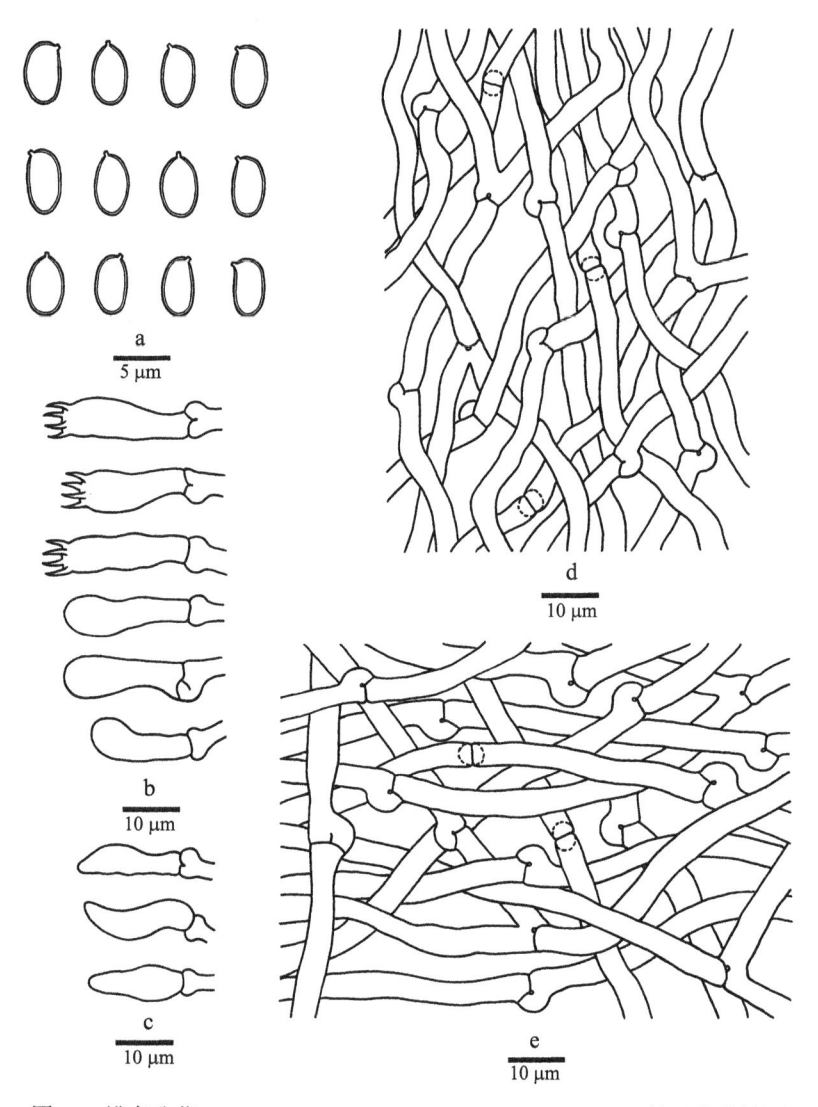

图 17 蜡索孔菌 *Fibroporia ceracea* Yuan Y. Chen & B.K. Cui 的显微结构图
a. 担孢子；b. 担子和拟担子；c. 拟囊状体；d. 菌管菌丝；e. 菌肉菌丝

显微结构：菌丝系统单体系；生殖菌丝具有锁状联合，无拟糊精反应和淀粉质反应，无嗜蓝反应；菌丝组织在 KOH 试剂中无变化。菌肉中生殖菌丝无色，薄壁，常有分枝，交织排列，直径为 2.4~5 μm。菌管中生殖菌丝无色，薄壁，常有分枝，交织排列，直径为 2~4 μm。子实层中有拟囊状体，棍棒状，无色，薄壁，光滑，15.6~19 × 5~6.5 μm。担子棍棒状，着生 4 个担子孢梗，基部具一锁状联合，18~23 × 6~7 μm；拟担子占多数，形状与担子类似，比担子稍小。担孢子椭圆形至宽椭圆形，无色，稍厚壁，光滑，无拟糊精反应和淀粉质反应，无嗜蓝反应，(4~)4.2~5(~5.8) × 2.5~3 μm，平均长 L = 4.6 μm，平均宽 W = 2.77 μm，长宽比 Q = 1.66 (n = 60/2)。

研究标本：四川：越西县，梅花乡，打土村，2019 年 9 月 15 日，崔宝凯 17786（BJFC 034645），崔宝凯 17787（BJFC 034646）。云南：昆明市，2012 年 4 月 22 日，戴玉成 13013（BJFC 013245，模式标本）；楚雄市，紫溪山自然保护区，2017 年 9 月 20 日，崔宝凯 16299（BJFC 029598），崔宝凯 16300（BJFC 029599）；南华县，龙川镇，2021 年 9 月 25 日，戴玉成 23090（BJFC 037661）。

生境：生长在针叶树或阔叶树上，引起木材褐色腐朽。

中国分布：四川、云南。

世界分布：中国。

讨论：蜡索孔菌主要特征是孔口表面新鲜时软木栓质，表面蜡质，烘干以后木栓质，边缘完整至稍有毛边，孔口每毫米 2~4 个，菌丝结构单体系，生殖菌丝具锁状联合，担孢子椭圆形至宽椭圆形（4.3~5 × 2.6~3 μm）（Chen et al., 2017）。

黄索孔菌　图 18

Fibroporia citrina (Bernicchia & Ryvarden) Bernicchia & Ryvarden, Mycol. Prog. 11: 96, 2012. Liu et al., Mycosphere 14(1): 1593, 2023.

Antrodia citrina Bernicchia & Ryvarden, Fungi Europ. 10: 99, 2005.

子实体：担子果一年生，平伏，贴生，易与基质分离，新鲜时软木栓质，干后木栓质，重量变轻；平伏担子果长可达 4 cm，宽可达 5 cm，厚约 5 mm；孔口表面新鲜时奶油色至浅黄色，干后稻草色至奶油色；不育边缘不明显或几乎不存在；孔口圆形至多角形，每毫米 4~5 个；管口边缘薄，全缘；菌肉白色，木栓质，厚约 0.2 mm；菌管奶油色至淡黄色，木栓质至易碎，长可达 4 mm；菌索亮黄色，深入基质。

显微结构：菌丝系统二体系；生殖菌丝具有锁状联合，骨架菌丝无拟糊精反应和淀粉质反应，无嗜蓝反应；菌丝组织在 KOH 试剂中无变化。菌肉中生殖菌丝较少，无色，薄壁，很少分枝，直径为 2~4 μm；骨架菌丝占多数，无色，厚壁，具一窄的内腔至近实心，很少分枝，直径为 3~4.4 μm。菌管中生殖菌丝占多数，无色，薄壁，常具分枝，直径为 2~4 μm；骨架菌丝较少，无色，厚壁，具一窄的内腔至近实心，很少分枝，近平行排列，直径为 3~4.3 μm。子实层中无囊状体，具拟囊状体，纺锤形，薄壁，光滑，15.8~20.3 × 4~5.6 μm。担子棒棒状，着生 4 个担孢子梗，基部具一锁状联合，20~24.8 × 6~7 μm；拟担子占多数，形状与担子类似，比担子稍小。担孢子宽椭圆形至近卵圆形，无色，稍厚壁，光滑，无拟糊精反应和淀粉质反应，无嗜蓝反应，4~5 × 3~3.6(~3.8) μm，平均长 L = 4.56 μm，平均宽 W = 3.35 μm，长宽比 Q = 1.18~1.76 (n = 60/2)。

研究标本：黑龙江：伊春市，带岭区，凉水自然保护区，2014 年 8 月 26 日，崔宝凯 11604（BJFC 016808）。四川：雅江县，格西沟自然保护区，2020 年 9 月 7 日，崔宝凯 18357（BJFC 035216）。云南：马关县，老君山自然保护区 2011 年 9 月 22 日，崔宝凯 10497（BJFC 011392）；德钦县，白马雪山自然保护区，2021 年 9 月 5 日，戴玉成 22837（BJFC 037410），戴玉成 22842（BJFC 037415）。西藏：林芝市，波密县，易贡茶场，2021 年 10 月 24 日，戴玉成 23402（BJFC 037974）；林芝市，林芝县，色季拉山，2010 年 9 月 25 日，崔宝凯 9683（BJFC 008620）；昌都市，芒康县，芒康山，2020 年 9 月 8 日，崔宝凯 18380（BJFC 035239），崔宝凯 18384（BJFC 035243）；昌都市，左贡县，东达山，2020 年 9 月 9 日，崔宝凯 18398（BJFC 035259）。

生境：生长在云杉和松树上，引起木材褐色腐朽。

中国分布：黑龙江、四川、云南、西藏。

世界分布：德国、法国、捷克、意大利、英国、中国等。

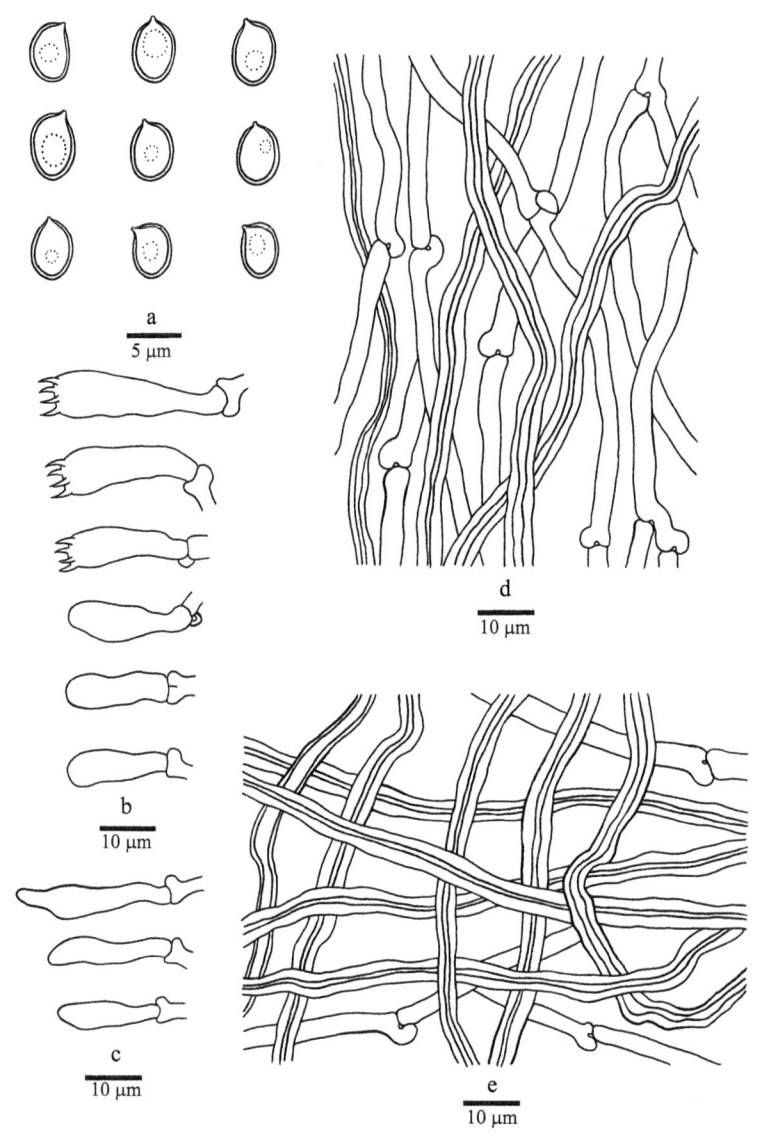

图 18 黄索孔菌 *Fibroporia citrina* (Bernicchia & Ryvarden) Bernicchia & Ryvarden 的显微结构图
a. 担孢子；b. 担子和拟担子；c. 拟囊状体；d. 菌管菌丝；e. 菌肉菌丝

讨论：黄索孔菌的主要特征是孔口表面新鲜时奶油色至浅黄色，烘干以后稻草色至奶油色，孔口每毫米 4~5 个，菌索亮黄色，菌丝结构二体系，菌管中生殖菌丝占多数，担孢子宽椭圆形至近卵圆形（4~5 × 3~3.6 μm）。黄索孔菌与根状索孔菌都生长于针叶树上，均产生黄色的孔口表面和根状菌索，但根状索孔菌的孔口较大，每毫米 1~2 个，菌管中菌丝系统单体系，只有生殖菌丝，且担孢子更大（6~7 × 3~3.6 μm）（Gilbertson and Ryvarden, 1986；Chen et al., 2015）。调查发现，黄索孔菌在我国东北地区和西南地区有分布，生长在针叶树上（Chen et al., 2017）。

棉絮索孔菌　图 19

Fibroporia gossypium (Speg.) Parmasto, Consp. System. Corticiac. (Tartu) : 207, 1968. Liu et al., Mycosphere 14(1): 1593, 2023.

Poria gossypium Speg., Anal. Mus. Nac. Hist. Nat. B. Aires 6: 169, 1898.

Fibroporia gossypium (Speg.) Parmasto, Consp. System. Corticiac. (Tartu): 207, 1968.

Antrodia gossypium (Speg.) Ryvarden, Norw. Jl Bot. 20: 8, 1973.

Leptoporus resupinatus Bourdot & Galzin ex Pilát, Bull. Trimest. Soc. Mycol. Fr. 48(1): 9, 1932.

Tyromyces resupinatus (Bourdot & Galzin ex Pilát) Bondartsev & Singer, Annls Mycol. 39: 52, 1941.

Polyporus destructor sensu auct fide Checklist of Basidiomycota of Great Britain and Ireland, 2005.

Tyromyces destructor sensu auct fide Checklist of Basidiomycota of Great Britain and Ireland, 2005.

子实体：担子果一年生，平伏，贴生，易与基质分离，新鲜时柔软至软木栓质，干后木栓质至棉絮状，重量变轻；平伏担子果长可达 9 cm，宽可达 5 cm，厚约 5 mm；孔口表面新鲜时白色至奶油色，干后奶油色至稻草色；不育边缘不明显或几乎不存在；孔口多角形，每毫米 3~6 个；管口边缘薄，全缘或稍撕裂状；菌肉白色，棉絮状，厚约 2 mm；菌管奶油色至稻草色，木栓质，长可达 3 mm；菌索奶油色，深入基质。

显微结构：菌肉中菌丝系统二体系，菌管中菌丝系统单体系；生殖菌丝具有锁状联合；骨架菌丝无拟糊精反应和淀粉质反应，无嗜蓝反应；菌丝组织在 KOH 试剂中无变化。菌肉中生殖菌丝较少，无色，薄壁，常有分枝，直径为 3~6 μm；骨架菌丝占多数，无色，厚壁，具一窄的内腔至近实心，很少分枝，直径为 3~5 μm。菌管中生殖菌丝无色，薄壁，偶尔分枝，直径为 3~5 μm。子实层中无囊状体或其他结构。担子棒棒状，着生 4 个担孢子梗，基部具一锁状联合，15~20 × 4~5 μm；拟担子占多数，形状与担子类似，比担子稍小。担孢子宽椭圆形，无色，稍厚壁，光滑，无拟糊精反应和淀粉质反应，无嗜蓝反应，4.5~6 × 2.2~2.6 μm，平均长 L = 5.47 μm，平均宽 W = 2.42 μm，长宽比 Q = 2.05~2.39 (n = 60/2)。

研究标本：四川：马边县，大风顶国家自然保护区，2019 年 9 月 19 日，崔宝凯 17885（BJFC 034744）。云南：楚雄市，紫溪山森林公园，2018 年 9 月 13 日，崔宝凯 16939（BJFC 030238）。西藏：林芝市，波密县，2010 年 9 月 19 日，崔宝凯 9472（BJFC 008410）；林芝市，米林县，米林农场附近，2004 年 8 月 12 日，戴玉成 5611（BJFC 000157）。

生境：多生于针叶树上，如冷杉、云杉、松树等，引起木材褐色腐朽。

中国分布：四川、云南、西藏。

世界分布：欧洲温暖的针叶林区，以及阿根廷、中国等。

讨论：棉絮索孔菌的主要特征是毛状边缘白色至奶油色，孔口每毫米 3~6 个，孔口表面新鲜时白色至奶油色，烘干以后奶油色至稻草黄色，菌管中菌丝系统单体系，菌肉中菌丝系统二体系，担孢子宽椭圆形（4.5~6 × 2.2~2.6 μm）。棉絮索孔菌和威兰索孔菌形态相似，都有白色至奶油色平伏的子实体，边缘具白色菌索。但威兰索孔菌菌管中菌丝系统二体系，骨架菌丝占多数，且担孢子更大（5~7 × 3~4 μm）（Ryvarden and Gilbertson，1993）。调查发现，棉絮索孔菌在我国西南地区有分布，多生长在针叶树上（Chen et al.，2017）。

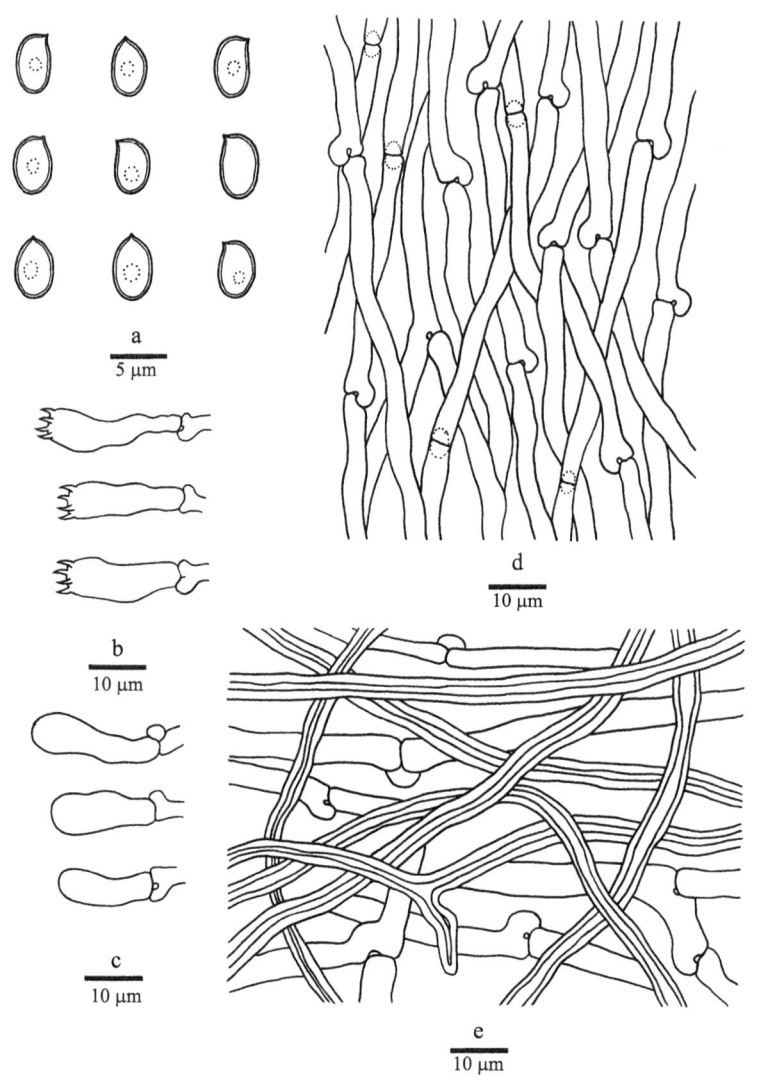

图 19 棉絮索孔菌 *Fibroporia gossypium* (Speg.) Parmasto 的显微结构图
a. 担孢子；b. 担子；c. 拟担子；d. 菌管菌丝；e. 菌肉菌丝

根状索孔菌 图 20，图版 I 2

Fibroporia radiculosa (Peck) Parmasto, Consp. System. Corticiac. (Tartu): 177, 1968. Liu et al., Mycosphere 14(1): 1593, 2023.

Polyporus radiculosus Peck, Rep. (Annual) Trustees State Mus. Nat. Hist., New York 40: 54, 1887.

Poria radiculosa (Peck) Sacc., Syll. Fung. (Abellini) 6: 314, 1888.

Fibuloporia radiculosa (Peck) Parmasto, Issled. Prirody Dal'nego Rostoka: 257, 1963.

Antrodia radiculosa (Peck) Gilb. & Ryvarden, Mycotaxon 22(2): 363, 1985.

Poria flavida Murrill, Mycologia 13(3): 174, 1921.

Poria subradiculosa Murrill, Mycologia 13(3): 175, 1921.

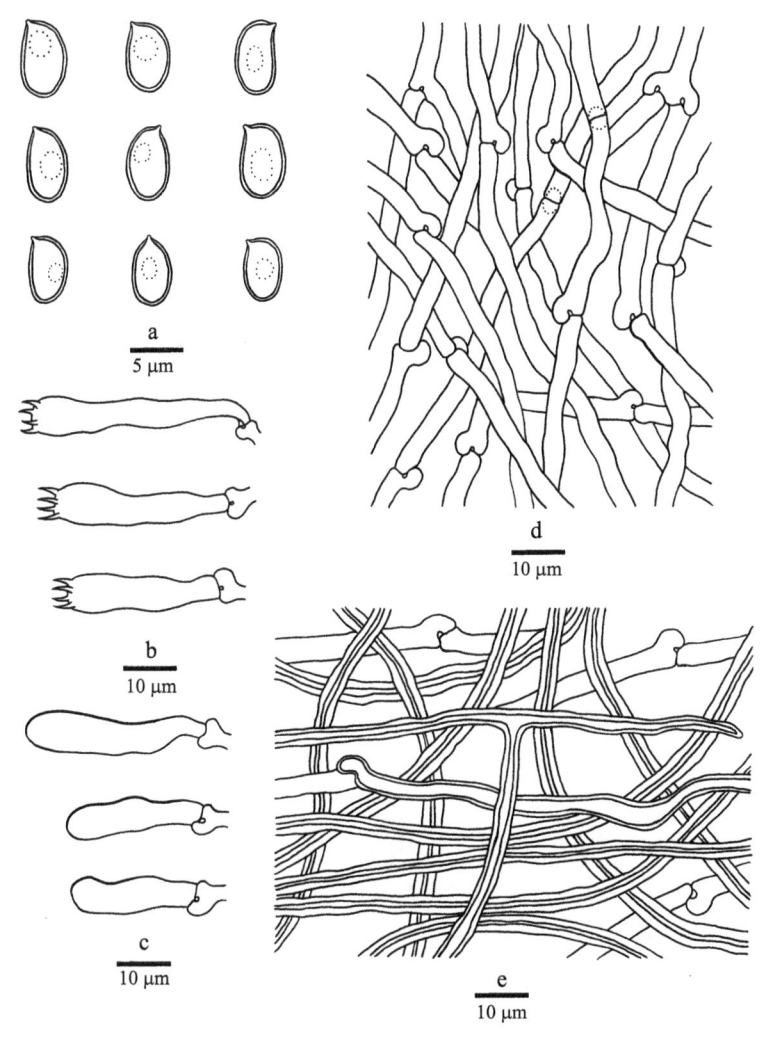

图 20 根状索孔菌 *Fibroporia radiculosa* (Peck) Parmasto 的显微结构图
a. 担孢子；b. 担子；c. 拟担子；d. 菌管菌丝；e. 菌肉菌丝

子实体：担子果一年生，平伏，贴生，易与基质分离，新鲜时软木栓质，干后木栓质至易碎，重量变轻；平伏担子果长可达 15 cm，宽可达 6 cm，厚约 4 mm；孔口表面新鲜时淡黄色至橘黄色，干后褪色或变暗；不育边缘不明显或几乎不存在；孔口圆形至多角形，每毫米 1~2 个；管口边缘薄，全缘或稍撕裂状；菌肉奶油色至浅黄色，木栓质，厚约 1 mm；菌管淡黄色至橘黄色，木栓质至易碎，长可达 5 mm；菌索白色至黄色，深入基质。

显微结构：菌肉中菌丝系统二体系，菌管中菌丝系统单体系；生殖菌丝具有锁状联合；骨架菌丝无拟糊精反应和淀粉质反应，无嗜蓝反应；菌丝组织在 KOH 试剂中无变化。菌肉中生殖菌丝较少，无色，薄壁至稍厚壁，很少分枝，直径为 2~5 μm；骨架菌丝占多数，无色，厚壁，具一窄的内腔至近实心，偶尔分枝，直径为 2~4 μm。菌管中生殖菌丝无色，薄壁，常具分枝，直径为 2~5 μm。子实层中无囊状体或其他结构。担子棍棒状，着生 4 个担孢子梗，基部具一锁状联合，15~30 × 4~6.5 μm；拟担子占多数，形状与担子类似，比担子稍小。担孢子宽椭圆形，无色，稍厚壁，光滑，无拟糊精反应和淀粉质反应，无嗜蓝反应，6~7 × 3~3.6 μm，平均长 L = 6.52 μm，平均宽 W = 3.36 μm，长宽比 Q = 1.82~2.12（n = 60/2）。

研究标本：广东：韶关市，始兴县，车八岭自然保护区，2017 年 9 月 18 日，戴玉成 18202（BJFC 025731），2019 年 6 月 14 日，崔宝凯 17270（BJFC 034128）；韶关市，仁化县，丹霞山自然保护区，2019 年 6 月 4 日，崔宝凯 17243（BJFC 034101），崔宝凯 17263（BJFC 034121），崔宝凯 17264（BJFC 034122）。四川：西昌市，一碗水村，2019 年 9 月 16 日，崔宝凯 17826（BJFC 034685），崔宝凯 17828（BJFC 034687）。云南：宾川县，鸡足山，2018 年 11 月 6 日，戴玉成 19291（BJFC 027760）。

生境：多生于针叶树，偶尔生于阔叶树，引起木材褐色腐朽。

中国分布：浙江、福建、湖南、广东、四川、云南。

世界分布：越南、中国；北美洲。

讨论：根状索孔菌的主要特征是通常有白色至黄色的菌索，孔口每毫米 1~2 个，孔口表面新鲜时淡黄色至橘黄色，烘干以后褪色或变暗，菌管中菌丝系统单体系，菌肉中菌丝系统二体系，担孢子宽椭圆形（6~7 × 3~3.6 μm）。调查发现，根状索孔菌在我国分布广泛，多生长在针叶树上（Chen et al., 2017）。

威兰索孔菌 图 21

Fibroporia vaillantii (DC.) Parmasto, Consp. System. Corticiac. (Tartu): 177, 1968. Liu et al., Mycosphere 14(1): 1593, 2023.

Boletus vaillantii DC., Fl. franç., Edn 3 (Paris) 5/6: 38, 1815.

Polyporus vaillantii (DC.) Fr., Syst. Mycol. (Lundae) 1: 383, 1821.

Physisporus vaillantii (DC.) Cheval., Fl.Gén. Env. Paris (Paris) 1: 262, 1826.

Porotheleum vaillantii (DC.) Quél. [as 'Porothelium'], Enchir. Fung. (Paris): 181, 1886.

Poria vaillantii (DC.) Cooke [as 'vaillanti'], Grevillea 14(72): 112, 1886.

Leptoporus vaillantii (DC.) Pat., Essai Tax. Hyménomyc. (Lons-le-Saunier): 85, 1900.

Fibuloporia vaillantii (DC.) Bondartsev & Singer, Annls Mycol. 39(1): 49, 1941.

Antrodia vaillantii (DC.) Ryvarden, Norw. Jl Bot. 20: 8, 1973.

Poria vaporaria Pers., Ann. Bot. (Usteri) 11: 30, 1794.

Boletus hybridus Sowerby, Col. Fig. Engl. Fung. Mushr. (London) 3(21): tab. 289, 1800.

Boletus vaporarius (Pers.) Pers., Syn. Meth. Fung. (Göttingen) 2: 546, 1801.

Polyporus vaporarius (Pers.) Fr., Observ. Mycol. (Havniae) 2: 260, 1818.
Polyporus hybridus (Sowerby) Berk. & Broome, Outl. Brit. Fung. (London): 17, 1860.
Poria hybrida (Sowerby) Berk. & Broome, Outl. Brit. Fung. (London): 17, 1860.
Physisporus vaporarius (Pers.) Gillet, Hyménomycètes (Alençon): 698, 1878.
Poria bergii Speg. [as '*bergi*'], Anal. Mus. Nac. Hist. Nat. B. Aires 6: 171, 1898.
Coriolus vaporarius (Pers.) Bondartsev & Singer, Annls Mycol. 39(1): 60, 1941.
Tyromyces vaporarius (Pers.) M.P. Christ., Dansk Bot. Ark. 19(2): 363, 1960.
Coriolellus vaporarius (Pers.) Domański, Grzyby (Fungi): Podstawczaki (Basidiomycetes), Bezblaszkowe (Aphyllophorales), Zagwiowate I (Polyporaceae I), Szczecinkowate I (Mucronoporaceae I): 187, 1965.
Poria sericeomollis sensu Cunningham; Buchanan & Ryvarden, 2000.
Polyporus destructor sensu auct fide Checklist of Basidiomycota of Great Britain and Ireland, 2005.

子实体：担子果一年生，平伏，贴生，易与基质分离，新鲜时软木栓质，干后木栓质至易碎，重量变轻；平伏担子果长可达 19 cm，宽可达 13 cm，厚约 4 mm；孔口表面新鲜时奶油色至浅黄色，干后奶油色至浅褐色；不育边缘不明显或几乎不存在；孔口圆形至多角形，每毫米 2~4 个；管口边缘薄，全缘或稍撕裂状；菌肉白色至奶油色，柔软棉絮状，厚约 2 mm；菌管奶油色至浅黄色，木栓质至易碎，长可达 4 mm；菌索白色至奶油色，深入基质。

显微结构：菌丝系统二体系；生殖菌丝具有锁状联合，骨架菌丝无拟糊精反应和淀粉质反应，无嗜蓝反应；菌丝组织在 KOH 试剂中无变化。菌肉中生殖菌丝较少，无色，薄壁，偶尔分枝，直径为 2~6 μm；骨架菌丝占多数，无色，厚壁，具一窄的内腔至近实心，很少分枝，直径为 2~5 μm。菌管中生殖菌丝较少，无色，薄壁，偶尔分枝，直径为 2~5 μm；骨架菌丝占多数，无色，厚壁，具一窄的内腔至近实心，不分枝，近平行排列，直径为 2~4 μm。子实层中无囊状体，具拟囊状体，纺锤形，薄壁，光滑，19.8~25.2 × 4~6 μm。担子棍棒状，着生 4 个担孢子梗，基部具一锁状联合，20~27.8 × 6~8 μm；拟担子占多数，形状与担子类似，比担子稍小。担孢子宽椭圆形，无色，薄壁，光滑，无拟糊精反应和淀粉质反应，无嗜蓝反应，5~7 × 3~4 μm，平均长 $L = 6.23$ μm，平均宽 $W = 3.56$ μm，长宽比 $Q = 1.57~1.98$ ($n = 60/2$)。

研究标本：吉林：安图县，白河镇 1 号样地，2002 年 9 月 18 日，戴玉成 3755（BJFC 000160），戴玉成 3759（BJFC 000156）；长白山 1 号样地，2005 年 8 月 26 日，戴玉成 7002（BJFC 000159）。四川：昭觉县，2019 年 9 月 16 日，崔宝凯 17815（BJFC 034674）。西藏：林芝市，波密县易贡茶场，2021 年 10 月 24 日，戴玉成 23467（BJFC 038039）。

生境：常生长在针叶树上，引起木材褐色腐朽。

中国分布：吉林、四川、云南、西藏。

世界分布：北美洲、欧洲和东亚的温带针叶林分布区等。

讨论：威兰索孔菌的主要特征是菌索白色至奶油色，孔口每毫米 2~4 个，孔口表面新鲜时奶油色至浅黄色，烘干以后部分变成浅褐色，菌丝系统二体系，菌管和菌肉中骨架菌丝均占多数，担孢子宽椭圆形（5~7 × 3~4 μm）。调查发现，威兰索孔菌在我国东北地区和西南地区有分布，多生长在针叶树上（Chen et al.，2017）。

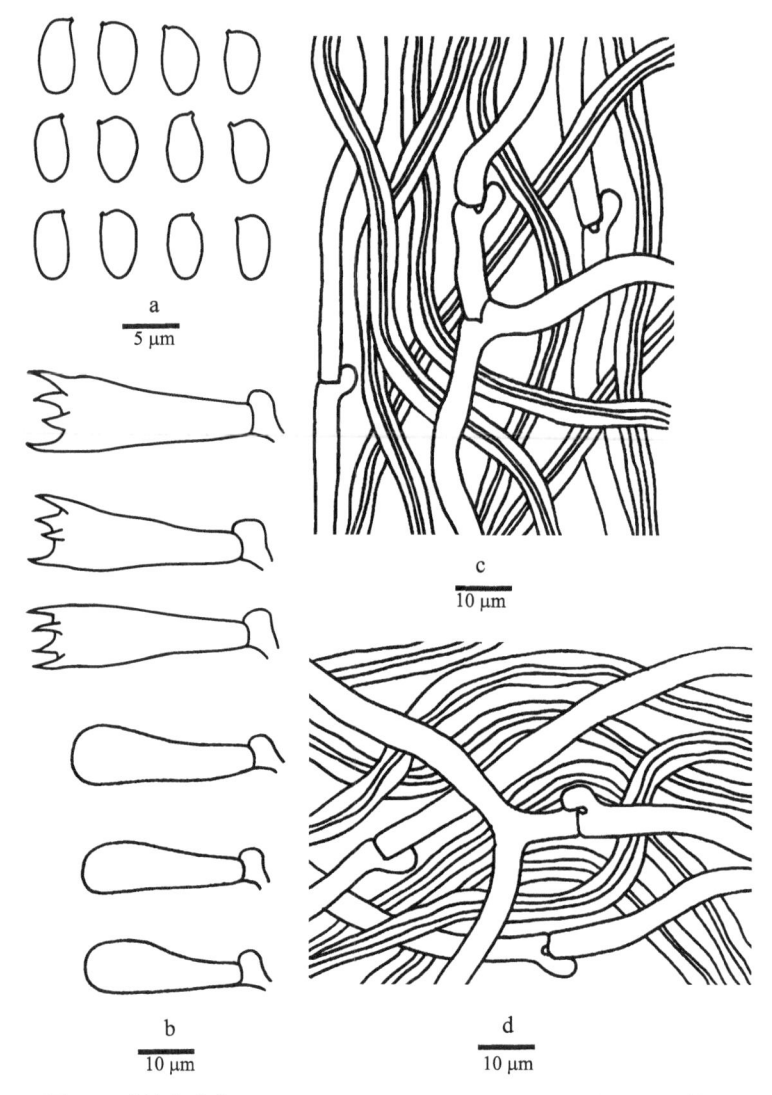

图 21 威兰索孔菌 Fibroporia vaillantii (DC.) Parmasto 的显微结构图
a. 担孢子；b. 担子和拟担子；c. 菌管菌丝；d. 菌肉菌丝

假索孔菌属 Pseudofibroporia Yuan Y. Chen & B.K. Cui
Mycol. Prog. 16: 527, 2017

担子果一年生，具菌盖，覆瓦状叠生，新鲜时肉质，干后易碎或白垩质；菌盖扇形至半圆形；菌盖表面新鲜时白色至柠檬黄色，干后奶油色至浅黄褐色；孔口表面新鲜时柠檬黄至浅黄色，干后肉桂色至浅黄色；孔口多角形；菌肉奶油色至浅黄色，棉絮状至软木栓质；菌管与孔口同色，易碎或白垩质。菌丝系统二体系；生殖菌丝具锁状联合，骨架菌丝无拟糊精反应和淀粉质反应，无嗜蓝反应；子实层中无囊状体，具拟囊状体；担孢子宽椭圆形，无色，薄壁，光滑，无拟糊精反应和淀粉质反应，无嗜蓝反应。

模式种：*Pseudofibroporia citrinella* Yuan Y. Chen & B.K. Cui。
生境：生长在阔叶树上，引起木材褐色腐朽。
中国分布：广西。
世界分布：中国。
讨论：假索孔菌属由 Chen 等（2017）建立，宏观形态与小剥管孔菌属 *Piptoporellus*、小红孔菌属 *Pycnoporellus*、波斯特孔菌属 *Postia*、迷孔菌属 *Daedalea*、拟层孔菌属 *Fomitopsis* 和硫黄菌属 *Laetiporus* 相似，但小剥管孔菌属的担孢子薄壁（Han et al., 2016），小红孔菌属的菌丝系统单体系且生殖菌丝简单分隔（Ryvarden and Melo, 2014），波斯特孔菌属的菌丝结构单体系且担孢子薄壁、腊肠形至圆柱形或椭圆形（Wei and Dai, 2006; Shen et al., 2015），迷孔菌属种类的担子果多年生且骨架菌丝浅赭褐色（Ryvarden and Melo, 2014），拟层孔菌属的担子果孔口表面和菌肉白色至黄褐色或粉色，且担孢子薄壁，近球形至圆柱形（Ryvarden and Melo, 2014），硫黄菌属的菌丝系统二体系，生殖菌丝具简单分隔（Ryvarden and Melo, 2014; Song et al., 2014）。目前，该属有 1 种，中国分布有 1 种。

黄假索孔菌　图 22，图版 I 3
Pseudofibroporia citrinella Yuan Y. Chen & B.K. Cui, Mycol. Prog. 16: 528, 2017.
子实体：担子果一年生，无柄盖形，覆瓦状叠生，新鲜时肉质，干后变脆，重量变轻；菌盖扇形至半圆形，单个菌盖长可达 8 cm，宽可达 13 cm，中部厚可达 2 cm；菌盖表面新鲜时白色至柠檬黄色，干后变成奶油色至浅黄褐色，粗糙不平坦，未成熟菌盖边缘柠檬黄，随着年龄的增长逐渐变成白色；孔口表面新鲜时柠檬黄至浅黄色，干后变成肉桂色至浅黄色；边缘肉桂色至红褐色，宽约 1 mm；孔口多角形，每毫米 3~4 个；管口边缘薄，全缘；菌肉白色至柠檬黄，奶油色至肉桂色，新鲜时肉质，干后变成棉絮状至软木栓质，厚约 15 mm；菌管浅黄色，易碎或白垩质，长可达 5 mm。
显微结构：菌肉菌丝系统二体系，菌管菌丝系统单体系；生殖菌丝具有锁状联合；骨架菌丝无拟糊精反应和淀粉质反应，无嗜蓝反应；菌丝组织在 KOH 试剂中无变化。菌肉中生殖菌丝频繁，薄壁至稍厚壁，很少分枝，交织排列，直径为 3~7.3 μm；骨架菌丝占多数，无色，厚壁，具一宽的内腔至窄的内腔，偶尔分枝，交织排列，直径为 2.4~6 μm。菌管中生殖菌丝薄壁，偶尔分枝，交织排列，直径为 2.5~6 μm。子实层中无囊状体，具拟囊状体，纺锤形，薄壁，光滑，19~25 × 5~6 μm。担子棒棒状，着生 4 个担孢子梗，基部具一锁状联合，17~20 × 5~6 μm；拟担子占多数，形状与担子类似，比担子稍小。担孢子宽椭圆形，无色，稍厚壁，光滑，无拟糊精反应和淀粉质反应，无嗜蓝反应，(3.7~)4~4.4(~4.8) × 2.2~2.7(~3) μm，平均长 L = 4.14 μm，平均宽 W = 2.4 μm，长宽比 Q = 1.65~1.68 (n = 60/2)。
研究标本：广西：龙州县，弄岗自然保护区，2012 年 7 月 21 日，何双辉 20120721-15（BJFC 020707，模式标本）；龙州县，弄岗自然保护区，2012 年 7 月 21 日，袁海生 6181（BJFC 013392）。
生境：生长在阔叶树死树上，引起木材褐色腐朽。
中国分布：广西。

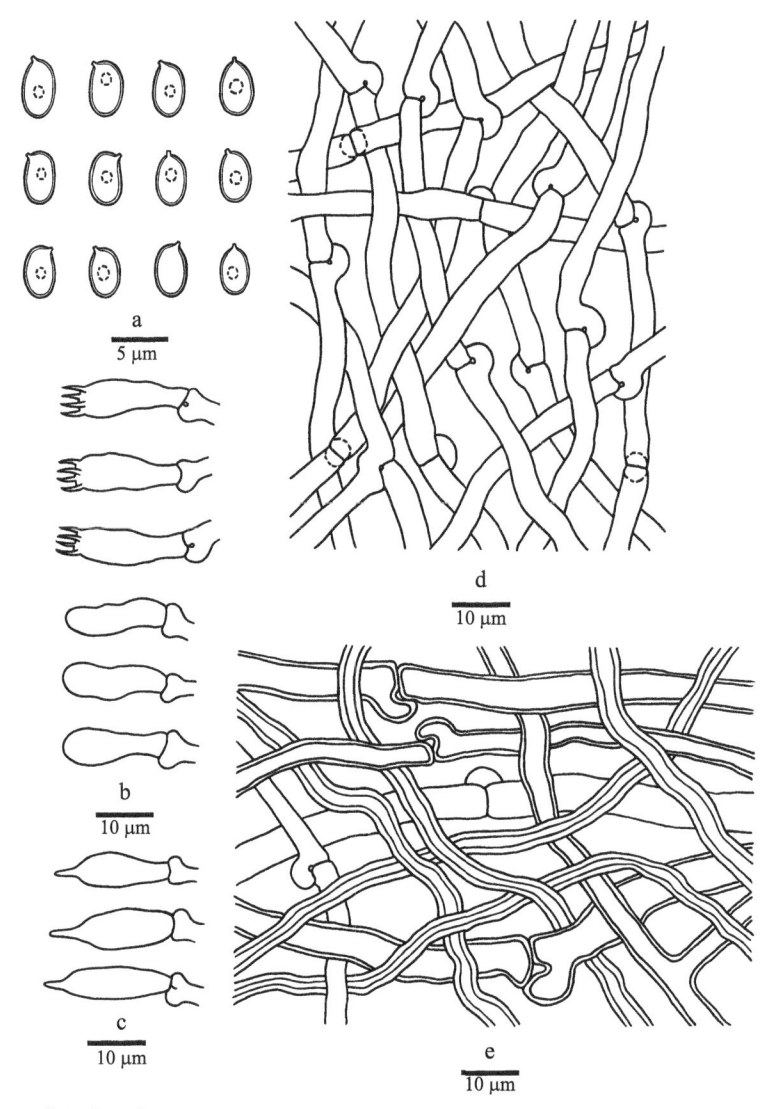

图22 黄假索孔菌 *Pseudofibroporia citrinella* Yuan Y. Chen & B.K. Cui 的显微结构图
a. 担孢子；b. 担子和拟担子；c. 拟囊状体；d. 菌管菌丝；e. 菌肉菌丝

世界分布：中国。

讨论：黄假索孔菌的主要特征是担子果一年生，菌盖覆瓦状叠生，扇形至半圆形，新鲜时菌盖表面白色至柠檬黄，烘干以后变成奶油色至浅黄褐色，孔口每毫米3~4个，孔口表面新鲜时柠檬黄至浅黄色，烘干以后变成肉桂色至浅黄色，菌管中菌丝系统单体系，菌肉中菌丝系统二体系，担孢子宽椭圆形（4~4.4 × 2.2~2.7 μm）（Chen et al., 2017）。

拟层孔菌科 FOMITOPSIDACEAE Jülich
Bibliotheca Mycol. 85: 367, 1981

担子果一年生至多年生，具菌盖或平伏至反转，木栓质至硬木栓质或易碎至皮质，子实层绝大多数呈孔状，孔口圆形至多角形，少数呈片状或迷宫状。菌丝系统多为二体系，有时为三体系，很少为单体系，生殖菌丝多数具有锁状联合，有时具有简单分隔；担孢子圆柱形至纺锤形或椭圆形，无色，薄壁，光滑。拟层孔菌科中不同种类的骨架菌丝和担孢子在棉蓝试剂和 Melzer 试剂中多不具有化学反应。

模式属：*Fomitopsis* P. Karst。

生境：广泛分布于世界各地，生长在活树、死树、倒腐木、落枝及树桩上，引起木材褐色腐朽。

中国分布：全国广泛分布。

世界分布：世界各地广泛分布。

讨论：拟层孔菌科由 Jülich（1981）建立，以拟层孔菌属 *Fomitopsis* 为模式属，镶嵌在多孔菌目的薄孔菌属分支中（Binder et al.，2005；Ortiz-Santana et al.，2013；Justo et al.，2017）。拟层孔菌科中物种数较丰富且研究较多的属有薄孔菌属、迷孔菌属和拟层孔菌属等（Binder et al.，2005，2013；Kirk et al.，2008；Ortiz-Santana et al.，2013；Han et al.，2016；Justo et al.，2017）。根据第十版的真菌词典，拟层孔菌科包含 24 属 197 种（Kirk et al., 2008）。目前为止，MycoBank（http://www.mycobank.org）及 Index Fungorum（http://www.indexfungorum.org）中有 67 条关于拟层孔菌科的相关记录。研究表明，许多曾经隶属于拟层孔菌科的属是无效记录或缺乏分子数据，例如，小粉孔菌属 *Amyloporiella* A. David & Tortič 是一个无效记录属，暗迷孔菌属 *Phaeodaedalea* Lloyd 缺乏分子数据。有些属已被划分到不同的科甚至不同的目中，例如，苦味波斯特孔菌属 *Amaropostia*、黑囊孔菌属 *Amylocystis* Bondartsev & Singer、钙质波斯特孔菌属 *Calcipostia*、囊体波斯特孔菌属 *Cystidiopostia*、褐波斯特孔菌属 *Fuscopostia*、骨质孔菌属 *Osteina* 和翼状孔菌属 *Ptychogaster* 被转移至波斯特孔菌科 Postiaceae（Liu et al.，2023a）；丝变孔菌属 *Anomoporia* Pouzar 隶属于淀粉伏革菌科 Amylocorticiaceae（Binder et al.，2010；Song et al.，2016）；黄孔菌属被转移至黄孔菌科中（Liu et al.，2023a）；硫黄菌属隶属于硫黄菌科（Justo et al.，2017）；小剥管孔菌属被转移至小剥管孔菌科（Liu et al.，2023a）；假索孔菌属被转移至索孔菌科（Audet，2017-2018）；胶质孔菌属隶属于焦灰孔菌科（Liu et al.，2023a）。一些属被处理为其他属的同物异名，例如，小深黄孔菌属 *Aurantiporellus* Murrill 是小红孔菌属的同物异名（Murrill，1905）；皮拉特孔菌属和剥管孔菌属是拟层孔菌属的同物异名（Han et al.，2016）。目前为止，拟层孔菌科包括 24 属 138 种，其中中国分布 19 属 55 种。

中国拟层孔菌科分属检索表

1. 菌管菌丝单体系 ·· 2
1. 菌管菌丝多为二体系或三体系 ··· 3
　2. 菌肉菌丝单体系 ··· **假薄孔菌属 *Pseudoantrodia***
　2. 菌肉菌丝二体系 ··· **牛舌孔菌属 *Buglossoporus***
3. 骨架菌丝常有简单分隔 ····································· **蹄迷孔菌属 *Ungulidaedalea***
3. 骨架菌丝没有或很少有简单分隔 ··· 4
　4. 生殖菌丝具不规则厚壁 ································· **新镜孔菌属 *Neolentiporus***
　4. 生殖菌丝具规则厚壁 ·· 5

5. 子实层不规则，孔状、齿状、片状或迷宫状 ·· 6
5. 子实层规则，孔状 ·· 7
   6. 菌肉褐色；具拟囊状体 ·· 迷孔菌属 **Daedalea**
   6. 菌肉玫瑰色、紫色或粉褐色；不具拟囊状体 ············· 玫红拟层孔菌属 **Rhodofomitopsis**
7. 菌肉白粉色、粉色、粉褐色或褐色 ··· 8
7. 菌肉白色、奶油色、灰色、稻草色、赭色或棕色 ·· 10
   8. 担子果多为平伏或反转；担孢子长度 > 6 μm ···················· 红薄孔菌属 **Rhodoantrodia**
   8. 担子果多具菌盖；担孢子长度 < 6 μm ··· 9
9. 孔口表面新鲜时白色至奶油色或粉紫色，干燥后稻草色至肉桂棕色 ····· 粉红层孔菌属 **Rubellofomes**
9. 孔口表面新鲜时粉红色到葡萄色，干燥后土粉色至葡萄红棕色 ··············· 红层孔菌属 **Rhodofomes**
   10. 担孢子卵球形到宽椭圆形 ·· 白孔层孔菌属 **Niveoporofomes**
   10. 担孢子圆柱形至长椭圆形或椭圆形 ·· 11
11. 担子果多具菌盖 ··· 12
11. 担子果多为平伏至反转 ··· 14
   12. 担子果软木栓质至脆质 ·· 脆层孔菌属 **Fragifomes**
   12. 担子果大部分韧质至木质 ··· 13
13. 担孢子近球形到圆柱形；菌丝系统二体至三体系 ··································· 拟层孔菌属 **Fomitopsis**
13. 担孢子多为椭球形；菌丝系统二体系 ·· 灰黑孔菌属 **Melanoporia**
   14. 骨架菌丝浅褐色 ··· 褐伏孔菌属 **Brunneoporus**
   14. 骨架菌丝无色 ·· 15
15. 厚垣孢子存在 ··· 黄伏孔菌属 **Flavidoporia**
15. 厚垣孢子缺失 ·· 16
   16. 孔口每毫米 1~3 个 ··· 17
   16. 孔口每毫米 3~6 个 ··· 18
17. 拟囊状体缺失；担孢子腊肠形、圆柱形至窄椭圆形 ················· 软体孔菌属 **Cartilosoma**
17. 拟囊状体存在；担孢子圆柱形至椭圆形 ·· 薄孔菌属 **Antrodia**
   18. 菌盖边缘常具菌索；拟囊状体不具帽状结晶 ·························· 花孔菌属 **Anthoporia**
   18. 菌盖边缘常不具菌索；拟囊状体具帽状结晶 ····················· 新薄孔菌属 **Neoantrodia**

花孔菌属 Anthoporia Karasiński & Niemelä
Polish Bot. J. 61 (1): 8, 2016

担子果一年生至多年生，平伏至反转，软绵质至木栓质，有流苏状边缘，菌索存在但不明显；孔口表面新鲜时灰白色至奶油色，干后灰棕色至肉棕色；孔口圆形至多角形；菌肉白色至灰棕色，软绵质；菌管奶油色至灰棕色，木栓质。菌丝系统二体系；生殖菌丝具锁状联合，骨架菌丝无拟糊精反应和淀粉质反应，无嗜蓝反应；子实层中无囊状体与拟囊状体；担孢子圆柱形至拟腊肠形，无色，薄壁，光滑，无拟糊精反应和淀粉质反应，无嗜蓝反应。

模式种：*Anthoporia albobrunnea* (Romell) Karasiński & Niemelä。
生境：常生长在针叶活树或倒腐木上，引起木材褐色腐朽。
中国分布：黑龙江、西藏。
世界分布：北美洲，欧洲，亚洲。
讨论：花孔菌属是基于白褐多孔菌 *Polyporus albobrunneus* Romell 提出，该属目前只包含一个种（Karasiński and Niemelä，2016）。过去该属的种类被放置于薄孔菌属，基于形态学特征与系统发育分析得出花孔菌属是一个独立的属（Ortiz-Santana et al., 2013; Spirin et al., 2013a; Chen et al., 2015）。目前，该属有 1 种，中国分布 1 种。

白褐花孔菌 图 23

Anthoporia albobrunnea (Romell) Karasiński & Niemelä, Polish Bot. J. 61(1): 8, 2016. Liu et al., Mycosphere 14(1): 1594, 2023.

Polyporus albobrunneus Romell, Ark. Bot. 11(3): 10, 1911.

Leptoporus albobrunneus (Romell) Pilát, Atlas Champ. l'Europe, III, Polyporaceae (Praha): 178, 1938.

Poria albobrunnea (Romell) D.V. Baxter, Pap. Mich. Acad. Sci. 24: 172, 1939.

Tyromyces albobrunneus (Romell) Bondartsev, The Polyporaceae of the European USSR and Caucasia: 203, 1953.

Antrodia albobrunnea (Romell) Ryvarden, Norw. Jl Bot. 20: 8, 1973.

Coriolellus albobrunneus (Romell) Domański, Mala Flora Grzybów. Tom I: Basidiomycetes (Podstawczaki), Aphyllophorales (Bezblaszkowe). Bondarzewiaceae, Fistulinaceae, Ganodermataceae, Polyporaceae 1: 136, 1974.

Piloporia albobrunnea (Romell) Ginns, Mycotaxon 21: 329, 1984.

子实体：担子果一年生至多年生，平伏至反转，贴生，不易与基质分离，新鲜时柔软，干后木栓质，重量变轻；平伏担子果长可达 40 cm，宽可达 8 cm，厚约 9 mm；孔口表面新鲜时灰白色至奶油色，干后灰棕色至肉棕色；不育边缘不明显或几乎不存在；孔口圆形至多角形，每毫米 3~5 个；管口边缘薄，全缘或稍撕裂状；菌肉白色至灰棕色，木栓质，厚约 5 mm；菌管奶油色至灰棕色，木栓质，长可达 4 mm。

显微结构：菌丝系统二体系；生殖菌丝具有锁状联合，骨架菌丝无拟糊精反应和淀粉质反应，无嗜蓝反应；菌丝组织在 KOH 试剂中无变化。菌肉中生殖菌丝较少，褐色，厚壁具一宽内腔，偶尔分枝，直径为 2.2~4.6 µm；骨架菌丝占多数，无色，厚壁，具一窄的内腔至近实心，很少分枝，直径为 2~4.7 µm。菌管中生殖菌丝占多数，无色，薄壁，偶尔分枝，直径为 1.8~4 µm；骨架菌丝较少，无色，厚壁，具一窄的内腔，不分枝，近平行排列，直径为 2.2~4.6 µm。子实层中无囊状体与拟囊状体。担子棒棒状，着生 4 个担孢子梗，基部具一锁状联合，14~18 × 4.5~5.5 µm；拟担子占多数，形状与担子类似，比担子稍小。担孢子圆柱形至拟腊肠形，无色，薄壁，光滑，无拟糊精反应和淀粉质反应，无嗜蓝反应，(5~)5.4~6.8(~7.2) × (1.4~)1.6~1.8(~2) µm，平均长 L = 5.82 µm，平均宽 W = 1.72 µm，长宽比 Q = 3.12~4.42（n = 60/2）。

研究标本：黑龙江：加格达奇，呼中至东方红林场路边，2003 年 8 月 19 日，戴玉成 4814（IFP 014404）。西藏：林芝市，林芝县，色季拉山，2004 年 8 月 4 日，戴玉成 5717（IFP 014408）。

生境：常生长在针叶活树或倒腐木上，引起木材褐色腐朽。

中国分布：黑龙江、西藏。

世界分布：白俄罗斯、美国、加拿大、挪威、瑞典、芬兰、波兰、西班牙、中国等。

讨论：白褐花孔菌的主要特征是担子果一年生至多年生，新鲜时柔软，孔口表面起初灰白色，后来变为奶油色至灰棕色，在成熟标本中常为肉棕色，不育边缘不明显或几乎不存在，软绵状至流苏状，白色或锈褐色（Karasiński and Niemelä，2016）。调查发现，该物种在我国黑龙江和西藏地区有分布，生长在针叶树上。

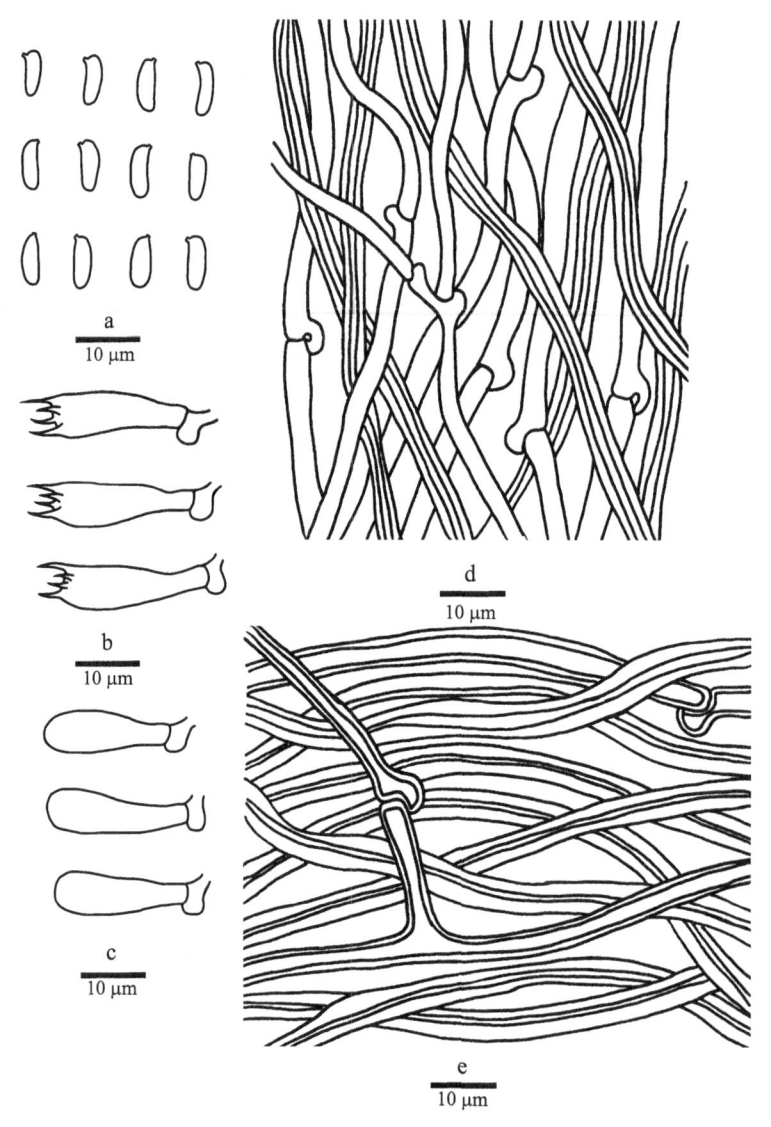

图 23 白褐花孔菌 *Anthoporia albobrunnea* (Romell) Karasiński & Niemelä 的显微结构图
a. 担孢子；b. 担子；c. 拟担子；d. 菌管菌丝；e. 菌肉菌丝

薄孔菌属 Antrodia P. Karst.

Meddn Soc. Fauna Flora Fenn. 5: 40, 1879

担子果一年生，平伏至反转或具菌盖，新鲜时软木栓质，干后木栓质；菌盖表面新鲜时白色至奶油色，干后变为灰白色至深灰色；孔口表面新鲜时白色至奶油色或褐色，干后呈奶油色至浅赭色或浅黄色；孔口圆形至多角形；菌肉白色至奶油色，木栓质；菌管与孔口表面同色，木栓质。菌丝系统二体系；生殖菌丝具锁状联合，骨架菌丝无拟糊精反应和淀粉质反应，无嗜蓝反应；子实层中无囊状体，具拟囊状体；担孢子圆柱形至宽椭圆形，无色，薄壁，光滑，无拟糊精反应和淀粉质反应，无嗜蓝反应。

模式种：*Antrodia serpens* (Fr.) P. Karst.。

生境：生长在阔叶树或针叶树活树、死树或倒腐木上，引起木材褐色腐朽。

中国分布：全国广泛分布。

世界分布：世界各地广泛分布。

讨论：薄孔菌属的模式种是蛇形多孔菌 *Polyporus serpens* Fr.（Donk，1960；Ryvarden，1991），是一个高度多样性的属，与迷孔菌属及拟层孔菌属系统发育关系较近（Kim et al.，2003；Yu et al.，2010；Rajchenberg et al.，2011；Bernicchia et al.，2012）。一些研究将广义薄孔菌属划分成 3 个属，分别是淀粉伏孔菌属、薄孔菌属和索孔菌属（Cui and Dai，2013；Spirin et al.，2013a, b；Chen et al.，2015；Chen and Cui，2016）。近些年，许多广义薄孔菌属中的新属被提出，例如，焦灰孔菌属、拟薄孔菌属 *Antrodiopsis*、褐伏孔菌属、齿卧孔菌属 *Dentiporus*、黄伏孔菌属、硬伏孔菌属、新薄孔菌属、胶质孔菌属、菌索孔菌属 *Rhizoporia* 和亚薄孔菌属 *Subantrodia*（Audet，2017-2018）。软管薄孔菌 *Antrodia peregrina* Spirin, Y.C. Dai & Vlasák 由 Runnel 等（2019）描述，模式产地是中国吉林，我们没有获得该物种的标本，故没有对其进行描述。目前，该属有 18 种，中国分布 7 种。

中国薄孔菌属分种检索表

1. 担子果只能生长在竹子上；担孢子长度 < 6 μm ················**竹生薄孔菌 *A. bambusicola***
1. 担子果不生长在竹子上；担孢子长度 > 6 μm ·· 2
    2. 担子果只生长在阔叶树上，成熟担子果的孔口不融合在一起 ···························· 3
    2. 担子果大多生长在针叶树上，或在阔叶树和针叶树上都可生长，且成熟担子果的孔口融合在一起，撕裂 ·· 5
3. 担子果通常平伏；菌管中生殖菌丝占多数 ·······················**新热带薄孔菌 *A. neotropica***
3. 担子果通常产生小型菌盖；菌管中骨架菌丝占多数 ·· 4
    4. 担孢子圆柱形至长椭圆形，9~12 × 3.5~4.5 μm ···························**大薄孔菌 *A. macra***
    4. 担孢子椭圆形至长椭圆形，6.6~9 × 3.6~4.9 μm ··················**亚蛇形薄孔菌 *A. subserpens***
5. 菌肉中骨架菌丝占多数 ··· 6
5. 菌肉中生殖菌丝占多数 ··**亚异形薄孔菌 *A. subheteromorpha***
    6. 担子果只生长在针叶树上；担孢子较大，7.6~12.6 ×3.6~5.4 μm ····**异形薄孔菌 *A. heteromorpha***
    6. 担子果生长在阔叶树和针叶树上；担孢子较小，6.4~10.4 × 2.7~4.3μm ····**田中薄孔菌 *A. tanakae***

竹生薄孔菌 图 24

Antrodia bambusicola Y.C. Dai & B.K. Cui, Mycotaxon 116: 14, 2011.

子实体：担子果一年生，平伏，贴生，不易与基质分离，新鲜时软木栓质，干后木栓质，重量变轻；平伏担子果长可达 40 cm，宽可达 5 cm，厚约 0.6 mm；孔口表面新鲜时白色至奶油色，干后淡黄褐色；不育边缘不明显或几乎不存在；孔口圆形至多角形，每毫米 2~3 个；管口边缘薄，全缘；菌肉奶油色，木栓质，厚约 0.2 mm；菌管奶油色至淡黄褐色，木栓质，长可达 2.2 mm。

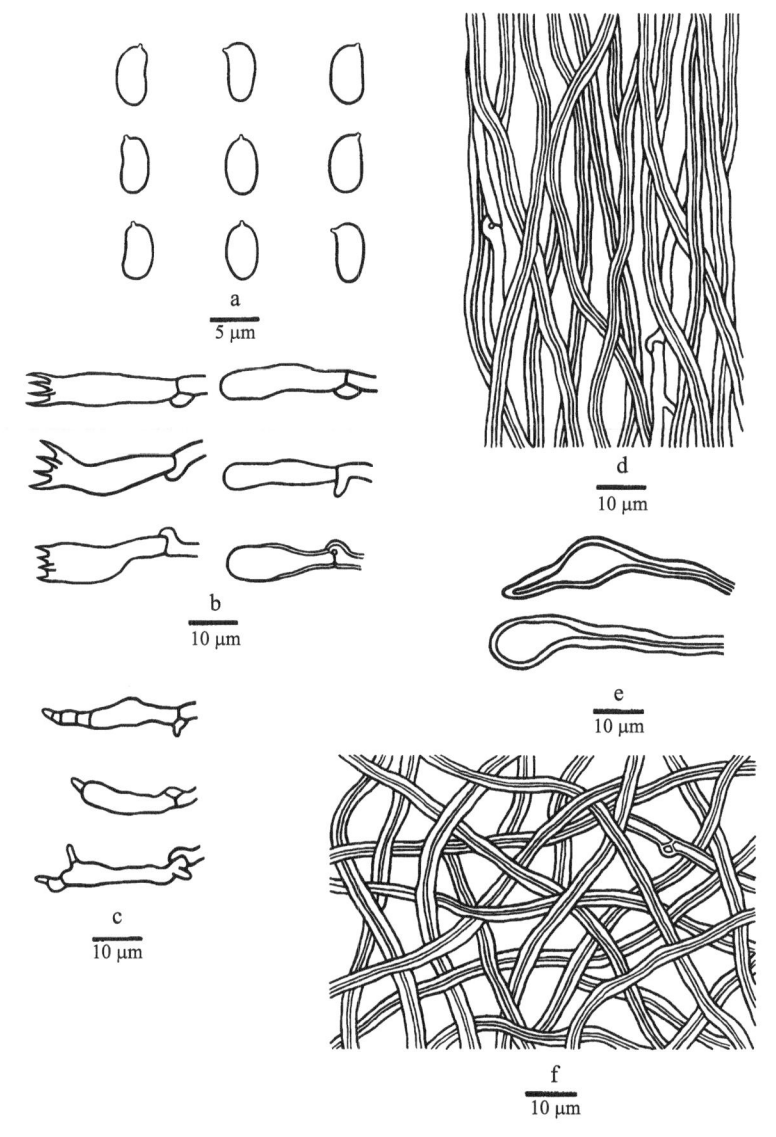

图 24 竹生薄孔菌 *Antrodia bambusicola* Y.C. Dai & B.K. Cui 的显微结构图
a. 担孢子；b. 担子和拟担子；c. 拟囊状体；d. 菌管菌丝；e. 膨胀的骨架菌丝；f. 菌肉菌丝

显微结构：菌丝系统二体系；生殖菌丝具有锁状联合，骨架菌丝无拟糊精反应和淀粉质反应，无嗜蓝反应；菌丝组织在 KOH 试剂中无变化。菌肉中生殖菌丝较少，无色，稍厚壁，很少分枝，直径为 2~3.4 μm；骨架菌丝占多数，无色，厚壁，具一窄的内腔至近实心，很少分枝，直径为 2.3~3.6 μm。菌管中生殖菌丝较少，无色，薄壁，偶尔分枝，直径为 1.7~3 μm；骨架菌丝占多数，无色，厚壁，具一窄的内腔至近实心，很少分枝，交织排列，直径为 2~3.8 μm。子实层中无囊状体，具拟囊状体，纺锤形，薄壁，光滑，具一到多个隔膜，16~25 × 4~6 μm。担子棍棒状，着生 4 个担孢子梗，基部具一锁状联合，18~26 × 5~7 μm；拟担子占多数，形状与担子类似，比担子稍小。担孢子圆柱形，无色，薄壁，光滑，无拟糊精反应和淀粉质反应，无嗜蓝反应，(4.7~)5~6(~7) × (2.9~)3~3.4(~3.9) μm，平均长 L = 5.34 μm，平均宽 W = 3.13 μm，长宽比 Q = 1.57~1.84 (n = 60/2)。

研究标本：安徽：黄山市，黄山国家公园，2010 年 10 月 21 日，戴玉成 11901（BJFC 009003，模式标本）。福建：龙岩市，上杭县，梅花山自然保护区，2013 年 10 月 24 日，崔宝凯 11280（BJFC 015396）。西藏：林芝市，林芝县，色季拉山，2021 年 10 月 23 日，戴玉成 23335（BJFC 037906），戴玉成 23337（BJFC 037908），戴玉成 23339（BJFC 037910）。

生境：生长在竹子倒木上，引起木材褐色腐朽。

中国分布：安徽、福建、西藏。

世界分布：中国。

讨论：竹生薄孔菌的担子果一年生，平伏且非常薄，孔口通常每毫米 3 个，孔口表面白色至奶油色或浅黄色，拟囊状体具分枝和隔膜，担孢子圆柱形（5~6 × 3~3.4 μm），该物种只生长在竹子上，这些特征使其很容易与该属的其他种类区分（Cui et al., 2011）。

异形薄孔菌　图 25

Antrodia heteromorpha (Fr.) Donk, Persoonia 4 (3): 339, 1966. Liu et al., Mycosphere 14(1): 1594, 2023.

Daedalea heteromorpha Fr., Observ. Mycol. (Havniae) 1: 108, 1815.
Lenzites heteromorphus (Fr.) Fr., Epicr. Syst. Mycol. (Upsaliae): 407, 1838.
Cellularia heteromorpha (Fr.) Kuntze, Revis. Gen. Pl. (Leipzig) 3(3): 452, 1898.
Trametes heteromorpha (Fr.) Bres., Mycol. Writ. 4 (Letter 60): 12, 1915.
Polystictus heteromorphus (Fr.) Lloyd, Mycol. Writ. 5(Letter 62): 8, 1916.
Coriolellus heteromorphus (Fr.) Bondartsev & Singer, Annls Mycol. 39(1): 60, 1941.
Coriolus hexagoniformis Murrill, N. Amer. Fl. (New York) 9(1): 20, 1907.
Polystictus hexagoniformis (Murrill) Sacc. & Trotter, Syll. Fung. (Abellini) 21: 315, 1912.

子实体：担子果一年生或二年生，经常融合在一起，平伏反转或完全平伏，具菌盖；反转部分宽可达 35 mm，平伏部分通常大面积延展，宽可达 15 cm；菌盖表面新鲜时奶油色，干后灰色至深灰色，被软绒毛，有时具条纹或环纹；边缘钝，宽可达 0.5~2 mm；孔口表面新鲜时白色，干后奶油色或浅赭色，有时带灰色；孔口多角形至迷宫状或撕裂，每毫米 0.7~1.7 个；管口边缘稍厚，全缘或稍撕裂状；菌肉白色至奶油色，软木栓质，厚约 0.5~2 mm；菌管白色至奶油色，木栓质，长可达 1.5~8 mm。

显微结构：菌丝系统二体系；生殖菌丝具有锁状联合，骨架菌丝无拟糊精反应和淀粉质反应，无嗜蓝反应；菌丝组织在 KOH 试剂中无变化。菌肉中生殖菌丝较少，无色，薄壁至稍厚壁，很少分枝，直径为 2.1~3.3 μm；骨架菌丝占多数，无色，厚壁，具一窄的内腔至近实心，很少分枝，直径为 2.6~4.8 μm。菌管中生殖菌丝较少，无色，薄壁，很少分枝，直径为 1.8~2.4 μm；骨架菌丝占多数，无色，厚壁，具一窄的内腔，很少分枝，交织排列，直径为 1.9~4.7 μm。子实层中无囊状体，具拟囊状体，纺锤形，薄壁，光滑，21~42 × 5~6 μm。担子棍棒状，着生 4 个担孢子梗，基部具一锁状联合，22~36 ×

6~8.5 μm；拟担子占多数，形状与担子类似，比担子稍小。担孢子窄椭圆形至宽椭圆形，无色，薄壁，光滑，无拟糊精反应和淀粉质反应，无嗜蓝反应，(6.4~)7.6~12.6(~15.6) × (3~)3.6~5.4(~6.2) μm，平均长 L = 10.06 μm，平均宽 W = 4.45 μm，长宽比 Q = 2.14~2.53（n = 90/3）。

研究标本：山西：交城县，庞泉沟自然保护区，2004 年 10 月 11 日，袁海生 826（BJFC 000104）；交城县，庞泉沟自然保护区，2006 年 9 月 22 日，袁海生 2466（BJFC 000103），袁海生 2480（BJFC 000102）；宁武县，凤翔山，2009 年 4 月 8 日，戴玉成 10724（BJFC 004967），戴玉成 10731（BJFC 004974）；沁水县，历山自然保护区，2004 年 10 月 18 日，袁海生 989（BJFC 000087）。辽宁：桓仁县，老秃顶子景区，2008 年 8 月 2 日，崔宝凯 5806（BJFC 003700）。吉林：安图县，长白山大样地，2007 年 8 月 24 日，魏玉莲 3036（BJFC 000088）。四川：稻城县，海子山，2019 年 8 月 10 日，崔宝凯 17383（BJFC 034242）；泸定县，海螺沟森林公园，2012 年 10 月 20 日，崔宝凯 10783（BJFC 013705）；九寨沟县，九寨沟自然保护区，2012 年 10 月 11 日，崔宝凯 10628（BJFC 013553）；乡城县，水洼乡，佛珠峡，2019 年 8 月 12 日，崔宝凯 17429（BJFC 034288），崔宝凯 17433（BJFC 034292），崔宝凯 17436（BJFC 034295），崔宝凯 17437（BJFC 034296）；乡城县，小雪山，2019 年 8 月 12 日，崔宝凯 17449（BJFC 034308），崔宝凯 17458（BJFC 034317）；小金县，四姑娘山自然保护区，2012 年 10 月 16 日，崔宝凯 10710（BJFC 013632）。云南：中甸县，高山植物园，2006 年 8 月 29 日，袁海生 1945（IFP 000540）；马关县，老君山自然保护区，2011 年 9 月 22 日，崔宝凯 10459（BJFC 011354）；香格里拉市，普达措公园，2011 年 9 月 24 日，崔宝凯 10547（BJFC 011442），2019 年 8 月 13 日，崔宝凯 17491（BJFC 034350）。西藏：波密县，2010 年 9 月 20 日，崔宝凯 9513（BJFC 008451），崔宝凯 9531（BJFC 008469），崔宝凯 9562（BJFC 008500）；察雅县，年拉山，2010 年 9 月 23 日，崔宝凯 9623（BJFC 008561）；类乌齐县，2010 年 9 月 22 日，崔宝凯 9611（BJFC 008549），崔宝凯 9617（BJFC 008555）；林芝县，2010 年 9 月 18 日，崔宝凯 9391（BJFC 008329）；林芝县，嘎定沟，2010 年 9 月 25 日，崔宝凯 9703（BJFC 008640），崔宝凯 9747（BJFC 008683）；林芝县，鲁朗镇，2010 年 9 月 16 日，崔宝凯 9289（BJFC 008228）。甘肃：裕固县，康乐乡，2013 年 7 月 26 日，戴玉成 13287（BJFC 014776）；山丹县，焉支山森林公园，2013 年 7 月 27 日，戴玉成 13295（BJFC 014784）。

生境：针叶树死树或倒木上，多生于云杉，少生于冷杉和松树。

中国分布：山西、辽宁、吉林、黑龙江、浙江、安徽、山东、四川、云南、西藏、甘肃。

世界分布：芬兰、美国、瑞典、中国等。

讨论：异形薄孔菌是该属中最知名的物种，生长在针叶树寄主上，其担子果大多一年生，子实体通常具菌盖，平伏至反转，或完全平伏，孔口每毫米 0.6~1.8 个，边缘撕裂或融合在一起，孔口表面白色至浅赭色，菌肉和菌管中骨架菌丝均占多数，担孢子窄椭圆形至宽椭圆形（7.6~12.6 × 3.6~5.4 μm）。异形薄孔菌与蛇形薄孔菌 *Antrodia serpens* (Fr.) P. Karst.和田中薄孔菌形态相似，但蛇形薄孔菌的子实体相对更小、更薄，且寄主多为阔叶树倒木，孔口大小和形状也与异形薄孔菌存在差异；田中薄孔菌通常形成尺寸较小、白色至奶油色的子实体，其孢子比异形薄孔菌的更短小。调查发现，异形薄孔菌在我国分布广泛，多生长在针叶树上（Chen and Cui，2016）。

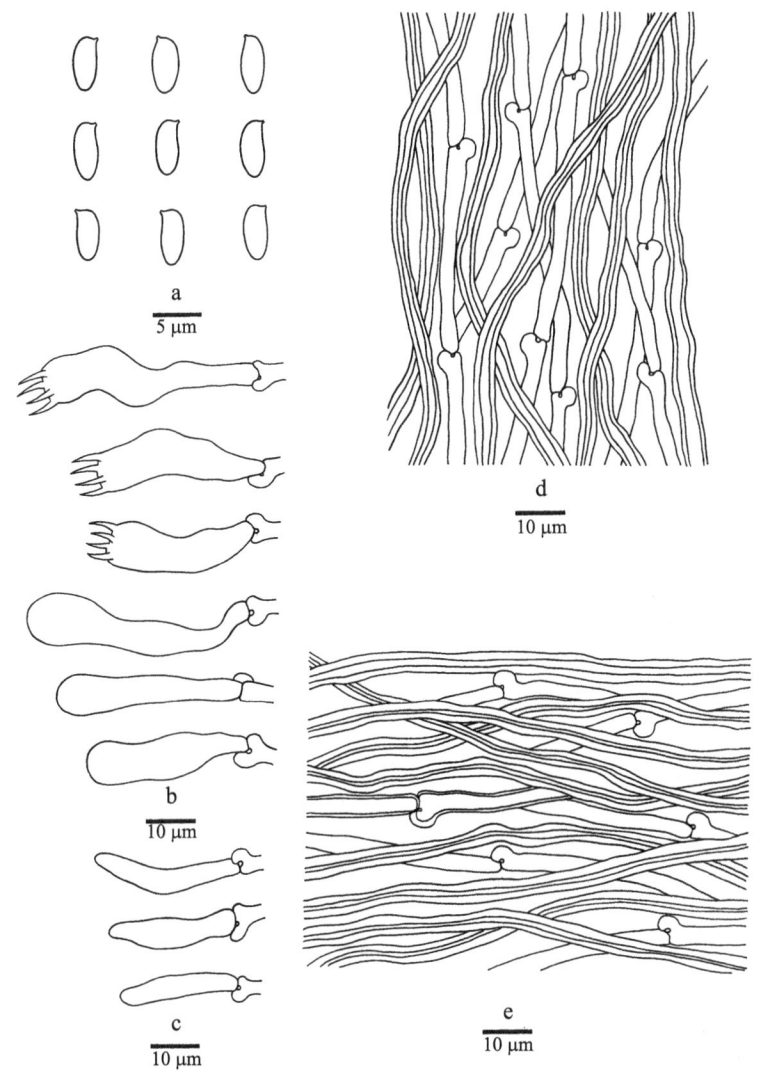

图 25　异形薄孔菌 *Antrodia heteromorpha* (Fr.) Donk 的显微结构图
a. 担孢子；b. 担子和拟担子；c. 拟囊状体；d. 菌管菌丝；e. 菌肉菌丝

大薄孔菌　图 26

Antrodia macra (Sommerf.) Niemelä, Karstenia 25 (1): 38, 1985. Liu et al., Mycosphere 14(1): 1594, 2023.

Polyporus macer Sommerf., Suppl. Fl. lapp. (Oslo): 279, 1826.

Trametes salicina Bres., Nytt Mag. Natur. 52: 166, 1914.

Coriolellus salicinus (Bres.) Bondartsev, Trut. Grib Evrop. Chasti SSSR Kavkaza [Bracket Fungi Europ. U.S.S.R. Caucasus] (Moscow-Leningrad): 515, 1953.

Coriolus salicinus (Bres.) Komarova, Opredelitel' Trutovykh Gribov Belorussii: 144, 1964.

Antrodia salicina (Bres.) H. Jahn, Westfälische Pilzbriefe 8: 65, 1971.
Antrodia salicina (Bres.) Niemelä, Karstenia 18: 48, 1978.

子实体：担子果一年生，平伏或具菌盖，不易与基质分离，新鲜时软木栓质，干后木栓质至易碎，重量变轻；担子果长可达 5 cm，宽可达 3 cm，厚约 10 mm；孔口表面新鲜时白色至奶油色，干后浅褐色至木褐色；不育边缘不明显或几乎不存在；孔口圆形至多角形，每毫米 2~3 个；管口边缘薄，全缘或稍撕裂状；菌肉白色至奶油色，易碎，厚约 3 mm；菌管奶油色至浅褐色，木栓质，长可达 8 mm。

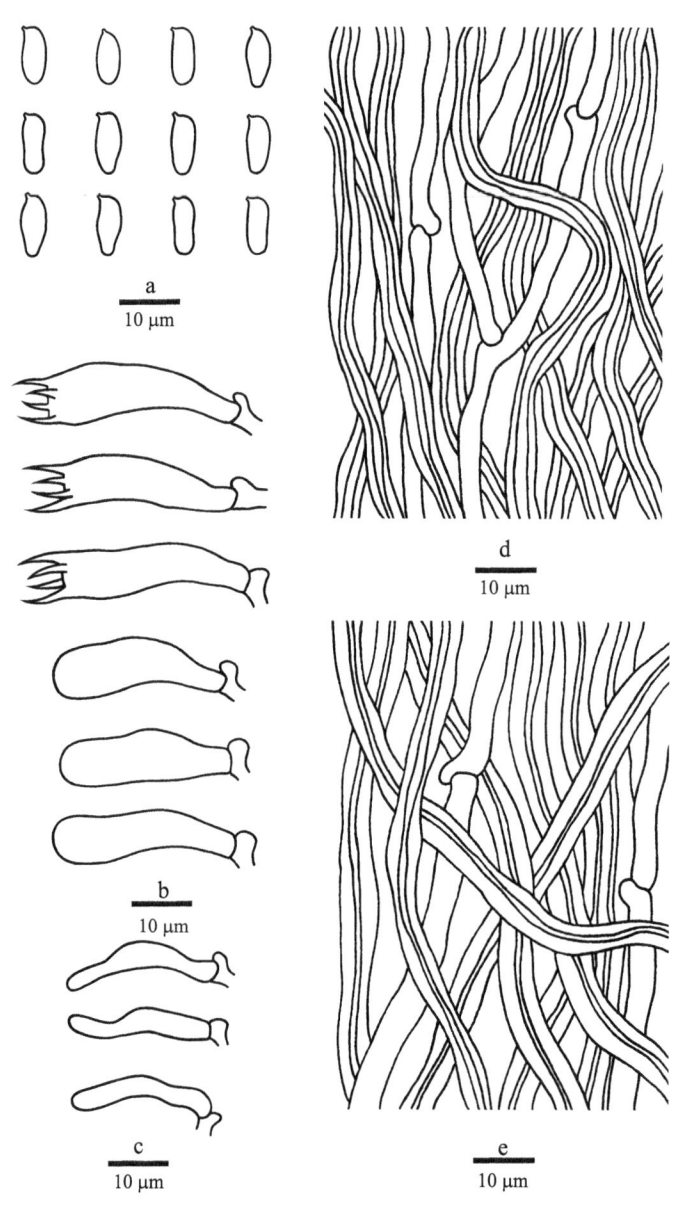

图 26 大薄孔菌 *Antrodia macra* (Sommerf.) Niemelä 的显微结构图
a. 担孢子；b. 担子和拟担子；c. 拟囊状体；d. 菌管菌丝；e. 菌肉菌丝

显微结构：菌丝系统二体系；生殖菌丝具有锁状联合，骨架菌丝无拟糊精反应和淀粉质反应，无嗜蓝反应；菌丝组织在 KOH 试剂中无变化。菌肉中生殖菌丝较少，无色，薄壁，很少分枝，直径为 2~3.2 μm；骨架菌丝占多数，无色，厚壁，具一窄的内腔至近实心，很少分枝，直径为 2~4 μm。菌管中生殖菌丝较少，无色，薄壁，偶尔分枝，直径为 1.8~3.2 μm；骨架菌丝占多数，无色，厚壁，具一窄的内腔至近实心，很少分枝，交织排列，直径为 2~3.8 μm。子实层中无囊状体，具拟囊状体，纺锤形，薄壁，光滑，18~25 × 4~6 μm。担子棍棒状，着生 4 个担孢子梗，基部具一锁状联合，22~27 × 6~8 μm；拟担子占多数，形状与担子类似，比担子稍小。担孢子圆柱形至长椭圆形，无色，薄壁，光滑，无拟糊精反应和淀粉质反应，无嗜蓝反应，9~12 × 3.5~4.5 μm，平均长 L = 10.56 μm，平均宽 W = 4.12 μm，长宽比 Q = 2.55 (n = 30/1)。

研究标本：河北：涿鹿县，小五台保护区山涧口，2017 年 9 月 10 日，戴玉成 18104（BJFC 025634）。

生境：生长在阔叶树上，引起木材褐色腐朽。

中国分布：河北。

世界分布：芬兰、俄罗斯、哥斯达黎加、瑞典、挪威、中国等。

讨论：大薄孔菌的主要特征是担子果平伏或具菌盖，孔口每毫米 2~3 个，担孢子圆柱形至长椭圆形（9~12 × 3.5~4.5 μm）（Niemelä，1985）。调查发现，大薄孔菌在我国河北有分布，多生长在阔叶树上。

新热带薄孔菌 图 27

Antrodia neotropica Kaipper-Fig., Robledo & Drechsler-Santos, Nova Hedwigia 103: 131, 2016. Liu et al., Mycosphere 14(1): 1595, 2023.

子实体：担子果一年生，平伏，很少反转，贴生，不易与基质分离，新鲜时柔软而韧革质，干后革质至木栓质，重量变轻；平伏担子果长可达 20 cm，宽可达 4 cm，厚约 2.4 mm；孔口表面新鲜时白色至奶油色，干后浅黄色至浅褐色；不育边缘不明显或几乎不存在；孔口圆形至多角形，每毫米 1~2 个；管口边缘稍厚，全缘或稍撕裂状；菌肉奶油色，木栓质，厚约 0.5 mm；菌管奶油色至浅褐色，木栓质，长可达 2 mm。

显微结构：菌丝系统二体系；生殖菌丝具有锁状联合，骨架菌丝无拟糊精反应和淀粉质反应，无嗜蓝反应；菌丝组织在 KOH 试剂中呈淡黄色至稍黄绿色。菌肉中生殖菌丝较少，无色，薄壁，偶尔分枝，直径为 2.6~3.1 μm；骨架菌丝占多数，无色，厚壁，具一窄的内腔至近实心，很少分枝，直径为 2.4~4 μm。菌管中生殖菌丝占多数，无色，薄壁，偶尔分枝，直径为 2.6~3 μm；骨架菌丝较少，无色，厚壁，具一窄的内腔至近实心，不分枝，近平行排列，直径为 2.4~4 μm。子实层中无囊状体，具拟囊状体，纺锤形，薄壁，光滑，34~51 × 2~3 μm。担子棍棒状，着生 4 个担孢子梗，基部具一锁状联合，35~50 × 8.5~10 μm；拟担子占多数，形状与担子类似，比担子稍小。担孢子圆柱形至椭圆形，无色，薄壁，光滑，无拟糊精反应和淀粉质反应，无嗜蓝反应，(7~)8~14.2(~15) × 4~5(~6) μm，平均长 L = 10.48 μm，平均宽 W = 4.41 μm，长宽比 Q = 2.56 (n = 30/1)。

研究标本：云南：南华县，大中山自然保护区，2013 年 7 月 15 日，崔宝凯 11141

（BJFC 015256）。

生境：常生长在阔叶树上，引起木材褐色腐朽。
中国分布：云南。
世界分布：澳大利亚、巴西、中国等。

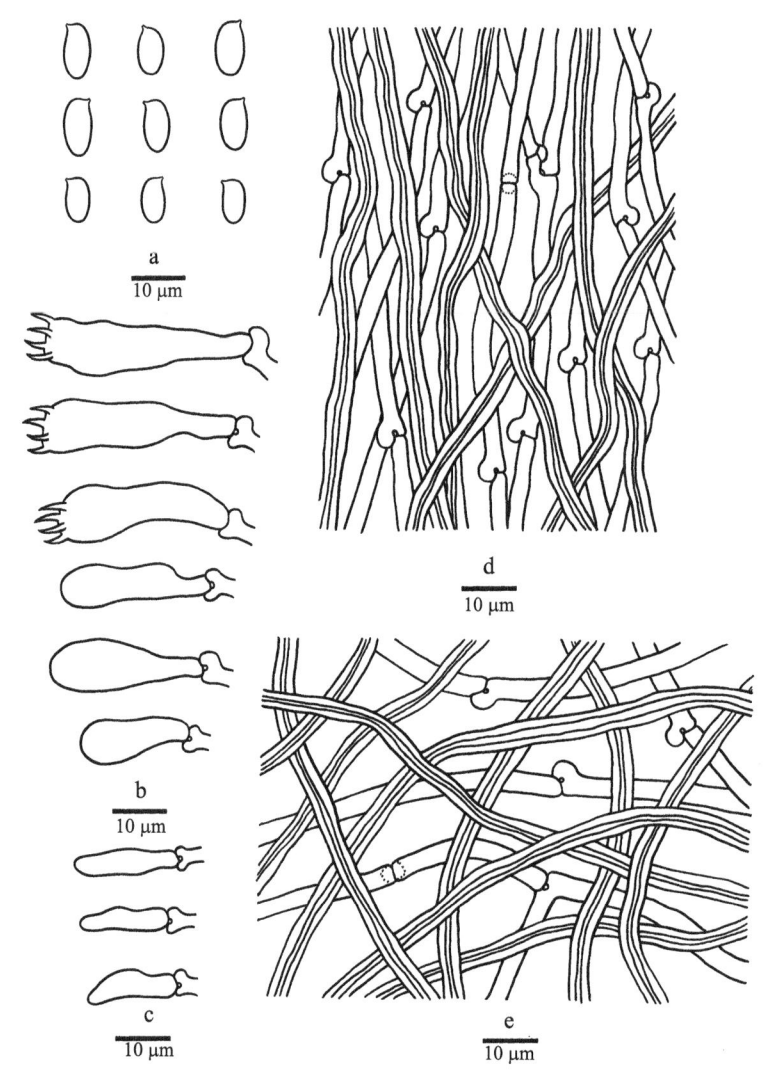

图 27 新热带薄孔菌 Antrodia neotropica Kaipper-Fig., Robledo & Drechsler-Santos 的显微结构图
a. 担孢子；b. 担子和拟担子；c. 拟囊状体；d. 菌管菌丝；e. 菌肉菌丝

讨论：新热带薄孔菌的主要特征是担子果平伏且薄，孔口每毫米 1~2 个，孔口表面奶油色至褐色，生殖菌丝在菌管中多于骨架菌丝，担孢子圆柱形至椭圆形（8~14.2 × 4~5 μm），该种类只生长于阔叶树上。新热带薄孔菌和亚蛇形薄孔菌都生长于阔叶树上，不同的是，亚蛇形薄孔菌的担子果通常可产生小菌盖，菌管中骨架菌丝占多数，且亚蛇形薄孔菌的担孢子较小（6.6~9 × 3.6~4.9 μm）；异形薄孔菌与新热带薄孔菌可以通过寄主区分，异形薄孔菌通常生长在针叶树上，且分布于北美洲和欧亚大陆，新热带薄孔菌生长于阔叶树上，主要分布于巴西。调查发现，新热带薄孔菌在我国云南有分布，

常生长在阔叶树上。

亚异形薄孔菌　图 28，图版 I 4

Antrodia subheteromorpha B.K. Cui, Y.Y. Chen & Shun Liu, Fungal Divers. 118: 47, 2023.

子实体：担子果一年生，平伏至反转，或产生小菌盖，贴生，不易与基质分离，新鲜时软木栓质至木栓质，干后木栓质，重量变轻；平伏担子果长可达 3 cm，宽可达 1.7 cm，厚约 3 mm；孔口表面新鲜时奶油色，干后奶油色至粉黄色；不育边缘不明显或几乎不存在；孔口多角形，每毫米 1~2 个；管口边缘薄，稍撕裂状；菌肉白色至奶油色，软木栓质，厚约 1 mm；菌管奶油色至浅黄色，木栓质，长可达 2 mm。

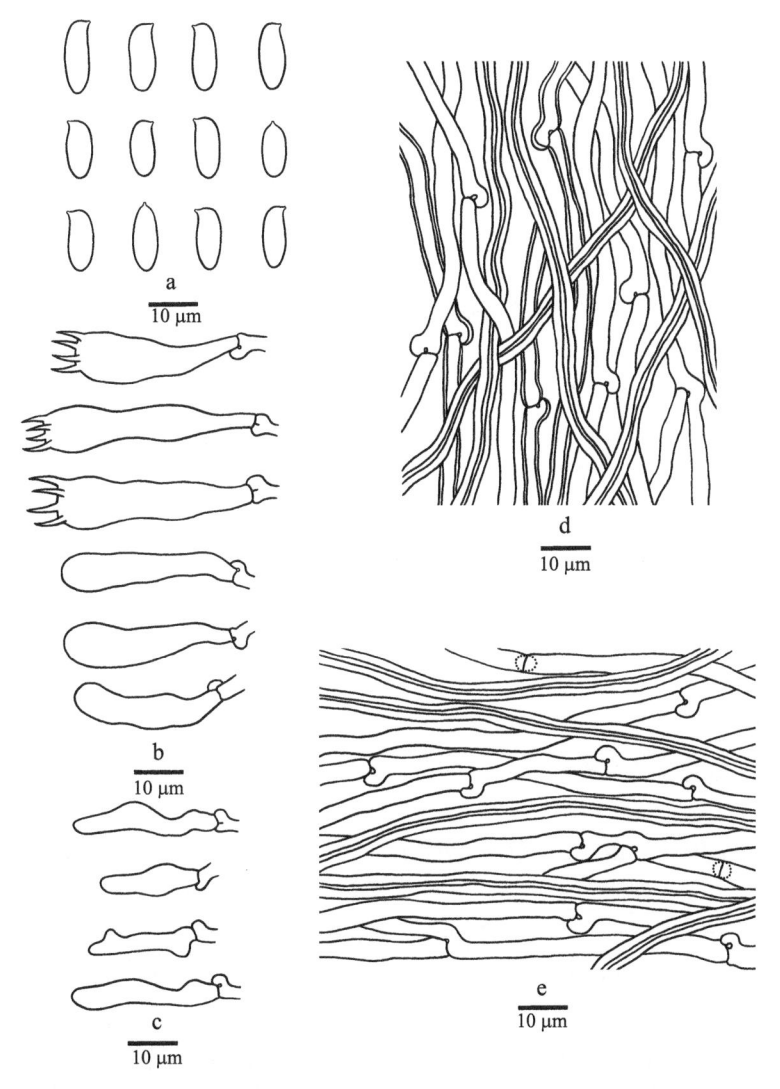

图 28　亚异形薄孔菌 *Antrodia subheteromorpha* B.K. Cui, Y.Y. Chen & Shun Liu 的显微结构图
a. 担孢子；b. 担子和拟担子；c. 拟囊状体；d. 菌管菌丝；e. 菌肉菌丝

显微结构：菌丝系统二体系；生殖菌丝具有锁状联合，骨架菌丝无拟糊精反应和淀

粉质反应，无嗜蓝反应；菌丝组织在 KOH 试剂中无变化。菌肉中生殖菌丝占多数，无色，薄壁，常具分枝，直径为 2~4 μm；骨架菌丝较少，无色，厚壁，具一窄的内腔至近实心，很少分枝，直径为 2.6~5 μm。菌管中生殖菌丝占多数，无色，薄壁至稍厚壁，偶尔分枝，直径为 2.6~4 μm；骨架菌丝较少，无色，厚壁，具一窄的内腔至近实心，不分枝，交织排列，直径为 2~5 μm。子实层中无囊状体，具拟囊状体，纺锤形，薄壁，光滑，30~40 × 7.5~10 μm。担子棍棒状，着生 4 个担孢子梗，基部具一锁状联合，33~42 × 8~11 μm；拟担子占多数，形状与担子类似，比担子稍小。担孢子窄椭圆形至宽椭圆形，无色，薄壁，光滑，无拟糊精反应和淀粉质反应，无嗜蓝反应，10.2~12.9(~14.4) × 4~5.1(~5.6) μm，平均长 L = 11.60 μm，平均宽 W = 4.60 μm，长宽比 Q = 2.48~2.54 (n = 60/2)。

研究标本：西藏：类乌齐县，2010 年 9 月 22 日，崔宝凯 9611（BJFC 008549）；察雅县，年拉山，2010 年 9 月 23 日，崔宝凯 9623（BJFC 008561）；察隅县，2020 年 9 月 10 日，崔宝凯 18416（BJFC 035277，模式标本），崔宝凯 19417（BJFC 035278）。

生境：生长在云杉倒木或树桩上，引起木材褐色腐朽。

中国分布：西藏。

世界分布：中国。

讨论：亚异形薄孔菌的主要特征是担子果一年生，子实体通常呈小片分布，很少大面积聚集，延伸出的小菌盖边缘厚而圆钝，孔口表面烘干以后奶油色至粉黄色，孔口每毫米 1~2 个，菌肉和菌管中生殖菌丝均占多数，担孢子窄椭圆形至宽椭圆形（10.2~12.9 × 4~5.1 μm）。亚异形薄孔菌与异形薄孔菌形态极为相似，但异形薄孔菌通常形成菌盖或大面积平伏的子实体，且骨架菌丝在菌肉和菌管中均占多数（Spirin et al., 2013b）。

亚蛇形薄孔菌　图 29

Antrodia subserpens B. K. Cui & Yuan Y. Chen, Mycoscience 57: 4, 2016.

子实体：担子果一年生，具菌盖或平伏至反转，贴生，不易与基质分离，新鲜时软木栓质，干后木栓质，重量变轻；平伏担子果长可达 1 cm，宽可达 2.5 cm，厚约 4 mm；菌盖表面新鲜时白色，干后灰白色；孔口表面新鲜时白色，干后奶油色至浅褐色；不育边缘不明显或几乎不存在；孔口多角形，每毫米 1~2.5 个；管口边缘薄，全缘或稍撕裂状；菌肉白色至奶油色，木栓质，厚约 2 mm；菌管奶油色，木栓质，长可达 2 mm。

显微结构：菌丝系统二体系；生殖菌丝具锁状联合，骨架菌丝无拟糊精反应和淀粉质反应，无嗜蓝反应；菌丝组织在 KOH 试剂中无变化。菌肉中生殖菌丝较少，无色，稍厚壁，偶尔分枝，直径为 1.6~2.7 μm；骨架菌丝占多数，无色，厚壁，具一窄的内腔至近实心，很少分枝，直径为 1.7~4 μm。菌管中生殖菌丝较少，无色，薄壁至稍厚壁，偶尔分枝，直径为 1.6~3 μm；骨架菌丝占多数，无色，厚壁，具一窄的内腔至近实心，不分枝，交织排列，直径为 1.4~3.7 μm。子实层中无囊状体，具拟囊状体，纺锤形，薄壁，光滑，16~28 × 5~6 μm。担子棍棒状，着生 4 个担孢子梗，基部具一锁状联合，22~38 × 5.6~9 μm；拟担子占多数，形状与担子类似，比担子稍小。担孢子椭圆形至长椭圆形，无色，薄壁，光滑，无拟糊精反应和淀粉质反应，无嗜蓝反应，(6~)6.6~9(~11) × (3.5~)3.6~4.9(~5.1) μm，平均长 L = 7.7 μm，平均宽 W = 4.2 μm，长宽比 Q = 1.75~1.94

($n = 60/2$)。

研究标本：浙江：临安市，天目山自然保护区，2004 年 10 月 15 日，戴玉成 6380（BJFC 000081，模式标本），2005 年 10 月 12 日，崔宝凯 2782（BJFC 000091）。安徽：黄山市，黄山风景区，2004 年 10 月 12 日，戴玉成 6098（BJFC 000084）。云南：保山市，高黎贡山自然保护区，2017 年 9 月 16 日，崔宝凯 16210（BJFC 029509）；兰坪县，通甸镇，罗古箐，2017 年 9 月 19 日，崔宝凯 16285（BJFC 029584）；腾冲县，樱花谷，2009 年 10 月 28 日，崔宝凯 8310（BJFC 006799）。西藏：林芝市，波密县，2021 年 10 月 25 日，戴玉成 23527（BJFC 038099）。

生境：生长在阔叶树倒木上，引起木材褐色腐朽。

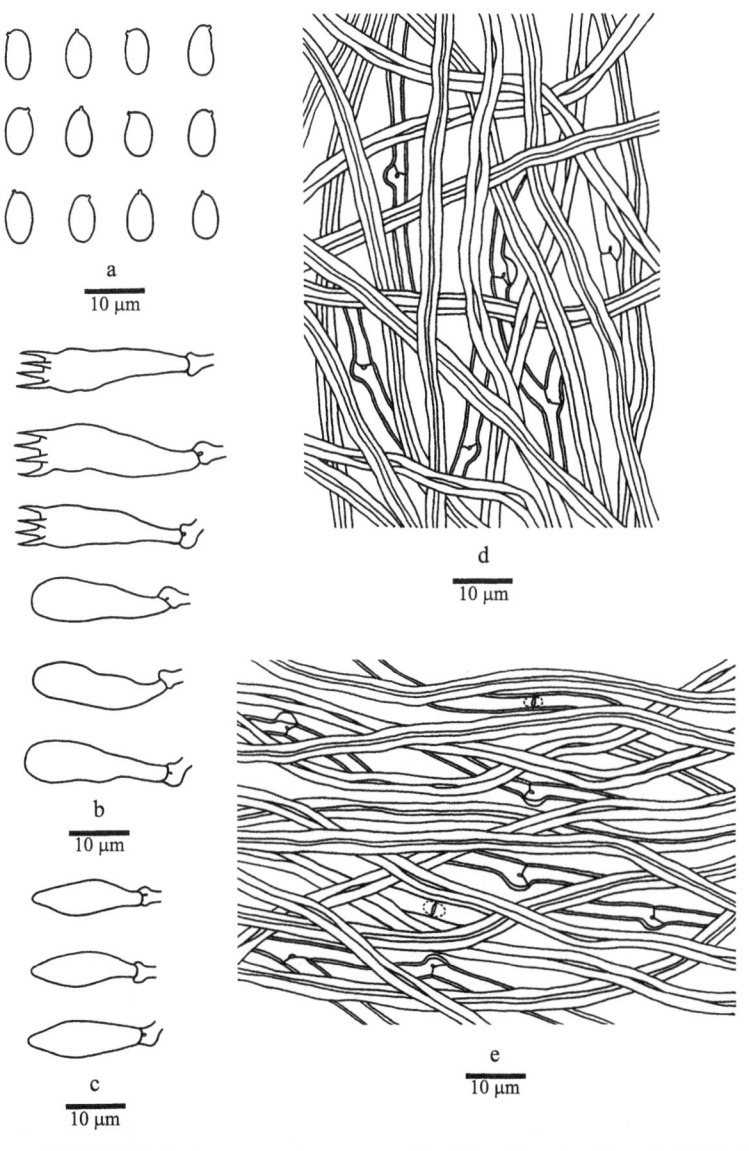

图 29 亚蛇形薄孔菌 *Antrodia subserpens* B. K. Cui & Yuan Y. Chen 的显微结构图
a. 担孢子；b. 担子和拟担子；c. 拟囊状体；d. 菌管菌丝；e. 菌肉菌丝

中国分布：浙江、安徽、云南、西藏。

世界分布：中国。

讨论：亚蛇形薄孔菌的主要特征是担子果大多一年生，子实体通常具菌盖，平伏至反转，或完全平伏，孔口表面白色至浅褐色，孔口每毫米 1~2.5 个，全缘或撕裂，骨架菌丝在菌肉和菌管中均占多数，担孢子椭圆形至宽椭圆形（6.6~9 × 3.6~4.9 μm）。亚蛇形薄孔菌与异形薄孔菌、蛇形薄孔菌和田中薄孔菌的形态相似，但异形薄孔菌因其明显较大的孔口和奶油色、灰色至浅褐色的菌盖表面，易于区分（Spirin et al., 2013b）；蛇形薄孔菌的孔口和担子均比亚蛇形薄孔菌的稍大，且担孢子较长（Spirin et al., 2013b）；田中薄孔菌的孔口大小和子实体形态与亚蛇形薄孔菌的均不相同（Chen and Cui, 2016）。

田中薄孔菌　图 30

Antrodia tanakae (Murrill) Spirin & Miettinen, Mycologia 105(6): 1572, 2014. Liu et al., Mycosphere 14(1): 1595, 2023.

Irpiciporus tanakae Murrill, Mycologia 1(4): 167, 1909.

Irpex tanakae (Murrill) Sacc. & Trotter, Syll. Fung. (Abellini) 21: 378, 1912.

Daedalea tanakae (Murrill) Aoshima, Trans. Mycol. Soc. Japan 8(1): 3, 1967.

子实体：担子果一年生，常具菌盖，有时平伏至反转，通常聚合在一起形成大群体，新鲜时软木栓质，干后木栓质，重量变轻；担子果长可达 40 cm，宽可达 5 cm，厚约 7 mm；菌盖表面新鲜时纯白色，干后奶油色至浅灰色，边缘尖锐至微钝形；孔口表面新鲜时纯白色，干后浅灰黄色或浅黄色至褐色；不育边缘不明显或几乎不存在；孔口多角形，每毫米 0.6~1.8 个；管口边缘薄，撕裂状；菌肉白色，软木栓质，厚约 2 mm；菌管浅黄色至褐色，木栓质，长可达 5 mm。

显微结构：菌丝系统二体系；生殖菌丝具锁状联合，骨架菌丝无拟糊精反应和淀粉质反应，无嗜蓝反应；菌丝组织在 KOH 试剂中无变化。菌肉中生殖菌丝较少，无色，薄壁，偶尔分枝，直径为 1.7~3.6 μm；骨架菌丝占多数，无色，厚壁，具一窄的内腔，很少分枝，直径为 2.4~5 μm。菌管中生殖菌丝较少，无色，薄壁，很少分枝，直径为 2~3.2 μm；骨架菌丝占多数，无色，厚壁，具一窄的内腔至近实心，很少分枝，交织排列，直径为 2~5 μm。子实层中无囊状体，具拟囊状体，纺锤形，薄壁，光滑，24.8~44.8 × 5~6 μm。担子棒棒状，着生 4 个担孢子梗，基部具一锁状联合，13~26 × 4.2~5.2 μm；拟担子占多数，形状与担子类似，比担子稍小。担孢子腊肠形，无色，薄壁，光滑，无拟糊精反应和淀粉质反应，无嗜蓝反应，(6.1~)6.4~10.4(~12) × (2.6~)2.7~4.3(~4.7) μm，平均长 L = 8.36 μm，平均宽 W = 3.46 μm，长宽比 Q = 2.34~2.56 (n = 90/3)。

研究标本：北京市：门头沟区，小龙门林场，2009 年 10 月 13 日，戴玉成 11453（BJFC 007321）。山西：沁水县，历山自然保护区，2004 年 10 月 20 日，袁海生 1106（BJFC 000086）。辽宁：宽甸县，青山沟，2008 年 7 月 30 日，崔宝凯 5647（BJFC 003636）。黑龙江：伊春市，五营区，丰林自然保护区，2011 年 8 月 2 日，崔宝凯 9839（BJFC 010732）。江苏：南京市，紫金山，2004 年 10 月 13 日，魏玉莲 2395a（BJFC 000083）。安徽：黄山市，黄山风景区，2004 年 10 月 12 日，戴玉成 6095（BJFC 000105），戴

玉成 6122（BJFC 000106）。江西：新余市，分宜县，大岗山，2009 年 9 月 23 日，崔宝凯 7887（BJFC 006376）；九江市，庐山风景区，2008 年 10 月 9 日，崔宝凯 6080（BJFC 003936）。山东：蒙阴县，蒙山国家森林公园，2009 年 8 月 17 日，崔宝凯 7150（BJFC 005637）。河南：南阳市，内乡县，宝天曼自然保护区，2009 年 9 月 22 日，戴玉成 11304（BJFC 007450）。广西：百色市，田林县，岑王老山自然保护区达龙坪保护站，2012 年 7 月 17 日，袁海生 6059（BJFC 013398）；桂林市，兴安县，猫儿山国家级自然保护区，2011 年 8 月 20 日，袁海生 5705（IFP 017040），袁海生 5732（IFP 017062）。陕西：佛坪县，佛坪自然保护区，2006 年 10 月 27 日，袁海生 2796（BJFC 000101）；周至县，秦岭植物园，2006 年 10 月 21 日，袁海生 2546（BJFC 000089）。四川：巴塘县，2019 年 8 月 8 日，崔宝凯 17348（BJFC 034206）；九龙县，伍须海景区，2019 年 9 月 13 日，崔宝凯 17708（BJFC 034567）；理塘县，甲洼乡，海子山，2019 年 8 月 10 日，崔宝凯 17366（BJFC 034225）；雅江县，格西沟自然保护区，2020 年 9 月 7 日，崔宝凯 18350（BJFC 035209）。云南：大理市，苍山地质公园，2017 年 9 月 14 日，崔宝凯 16168（BJFC 029467），崔宝凯 16169（BJFC 029468），崔宝凯 16170（BJFC 029469），崔宝凯 16171（BJFC 029470）；2021 年 8 月 30 日，戴玉成 22623（BJFC 037197）；兰坪县，通甸镇，罗古箐，2017 年 9 月 19 日，崔宝凯 16269（BJFC 029568），崔宝凯 16279（BJFC 029578），崔宝凯 16284（BJFC 029583），崔宝凯 17164（BJFC 030464）。西藏：林芝市，波密县，2010 年 9 月 19 日，崔宝凯 9467（BJFC 008405），崔宝凯 9469（BJFC 008407）；2021 年 10 月 25 日，戴玉成 23510（BJFC 038082），戴玉成 23512（BJFC 038084），戴玉成 23516（BJFC 038088）；林芝市，波密县，通麦镇，通麦大桥，2021 年 10 月 23 日，戴玉成 23364（BJFC 037935）；林芝市，波密县，易贡茶场，2021 年 10 月 24 日，戴玉成 23395（BJFC 037966）；林芝市，工布江达县，巴松错，2010 年 9 月 26 日，崔宝凯 9758（BJFC 008694）；林芝市，工布江达县，巴松错，2021 年 10 月 21 日，戴玉成 23200（BJFC 037771）；林芝市，林芝县，八一镇，2010 年 9 月 15 日，崔宝凯 9235（BJFC 008173），崔宝凯 9239（BJFC 008177）；林芝市，林芝县，嘎定沟，2010 年 9 月 25 日，崔宝凯 9714（BJFC 008651），崔宝凯 9718（BJFC 008655）；林芝市，鲁朗镇，2010 年 9 月 16 日，崔宝凯 9262（BJFC 008201），崔宝凯 9298（BJFC 008237）；林芝市，米林县，南伊沟，2021 年 10 月 22 日，戴玉成 23261（BJFC 037832）。

生境：生长在阔叶树或针叶树上，引起木材褐色腐朽。

中国分布：北京、山西、辽宁、黑龙江、江苏、安徽、江西、山东、河南、广西、四川、云南、西藏、陕西。

世界分布：俄罗斯、芬兰、挪威、日本、中国等。

讨论：田中薄孔菌的主要特征有担子果一年生，常具菌盖，很少平伏至反转，通常聚生，菌盖表面起初纯白色，被细小绒毛，随后呈奶油色至浅灰色，孔口表面起初纯白色，后来变成浅灰黄色或浅黄色，成熟的标本呈褐色，孔口多角形，随着生长被拉长，孔口不融合也不曲折，每毫米 0.6~1.8 个，孔口边缘不均匀至齿状，骨架菌丝在菌肉和菌管中均占多数，担孢子腊肠形，顶端尖锐，靠近顶端处明显向内凹陷（6.4~10.4 × 2.7~4.3 μm）。田中薄孔菌与异形薄孔菌、蛇形薄孔菌形态相似，但蛇形薄孔菌分布于欧洲中部和南部，有孔口稍大的较深色的担子果，且担孢子明显较大；异形薄孔菌通常生长于针叶树上，孔口明显较大，担孢子比田中薄孔菌大。调查发现，田中薄孔菌在我国广泛分布，生长在阔叶树或针叶树上（Liu et al.，2023a）。

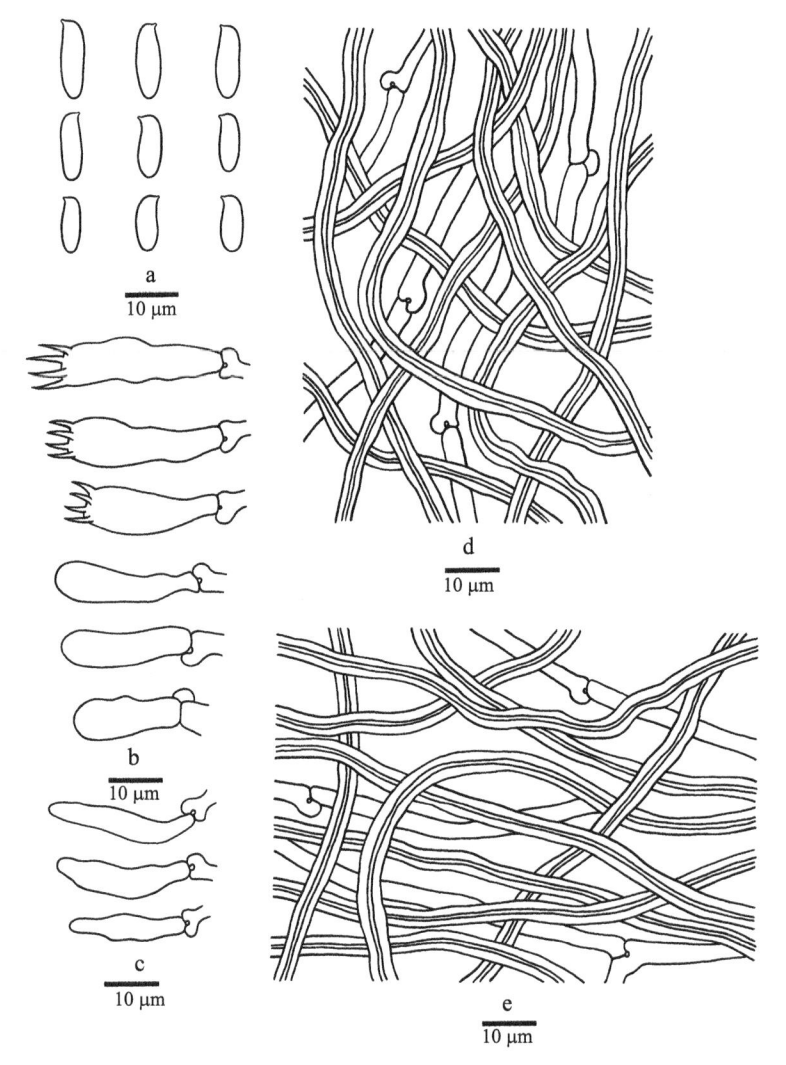

图 30 田中薄孔菌 Antrodia tanakae (Murrill) Spirin & Miettinen 的显微结构图
a. 担孢子；b. 担子和拟担子；c. 拟囊状体；d. 菌管菌丝；e. 菌肉菌丝

褐伏孔菌属 Brunneoporus Audet

Mushr. Nomen. Novel. 2: 1, 2017

担子果一年生，具菌盖至平伏反转，很少完全平伏，革质；孔口表面奶油色至浅褐色或褐色；孔口多角形；菌肉浅褐色至褐色，革质；菌管奶油色至浅褐色，革质。菌丝系统二体系；生殖菌丝具锁状联合，骨架菌丝无拟糊精反应和淀粉质反应，无嗜蓝反应；子实层中无囊状体，具拟囊状体；担孢子圆柱形至窄椭圆形，无色，薄壁，光滑，无拟糊精反应和淀粉质反应，无嗜蓝反应。

模式种：*Brunneoporus malicolus* (Berk. & M.A. Curtis) Audet。

生境：主要生长在针叶树上，偶尔也生长在阔叶树上，引起木材褐色腐朽。

中国分布：全国广泛分布。

世界分布：世界各地广泛分布。

讨论：褐伏孔菌属是由 Audet 从广义薄孔菌属中分离出的新属（Audet，2017-2018），该属与薄孔菌属的种类形态特征很相似，主要区别在于褐伏孔菌属有着褐色的担子果，颜色比其他种类较深，微观形态上，褐伏孔菌属的骨架菌丝浅褐色，担子几乎都小于 24 μm，而薄孔菌属的骨架菌丝无色，担子都大于 24 μm。

苹果薄孔菌类群最初以苹果薄孔菌 *Antrodia malicola* 和小薄孔菌 *A. minuta* Spirin 为代表，由 Ortiz-Santana 等（2013）基于 ITS+LSU 对薄孔菌分支进行系统发育分析时提出，研究结果显示该类群与迷孔菌属和玫瑰拟层孔菌复合群（*Fomitopsis rosea* complex）的亲缘关系比薄孔菌属要近。Han 等（2016）对薄孔菌分支基于多基因片段的系统发育分析，对比了苹果薄孔菌类群与相关属的形态差异。Spirin 等（2016）对苹果薄孔菌类群的种类做了更深入的研究，但并没有对该类群进行属级划分。随后，Audet（2017-2018）依据 Ortiz-Santana 等（2013）、Han 等（2016）和 Spirin 等（2016）的系统发育分析结果将该类群建立了新属褐伏孔菌属。目前，该属有 5 种，中国分布 1 种。

苹果褐伏孔菌 图 31，图版 I 5

Brunneoporus malicolus (Berk. & M.A. Curtis) Audet, Mushr. Nomen. Novel. 2: 1, 2017.
Liu et al., Mycosphere 14(1): 1595, 2023.

Trametes malicola Berk. & M.A. Curtis, J. Acad. Nat. Sci. Philad., N.S. 3: 209, 1856.

Coriolellus malicola (Berk. & M.A. Curtis) Murrill, Mycologia 12(1): 20, 1920.

Antrodia malicola (Berk. & M.A. Curtis) Donk, Persoonia 4(3): 339, 1966.

Daedalea malicola (Berk. & M.A. Curtis) Aoshima, Trans. Mycol. Soc. Japan 8(1): 2, 1967.

子实体：担子果一年生，具菌盖至平伏反转，或完全平伏，不易与基质分离，革质；担子果长可达 2 cm，宽可达 1 cm，厚约 4 mm；菌盖表面浅褐色，稍具环带，边缘锐；孔口表面奶油色至浅褐色或褐色；孔口多角形，每毫米 3~4 个；管口边缘薄，全缘或稍撕裂状；菌肉浅褐色至褐色，革质，厚约 2 mm；菌管奶油色至浅褐色，革质，长可达 2 mm。

显微结构：菌丝系统二体系；生殖菌丝具有锁状联合，骨架菌丝无拟糊精反应和淀粉质反应，无嗜蓝反应；菌丝组织在 KOH 试剂中无变化。菌肉中生殖菌丝较少，无色，薄壁，很少分枝，直径为 3~4 μm；骨架菌丝占多数，无色，厚壁，具一窄的内腔至近实心，很少分枝，直径为 3~5 μm。菌管中生殖菌丝较少，无色，薄壁，偶尔分枝，直径为 2~3.4 μm；骨架菌丝占多数，无色，厚壁，具一窄的内腔至近实心，很少分枝，交织排列，直径为 2.6~4.7 μm。子实层中无囊状体，具拟囊状体，纺锤形，薄壁，光滑，13.2~26.3 × 3.3~4.5 μm。担子棍棒状，着生 4 个担孢子梗，基部具一锁状联合，15~31 × 5.3~7 μm；拟担子占多数，形状与担子类似，比担子稍小。担孢子圆柱形至窄椭圆形，无色，薄壁，光滑，无拟糊精反应和淀粉质反应，无嗜蓝反应，6.2~10.2(~10.6) × 2.7~

4 μm，平均长 L = 8.01 μm，平均宽 W = 3.19 μm，长宽比 Q = 2.29~2.65 (n = 210/7)。

研究标本：北京：北京植物园，2008 年 7 月 9 日，崔宝凯 5551（BJFC 003572）；2008 年 9 月 27 日，戴玉成 10651（BJFC 004900），戴玉成 10655（BJFC 004904）；2009 年 7 月 27 日，崔宝凯 6802（BJFC 005289）；香山公园，2010 年 7 月 11 日，崔宝凯 9150（BJFC 008088）。天津：蓟县，盘山风景区，2009 年 9 月 14 日，戴玉成 11247（BJFC 007221）。河北：承德市，兴隆县，雾灵山自然保护区，2009 年 7 月 29 日，崔宝凯 6817（BJFC 005304），崔宝凯 6828（BJFC 005315），崔宝凯 6835（BJFC 005322）。山西：沁水县，历山自然保护区，2004 年 10 月 19 日，袁海生 1055（BJFC 000122）。吉林：安图县，白河镇 1 号样地，2002 年 9 月 18 日，戴玉成 3799（BJFC 000132）；珲春市，哈达门乡，2009 年 8 月 6 日，崔宝凯 7080（BJFC 005567）；2009 年 8 月 7 日，崔宝凯 7088（BJFC 005575）。浙江：杭州市，植物园，2005 年 10 月 14 日，崔宝凯 2823（BJFC 000129）；临安市，天目山自然保护区，2004 年 10 月 14 日，戴玉成 6251（BJFC 000127）；2004 年 10 月 16 日，戴玉成 6430（BJFC 000128）；2005 年 10 月 9 日，崔宝凯 2597（BJFC 000125）；2005 年 10 月 12 日，崔宝凯 2758（BJFC 000131）。安徽：黄山市，黄山风景区，2004 年 10 月 11 日，戴玉成 6069（BJFC 000126）。福建：武夷山市，龙川大峡谷，2005 年 10 月 16 日，崔宝凯 2876（BJFC 000121）。山东：蒙阴县，蒙山国家森林公园，2009 年 8 月 17 日，崔宝凯 7151（BJFC 005638），崔宝凯 7153（BJFC 005640）。河南：内乡县，宝天曼自然保护区，2009 年 9 月 22 日，戴玉成 11264（BJFC 007238），戴玉成 11297（BJFC 007271）；修武县，云台山景区，2009 年 9 月 3 日，崔宝凯 7228（BJFC 005715）。湖南：宜章县，莽山，2009 年 9 月 17 日，崔宝凯 7658（BJFC 006146）；张家界市，张家界风景区，2010 年 8 月 17 日，戴玉成 11687（BJFC 008811）。广东：始兴县，车八岭自然保护区，2009 年 9 月 12 日，崔宝凯 7389（BJFC 005876）；2009 年 9 月 14 日，崔宝凯 7495（BJFC 005983）；2010 年 6 月 23 日，崔宝凯 8698（BJFC 007638）。四川：雅江县，格西沟自然保护区，2019 年 8 月 7 日，崔宝凯 17318（BJFC 034176）；木里县，李子坪乡，2019 年 8 月 16 日，崔宝凯 17587（BJFC 034446）；美姑县，依果觉乡，处洪觉村，2019 年 9 月 18 日，崔宝凯 17875（BJFC 034734），崔宝凯 17879（BJFC 034738）。云南：大关县，黄连河森林公园，2021 年 6 月 30 日，戴玉成 22455（BJFC 037039）；大理市，鸡足山自然保护区，2017 年 10 月 28 日，戴玉成 18451（BJFC 025971）；兰坪县，通甸镇，罗古箐，2017 年 9 月 19 日，崔宝凯 16272（BJFC 029571）；兰坪县，长岩山保护区，2011 年 9 月 18 日，崔宝凯 10272（BJFC 011167）；保山市，高黎贡山自然保护区，2018 年，崔宝凯 18109（BJFC 034968）；贡山县，2020 年 9 月 12 日，崔宝凯 18475（BJFC 035336），崔宝凯 18476（BJFC 035337）；泸水市，2020 年 9 月 13 日，崔宝凯 18487（BJFC 035348），崔宝凯 18488（BJFC 035349）；丽江市，白水河，2010 年 9 月 1 日，戴玉成 11785（BJFC 008892）；腾冲县，火山地质公园，2009 年 10 月 27 日，崔宝凯 8266（BJFC 006755）；马关县，老君山自然保护区，2011 年 9 月 22 日，崔宝凯 10473（BJFC 011368），崔宝凯 10483（BJFC 0 11378）。西藏：波密县，2010 年 9 月 19 日，崔宝凯 9491（BJFC 008429）。陕西：佛坪县，佛坪自然保护区，2006 年 10 月 27 日，袁海生 2791（BJFC 000123）。台湾：花莲县，太鲁阁森林公园，

2009 年 9 月 21 日，戴玉成 11554（BJFC 007423）。

生境：常生长在针叶树上，尤喜松树，也生于阔叶树上，引起木材褐色腐朽。

中国分布：北京、天津、河北、山西、吉林、黑龙江、浙江、安徽、福建、江西、山东、河南、湖北、湖南、广东、四川、贵州、云南、西藏、陕西、台湾等。

世界分布：美国、加拿大、坦桑尼亚、中国等。

讨论：苹果褐伏孔菌的担子果一年生，通常具菌盖，浅赭色至浅褐色，孔口表面奶油色到浅赭色或褐色，孔口每毫米 3~4 个，多角形，很少融合在一起，边缘薄，锯齿状，骨架菌丝浅褐色，交织排列，担孢子圆柱形至窄椭圆形（6.2~10.2 × 2.7~4 μm）。调查发现，苹果褐伏孔菌在我国广泛分布，多生长在针叶树上（Liu et al., 2023a）。

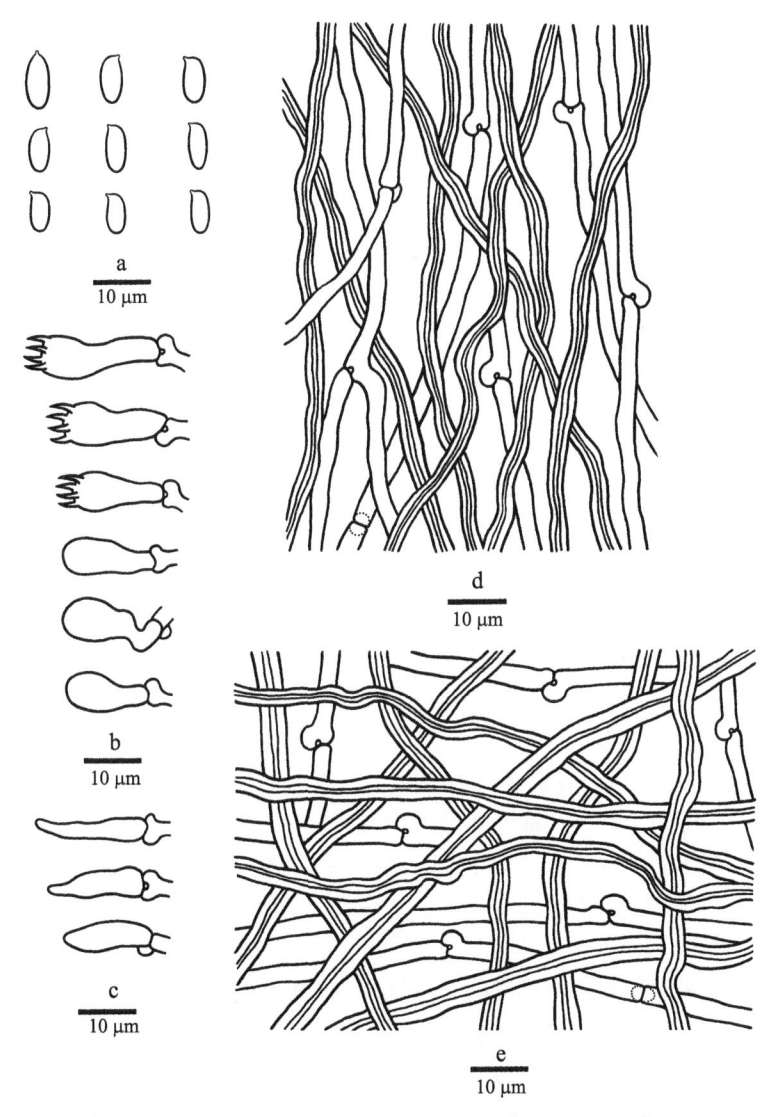

图 31 苹果褐伏孔菌 *Brunneoporus malicolus* (Berk. & M.A. Curtis) Audet 的显微结构图
a. 担孢子；b. 担子和拟担子；c. 拟囊状体；d. 菌管菌丝；e. 菌肉菌丝

牛舌孔菌属 Buglossoporus Kotl. & Pouzar
Česká Mykol. 20 (2): 82, 1966

担子果一年生，具菌盖，无柄或具柄，有时具柄状的基部，新鲜时木栓质，干后木栓质至脆质；菌盖扁平至扇形或半圆形；菌盖粉红色、肉桂色、橙色至褐色，被短绒毛或无毛，无环带；孔口表面白色、奶油色、淡黄色至褐色；孔口圆形至多角形；菌肉白色、奶油色、淡黄色、橙色至褐色，木栓质；菌管与孔口同色，脆质。菌肉菌丝二体系，菌管菌丝单体系；生殖菌丝具锁状联合，骨架菌丝无拟糊精反应和淀粉质反应，无嗜蓝反应；子实层中无囊状体，具拟囊状体；担孢子椭圆形、圆柱形至纺锤形，无色，薄壁，光滑，无拟糊精反应和淀粉质反应，无嗜蓝反应。

模式种：*Buglossoporus quercinus* (Schrad.) Kotl. & Pouzar。

生境：通常生长在阔叶树上，引起木材褐色腐朽。

中国分布：海南。

世界分布：北美洲，欧洲，亚洲。

讨论：牛舌孔菌属由 Kotlába 和 Pouzar（1966）建立，模式种为栎牛舌孔菌 *B. quercinus*。随着真菌学家们对该属不断深入研究，牛舌孔菌属被认为是剥管孔菌属的同物异名（Ryvarden，1991；Hattori，2000）。近些年，剥管孔菌属被证明为拟层孔菌属的同物异名，牛舌孔菌属被证明为独立属（Han et al.，2016）。目前，该属有 11 种，中国分布 1 种。

桉牛舌孔菌　图 32
Buglossoporus eucalypticola M.L. Han, B.K. Cui & Y.C. Dai, Fungal Divers. 80: 351, 2016.

子实体：担子果一年生，具盖形，通常具一中生柄或侧生柄，单生，新鲜时木栓质，干后木栓质至脆质，重量变轻；菌盖扁平至稍凸起，扇形或半圆形，单个菌盖长可达 10 cm，宽可达 6.5 cm，中部厚可达 7 mm；菌盖表面新鲜时桃色至棕橙色，干后土粉色至肉桂色，通常具一皮层，无毛，无环带，具皱纹；菌盖边缘新鲜时肉粉色，干后肉桂色至深棕色，薄而锐；孔口表面新鲜时白色，干后粉黄色或土黄色至深棕色；不育边缘不明显；孔口圆形至多角形，每毫米 2~6 个；管口边缘薄，全缘；菌肉奶油色至粉黄色，木栓质，厚约 6.5 mm；菌管与孔口表面同色，脆质，长可达 0.5 mm；菌柄无毛，通常具一皮层，奶油色至深棕色，长可达 16 cm，宽可达 2.7 cm，新鲜时肉质，韧质，干后脆质。

显微结构：菌肉菌丝系统二体系，菌管菌丝系统单体系；生殖菌丝具有锁状联合；骨架菌丝无拟糊精反应和淀粉质反应，无嗜蓝反应；菌丝组织在 KOH 试剂中变成橙色。菌肉中生殖菌丝占多数，薄壁至稍厚壁，很少分枝，交织排列，直径为 3~9 μm；骨架菌丝较少，无色，厚壁，具一宽的内腔，很少分枝，交织排列，直径为 3~4 μm。菌管中生殖菌丝薄壁，偶尔分枝，近平行排列，直径为 2~4 μm。子实层中无囊状体，具拟囊状体，纺锤形，薄壁，光滑，11~34 × 3~4 μm。担子棒棒状，着生 4 个担孢子梗，基部具一锁状联合，15~36 × 4~6.5 μm；拟担子占多数，形状与担子类似，比担子稍小。

担孢子宽椭圆形，无色，稍厚壁，光滑，无拟糊精反应和淀粉质反应，无嗜蓝反应，(4~)4.5~6.8(~7) × 2~2.8 μm，平均长 L = 5.44 μm，平均宽 W = 2.35 μm，长宽比 Q = 2.23~2.40 (n = 60/2)。

研究标本：海南：儋州市，儋州热带植物园，2014 年 6 月 15 日，戴玉成 13660（BJFC 017399，模式标本），戴玉成 13660A（BJFC 017400）。

生境：生长在桉树死树上，引起木材褐色腐朽。

中国分布：海南。

世界分布：中国。

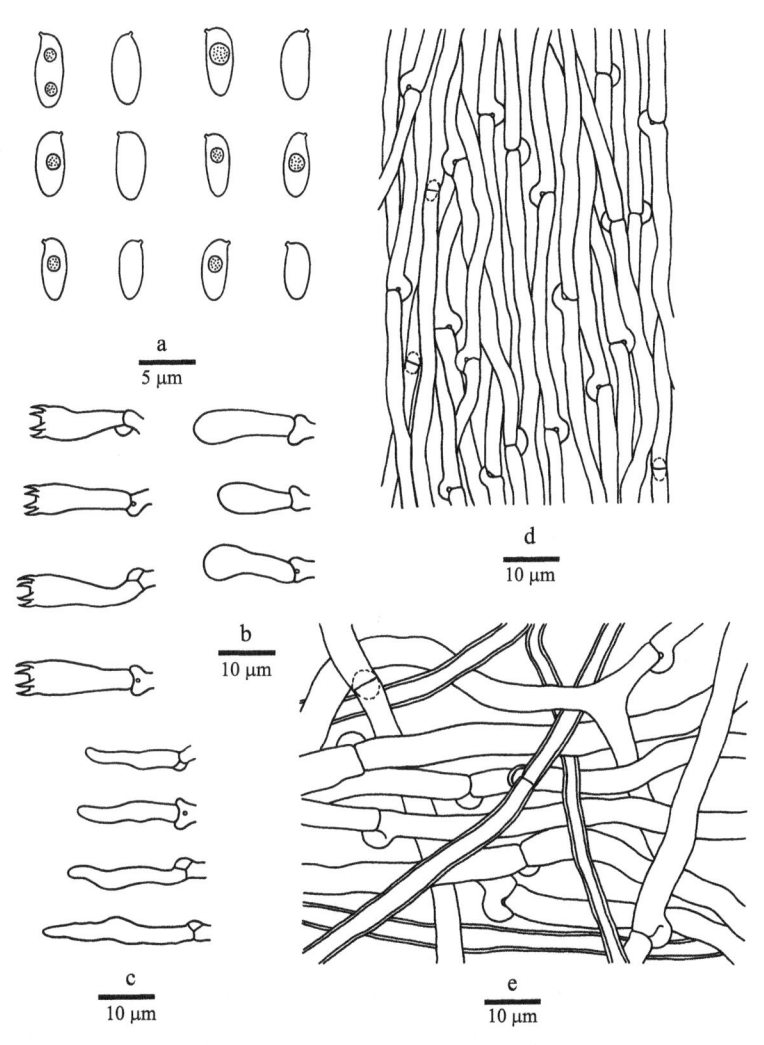

图 32 桉牛舌孔菌 *Buglossoporus eucalypticola* M.L. Han, B.K. Cui & Y.C. Dai 的显微结构图
a. 担孢子；b. 担子和拟担子；c. 拟囊状体；d. 菌管菌丝；e. 菌肉菌丝

讨论：桉牛舌孔菌的主要特征是菌盖表面土粉色至肉桂色，通常具皮层，孔口表面粉黄色或土黄色至深棕色，担孢子圆柱形至纺锤形（4.5~6.8 × 2~2.8 μm），目前只在桉树上发现。马来西亚牛舌孔菌 *B. malesianus* Corner 和栎牛舌孔菌 *B. quercinus* (Schrad.) Kotl. & Pouzar 的子实体也是一年生，盖形，菌肉菌丝系统二体系，菌管菌丝系统一体

系，担孢子圆柱形至纺锤形；但不同于桉牛舌孔菌，马来西亚牛舌孔菌的菌盖表面是深褐色，不具皮层，孔口表面浅褐色，担孢子较大（5.5~7 × 2.5~3.2 μm）（Hattori，2000）；栎牛舌孔菌的菌盖表面白褐色，不具皮层，担孢子较大（6~8 × 2.5~3.5 μm），且只生长在栎树上（Ryvarden and Melo，2014）。

软体孔菌属 Cartilosoma Kotl. & Pouzar

Česká Mykol. 12 (2): 101, 1958

担子果一年生，平伏或很少反转，新鲜时质韧，干后硬木栓质；孔口表面新鲜时白色至奶油色，干后奶油色至浅黄色；孔口圆形至多角形；菌肉奶油色，软木栓质，质地疏松；菌管与孔口表面同色，木栓质。菌丝系统二体系；生殖菌丝具锁状联合，骨架菌丝无拟糊精反应和淀粉质反应，无嗜蓝反应；子实层中无囊状体和拟囊状体；担孢子圆柱形至窄椭圆形，无色，薄壁，光滑，无拟糊精反应和淀粉质反应，无嗜蓝反应。

模式种：*Cartilosoma ramentaceum* (Berk. & Broome) Teixeira。

生境：分布于亚热带、温带地区，主要生长在针叶树上，引起木材褐色腐朽。

中国分布：吉林、浙江、安徽、福建、四川、云南、甘肃。

世界分布：南美洲，欧洲，亚洲。

讨论：软体孔菌属由 Kotlába 和 Pouzar（1958）建立，根据原始描述将亚斜纹栓孔菌 *Trametes subsinuosa* Bres.定为模式种，随后发现该种类是贴生多孔菌 *Polyporus ramentaceus* (Berk. & Broome) Donk 的同物异名，所以将软体孔菌属作为薄孔菌属的同物异名（Donk，1966；Ryvarden，1991）。直到 2007 年，Spirin（2007）提出贴生多孔菌的一些特征与薄孔菌属并不一致：贴生多孔菌的担子果新鲜时质软而韧，子实层呈胶质，且厚壁的生殖菌丝逐渐过渡为骨架菌丝，于是将软体孔菌属作为独立的单种属重新提出。目前，该属有 2 种，中国分布 1 种。

贴生软体孔菌　图 33

Cartilosoma ramentacea (Berk. & Broome) Teixeira, J. Bot. 9: 43, 1986. Liu et al., Mycosphere 14(1): 1596, 2023.

Polyporus ramentaceus Berk. & Broome, Ann. Mag. Nat. Hist., Ser. 5 3(15): 210, 1879.

Poria ramentacea (Berk. & Broome) Sacc., Grevillea 14(72): 112, 1886.

Antrodia ramentacea (Berk. & Broome) Donk, Persoonia 4(3): 339, 1966.

Daedalea ramentacea (Berk. & Broome) Aoshima, Trans. Mycol. Soc. Japan 8(1): 3, 1967.

Coriolellus ramentaceus (Berk. & Broome) Domański, Fungi, Polyporaceae 1, Mucronoporaceae 1, Revised transl. Ed. (Warsaw): 109, 1971.

Cartilosoma ramentaceum (Berk. & Broome) Teixeira [as '*ramentacea*'], J. Bot. 9(1): 43, 1986.

Bjerkandera ramentacea (Berk. & Broome) Teixeira, J. Bot. 15(2): 125, 1992.

Trametes subsinuosa Bres., Annls Mycol. 1(1): 82, 1903.

Coriolellus subsinuosus (Bres.) Bondartsev & Singer, Annls Mycol. 39(1): 60, 1941.

Cartilosoma subsinuosum (Bres.) Kotl. & Pouzar, Česká Mykol. 12(2): 103, 1958.

子实体：担子果一年生，大多平伏，很少平伏反转，贴生，不易与基质分离，新鲜时质韧，烘干以后变为硬木栓质，重量变轻；平伏担子果长可达 7 cm，宽可达 3 cm，厚约 6 mm；孔口表面新鲜时白色至奶油色，干后奶油色至浅黄色；不育边缘不明显或几乎不存在；孔口多角形，每毫米 1~3 个；管口边缘薄，全缘或撕裂状；菌肉奶油色，软木栓质，质地疏松，厚约 1 mm；菌管与孔口表面同色，木栓质，长可达 5 mm。

显微结构：菌丝系统二体系；生殖菌丝具有锁状联合，骨架菌丝无拟糊精反应和淀粉质反应，无嗜蓝反应；菌丝组织在 KOH 试剂中无变化。菌肉中生殖菌丝较少，无色，薄壁至稍厚壁，偶尔分枝，直径为 2~5.1 μm；骨架菌丝占多数，无色，厚壁，具一窄的内腔至近实心，偶尔分枝，直径为 2.4~5.3 μm。菌管中生殖菌丝较少，无色，薄壁至稍厚壁，很少分枝，直径为 1.7~4.8 μm；骨架菌丝占多数，无色，厚壁，具一窄的内腔至近实心，很少分枝，交织排列，直径为 2.2~5 μm。子实层中无囊状体和拟囊状体。担子棒棒状，着生 4 个担孢子梗，基部具一锁状联合，14.3~19.6 × 4~6 μm；拟担子占多数，形状与担子类似，比担子稍小。担孢子圆柱形至窄椭圆形，无色，薄壁，光滑，无拟糊精反应和淀粉质反应，无嗜蓝反应，(4.8~)5.1~6.6(~7.3) × (1.5~)1.7~2(~2.2) μm，平均长 L = 5.64 μm，平均宽 W = 1.84 μm，长宽比 Q = 2.95~3.26（n = 90/3）。

研究标本：吉林：安图县，长白山自然保护区，2011 年 8 月 9 日，崔宝凯 10024（BJFC 010917）。浙江：庆元县，百山祖自然保护区，2015 年 8 月 12 日，崔宝凯 12405（BJFC 028183），崔宝凯 12413（BJFC 028191），崔宝凯 12417（BJFC 028195）。安徽：黄山市，黄山国家公园，2004 年 10 月 11 日，戴玉成 6081（BJFC 000187）；2004 年 10 月 12 日，戴玉成 6083（BJFC 000186），戴玉成 6124（BJFC 000194）。福建：武夷山自然保护区，2005 年 10 月 20 日，戴玉成 7266（BJFC 000183），戴玉成 7277（BJFC 000192），戴玉成 7313（BJFC 000188），戴玉成 7362（BJFC 000190）；2005 年 10 月 21 日，戴玉成 7341（BJFC 000184）。四川：冕宁县，彝海景区，2019 年 8 月 18 日，崔宝凯 17664（BJFC 034523）；乡城县，水洼乡，佛珠峡，2019 年 8 月 12 日，崔宝凯 17429（BJFC 034288）。云南：兰坪县，通甸镇，罗古箐，2017 年 9 月 18 日，崔宝凯 16256（BJFC 029555），崔宝凯 16258（BJFC 029557）。甘肃：张掖市，祁连山自然保护区寺大隆保护站，2018 年 9 月 4 日，戴玉成 19005（BJFC 027474）。

生境：常生长于松树倒木，偶尔生于柏树和柳树，引起木材褐色腐朽。

中国分布：吉林、浙江、安徽、福建、四川、云南、甘肃等。

世界分布：巴西、俄罗斯、越南、芬兰、中国等。

讨论：贴生软体孔菌的主要特征是担子果一年生，子实体平伏，极少反转，孔口通常每毫米 1~3 个，全缘或稍撕裂，孔口表面白色至奶油色，骨架菌丝在菌肉和菌管中均占多数，担孢子圆柱形至窄椭圆形，有些近腊肠形（5.1~6.6 × 1.7~2 μm）。黄山薄孔菌 *Antrodia huangshanensis* Y.C. Dai & B.K. Cui 是 Cui 等（2011）发现于中国的新种，该种与贴生薄孔菌 *Antrodia ramentacea* (Berk. & Broome) Donk 有着相似的形态特征。后续对采自中国的该类群标本进行了更深入的研究后发现，黄山薄孔菌在不同生态环境产生的子实体在形态上有着丰富的多样性，在比对了该种模式标本的 ITS 序列和分子特征后，发现黄山薄孔菌的序列与贴生薄孔菌一致，因此认定是同物异名。

欧洲此种的描述与中国该种类基本一致，担孢子偏大（6~8 × 2.5~3.2 μm）（Ryvarden and Melo，2014）。贴生软体孔菌的大孔口使其形态与异形薄孔菌复合群 *A. heteromorpha* complex 的种类很相似，子实体均浅色且孔口较大，但贴生软体孔菌的子实体质地为较硬的木栓质，且担孢子的形状和大小不相同。调查发现，贴生软体孔菌在我国广泛分布，多生长在针叶树上（Liu et al.，2023a）。

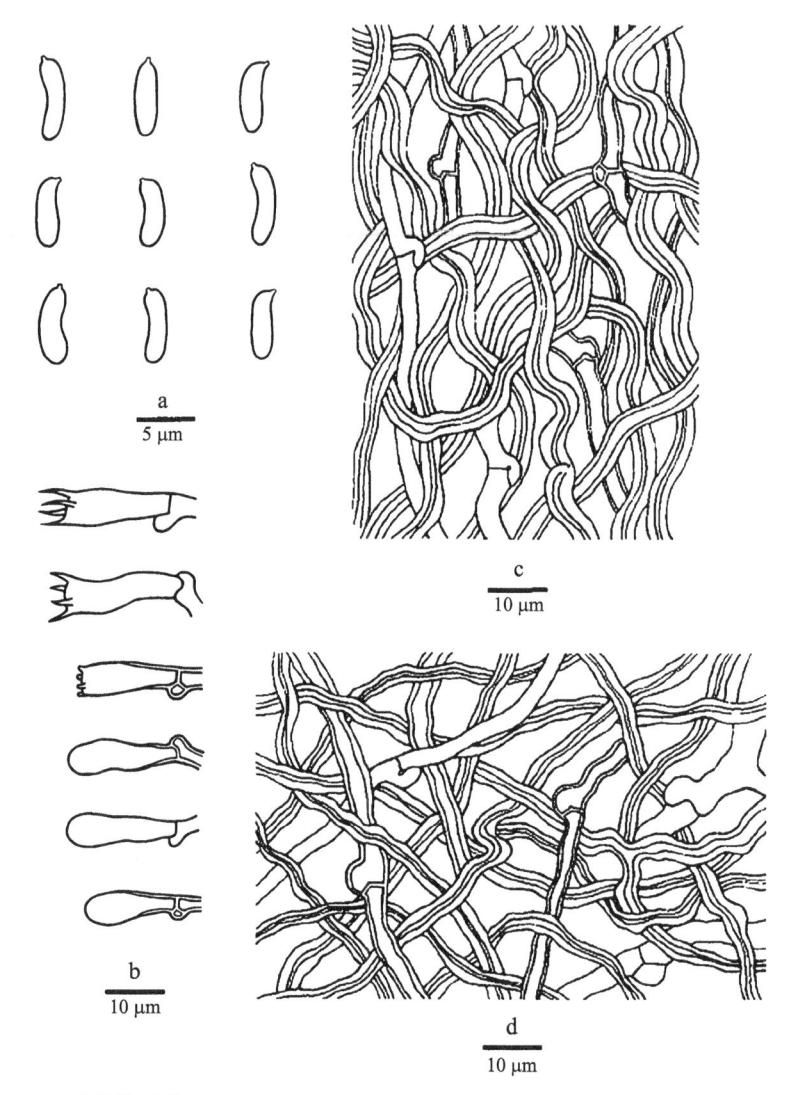

图 33 贴生软体孔菌 *Cartilosoma ramentacea* (Berk. & Broome) Teixeira 的显微结构图
a. 担孢子；b. 担子和拟担子；c. 菌管菌丝；d. 菌肉菌丝

迷孔菌属 **Daedalea** Pers.

Syn. Meth. Fung. (Göttingen) 2: 500, 1801

担子果大部分多年生，具菌盖，单生或覆瓦状叠生，新鲜时软木栓质至木栓质，干后韧质至木栓质或硬木栓质；菌盖扁平，扇形至半圆形；菌盖表面粉黄色、浅棕色至暗褐色，光滑至具短绒毛，常具中心环带和环沟；孔口表面奶油色、淡黄色、肉桂黄色至深褐色；孔口不规则，迷宫状至片层状，齿状或孔状；菌肉略褐色，有时上表面具角质层或皮壳；菌管与孔口同色，韧质至木栓质或硬木栓质。菌丝系统二体系；生殖菌丝具锁状联合，骨架菌丝无拟糊精反应和淀粉质反应，无嗜蓝反应；子实层中无囊状体，具拟囊状体；担孢子圆柱形至椭圆形，无色，薄壁，光滑，无拟糊精反应和淀粉质反应，无嗜蓝反应。

模式种：*Daedalea quercina* (L.) Pers.。
生境：通常生长在阔叶树上，引起木材褐色腐朽。
中国分布：全国广泛分布。
世界分布：世界各地广泛分布。
讨论：迷孔菌属由 Persoon（1801）建立，模式种为栎迷孔菌 *D. quercina*，后来它被看作是一个包含了所有具有迷宫状子实层的种类的集合属（Fries，1821）。20 世纪，随着微观特征和化学反应在分类学中的应用，迷孔菌属中的很多种被转移至其他的属（Singer，1944；Donk，1966；Ryvarden，1984）。近些年研究者们基于形态学和分子系统学的研究发现并描述了一些狭义迷孔菌属 *Daedalea* sensu stricto 的新种（Lindner et al.，2011；Li and Cui，2013；Han et al.，2015，2016）。目前，该属有 16 种，中国分布 5 种。

中国迷孔菌属分种检索表

1. 子实层不规则，孔状、迷宫状，或几乎褶状 ·· 2
1. 子实层规则，孔状 ·· 3
    2. 子实体一年生至二年生；菌盖表面具硬毛 ······························· 放射迷孔菌 *D. radiata*
    2. 子实体多年生；菌盖表面不具硬毛 ·· 迪氏迷孔菌 *D. dickinsii*
3. 子实体多年生 ·· 圆孔迷孔菌 *D. circularis*
3. 子实体一年生 ·· 4
    4. 担孢子椭圆形，长 3~3.2 μm ··· 谦逊迷孔菌 *D. modesta*
    4. 担孢子腊肠形，长 4.6~6 μm ··· 腊肠孢迷孔菌 *D. allantoidea*

腊肠孢迷孔菌　图 34

Daedalea allantoidea M.L. Han, B.K. Cui & Y.C. Dai, Fungal Divers. 80: 357, 2016.

子实体：担子果一年生，具盖形，覆瓦状叠生，新鲜时软木栓质，干后硬木栓质，重量变轻；菌盖贝壳状至三角形，单个菌盖长可达 4.4 cm，宽可达 2.5 cm，中部厚可达 9 mm；菌盖表面粉黄色至肉桂黄色或浅鼠灰色，光滑或具疣状突起物，稍具环带和放射性条纹；菌盖边缘粉黄色至土黄色，薄而锐；孔口表面浅土黄色至淡黄褐色；不育边缘不明显；孔口圆形至多角形或细长形，每毫米 1~3 个；管口边缘薄，全缘；菌肉奶油色，硬木栓质，厚约 5 mm；菌管粉黄色至浅橙色，木栓质，长可达 4 mm。

显微结构：菌丝系统二体系；生殖菌丝具有锁状联合，骨架菌丝无拟糊精反应和淀粉质反应，无嗜蓝反应；菌丝组织在 KOH 试剂中无变化。菌肉中生殖菌丝较少，无色，薄壁至稍厚壁，很少分枝，直径为 2~3.5 μm；骨架菌丝占多数，无色，厚壁，具一宽的内腔至窄的内腔，有时实心，偶尔分枝，直径为 2~4 μm。菌管中生殖菌丝较少，无色，薄壁至稍厚壁，偶尔分枝，直径为 1.5~3.5 μm；骨架菌丝占多数，无色，厚壁，具一宽的内腔至窄的内腔，有时实心，很少分枝，交织排列，直径为 2~5 μm。子实层中无囊状体，有时骨架菌丝顶端变细或呈念珠状，厚壁，伸出子实层形成不整齐子实层，具拟囊状体，纺锤形，薄壁，光滑，13~19 × 3.5~4.5 μm。担子棍棒状，着生 4 个担孢子梗，基部具一锁状联合，18~21 × 4.5~5 μm；拟担子占多数，形状与担子类似，比担子稍小。担孢子腊肠形，无色，薄壁，光滑，无拟糊精反应和淀粉质反应，无嗜蓝反应，(4.5~)4.6~6(~6.2) × (1.9~)2~2.8(~3.2) μm，平均长 L = 5.15 μm，平均宽 W = 2.32 μm，长宽比 Q = 2.22 (n = 50/1)。

研究标本：云南：景洪市森林公园，2013 年 10 月 22 日，戴玉成 13612A（BJFC 015075，模式标本）。

生境：生长在阔叶树倒木上，引起木材褐色腐朽。

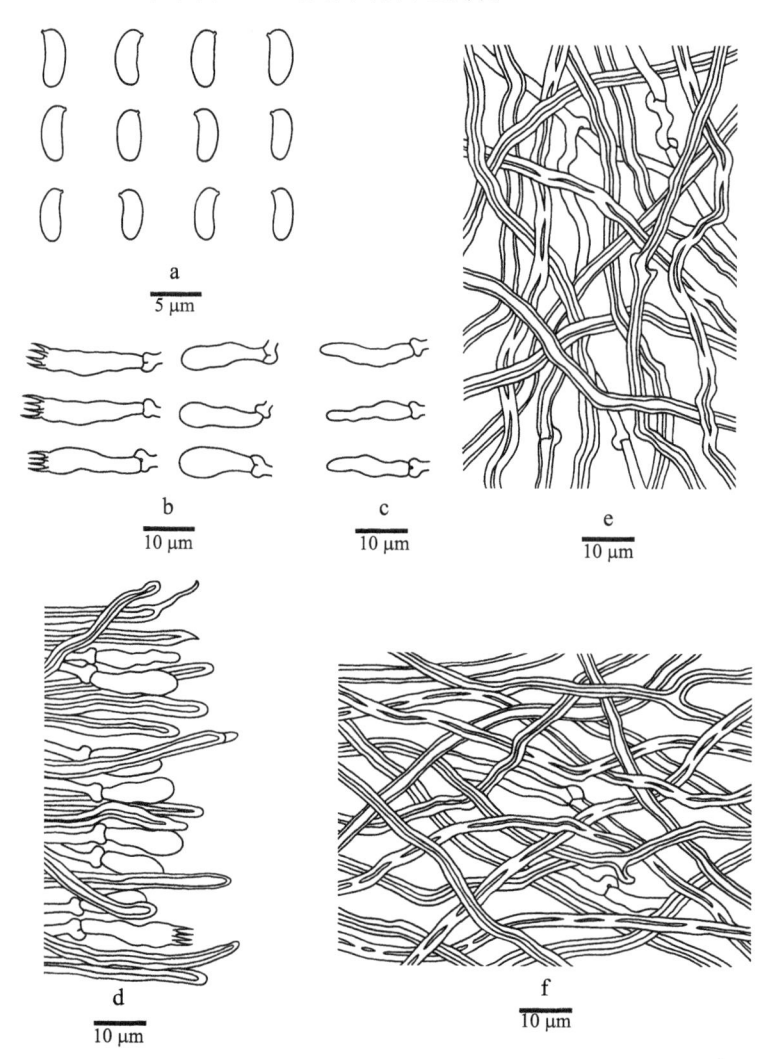

图 34 腊肠孢迷孔菌 *Daedalea allantoidea* M.L. Han, B.K. Cui & Y.C. Dai 的显微结构图
a. 担孢子；b. 担子和拟担子；c. 拟囊状体；d. 不整齐子实层 e. 菌管菌丝；f. 菌肉菌丝

中国分布：云南。

世界分布：中国。

讨论：腊肠孢迷孔菌的主要特征是担子果一年生，盖形，菌盖表面粉黄色至肉桂黄色或浅鼠灰色，孔口表面浅土黄色至淡黄褐色，孔口较大（每毫米 1~3 个），骨架菌丝伸出子实层形成不整齐子实层，担孢子腊肠形。迪氏迷孔菌和腊肠孢迷孔菌相似，具有盖形的子实体，相似颜色的菌盖表面和孔口表面，相似大小的孔口和担孢子；但迪氏迷孔菌的子实体多年生，孔口表面具宽的中心环沟，担孢子圆柱形，且大部分生长在温带地区的栎属树木上（Núñez and Ryvarden，2001）。栎迷孔菌和腊肠孢迷孔菌相似，具有骨架菌丝形成的不整齐子实层和相似大小的担孢子（5.5~6 × 2.5~3.5 μm）；但栎迷孔菌的子实体多年生，子实层孔状至迷宫状或几乎片层状，担孢子近椭圆形（Niemelä，2005）。谦逊迷孔菌和美洲迷孔菌 *Daedalea americana* M.L. Han, Vlasák & B.K. Cui 也有盖形的子实体和孔状的子实层；但是这两个种的孔口较小（分别为每毫米 5~7 个，每毫米 4~5 个），担孢子也较小（分别为 3~3.2 × 2~2.1 μm，4~5.1 × 2.1~3 μm）（Han et al.，2015）。

圆孔迷孔菌　图 35，图版 I 6

Daedalea circularis B.K. Cui & Hai J. Li, Mycoscience 54 (1): 63, 2013.

子实体：担子果多年生，具盖形，单生或覆瓦状叠生，新鲜时木栓质，干后硬木栓质至木质，重量变轻；菌盖扁平，单个菌盖长可达 11.5 cm，宽可达 17.5 cm，中部厚可达 30 mm；菌盖表面青灰色至桃色，不规则，随着菌龄的增长从基部向外散布着白色至奶油色的瘤状突起和暗褐色至黑色的斑块，年幼时光滑无毛，年老时基部附近出现微小的瘤状物，具中心环沟和环纹；菌盖边缘奶油色至淡黄色，明显比菌盖表面颜色浅，钝；孔口表面奶油色至淡黄色；不育边缘明显，白色至奶油色，可达 3 mm；孔口圆形，每毫米 4~6 个；管口边缘厚，全缘；菌肉淡黄色至蜜黄色，硬木栓质，厚约 10 mm；菌管白色、奶油色至灰青色，硬木栓质，长可达 20 mm。

显微结构：菌丝系统二体系；生殖菌丝具有锁状联合，骨架菌丝无拟糊精反应和淀粉质反应，无嗜蓝反应；菌丝组织在 KOH 试剂中无变化。菌肉中生殖菌丝较少，无色，薄壁，偶尔分枝，直径为 1.4~3.3 μm；骨架菌丝占多数，无色至淡黄棕色，厚壁，具一窄的内腔至近实心，常具分枝，直径为 1.8~4.5 μm。菌管中生殖菌丝较少，无色，薄壁，偶尔分枝，直径为 1.8~2.5 μm；骨架菌丝占多数，无色至淡黄棕色，厚壁，具一窄的内腔至近实心，很少分枝，交织排列，直径为 1.4~3.5 μm。子实层中无囊状体，有时骨架菌丝伸出子实层，但是不形成典型的不整齐子实层；具拟囊状体，纺锤形，薄壁，光滑，顶端有时分枝，偶尔塌陷或具简单分隔，13~30 × 2.5~4 μm。担子棍棒状，着生 4 个担孢子梗，基部具一锁状联合，12~22 × 4~6 μm；拟担子占多数，形状与担子类似，比担子稍小。担孢子圆柱形，无色，薄壁，光滑，无拟糊精反应和淀粉质反应，无嗜蓝反应，(4~)4.1~6(~7.2) × (2~)2.1~2.7(~2.8) μm，平均长 L = 5.05 μm，平均宽 W = 2.36 μm，长宽比 Q = 2.14 (n = 30/1)。

研究标本：福建：将乐县，龙栖山自然保护区，2013 年 10 月 23 日，崔宝凯 11258（BJFC 015374），崔宝凯 11266（BJFC 015382），崔宝凯 11268（BJFC 015384）；

南靖县，虎伯寮自然保护区，2013年10月26日，崔宝凯11383（BJFC 015454）。广东：河源市，大桂山森林公园，2011年8月18日，崔宝凯10125（BJFC 011019），崔宝凯10134（BJFC 011028）；始兴县，车八岭自然保护区，2010年6月24日，崔宝凯8727（BJFC 007667）；郁南县，同乐自然保护区，2020年12月24日，戴玉成22134（BJFC 036026），戴玉成22144（BJFC 036036）。广西：龙州县，弄岗自然保护区，2012年7月21日，袁海生6201（BJFC 013393）。海南：乐东县，尖峰岭，2002年11月21日，戴玉成4380（IFP 001913）。云南：保山市，高黎贡山自然保护区百花岭，2012年10月27日，戴玉成13051（BJFC 013274），戴玉成13057（BJFC 013280），戴玉成13062（BJFC 013285）；2019年11月7日，崔宝凯18093（BJFC 034952），崔宝凯18094（BJFC 034953）；勐腊县，绿石林公园，2009年11月1日，崔宝凯8389

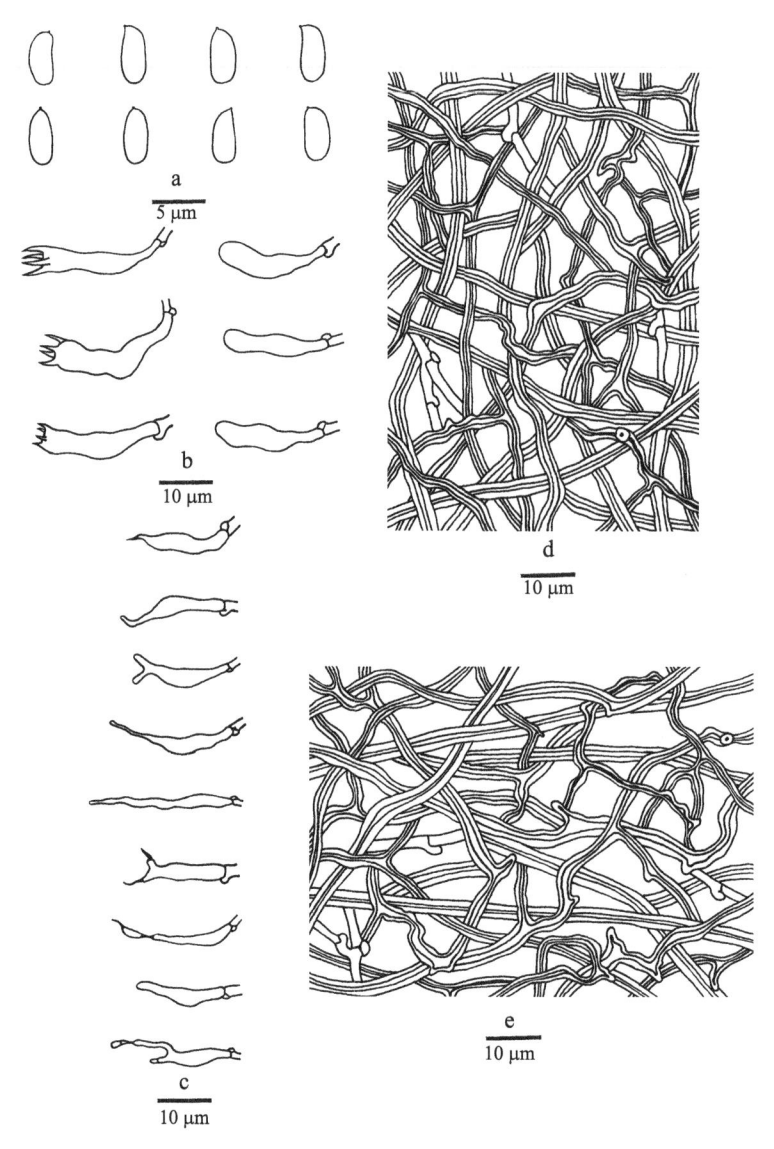

图35 圆孔迷孔菌 *Daedalea circularis* B.K. Cui & Hai J. Li 的显微结构图
a. 担孢子；b. 担子和拟担子；c. 拟囊状体；d. 菌管菌丝；e. 菌肉菌丝

（BJFC 006878）；2009 年 11 月 2 日，崔宝凯 8488（BJFC 006977，模式标本）；西双版纳曼稿国家自然保护区，2005 年 8 月 11 日，袁海生 1449（IFP 012719）。

生境：生长在阔叶树活立木、倒木、腐木、树桩上，引起木材褐色腐朽。

中国分布：福建、广东、广西、海南、云南。

世界分布：中国。

讨论：圆孔迷孔菌的主要特征是菌盖表面青灰色至桃色，无毛，具中心环沟和环带，随着菌龄的增长从基部向外不规则散布着白色至奶油色的瘤状突起和暗褐色至黑色的斑块，子实层孔状，孔口圆形，拟囊状体顶端有时分枝，偶尔塌陷或具简单分隔。坡地迷孔菌 *Daedalea dochmia* (Berk. & Broome) T. Hatt.也有盖形的子实体，具有与圆孔迷孔菌相似的孔口（每毫米 4~6 个）和略浅黄色的菌肉；但是坡地迷孔菌的担孢子比圆孔迷孔菌的长且窄（6~7 × 1.5~2 μm）（Ryvarden and Johansen，1980）。淡黄褐迷孔菌 *Daedalea fulvirubida* (Corner) T. Hatt.具有与圆孔迷孔菌相似大小的担孢子（4.5~6.5 × 2~2.8 μm）；但淡黄褐迷孔菌的菌盖表面淡褐色至褐色，子实层圆形至迷宫状，孔口明显比圆孔迷孔菌大（每毫米 1~3 个）（Corner，1989b；Hattori，2005）。

迪氏迷孔菌 图 36

Daedalea dickinsii Yasuda, Bot. Mag., Tokyo 36: 127, 1923. Liu et al., Mycosphere 14(1): 1597, 2023.

Trametes dickinsii Berk. ex Cooke, Grevillea 19(92): 100, 1891.

Daedaleopsis dickinsii (Berk. ex Cooke) Bondartsev, Botanicheskie Materialy 16: 125, 1963.

子实体：担子果多年生，具盖形，覆瓦状叠生，新鲜时木栓质，干后硬木质，重量变轻；菌盖半圆形，单个菌盖长可达 10 cm，宽可达 20 cm，中部厚可达 50 mm；菌盖表面新鲜时浅黄色或浅肉色，被细绒毛，干后浅肉褐色至深黑褐色，光滑，具同心环带和不明显的放射状纵条纹，有时具小疣和瘤状突起；边缘锐或略钝，浅黄色至浅黄褐色；孔口表面浅黄褐色至深褐色；不育边缘明显，宽 1~2 mm；孔口变化较大，近圆形、多角形、迷宫形或不规则形、几乎褶状，每毫米 1~2 个；管口边缘薄或厚，全缘；菌肉肉色或浅黄褐色，硬木栓质，厚约 25 mm；菌管与菌肉同色，硬木栓质，长可达 25 mm。

显微结构：菌丝系统二体系；生殖菌丝具有锁状联合，骨架菌丝无拟糊精反应和淀粉质反应，无嗜蓝反应；菌丝组织在 KOH 试剂中无变化。菌肉中生殖菌丝较少，无色，薄壁，很少分枝，直径为 1.5~4 μm；骨架菌丝占多数，无色至浅褐色，厚壁，具一窄的内腔至近实心，很少分枝，直径为 1.5~7 μm。菌管中生殖菌丝较少，无色，薄壁，很少分枝，直径为 1.4~3.2 μm；骨架菌丝占多数，无色至浅褐色，厚壁，具一窄的内腔至近实心，很少分枝，交织排列，直径为 1.3~7 μm。子实层中无囊状体，有时骨架菌丝顶端变细或呈念珠状，厚壁，伸出子实层形成不整齐子实层；具拟囊状体，纺锤形，薄壁，光滑，11~19 × 2.5~3 μm。担子棍棒状，着生 4 个担孢子梗，基部具一锁状联合，15~23 × 4.5~6 μm；拟担子占多数，形状与担子类似，比担子稍小。担孢子圆柱形，无色，薄壁，光滑，无拟糊精反应和淀粉质反应，无嗜蓝反应，(4.5~)4.8~6(~6.4) × 2~3 μm，平均长 L = 5.35 μm，平均宽 W = 2.53 μm，长宽比 Q = 2.08~2.13（n = 60/2）。

研究标本：河北：兴隆县，雾灵山自然保护区，2009 年 7 月 29 日，崔宝凯 6825

（BJFC 005312），崔宝凯 6846（BJFC 005333）。山西：沁水县，历山自然保护区，2004 年 10 月 20 日，袁海生 1090（BJFC 000525），袁海生 1104（BJFC 000524）；2006 年 9 月 19 日，袁海生 2415（BJFC 000523）。辽宁：鞍山市，千山仙人台景区，2021 年 7 月 11 日，戴玉成 22538（BJFC 037117）；桓仁县，老秃顶子自然保护区，2008 年 8 月 1 日，崔宝凯 5777（BJFC 003684）；2008 年 8 月 2 日，崔宝凯 5802（BJFC 003969）；宽甸县，青山沟，2008 年 7 月 30 日，崔宝凯 5670（BJFC 003640）；宽甸

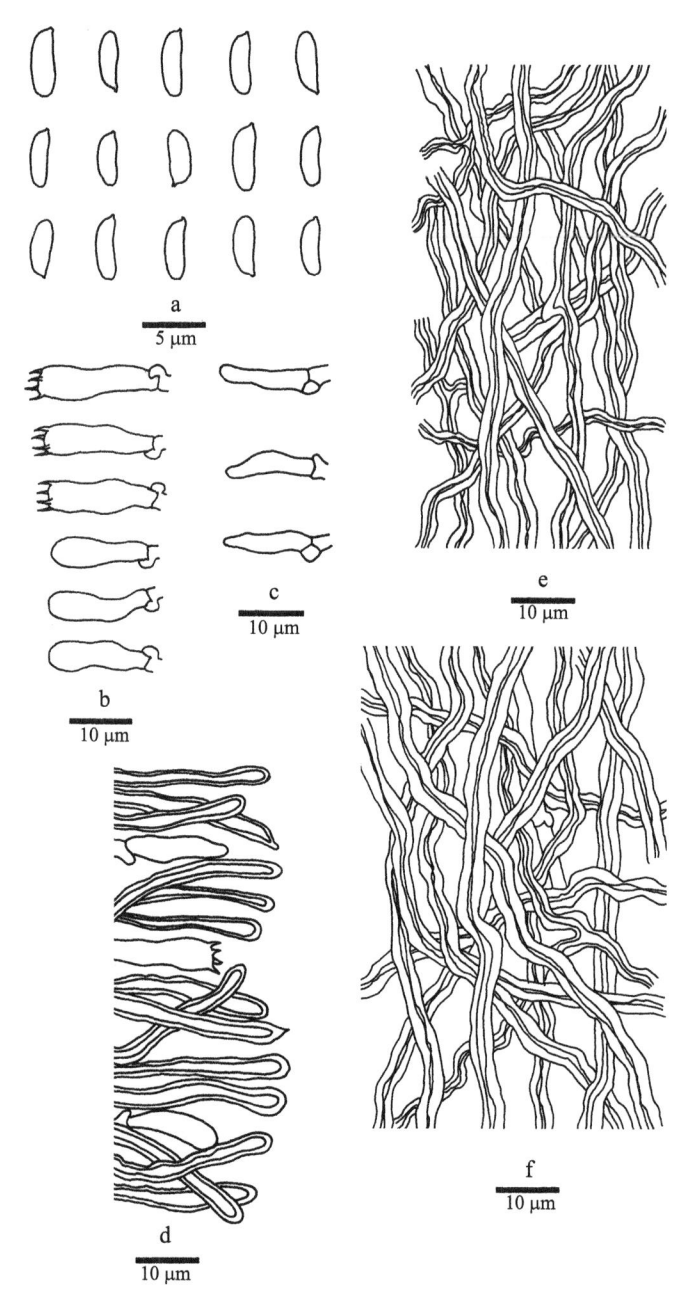

图 36 迪氏迷孔菌 *Daedalea dickinsii* Yasuda 的显微结构图
a. 担孢子；b. 担子和拟担子；c. 拟囊状体；d. 不整齐子实层；e. 菌管菌丝；f. 菌肉菌丝

县，天华山风景区，2008 年 7 月 29 日，崔宝凯 5624（BJFC 003629）。吉林：安图县，白河镇，长白山自然保护区，2011 年 8 月 7 日，崔宝凯 9926（BJFC 010819），崔宝凯 9932（BJFC 010825）；抚松县，露水河林场，2011 年 8 月 11 日，崔宝凯 10093（BJFC 010986）。黑龙江：嘉荫县，茅兰沟国家森林公园，2014 年 8 月 30 日，崔宝凯 11974（BJFC 016941）；汤原县，大亮子河国家森林公园，2014 年 8 月 25 日，崔宝凯 11418（BJFC 016660），崔宝凯 11495（BJFC 016737），崔宝凯 11497（BJFC 016739）；伊春市，五营丰林自然保护区，2002 年 9 月 8 日，戴玉成 3695（BJFC 015632）。江苏：南京市，紫金山风景区，2003 年 10 月 10 日，戴玉成 5234（BJFC 000530）；2006 年 8 月 22 日，崔宝凯 4015（BJFC 000531）。江西：分宜县，大岗山，2009 年 9 月 23 日，崔宝凯 7881（BJFC 006370）。浙江：临安市，天目山自然保护区，2004 年 10 月 15 日，戴玉成 6343（BJFC 000533）；2005 年 10 月 10 日，崔宝凯 2624（BJFC 000532）。河南：内乡县，宝天曼自然保护区，2009 年 9 月 22 日，戴玉成 11308（BJFC 007454）；2010 年 8 月 17 日，崔宝凯 9194（BJFC 008132）。四川：九寨沟县，九寨沟自然保护区，2020 年 9 月 20 日，崔宝凯 18560（BJFC 035421）。陕西：佛坪县，熊猫谷，2013 年 9 月 12 日，崔宝凯 11205（BJFC 015320）；柞水县，牛背梁森林公园，2013 年 9 月 16 日，崔宝凯 11212（BJFC 015327），崔宝凯 11213（BJFC 015328）；周至县，厚畛子太保站，2006 年 10 月 24 日，袁海生 2685（BJFC 000526）。

生境：主要生长在栎属树木的无皮倒木上，引起木材褐色腐朽。

中国分布：河北、山西、辽宁、吉林、黑龙江、江苏、浙江、江西、河南、四川、陕西等。

世界分布：日本、印度、中国等。

讨论：迪氏迷孔菌的主要特征是孔口表面浅黄褐色至深褐色，孔口近圆形、多角形、迷宫形或不规则形、几乎褶状，每毫米 1~2 个，骨架菌丝伸出子实层形成不整齐子实层，担孢子圆柱形（4.8~6 × 2~3 μm）。Ryvarden（1988）将灰白迷孔菌 *D. incana*（Lèv.）Ryvarden 处理为迪氏迷孔菌的同物异名，但是 Hattori 和 Ryvarden（1994）研究模式标本发现灰白迷孔菌具有较小的孔口和深褐色的菌肉。栎迷孔菌与迪氏迷孔菌相似，具有赭黄色至褐色的孔口表面，不整齐子实层和圆柱形的担孢子；但是栎迷孔菌的孔口较大，大部分孔口直径 1~4 mm，且分布在欧洲（Ryvarden and Melo，2014）。调查发现，迪氏迷孔菌在我国广泛分布，多生长在栎属树木上（Han et al.，2016）。

谦逊迷孔菌　图 37

Daedalea modesta (Kunze ex Fr.) Aoshima, Trans. Mycol. Soc. Japan 8 (1): 2, 1967. Liu et al., Mycosphere 14(1): 1597, 2023.

Polyporus modestus Kunze ex Fr., Linnaea 5: 519, 1830.

Polystictus modestus (Kunze ex Fr.) Fr., Nova Acta R. Soc. Scient. Upsal., Ser. 3 1(1): 74, 1851.

Microporus modestus (Kunze ex Fr.) Kuntze, Revis. Gen. Pl. (Leipzig) 3(3): 496, 1898.

Daedalea modesta (Kunze ex Fr.) Aoshima, Trans. Mycol. Soc. Japan 8(1): 2, 1967.

Trametes modesta (Kunze ex Fr.) Ryvarden, Norw. Jl Bot. 19: 236, 1972.

Ranadivia modesta (Kunze ex Fr.) Zmitr., Folia Cryptog. Petropolitana (Sankt-Peterburg) 6: 87, 2018.

子实体：担子果一年生，具盖形，具柄状的基部，通常覆瓦状叠生，木栓质至木质；菌盖半圆形至扇形，单个菌盖长可达 3 cm，宽可达 3.4 cm，中部厚可达 13 mm；菌盖表面浅黄色、浅粉棕色、浅黄棕色至浅棕色，被细绒毛或光滑，具同心环带和明显的放射状纵条纹，有时具小疣和瘤状突起；边缘锐，与菌盖同色或颜色较深，内卷；孔口表面浅粉黄色至浅黄色，具一定的折光反应；不育边缘明显，宽可达 3 mm，有时具小疣；孔口圆形，每毫米 5~7 个；管口边缘薄或厚，全缘；菌肉浅黄粉色至浅黄棕色，纤维状，厚约 12 mm；菌管与孔口表面同色，木栓质，长可达 1 mm。

显微结构：菌丝系统二体系；生殖菌丝具有锁状联合，骨架菌丝无拟糊精反应和淀粉质反应，无嗜蓝反应；菌丝组织在 KOH 试剂中变成褐色。菌肉中生殖菌丝较少，无色，薄壁至稍厚壁，很少分枝，直径为 2~4 μm；骨架菌丝占多数，无色至浅褐色，厚壁，具一窄的内腔至近实心，很少分枝，直径为 2~4 μm。菌管中生殖菌丝较少，无色，薄壁至稍厚壁，很少分枝，直径为 2~3 μm；骨架菌丝占多数，无色至浅褐色，厚壁，具一窄的内腔至近实心，很少分枝，交织排列，直径为 1.5~4 μm。子实层中无囊状体，有时骨架菌丝顶端变细或呈念珠状，厚壁，伸出子实层，但不形成不整齐子实层；具拟囊状体，纺锤形，薄壁，光滑，12~17 × 2~4 μm。担子棍棒状，着生 4 个担孢子梗，基部具一锁状联合，12~19 × 4~5 μm；拟担子占多数，形状与担子类似，比担子稍小。担孢子椭圆形，无色，薄壁，光滑，无拟糊精反应和淀粉质反应，无嗜蓝反应，3~3.2 × 2~2.1 μm，平均长 L = 3.01 μm，平均宽 W = 2.02 μm，长宽比 Q = 1.43~1.63（n = 60/2）。

研究标本：福建：建瓯市，万木林自然保护区，2006 年 8 月 30 日，崔宝凯 4199（BJFC 002569），崔宝凯 4202（BJFC 002564），崔宝凯 4210（BJFC 002565），崔宝凯 4225（BJFC 002568）；2006 年 8 月 31 日，崔宝凯 4281（BJFC 002570）。广东：封开县，黑石顶自然保护区，2010 年 7 月 1 日，崔宝凯 9028（BJFC 007966），崔宝凯 9043（BJFC 007981）；广州市，天鹿湖森林公园，2011 年 8 月 19 日，崔宝凯 10151（BJFC 011046）；河源市，大桂山森林公园，2011 年 8 月 18 日，崔宝凯 10124（BJFC 011018）；肇庆市，鼎湖山自然保护区，2010 年 6 月 29 日，崔宝凯 8906（BJFC 007846），崔宝凯 8919（BJFC 007859）。海南：乐东县，尖峰岭自然保护区，2009 年 5 月 11 日，戴玉成 10844（BJFC 005086）；2009 年 5 月 12 日，戴玉成 10873（BJFC 005115）。云南：盈江县，铜壁关保护区，2012 年 10 月 29 日，戴玉成 13111（BJFC 013331）；勐腊县，望天树景区，2009 年 11 月 2 日，崔宝凯 8515（BJFC 007004），崔宝凯 8517（BJFC 007006），崔宝凯 8536（BJFC 00702）。

生境：生于阔叶树活立木、倒木、树桩上，引起木材褐色腐朽。

中国分布：福建、湖南、广东、广西、海南、云南、台湾等。

世界分布：遍布于热带地区，美国、泰国、越南、中国等。

讨论：谦逊迷孔菌的主要特征是担子果一年生，盖形，菌盖表面具同心环带和明显的放射状纵条纹，孔口圆形，较小（每毫米 5~7 个），无不整齐子实层，担孢子椭圆形，较小（3~3.2 × 2~2.1 μm）。宏观形态上，粉灰栓孔菌 *Trametes menziesii* (Berk.) Ryvarden 具有赭黄色的菌盖和孔口表面，与谦逊迷孔菌较难区分；但是粉灰栓孔菌的菌肉在 KOH 试剂中先变成黄色，后颜色迅速消失，且菌丝三体系（Ryvarden and Johansen，1980）；而谦逊迷孔菌的菌肉在 KOH 中变成褐色，颜色不会消失，且菌丝系统二体系。调查发现，谦逊迷孔菌在我国广泛分布，多生长在阔叶树上（Han et al.，2016）。

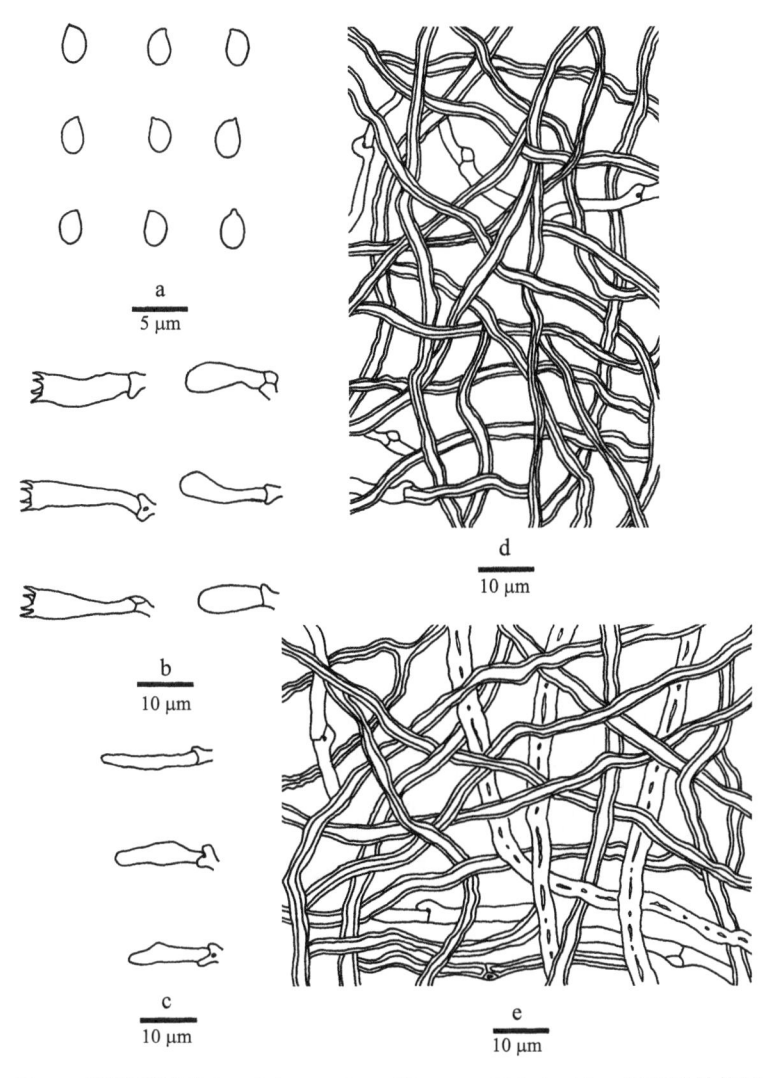

图 37 谦逊迷孔菌 *Daedalea modesta* (Kunze ex Fr.) Aoshima 的显微结构图
a. 担孢子；b. 担子和拟担子；c. 拟囊状体；d. 菌管菌丝；e. 菌肉菌丝

放射迷孔菌　图 38

Daedalea radiata B.K. Cui & Hai J. Li, Mycoscience 54 (1): 65, 2013.

子实体：担子果一年生至二年生，无柄盖形或平伏至反转，单生或覆瓦状叠生，易与基质分离，通常几个菌盖侧向地生长在一起，干后软木栓质至木栓质；菌盖半圆形或侧向伸长，单个菌盖长可达 3 cm，宽可达 6 cm，中部厚可达 10 mm；菌盖表面基部灰褐色至暗褐色，向边缘逐渐变成淡黄色至肉桂黄色，具浓密的硬毛，鳞屑或细沟，无环带，稍具或不具环沟；菌盖边缘薄而锐；孔口表面干后淡黄色至肉桂黄色，具折光反应；

不育边缘不明显；孔口大部分多角形，有时不规则至迷宫状，每毫米 2~4 个；管口边缘薄，全缘；菌肉淡黄色至肉桂黄色，木栓质，厚约 3 mm；菌管与孔口表面同色，软木栓质至木栓质，长可达 7 mm。

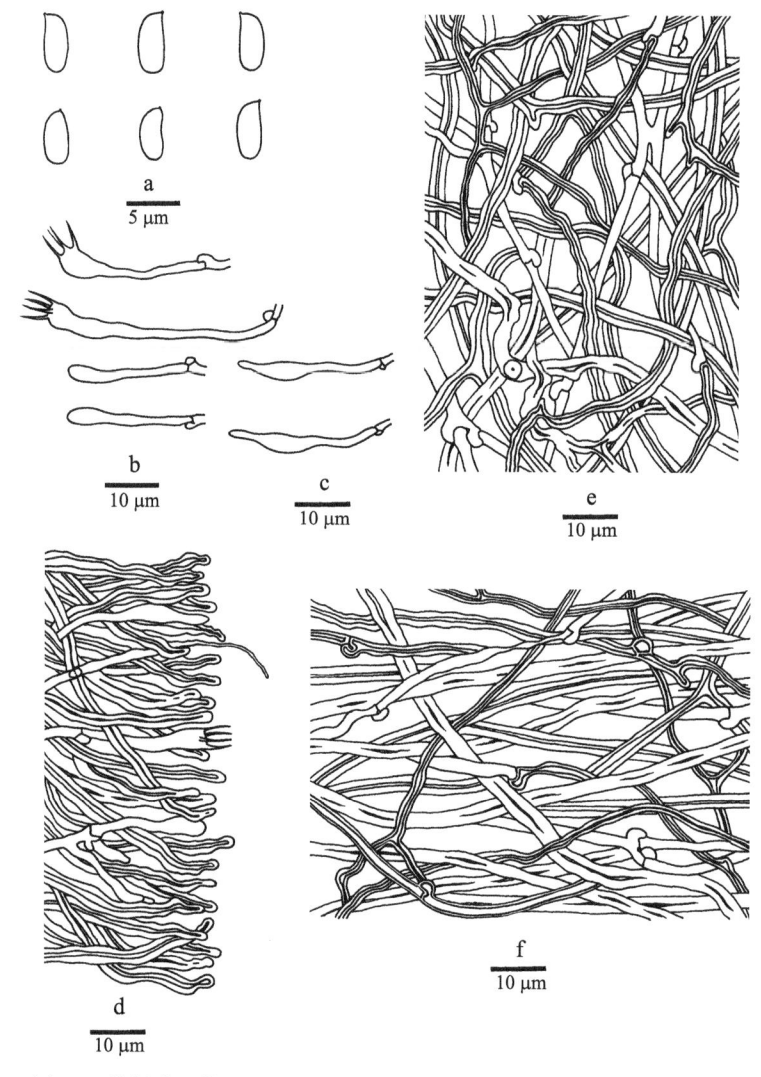

图 38 放射迷孔菌 Daedalea radiata B.K. Cui & Hai J. Li 的显微结构图
a. 担孢子；b. 担子和拟担子；c. 拟囊状体；d. 不整齐子实层；e. 菌管菌丝；f. 菌肉菌丝

显微结构：菌丝系统二体系；生殖菌丝具有锁状联合，骨架菌丝无拟糊精反应和淀粉质反应，无嗜蓝反应；骨架菌丝在 KOH 试剂中稍膨胀，菌丝组织在 KOH 试剂中变成黑色。菌肉中生殖菌丝较少，无色至淡黄棕色，薄壁至厚壁，很少分枝，直径为 2~3.5 μm；骨架菌丝占多数，无色至淡黄棕色，厚壁，具一窄的内腔至近实心，很少分枝，直径为 1.4~3.8 μm。菌管中生殖菌丝较少，无色至淡黄棕色，薄壁，偶尔分枝，直径为 1.7~4 μm；骨架菌丝占多数，无色至淡黄棕色，厚壁，具一窄的内腔至近实心，常具分枝，交织排列，直径为 1.3~4.2 μm。子实层中无囊状体，骨架菌丝顶端变细或呈念珠状，厚壁，伸出子实层形成不整齐子实层；具拟囊状体，纺锤形，薄壁，光滑，24~30 × 3.5~

4.5 μm。担子棒状，着生 4 个担孢子梗，基部具一锁状联合，28~42 × 4.5~5.5 μm；拟担子占多数，形状与担子类似，比担子稍小。担孢子圆柱形，无色，薄壁，光滑，无拟糊精反应和淀粉质反应，无嗜蓝反应，(4.3~)4.5~5(~5.1) × (2.3~)2.4~2.9 μm，平均长 L = 4.75 μm，平均宽 W = 2.66 μm，长宽比 Q = 1.65~1.93 (n = 60/2)。

研究标本：云南：勐腊县，望天树景区，2007 年 9 月 16 日，袁海生 3580（BJFC 012961；IFP 013830），袁海生 3629（BJFC 012960，模式标本）；2009 年 9 月 2 日，崔宝凯 8487（BJFC 006976），崔宝凯 8540（BJFC 007029），崔宝凯 8572（BJFC 007061），崔宝凯 8575（BJFC 007064）；2009 年 9 月 3 日，崔宝凯 8624（BJFC 007113）。

生境：生长在阔叶树倒木或腐木上，引起木材褐色腐朽。

中国分布：云南。

世界分布：马来西亚、越南、中国等。

讨论：放射迷孔菌的主要特征是菌盖表面灰褐色至暗褐色，具硬毛，子实层多角形至迷宫状。放射迷孔菌与粗毛盖菌属 *Funalia* Pat.的一些种类相似，菌盖表面都被绒毛至硬毛；然而粗毛盖菌属种类的子实层规则，骨架菌丝在棉蓝试剂中呈正反应，且引起白色腐朽（Niemelä et al., 1992；Dai, 1996）。新热带迷孔菌 *Daedalea neotropica* D.L. Lindner, Ryvarden & T.J. Baroni 与放射迷孔菌具有相似的孔口（大部分孔状，部分不规则和迷宫状，每毫米 3~5 个）；但新热带迷孔菌的子实体无毛，有小瘤，菌盖和孔口表面具不规则的紫色斑点，担孢子略大（5~5.5 × 2~3 μm）（Lindner et al., 2011）。

黄伏孔菌属 Flavidoporia Audet

Mushr. Nomen. Novel. 4: 1, 2017

担子果一年生至多年生，平伏，新鲜时柔软或垫状，干后白垩质至软木栓质；孔口表面奶油色，干后稻草至原木色；孔口圆形至多角形；菌肉奶油色，软木栓质；菌管奶油色至原木色，脆至白垩质。菌丝系统二体系；生殖菌丝具锁状联合，骨架菌丝无拟糊精反应，无或有微弱的淀粉质反应，无嗜蓝反应；子实层中无囊状体，具拟囊状体；担孢子椭圆形，无色，薄壁，光滑，无拟糊精反应和淀粉质反应，无嗜蓝反应。

模式种：*Flavidoporia pulvinascens* (Pilát) Audet。

生境：生长在针叶树或阔叶树上，引起木材褐色腐朽。

中国分布：云南、西藏、新疆。

世界分布：欧洲，亚洲。

讨论：黄伏孔菌属是由 Audet 从广义薄孔菌属中分离出的新属（Audet, 2017-2018），该属与薄孔菌属的区别有担子果孔口表面奶油色至原木色，椭圆形的担孢子尺寸相对较小。目前，该属有 3 种，中国分布 2 种。

中国黄伏孔菌属分种检索表

1. 担子果一年生，孔口每毫米 2~3 个；具厚垣孢子··················**厚垣孢黄伏孔菌 *F. pulverulenta***
1. 担子果多年生，孔口每毫米 4~5 个；无厚垣孢子··················**垫形黄伏孔菌 *F. pulvinascens***

厚垣孢黄伏孔菌 图 39

Flavidoporia pulverulenta (B. Rivoire) Audet, Mushr. Nomen. Novel. 4: 1, 2017. Liu et al., Mycosphere 14(1): 1598, 2023.

Antrodia pulverulenta B. Rivoire, Bull. Mens. Soc. Linn. Lyon 79: 185, 2010.

子实体：担子果一年生，平伏，贴生，不易与基质分离，新鲜时质软而韧，干后变硬，重量变轻；平伏担子果长可达 43 cm，宽可达 8 cm，厚约 5 mm；孔口表面新鲜时奶油色至浅灰色，干后灰赭色；在倾斜的表面稍有结节，但成熟后略微垫状；不育边缘不明显或几乎不存在；孔口多角形，不规则至迷宫状，每毫米 2~3 个；管口边缘薄，撕裂状；菌肉灰白色，质软，厚约 0.3 mm；菌管奶油色至灰赭色，韧木栓质，长可达 2 mm。

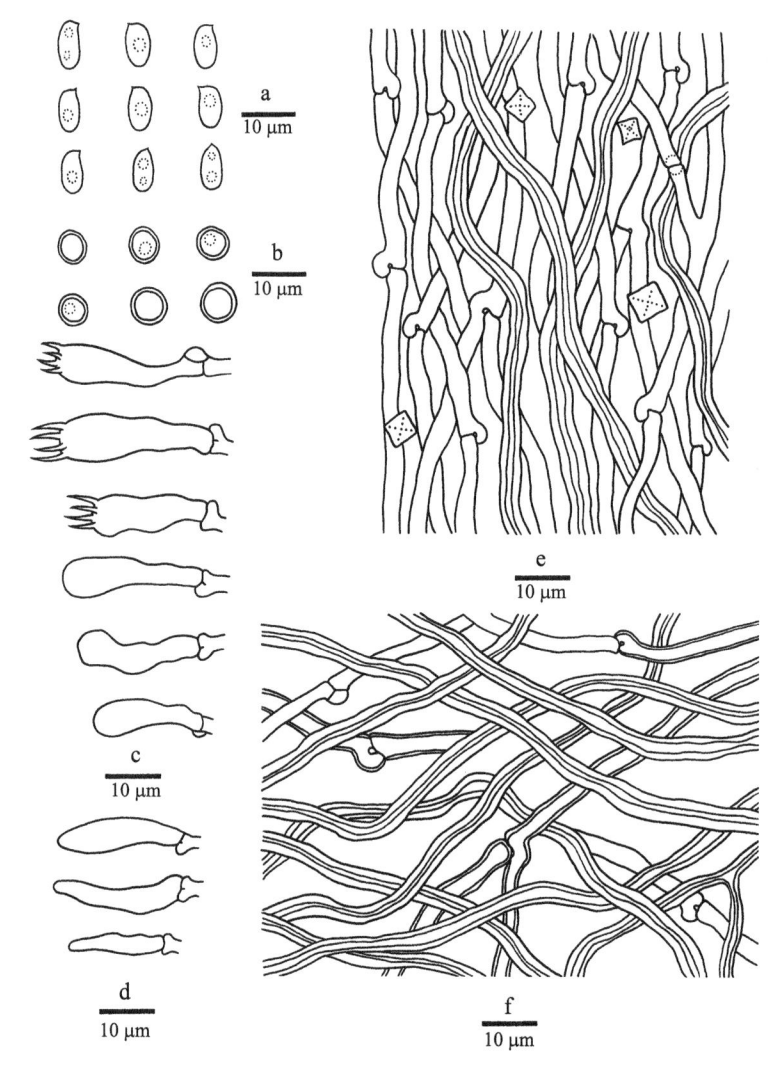

图 39 厚垣孢黄伏孔菌 *Flavidoporia pulverulenta* (B. Rivoire) Audet 的显微结构图
a. 担孢子；b. 厚垣孢子；c. 担子和拟担子；d. 拟囊状体；e. 菌管菌丝；f. 菌肉菌丝

显微结构：菌丝系统二体系；生殖菌丝具有锁状联合，骨架菌丝有略微淀粉质反应，无嗜蓝反应；菌丝组织在 KOH 试剂中无变化。菌肉中生殖菌丝较少，无色，薄壁至稍厚壁，偶尔分枝，直径为 3~5 μm；骨架菌丝占多数，无色，厚壁，具一窄的内腔至近实心，偶尔分枝，直径为 2.6~4.6 μm。菌管中生殖菌丝占多数，无色，薄壁，常有分枝，直径为 3~5 μm；骨架菌丝较少，无色，厚壁，具一窄的内腔至近实心，很少分枝，交织排列，直径为 2.6~4.6 μm。子实层中无囊状体，具拟囊状体，纺锤形，薄壁，光滑，11.3~21.5 × 3.5~6.6 μm。担子棍棒状，着生 4 个担孢子梗，基部具一锁状联合，14.8~25 × 6~8 μm；拟担子占多数，形状与担子类似，比担子稍小。在菌管菌丝间具形状各异的晶体出现。担孢子椭圆形，无色，薄壁，光滑，无拟糊精反应和淀粉质反应，无嗜蓝反应，5.4~8.3 × 3~4 μm，平均长 L = 7.13 μm，平均宽 W = 3.52 μm，长宽比 Q = 2.11 (n = 30/1)。菌肉中具厚垣孢子，多数近圆形，少数宽椭圆形，直径 6~8 μm。

研究标本：新疆：布尔津县，喀纳斯自然保护区，2015 年 9 月 11 日，戴玉成 15877（BJFC 019978）。

生境：生长在欧亚花楸和云杉上，引起木材褐色腐朽。

中国分布：新疆。

世界分布：法国、中国。

讨论：厚垣孢黄伏孔菌的主要特征是担子果一年生，平伏，孔口表面奶油色至浅灰色，干燥后变成灰赭色，担孢子椭圆形（5.4~8.3 × 3~4 μm），顶端稍弯曲，具厚垣孢子。厚垣孢黄伏孔菌与垫形黄伏孔菌形态相似，区别在于厚垣孢黄伏孔菌具无性厚垣孢子，据此可与上述种类区分。此外，该种子实体一年生，且孔口比垫形黄伏孔菌的孔口大。另外，厚垣孢黄伏孔菌的骨架菌丝中有轻微淀粉质反应，而垫形黄伏孔菌的骨架菌丝无拟糊精反应和淀粉质反应。厚垣孢黄伏孔菌的宏观形态与法国种类的描述基本一致，我国该种类标本孔口圆形至多角形，但孔口大小较法国种类稍小。微观形态与法国标本描述基本一致，菌丝结构均为双系，菌管中生殖菌丝多于骨架菌丝，菌丝间具晶体镶嵌，但骨架菌丝的淀粉质反应不明显，担孢子椭圆形（6~8 × 3~4 μm），顶端稍弯曲；厚垣孢子多数近圆形，直径 6~8 μm，少数宽椭圆形。调查发现，厚垣孢黄伏孔菌在我国新疆地区有分布，生长在阔叶树或针叶树上（Liu et al.，2023a）。

垫形黄伏孔菌　图 40

Flavidoporia pulvinascens (Pilát) Audet, Mushr. Nomen. Novel. 4: 1, 2017. Liu et al., Mycosphere 14(1): 1598, 2023.

Antrodia pulvinascens (Pilát) Niemelä, Karstenia 25(1): 37, 1985.

Poria pulvinascens Pilát, Sb. Nár. Mus. V Praze, Rada B, Prír. Vedy 9(2): 106, 1953.

子实体：担子果多年生，平伏至极少有结节，成熟时垫状，软木栓质，在倾斜的不育部分有结节，光滑并稍凹陷或具条纹；平伏担子果长可达 8 cm，宽可达 5 cm，厚约 10 mm；孔口表面新鲜时奶油色，干后稻草至原木色；不育边缘不明显或几乎不存在，白色，棉絮状；孔口圆形，每毫米 4~5 个；管口边缘薄，全缘或稍撕裂状；菌肉奶油色，软木栓质，厚约 2 mm；菌管奶油色至原木色，脆至白垩质，略分层，长可达 8 mm。

显微结构：菌丝系统二体系；生殖菌丝具有锁状联合，骨架菌丝无拟糊精反应和淀粉质反应，无嗜蓝反应；菌丝组织在 KOH 试剂中无变化。菌肉中生殖菌丝较少，无色，薄壁，很少分枝，直径为 2~3.4 μm；骨架菌丝占多数，无色，厚壁，具一窄的内腔，偶尔分枝，直径为 2~5 μm。菌管中生殖菌丝占多数，无色，薄壁，偶尔分枝，直径为 2~3.6 μm；骨架菌丝占多数，无色，厚壁，具一窄的内腔，偶尔分枝，交织排列，直径为 2~5 μm。子实层中无囊状体，具拟囊状体，纺锤形，薄壁，光滑，16~24 × 5~6 μm。担子棍棒状，着生 4 个担孢子梗，基部具一锁状联合，19~27 × 5~7 μm；拟担子占多数，形状与担子类似，比担子稍小。担孢子椭圆形，无色，薄壁，光滑，无拟糊精反应和淀粉质反应，无嗜蓝反应，6~7.5 × 2.4~3.2 μm，平均长 L = 6.87 μm，平均宽 W = 2.75 μm，长宽比 Q = 2.42~2.51 (n = 60/2)。

研究标本：西藏：波密县，2010 年 9 月 20 日，崔宝凯 9542（BJFC 008480）。云南：马关县，老君山自然保护区，2011 年 9 月 21 日，崔宝凯 10441（BJFC 011336）。

生境：生长在杨树、松树或柏树上，引起木材褐色腐朽。

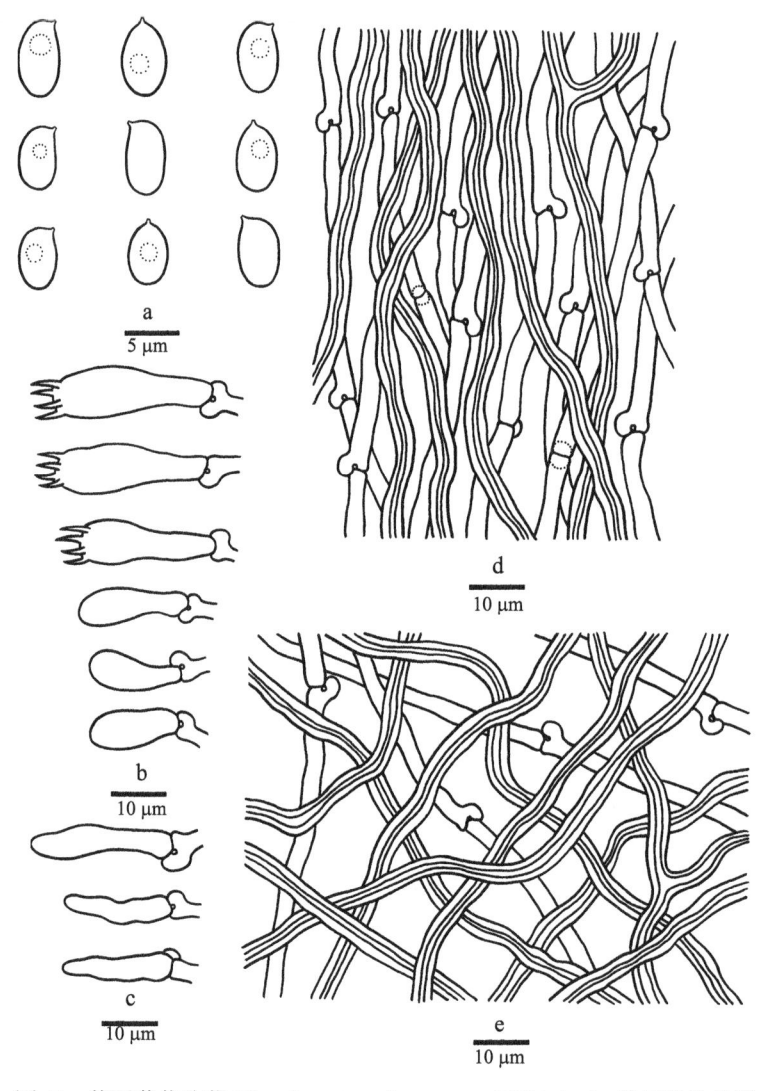

图 40 垫形黄伏孔菌 Flavidoporia pulvinascens (Pilát) Audet 的显微结构图
a. 担孢子；b. 担子和拟担子；c. 拟囊状体；d. 菌管菌丝；e. 菌肉菌丝

中国分布：西藏、云南。

世界分布：俄罗斯、瑞士、波兰、奥地利、捷克、斯洛伐克、德国、西班牙、中国等。

讨论：垫形黄伏孔菌的主要特征是担子果多年生，平伏至有结节，孔口表面略带黄色，菌丝结构二体系，担孢子椭圆形（6~7.5 × 2.4~3.2 μm），顶端稍弯曲，无厚垣孢子。调查发现，垫形黄伏孔菌在我国西南地区有分布，生长在阔叶树或针叶树上（Liu et al.，2023a）。

拟层孔菌属 Fomitopsis P. Karst.
Meddn Soc. Fauna Flora Fenn. 6: 9, 1881

担子果一年生至多年生，大部分无柄盖形，偶尔存在平伏反转或具柄状的基部，柔软，木栓质至硬木质；菌盖扁平，扇形至半圆形；菌盖表面白色、灰色、黄色至棕色，被短绒毛或无毛，中心环沟有或无；孔口表面白色、奶油色至灰色或棕褐色；孔口圆形至多角形；菌肉白色至灰色或稻草色，纤维质至木栓质，有时上表面具一皮层或皮壳；菌管与孔口同色，木栓质至硬木质。菌丝系统绝大多数二体系；生殖菌丝具锁状联合，骨架菌丝无拟糊精反应和淀粉质反应，无嗜蓝反应；子实层中囊状体偶见，拟囊状体常见；担孢子圆柱形至椭圆形，无色，薄壁，光滑，无拟糊精反应和淀粉质反应，无嗜蓝反应。

模式种：*Fomitopsis pinicola* (Sw.) P. Karst.。

生境：通常生长在针叶树和阔叶树上，引起木材褐色腐朽。

中国分布：全国广泛分布。

世界分布：世界各地广泛分布。

讨论：拟层孔菌属是世界广布的一种多孔菌类群。该属建立于19世纪晚期，引起木材的褐色腐朽，在森林生态系统中起到重要的降解还原作用。一些系统发育研究表明拟层孔菌属是镶嵌于薄孔菌分支中，并且许多研究证明该属是一个多系起源属，系统发育关系存在许多问题（Kim et al.，2005，2007；Justo and Hibbett，2011；Ortiz-Santana et al.，2013）。近些年，国内外开展了诸多关于拟层孔菌属的分类与系统发育研究并发现了多个新种（Li et al.，2013；Han et al.，2014，2016；Han and Cui，2015；Soares et al.，2017；Haight et al.，2019；Liu et al.，2019，2021a，2022a；Zhou et al.，2021）。其中，Han等（2016）对拟层孔菌属及其近缘属进行了分类与系统发育学的研究，结果表明：广义拟层孔菌属 *Fomitopsis* sensu lato 的种类形成了6个支持率很高的分支，分别是拟层孔菌属、脆层孔菌属、白孔层菌属、红层孔菌属、粉红层孔菌属和蹄迷孔菌属。迷孔菌属的种类聚集在一个单独的分支里。广义剥管孔菌属 *Piptoporus* sensu lato 的种类形成了3个分支，分别是：牛舌孔菌属、小剥管孔菌属和桦剥管孔菌 *Piptoporus betulinus*；而剥管孔菌属的模式种桦剥管孔菌 *P. betulinus* 聚在了狭义拟层孔菌属分支里，因此，剥管孔菌属被认为是拟层孔菌属的同物异名。目前，该属有30种，中国分布17种。

中国拟层孔菌属分种检索表

1. 担子果完全平伏···平伏拟层孔菌 *F. resupinata*
1. 担子果盖形，平伏至反转或很少平伏··2
　　2. 只生长在竹子上···竹生拟层孔菌 *F. bambusae*
　　2. 不生长在竹子上···3
3. 生长在裸子植物上··4
3. 生长在被子植物上，或偶尔生长在裸子植物上··10
　　4. 生长在银杏树上···银杏拟层孔菌 *F. ginkgonis*
　　4. 生长在冷杉、云杉、松树或其他裸子植物上··5
5. 孔口每毫米 ≤4 个··6
5. 孔口每毫米 ≥4 个··7
　　6. 生长在冷杉上；担孢子 7~9 × 4~5 μm···························冷杉拟层孔菌 *F. abieticola*
　　6. 生长在云杉上；担孢子 6.3~7 × 3.2~3.8 μm·····················天山拟层孔菌 *F. tianshanensis*
7. 分布于高海拔地区；生长在云杉上···横断山拟层孔菌 *F. hengduanensis*
7. 分布于低海拔地区；生长在松树上···8
　　8. 骨架菌丝具简单分隔···亚红缘拟层孔菌 *F. subpinicola*
　　8. 骨架菌丝不具简单分隔···9
9. 担子果平伏反转至具菌盖；担孢较大，17~26.5 × 5.5~7.9 μm·········马尾松拟层孔菌 *F. massoniana*
9. 担子果具菌盖；担孢较小，15.5~18 × 4.9~6.5 μm·····················沂蒙拟层孔菌 *F. yimengensis*
　　10. 孔口每毫米 ≤4 个···11
　　10. 孔口每毫米 ≥4 个···13
11. 担子果新鲜时具有恶臭味···瘤盖拟层孔菌 *F. palustris*
11. 担子果新鲜时气味温和···12
　　12. 担子果平伏反转至具菌盖，担孢子 6.3~7.8 × 2.1~2.6 μm··········邦氏拟层孔菌 *F. bondartsevae*
　　12. 担子果具菌盖，担孢子 6~8 × 2.8~3.7 μm·····························伊比利亚拟层孔菌 *F. iberica*
13. 菌盖具明显纸皮层；生长在桦木属树木上···桦拟层孔菌 *F. betulina*
13. 菌盖不具纸皮层；生长在非桦木属树木上···14
　　14. 担子果具菌盖；担孢子长度绝大多数 >6 μm························雪白拟层孔菌 *F. nivosa*
　　14. 担子果平伏反转或少具菌盖；担孢子长度绝大多数 <6 μm·······································15
15. 担子果灰色；担孢子长度绝大多数 >5 μm···灰拟层孔菌 *F. cana*
15. 担子果非灰色；担孢子长度绝大多数 <5 μm···16
　　16. 孔口每毫米 4~7 个；担孢子 4~5 × 1.9~2.4 μm······················亚楝树拟层孔菌 *F. submeliae*
　　16. 孔口每毫米 6~9 个；担孢子 3.2~4 × 1.8~2.1 μm·····················亚热带拟层孔菌 *F. subtropica*

冷杉拟层孔菌　图 41

Fomitopsis abieticola B.K. Cui, M.L. Han & Shun Liu, Front. Microbiol. 12 (644979): 5, 2021.

子实体：担子果一年生至多年生，具盖形，单生，新鲜时硬木栓质，干后硬木质，重量变轻；菌盖半圆形至蹄形，单个菌盖长可达 6.5 cm，宽可达 8.5 cm，中部厚可达 25 mm；菌盖表面新鲜时奶油色至粉黄色，干后蜜黄色至灰棕色，光滑，基部许多小瘤状物，粗糙，不成带；边缘奶油色，颜色比菌盖表面稍浅，钝；孔口表面新鲜时奶油色至粉黄色，干后米黄色至咖喱黄色；不育边缘明显，新鲜时白色至奶油色，干燥后橄榄黄色至黏土黄色，宽达 10 mm；孔口圆形至多角形，每毫米 2~4 个；管口边缘稍厚至厚，全缘；菌肉奶油色至稻草黄色，硬木质，厚约 15 mm；菌管与孔口表面同色，硬木质，长可达 10 mm。

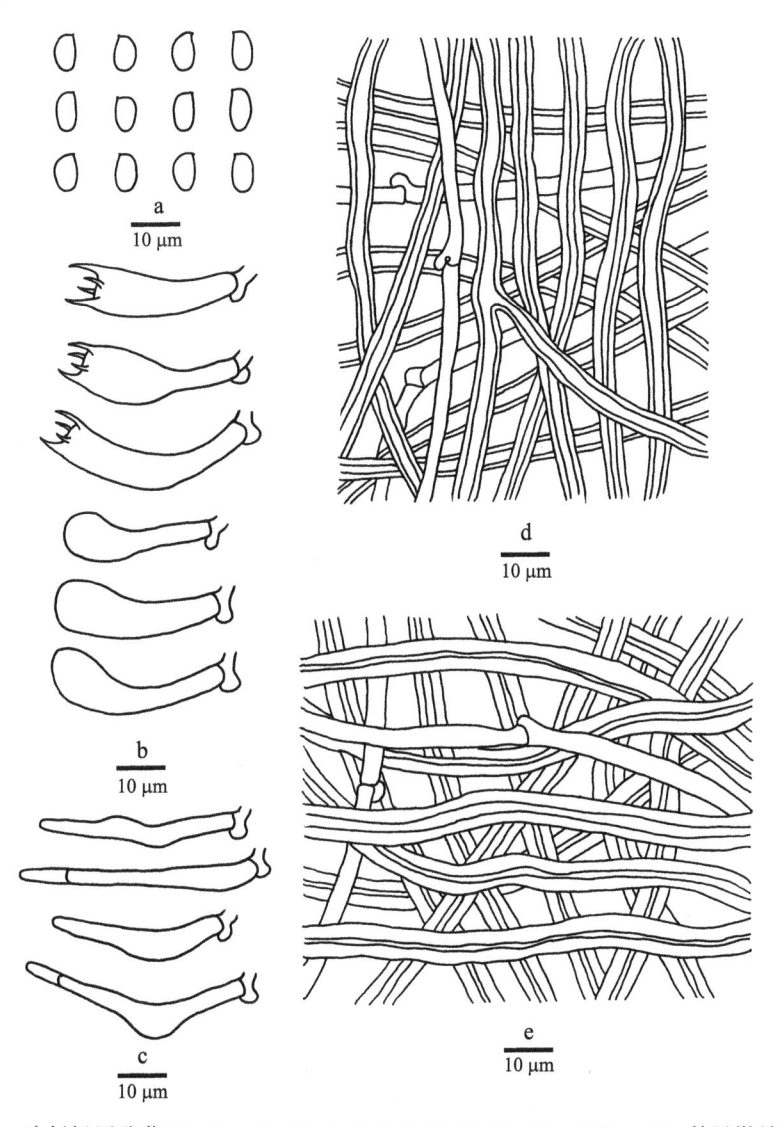

图 41 冷杉拟层孔菌 *Fomitopsis abieticola* B.K. Cui, M.L. Han & Shun Liu 的显微结构图
a. 担孢子；b. 担子和拟担子；c. 拟囊状体；d. 菌管菌丝；e. 菌肉菌丝

显微结构：菌丝系统二体系；生殖菌丝具有锁状联合，骨架菌丝无拟糊精反应和淀粉质反应，无嗜蓝反应；菌丝组织在 KOH 试剂中无变化。菌肉中生殖菌丝较少，无色，薄壁，很少分枝，直径为 2.5~5 μm；骨架菌丝占多数，黄棕色至肉桂棕色，厚壁，具一窄的内腔至近实心，很少分枝，直径为 2.3~8.2 μm。菌管中生殖菌丝较少，无色，薄壁，很少分枝，直径为 1.9~3.2 μm；骨架菌丝占多数，无色，厚壁，具一宽的内腔至窄的内腔，偶尔分枝，交织排列，直径为 2.2~7.2 μm。子实层中无囊状体，具拟囊状体，纺锤形，薄壁，光滑，17.5~50.2 × 4.3~9.5 μm。担子棍棒状，着生 4 个担孢子梗，基部具一锁状联合，20.8~40.5 × 5.5~11.5 μm；拟担子占多数，形状与担子类似，比担子稍

小。担孢子长椭圆形至椭圆形，无色，薄壁，光滑，无拟糊精反应和淀粉质反应，无嗜蓝反应，7~9(~9.2) × (3.2~)4~5 μm，平均长 L = 7.85 μm，平均宽 W = 4.26 μm，长宽比 Q = 1.83~1.89 (n = 60/2)。

研究标本：云南：香格里拉市，普达措国家森林公园，2011 年 9 月 24 日，崔宝凯 10532（BJFC 011427，模式标本），崔宝凯 10521（BJFC 011416）。

生境：生长在冷杉上，引起木材褐色腐朽。

中国分布：云南。

世界分布：中国。

讨论：冷杉拟层孔菌的主要特征是担子果一年生至多年生，具盖形，菌盖表面新鲜时奶油色至粉黄色，干后蜜黄色至灰棕色，孔口表面新鲜时奶油色至粉黄色，干后米黄色至咖喱黄色，孔口圆形至多角形，每毫米 2~4 个，担孢子长椭圆形至椭圆形（7~9 × 4~5 μm）。形态上，冷杉拟层孔菌与天山拟层孔菌的担子果均为一年生至多年生，新鲜时孔口表面奶油色至粉色，孔口较大，但是天山拟层孔菌新鲜时担子果软木栓质，经常生长在云杉上（Liu et al.，2021a）。

竹生拟层孔菌　图 42

Fomitopsis bambusae Y.C. Dai, Meng Zhou & Yuan Yuan, MycoKeys 82: 186, 2021.

子实体：担子果一年生，平伏至反转或具菌盖，易与基质分离，新鲜时软木栓质，干后木栓质，重量变轻；菌盖半圆形，单个菌盖长可达 1 cm，宽可达 1.5 cm，中部厚可达 5 mm；菌盖表面新鲜时蓝灰色，干后淡鼠灰色至灰褐色，光滑至稍具绒毛，粗糙，不成带；边缘锐，干燥后弯曲；孔口表面新鲜时蓝灰色至淡鼠灰色，干后鼠灰色至黑灰色；不育边缘宽达 1 mm；孔口圆形至多角形，每毫米 6~9 个；管口边缘薄，全缘；菌肉白色至奶油色，木栓质，厚约 3.5 mm；菌管比孔口表面颜色浅，木栓质，长可达 1.5 mm。

显微结构：菌丝系统二体系；生殖菌丝具有锁状联合，骨架菌丝无拟糊精反应和淀粉质反应，无嗜蓝反应；菌丝组织在 KOH 试剂中无变化。菌肉中生殖菌丝较少，无色，薄壁至稍厚壁，偶尔分枝，直径为 1.5~3 μm；骨架菌丝占多数，无色，厚壁，具一窄的内腔至近实心，很少分枝，直径为 2~4.5 μm。菌管中生殖菌丝较少，无色，薄壁至稍厚壁，很少分枝，直径为 1.5~2.5 μm；骨架菌丝占多数，无色，厚壁，具一窄的内腔至近实心，很少分枝，交织排列，直径为 2~3 μm。子实层中无囊状体，具拟囊状体，纺锤形，薄壁，光滑，11~18 × 2.5~4 μm。担子棍棒状，着生 4 个担孢子梗，基部具一锁状联合，13~19 × 4.5~5.5 μm；拟担子占多数，形状与担子类似，比担子稍小。担孢子圆柱形至长椭圆形，无色，薄壁，光滑，无拟糊精反应和淀粉质反应，无嗜蓝反应，(4~)4.2~6.1(~6.5) × (1.9~)2~2.3(~2.6) μm，平均长 L = 4.92 μm，平均宽 W = 2.11 μm，长宽比 Q = 2.26~2.41 (n = 90/3)。

研究标本：浙江：温州市，平阳县，南雁荡山森林公园，2021 年 6 月 3 日，戴玉成 22325（BJFC 036913）。海南：海口市，金牛岭公园，2020 年 11 月 7 日，戴玉成 21942（BJFC 035841）；2020 年 11 月 18 日，戴玉成 22104（BJFC 035996），戴玉成 22110（BJFC 036002），戴玉成 22114（BJFC 036006），戴玉成 22116（BJFC 036008，模

式标本）；琼中县，海南热带雨林国家公园黎母山，2021 年 3 月 31 日，戴玉成 22212（BJFC 036803）。

生境：生长在竹子上，引起木材褐色腐朽。

中国分布：浙江、海南。

世界分布：中国。

讨论：竹生拟层孔菌的主要特征是子实体平伏至反转或具菌盖，担子果软木栓质，孔口表面灰蓝色，孔口较小，每毫米 6~9 个，担孢子圆柱形至长椭圆形（4.2~6.1 × 2~2.3 μm），生长在竹子上，引起木材褐色腐朽（Zhou et al., 2021）。

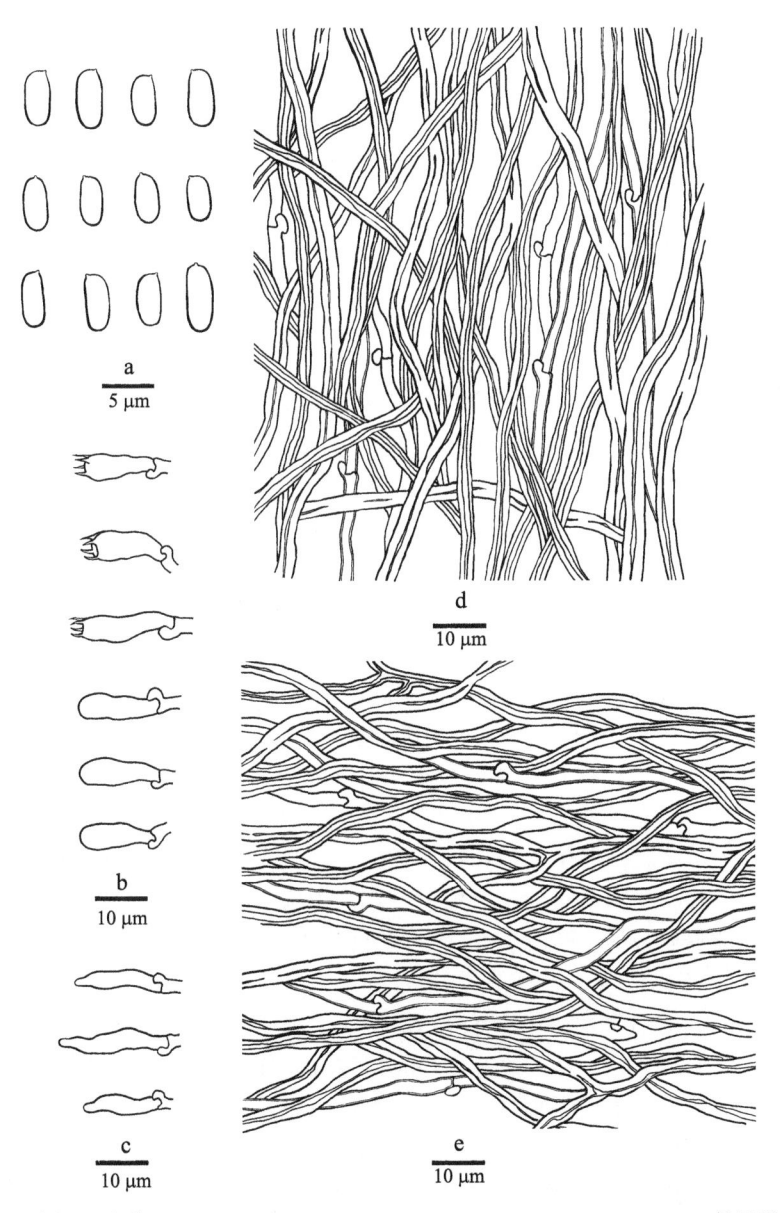

图 42 竹生拟层孔菌 *Fomitopsis bambusae* Y.C. Dai, Meng Zhou & Yuan Yuan 的显微结构图
a. 担孢子；b. 担子和拟担子；c. 拟囊状体；d. 菌管菌丝；e. 菌肉菌丝

桦拟层孔菌 图 43

Fomitopsis betulina (Bull.) B.K. Cui, M.L. Han & Y.C. Dai, Fungal Divers. 80: 359, 2016.
Boletus betulinus Bull., Herb. Fr. (Paris) 7: tab. 312, 1788.
Polyporus betulinus (Bull.) Fr., Observ. Mycol. (Havniae) 1: 127, 1815.
Piptoporus betulinus (Bull.) P. Karst., Revue Mycol., Toulouse 3(9): 17, 1881.
Placodes betulinus (Bull.) Quél., Fl. Mycol. France (Paris): 396, 1888.
Fomes betulinus (Bull.) Gillot & Lucand, Bull. Soc. Hist. Nat. Autun 3: 165, 1890.
Ungulina betulina (Bull.) Pat., Essai Tax. Hyménomyc. (Lons-le-Saunier): 103, 1900.
Ungularia betulina (Bull.) Lázaro Ibiza, Revta R. Acad. Cienc. exact. fis. Nat. Madr. 14(10): 668, 1916.
Boletus suberosus Batsch, Elench. Fung. (Halle): Fig. 226, 1783.
Boletus suberosus Wulfen, Collnea Bot. 1(2): 344, 1787.
Agarico-pulpa pseudoagaricon Paulet, Traité Champ. (Paris) 2: 105, 1793.

子实体：担子果一年生，通常具侧生的短柄，有时无柄盖形，或形成柄状的基部，通常单生，新鲜时肉革质，干后软木栓质，重量变轻；菌盖半圆形或圆形，单个菌盖长可达 20 cm，宽可达 15 cm，中部厚可达 40 mm；菌盖表面新鲜时乳白色，干后乳褐色或黄褐色，无同心环带和环沟；边缘钝，干后略内卷；孔口表面新鲜时乳白色，干后稻草色或浅褐色；不育边缘不明显；孔口近圆形，每毫米 5~7 个；管口边缘薄，全缘；菌肉新鲜时肉质，奶油色，干后奶油色至乳黄色，强烈收缩，海绵质或软木栓质，上表面具一浅褐色纸皮层，厚约 35 mm；菌管与孔口表面同色，比菌肉颜色深，新鲜时肉质，干后硬纤维质，长可达 5 mm；菌柄新鲜时奶油色，干后黄褐色，光滑，长达 3 cm，直径达 30 mm。

显微结构：菌丝系统二体系；生殖菌丝具有锁状联合，骨架菌丝无拟糊精反应和淀粉质反应，无嗜蓝反应；菌丝组织在 KOH 试剂中无变化。菌肉中生殖菌丝较少，无色，薄壁，很少分枝，直径为 3~4.6 μm；骨架菌丝占多数，无色，厚壁，具一窄的内腔至近实心，常有分枝，直径为 2.1~6 μm。菌柄菌丝与菌肉菌丝相似。菌管中生殖菌丝较少，无色，薄壁，很少分枝，直径为 2~3 μm；骨架菌丝占多数，无色，厚壁，具一窄的内腔至近实心，常有分枝，交织排列，直径为 2~5.5 μm。子实层中无囊状体或其他不育结构。担子棒棒状，着生 4 个担孢子梗，基部具一锁状联合，10~21 × 5.5~6.5 μm；拟担子占多数，形状与担子类似，比担子稍小。担孢子圆柱形，无色，薄壁，光滑，无拟糊精反应和淀粉质反应，无嗜蓝反应，(4~)4.3~5(~5.2) × (1.3~)1.5~2(~2.3) μm，平均长 L = 4.68 μm，平均宽 W = 1.75 μm，长宽比 Q = 2.51~2.84 (n = 60/2)。

研究标本：吉林：安图县，长白山自然保护区，2011 年 8 月 8 日，崔宝凯 9969（BJFC 010862）；2007 年 7 月 12 日，戴玉成 9067（BJFC 001943）；图们市，2009 年 10 月 10 日，戴玉成 11449（BJFC 007319）；抚松县，松江河森林公园，2016 年 8 月 2 日，崔宝凯 14115（BJFC 028983）。四川：小金县，夹金山，2012 年 10 月 17 日，崔宝凯 10756（BJFC 013678）；康定市，木格措景区，2015 年 9 月 3 日，崔宝凯 12429（BJFC 028207）；九龙县，2019 年 9 月 12 日，崔宝凯 17688（BJFC 034547），崔宝凯 17693（BJFC 034552）。云南：兰坪县，长岩山保护区，2011 年 9 月 18 日，崔宝凯 10309

（BJFC 011204）；香格里拉市，普达措国家公园，2018年9月17日，崔宝凯 17121（BJFC 030421）；2019年8月13日，崔宝凯 17470（BJFC 034329）。西藏：工布江达县，巴松错，2010年9月26日，崔宝凯 9754（BJFC 008690）；林芝县，鲁朗镇，2010年9月17日，崔宝凯 9322（BJFC 008261）。陕西：周至县，厚畛子太保站，2006年10月25日，袁海生 2757（BJFC 001942）。新疆：哈巴河县，白哈巴河森林公园，2015年9月10日，戴玉成 15853（BJFC 019954）。

生境：生长在桦树的活立木和倒木上，引起木材褐色腐朽。

中国分布：河北、山西、内蒙古、辽宁、吉林、黑龙江、四川、云南、西藏、陕西、甘肃、新疆等。

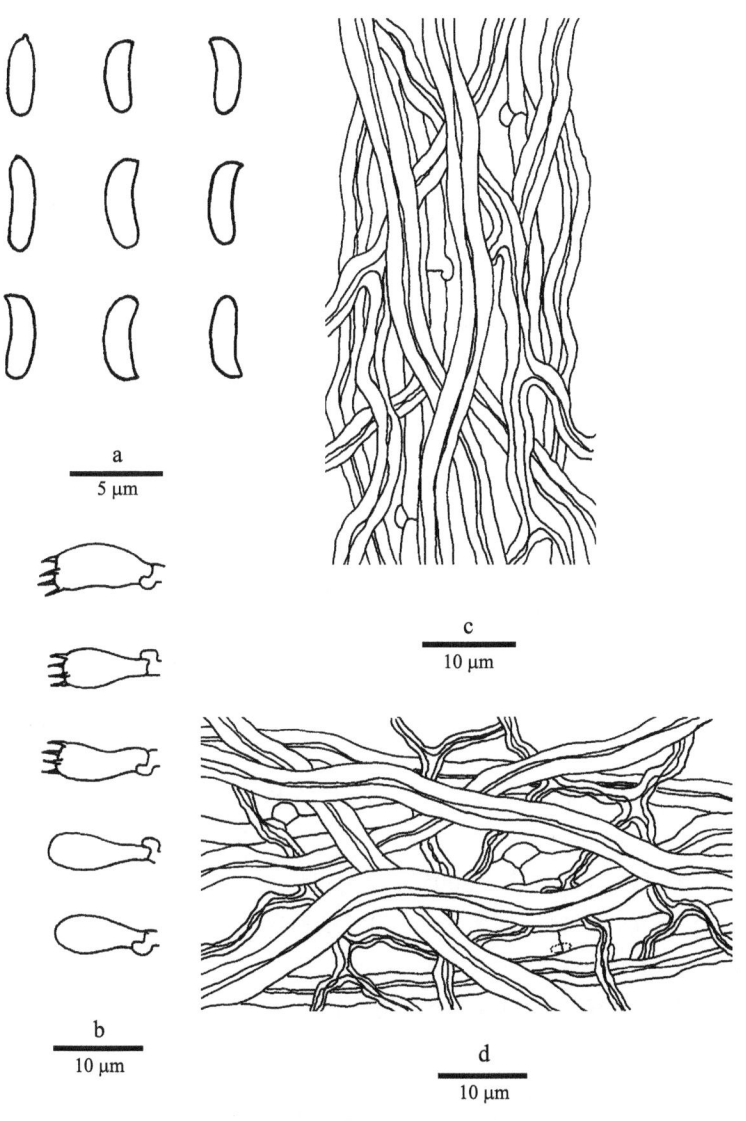

图 43 桦拟层孔菌 *Fomitopsis betulina* (Bull.) B.K. Cui, M.L. Han & Y.C. Dai 的显微结构图
a. 担孢子；b. 担子和拟担子；c. 菌管菌丝；d. 菌肉菌丝

世界分布：奥地利、比利时、德国、俄罗斯、芬兰、韩国、加拿大、捷克、立陶宛、

日本、瑞士、美国、挪威、意大利、英国、中国等。

讨论：桦拟层孔菌的主要特征是菌盖表面光滑，常具一纸皮层，菌管层很容易分开，边缘干后略内卷，只生长在桦树上，这些特征使得桦拟层孔菌很容易与其他种区分开。在北欧地区，桦拟层孔菌的子实体经常用来做刀垫，这样刀就不会生锈（Ryvarden and Gilbertson，1993）。调查发现，桦拟层孔菌在我国广泛分布，多生长在桦树上（Han et al.，2016）。

邦氏拟层孔菌 图 44

Fomitopsis bondartsevae (Spirin) A.M.S. Soares & Gibertoni, Phytotaxa 331(1): 80, 2017.
　　Liu et al., Mycosphere 14(1): 1598, 2023.
Antrodia bondartsevae Spirin, Mikol. Fitopatol. 36(4): 33, 2002.
Pilatoporus bondartsevae (Spirin) Spirin, Mycotaxon 97: 78, 2006.
Antrodia wangii Y.C. Dai & H.S. Yuan, Mycosystema 25(3): 372, 2006.

子实体：担子果一年生，平伏反转或具盖形，贴生，不易与基质分离，新鲜时皮革质，干后木栓质，重量变轻；单个菌盖长可达 1 cm，宽可达 1.5 cm，基部厚可达 3 mm；平伏担子果长可达 10 cm，宽可达 5 cm，厚约 1.8 mm；菌盖表面新鲜时奶油色，干后肉桂棕色，光滑或稍具绒毛，边缘锐；孔口表面新鲜时奶油色，干后奶油色至浅黄色；不育边缘不明显或几乎不存在；孔口圆形至多角形，每毫米 3~4 个；管口边缘薄，全缘；菌肉奶油色至浅黄色，木栓质，厚约 1 mm；菌管与孔口表面同色，木栓质，长可达 5 mm。

显微结构：菌丝系统二体系；生殖菌丝具有锁状联合，骨架菌丝无拟糊精反应和淀粉质反应，无嗜蓝反应；菌丝组织在 KOH 试剂中无变化。菌肉中生殖菌丝较少，无色，薄壁至稍厚壁，很少分枝，直径为 2.8~4.8 μm；骨架菌丝占多数，无色至浅灰色，厚壁，具一窄的内腔至近实心，很少分枝，直径为 2.8~5.5 μm。菌管中生殖菌丝较少，无色，薄壁，偶尔分枝，直径为 2~3 μm；骨架菌丝占多数，无色，厚壁，具一窄的内腔至近实心，很少分枝，交织排列，直径为 2.8~3.8 μm。子实层中无囊状体与拟囊状体。担子棍棒状，着生 4 个担孢子梗，基部具一锁状联合，14~18 × 4.5~6 μm；拟担子占多数，形状与担子类似，比担子稍小。担孢子圆柱形，无色，薄壁，光滑，无拟糊精反应和淀粉质反应，无嗜蓝反应，6.3~7.8 × 2.1~2.6 μm，平均长 $L = 7.06$ μm，平均宽 $W = 2.32$ μm，长宽比 $Q = 3~3.08$ ($n = 60/2$)。

研究标本：北京：香山公园，2005 年 7 月 25 日，戴玉成 6613（IFP 015602）；北京植物园，2005 年 9 月 6 日，戴玉成 7172（BJFC 000181）；2008 年 7 月 9 日，崔宝凯 5525（BJFC 003546）。

生境：生长在阔叶树上，引起木材褐色腐朽。

中国分布：北京。

世界分布：俄罗斯、中国。

讨论：邦氏拟层孔菌的主要特征是担子果一年生，平伏反转或具盖形，菌盖表面新鲜时奶油色，干后肉桂棕色，孔口表面新鲜时奶油色，干后奶油色至浅黄色，担孢子圆柱形，稍弯曲，6.3~7.8 × 2.1~2.6 μm。调查发现，邦氏拟层孔菌在我国北京有分布，生长在阔叶树上（Liu et al., 2022a）。

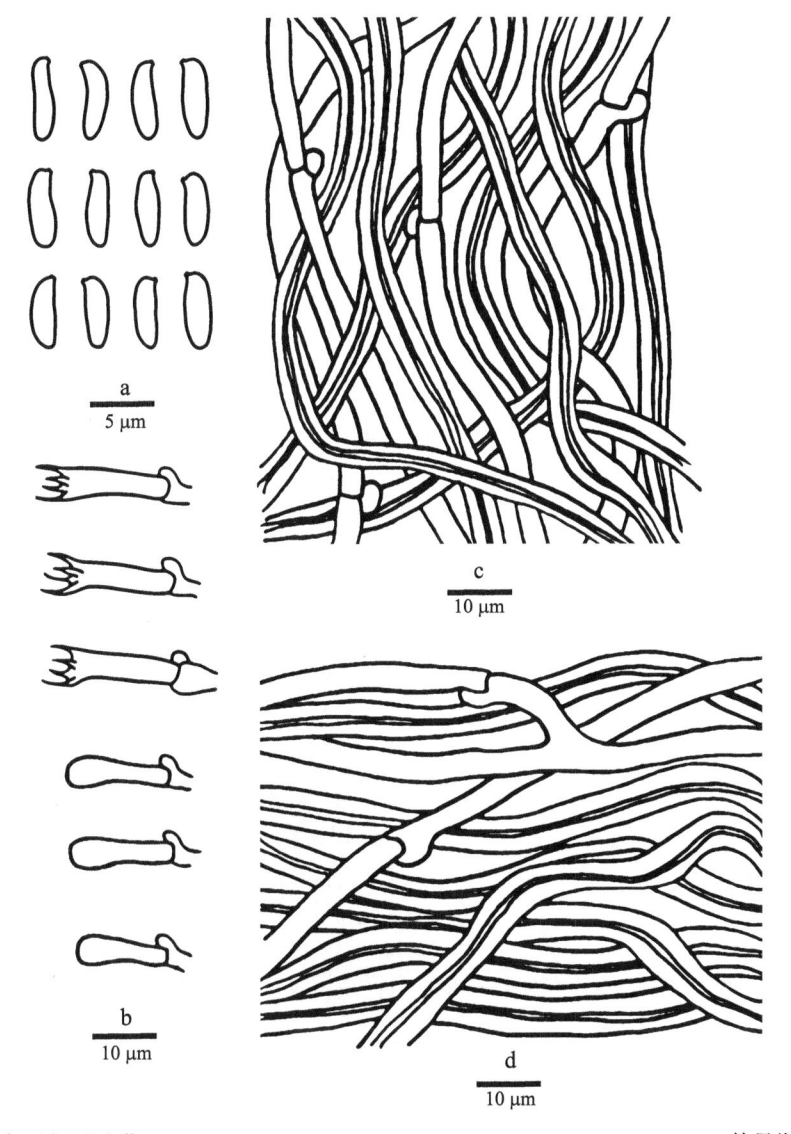

图 44 邦氏拟层孔菌 *Fomitopsis bondartsevae* (Spirin) A.M.S. Soares & Gibertoni 的显微结构图
a. 担孢子；b. 担子和拟担子；c. 菌管菌丝；d. 菌肉菌丝

灰拟层孔菌 图 45

Fomitopsis cana B.K. Cui, Hai J. Li & M.L. Han, Mycol. Prog. 12: 710, 2013.

子实体：担子果一年生，平伏反转，从平伏部分伸出几个小的覆瓦状叠生的菌盖，不易与基质分离，新鲜时木栓质，干后硬木栓质，重量变轻；单个菌盖长可达 0.9 cm，宽可达 2 cm，中部厚可达 4 mm；平伏担子果长可达 10 cm，宽可达 6 cm，厚约 2 mm；菌盖表面浅鼠灰色至深灰色，光滑或稍具绒毛，无环带；菌盖边缘新鲜时比菌盖表面颜色浅，随着菌龄的增长颜色稍变深，薄而锐；孔口表面新鲜时奶油色至稻草色，干后鼠灰色至深灰色；不育边缘白色至浅鼠灰色，薄，可达 1 mm；孔口多角形，每毫米 5~8

个，管口边缘薄，全缘；菌肉奶油色至浅鼠灰色，木栓质，厚约 2 mm；菌管与孔口表面同色，硬木栓质，长可达 2 mm。

显微结构：菌丝系统二体系；生殖菌丝具有锁状联合，骨架菌丝无拟糊精反应和淀粉质反应，无嗜蓝反应；菌丝组织在 KOH 试剂中无变化。菌肉中生殖菌丝较少，无色，薄壁，偶尔分枝，直径为 2~4 μm；骨架菌丝占多数，无色至浅灰色，厚壁，具一窄的内腔至近实心，常具分枝，直径为 1.5~5 μm。菌管中生殖菌丝较少，无色，薄壁，偶尔分枝，直径为 1.8~3 μm；骨架菌丝占多数，无色，厚壁，具一窄的内腔至近实心，常有分枝，交织排列，直径为 1.5~4 μm。子实层中无囊状体，具拟囊状体，纺锤形，薄壁，光滑，9~16 × 3~5 μm。担子棍棒状，着生 4 个担孢子梗，基部具一锁状联合，13~15 × 4.5~5.5 μm；拟担子占多数，形状与担子类似，比担子稍小。担孢子圆柱形至长椭圆形，无色，薄壁，光滑，无拟糊精反应和淀粉质反应，无嗜蓝反应，(4.9~)5~6.2(~7) × (2~)2.1~3 μm，平均长 L = 5.81 μm，平均宽 W = 2.6 μm，长宽比 Q = 2.2~2.29 (n = 60/2)。

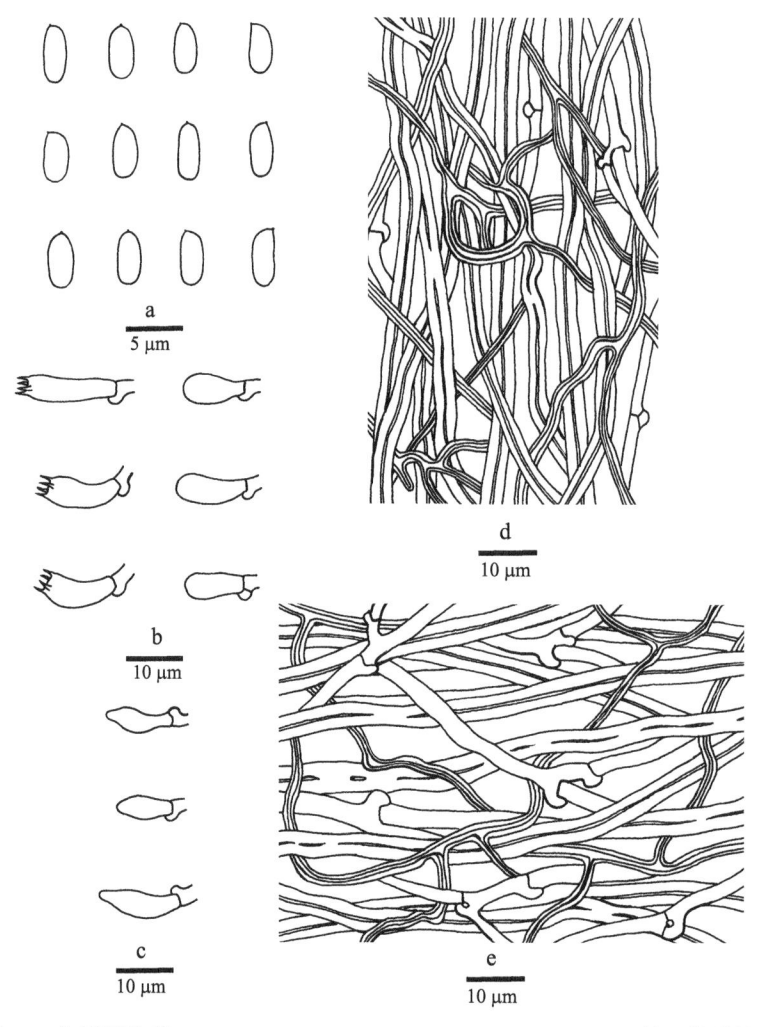

图 45 灰拟层孔菌 *Fomitopsis cana* B.K. Cui, Hai J. Li & M.L. Han 的显微结构图
a. 担孢子；b. 担子和拟担子；c. 拟囊状体；d. 菌管菌丝；e. 菌肉菌丝

研究标本：海南：澄迈县，2009 年 5 月 6 日，崔宝凯 6239（BJFC 004095）；琼中县，黎母山森林公园，2008 年 5 月 24 日，戴玉成 9611（BJFC 013033，模式标本）。

生境：生长在阔叶树活树死的组织上、树桩上，引起木材褐色腐朽。

中国分布：海南。

世界分布：中国。

讨论：灰拟层孔菌的主要特征是担子果一年生，平伏反转，菌盖浅鼠灰色至深灰色，孔口和担孢子均较小。浅肉色玫红拟层孔菌 *Rhodofomitopsis feei* (Fr.) B.K. Cui, M.L. Han & Y.C. Dai 和灰拟层孔菌较相似，具有较小的孔口（每毫米 5~6 个）和担孢子（5~6.5 × 2~2.5 μm）；但浅肉色红拟层孔菌有浅玫瑰褐色、木褐色或深褐色的菌盖（Núñez and Ryvarden, 2001）。楝树拟层孔菌 *Fomitopsis meliae* (Underw.) Gilb.与灰拟层孔菌较相似，具有乳白色、黄褐色或灰色的菌盖，小的孔口（每毫米 5~7 个）；但楝树拟层孔菌具有较大的子实体和担孢子（5.9~7.2 × 2.5~3 μm）（Han et al., 2016）。

银杏拟层孔菌　图 46

Fomitopsis ginkgonis B.K. Cui & Shun Liu, Mycol. Prog. 18(11): 1325, 2019.

子实体：担子果一年生，具盖形，覆瓦状叠生，新鲜时木栓质，干后硬木栓质，重量变轻；菌盖半圆形或拉长，单个菌盖长可达 4.5 cm，宽可达 9.8 cm，中部厚可达 3.5 mm；菌盖表面灰棕褐色至鼠灰色，粗糙；边缘钝，向下延伸宽达 7.5 mm，粉黄色至灰棕色；孔口表面粉黄色至肉桂黄色；不育边缘不明显；孔口圆形至多角形，每毫米 3~6 个；管口边缘稍厚，全缘；菌肉奶油色至米黄色，木栓质，厚约 12 mm；菌管与孔口表面同色，硬木栓质，长可达 7 mm。

显微结构：菌丝系统三体系；生殖菌丝具有锁状联合；骨架菌丝与缠绕菌丝无拟糊精反应和淀粉质反应，无嗜蓝反应；菌丝组织在 KOH 试剂中无变化。菌肉中生殖菌丝较少，透明，薄壁至稍厚壁，很少分枝，直径为 2.2~5.2 μm；骨架菌丝占多数，黄棕色至肉桂棕色，厚壁，具一窄内腔至近实心，偶尔分枝，直径为 2.2~7.3 μm；缠绕菌丝黄棕色至肉桂色，厚壁，具一窄内腔至近实心，常具分枝，直径为 2.3~4.4 μm。菌管中生殖菌丝较少，透明，薄壁，很少分枝，直径为 1.9~2.8 μm；骨架菌丝占多数，黄棕色至肉桂棕色，厚壁，具一窄内腔至近实心，偶尔分枝，直径为 1.9~4.2 μm；缠绕菌丝黄棕色至肉桂棕色，厚壁，具一窄内腔至近实心，常具分枝，直径为 2.1~3.7 μm。子实层中无囊状体，具拟囊状体，纺锤形，薄壁，光滑，12.5~27.6 × 2.8~4.1 μm。担子棒棒状，着生 4 个担孢子梗，基部具一锁状联合，15.3~27.5 × 5~8.5 μm；拟担子占多数，形状与担子类似，比担子稍小。担孢子圆柱形，无色，薄壁，光滑，无拟糊精反应和淀粉质反应，无嗜蓝反应，(7~)7.2~9 × (2~)2.2~3(~3.3) μm，平均长 L = 7.9 μm，平均宽 W = 2.52 μm，长宽比 Q = 3.15~3.22 (n = 60/2)。

研究标本：湖北：黄冈市，遗爱湖公园，2018 年 10 月 10 日，崔宝凯 17170（BJFC 030470，模式标本），崔宝凯 17171（BJFC 030471）。

生境：生长在银杏活树上，引起木材褐色腐朽。

中国分布：湖北。

世界分布：中国。

讨论：银杏拟层孔菌发现于中国湖北，寄主是银杏（Liu et al.，2019）。形态上，银杏拟层孔菌与伊比利亚拟层孔菌较为相似，两者的担子果一年生，孔口表面白色至奶油色，菌丝系统三体系，但伊比利亚拟层孔菌有着大而不规则的孔口（每毫米 3~4 个），圆柱形至长椭圆形的担孢子（6~8 × 2.8~3.7 μm），生长在栎树上和松树上（Ryvarden and Gilbertson，1993）。瘤盖拟层孔菌也在中国湖北有分布，但它的担子果新鲜时恶臭，菌丝系统二体系，孔口较大（每毫米 2~4 个），担孢子较小（5~6.2 × 2~2.5 μm）（Gilbertson and Ryvarden，1986）。

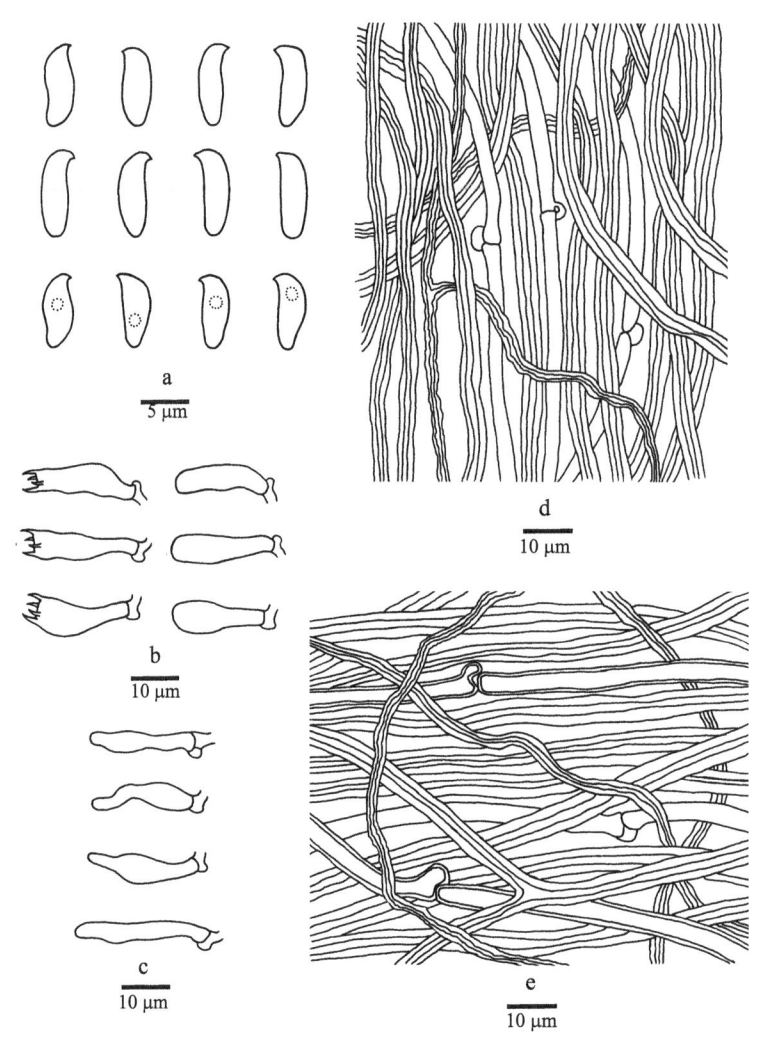

图 46 银杏拟层孔菌 *Fomitopsis ginkgonis* B.K. Cui & Shun Liu 的显微结构图
a. 担孢子；b. 担子和拟担子；c. 拟囊状体；d. 菌管菌丝；e. 菌肉菌丝

横断山拟层孔菌　图 47

Fomitopsis hengduanensis B.K. Cui & Shun Liu, Front. Microbiol. 12 (644979): 7, 2021.

子实体：担子果一年生至多年生，具盖形，单生，新鲜时硬木栓质，干后硬木质，重量变轻；菌盖扁平，半圆形至蹄形，单个菌盖长可达 7.5 cm，宽可达 9 cm，中部厚可达 30 mm；菌盖表面漆状，颜色多样，新鲜时基部常为黑灰色至红棕色，边缘奶油色至肉粉色，干燥后基部咖喱黄、鼠灰色到红棕色；边缘浅黄色至黏土黄色，光滑，有沟槽，具同心环带；边缘锐至钝；孔口表面新鲜时白色至奶油色，干后米黄色至稻草黄色；不育边缘明显，奶油色，宽达 4 mm；孔口圆形至多角形，每毫米 6~8 个；管口边缘厚，全缘；菌肉奶油色至稻草黄色，硬木栓质，厚约 14 mm；菌管与孔口表面同色，硬木质，长可达 0.5 mm。

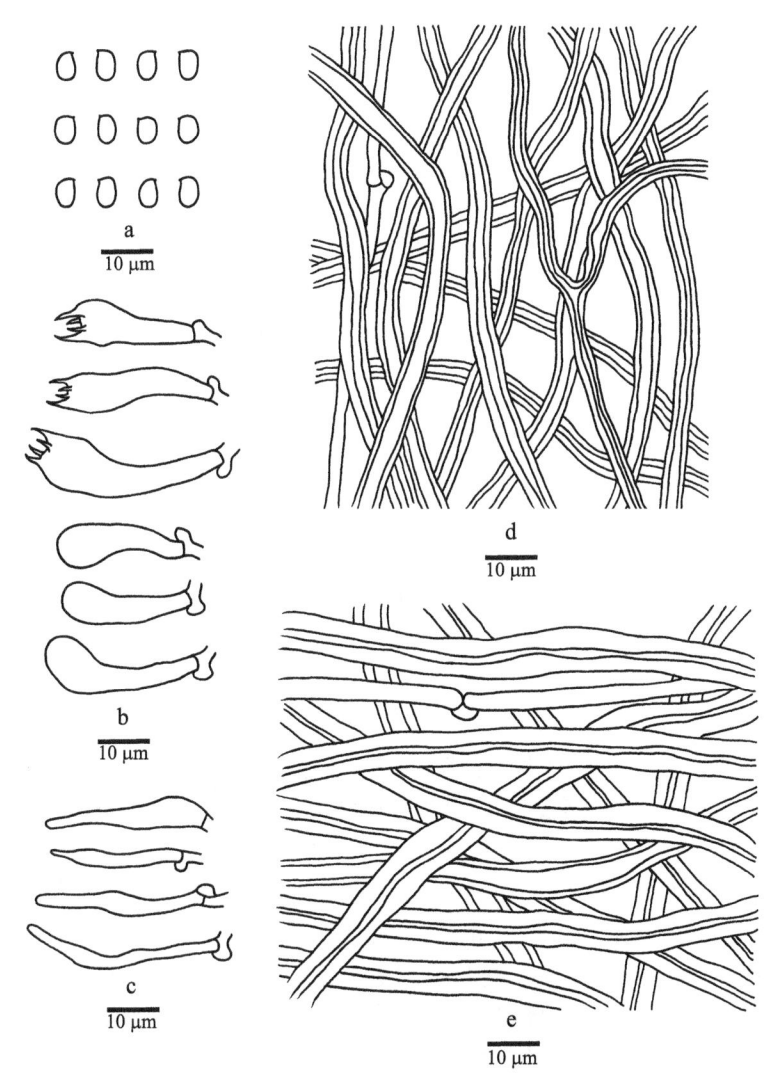

图 47 横断山拟层孔菌 *Fomitopsis hengduanensis* B.K. Cui & Shun Liu 的显微结构图
a. 担孢子；b. 担子和拟担子；c. 拟囊状体；d. 菌管菌丝；e. 菌肉菌丝

显微结构：菌丝系统二体系；生殖菌丝具有锁状联合，骨架菌丝无拟糊精反应和淀粉质反应，无嗜蓝反应；菌丝组织在 KOH 试剂中无变化。菌肉中生殖菌丝较少，无色，薄壁，很少分枝，直径为 1.9~4.3 μm；骨架菌丝占多数，透明至淡黄色，厚壁，具一窄的内腔至近实心，很少分枝，直径为 2~8.5 μm。菌管中生殖菌丝较少，无色，薄壁，很少分枝，直径为 1.3~3.5 μm；骨架菌丝占多数，无色，厚壁，具一宽的内腔，偶尔分枝，交织排列，直径为 1.7~7.5 μm。子实层中无囊状体，具拟囊状体，纺锤形，薄壁，光滑，13.2~36.5 × 2.5~5.4 μm。担子棍棒状，着生 4 个担孢子梗，基部具一锁状联合，16.6~34.5 × 5.4~10.2 μm；拟担子占多数，形状与担子类似，比担子稍小。担孢子长椭圆形至椭圆形，无色，薄壁，光滑，无拟糊精反应和淀粉质反应，无嗜蓝反应，(5~)5.2~6(~6.2) × (3~)3.2~3.6(~4) μm，平均长 L = 5.44 μm，平均宽 W = 3.41 μm，长宽比 Q = 1.57~1.63 (n = 60/2)。

研究标本：云南：丽江市，玉龙雪山，2018 年 9 月 16 日，崔宝凯 17056（BJFC 030355，模式标本）；兰坪县，通甸镇，罗古箐，2017 年 9 月 18 日，崔宝凯 16259（BJFC 029558）。

生境：生长在云杉上，引起木材褐色腐朽。

中国分布：云南。

世界分布：中国。

讨论：横断山拟层孔菌的主要特征是担子果一年生至多年生，具盖形，新鲜时基部常为黑灰色至红棕色，边缘奶油色至肉粉色，干燥后基部咖喱黄、鼠灰色到红棕色，孔口表面新鲜时白色至奶油色，干后米黄色至稻草黄色，孔口圆形至多角形，每毫米 6~8 个，担孢子长椭圆形至椭圆形，5.2~6 × 3.2~3.6 μm。形态上，横断山拟层孔菌与思茅松拟层孔菌 *Fomitopsis kesiyae* B.K. Cui & Shun Liu 的形态相似，两者新鲜时都有着白色至奶油色的孔口表面和相似的孔口，但是思茅松拟层孔菌新鲜时有着米黄色至橘黄色的菌盖表面，干燥后红棕色至黄棕色（Liu et al.，2021a）。

伊比利亚拟层孔菌　图 48

Fomitopsis iberica Melo & Ryvarden, Bolm Soc. Broteriana 62: 228, 1989. Liu et al., Mycosphere 14(1): 1599, 2023.

Pilatoporus ibericus (Melo & Ryvarden) Kotl. & Pouzar, Cryptog. Mycol. 14(3): 217, 1993.

子实体：担子果一年生，具盖形，单生或覆瓦状叠生，新鲜时木栓质，干后木质，重量变轻；菌盖扁平至三棱形，单个菌盖长可达 8 cm，宽可达 5 cm，中部厚可达 18 mm；菌盖表面新鲜时白色至奶油色，干后蜜黄色至棕色，光滑，稍具环带；边缘与菌盖表面同色，锐；孔口表面新鲜时白色，干后奶油色至稻草色；不育边缘不明显；孔口圆形至多角形，每毫米 3~4 个；管口边缘厚，全缘；菌肉白色至奶油色，木栓质，厚约 20 mm；菌管与孔口表面同色，木栓质，长可达 10 mm。

显微结构：菌丝系统三体系；生殖菌丝具有锁状联合；骨架菌丝与缠绕菌丝无拟糊精反应和淀粉质反应，无嗜蓝反应；菌丝组织在 KOH 试剂中无变化。常具分枝，直径为 2.5~3.5 μm。菌管中生殖菌丝较少，透明，薄壁，很少分枝，直径为 2~5 μm；骨架菌丝占多数，黄棕色至肉桂棕色，厚壁，具一窄内腔，偶尔分枝，直径为 2~7 μm；缠绕菌丝黄棕色，厚壁，具一窄内腔至近实心，常具分枝，直径为 2~3 μm。子实层中无囊状体，具拟囊状体，纺锤形，薄壁，光滑，20~27 × 4~5.5 μm。担子棍棒状，着生 4 个担孢子梗，基部具一锁状联合，14.5~25 × 5.5~7.5 μm；拟担子占多数，形状与担子类似，比担子稍小。担孢子圆柱形，无色，薄壁，光滑，无拟糊精反应和淀粉质反应，无嗜蓝反应，6~8(~8.5) × 2.8~3.7 μm，平均长 L = 7.12 μm，平均宽 W = 3.44 μm，长宽比 Q = 1.98~2.32 (n = 60/2)。

研究标本：北京：香山公园，2005年7月25日，戴玉成6613（IFP 015602）。
生境：常生长在阔叶树上，偶尔也生长在针叶树上，引起木材褐色腐朽。
中国分布：北京。
世界分布：奥地利、法国、葡萄牙、意大利、中国等。

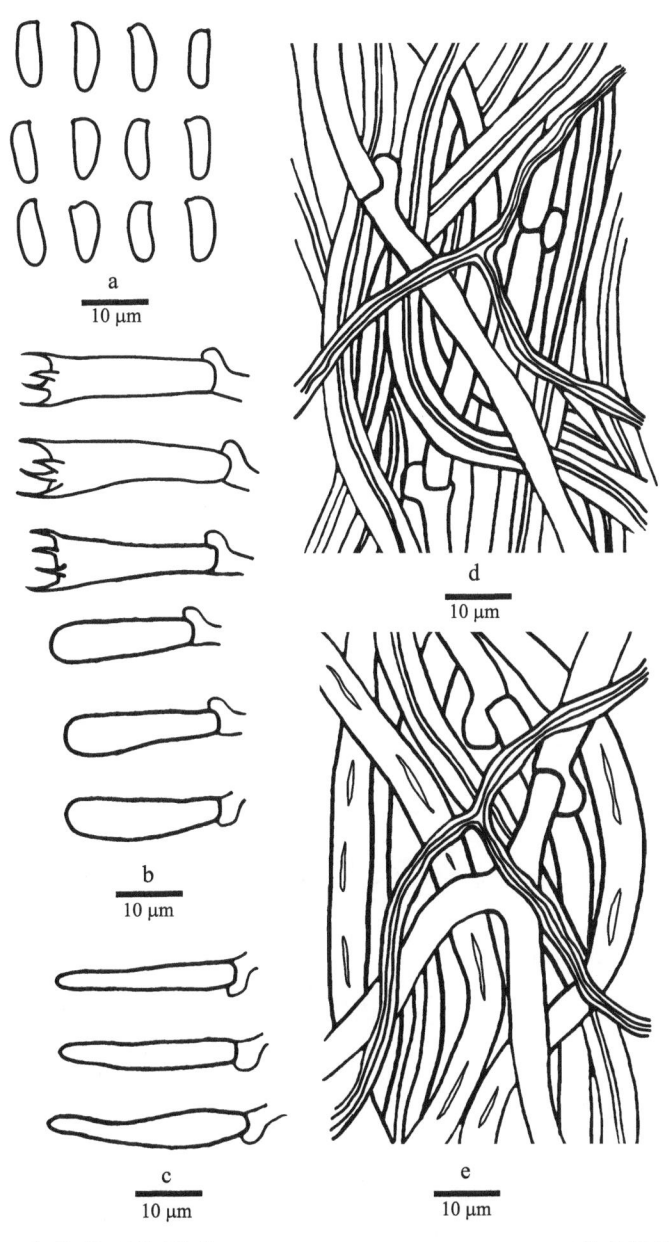

图48 伊比利亚拟层孔菌 *Fomitopsis iberica* Melo & Ryvarden 的显微结构图
a. 担孢子；b. 担子和拟担子；c. 拟囊状体；d. 菌管菌丝；e. 菌肉菌丝

讨论：伊比利亚拟层孔菌的主要特征是担子果具菌盖，单生或覆瓦状叠生，菌盖表面新鲜时白色至奶油色，干后蜜黄色至棕色，孔口表面新鲜时白色，干后奶油色至稻草色，孔口圆形至多角形，每毫米3~4个，菌丝系统三体系，担孢子长椭圆形（6~8×2.8~

3.7 μm）。调查发现，伊比利亚拟层孔菌在我国北京有分布，生长在阔叶树上（Liu et al.，2022a）。

马尾松拟层孔菌 图 49

Fomitopsis massoniana B.K. Cui, M.L. Han & Shun Liu, Front. Microbiol. 12 (644979): 5, 2021.

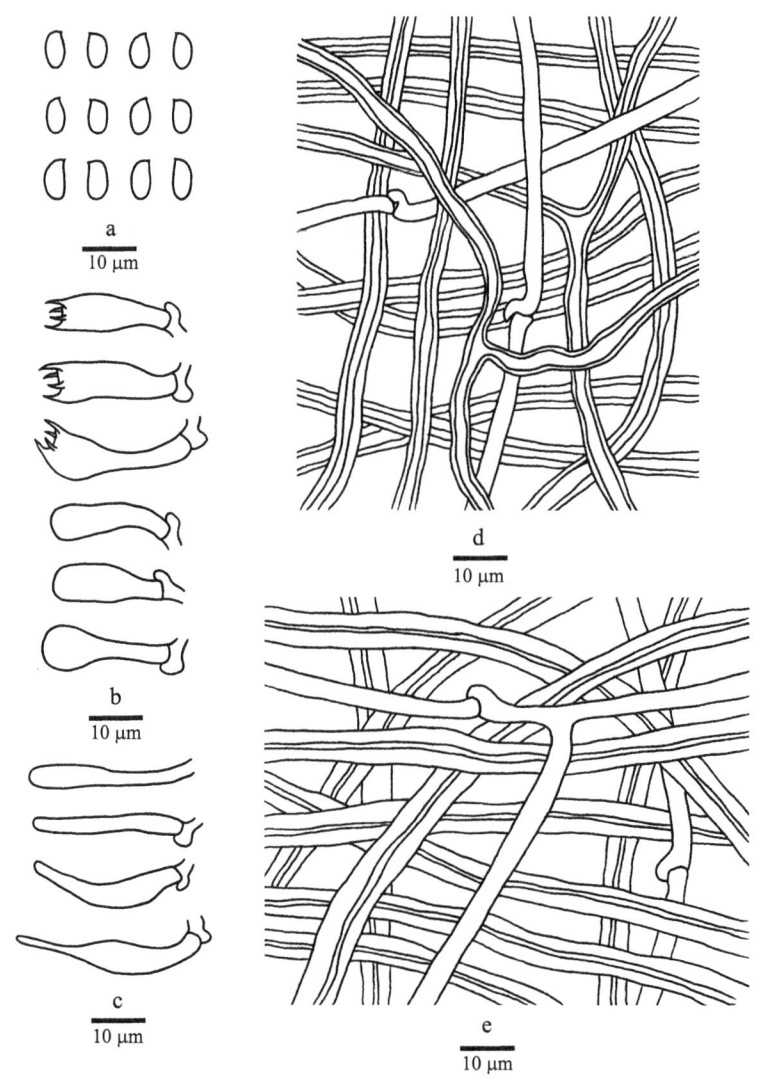

图 49 马尾松拟层孔菌 *Fomitopsis massoniana* B.K. Cui, M.L. Han & Shun Liu 的显微结构图
a. 担孢子；b. 担子和拟担子；c. 拟囊状体；d. 菌管菌丝；e. 菌肉菌丝

子实体：担子果一年生，平伏反转至具菌盖，新鲜时硬木栓质，干后硬木质，重量变轻；菌盖扁平至三棱形或不规则状，单个菌盖长可达 4 cm，宽可达 4.2 cm，中部厚可达 15 mm；菌盖表面漆状，新鲜时浅黄色至杏橙色，干燥后米黄色至灰棕色，光滑，有沟槽，不成带；边缘白色至奶油色，钝；孔口表面新鲜时白色至奶油色，干后奶油色至米黄色；不育边缘明显，奶油色，宽达 4 mm；孔口圆形，每毫米 5~7 个；管口边缘

厚，全缘；菌肉奶油色至稻草黄色，硬木质，厚约 8 mm；菌管与孔口表面同色，硬木质，长可达 4 mm。

显微结构：菌丝系统二体系；生殖菌丝具有锁状联合，骨架菌丝无拟糊精反应和淀粉质反应，无嗜蓝反应；菌丝组织在 KOH 试剂中无变化。菌肉中生殖菌丝较少，无色，薄壁，偶尔分枝，直径为 2~4.5 μm；骨架菌丝占多数，无色，厚壁，具一窄的内腔至近实心，很少分枝，直径为 2.2~8.2 μm。菌管中生殖菌丝较少，无色，薄壁，很少分枝，直径为 1.8~4 μm；骨架菌丝占多数，无色，厚壁，具一窄的内腔，偶尔分枝，交织排列，直径为 2~7.2 μm。子实层中无囊状体，具拟囊状体，纺锤形，薄壁，光滑，14.8~36 × 3.8~6 μm。担子棍棒状，着生 4 个担孢子梗，基部具一锁状联合，17~26.5 × 5.5~7.9 μm；拟担子占多数，形状与担子类似，比担子稍小。担孢子长椭圆形，无色，薄壁，光滑，无拟糊精反应和淀粉质反应，无嗜蓝反应，(5.8~)6.2~7.3(~7.6) × (3~)3.3~4 μm，平均长 L = 6.91 μm，平均宽 W = 3.53 μm，长宽比 Q = 1.93~1.99 (n = 90/3)。

研究标本：福建：武平县，梁野山自然保护区，2013 年 10 月 25 日，崔宝凯 11304（BJFC 015420，模式标本），崔宝凯 11288（BJFC 015404）；武夷山市，武夷山市龙川大峡谷，2005 年 10 月 16 日，崔宝凯 2848（BJFC 000719）。广东：封开县，黑石顶自然保护区，2010 年 6 月 2 日，崔宝凯 9058（BJFC 007996）。

生境：常生长在马尾松上，引起木材褐色腐朽。

中国分布：福建、广东。

世界分布：中国。

讨论：马尾松拟层孔菌的主要特征是担子果一年生，平伏反转至具菌盖，菌盖表面漆状，新鲜时浅黄色至杏橙色，干燥后米黄色至灰棕色，孔口表面新鲜时白色至奶油色，干后奶油色至米黄色，孔口圆形，每毫米 5~7 个，担孢子长椭圆形，6.2~7.3 × 3.3~4 μm。形态上，马尾松拟层孔菌与思茅松拟层孔菌相似，两者担子果均为一年生，新鲜时菌盖表面颜色相似。然而，思茅松拟层孔菌有着较小的担孢子（4.8~5.3 × 3~3.5 μm）。横断山拟层孔菌有着相似的孔口，但它的担子果尺寸较大，新鲜时菌盖表面基部浅灰黑色至红棕色，边缘奶油色至肉粉色，担孢子较小（5.2~6 × 3.2~3.6 μm）（Liu et al., 2021a）。

雪白拟层孔菌　图 50

Fomitopsis nivosa (Berk.) Gilb. & Ryvarden, N. Amer. Polyp., Vol. 1 *Abortiporus - Lindtneri* (Oslo): 275, 1986. Liu et al., Mycosphere 14(1): 1599, 2023.

Polyporus nivosus Berk., Hooker's J. Bot. Kew Gard. Misc. 8: 196, 1856.

Leptoporus nivosus (Berk.) Pat., Essai Tax. Hyménomyc. (Lons-le-Saunier): 84, 1900.

Trametes nivosa (Berk.) Murrill, N. Amer. Fl. (New York) 9(1): 42, 1907.

Pilatoporus nivosus (Berk.) Kotl. & Pouzar, Cryptog. Mycol. 14(3): 218, 1993.

Polyporus fulvitinctus Berk. & M.A. Curtis, J. Linn. Soc., Bot. 10(45): 313, 1868.

Trametes ungulata Berk., J. Linn. Soc., Bot. 13: 165, 1872.

Polystictus fulvitinctus (Berk. & M.A. Curtis) Cooke [as '*fulvi-tinctus*'], Grevillea 14(71): 86, 1886.

Polyporus ungulatus (Berk.) Sacc., Syll. Fung. (Abellini) 6: 142, 1888.

Microporus fulvitinctus (Berk. & M.A. Curtis) Kuntze, Revis. Gen. Pl. (Leipzig) 3(3): 496, 1898.

Hapalopilus fulvitinctus (Berk. & M.A. Curtis) Murrill, Bull. Torrey Bot. Club 31(8): 419, 1904.

Tyromyces fulvitinctus (Berk. & M.A. Curtis) Murrill, N. Amer. Fl. (New York) 9(1): 36, 1907.

Tyromyces palmarum Murrill, N. Amer. Fl. (New York) 9(1): 32, 1907.
Tyromyces nivosellus Murrill, N. Amer. Fl. (New York) 9(1): 32, 1907.
Coriolus hollickii Murrill, Mycologia 2(4): 187, 1910.
Polyporus palmarum (Murrill) Sacc. & Trotter, Syll. Fung. (Abellini) 21: 279, 1912.
Polyporus nivosellus (Murrill) Sacc. & Trotter, Syll. Fung. (Abellini) 21: 280, 1912.
Polystictus hollickii (Murrill) Sacc. & Trotter, Syll. Fung. (Abellini) 21: 315, 1912.
Polyporus griseodurus Lloyd, Mycol. Writ. 5(Letter 68): 12, 1918.
Trametes griseodurus (Lloyd) Teng, Chung-kuo Ti Chen-chun, [Fungi of China]: 763, 1963.

子实体：担子果一年生至两年生，通常无柄盖形，单生或覆瓦状叠生，新鲜时革质，干后硬木质，重量变轻；菌盖半圆至扇形，单个菌盖长可达 7.5 cm，宽可达 11 cm，中部厚可达 17 mm；菌盖表面新鲜时白色，干后橄榄黄色，无明显同心环沟，被细绒毛，粗糙，老时基部具有树脂质深色角质层；边缘锐或稍钝，干后土黄色；孔口表面新鲜时白色至奶油色，干后土黄色；不育边缘不明显；孔口圆形至多角形，每毫米 4~5 个；管口边缘薄，全缘；菌肉淡黄色至污褐色，纤维质，厚约 10 mm；菌管奶油色至淡黄色，硬木质，长可达 7 mm。

显微结构：菌丝系统二体系；生殖菌丝具有锁状联合，骨架菌丝无拟糊精反应和淀粉质反应，无嗜蓝反应；菌丝组织在 KOH 试剂中变为黄褐色至深褐色。菌肉中生殖菌丝较少，无色，薄壁，很少分枝，直径为 2.5~4.5 μm；骨架菌丝占多数，无色，厚壁，具一窄的内腔至近实心，很少分枝，直径为 2.5~5 μm。菌管中生殖菌丝较少，无色，薄壁，偶尔分枝，直径为 2~4 μm；骨架菌丝占多数，无色，厚壁，具一窄的内腔至近实心，很少分枝，交织排列，直径为 2.5~4 μm。子实层中无囊状体，具拟囊状体，纺锤形，薄壁，光滑，12~20 × 3~4 μm。担子棍棒状，着生 4 个担孢子梗，基部具一锁状联合，12~19 × 4~5 μm；拟担子占多数，形状与担子类似，比担子稍小。担孢子圆柱形，无色，薄壁，光滑，无拟糊精反应和淀粉质反应，无嗜蓝反应，6~7 × (2.4~)2.5~2.9 μm，平均长 $L = 6.78$ μm，平均宽 $W = 2.7$ μm，长宽比 $Q = 2.51$ ($n = 30/1$)。

研究标本：广西：阳朔县，2005 年 9 月 1 日，Vlasák 0509/52-X（BJFC 015537）。四川：成都市，杜甫草堂，2004 年 8 月 27 日，戴玉成 5357（IFP 001827）。

生境：生长在阔叶树活树、死树、木桩上，引起木材褐色腐朽。

中国分布：广西、四川。

世界分布：分布在美洲和亚洲的热带及亚热带地区，如巴西、美国、日本、危地马拉、中国等。

讨论：雪白拟层孔菌的主要特点是菌盖表面最初白色，干后橄榄黄色，老时从基部具有树脂质深色角质层，孔口表面新鲜时白色至奶油色，干后土黄色，孔口圆形至多角形，每毫米 4~5 个，担孢子圆柱形（6~7 × 2.5~2.9 μm）。瘤盖拟层孔菌和楝树拟层孔菌也具有一年生或二年生的担子果，发黄的菌盖表面和孔口表面及圆柱形的担孢子；但是瘤盖拟层孔菌和楝树拟层孔菌的菌盖表面老时没有树脂质深色角质层。调查发现，雪白拟层孔菌在我国广西和四川有分布，生长在阔叶树上（Liu et al., 2022a）。

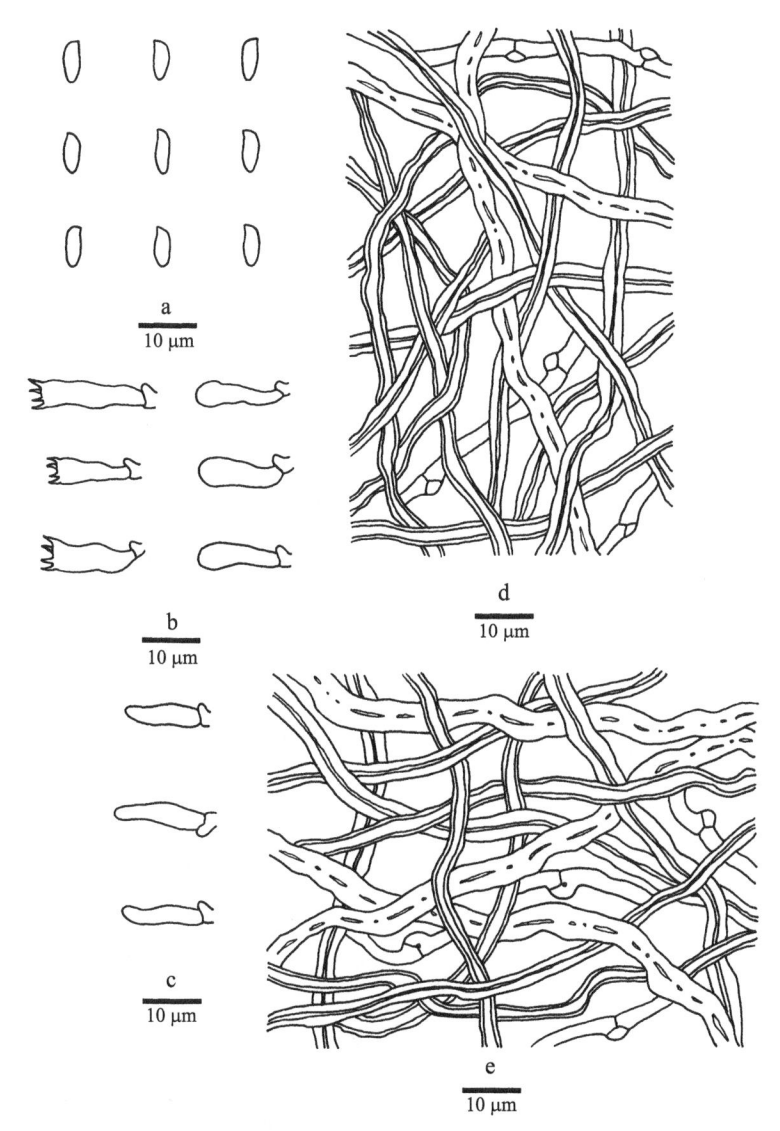

图 50 雪白拟层孔菌 *Fomitopsis nivosa* (Berk.) Gilb. & Ryvarden 的显微结构图
a. 担孢子；b. 担子和拟担子；c. 拟囊状体；d. 菌管菌丝；e. 菌肉菌丝

瘤盖拟层孔菌　图 51

Fomitopsis palustris (Berk. & M.A. Curtis) Gilb. & Ryvarden, Mycotaxon 22(2): 364, 1985.
　　Liu et al., Mycosphere 14(1): 1599, 2023.
Polyporus palustris Berk. & M.A. Curtis, Grevillea 1(4): 51, 1872.
Tyromyces palustris (Berk. & M.A. Curtis) Murrill, N. Amer. Fl. (New York) 9(1): 31, 1907.

Trametes palustris (Berk. & M.A. Curtis) Ryvarden, Norw. Jl Bot. 24: 223, 1977.
Pilatoporus palustris (Berk. & M.A. Curtis) Kotl. & Pouzar, Česká Mykol. 44(4): 230, 1990.
Postia palustris (Berk. & M.A. Curtis) A.B. De, J. Mycopathol. Res. 33(1): 9, 1995.

子实体：担子果一年生，具盖形或平伏至平伏反转，单生或覆瓦状叠生，新鲜时具恶臭味，木栓质；菌盖半圆形，单个菌盖长可达 4 cm，宽可达 6.5 cm，中部厚可达 16 mm；菌盖表面新鲜时白色至奶油色，干后淡黄色至黄褐色，具不明显的环带和纵条纹，被细绒毛或无毛，粗糙；边缘与菌盖同色或颜色较深，钝或锐；孔口表面新鲜时白色至奶油色，干后浅黄色至深褐色，具明显的折光反应；不育边缘不明显；孔口圆形至多角形，每毫米 2~4 个；管口边缘薄至稍厚，全缘；菌肉奶油色至淡黄色，硬纤维状至木栓质，厚约 11 mm；菌管与孔口表面同色，木栓质，长可达 5 mm。

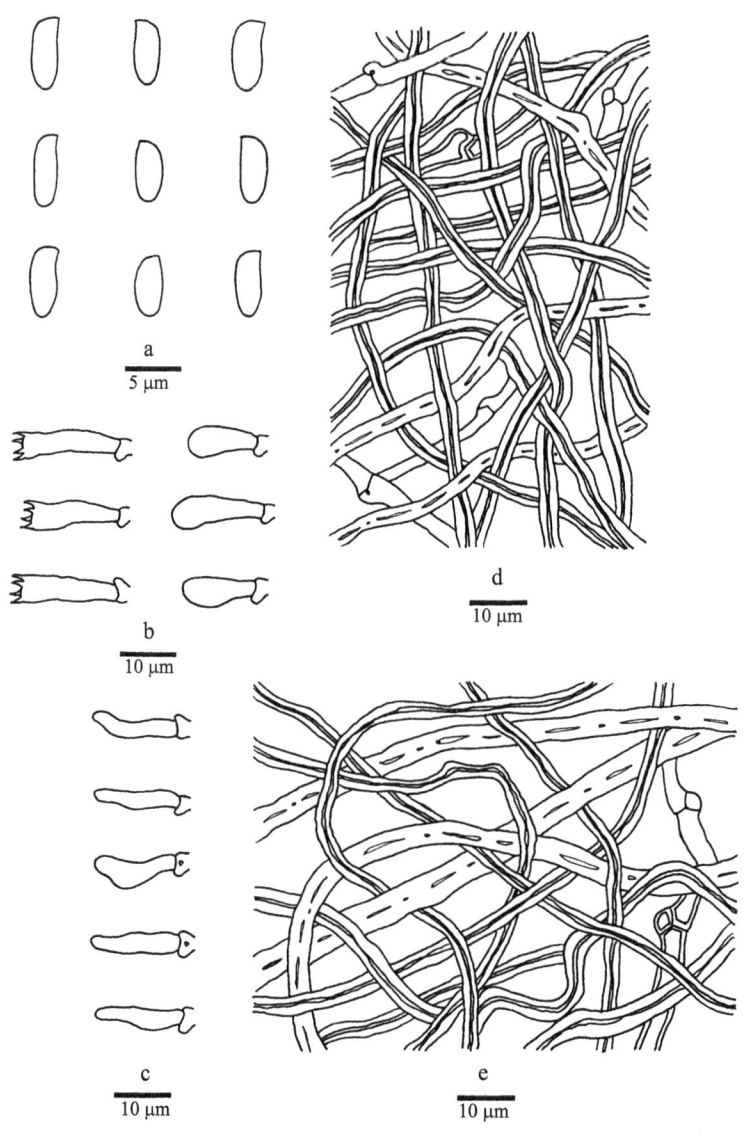

图 51 瘤盖拟层孔菌 *Fomitopsis palustris* (Berk. & M.A. Curtis) Gilb. & Ryvarden 的显微结构图
a. 担孢子；b. 担子和拟担子；c. 拟囊状体；d. 菌管菌丝；e. 菌肉菌丝

显微结构：菌丝系统二体系；生殖菌丝具有锁状联合，骨架菌丝无拟糊精反应和淀粉质反应，无嗜蓝反应；菌丝组织在 KOH 试剂中变为浅黄色至深褐色。菌肉中生殖菌丝较少，无色，薄壁至稍厚壁，很少分枝，直径为 2~4.5 μm；骨架菌丝占多数，无色，厚壁，具一窄的内腔至近实心，很少分枝，直径为 2~6 μm。菌管中生殖菌丝较少，无色，薄壁至稍厚壁，偶尔分枝，直径为 2~3.5 μm；骨架菌丝占多数，无色，厚壁，具一窄的内腔至近实心，很少分枝，交织排列，直径为 2~4 μm。子实层中无囊状体，具拟囊状体，纺锤形，薄壁，光滑，12~25 × 3~4.5 μm。担子棍棒状，着生 4 个担孢子梗，基部具一锁状联合，10~17 × 4~5 μm；拟担子占多数，形状与担子类似，比担子稍小。担孢子腊肠形，无色，薄壁，光滑，无拟糊精反应和淀粉质反应，无嗜蓝反应，(4.9~)5~6.2(~6.3) × 2~2.5(~2.6) μm，平均长 L = 5.49 μm，平均宽 W = 2.23 μm，长宽比 Q = 2.4~2.52 (n = 60/2)。

研究标本：北京：朝阳区，东坝郊野公园，2020 年 8 月 9 日，何双辉 6753（BJFC 033701），何双辉 6756（BJFC 033704）；通州区，大运河森林公园，2021 年 8 月 1 日，何双辉 7158（BJFC 036475）；海淀区，北京林业大学，2021 年 7 月 22 日，戴玉成 22609（BJFC 037183）。吉林：安图县，长白山自然保护区，1993 年 7 月 26 日，戴玉成 751（IFP 001826）。广东：乳阳县，南岭自然保护区，2009 年 9 月 16 日，崔宝凯 7597（BJFC 006085），崔宝凯 7615（BJFC 006103）。四川：西昌市，野菌庄园，2019 年 9 月 16 日，崔宝凯 17030（BJFC 034689）。

生境：生长在阔叶树的活立木、倒木、落枝上，引起木材褐色腐朽。

中国分布：北京、吉林、湖北、广东、海南、四川、贵州等。

世界分布：分布在北美洲东部的亚热带和暖温带，以及亚洲，如美国、日本、中国等。

讨论：瘤盖拟层孔菌的主要特征是担子果一年生，新鲜时具恶臭味，菌盖表面白色至奶油色，随着菌龄的增长或干后变成淡黄色至黄褐色，孔口表面白色至奶油色，随着菌龄增加或干后变成浅黄色至深褐色，担孢子腊肠形（5~6.2 × 2~2.5 μm）。调查发现，瘤盖拟层孔菌在我国分布较广泛，生长在阔叶树上（Liu et al.，2022a）。

平伏拟层孔菌　图 52
Fomitopsis resupinata B.K. Cui & Shun Liu, Front. Microbiol. 13 (859411): 5, 2022.

子实体：担子果一年生，平伏，贴生，不易与基质分离，新鲜时软木栓质至木栓质，干后木栓质，重量变轻；平伏担子果长可达 9 cm，宽可达 8.4 cm，厚约 8 mm；孔口表面新鲜时奶油色至浅黄色，干后粉黄色至蜂蜜黄色；不育边缘不明显或几乎不存在；孔口圆形至多角形，每毫米 4~6 个；管口边缘稍厚，全缘；菌肉奶油色至浅黄色，木栓质，厚约 3 mm；菌管与孔口同色，木栓质，长可达 5 mm。

显微结构：菌丝系统二体系；生殖菌丝具有锁状联合，骨架菌丝无拟糊精反应和淀粉质反应，无嗜蓝反应；菌丝组织在 KOH 试剂中无变化。菌肉中生殖菌丝较少，无色，薄壁，很少分枝，直径为 2~3.4 μm；骨架菌丝占多数，黄棕色至肉桂棕色，厚壁，具一窄的内腔至近实心，很少分枝，直径为 3.2~5.5 μm。菌管中生殖菌丝较少，无色，薄壁，很少分枝，直径为 1.9~3 μm；骨架菌丝占多数，黄棕色至肉桂棕色，厚壁，具一窄的内腔至近实心，很少分枝，交织排列，直径为 2~5 μm。子实层中无囊状体，具拟囊状体，纺锤形，薄壁，光滑，13.2~22 × 3.2~4.3 μm。担子棍棒状，着生 4 个担孢子梗，基部具一锁状联合，13.5~17.4 × 4.8~6.2 μm；拟担子占多数，形状与担子类似，比担子稍小。担孢子圆柱形至近腊肠形，无色，薄壁，光滑，无拟糊精反应和淀粉质反应，无嗜蓝反应，(7~)7.2~9(~9.5) × (2.6~)2.7~3.3(~3.5) μm，平均长 $L = 8.14$ μm，平均宽 $W = 2.93$ μm，长宽比 $Q = 2.46~3.52$ ($n = 60/2$)。

研究标本：海南：昌江县，霸王岭自然保护区，2009 年 5 月 9 日，戴玉成 10819（BJFC 010395，模式标本）；万宁市，和乐镇，2009 年 5 月 14 日，崔宝凯 6697（BJFC 004551）。

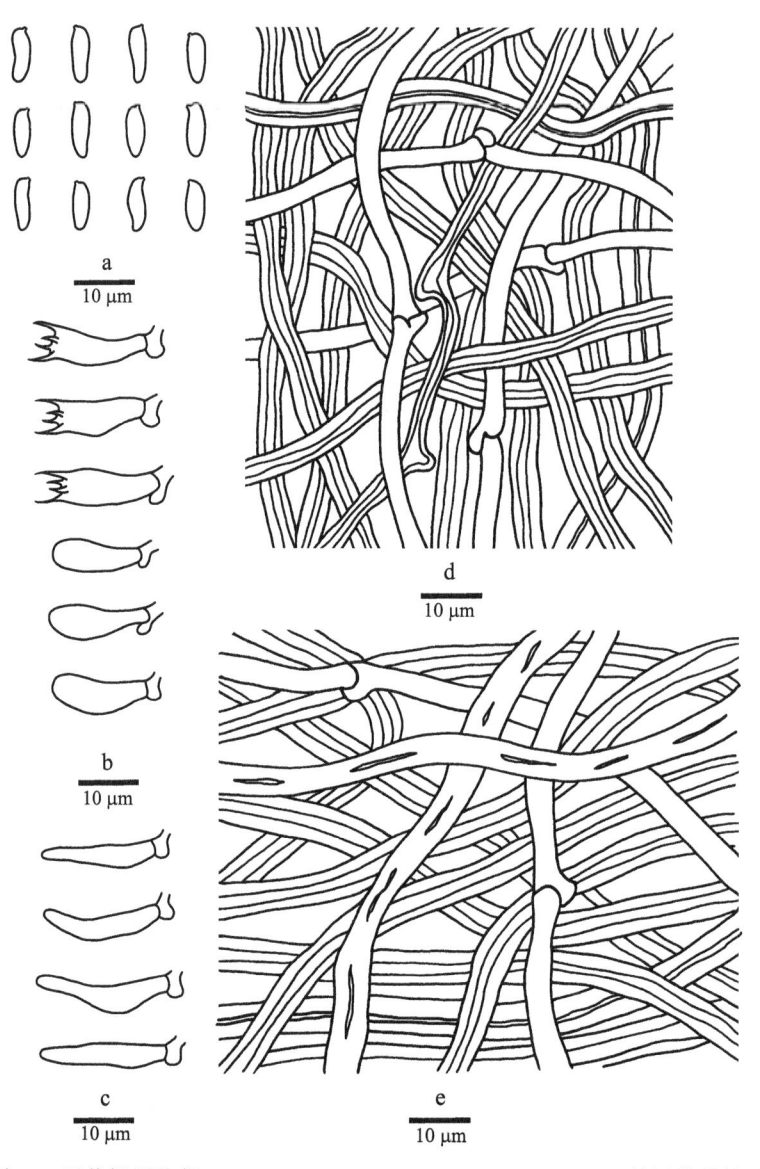

图 52 平伏拟层孔菌 *Fomitopsis resupinata* B.K. Cui & Shun Liu 的显微结构图
a. 担孢子；b. 担子和拟担子；c. 拟囊状体；d. 菌管菌丝；e. 菌肉菌丝

生境：生长于阔叶树倒木上，引起木材褐色腐朽。

中国分布：海南。

世界分布：中国。

讨论：系统发育关系上，平伏拟层孔菌常与稍硬拟层孔菌 *F. durescens* (Overh. ex J. Lowe) Gilb. & Ryvarden、雪白拟层孔菌和牡蛎形拟层孔菌 *F. ostreiformis* (Berk.) T. Hatt. 常聚集在一起。它们有着相似的孔口，但是稍硬拟层孔菌具盖形担子果，孔口表面新鲜时白色至奶油色，干后变为褐色，担孢子较小，窄圆柱形（6~8 × 1.5~2.5 μm）（Gilbertson and Ryvarden，1986）；雪白拟层孔菌具有盖形担子果，孔口表面奶油色至浅褐色或棕褐色，在亚洲、北美洲、南美洲均有分布（Núñez and Ryvarden，2001；Han et al.，2016）；牡蛎形拟层孔菌有着平伏至反转或盖形担子果，新鲜时柔软，干燥后坚硬，菌丝系统三体系，担孢子较小，圆柱形（4.2~5.6 × 1.4~2.6 μm）（De，1981）。竹生拟层孔菌和灰拟层孔菌在中国海南也有分布，但是竹生拟层孔菌的孔口表面新鲜时蓝灰色至浅鼠灰色，干燥后鼠灰色至黑灰色，孔口较小（每毫米 6~9 个），担孢子较小，圆柱形至长椭圆形（4.2~6.1 × 2~2.3 μm），生长在竹子上（Zhou et al.，2021）；灰拟层孔菌孔口表面新鲜时奶油色至稻草色，干燥后鼠灰色至黑灰色，菌丝系统二体系，担孢子较小，圆柱形至长椭圆形（5~6.2 × 2.1~3 μm）（Li et al.，2013）。

亚栋树拟层孔菌　图 53

Fomitopsis submeliae B.K. Cui & Shun Liu, Front. Microbiol. 13 (859411): 5, 2022.

子实体：担子果一年生，平伏反转，从平伏部分伸出几个小的覆瓦状叠生的菌盖，不易与基质分离，新鲜时木栓质，干后木栓质至易碎，重量变轻；单个菌盖长可达 2 cm，宽可达 3.8 cm，中部厚可达 6 mm；平伏担子果长可达 12 cm，宽可达 4.5 cm，厚约 2.4 mm；菌盖表面新鲜时奶油色，干燥后浅黄色，粗糙，不成带；边缘奶油色至浅黄色，锐，弯曲；孔口表面新鲜时奶油色至粉黄色，干后奶油色至黏土浅黄色；不育边缘白色至浅鼠灰色，薄，可达 1 mm；孔口圆形至多角形，每毫米 4~7 个，管口边缘厚，全缘至稍撕裂状；菌肉奶油色至浅黄色，木栓质，厚约 4 mm；菌管与孔口表面同色，木栓质至易碎，长可达 2 mm。

显微结构：菌丝系统二体系；生殖菌丝具有锁状联合，骨架菌丝无拟糊精反应和淀粉质反应，无嗜蓝反应；菌丝组织在 KOH 试剂中无变化。菌肉中生殖菌丝较少，无色，薄壁，很少分枝，直径为 2~3.5 μm；骨架菌丝占多数，透明至浅黄色，厚壁，具一宽的内腔至窄的内腔，很少分枝，直径为 2.6~6.4 μm。菌管中生殖菌丝较少，无色，薄壁，偶尔分枝，直径为 1.8~3 μm；骨架菌丝占多数，无色，厚壁，具一宽的内腔至窄的内腔，很少分枝，交织排列，直径为 2~5 μm。子实层中无囊状体，具拟囊状体，纺锤形，薄壁，光滑，14.5~18 × 3.2~5 μm。担子棒棒状，着生 4 个担孢子梗，基部具一锁状联合，15.8~21.5 × 4.8~6.5 μm；拟担子占多数，形状与担子类似，比担子稍小。担孢子圆柱形至长椭圆形，无色，薄壁，光滑，无拟糊精反应和淀粉质反应，无嗜蓝反应，(3.8~)4~5(~5.2) × 1.9~2.4(~2.6) μm，平均长 L = 4.49 μm，平均宽 W = 2.11 μm，长宽比 Q = 1.92~2.42 (n = 90/3)。

研究标本：海南：保亭县，热带植物园，2008 年 5 月 27 日，戴玉成 9719（IFP 007971）；

琼中县，黎母山森林公园，2008 年 5 月 24 日，戴玉成 9544（BJFC 007830），戴玉成 9535（BJFC 010339），戴玉成 9543（BJFC 010338），戴玉成 9525（BJFC 007818）。

生境：生长于阔叶树倒木或树桩上，引起木材褐色腐朽。

中国分布：海南。

世界分布：马来西亚、越南、中国。

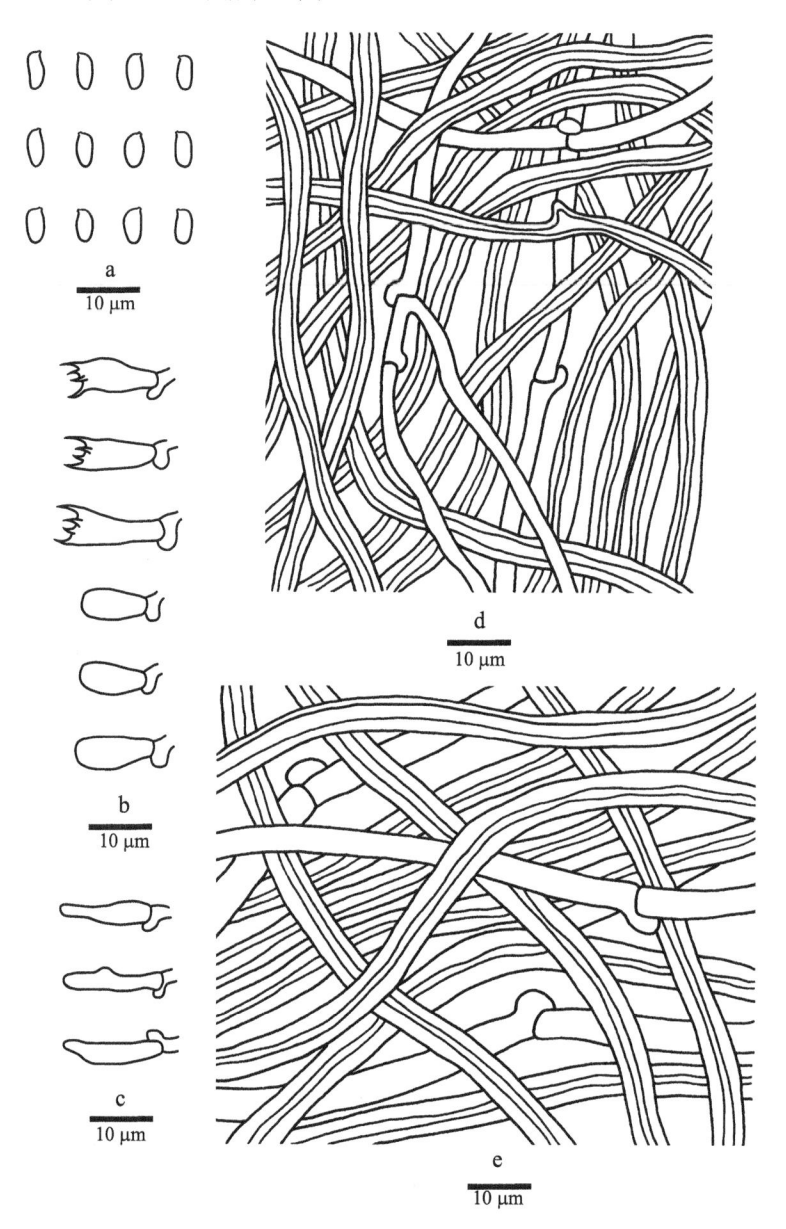

图 53 亚楝树拟层孔菌 Fomitopsis submeliae B.K. Cui & Shun Liu 的显微结构图
a. 担孢子；b. 担子和拟担子；c. 拟囊状体；d. 菌管菌丝；e. 菌肉菌丝

讨论：系统发育关系上，亚楝树拟层孔菌常与灰拟层孔菌、楝树拟层孔菌和斯里兰卡拟层孔菌 Fomitopsis srilankensis B.K. Cui & Shun Liu 聚集在一起。形态上，灰拟层孔菌的担子果平伏至反转，灰色，菌盖表面浅鼠灰色至黑灰色，菌丝系统二体系，担孢子

· 124 ·

较大（5~6.2 × 2.1~3 μm）（Li et al.，2013）；楝树拟层孔菌的担子果具盖形，孔口表面赭色，担孢子较大（6~8 × 2.5~3 μm）（Gilbertson，1981；Núñez and Ryvarden，2001）；斯里兰卡拟层孔菌的菌盖表面浅鼠灰色至蜜黄色，孔口表面干燥后浅黄色至肉桂黄色，担孢子较大（5.5~6.6 × 1.9~2.5 μm）（Liu et al.，2022a）。

亚红缘拟层孔菌　图 54，图版 I 7

Fomitopsis subpinicola B.K. Cui, M.L. Han & Shun Liu, Front. Microbiol. 12 (644979): 12, 2021.

子实体：担子果一年生，具盖形，新鲜时硬木栓质，干后硬木质，重量变轻；菌盖扁平，圆形到扇形，单个菌盖长可达 7.5 cm，宽可达 8.5 cm，中部厚可达 45 mm；菌盖表面漆状，新鲜时橘黄色、猩红色至暗褐色，干燥后红棕色至暗棕色，无毛，有沟槽，不成带；边缘白色至奶油色，明显浅于菌盖表面，钝；孔口表面新鲜时白色至奶油色，干后浅黄色至米黄色；不育边缘明显，白色至奶油色，宽达 6 mm；孔口圆形，每毫米 6~8 个；管口边缘厚，全缘；菌肉奶油色至稻草黄色，硬木质，厚约 12 mm；菌管与孔口表面同色，硬木质，长可达 5 mm。

显微结构：菌丝系统二体系；生殖菌丝具有锁状联合，骨架菌丝无拟糊精反应和淀粉质反应，无嗜蓝反应；菌丝组织在 KOH 试剂中无变化。菌肉中生殖菌丝较少，无色，薄壁，很少分枝，直径为 2~3.2 μm；骨架菌丝占多数，黄棕色至肉桂棕色，厚壁，具一窄的内腔至近实心，很少分枝，直径为 2.2~6.8 μm。菌管中生殖菌丝较少，无色，薄壁，很少分枝，直径为 1.8~3 μm；骨架菌丝占多数，黄棕色至肉桂棕色，厚壁，具一宽的内腔至窄的内腔，偶尔具简单分隔，很少分枝，交织排列，直径为 1.9~6.2 μm。子实层中无囊状体，具拟囊状体，纺锤形，薄壁，光滑，14.5~34.6 × 3.2~7.2 μm。担子棒棒状，着生 4 个担孢子梗，基部具一锁状联合，16~24.5 × 4.5~9 μm；拟担子占多数，形状与担子类似，比担子稍小。担孢子长椭圆形至椭圆形，无色，薄壁，光滑，无拟糊精反应和淀粉质反应，无嗜蓝反应，(4~)4.3~5.5(~5.9) × (2.5~)2.7~3.3(~3.5) μm，平均长 L = 4.94 μm，平均宽 W = 2.97 μm，长宽比 Q = 1.65~1.69 (n = 90/3)。

研究标本：内蒙古：根河市，大兴安岭自然保护区，2009 年 8 月 28 日，戴玉成 11101（BJFC 015660），戴玉成 11206（BJFC 015661）。吉林：安图县，长白山自然保护区储木场，2013 年 9 月 7 日，戴玉成 13480（BJFC 014941）。黑龙江：伊春市，丰林自然保护区，2011 年 8 月 1 日，崔宝凯 9819（BJFC 010712）；2011 年 8 月 2 日，崔宝凯 9836（BJFC 010729，模式标本）；汤原县，大亮子河保护区，2008 年 8 月 26 日，袁海生 4912（BJFC 015654）。

生境：常生长于针叶树上，偶尔生长在阔叶树上，引起木材褐色腐朽。

中国分布：内蒙古、吉林、黑龙江。

世界分布：中国。

讨论：亚红缘拟层孔菌的主要特征是担子果一年生，具盖形，菌盖表面漆状，新鲜时橘黄色、猩红色至暗褐色，干燥后红棕色至暗棕色，孔口表面新鲜时白色至奶油色，干后浅黄色至米黄色，孔口圆形，每毫米 6~8 个，担孢子长椭圆形至椭圆形（4.3~5.5 × 2.7~3.3 μm）。形态上，亚红缘拟层孔菌与红缘拟层孔菌 *Fomitopsis pinicola* (Sw.)

P. Karst.形态较相似，但红缘拟层孔菌新鲜时菌盖基部橙褐色至黑色，边缘浅黄色至肉桂色，担孢子较大（6~9 × 3~4.5 μm），分布于欧洲。亲缘关系上，马尾松拟层孔菌与亚红缘拟层孔菌相近，但马尾松拟层孔菌的担子果平伏反转至具菌盖，担孢子较大（6.2~7.3 × 3.3~4 μm），并且生长在马尾松上（Liu et al., 2021a）。

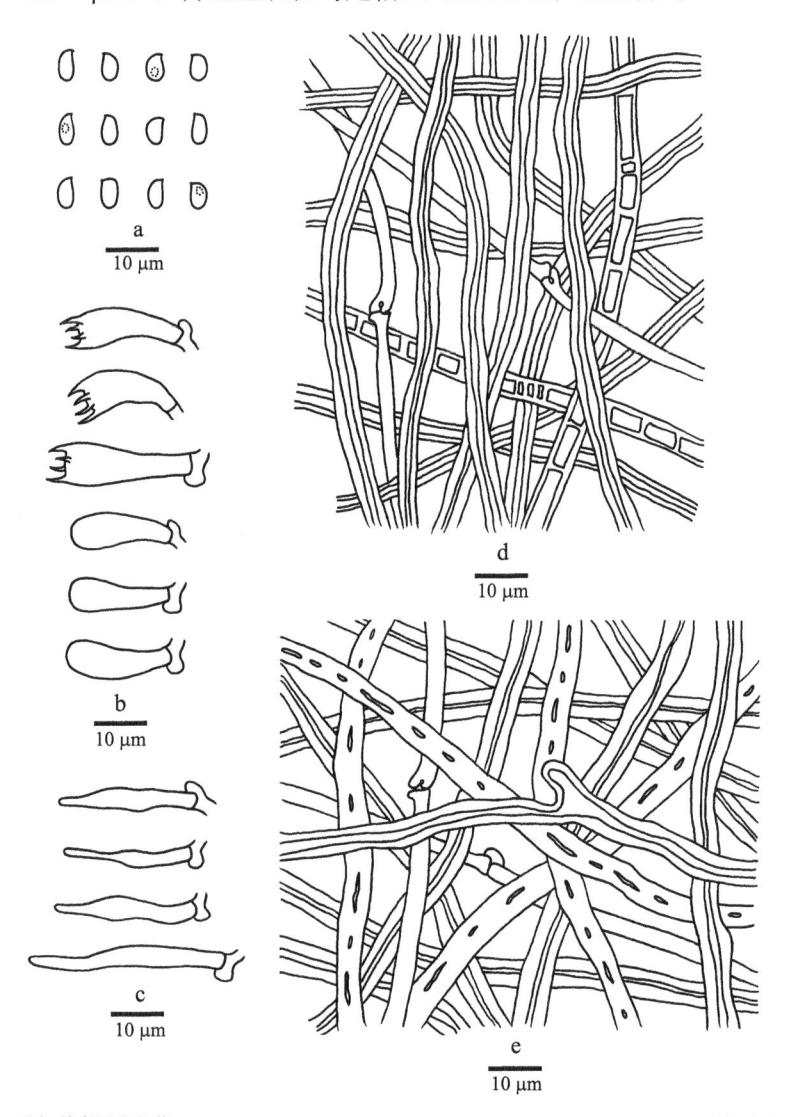

图 54 亚红缘拟层孔菌 *Fomitopsis subpinicola* B.K. Cui, M.L. Han & Shun Liu 的显微结构图
a. 担孢子；b. 担子和拟担子；c. 拟囊状体；d. 菌管菌丝；e. 菌肉菌丝

亚热带拟层孔菌　图 55

Fomitopsis subtropica B.K. Cui, Hai J. Li & M.L. Han, Mycol. Prog. 12: 712, 2013.

Pilatoporus subtropicus (B.K. Cui & Hai J. Li) Zmitr., Folia Cryptog. Petropolitana (Sankt-Peterburg) 6: 89, 2018.

子实体：担子果一年生，平伏至反转，通常从平伏部分伸出几个小的覆瓦状叠生的菌盖，可与基质分离，新鲜时木栓质，干后硬木栓质，重量变轻；单个菌盖长可达 1.5 cm，宽可达 4.2 cm，中部厚可达 8 mm；平伏担子果长可达 12 cm，宽可达 7 cm，厚约 3 mm；菌盖表面新鲜时白色、奶油色至稻黄色，光滑或稍具绒毛，随着菌龄的增长逐渐变成稻黄色至肉粉色，无环带；菌盖边缘钝，与菌盖同色；孔口表面奶油色至稻草色；不育边缘白色至奶油色，薄，可达 1 mm；孔口多角形，每毫米 6~9 个，管口边缘薄，全缘；菌肉奶油色至浅稻黄色，木栓质，厚约 6 mm；菌管与孔口表面同色，硬木栓质，长可达 2 mm。

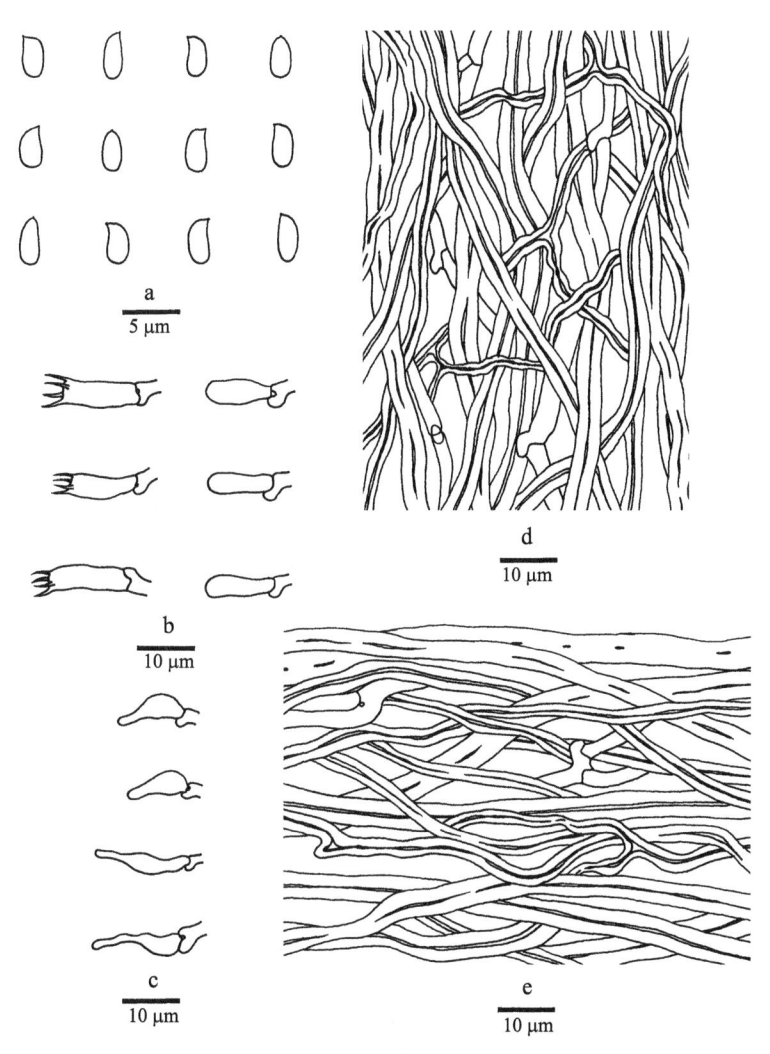

图 55 亚热带拟层孔菌 *Fomitopsis subtropica* B.K. Cui, Hai J. Li & M.L. Han 的显微结构图
a. 担孢子；b. 担子和拟担子；c. 拟囊状体；d. 菌管菌丝；e. 菌肉菌丝

显微结构：菌丝系统二体系；生殖菌丝具有锁状联合，骨架菌丝无拟糊精反应和淀粉质反应，无嗜蓝反应；菌丝组织在 KOH 试剂中无变化。菌肉中生殖菌丝较少，无色，薄壁，常具分枝，直径为 2~2.8 μm；骨架菌丝占多数，无色，厚壁，具一窄的内腔至近实心，偶尔分枝，直径为 1.6~6.5 μm。菌管中生殖菌丝较少，无色，薄壁，偶尔分枝，直径为 1.8~2.5 μm；骨架菌丝占多数，无色，厚壁，具一窄的内腔至近实心，常具分枝，交织排列，直径为 1.2~5.8 μm。子实层中无囊状体，具拟囊状体，纺锤形，薄壁，光滑，

9~15 × 3~4 μm。担子棍棒状，着生 4 个担孢子梗，基部具一锁状联合，9~16 × 3.5~5 μm；拟担子占多数，形状与担子类似，比担子稍小。担孢子圆柱形至长椭圆形，无色，薄壁，光滑，无拟糊精反应和淀粉质反应，无嗜蓝反应，(3~)3.2~4(~4.7) × (1.7~)1.8~2.1(~2.3) μm，平均长 L = 3.79 μm，平均宽 W = 1.96 μm，长宽比 Q = 1.83~1.97（n = 90/3）。

研究标本：浙江：泰顺县，乌岩岭自然保护区，2011 年 8 月 22 日，崔宝凯 10181（BJFC 011076）。广东：广州，天鹿湖森林公园，2011 年 8 月 19 日，崔宝凯 10154（BJFC 011049，模式标本）；帽峰山森林公园，2011 年 8 月 19 日，崔宝凯 10140（BJFC 011035）。广西：金秀县，莲花山，2011 年 8 月 24 日，崔宝凯 10578（BJFC 011473）。云南：勐腊县，雨林谷森林公园，2021 年 7 月 3 日，戴玉成 22550（BJFC 037125）；2021 年 7 月 5 日，戴玉成 22576（BJFC 037150）；勐腊县，中国科学院西双版纳热带植物园，2019 年 8 月 18 日，戴玉成 20547（BJFC 032215）。

生境：生长在阔叶树倒木、腐木、落枝上，引起木材褐色腐朽。

中国分布：浙江、福建、广东、广西、海南、云南等。

世界分布：马来西亚、新加坡、越南、中国等。

讨论：亚热带拟层孔菌的主要特征是担子果一年生，平伏反转，孔口和担孢子均较小，分布在亚热带。小孔粉红层孔菌 *Rubellofomes minutisporus* (Rajchenb.) B.K. Cui, M.L. Han & Y.C. Dai 和亚热带拟层孔菌相似，具有翻卷、平伏反转至三角形或蹄形的子实体，中等大小的孔口（每毫米 6.5~7.5 个）；但小孔粉红层孔菌具较大的担孢子（4~5 × 2~3 μm）(Rajchenberg, 1995)。白边脆层孔菌 *Fragifomes niveomarginatus* (L.W. Zhou & Y.L. Wei) B.K. Cui, M.L. Han & Y.C. Dai 的担孢子也较小（3.2~4.7 × 1.7~2.1 μm），但是白边脆层孔菌的子实体多年生，菌盖表面有皮壳，边缘白色，孔口较大（每毫米 5~6 个）(Zhou and Wei, 2012)。拟帕氏拟层孔菌 *Fomitopsis pseudopetchii* (Lloyd) Ryvarden 也具有较小的孔口（每毫米 8~10 个）和担孢子（3.5~4.5 × 2 μm）(Ryvarden and Johansen, 1980)，但它的子实体多年生。

天山拟层孔菌　图 56

Fomitopsis tianshanensis B.K. Cui & Shun Liu, Front. Microbiol. 12 (644979): 12, 2021.

子实体：担子果一年生至多年生，平伏反转至具菌盖，新鲜时软木栓质，干后硬木栓质，重量变轻；菌盖扁平，半圆形至蹄形，单个菌盖长可达 11 cm，宽可达 20 cm，中部厚可达 70 mm；菌盖表面新鲜时深蓝灰色至黄棕色，干后浅褐色到深橄榄色，略带绒毛，基部有小瘤状物，坚硬，不成带，边缘奶油色至肉桂色，钝至锐；孔口表面新鲜时奶油色至粉黄色，干燥后淡黄色至浅粉色；不育边缘明显，奶油色至米黄色，宽达 3 mm；孔口圆形至多角形，每毫米 1~3 个；管口边缘厚，全缘；菌肉奶油色至米黄色，木栓质，厚约 35 mm；菌管与孔口表面同色，硬木栓质，长可达 25 mm。

显微结构：菌丝系统二体系；生殖菌丝具有锁状联合，骨架菌丝无拟糊精反应和淀粉质反应，无嗜蓝反应；菌丝组织在 KOH 试剂中无变化。菌肉中生殖菌丝较少，无色，薄壁，很少分枝，直径为 2~4 μm；骨架菌丝占多数，黄棕色至肉桂棕色，厚壁，具一窄的内腔至近实心，很少分枝，直径为 2.2~7.2 μm。菌管中生殖菌丝较少，无色，薄壁，偶尔分枝，直径为 1.9~3.2 μm；骨架菌丝占多数，透明至淡黄色，厚壁，具一宽的内腔，很少分枝，交织排列，直径为 2~6.9 μm。子实层中无囊状体，具拟囊状体，纺锤形，薄壁，光滑，15.5~44 × 3.3~6.5 μm。担子棍棒状，着生 4 个担孢子梗，基部具一锁状联合，17~32.5 × 4.2~9.5 μm；拟担子占多数，形状与担子类似，比担子稍小。担孢子长椭圆形，无色，薄壁，光滑，无拟糊精反应和淀粉质反应，无嗜蓝反应，(6~)6.3~7(~7.2) × (3~)3.2~3.8(~4) μm，平均长 L = 6.62 μm，平均宽 W = 3.52 μm，长宽比 Q = 1.85~1.93 (n = 90/3)。

研究标本：新疆：阜康市，天山天池景区，2018 年 7 月 4 日，崔宝凯 16821（BJFC 030120，模式标本）；2018 年 7 月 5 日，崔宝凯 16823（BJFC 030122），崔宝凯 16825（BJFC 030124），崔宝凯 16828（BJFC 030127）；沙湾县，鹿角湾景区，2018 年 7 月 6 日，崔宝凯 16830（BJFC 030129）。

生境：常生长在针叶树上，尤喜云杉，引起木材褐色腐朽。

中国分布：新疆。

世界分布：中国。

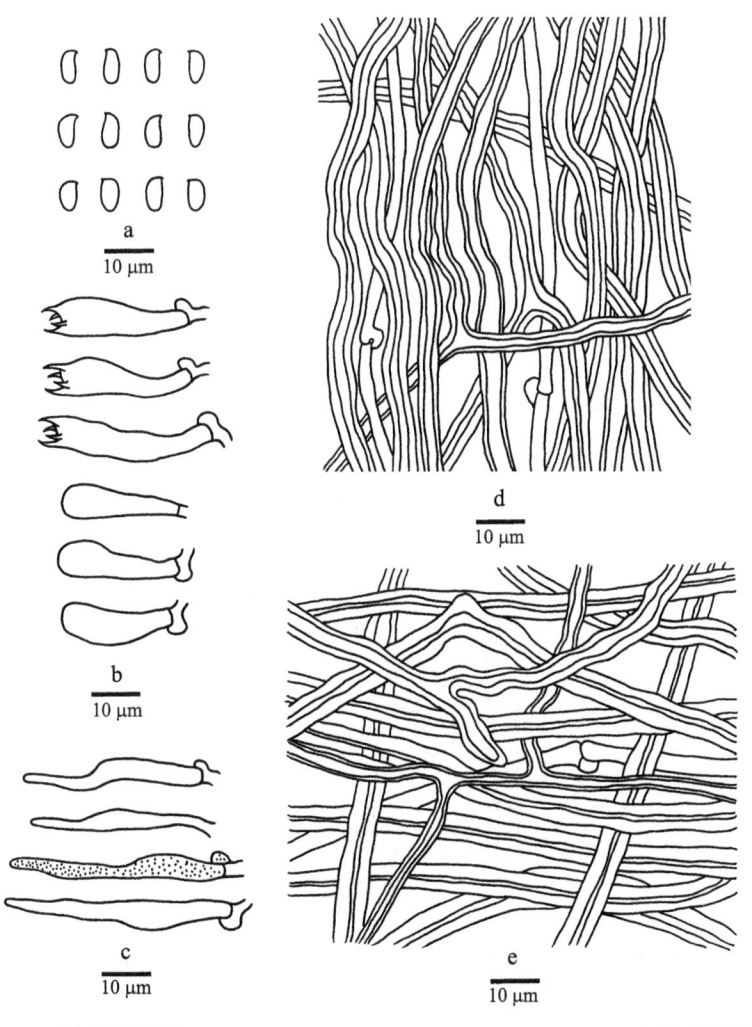

图 56 天山拟层孔菌 *Fomitopsis tianshanensis* B.K. Cui & Shun Liu 的显微结构图
a. 担孢子；b. 担子和拟担子；c. 拟囊状体；d. 菌管菌丝；e. 菌肉菌丝

讨论：天山拟层孔菌的主要特征是担子果平伏反转至具盖形，新鲜时软木栓质，孔口较大（每毫米 1~3 个），菌管较长（2.5 cm），生长在云杉上，分布于新疆天山。红缘拟层孔菌也是主要生长在云杉上，但是它的孔口较小（每毫米 4~6 个），新鲜时菌盖基部棕橙色至黑色，边缘浅黄色至肉桂色，分布于欧洲（Liu et al., 2021a）。

沂蒙拟层孔菌　图 57

Fomitopsis yimengensis B.K. Cui & Shun Liu, Front. Microbiol. 13 (859411): 5, 2022.

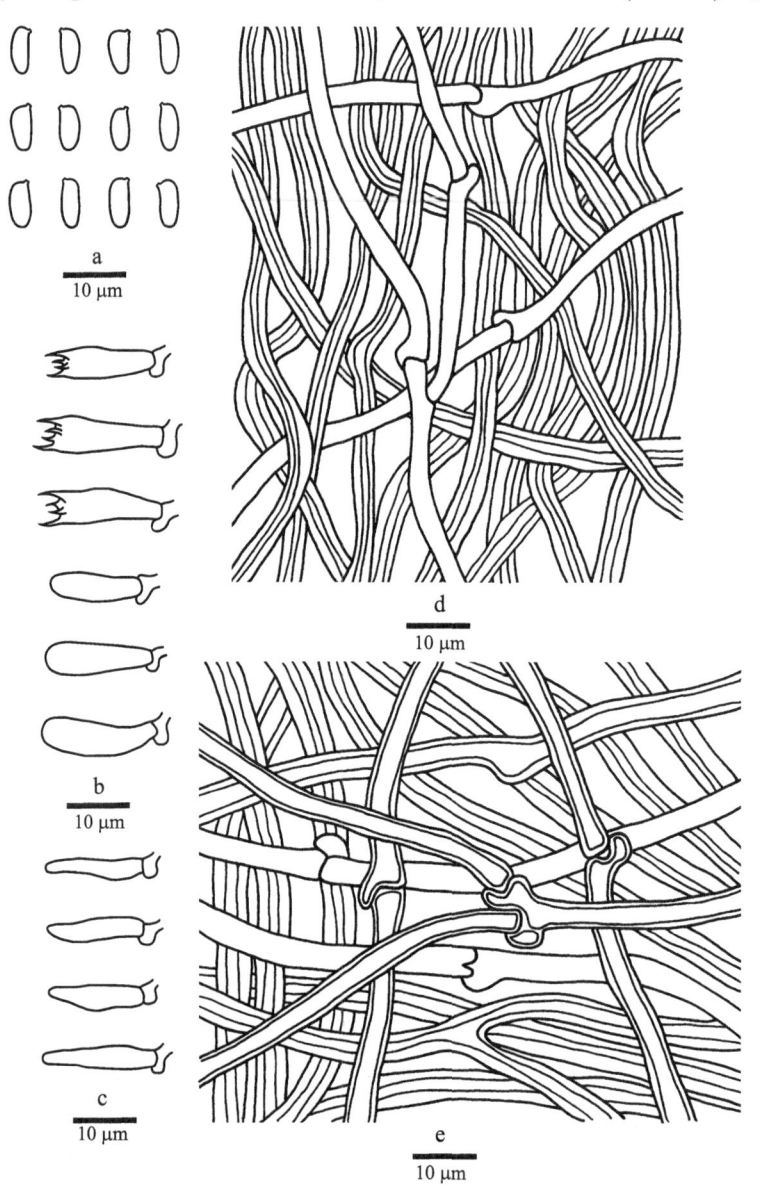

图 57　沂蒙拟层孔菌 *Fomitopsis yimengensis* B.K. Cui & Shun Liu 的显微结构图
a. 担孢子；b. 担子和拟担子；c. 拟囊状体；d. 菌管菌丝；e. 菌肉菌丝

子实体：担子果一年生，具盖形，单生或覆瓦状叠生，新鲜时木栓质，干后硬木栓质,重量变轻;菌盖半圆形至扇形,单个菌盖长可达 2.8 cm,宽可达 5.7 cm,中部厚可达 17 mm;菌盖表面粉黄色、黏土浅黄色至灰棕色,光滑或具不规则疣状突起物,不成带,边缘奶油色至蜂蜜黄色,钝;孔口表面奶油色至浅肉桂色;不育边缘不明显;孔口圆形,每毫米 4~6 个;管口边缘厚,全缘;菌肉奶油色至浅黄色,木栓质,厚约 12 mm;菌管与孔口表面同色,硬木栓质,长可达 5 mm。

显微结构:菌丝系统二体系;生殖菌丝具有锁状联合,骨架菌丝无拟糊精反应和淀粉质反应,无嗜蓝反应;菌丝组织在 KOH 试剂中无变化。菌肉中生殖菌丝较少,无色,薄壁至稍厚壁,偶尔分枝,直径为 2.2~4 μm;骨架菌丝占多数,无色,厚壁,具一宽的内腔至窄的内腔,偶尔分枝,直径为 2.2~6.2 μm。菌管中生殖菌丝较少,无色,薄壁,偶尔分枝,直径为 1.9~3.3 μm;骨架菌丝占多数,透明至淡黄色,厚壁,具一宽的内腔至窄的内腔,很少分枝,交织排列,直径为 1.9~4 μm。子实层中无囊状体,具拟囊状体,纺锤形,薄壁,光滑,13.8~18 × 2.8~4.2 μm。担子棍棒状,着生 4 个担孢子梗,基部具一锁状联合,15.5~18 × 4.9~6.5 μm;拟担子占多数,形状与担子类似,比担子稍小。担孢子圆柱形,无色,薄壁,光滑,无拟糊精反应和淀粉质反应,无嗜蓝反应,6~7.2 × 2~3(~3.1) μm,平均长 L = 6.64 μm,平均宽 W = 2.71 μm,长宽比 Q = 2.13~2.78 (n = 90/3)。

研究标本:山东:蒙阴县,2007 年 7 月 28 日,崔宝凯 5027(BJFC 003068,模式标本),崔宝凯 5031(BJFC 003072);蒙阴县,蒙山国家森林公园,2007 年 8 月 6 日,崔宝凯 5111(BJFC 003152)。

生境:生长在松树上,引起木材褐色腐朽。

中国分布:山东。

世界分布:中国。

讨论:沂蒙拟层孔菌的主要特征是担子果具有菌盖,单生或覆瓦状叠生,菌盖表面粉黄色、黏土浅黄色至灰棕色,孔口表面奶油色至浅肉桂色,菌肉中生殖菌丝薄壁至稍厚壁,担孢子圆柱形(6~7.2 × 2~3 μm),生长在松树上(Liu et al., 2022a)。

脆层孔菌属 Fragifomes B.K. Cui, M.L. Han & Y.C. Dai

Fungal Divers. 80: 360, 2016

担子果多年生,具菌盖,单生或覆瓦状叠生,新鲜时软木栓质,干后脆质;菌盖表面白色、灰白色或灰褐色;孔口表面新鲜时白色,干后变成黄褐色,具折光反应;孔口圆形;菌肉奶油色,脆质,通常在上表面具一薄的皮壳;菌管脆质,分层明显。菌丝系统二体系;生殖菌丝具锁状联合,骨架菌丝无拟糊精反应和淀粉质反应,无嗜蓝反应;子实层中无囊状体,具拟囊状体;担孢子长椭圆形,无色,薄壁,光滑,无拟糊精反应和淀粉质反应,无嗜蓝反应。

模式种:*Fragifomes niveomarginatus* (L.W. Zhou & Y.L. Wei) B.K. Cui, M.L. Han & Y.C. Dai。

生境:通常生长在阔叶树上,引起木材褐色腐朽。

中国分布:吉林、黑龙江。

世界分布:中国。

讨论：脆层孔菌属由 Han 等（2016）建立，模式种是白边脆层孔菌 *F. niveomarginatus*，该属目前是单种属。形态学上，白边脆层孔菌不同于拟层孔菌属之处在于脆层孔菌属 *Fragifomes* 具有软木栓质至脆质的子实体（Han et al., 2016）。目前，该属有 1 种，中国分布 1 种。

白边脆层孔菌　图 58

Fragifomes niveomarginatus (L.W. Zhou & Y.L. Wei) B.K. Cui, M.L. Han & Y.C. Dai, Fungal Divers. 80: 360, 2016.

Fomitopsis niveomarginata L.W. Zhou & Y.L. Wei, Mycol. Prog. 11(2): 437, 2012.

子实体：担子果多年生，无柄盖形至平伏反转，单生或覆瓦状叠生，新鲜时软木栓质，干后脆质，重量变轻；菌盖扁平，单个菌盖长可达 10 cm，宽可达 4 cm，中部厚可达 30 mm；菌盖表面新鲜时白色，光滑，随着菌龄的增长变成灰白色或灰褐色，粗糙，具不明显的环沟或环带；菌盖边缘白色，圆而钝；孔口表面新鲜时白色，干后黄褐色，具折光反应；不育边缘明显，可达 3 mm；孔口圆形，每毫米 5~6 个；管口边缘厚，全缘；菌肉奶油色，软木栓质至脆质，上表面具一薄的皮壳，厚约 20 mm；菌管与孔口表面同色，软木栓质至脆质，分层明显，管层间有白色的薄菌肉相间，长可达 6 mm。

显微结构：菌丝系统二体系；生殖菌丝具有锁状联合，骨架菌丝无拟糊精反应和淀粉质反应，无嗜蓝反应；菌丝组织在 KOH 试剂中无变化。菌肉中生殖菌丝较少，无色，薄壁至稍厚壁，很少分枝，直径为 2~3.8 μm；骨架菌丝占多数，无色至淡黄色，厚壁，具一窄的内腔至近实心，常具分枝，直径为 2.3~4.3 μm。菌管中生殖菌丝较少，无色，薄壁至稍厚壁，很少分枝，直径为 2~3 μm；骨架菌丝占多数，无色至淡黄色，厚壁，具一窄的内腔至近实心，常具分枝，交织排列，直径为 2.2~3.8 μm。子实层中无囊状体，具拟囊状体，纺锤形，薄壁，光滑，15~21 × 3~4.5 μm。担子棍棒状，着生 4 个担孢子梗，基部具一锁状联合，10~14 × 4.5~5 μm；拟担子占多数，形状与担子类似，比担子稍小。担孢子长椭圆形，无色，薄壁，光滑，无拟糊精反应和淀粉质反应，无嗜蓝反应，3.2~4.7(~4.9) × (1.6~)1.7~2.1(~2.2) μm，平均长 L = 3.69 μm，平均宽 W = 1.87 μm，长宽比 Q = 1.85~2.06（n = 90/3）。

研究标本：吉林：安图县，长白山自然保护区黄松蒲林场，2007 年 9 月 14 日，戴玉成 9175（BJFC 015619，模式标本）；安图县，长白山大样地，2007 年 8 月 24 日，魏玉莲 3072（IFP 015647）；2010 年 7 月 14 日，魏玉莲 5583（IFP 015648）；抚松县，露水河林场，2011 年 8 月 11 日，崔宝凯 10108（BJFC 011001）。黑龙江：宁安市，镜泊湖景区，2007 年 9 月 11 日，戴玉成 8969（IFP 015646）。

生境：生长在阔叶树倒木上，引起木材褐色腐朽。

中国分布：吉林、黑龙江。

世界分布：中国。

讨论：白边脆层孔菌生长在中国北部温带地区的阔叶树上，该种的主要特征是担子果新鲜时软木栓质，干后脆质，菌盖表面灰白色或灰褐色，具一薄的皮壳，菌盖边缘白色，孔口表面新鲜时白色，干后黄褐色，具折光反应，担孢子长椭圆形，较小（3.2~4.7 × 1.7~2.1 μm），这些特征使其很容易区别于拟层孔菌属的种类（Han et al., 2016）。

白边脆层孔菌和黑蹄小层孔菌 *Fomitella rhodophaea* (Lév.) T. Hatt.在形态上相似，都有扁平的担子果，菌盖皮壳和长椭圆形的担孢子；然而，黑蹄小层孔菌的菌盖表面有中心环沟和环带，担孢子略宽（3.5~4.5 × 2.5 μm），且黑蹄小层孔菌的孔口较小（每毫米7~8 个），主要分布在热带（Ryvarden and Johansen, 1980; Núñez and Ryvarden, 2001）。

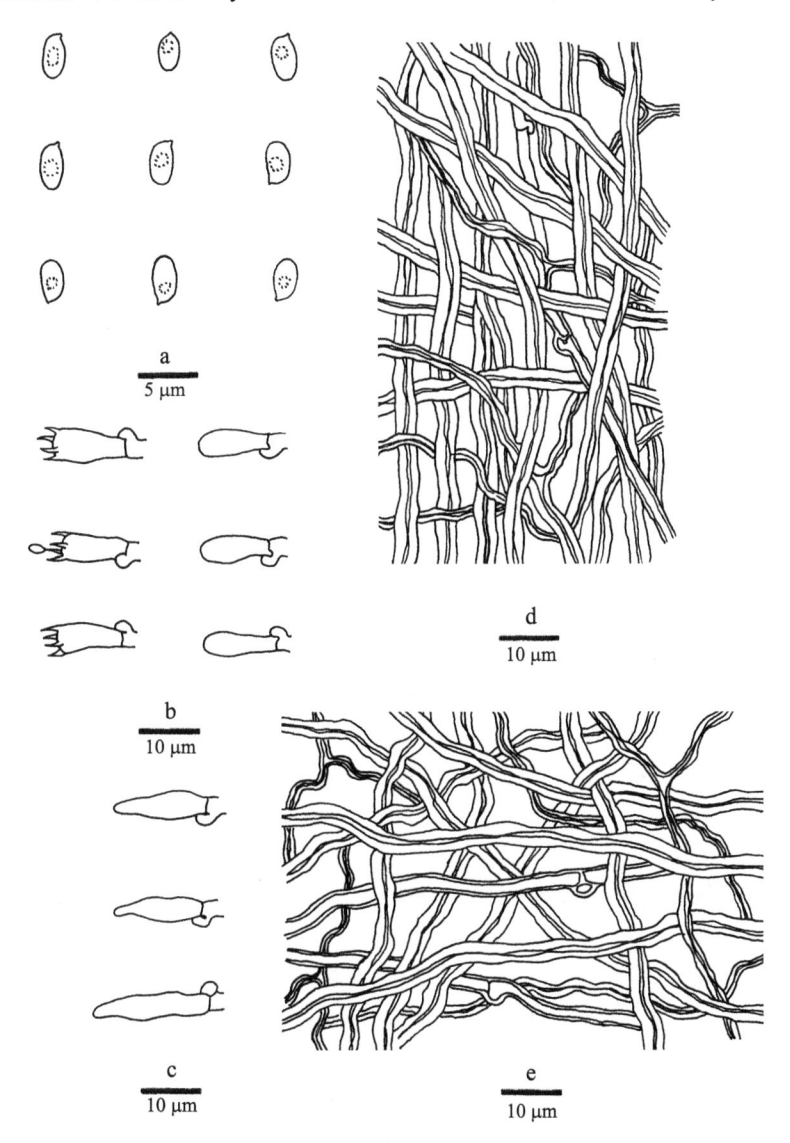

图 58　白边脆层孔菌 *Fragifomes niveomarginatus* (L.W. Zhou & Y.L. Wei) B.K. Cui, M.L. Han & Y.C. Dai 的显微结构图

a. 担孢子；b. 担子和拟担子；c. 拟囊状体；d. 菌管菌丝；e. 菌肉菌丝

灰黑孔菌属 **Melanoporia** Murrill

N. Amer. Fl. 9 (1): 14, 1907

担子果一年生至多年生，平伏反转至具菌盖，木栓质至硬木栓质；菌盖表面橙红色、

棕红色至褐色；孔口表面深巧克力棕色至深紫棕色；孔口圆形至多角形；菌肉深紫棕色，木栓质；菌管与孔口同色，木栓质至硬木栓质。菌丝系统二体系；生殖菌丝具锁状联合，骨架菌丝无拟糊精反应和淀粉质反应，无嗜蓝反应；子实层中无囊状体，拟囊状体存在或缺失；担孢子椭圆形，无色，薄壁，光滑，无拟糊精反应和淀粉质反应，无嗜蓝反应。

模式种：*Melanoporia nigra* (Berk.) Murrill。

生境：常生长在阔叶树上，引起木材褐色腐朽。

中国分布：吉林。

世界分布：北美洲，欧洲，亚洲。

讨论：灰黑孔菌属由 Murrill 建立，模式种是 *M. nigra*（Murrill，1907）。近些年常被认为是黑层孔菌属 *Nigrofomes* Murrill 的同物异名（He et al.，2019），但是黑层孔菌属隶属于黑层孔菌科 Nigrofomitaceae（Jülich，1981）。系统发育研究表明，灰黑孔菌属是一个独立的属，隶属于拟层孔菌科（Liu et al.，2023a）。目前，该属有 4 种，中国分布 1 种。

栗灰黑孔菌　图 59

Melanoporia castanea (Imazeki) T. Hatt. & Ryvarden, Mycotaxon 50: 29, 1994. Liu et al., Mycosphere 14(1): 1600, 2023.

Fomitopsis castanea Imazeki, Bull. Gov. Forest Exp. Stn Tokyo 42: 1, 1949.

Nigrofomes castaneus (Imazeki) Teng, Chung-kuo Ti Chen-chun, [Fungi of China]: 762, 1963.

Nigroporus castaneus (Imazeki) Ryvarden, Acta Mycol. Sin. 5(4): 228, 1986.

Melanoporia castanea (Imazeki) T. Hatt. & Ryvarden, Mycotaxon 50: 29, 1994.

子实体：担子果多年生，常具盖形，有时反转，新鲜时木栓质，干后木栓质至硬木栓质，重量变轻；菌盖三棱形、蹄形或不规则形，单个菌盖长可达 30 cm，宽可达 6 cm，中部厚可达 15 mm；菌盖表面栗褐色至几乎黑色，绒毛状至无毛；孔口表面深棕色至紫棕色；不育边缘不明显；孔口圆形，每毫米 5~6 个；管口边缘厚，全缘；菌肉紫棕色，木栓质，厚约 6 mm；菌管与孔口表面同色，木栓质，长可达 7 mm。

显微结构：菌丝系统二体系；生殖菌丝具有锁状联合，骨架菌丝无拟糊精反应和淀粉质反应，无嗜蓝反应；菌丝组织在 KOH 试剂中变为橄榄棕色。菌肉中生殖菌丝较少，无色，薄壁，很少分枝，直径为 1.5~4 μm；骨架菌丝占多数，无色，厚壁，具一窄的内腔至近实心，很少分枝，直径为 3~5.5 μm。菌管中生殖菌丝较少，无色，薄壁，很少分枝，直径为 1.5~3 μm；骨架菌丝占多数，无色，厚壁，具一窄的内腔至近实心，很少分枝，交织排列，直径为 3~5 μm。子实层中无囊状体，具拟囊状体，纺锤形，薄壁，光滑，10.2~18.5 × 2.8~4 μm。担子棍棒状，着生 4 个担孢子梗，基部具一锁状联合，15~20 × 4.5~5 μm；拟担子占多数，形状与担子类似，比担子稍小。担孢子长椭圆形，无色，薄壁，光滑，无拟糊精反应和淀粉质反应，无嗜蓝反应，4~5 × 1.8~2.5 μm，平均长 L = 4.53 μm，平均宽 W = 2.23 μm，长宽比 Q = 1.92~2.12 (n = 60/2)。

研究标本：吉林：安图县，长白山自然保护区，2011 年 8 月 7 日，崔宝凯 9952（BJFC 010845）；2014 年 9 月 11 日，戴玉成 14785（BJFC 017897），戴玉成 14808（BJFC

017922）；2019 年 9 月 19 日，戴玉成 20837（BJFC 032506）；抚松县，露水河林场，2011 年 8 月 11 日，崔宝凯 10115（BJFC 011008）。

生境：生长在阔叶树上，引起木材褐色腐朽。

中国分布：吉林。

世界分布：俄罗斯、日本、中国。

讨论：栗灰黑孔菌与黑灰黑孔菌 *Melanoporia nigra* (Berk.) Murrill 都具有紫褐色的菌肉，均可造成木材褐色腐朽，常被认为是同物异名。然而，黑灰黑孔菌有着平伏的担子果，而栗灰黑孔菌通常具有菌盖。除此之外，黑灰黑孔菌的菌肉菌丝比栗灰黑孔菌宽（Hattori and Ryvarden，1994）。调查发现，栗灰黑孔菌在我国吉林有分布，生长在阔叶树上（Liu et al., 2023a）。

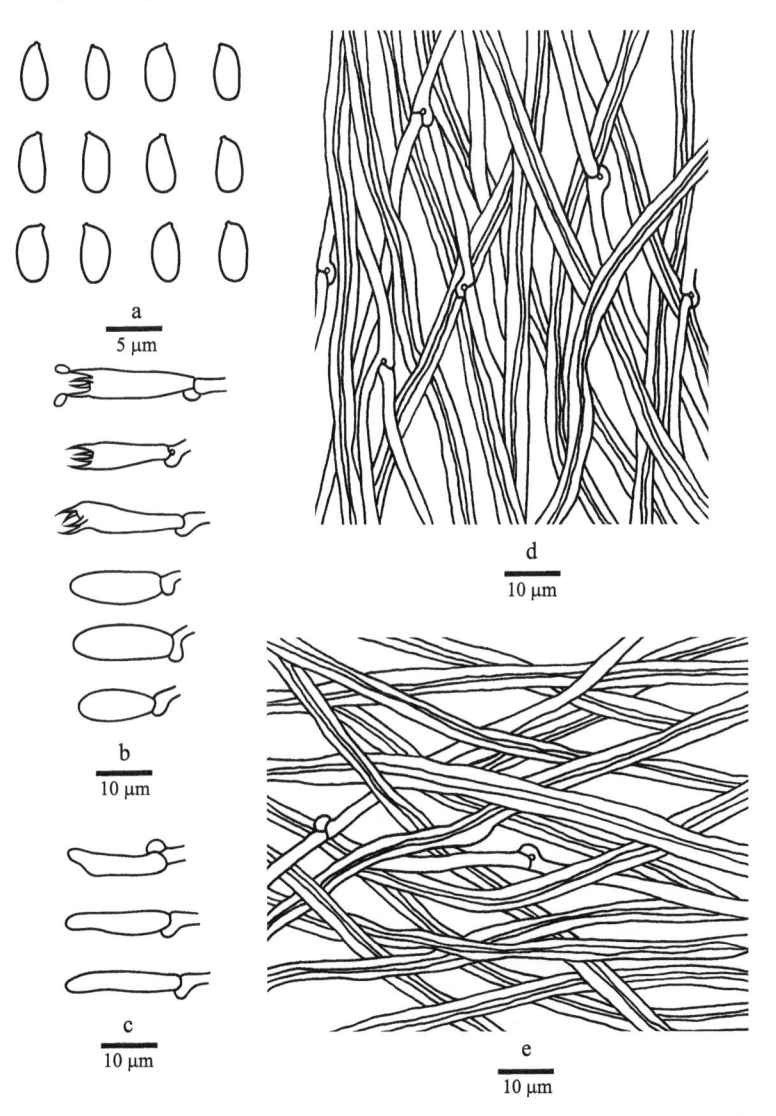

图 59　栗灰黑孔菌 *Melanoporia castanea* (Imazeki) T. Hatt. & Ryvarden 的显微结构图
a. 担孢子；b. 担子和拟担子；c. 拟囊状体；d. 菌管菌丝；e. 菌肉菌丝

新薄孔菌属 Neoantrodia Audet

Mushr. Nomen. Novel. 6: 2, 2017

担子果一年生或多年生，平伏至反转或完全平伏，菌盖贝壳形至有结节，新鲜时软木栓质，干后革质至硬木栓质；菌盖表面新鲜时白色至奶油色，有的带有深色斑点或环纹，烘干以后稻草色、浅褐色至深褐色；孔口表面白色、奶油色至浅赭色；孔口多角形；菌肉白色至奶油色，软木栓质；菌管与孔口同色，革质至硬木栓质。菌丝系统二体系；生殖菌丝具锁状联合，骨架菌丝无拟糊精反应和淀粉质反应，无嗜蓝反应；子实层中无囊状体，具拟囊状体；担孢子近纺锤形、圆柱形至窄椭圆形，无色，薄壁，光滑，无拟糊精反应和淀粉质反应，无嗜蓝反应。

模式种：*Neoantrodia serialis* (Fr.) Audet。

生境：常生长在针叶树上，偶尔也生长在阔叶树上，引起木材褐色腐朽。

中国分布：内蒙古、吉林、黑龙江、四川、云南、西藏、甘肃、新疆。

世界分布：北美洲，欧洲，亚洲。

讨论：新薄孔菌属是由 Audet 从广义薄孔菌属中分离出的新属（Audet，2017-2018），该属与薄孔菌属的种类形态特征很相似，主要区别在新薄孔菌属种类的担子果孔口较小，担子几乎都小于 20 μm，且拟囊状体几乎都有帽状结晶包被，而薄孔菌属的孔口较大，担子长都大于 25 μm，且拟囊状体没有结晶包被。狭檐薄孔菌类群（*Antrodia serialis* group）最初由 Ortiz-Santana 等（2013）基于 ITS+LSU 对薄孔菌分支进行系统发育分析时提出，研究结果显示该类群与迷孔菌属和玫瑰拟层孔菌复合群（*Fomitopsis rosea* complex）的亲缘关系比薄孔菌属要近。Han 等（2016）对薄孔菌分支基于多基因片段的系统发育分析也对比了狭檐薄孔菌类群与相关属的形态差异。Spirin 等（2017）对狭檐薄孔菌类群的种类做了更深入的研究，但并没有对该类群进行属级划分。随后，Audet（2017-2018）依据 Ortiz-Santana 等（2013）、Han 等（2016）和 Spirin 等（2016）的系统发育分析结果将该类群建立为新属新薄孔菌属。目前，该属有 13 种，中国分布 5 种。

中国新薄孔菌属分种检索表

1. 担子果生长在杨树上，质软，很薄 ··· 乳白新薄孔菌 *N. leucaena*
1. 担子果生长在针叶树上，木栓质或质软较厚 ··· 2
  2. 菌肉中生殖菌丝占多数 ··· 3
  2. 菌肉中骨架菌丝占多数 ··· 4
3. 担子果质软，孔口每毫米 2~4 个 ··· 原始新薄孔菌 *N. primaeva*
3. 担子果质硬，孔口每毫米 4~5 个 ··· 窄孢新薄孔菌 *N. angusta*
  4. 担子果平伏至反转，可形成明显的菌盖，担孢子 5.9~8.2 × 2.4~3.2 μm ·· 狭檐新薄孔菌 *N. serialis*
  4. 担子果平伏至有结节，阶梯状，担孢子 5~7.2 × 2~2.7 μm ················ 梯形新薄孔菌 *N. serrata*

窄孢新薄孔菌　图 60

Neoantrodia angusta (Spirin & Vlasák) Audet, Mushr. Nomen. Novel. 6: 1, 2017. Liu et al., Mycosphere 14(1): 1600, 2023.

Antrodia angusta Spirin & Vlasák, Mycologia 109(2): 223, 2017.

子实体：担子果一年生，平伏，贴生，不易与基质分离，皮革质；平伏担子果长可达 5 cm，宽可达 3 cm，厚约 4 mm；孔口表面新鲜时奶油色，干后浅褐色至褐色；不育边缘浅奶油色，宽达 0.2 mm，较老的担子果部分分离；孔口圆形，每毫米 4~5 个；管口边缘薄，全缘或稍撕裂状；菌肉白色至浅奶油色，皮革质，厚约 0.2 mm；菌管与孔口表面同色，皮革质，长可达 3 mm。

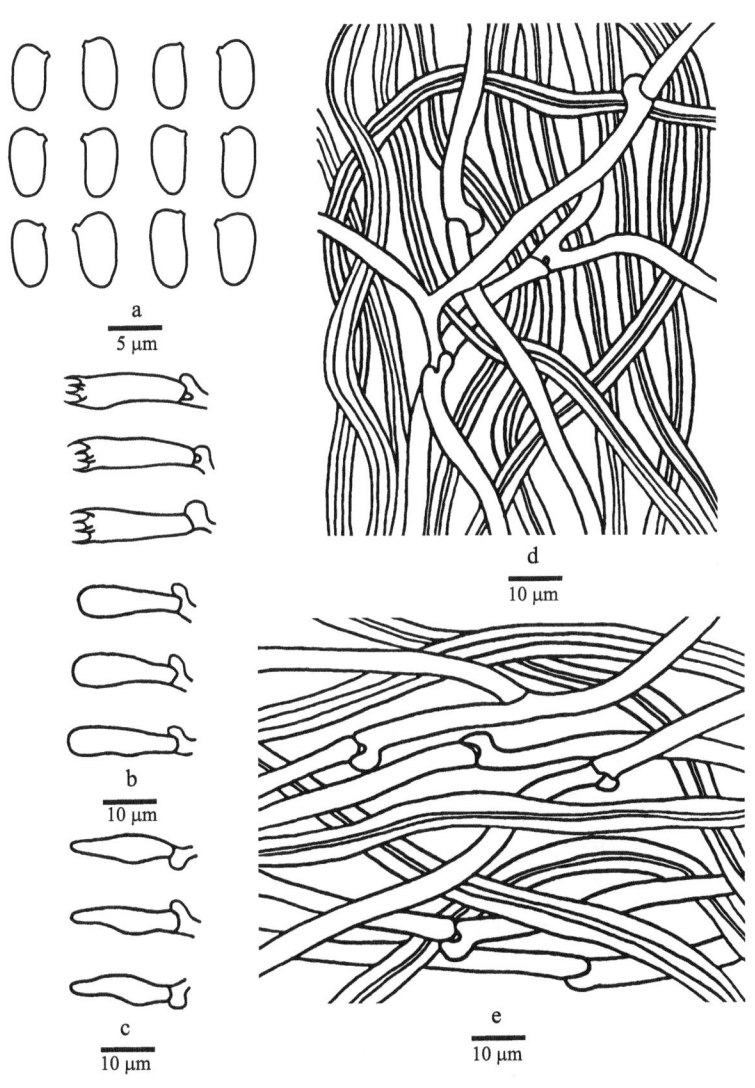

图 60 窄孢新薄孔菌 *Neoantrodia angusta* (Spirin & Vlasák) Audet 的显微结构图
a. 担孢子；b. 担子和拟担子；c. 拟囊状体；d. 菌管菌丝；e. 菌肉菌丝

显微结构：菌丝系统二体系；生殖菌丝具有锁状联合，骨架菌丝无拟糊精反应和淀粉质反应，无嗜蓝反应；菌丝组织在 KOH 试剂中无变化。菌肉中生殖菌丝占多数，无色，薄壁，偶尔分枝，直径为 2~3.5 μm；骨架菌丝较少，无色，厚壁，具一窄的内腔至近实心，很少分枝，直径为 2.8~4 μm。菌管中生殖菌丝较少，无色，薄壁，常具分枝，直径为 1.5~2.5 μm；骨架菌丝占多数，无色，厚壁，具一窄的内腔至近实心，很少分枝，交织排列，直径为 2.2~3.5 µm。子实层中无囊状体，具拟囊状体，纺锤形，薄壁，光滑，11~19 × 2.5~4.5 µm。担子棍棒状，着生 4 个担孢子梗，基部具一锁状联合，11.0~15.8 × 4.9~5.8 µm；拟担子占多数，形状与担子类似，比担子稍小。担孢子窄圆柱形，无色，薄壁，光滑，无拟糊精反应和淀粉质反应，无嗜蓝反应，(5.1~)5.2~7.8(~8.2) × (2~)2.1~2.6(~2.7) µm，平均长 L = 6.28 µm，平均宽 W = 2.27 µm，长宽比 Q = 2.75~2.81 (n = 60/2)。

研究标本：四川：九寨沟县，神仙池景区，2020 年 9 月 22 日，崔宝凯 18575（BJFC 035436）。云南：德钦县，白马雪山自然保护区，2021 年 9 月 5 日，戴玉成 22855（BJFC 037428）；丽江市，玉龙雪山景区云杉坪，2018 年 9 月 16 日，崔宝凯 17068（BJFC 030367），崔宝凯 17072（BJFC 030371）。西藏：林芝市，工布江达县，巴松错，2021 年 10 月 21 日，戴玉成 23209（BJFC 037780）；2021 年 10 月 22 日，戴玉成 23310（BJFC 037881）。甘肃：张掖市，祁连山自然保护区西水保护站，2018 年 9 月 3 日，戴玉成 18978（BJFC 027447）；2018 年 9 月 4 日，戴玉成 19010（BJFC 027479）。

生境：生长在针叶树上，引起木材褐色腐朽。

中国分布：四川、云南、西藏、甘肃。

世界分布：俄罗斯、中国。

讨论：窄孢新薄孔菌由 Spirin 等（2017）描述发表。该种目前只在中国和俄罗斯有发现，生长在针叶树上。形态上与狭檐新薄孔菌相似，但是窄孢新薄孔菌有着较小的孔口（每毫米 4~5 个）和较窄的担孢子（5.2~7.8 × 2.1~2.6 µm）（Spirin et al., 2017）。调查发现，窄孢新薄孔菌在我国西南和西北地区有分布，生长在针叶树上（Liu et al., 2023a）。

乳白新薄孔菌　图 61

Neoantrodia leucaena (Y.C. Dai & Niemelä) Audet, Mushr. Nomen. Novel. 6: 2, 2017. Liu et al., Mycosphere 14(1): 1600, 2023.

Antrodia leucaena Y.C. Dai & Niemelä, Ann. Bot. Fenn. 39(4): 259, 2002.

子实体：担子果一年生，平伏至反转，或具菌盖，不易与基质分离，新鲜时柔软，干后软木栓质，重量变轻；单个菌盖长可达 1 cm，宽可达 0.8 cm，中部厚可达 5 mm；平伏担子果长可达 15 cm，宽可达 4 cm，厚约 5 mm；菌盖表面新鲜时白色，常带有锈色斑点，烘干以后变成稻草色，边缘明显，白色，宽约 1 mm；孔口表面新鲜时白色至奶油色，烘干以后变成稻草色至黄褐色，挫伤部位变暗呈棕褐色或褐色；不育边缘不明显或几乎不存在；孔口圆形至多角形，每毫米 3~5 个，管口边缘薄，全缘；菌肉白色，木栓质，厚约 3 mm；菌管与孔口表面同色，木栓质，长可达 2 mm。

显微结构：菌丝系统二体系；生殖菌丝具有锁状联合，骨架菌丝无拟糊精反应和淀粉质反应，无嗜蓝反应；菌丝组织在 KOH 试剂中无变化。菌肉中生殖菌丝占多数，无色，薄壁，很少分枝，直径为 2.4~4 µm；骨架菌丝较少，无色，厚壁，具一窄的内腔，很少分枝，直径为 3~4.4 µm。菌管中生殖菌丝较少，无色，薄壁，偶尔分枝，直径为 2~3.4 µm；骨架菌丝占多数，无色，厚壁，具一窄的内腔，很少分枝，交织排列，直径为 2.4~4.4 µm。子实层中无囊状体，具拟囊状体，纺锤形，薄壁，光滑，11.4~32.3 × 2.8~

5.2 μm。担子棍棒状，着生 4 个担孢子梗，基部具一锁状联合，20~35 × 5~6.5 μm；拟担子占多数，形状与担子类似，比担子稍小。担孢子圆柱形至窄椭圆形，无色，薄壁，光滑，无拟糊精反应和淀粉质反应，无嗜蓝反应，(6~)6.4~9(~10.3) × (2.4~)2.7~3.6(~4) μm，平均长 L = 7.29 μm，平均宽 W = 3.18 μm，长宽比 Q = 2.21~2.39 (n = 150/5)。

研究标本：吉林：安图县，长白山自然保护区，2005 年 9 月 20 日，魏玉莲 2952（IFP 000265），魏玉莲 2955（IFP 00026）；2009 年 10 月 9 日，戴玉成 11398（BJFC 007303）；安图县，长白山自然保护区黄松蒲林场，2002 年 9 月 19 日，戴玉成 3832（BJFC 000117）。黑龙江：宁安市，镜泊湖地下森林公园，2007 年 9 月 10 日，戴玉成 8900（BJFC 000116）。

生境：生长在杨树倒木上，引起木材褐色腐朽。

中国分布：吉林、黑龙江。

世界分布：俄罗斯、芬兰、中国。

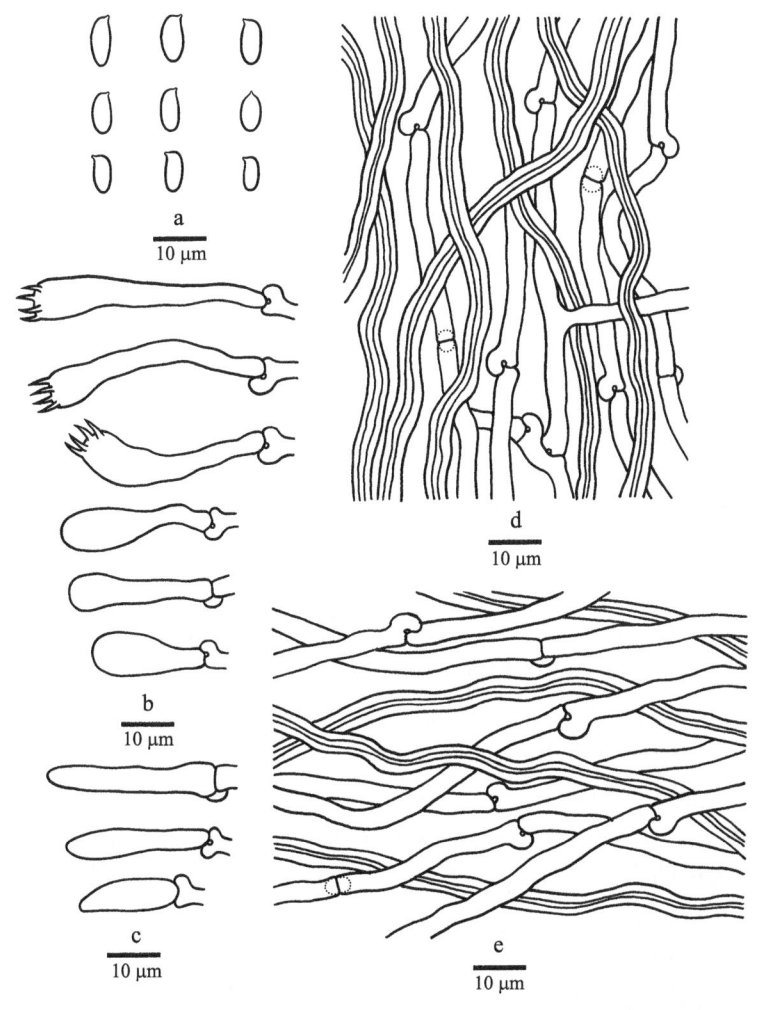

图 61 乳白新薄孔菌 *Neoantrodia leucaena* (Y.C. Dai & Niemelä) Audet 的显微结构图
a. 担孢子；b. 担子和拟担子；c. 拟囊状体；d. 菌管菌丝；e. 菌肉菌丝

讨论：乳白新薄孔菌的主要特征是担子果一年生，很薄，大多平伏至反转，可产生扁平的小菌盖，新鲜时革质，干后软木栓质，菌盖表面新鲜时白色，常带有锈色斑点，干后奶油色，孔口每毫米 3~5 个，孔口表面新鲜时白色至奶油色，干后稻草色至黄褐色，生殖菌丝在菌肉中占多数，骨架菌丝在菌管中占多数，担孢子圆柱形至窄椭圆形（6.4~9 × 2.7~3.6 μm）。乳白新薄孔菌分布于欧亚大陆，生长在杨树上，该种柔软、白色、带有锈色的担子果和具有明显宽腔的骨架菌丝使其有别于狭檐新薄孔菌；乳白新薄孔菌与原始新薄孔菌也很相似，但原始新薄孔菌子实体大多平伏，菌盖表面起初被绒毛，随后变光滑，菌肉和菌管均比乳白新薄孔菌厚。

原始新薄孔菌　图 62

Neoantrodia primaeva (Renvall & Niemelä) Audet, Mushr. Nomen. Novel. 6: 2, 2017. Liu et al., Mycosphere 14(1): 1601, 2023.

Antrodia primaeva Renvall & Niemelä, Karstenia 32(1): 30, 1992.

Pilatoporus primaevus (Renvall & Niemelä) Spirin, Mycotaxon 97: 78, 2006.

子实体：担子果一年生，平伏至反转，或具菌盖，不易与基质分离，新鲜时柔软肉质，干酪状，干后收缩，易碎至硬木栓质，重量变轻；单个菌盖长可达 7 cm，宽可达 2 cm，中部厚可达 20 mm；平伏担子果长可达 20 cm，宽可达 10 cm，厚约 15 mm；菌盖表面起初被绒毛，随后变光滑，奶油色至不均匀的浅褐色，带有颜色较深的斑点，无环纹，成熟的标本表面有折纹；孔口表面新鲜时白色至奶油色，干后黄色或浅褐色至原木色；不育边缘明显，宽可达 1 mm，白色至苍白色，烘干以后颜色通常比孔口浅；孔口多角形，每毫米 2~4 个，管口边缘薄，全缘；菌肉白色至奶油色且带有棕色，木栓质，厚约 5 mm；菌管与孔口表面同色，易碎至硬木栓质，长可达 14 mm。

显微结构：菌丝系统二体系；生殖菌丝具有锁状联合，骨架菌丝无拟糊精反应和淀粉质反应，无嗜蓝反应；菌丝组织在 KOH 试剂中无变化。菌肉中生殖菌丝占多数，无色，薄壁，很少分枝，直径为 2.2~6 μm；骨架菌丝较少，无色，厚壁，具一窄的内腔，很少分枝，直径为 1.4~3.7 μm。菌管中生殖菌丝较少，无色，薄壁，很少分枝，直径为 1.7~4 μm；骨架菌丝占多数，无色，厚壁，具一窄的内腔，很少分枝，交织排列，直径为 2.4~5 μm。子实层中无囊状体，具拟囊状体，纺锤形，薄壁，光滑，12~21.5 × 3.5~6.6 μm。担子棒棒状，着生 4 个担孢子梗，基部具一锁状联合，15~23 × 4.5~8 μm；拟担子占多数，形状与担子类似，比担子稍小。担孢子窄椭圆形至拟纺锤形，无色，薄壁，光滑，无拟糊精反应和淀粉质反应，无嗜蓝反应，(6~)6.3~9(~11) × (2.3~)2.6~3.4(~3.8) μm，平均长 L = 7.37 μm，平均宽 W = 2.95 μm，长宽比 Q = 2.30~2.68 (n = 60/2)。

研究标本：内蒙古：额尔古纳市，莫尔道嘎森林公园，2009 年 7 月 30 日，戴玉成 11156（BJFC 010394）。吉林：安图县，长白山自然保护区，1993 年 7 月 28 日，戴玉成 801（BJFC 000134），戴玉成 815（BJFC 010353）。

生境：云杉死树或树桩，多生长于过火木，引起木材褐色腐朽。

中国分布：内蒙古、吉林。

世界分布：俄罗斯、芬兰、挪威、瑞典、中国等。

讨论：原始新薄孔菌的主要特征是担子果一年生，平伏至反转，新鲜时柔软肉质，干酪状，烘干以后收缩，易碎至相当硬，有时产生三棱形菌盖，菌盖表面奶油色至不均匀的浅褐色，带有颜色较深的斑点，无环纹，稚嫩的标本起初孔口表面白色至奶油色，随菌龄增长变成黄色或浅褐色至原木色，孔口每毫米 2~4 个，菌丝系统二体系，生殖菌丝在菌肉中占多数，担孢子窄椭圆形至拟纺锤形（$6.3~9 \times 2.6~3.4$ μm）。原始新薄孔菌生长在针叶树上，可产生相当柔软的子实体和稀疏的骨架菌丝，此特征使其与黄褐新薄孔菌 *N. flavimontis* (Vlasák & Spirin) Audet 相似。然而，黄褐新薄孔菌目前只发现于美国东部，孔口较小，每毫米 4~6 个，且菌管中的骨架菌丝交织缠绕排列，而原始新薄孔菌中的骨架菌丝直立，交织行排列。调查发现，原始新薄孔菌在我国东北地区有分布，生长在针叶树上（Liu et al., 2023a）。

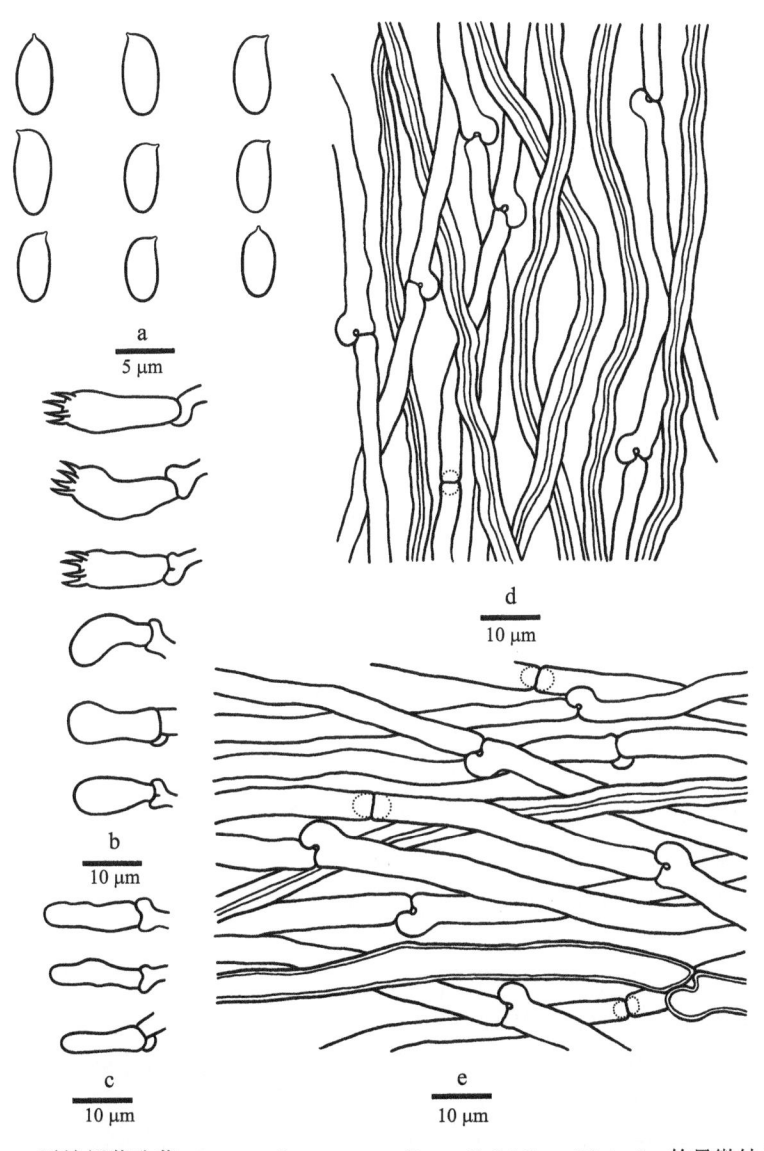

图 62 原始新薄孔菌 *Neoantrodia primaeva* (Renvall & Niemelä) Audet 的显微结构图
a. 担孢子；b. 担子和拟担子；c. 拟囊状体；d. 菌管菌丝；e. 菌肉菌丝

狭檐新薄孔菌　图 63

Neoantrodia serialis (Fr.) Audet, Mushr. Nomen. Novel. 6: 2, 2017. Liu et al., Mycosphere 14(1): 1601, 2023.

Polyporus serialis Fr., Syst. Mycol. (Lundae) 1: 370, 1821.
Boletus serialis (Fr.) Spreng., Syst. Veg., Edn 16 4(1): 278, 1827.
Trametes serialis (Fr.) Fr., Hymenomyc. Eur. (Upsaliae): 584, 1874.
Fomitopsis serialis (Fr.) P. Karst., Revue Mycol., Toulouse 3(9): 18, 1881.
Polystictus serialis (Fr.) Cooke, Grevillea 14(71): 81, 1886.
Pycnoporus serialis (Fr.) P. Karst., Bidr. Känn. Finl. Nat. Folk 48: 308, 1889.
Coriolellus serialis (Fr.) Murrill, N. Amer. Fl. (New York) 9(1): 29, 1907.
Coriolus serialis (Fr.) Komarova, Opredelitel' Trutovykh Gribov Belorussii: 142, 1964.
Antrodia serialis (Fr.) Donk, Persoonia 4(3): 340, 1966.
Daedalea serialis (Fr.) Aoshima, Trans. Mycol. Soc. Japan 8(1): 2, 1967.
Poria echinata Hoffm., Veg. Herc. Subterr.: 12, 1811.
Polyporus callosus Fr., Syst. Mycol. (Lundae) 1: 381, 1821.
Polyporus echinatus (Hoffm.) Pers., Mycol. Eur. (Erlanga) 2: 102, 1825.
Physisporus callosus (Fr.) P. Karst., Revue Mycol., Toulouse 3(9): 18, 1881.
Poria callosa (Fr.) Quél., Enchir. Fung. (Paris): 110, 1886.
Trametes contigua Wettst., Verh. Zool. Bot. Ges. Wien 38: 180, 1888.
Polyporus favogineus (Hoffm. ex Harz) Wettst., Verh. Zool. Bot. Ges. Wien 38: 181, 1888.
Polyporus fechtneri Velen., České Houby 4-5: 659, 1922.
Polyporus pallidissimus Velen., České Houby 4-5: 639, 1922.
Polyporus pseudoannosus Velen., České Houby 4-5: 659, 1922.
Coriolellus callosus (Fr.) M.P. Christ., Dansk Bot. Ark. 19(2): 369, 1960.

子实体：担子果一年生或多年生，平伏至反转或完全平伏，偶尔具菌盖，不易与基质分离，新鲜时木栓质，干后革质至硬木栓质，重量变轻；单个菌盖长可达 1.5 cm，宽可达 1 cm，中部厚可达 6 mm；平伏担子果长可达 20 cm，宽可达 8 cm，厚约 5 mm；菌盖表面先是毛毡状，奶油色，后来几乎无毛光滑，赭色至褐色，有不明显的环带，在边缘区域颜色较浅；边缘尖锐，弯曲或圆钝；孔口表面奶油色至浅赭色；不育边缘不明显或几乎不存在；孔口圆形至多角形，每毫米 3~5 个，管口边缘薄，全缘；菌肉白色至奶油色，革质至硬木栓质，厚约 3 mm；菌管与孔口表面同色，革质至硬木栓质，长可达 5 mm。

显微结构：菌丝系统二体系；生殖菌丝具有锁状联合，骨架菌丝无拟糊精反应和淀粉质反应，无嗜蓝反应；菌丝组织在 KOH 试剂中无变化。菌肉中生殖菌丝较少，无色，薄壁，偶尔分枝，直径为 2.4~5 μm；骨架菌丝占多数，无色，厚壁，具一窄的内腔至近实心，很少分枝，直径为 3~5.3 μm。菌管中生殖菌丝较少，无色，薄壁，偶尔分枝，直径为 2.4~3.6 μm；骨架菌丝占多数，无色，厚壁，具一窄的内腔至近实心，很少分枝，交织排列，直径为 2.7~5 μm。子实层中无囊状体，具拟囊状体，纺锤形，薄壁，光滑，12.9~30.2 × 3.6~5.6 μm。担子棍棒状，着生 4 个担孢子梗，基部具一锁状联合，11.0~

17.3 × 5.2~6.8 μm；拟担子占多数，形状与担子类似，比担子稍小。担孢子近圆柱形至窄椭圆形，无色，薄壁，光滑，无拟糊精反应和淀粉质反应，无嗜蓝反应，5.9~8.2(~9.2) × 2.4~3.2 μm，平均长 L = 6.8 μm，平均宽 W = 2.7 μm，长宽比 Q = 2.27~2.68 (n = 150/5)。

研究标本：吉林：安图县，长白山自然保护区，1993 年 9 月 5 日，戴玉成 1066（BJFC 000136）；2009 年 10 月 7 日，戴玉成 11373（BJFC 007292）；2011 年 8 月 10 日，崔宝凯 10064（BJFC 010957）。黑龙江：宁安市，镜泊湖景区，2007 年 9 月 10 日，戴玉成 8986（BJFC 000142）。云南：香格里拉市，普达措国家公园，2015 年 9 月 7 日，崔宝凯 12502（BJFC 028280），崔宝凯 12512（BJFC 028290）；2019 年 8 月 13 日，崔宝凯 17494（BJFC 034353）；丽江市，玉龙雪山景区云杉坪，2018 年 9 月 16 日，崔宝凯 17077（BJFC 030376）。西藏：林芝市，林芝县，色季拉山，2004 年 8 月 4 日，戴玉成 5692（BJFC 000138）。

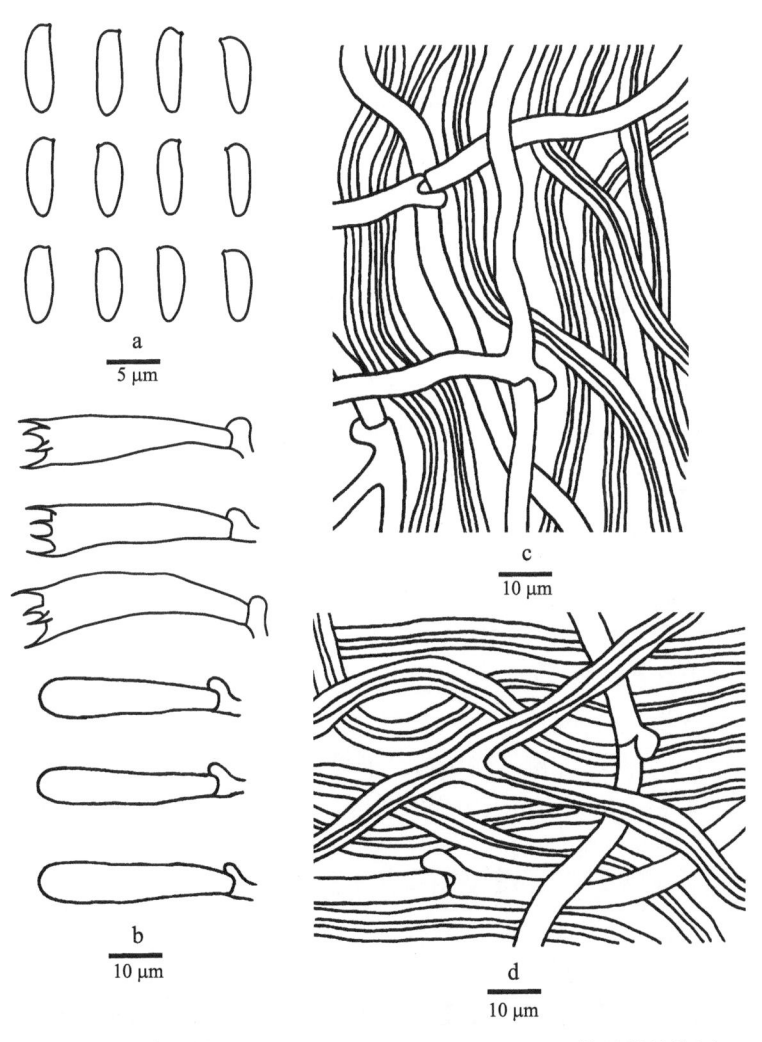

图 63 狭檐新薄孔菌 *Neoantrodia serialis* (Fr.) Audet 的显微结构图
a. 担孢子；b. 担子和拟担子；c. 菌管菌丝；d. 菌肉菌丝

生境：生长在针叶树上，引起木材褐色腐朽。

中国分布：吉林、黑龙江、云南、西藏。

世界分布：白俄罗斯、芬兰、捷克、意大利、中国等。

讨论：狭檐新薄孔菌的主要特征是担子果一年生或多年生，平伏至反转或完全平伏，菌盖贝壳形至有结节，菌盖表面几乎无毛光滑，赭色至褐色，孔口表面奶油色至浅赭色，孔口每毫米 3~5 个，菌丝系统二体系，骨架菌丝直径宽且几乎实心，在菌管和菌肉中均占多数，拟囊状体有帽状晶体包被，担孢子近纺锤圆柱形至窄椭圆形（5.9~8.2 × 2.4~3.2 μm）。狭檐新薄孔菌是整个属中子实体形状、孔口和担孢子的大小最多变的物种，当子实体平伏反转且菌盖表面呈褐色时很容易与其他种类区分。调查发现，狭檐新薄孔菌在我国东北地区和西南地区有分布，生长在针叶树上（Liu et al., 2023a）。

梯形新薄孔菌　图 64

Neoantrodia serrata (Vlasák & Spirin) Audet, Mushr. Nomen. Novel. 6: 2, 2017. Liu et al., Mycosphere 14(1): 1601, 2023.

Antrodia serrata J. Vlasák & V. Spirin, Mycologia 109: 228, 2017.

子实体：担子果多年生，平伏至反转或具菌盖，不易与基质分离，新鲜时木栓质，干后硬木栓质，重量变轻；单个菌盖长可达 1 cm，宽可达 0.5 cm，中部厚可达 15 mm；平伏担子果长可达 13 cm，宽可达 7 cm，厚约 12 mm；菌盖表面新鲜时奶油色，干后褐色至深褐色；菌盖边缘新鲜时比菌盖表面颜色浅，钝；孔口表面新鲜时奶油色，干后浅褐色或紫色色调；孔口圆形至多角形，每毫米 3~4 个，管口边缘薄，全缘；菌肉白色至奶油色，硬木栓质，厚约 12 mm；菌管与孔口表面同色，硬木栓质，长可达 10 mm。

显微结构：菌丝系统二体系；生殖菌丝具有锁状联合，骨架菌丝无拟糊精反应和淀粉质反应，无嗜蓝反应；菌丝组织在 KOH 试剂中无变化。菌肉中生殖菌丝较少，无色，薄壁，很少分枝，直径为 2.4~3.6 μm；骨架菌丝占多数，无色，厚壁，具一窄的内腔，很少分枝，直径为 2.3~4.2 μm。菌管中生殖菌丝较少，无色，薄壁，很少分枝，直径为 2~3 μm；骨架菌丝占多数，无色，厚壁，具一窄的内腔，很少分枝，交织排列，直径为 2.4~3.9 μm。子实层中无囊状体，具拟囊状体，纺锤形，薄壁，光滑，11.8~21.5 × 3.2~5.6 μm。担子棍棒状，着生 4 个担孢子梗，基部具一锁状联合，11.6~20.6(~24.8) × 4.6~5.8 μm；拟担子占多数，形状与担子类似，比担子稍小。担孢子近纺锤圆柱形至窄椭圆形，无色，薄壁，光滑，无拟糊精反应和淀粉质反应，无嗜蓝反应，5~7.2(~7.4) × 2~2.7 μm，平均长 $L = 5.70$ μm，平均宽 $W = 2.30$ μm，长宽比 $Q = 2.56$ ($n = 30/1$)。

研究标本：新疆：阜康市，天山天池景区，2006 年 8 月 2 日，戴玉成 7626（IFP 012035）。

生境：生长在针叶树上，引起木材褐色腐朽。

中国分布：新疆。

世界分布：美国、中国。

讨论：梯形新薄孔菌的主要特征是担子果多年生，平伏至反转，菌盖表面赭色至深褐色，孔口表面奶油色至浅赭色，孔口每毫米 3~4 个，菌丝结构二体系，菌管和菌肉中骨架菌丝均占多数，担孢子近纺锤圆柱形至窄椭圆形（5~7.2 × 2~2.7 μm）。梯形新薄孔菌分布于美国东部，产生平伏带结节的担子果，具较大的孔口和较小的担孢子，这些特征使其与分布于亚欧大陆的狭檐新薄孔菌相似却不同。梯形新薄孔菌与串状新薄孔菌 *Neoantrodia serialiformis* (Kout & Vlasák) Audet 都有坚韧子实体，赭色的菌盖表面，大小相近的孔口和厚壁的孔口边缘，但串状新薄孔菌的担孢子较小（长 4~5.6 μm），且寄主范围也不相同，梯形新薄孔菌多数生长在云杉上，串状新薄孔菌则生长在栎树上。调查发现，梯形新薄孔菌在我国新疆有分布，生长在针叶树上（Liu et al., 2023a）。

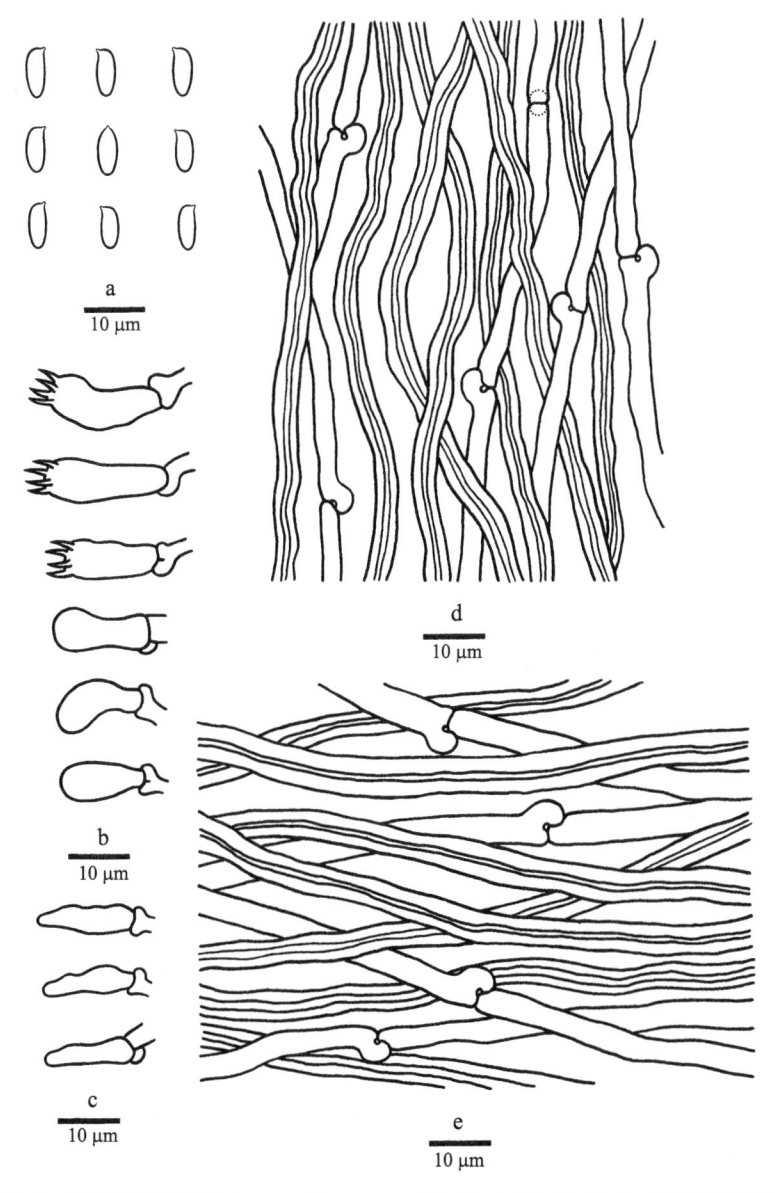

图 64 梯形新薄孔菌 *Neoantrodia serrata* (Vlasák & Spirin) Audet 的显微结构图
a. 担孢子；b. 担子和拟担子；c. 拟囊状体；d. 菌管菌丝；e. 菌肉菌丝

新镜孔菌属 Neolentiporus Rajchenb.

Nordic Jl Bot. 15(1): 105, 1995

担子果一年生,具菌盖,具侧生柄或少具中生柄,木栓质至易碎;菌盖表面奶油色至肉桂棕色;孔口表面奶油色至蜜黄色;孔口圆形至多角形;菌肉奶油色至浅黄色,木栓质;菌管与孔口同色,易碎。菌丝系统二体系;生殖菌丝具锁状联合,骨架菌丝无拟糊精反应和淀粉质反应,无嗜蓝反应;子实层中无囊状体,具拟囊状体;担孢子圆柱形,无色,薄壁,光滑,无拟糊精反应和淀粉质反应,无嗜蓝反应。

模式种:*Neolentiporus maculatissimus* (Lloyd) Rajchenb.。

生境:常生长在阔叶树上,引起木材褐色腐朽。

中国分布:海南。

世界分布:大洋洲,北美洲,亚洲。

讨论:新镜孔菌属由 Rajchenberg(1995)建立。该类群菌丝系统二体系,担孢子圆柱形,可造成木材褐色腐朽(Redhead and Ginns, 1985; Lamoure, 1989),这使得它与香菇属 *Lentinus* Fr.很容易区分开。目前,该属有 3 种,中国分布 1 种。

热带新镜孔菌 图 65,图版 I 8

Neolentiporus tropicus B.K. Cui & Shun Liu, Fungal Divers. 118: 55, 2023.

子实体:担子果一年生,具盖形,通常具一中生柄,单生,新鲜时软木栓质至木栓质,干后木栓质至脆质,重量变轻;菌盖扁平,扇形至圆形,波状,单个菌盖长可达 8 cm,宽可达 9.3 cm,中部厚可达 8 mm;菌盖表面新鲜时奶油色至浅黄色,干后浅黄色至肉桂棕;菌盖边缘奶油色,锐;孔口表面新鲜时奶油色至浅黄色,干后浅黄色至蜂蜜黄;不育边缘浅黄色,宽达 1 mm;孔口多角形,每毫米 2~4 个;管口边缘厚,全缘至撕裂状;菌肉奶油色至浅黄色,木栓质,厚约 3 mm;菌管与孔口表面同色,木栓质,长可达 1.5 mm。

显微结构:菌丝系统二体系;生殖菌丝具有锁状联合,骨架菌丝无拟糊精反应和淀粉质反应,无嗜蓝反应;菌丝组织在 KOH 试剂中无变化。菌肉中生殖菌丝较少,无色,薄壁,很少分枝,直径为 2~4.5 μm;骨架菌丝占多数,无色,厚壁,具一窄的内腔至近实心,很少分枝,直径为 2.2~6.7 μm。菌管中生殖菌丝占多数,无色,薄壁,偶尔分枝,直径为 1.9~4.2 μm;骨架菌丝较少,无色,厚壁,具一窄的内腔至近实心,很少分枝,交织排列,直径为 2~5 μm。子实层中无囊状体,具拟囊状体,纺锤形,薄壁,光滑,25.3~42.2 × 3.5~6 μm。担子棍棒状,着生 4 个担孢子梗,基部具一锁状联合,20~32.5 × 4.5~9 μm;拟担子占多数,形状与担子类似,比担子稍小。担孢子圆柱形至纺锤形,无色,薄壁,光滑,无拟糊精反应和淀粉质反应,无嗜蓝反应,(7.6~)8~9.2(~10) × (2.8~)3~4 μm,平均长 L = 8.68 μm,平均宽 W = 3.59 μm,长宽比 Q = 2.25~2.64 (n = 60/2)。

研究标本:海南:乐东县,尖峰岭自然保护区,2016 年 6 月 19 日,崔宝凯 13915(BJFC 028781,模式标本),崔宝凯 13923(BJFC 028789)。

生境:生长在阔叶树上,引起木材褐色腐朽。

中国分布:海南。

世界分布：中国。

讨论：形态上，热带新镜孔菌和斑点新镜孔菌 *Neolentiporus maculatissimus* (Lloyd) Rajchenb. 都有带柄的担子果，扇形至圆形的菌盖，多角形的孔口和圆柱形的担孢子。但是斑点新镜孔菌有着较大的担子（32~65 × 5.5~8.5 μm）和担孢子（12~14 × 4~5 μm）（Rajchenberg，1995）。热带新镜孔菌和鳞片新镜孔菌 *N. squamosellus* (Bernicchia & Ryvarden) Bernicchia & Ryvarden 有着相似的孔口，但是，后者有着二分状至侧生柄的担子果，较大的担子（25~40 × 6~9 μm）和担孢子（10~12 × 4.5~5.5 μm）（Bernicchia and Ryvarden，1998）。

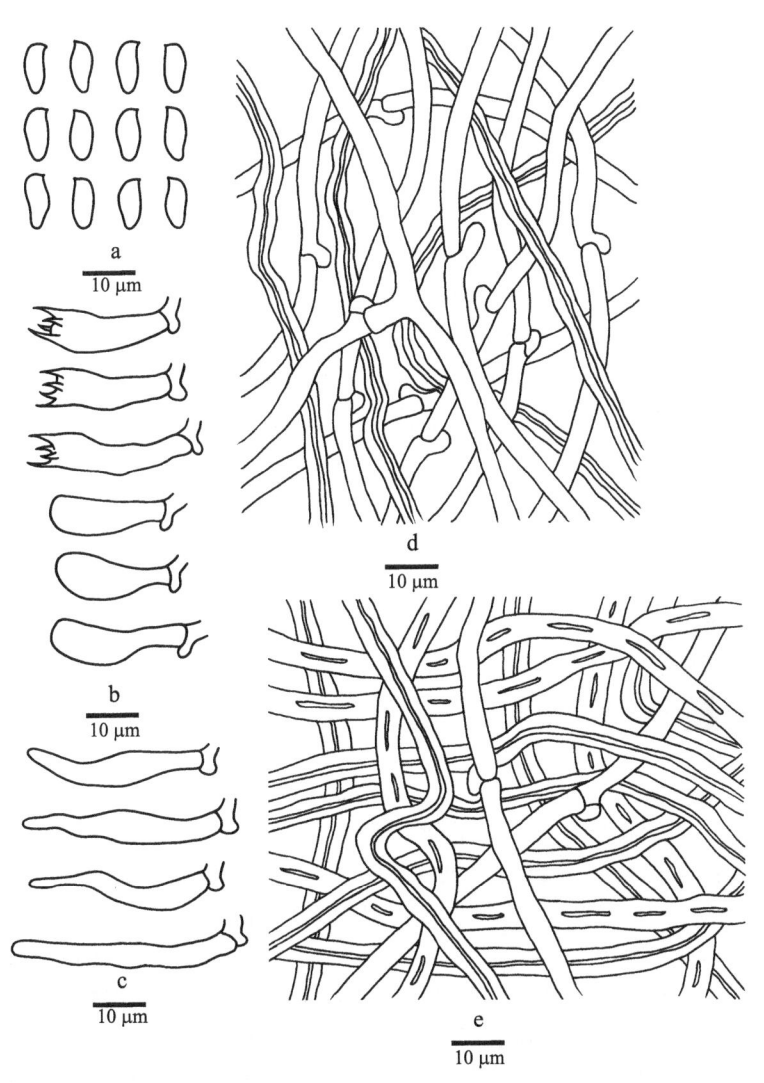

图 65 热带新镜孔菌 *Neolentiporus tropicus* B.K. Cui & Shun Liu 的显微结构图
a. 担孢子；b. 担子和拟担子；c. 拟囊状体；d. 菌管菌丝；e. 菌肉菌丝

白孔层孔菌属 Niveoporofomes B.K. Cui, M.L. Han & Y.C. Dai
Fungal Divers. 80: 360, 2016

担子果一年生，无柄盖形，新鲜时肉质，干后硬木栓质；菌盖表面象牙白色至赭黄色或黑褐色，无环带，被附硬绒毛至无毛，光滑或具皱纹；孔口表面新鲜时白色，干后变成奶油色至淡黄色或浅黄褐色；孔口圆形至多角形；菌肉白色至赭黄色，硬木栓质。菌丝系统二体系，生殖菌丝具锁状联合；骨架菌丝无色，少分枝；所有菌丝无拟糊精反应和淀粉质反应，无嗜蓝反应；子实层中无囊状体，薄壁的拟囊状体常见；担孢子卵形至宽椭圆形，无色，薄壁，光滑，无拟糊精反应和淀粉质反应，无嗜蓝反应。

模式种：*Niveoporofomes spraguei* (Berk. & M.A. Curtis) B.K. Cui, M.L. Han & Y.C. Dai。

生境：通常生长在阔叶树上，引起木材褐色腐朽。

中国分布：福建、江西、湖南、广东、广西、海南、云南。

世界分布：北半球广泛分布。

讨论：白孔层孔菌属由 Han 等（2016）建立，模式种是硬白孔层孔菌 *N. spraguei*。该属区别于拟层孔菌属的主要特征是担子果一年生，担孢子卵圆形至宽椭圆形。Decock 等（2022）再次证明白孔层孔菌属是一个独立的属，描述一个新种和两个新组合种，并且指出东亚地区的白孔层孔菌属种类并不是硬白孔层孔菌 *N. spraguei*。目前，该属有 5 种，中国分布 1 种（Liu et al., 2023b）。

东方白孔层孔菌　图 66
Niveoporofomes orientalis B.K. Cui & Shun Liu, Mycosphere 14(1): 1642, 2023.

子实体：担子果一年生，具盖形，单生或覆瓦状叠生，新鲜时木栓质，干后硬木栓质，重量变轻；菌盖扁平或半圆形，单个菌盖长可达 4.5 cm，宽可达 6 cm，中部厚可达 15 mm；菌盖表面新鲜时白色至奶油色，干后奶油色至浅粉黄色；菌盖边缘奶油色，稍钝或锐；孔口表面新鲜时白色至浅粉黄色，干后浅黄色至肉桂黄色；不育边缘不明显；孔口圆形，每毫米 5~7 个；管口边缘厚，全缘；菌肉白色至奶油色，硬木栓质，厚约 8 mm；菌管与孔口表面同色，硬木栓质，长可达 6 mm。

显微结构：菌丝系统二体系；生殖菌丝具有锁状联合，骨架菌丝无拟糊精反应和淀粉质反应，无嗜蓝反应；菌丝组织在 KOH 试剂中变为黄色至褐黄色。菌肉中生殖菌丝较少，无色，薄壁至稍厚壁，很少分枝，直径为 2~5 μm；骨架菌丝占多数，无色，厚壁，具一宽的内腔和窄的内腔，偶尔分枝，直径为 3.2~7.2 μm。菌管中生殖菌丝较少，无色，薄壁，很少分枝，直径为 1.8~3.2 μm；骨架菌丝占多数，无色，厚壁，具一宽的内腔和窄的内腔，偶尔分枝，交织排列，直径为 2.3~4.2 μm。子实层中无囊状体，具拟囊状体，纺锤形，薄壁，光滑，17.5~27.5 × 2.5~5.5 μm。担子棍棒状，着生 4 个担孢子梗，基部具一锁状联合，18.6~21.2 × 4.6~8 μm；拟担子占多数，形状与担子类似，比担子稍小。担孢子卵圆至近球形，无色，薄壁，光滑，无拟糊精反应和淀粉质反应，无嗜蓝反应，4.8~5.8(~6) × 4~4.6(~4.7) μm，平均长 L = 5.26 μm，平均宽 W = 4.31 μm，长宽比 Q = 1.07~1.40 (n = 90/3)。

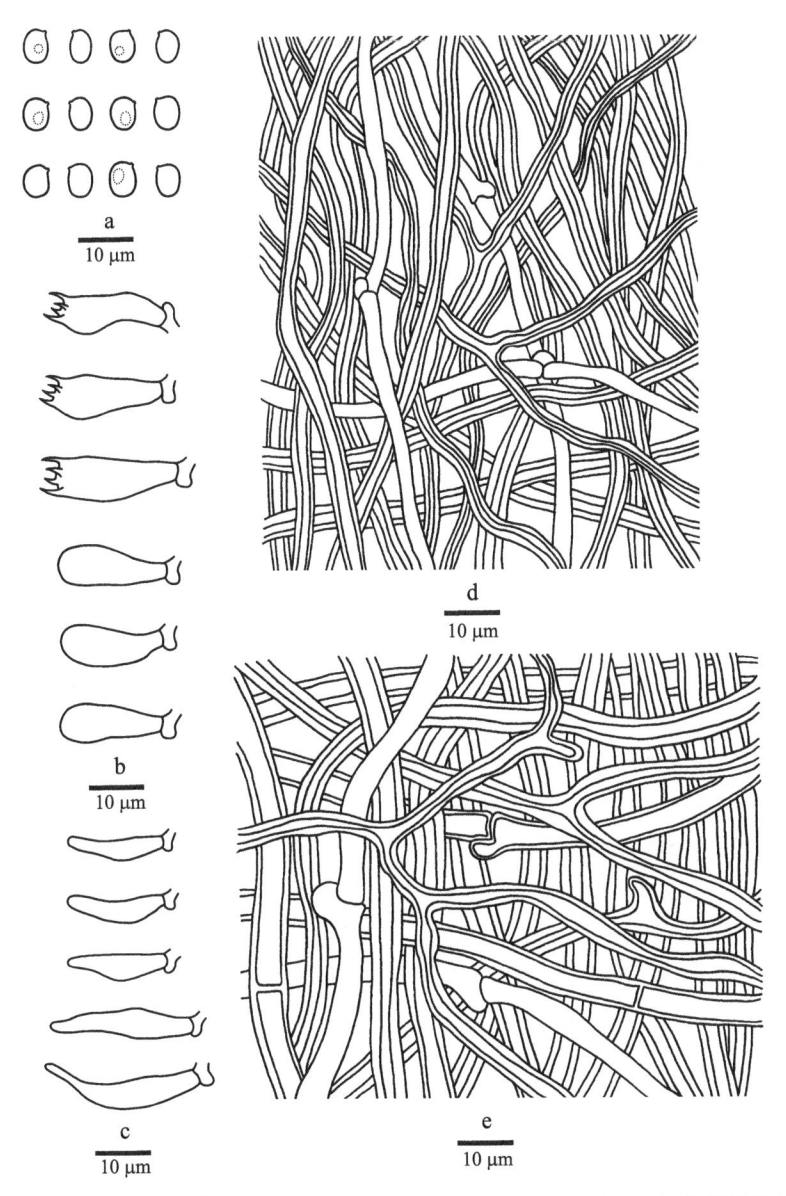

图 66 东方白孔层孔菌 *Niveoporofomes orientalis* B.K. Cui & Shun Liu 的显微结构图
a. 担孢子；b. 担子和拟担子；c. 拟囊状体；d. 菌管菌丝；e. 菌肉菌丝

研究标本：福建：福鼎市，太姥山，2016 年 8 月 22 日，戴玉成 16982（BJFC 023087），戴玉成 16987（BJFC 023092）。江西：井冈山市，井冈山自然保护区，2016 年 8 月 11 日，戴玉成 17178（BJFC 023276）。湖南：张家界森林公园，2010 年 8 月 17 日，戴玉成 11676（BJFC 008800）。广东：佛山市，西樵山森林公园，2009 年 2 月 13 日，戴玉成 10675（BJFC 004918）；河源市，大桂山森林公园，2011 年 8 月 18 日，崔宝凯 10122（BJFC 011016）；肇庆市，鼎湖山自然保护区，2010 年 6 月 30 日，崔宝凯 8951（BJFC 007891），崔宝凯 8953（BJFC 007892），崔宝凯 8969（BJFC 007907），崔宝凯 8970（BJFC 007908）。广西：上思县，十万大山森林公园，2016 年 7 月 6 日，崔宝凯 14013（BJFC 028881），崔宝凯 14031（BJFC 028899）。海南：乐东县，尖

峰岭自然保护区雨林谷，2007 年 11 月 17 日，戴玉成 9260（BJFC 000737；IFP 001909）。湖北：利川市，星斗山国家级自然保护区，2004 年 9 月 28 日，戴玉成 5983（IFP 001908）。云南：屏边县，大围山国家森林公园，2019 年 6 月 27 日，戴玉成 19905（BJFC 031579）；普洱市，普洱森林公园犀牛坪景区，2019 年 8 月 17 日，戴玉成 20440（BJFC 032108，模式标本）；绿春县，黄连山森林公园，2019 年 8 月 13 日，戴玉成 20717（BJFC 032384）。

生境：生长在阔叶树的活立木、倒木、死树、树桩上，引起木材褐色腐朽。

中国分布：福建、江西、湖南、广东、广西、海南、云南等。

世界分布：日本、中国等。

讨论：东方白孔层孔菌的主要特征是担子果一年生，干后硬木栓质，担孢子卵圆至近球形（4.8~5.8 × 4~4.6 μm）（Liu et al., 2023b）。东方白孔层孔菌与硬白孔层孔菌有着相似的形态特征，但硬白孔层孔菌有着较大的担子（24~28 × 6~7 μm）和较大的担孢子（5.5~7 × 4~5 μm）（Núñez and Ryvarden, 2001；Ryvarden, 2015）。

假薄孔菌属 Pseudoantrodia B.K. Cui, Yuan Y. Chen & Shun Liu
Fungal Divers. 118: 56, 2023

担子果一年生，平伏，新鲜时软木栓质，干后木栓质至白垩质；孔口表面新鲜时白色至橄榄黄色，干后浅黄色至灰褐色；孔口圆形至多角形；菌肉白色至奶油色，白垩质；菌管与孔口表面同色，木栓质。菌丝系统单体系；生殖菌丝具锁状联合，无拟糊精反应和淀粉质反应，无嗜蓝反应；子实层中无囊状体，具拟囊状体；担孢子宽椭圆形，无色，薄壁，光滑，无拟糊精反应和淀粉质反应，无嗜蓝反应。

模式种：*Pseudoantrodia monomitica* B.K. Cui, Yuan Y. Chen & Shun Liu。

生境：生长在针叶树或阔叶树上，可以引起木材褐色腐朽。

中国分布：安徽、福建、广东、海南。

世界分布：中国。

讨论：假薄孔菌属虽然具有平伏的子实体，但其菌丝结构单体系，且宽椭圆形的担孢子尺寸也更小。与波斯特孔菌属的平伏种类很相似，但波斯特孔菌属的担孢子薄壁，腊肠形至圆柱形或椭圆形（Wei and Dai, 2006；Shen et al., 2019）。与新薄孔菌属的亲缘关系最近，但新薄孔菌属的菌丝结构为二体系，担孢子圆柱形，尺寸也更大。目前，该属有 1 种，中国分布 1 种。

单系假薄孔菌　图 67

Pseudoantrodia monomitica B. K. Cui, Yuan Y. Chen & Shun Liu, Fungal Divers. 118: 56, 2023. Liu et al., Fungal Divers. 118: 56, 2023.

子实体：担子果一年生，平伏，贴生，不易与基质分离，新鲜时软木栓质，干后木栓质至白垩质，重量变轻；平伏担子果长可达 10 cm，宽可达 5 cm，厚约 5 mm；孔口表面新鲜时白色至橄榄黄色，干后浅黄色至灰褐色；不育边缘不明显或几乎不存在；孔口圆形至多角形，每毫米 3~5 个；管口边缘薄，全缘或撕裂状；菌肉白色至奶油色，白垩质，厚约 1 mm；菌管与孔口表面同色，木栓质，长可达 1.5 mm。

显微结构：菌丝系统单体系；生殖菌丝具有锁状联合，无拟糊精反应和淀粉质反应，无嗜蓝反应；菌丝组织在 KOH 试剂中无变化。菌肉中生殖菌丝无色，薄壁至稍厚壁，很少分枝，直径为 3~5 μm。菌管中生殖菌丝较无色，薄壁至稍厚壁，偶尔分枝，直径为 2~3.6 μm。子实层中无囊状体，具拟囊状体，纺锤形，薄壁，光滑，14~18 × 3~4 μm。担子棍棒状，着生 4 个担孢子梗，基部具一锁状联合，12~17 × 4.4~5.6 μm；拟担子占多数，形状与担子类似，比担子稍小。担孢子宽椭圆形，无色，薄壁，光滑，无拟糊精反应和淀粉质反应，无嗜蓝反应，(3.7~)4~5(~5.3) × 2~2.4 μm，平均长 L = 4.33 μm，平均宽 W = 2.10 μm，长宽比 Q = 2.01~2.17 (n = 60/2)。

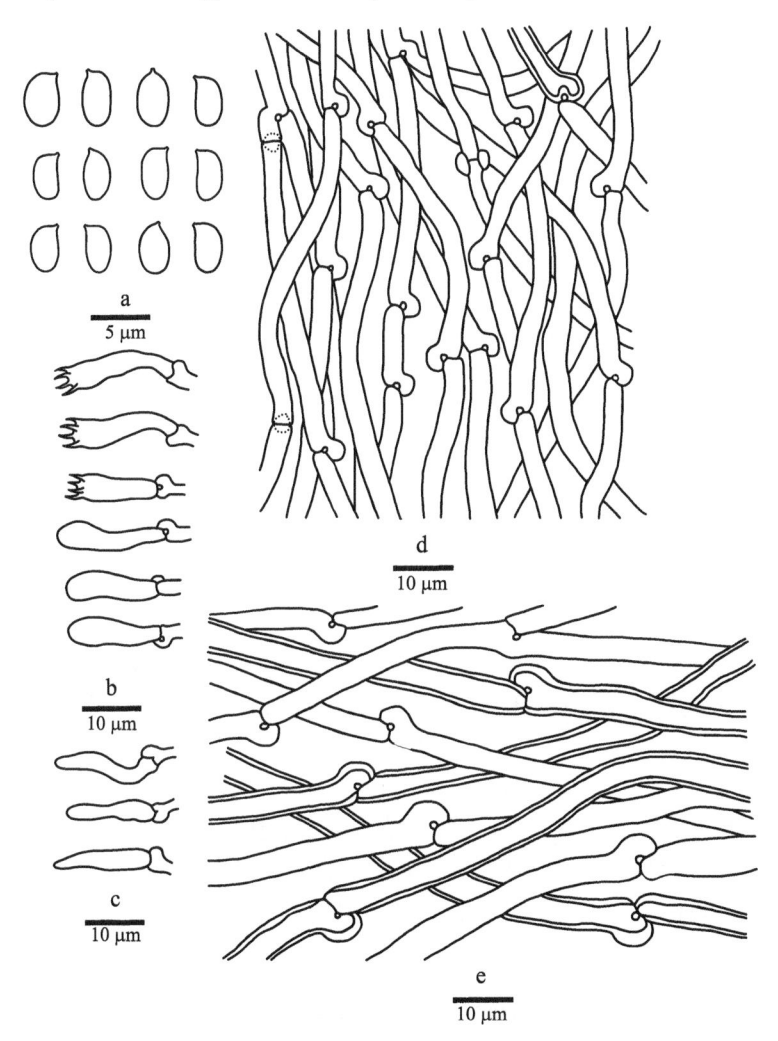

图 67 单系假薄孔菌 *Pseudoantrodia monomitica* B. K. Cui, Yuan Y. Chen & Shun Liu 的显微结构图
a. 担孢子；b. 担子和拟担子；c. 拟囊状体；d. 菌管菌丝；e. 菌肉菌丝

研究标本：安徽：祁门县，牯牛降保护区，2013 年 8 月 9 日，戴玉成 13381（BJFC 0014842）。福建：福州市，鼓山森林公园，2019 年 11 月 29 日，戴玉成 21129（BJFC 032786，模式标本）。广东：韶关市，仁化县，丹霞山保护区，2017 年 9 月 17 日，戴玉成 19136（BJFC 025666）；肇庆市，鼎湖山自然保护区，2018 年 4 月 27 日，戴玉

成 18514A（BJFC 026982）；肇庆市，鼎湖山保护区庆云寺方向，2019 年 6 月 10 日，戴玉成 19715（BJFC 031390）；肇庆市，封开县，黑石顶自然保护区，2018 年 4 月 30 日，戴玉成 18581A（BJFC 027049）。海南：昌江县，霸王岭自然保护区，2009 年 5 月 10 日，戴玉成 10828（BJFC 005070）。

生境：生长在针叶树或阔叶树上，引起木材褐色腐朽。

中国分布：安徽、福建、广东、海南。

世界分布：中国。

讨论：单系假薄孔菌的主要特征是担子果一年生，平伏，烘干以后白垩质，孔口表面新鲜时白色至橄榄黄色，烘干以后呈浅黄色至灰褐色，孔口每毫米 3~5 个，菌丝系统单体系，生殖菌丝具锁状联合，担孢子宽椭圆形（4~5 × 2~2.4 μm）。

红薄孔菌属 Rhodoantrodia B.K. Cui, Y.Y. Chen & Shun Liu
Fungal Divers. 118: 59, 2023

担子果一年生，平伏，新鲜时软木栓质，干后木栓质；孔口表面新鲜时浅紫色至紫罗兰色，干后褪色呈浅灰色至黄粉色；孔口多角形；菌肉奶油色至浅黄色，木栓质；菌管与孔口表面同色，木栓质。菌丝系统二体系；生殖菌丝具锁状联合，骨架菌丝无拟糊精反应和淀粉质反应，无嗜蓝反应；子实层中无囊状体与拟囊状体；担孢子圆柱形至拟纺锤形，无色，薄壁，光滑，无拟糊精反应和淀粉质反应，无嗜蓝反应。

模式种：*Rhodoantrodia tropica* (B.K. Cui) B.K. Cui, Yuan Y. Chen & Shun Liu。

生境：生长在阔叶树上，引起木材褐色腐朽。

中国分布：浙江、江西、湖北、广东、海南、云南。

世界分布：中国。

讨论：热带薄孔菌 *Antrodia tropica* B.K. Cui 是 Cui（2013）发现于中国热带地区的新种，其平伏的子实体、双系的菌丝结构、圆柱形的担孢子均符合薄孔菌属属内特征，描述记录了烘干以后的标本孔口灰色至粉黄色，在此后采集到了新鲜的子实体，发现该种类孔口表面新鲜时浅紫色至紫罗兰色，且子实体比薄孔菌属其他种类的子实体质软而有韧性。Liu 等（2023a）以热带薄孔菌为模式种建立新属红薄孔菌属 *Rhodoantrodia*，该属与玫红拟层孔菌属的亲缘关系较近，但不同的是玫红拟层孔菌属种类的子实体大多有菌盖，且孔口表面和菌肉均呈玫瑰色、紫色或粉褐色（Liu et al., 2023a）。目前，该属有 3 种，中国分布 3 种。

中国红薄孔菌属分种检索表

1. 孔口表面干后褪色明显 ·· 热带红薄孔菌 *R. tropica*
1. 孔口表面干后褪色不明显 ··· 2
  2. 孔口表面干后灰紫色至黄紫色；拟囊状体不存在 ············· 亚热带红薄孔菌 *R. subtropica*
  2. 孔口表面干后灰蓝色至暗灰蓝色；拟囊状体存在 ·············· 云南红薄孔菌 *R. yunnanensis*

亚热带红薄孔菌 图 68

Rhodoantrodia subtropica B.K. Cui & Shun Liu, Mycosphere 14(1): 1647, 2023.

子实体：担子果一年生，平伏，贴生，不易与基质分离，新鲜时软木栓质，干后木栓质，重量变轻；平伏担子果长可达 5.5 cm，宽可达 10 cm，厚约 5 mm；孔口表面新鲜时灰紫色至青紫色，干后褪色呈灰紫色至黄紫色；不育边缘不明显或几乎不存在；孔口多角形，每毫米 3~4 个；管口边缘薄，全缘或撕裂状；菌肉浅黄色，木栓质，厚约 2 mm；菌管与孔口表面同色，木栓质，长可达 3 mm。

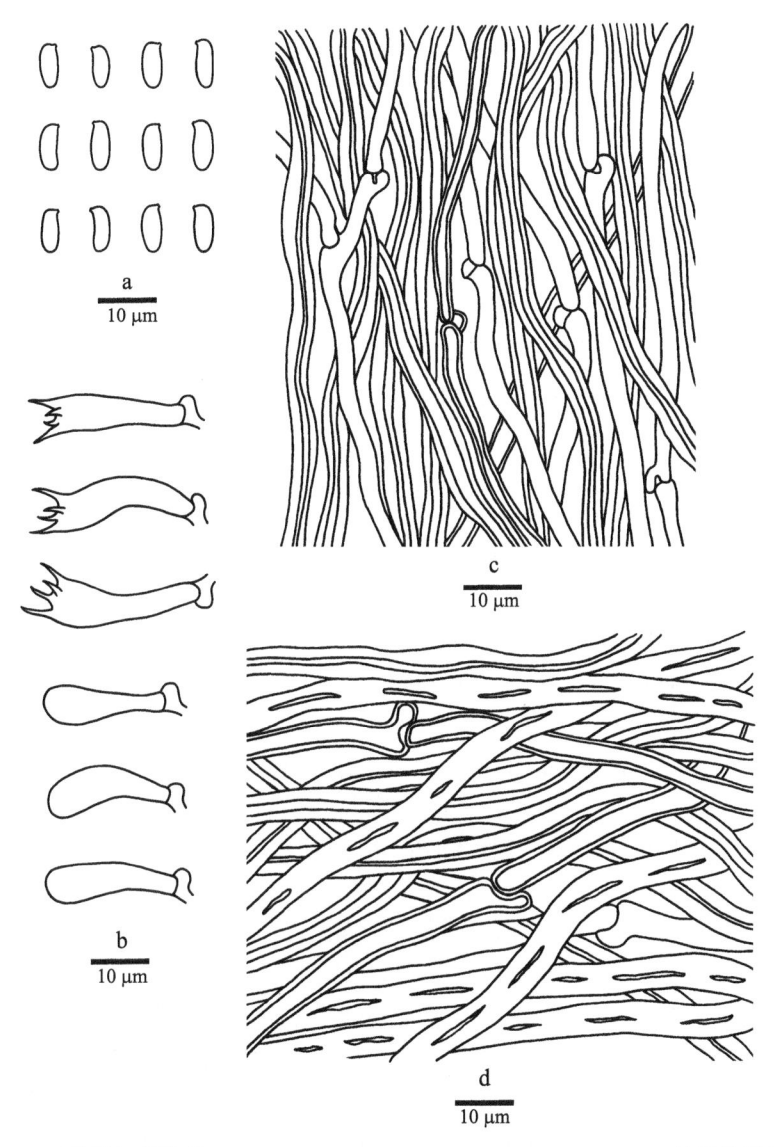

图 68 亚热带红薄孔菌 *Rhodoantrodia subtropica* B.K. Cui & Shun Liu 的显微结构图
a. 担孢子；b. 担子和拟担子；c. 菌管菌丝；d. 菌肉菌丝

显微结构：菌丝系统二体系；生殖菌丝具有锁状联合，骨架菌丝无拟糊精反应和淀粉质反应，无嗜蓝反应；菌丝组织在 KOH 试剂中无变化。菌肉中生殖菌丝较少，无色，薄壁至稍厚壁，很少分枝，直径为 2~4.2 μm；骨架菌丝占多数，无色，厚壁，具一窄的内腔至近实心，很少分枝，直径为 2.8~6.2 μm。菌管中生殖菌丝较少，无色，薄壁至稍厚壁，偶尔分枝，直径为 1.8~4 μm；骨架菌丝占多数，无色，厚壁，具一窄的内腔至近实心，很少分枝，交织排列，直径为 2.8~5.4 μm。子实层中无囊状体和拟囊状体。担子棍棒状，着生 4 个担孢子梗，基部具一锁状联合，18.3~26.5 × 4.6~8.8 μm；拟担子占多数，形状与担子类似，比担子稍小。担孢子圆柱形至拟纺锤形，无色，薄壁，光滑，无拟糊精反应和淀粉质反应，无嗜蓝反应，7~8.4 × 2.6~3.3 μm，平均长 L = 7.78 μm，平均宽 W = 2.92 μm，长宽比 Q = 2.33~2.96 (n = 60/2)。

研究标本：云南：屏边县，大围山国家森林公园，2019 年 6 月 26 日，戴玉成 19798（BJFC 031473）；剑川县，石宝山景区，2019 年 11 月 5 日，崔宝凯 18021（BJFC 034880，模式标本）。

生境：生长在阔叶树上，引起木材褐色腐朽。

中国分布：云南。

世界分布：中国。

讨论：亚热带红薄孔菌的主要特征是担子果一年生，平伏，孔口表面新鲜时灰紫色至青紫色，干后褪色呈灰紫色至黄紫色，孔口每毫米 3~4 个，菌丝系统二体系，菌管中骨架菌丝占多数，担孢子圆柱形至拟纺锤形（7~8.4 × 2.6~3.3 μm）。形态上，亚热带红薄孔菌与热带红薄孔菌和云南红薄孔菌相似，但热带红薄孔菌的孔口表面干后褪色呈浅灰色至黄粉色，并且菌管菌丝中生殖菌丝占多数（Cui，2013）；云南红薄孔菌的孔口表面干后灰蓝色至暗灰蓝色，存在拟囊状体，并且担孢子较大（7~9.9 × 2.5~3.1 μm）（Han et al.，2020）。

热带红薄孔菌　图 69

Rhodoantrodia tropica (B.K. Cui) B.K. Cui, Yuan Y. Chen & Shun Liu, Fungal Divers. 118: 59, 2023.

Antrodia tropica B.K. Cui, Mycol. Prog. 12(2): 226, 2013.

子实体：担子果一年生，平伏，贴生，不易与基质分离，新鲜时软木栓质，干后木栓质；平伏担子果长可达 5 cm，宽可达 3 cm，厚约 2 mm；孔口表面新鲜时浅紫色至紫罗兰色，干后褪色呈浅灰色至黄粉色；不育边缘不明显或几乎不存在；孔口多角形，每毫米 3~4 个；管口边缘薄，全缘或撕裂状；菌肉奶油色至浅黄色，木栓质，厚约 1 mm；菌管与孔口表面同色，木栓质，长可达 1.7 mm。

显微结构：菌丝系统二体系；生殖菌丝具有锁状联合，骨架菌丝无拟糊精反应和淀粉质反应，无嗜蓝反应；菌丝组织在 KOH 试剂中无变化。菌肉中生殖菌丝较少，无色，薄壁至稍厚壁，常具分枝，直径为 2.4~4.7 μm；骨架菌丝占多数，无色，厚壁，具一窄的内腔，很少分枝，直径为 3~5 μm。菌管中生殖菌丝占多数，无色，薄壁，常具分枝，直径为 2~4.4 μm；骨架菌丝占多数，无色，厚壁，具一宽的内腔至窄的内腔，很少分枝，交织排列，直径为 2.7~5 μm。子实层中无囊状体与拟囊状体。担子棍棒状，着生 4 个担孢子梗，基部具一锁状联合，17~25 × 4.4~6.5 μm；拟担子占多数，形状与担子类似，比担子稍小。担孢子圆柱形至拟纺锤形，无色，薄壁，光滑，无拟糊精反应和淀粉质反应，无嗜蓝反应，(8~)8.3~10 × 2.4~3 μm，平均长 L = 9.13 μm，平均宽 W = 2.86 μm，长宽比 Q = 3.18~3.23 (n = 60/2)。

研究标本：浙江：庆元县，白山祖保护区，2013年8月6日，戴玉成13428（BJFC 014892）；2013年8月14日，戴玉成13434（BJFC 014898）。江西：铜鼓县，官山自然保护区，2016年8月10日，戴玉成17169（BJFC 023267）。湖北：宜昌市，五峰县，柴埠溪地质公园，2017年8月15日，戴玉成17938（BJFC 025467）。广东：肇庆市，鼎湖山自然保护区，2006年5月27日，戴玉成7551（IFP 011966）；2010年6月30日，崔宝凯8952（BJFC 009171），崔宝凯8960（BJFC 009172），崔宝凯8979（BJFC 009173）；仁化县，丹霞山自然保护区，2019年6月4日，崔宝凯17237（BJFC 034095）。海南：昌江县，霸王岭自然保护区，2009年5月10日，崔宝凯6471（BJFC 010347，模式标本），崔宝凯6490（BJFC 010348），崔宝凯6520（BJFC 004373）。

生境：生长在阔叶树上，引起木材褐色腐朽。

中国分布：浙江、江西、湖北、广东、海南等。

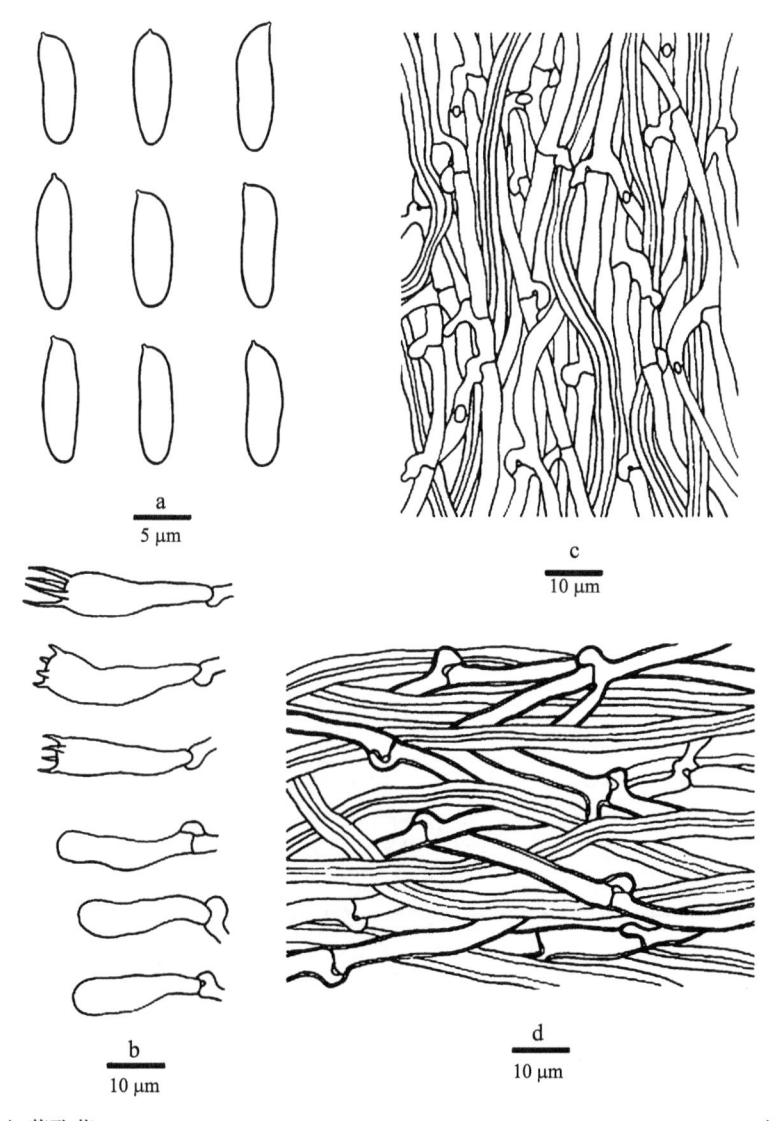

图69 热带红薄孔菌 Rhodoantrodia tropica (B.K. Cui) B.K. Cui, Yuan Y. Chen & Shun Liu 的显微结构图
a. 担孢子；b. 担子和拟担子；c. 菌管菌丝；d. 菌肉菌丝

世界分布：中国。

讨论：热带红薄孔菌的主要特征是担子果一年生，平伏，孔口表面新鲜时浅紫色至紫罗兰色，烘干以后褪色呈浅灰色至黄粉色，孔口每毫米 3~4 个，菌丝系统二体系，菌管中生殖菌丝占多数，担孢子圆柱形至拟纺锤形（8.3~10 × 2.4~3 μm）。

云南红薄孔菌 图 70

Rhodoantrodia yunnanensis (M.L. Han & Q. An) B.K. Cui & Shun Liu, Fungal Divers. 118: 59, 2023.

Antrodia yunnanensis M.L. Han & Q. An, Phytotaxa 460: 6, 2020.

子实体：担子果一年生，平伏，贴生，易与基质分离，木栓质；平伏担子果长可达 11 cm，宽可达 3.3 cm，厚约 4.3 mm；孔口表面新鲜时灰蓝色到葡萄色，干后灰蓝色至暗灰蓝色；不育边缘不明显或几乎不存在；孔口圆形至多角形，每毫米 2~3 个；管口边缘薄，全缘；菌肉奶油色，木栓质，厚约 3.5 mm；菌管与孔口表面同色，木栓质，长可达 0.8 mm。

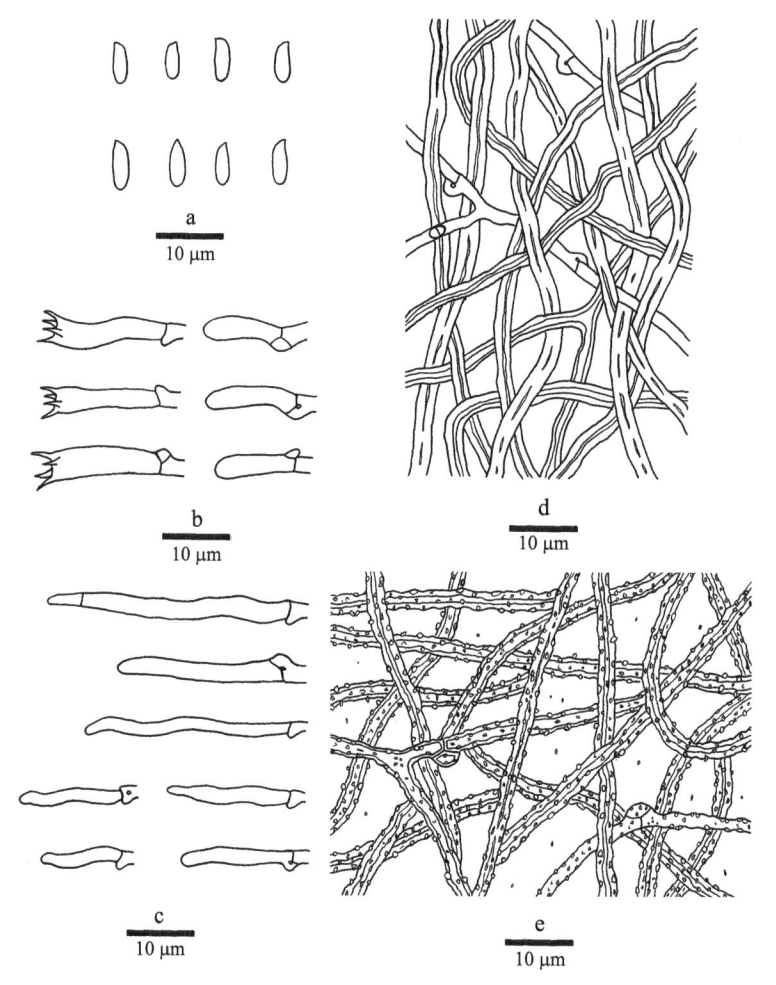

图 70 云南红薄孔菌 *Rhodoantrodia yunnanensis* (M.L. Han & Q. An) B.K. Cui & Shun Liu 的显微结构图
a. 担孢子；b. 担子和拟担子；c. 拟囊状体；d. 菌管菌丝；e. 菌肉菌丝

显微结构：菌丝系统二体系；生殖菌丝具有锁状联合，骨架菌丝无拟糊精反应和淀粉质反应，无嗜蓝反应；菌丝组织在 KOH 试剂中无变化。菌肉中生殖菌丝较少，无色，薄壁至稍厚壁，偶尔分枝，直径为 2~3 μm；骨架菌丝占多数，无色，厚壁，具一窄的内腔至近实心，很少分枝，直径为 2~4 μm。菌管中生殖菌丝较少，无色，薄壁，偶尔分枝，直径为 2~3 μm；骨架菌丝占多数，无色，厚壁，具一窄的内腔至近实心，偶尔分枝，交织排列，直径为 2~3.5 μm。子实层中无囊状体，具拟囊状体，纺锤形，薄壁，光滑，12~50 × 2~4 μm。担子棍棒状，着生 4 个担孢子梗，基部具一锁状联合，18~20 × 4~6 μm；拟担子占多数，形状与担子类似，比担子稍小。担孢子圆柱形，无色，薄壁，光滑，无拟糊精反应和淀粉质反应，无嗜蓝反应，7~9.9(~10) × 2.5~3.1(~3.2) μm，平均长 L = 8.17 μm，平均宽 W = 2.9 μm，长宽比 Q = 2.82 (n = 20/1)。

研究标本：云南：保山市，高黎贡山自然保护区，2019 年 11 月 8 日，崔宝凯 18173（BJFC 035032）。

生境：生长在阔叶树上，引起木材褐色腐朽。

中国分布：云南。

世界分布：中国。

讨论：云南红薄孔菌的主要特征是担子果一年生，平伏，孔口表面干燥后灰蓝色至暗灰蓝色，孔口圆形至多角形，每毫米 2~3 个，菌肉菌丝常被结晶，担孢子圆柱形，薄壁（7~9.9 × 2.5~3.1 μm）（Han et al., 2020）。热带红薄孔菌与云南红薄孔菌都有一年生且平伏的担子果和相似大小的担孢子，但是热带红薄孔菌的孔口表面浅灰色至黄粉色，孔口较小（每毫米 3~4 个），没有拟囊状体（Cui, 2013）。

红层孔菌属 Rhodofomes Kotl. & Pouzar
Česká Mykol. 44: 235, 1990

担子果多年生，大部分无柄盖形，新鲜时革质，干后硬木栓质；菌盖表面玫瑰粉色、褐色或黑色，被短绒毛或无毛，大部分具明显的中心环带和环沟；孔口表面新鲜时粉色至葡萄色，干后土粉色至棕葡萄色；孔口圆形至多角形；菌肉白粉色、粉褐色或褐色，硬木栓质，有时上表面具一个薄的皮壳；菌管与孔口表面同色，硬木栓质，分层明显。菌丝系统二体系；生殖菌丝具锁状联合，骨架菌丝无拟糊精反应和淀粉质反应，无嗜蓝反应；子实层中无囊状体，具拟囊状体；担孢子圆柱形至椭圆形，无色，薄壁，光滑，无拟糊精反应和淀粉质反应，无嗜蓝反应。

模式种：*Rhodofomes roseus* (Alb. & Schwein.) Kotl. & Pouzar。

生境：通常生长在针叶树和阔叶树上，引起木材褐色腐朽。

中国分布：全国广泛分布。

世界分布：世界各地广泛分布。

讨论：Nobles（1971）指出粉拟层孔菌 *Fomitopsis cajanderi* (P. Karst.) Kotl. & Pouzar 与迷孔菌属有着一些相似的形态学特征。Donk（1974）提出将粉拟层孔菌从拟层孔菌属移出，转入迷孔菌属或任一其他相关的类群。随后，Kotlába 和 Pouzar（1990, 1998）提出从拟层孔菌属建立红层孔菌属，并且以玫瑰红层孔菌 *R. roseus* 为模式种。但是该属的概念一直存在争议（Kim et al.，2005，2007；Ortiz-Santana et al.，2013；Han et al.，2014；Ryvarden and Melo，2014）。Han 等（2016）研究发现红层孔菌属种类形成了一个远离拟层孔菌属的高支持率的分支，这一分支与粉红层孔菌属和白孔层孔菌属亲缘关系密切。然而，不同于红层孔菌属，粉红层孔菌属新鲜时具白色至奶油色或粉色的孔口表面，干后稻黄色至肉桂棕色；白孔层孔菌属具木栓质至硬木栓质的子实体，新鲜时白色、干后黄褐色的孔口表面和奶油色的菌肉。因此，红层孔菌属作为一个独立的属。目前，该属有 5 种，中国分布 4 种。

中国红层孔菌属分种检索表

1. 担孢子直或略弯曲 ··· 2
1. 担孢子腊肠形或明显弯曲 ··· 3
    2. 菌盖半球形、马蹄形，菌肉上表面常具皮壳 ································ 玫瑰红层孔菌 *R. roseus*
    2. 菌盖扁平至三角形或不规则形，菌肉上表面无皮壳 ····················· 亚肉色红层孔菌 *R. subfeei*
3. 担孢子腊肠形，长 4.9~5.8 μm ··· 粉红层孔菌 *R. cajanderi*
3. 担孢子圆柱形至长椭圆形，长 4~4.8 μm ···································· 灰红层孔菌 *R. incarnatus*

粉红层孔菌　图 71

Rhodofomes cajanderi (P. Karst.) B.K. Cui, M.L. Han & Y.C. Dai, Fungal Divers. 80: 364, 2016.

Fomes cajanderi P. Karst., Öfvers. Finska VetenskSoc. Förh. 46(11): 8, 1904.

Fomitopsis cajanderi (P. Karst.) Kotl. & Pouzar, Česká Mykol. 11(3): 157, 1957.

Pycnoporus mimicus P. Karst., Trav. Sous-Sect. Troïtzk.-Khiakta, Sect. Pays d'Amour Soc. Imp. Russe Géogr. 8: 62, 1906.

Polystictus mimicus (P. Karst.) Sacc. & Trotter, Syll. Fung. (Abellini) 21: 322, 1912.

Trametes roseozonata Lloyd, Mycol. Writ. 7(Letter 67): 1144, 1922.

Trametes subrosea Weir, Rhodora 25: 217, 1923.

Fomes subroseus (Weir) Overh., Bulletin of the Penn. State College 316: 11, 1935.

Ungulina subrosea (Weir) Murashk., Trudy Omsk. Sel'sk Chozj. Kirova 17: 86, 1939.

Fomitopsis subrosea (Weir) Bondartsev & Singer, Annls Mycol. 39(1): 55, 1941.

Fomitopsis roseozonata (Lloyd) S. Ito, Mycol. Fl. Japan 2(4): 309, 1955.

子实体：担子果多年生，具盖形或平伏至反转，单生或覆瓦状叠生，木栓质；菌盖扇形至半圆形，单个菌盖长可达 5.6 cm，宽可达 9.7 cm，中部厚可达 7 mm；菌盖表面新鲜时浅褐色至淡粉红色，干后颜色加深呈粉褐色或灰色至黑灰色，被绒毛或小纤毛或无毛，具明显环沟，纵条纹有或无，粗糙；边缘与菌盖同色或颜色较浅，薄而锐；孔口表面玫瑰色至粉褐色或褐色；不育边缘明显，可达 1 mm；孔口圆形至多角形，每毫米 5~7 个；管口边缘厚，全缘；菌肉浅粉褐色，木栓质，厚约 3 mm；菌管与孔口表面同色，木栓质，长可达 4 mm。

显微结构：菌丝系统二体系；生殖菌丝具有锁状联合，骨架菌丝无拟糊精反应和淀粉质反应，无嗜蓝反应；菌丝组织在 KOH 试剂中变为黑褐色至黑色。菌肉中生殖菌丝较少，无色，薄壁，很少分枝，直径为 2~4 μm；骨架菌丝占多数，淡黄色至淡黄褐色，厚壁，具一宽的内腔，很少分枝，直径为 2.5~4.5 μm。菌管中生殖菌丝较少，无色，薄壁，很少分枝，直径为 2~3.5 μm；骨架菌丝占多数，淡黄色至淡黄褐色，厚壁，具一窄的内腔至近实心，很少分枝，交织排列，直径为 2~4 μm。子实层中无囊状体，具拟囊状体，纺锤形，薄壁，光滑，10~22 × 3~3.5 μm。担子棍棒状，着生 4 个担孢子梗，基部具一锁状联合，8~18 × 4~5 μm；拟担子占多数，形状与担子类似，比担子稍小。担孢子腊肠形，无色，薄壁，光滑，无拟糊精反应和淀粉质反应，无嗜蓝反应，(4.8~)4.9~5.8(~5.9) × 1.8~2 μm，平均长 L = 5.26 μm，平均宽 W = 1.92 μm，长宽比 Q = 2.69~2.78 (n = 60/2)。

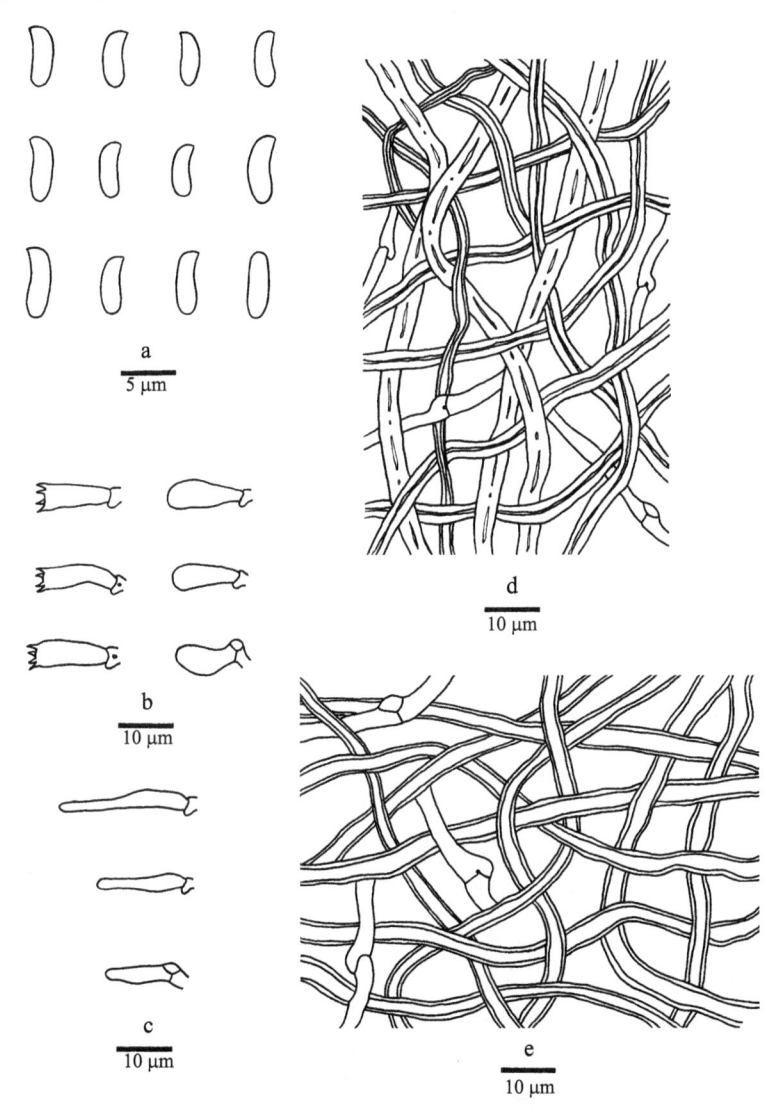

图 71 粉红层孔菌 Rhodofomes cajanderi (P. Karst.) B.K. Cui, M.L. Han & Y.C. Dai 的显微结构图
a. 担孢子；b. 担子和拟担子；c. 拟囊状体；d. 菌管菌丝；e. 菌肉菌丝

研究标本：吉林：安图县，长白山自然保护区，2011 年 8 月 8 日，崔宝凯 9991（BJFC 010884）；2011 年 8 月 9 日，崔宝凯 10059（BJFC 010952）；2016 年 8 月 2 日，崔

宝凯 14099（BJFC 028967）；安图县，长白山自然保护区大样地，2019 年 9 月 19 日，戴玉成 20840（BJFC 032509）；2019 年 9 月 21 日，戴玉成 20863（BJFC 032532）。黑龙江：大兴安岭地区，呼玛县，南瓮河自然保护区，2014 年 8 月 27 日，戴玉成 14721（BJFC 017846）；伊春市丰林自然保护区，2014 年 8 月 28 日，崔宝凯 11820（BJFC 016891）。四川：稻城县，亚丁自然保护区，2019 年 8 月 11 日，崔宝凯 17393（BJFC 034252），崔宝凯 17416（BJFC 034275）；2021 年 10 月 11 日，戴玉成 23188（BJFC 037759）。云南：德钦县，白马雪山自然保护区，2020 年 9 月 14 日，崔宝凯 18516（BJFC 035377）；香格里拉市，普达措国家公园，2021 年 9 月 6 日，戴玉成 22931（BJFC 037504）。

生境：多生长在针叶树活立木、倒木、树桩、腐烂木上，引起木材褐色腐朽。

中国分布：内蒙古、吉林、黑龙江、四川、云南等。

世界分布：俄罗斯、芬兰、美国、蒙古国、日本、意大利、中国等。

讨论：粉红层孔菌的主要特征是菌盖扇形至半圆形，菌盖表面粉褐色或灰色至黑灰色，具明显环沟，孔口表面玫瑰色至粉褐色或褐色，拟囊状体纺锤形，担孢子腊肠形（4.9~5.8 × 1.8~2 μm）。粉红层孔菌与灰红层孔菌、玫瑰红层孔菌和亚肉色红层孔菌相似，都具粉色的孔口表面；但是与粉红层孔菌不同，灰红层孔菌的担孢子较小，圆柱形至长椭圆形，常弯曲（4~4.8 × 2~2.1 μm）；玫瑰红层孔菌的菌盖半球形、马蹄形，菌盖表面有皮壳，子实层中无拟囊状体，担孢子椭圆形至圆柱形；亚肉色红层孔菌的担孢子较小，圆柱形至长椭圆形（4~5 × 1.9~2.5 μm）（Han et al., 2016）。调查发现，粉红层孔菌在我国分布广泛，生长在针叶树上（Han et al., 2016）。

灰红层孔菌 图 72

Rhodofomes incarnatus (K.M. Kim, J.S. Lee & H.S. Jung) B.K. Cui, M.L. Han & Y.C. Dai, Fungal Divers. 80: 364, 2016.

Fomitopsis incarnatus K.M. Kim, J.S. Lee & H.S. Jung, Mycologia 99: 835, 2007.

子实体：担子果多年生，平伏反转或具菌盖，新鲜时木栓质，干后硬木栓质，重量变轻；菌盖半圆形至不规则形，单个菌盖长可达 6 cm，宽可达 8 cm，基部厚可达 13 mm；菌盖表面褐色至鼠灰色，粗糙或具明显的环沟；菌盖边缘薄而锐；孔口表面新鲜时粉白色，干后粉棕色；不育边缘明显，与孔口表面同色或颜色较浅，可达 2 mm；孔口圆形至多角形，每毫米 5~7 个，管口边缘薄壁，全缘；菌肉肉桂棕色，木栓质，厚约 4 mm；菌管与孔口表面同色，分层明显，硬木栓质，长可达 9 mm。

显微结构：菌丝系统二体系；生殖菌丝具有锁状联合，骨架菌丝无拟糊精反应和淀粉质反应，无嗜蓝反应；菌丝组织在 KOH 试剂中变成黑褐色。菌肉中生殖菌丝较少，无色，薄壁，偶尔分枝，直径为 2.5~3.5 μm；骨架菌丝占多数，淡黄色至黄褐色，厚壁，具一窄的内腔至近实心，很少分枝，直径为 2.2~5 μm。菌管中生殖菌丝较少，无色，薄壁，偶尔分枝，直径为 2~3 μm；骨架菌丝占多数，淡黄色至黄褐色，厚壁，具一窄的内腔至近实心，很少分枝，交织排列，直径为 1.8~4 μm。子实层中无囊状体，具拟囊状体，纺锤形，薄壁，光滑，12~23 × 2.5~3 μm。担子棍棒状，着生 4 个担孢子梗，基部具一锁状联合，13~19 × 4.5~5.5 μm；拟担子占多数，形状与担子类似，比担子稍小。担孢子圆柱形至长椭圆形，无色，薄壁，光滑，无拟糊精反应和淀粉质反应，无嗜蓝反应，4~4.8 × 2~2.1(~2.2) μm，平均长 L = 4.42 μm，平均宽 W = 2.06 μm，长宽比 Q = 1.96~2.26 (n = 60/2)。

研究标本：河南：内乡县，宝天曼自然保护区，2009 年 9 月 23 日，戴玉成 11325（BJFC 007471）。湖南：张家界森林公园，2010 年 8 月 17 日，戴玉成 11684（BJFC 008808）。云南：兰坪县，通甸镇，罗古箐，2011 年 9 月 19 日，崔宝凯 10348（BJFC 011243）。西藏：林芝市，波密县，易贡茶场，2021 年 10 月 24 日，戴玉成 23457（BJFC 38029）。陕西：太白山自然保护区，2006 年 8 月 5 日，戴玉成 7647（IFP 012054）；周至县，厚畛子太保站，2006 年 10 月 24 日，袁海生 2653（IFP 001823）。

生境：生长在针叶树和阔叶树倒木、腐朽木上，引起木材褐色腐朽。

中国分布：河南、湖南、云南、西藏、陕西。

世界分布：韩国、中国。

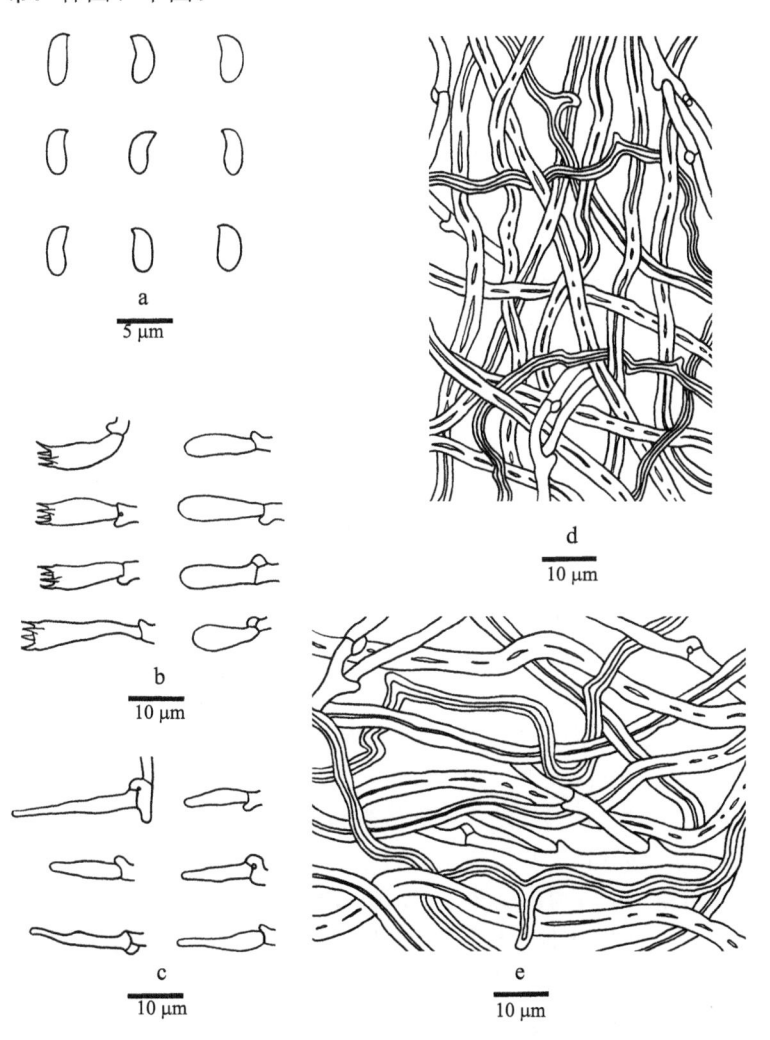

图 72 灰红层孔菌 *Rhodofomes incarnatus* (K.M. Kim, J.S. Lee & H.S. Jung) B.K. Cui, M.L. Han & Y.C. Dai 的显微结构图

a. 担孢子；b. 担子和拟担子；c. 拟囊状体；d. 菌管菌丝；e. 菌肉菌丝

讨论：灰红层孔菌的主要特征是菌盖半圆形至不规则形，菌盖表面褐色至鼠灰色，粗糙或具明显的环沟，孔口表面新鲜时粉白色，干后粉棕色，拟囊状体纺锤形，担孢子圆柱形至长椭圆形，常弯曲（4~4.8 × 2~2.1 μm）。灰红层孔菌最初被描述于韩国（Kim et al., 2007），韩国的灰红层孔菌的孔口较小（每毫米 6~8 个），且担孢子较大（4.5~6.3 × 2.2~2.9 μm）。灰红层孔菌与玫瑰红层孔菌、亚肉色红层孔菌相似，都具粉色的孔口表面；但是与灰红层孔菌不同，玫瑰红层孔菌的菌盖半球形、马蹄形，菌盖表面具皮壳，子实层中无拟囊状体；亚肉色红层孔菌的孔口较大（每毫米 4~6 个），担孢子较大，略弯曲（4~5 × 1.9~2.5 μm）（Han et al., 2016）。调查发现，灰红层孔菌在我国分布较广泛，生长在针叶树或阔叶树上（Han et al., 2016）。

玫瑰红层孔菌　图 73，图版 II 9

Rhodofomes roseus (Alb. & Schwein.) Kotl. & Pouzar, Česká Mykol. 44(4): 235, 1990. Liu et al., Mycosphere 14(1): 1602, 2023.

Boletus roseus Alb. & Schwein., Consp. Fung. (Leipzig): 251, 1805.

Polyporus roseus (Alb. & Schwein.) Fr., Observ. mycol. (Havniae) 2: 260, 1818.

Fomes roseus (Alb. & Schwein.) Fr., Summa Veg. Scand., Sectio Post. (Stockholm): 321, 1849.

Fomitopsis rosea (Alb. & Schwein.) P. Karst., Meddn Soc. Fauna Flora fenn. 6: 9, 1881.

Trametes rosea (Alb. & Schwein.) P. Karst., Acta Soc. Fauna Flora Fenn. 2(1): 30, 1881.

Placodes roseus (Alb. & Schwein.) Quél., Enchir. Fung. (Paris): 171, 1886.

Scindalma roseum (Alb. & Schwein.) Kuntze, Revis. Gen. Pl. (Leipzig) 3(3): 519, 1898.

Ungulina rosea (Alb. & Schwein.) Pat., Essai Tax. Hyménomyc. (Lons-le-Saunier): 103, 1900.

Polyporus rufopallidus Trog, Flora, Regensburg 15: 556, 1832.

Fomitopsis rufopallida (Trog) P. Karst., Revue Mycol., Toulouse 3(9): 18, 1881.

Fomes rufopallidus (Trog) Cooke, Grevillea 14(69): 17, 1885.

Scindalma rufopallidum (Trog) Kuntze, Revis. Gen. Pl. (Leipzig) 3(3): 519, 1898.

子实体：担子果多年生，具盖形，单生，新鲜时硬木栓质，干后硬木栓质或木质，重量变轻；菌盖半球形、马蹄形，单个菌盖长可达 6 cm，宽可达 6 cm，中部厚可达 15 mm；菌盖表面新鲜时淡玫瑰色至粉红色，表面被绒毛，干后土粉色至肉桂色，通常具一皮层，无毛，无环带，具皱纹；菌盖边缘新鲜时肉粉色，干后红褐色、灰褐色或黑褐色，具同心环沟；边缘钝；孔口表面淡粉红色至粉棕色，略具折光反应；不育边缘明显，宽可达 2~3 mm；孔口圆形至多角形，每毫米 4~6 个；管口边缘厚，全缘；菌肉淡粉红色，硬木栓质，上表面具皮壳，常龟裂，厚约 8 mm；菌管与菌肉同色，木栓质，菌管分层明显，长可达 7 mm。

显微结构：菌丝系统二体系；生殖菌丝具有锁状联合，骨架菌丝无拟糊精反应和淀粉质反应，无嗜蓝反应；菌丝组织在 KOH 试剂中变为深褐色。菌肉中生殖菌丝较少，无色，薄壁，很少分枝，直径为 1.8~3 μm；骨架菌丝占多数，无色至浅黄色，厚壁，具一窄的内腔至近实心，很少分枝，直径为 3~4.5 μm。菌管中生殖菌丝较少，无色，薄壁，偶尔分枝，直径为 1.8~2.8 μm；骨架菌丝占多数，无色至浅黄色，厚壁，具一窄的内腔至近实心，很少分枝，交织排列，直径为 2~4 μm。子实层中无囊状体和拟囊状体。担子棍棒状，着生 4 个担孢子梗，基部具一锁状联合，12~14 × 4.5~5 μm；拟担子占多数，形状与担子类似，比担子稍小。担孢子椭圆形至圆柱形，无色，薄壁，光滑，无拟糊精反应和淀粉质反应，无嗜蓝反应，4.8~6 × 2~2.4(~2.5) μm，平均长 L = 5.23 μm，平均宽 W = 2.1 μm，长宽比 Q = 2.46~2.54 (n = 60/2)。

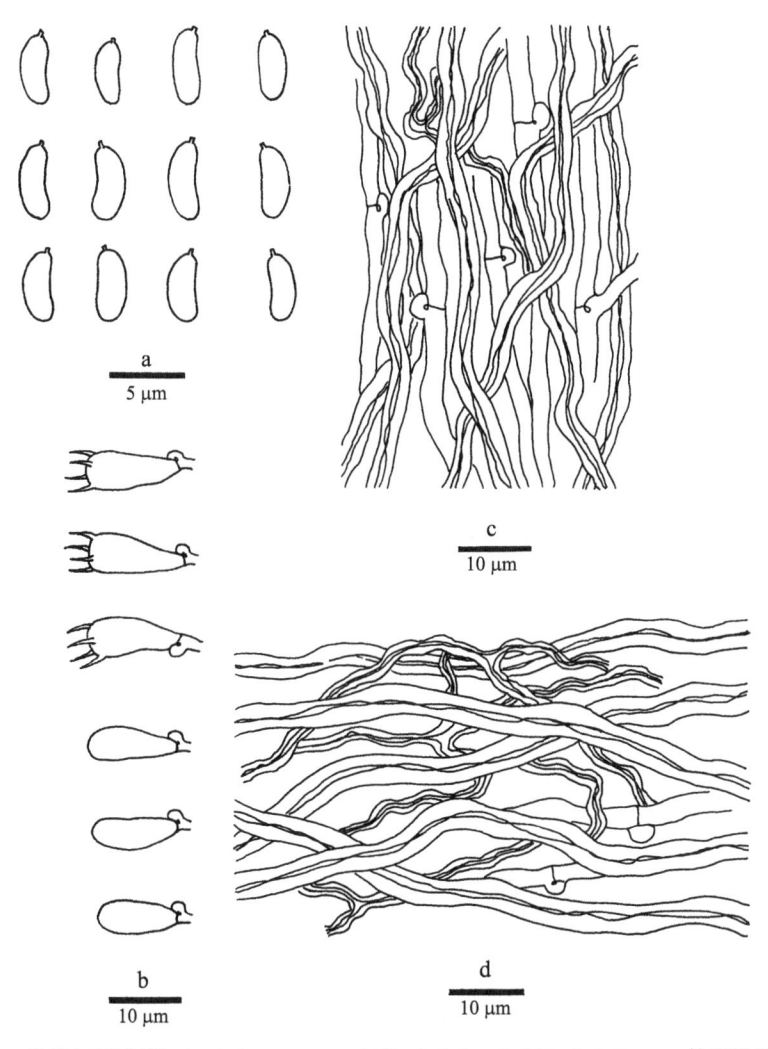

图 73 玫瑰红层孔菌 Rhodofomes roseus (Alb. & Schwein.) Kotl. & Pouzar 的显微结构图
a. 担孢子；b. 担子和拟担子；c. 菌管菌丝；d. 菌肉菌丝

研究标本：辽宁：鞍山市，千山风景区，2017 年 9 月 14 日，戴玉成 18131（BJFC 025661）。吉林：安图县，长白山自然保护区，2016 年 8 月 2 日，崔宝凯 14107（BJFC 028975）。四川：巴塘县，2020 年 9 月 7 日，崔宝凯 18370（BJFC 035229）；崔宝凯 18372（BJFC 035231）；稻城县，亚丁自然保护区，2019 年 8 月 11 日，崔宝凯 17409（BJFC 034268），崔宝凯 17410（BJFC 034269）；松潘县，牟尼沟景区，2020 年 9 月 23 日，崔宝凯 18584（BJFC 035445）。云南：宾川县，鸡足山公园，2021 年 9 月

1日，戴玉成 22697（BJFC 037270）；兰坪县，通甸镇，罗古箐，2017年9月18日，崔宝凯 16243（BJFC 029542），崔宝凯 16244（BJFC 029543）；丽江市，玉龙雪山景区云杉坪，2018年9月16日，崔宝凯 17046（BJFC 030345），崔宝凯 17059（BJFC 030358），崔宝凯 17081（BJFC 030380）；香格里拉市，普达措国家公园，2018年9月17日，崔宝凯 17115（BJFC 030415）；2019年8月13日，崔宝凯 17479（BJFC 034338）。西藏：左贡县，东达山，2020年9月9日，崔宝凯 18401（BJFC 035262）。新疆：阜康市，天山保护区，2018年9月12日，戴玉成 19054（BJFC 027524），戴玉成 19059（BJFC 027529）。

生境：生长在多种针叶树上，特别是云杉树的倒木、腐朽木上，引起木材褐色腐朽。

中国分布：辽宁、吉林、黑龙江、浙江、福建、河南、湖北、四川、云南、西藏、陕西、新疆等。

世界分布：白俄罗斯、波兰、俄罗斯、菲律宾、芬兰、加拿大、捷克、美国、挪威、日本、瑞典、印度、中国等。

讨论：玫瑰红层孔菌的主要特征是菌盖半球形、马蹄形，菌盖表面干后红褐色、灰褐色或黑褐色，具同心环沟及皮壳，孔口表面淡粉红色至粉棕色，子实层中无囊状体和拟囊状体，担孢子椭圆形至圆柱形（4.8~6 × 2~2.4 μm）。玫瑰红层孔菌与亚肉色红层孔菌相似，都具粉色的孔口表面；但是与玫瑰红层孔菌不同，亚肉色红层孔菌的菌盖扁平至三角形或不规则形，菌盖表面无皮壳，担孢子较小，略弯曲（4~5 × 1.9~2.4 μm）。调查发现，玫瑰红层孔菌在我国分布广泛，常生长在针叶树上（Han et al.，2016）。

亚肉色红层孔菌　图 74

Rhodofomes subfeei (B.K. Cui & M.L. Han) B.K. Cui, M.L. Han & Y.C. Dai, Fungal Divers. 80: 365, 2016.

Fomitopsis subfeei B.K. Cui & M.L. Han, Mycoscience 56: 170, 2015.

子实体：担子果多年生，平伏反转至盖形，单生或覆瓦状叠生，新鲜时木栓质，干后硬木栓质，重量变轻；菌盖扁平至三角形或不规则形，单个菌盖长可达 4 cm，宽可达 10.6 cm，中部厚可达 25 mm；菌盖表面肉桂棕色至鹿褐色，无毛，粗糙或具明显的环沟；菌盖边缘钝或锐；孔口表面新鲜时粉色至棕紫色，干后粉褐色至紫褐色；不育边缘明显，与孔口表面同色或颜色较浅，可达 2 mm；孔口圆形至多角形，每毫米 4~6 个；管口边缘厚，全缘；菌肉肉桂棕色至鹿褐色，木栓质，厚约 2 mm；菌管与孔口表面同色，硬木栓质，分层明显，长可达 23 mm。

显微结构：菌丝系统二体系；生殖菌丝具有锁状联合，骨架菌丝无拟糊精反应和淀粉质反应，无嗜蓝反应；菌丝组织在 KOH 试剂中变成黑褐色。菌肉中生殖菌丝较少，无色，薄壁，很少分枝，直径为 2~3 μm；骨架菌丝占多数，黄棕色至肉桂色，厚壁，具一窄的内腔至近实心，很少分枝，直径为 1.5~4 μm。菌管中生殖菌丝较少，无色，薄壁，偶尔分枝，直径为 1.5~2.8 μm；骨架菌丝占多数，黄棕色至肉桂色，厚壁，具一窄的内腔至近实心，很少分枝，交织排列，直径为 1.2~3.5 μm。子实层中无囊状体，具拟囊状体，纺锤形，薄壁，光滑，9~20 × 3~4 μm。担子棒棒状，着生 4 个担孢子梗，基部具一锁状联合，9~18 × 4~6 μm；拟担子占多数，形状与担子类似，比担子稍小。

担孢子圆柱形至长椭圆形，无色，薄壁，光滑，无拟糊精反应和淀粉质反应，无嗜蓝反应，4~5 × 1.9~2.4(~2.5) μm，平均长 L = 4.24 μm，平均宽 W = 2.05 μm，长宽比 Q = 2.05~2.1 (n = 90/3)。

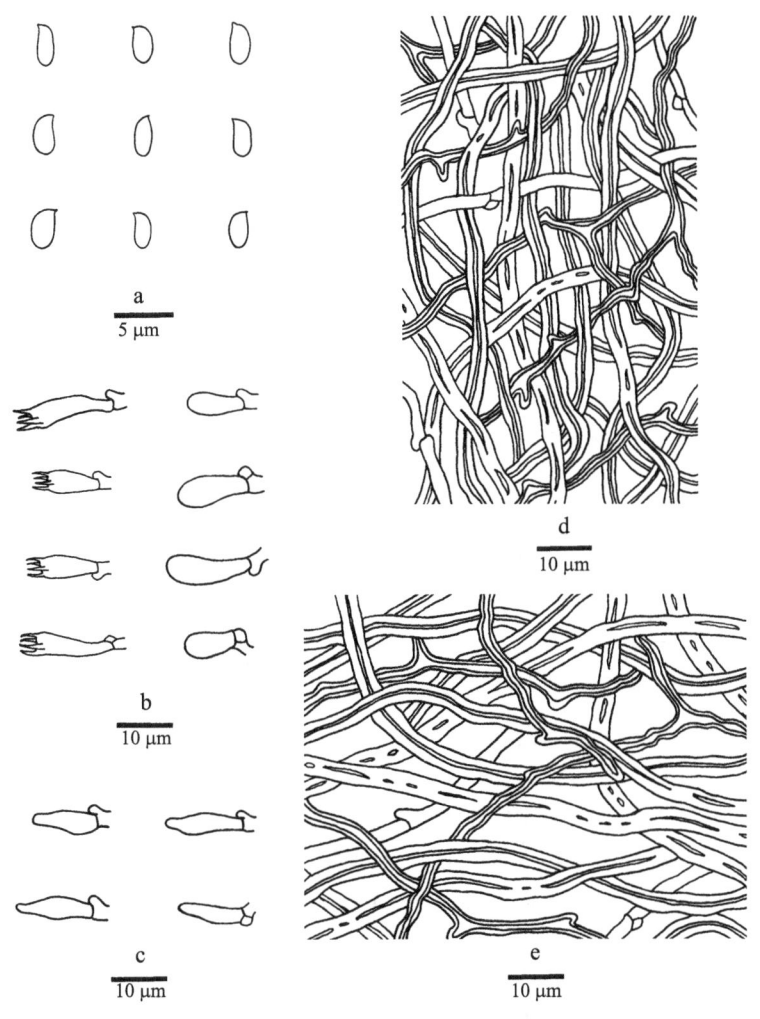

图74　亚肉色红层孔菌 Rhodofomes subfeei (B.K. Cui & M.L. Han) B.K. Cui, M.L. Han & Y.C. Dai 的显微结构图

a. 担孢子；b. 担子和拟担子；c. 拟囊状体；d. 菌管菌丝；e. 菌肉菌丝

研究标本：福建：武夷山自然保护区桃源峪索桥，2005年10月22日，戴玉成 7388（BJFC 000705）。江西：分宜县，大岗山，2008年9月18日，崔宝凯 10430（BJFC 004679）；2009年9月21日，崔宝凯 7737（BJFC 006226）；井冈山市，井冈山，2008年9月22日，戴玉成 10570（BJFC 004819）；南昌植物园，2013年10月28日，戴玉成 13616（BJFC 015079）。广东：乳阳县，南岭自然保护区，2009年9月17日，崔宝凯 7675（BJFC 006163）。广西：龙胜县，温泉森林公园，2005年8月9日，戴玉成 6896（BJFC 000707）。海南：尖峰岭自然保护区，2006年9月4日，戴玉成 7947（BJFC 000709）；陵水县，吊罗山国家森林公园，2008年5月29日，戴玉成 9838

（IFP 008054）。四川：都江堰市，青城山，2010 年 9 月 13 日，崔宝凯 9231（BJFC 008169，模式标本），崔宝凯 9224（BJFC 008162），崔宝凯 9226（BJFC 008164），崔宝凯 9230（BJFC 008168）。

生境：生长在针叶树和阔叶树倒木、腐朽木、树桩上，引起木材褐色腐朽。

中国分布：浙江、安徽、福建、江西、河南、湖北、湖南、广东、广西、海南、四川、贵州、陕西等。

世界分布：中国。

讨论：亚肉色红层孔菌的主要特征是菌盖表面肉桂棕色至鹿褐色，孔口表面干后粉褐色至紫褐色，拟囊状体纺锤形，担孢子小，圆柱形至长椭圆形（4~5 × 1.9~2.5 μm）。亚肉色红层孔菌与浅肉色玫红拟层孔菌 *R. feei* 在形态很相似；但是浅肉色红拟层孔菌的担孢子较大（5~6.5 × 2~3 μm），无拟囊状体，且仅生长在阔叶树上（Gilbertson and Ryvarden，1986）。

玫红拟层孔菌属 Rhodofomitopsis B.K. Cui, M.L. Han & Y.C. Dai
Fungal Divers. 80: 365, 2016

担子果一年生至多年生，具菌盖或平伏至反转，单生，新鲜时肉质至木栓质，干燥后皮质至硬木栓质或易碎；菌盖扁平，扇形至半圆形或不规则状；菌盖表面稻草色、棕褐色、棕粉色、玫瑰棕色至黑棕色，有绒毛或光滑，稍具环带，有沟槽，具强烈的放射状条纹；孔口表面玫瑰色、丁香色、紫罗兰色、粉棕色或脏棕色；孔口圆形至多角形或稍迷宫状；菌肉奶油色、玫瑰色、淡紫色或粉棕色，木栓质；菌管与孔口同色，硬木栓质或易碎。菌丝系统单体系至二体系；生殖菌丝具锁状联合，骨架菌丝无拟糊精反应和淀粉质反应，无嗜蓝反应；子实层中无囊状体，具拟囊状体；担孢子圆柱形，无色，薄壁，光滑，无拟糊精反应和淀粉质反应，无嗜蓝反应。

模式种：*Rhodofomitopsis feei* (Fr.) B.K. Cui, M.L. Han & Y.C. Dai。

生境：常生长在阔叶树上，引起木材褐色腐朽。

中国分布：黑龙江、江西、广西。

世界分布：世界各地广泛分布。

讨论：玫红拟层孔菌属区别于拟层孔菌属的主要特征是孔口表面玫瑰色、丁香色、紫罗兰色、粉棕色或脏棕色，孔口圆形至多角形，或稍迷路状，近锯齿状到弯曲锯齿状（Han et al., 2016）。目前，该属有 9 种，中国分布 1 种。

单系玫红拟层孔菌　图 75

Rhodofomitopsis monomitica (Yuan Y. Chen) B.K. Cui, Yuan Y. Chen & Shun Liu, Fungal Divers. 104: 140, 2020.

Antrodia monomitica Yuan Y. Chen, Mycosphere 8(7): 882, 2017.

子实体：担子果一年生，平伏，贴生，不易与基质分离，新鲜时肉质，干后白垩质至易碎，重量变轻；平伏担子果长可达 10 cm，宽可达 6 cm，厚约 30 mm；孔口表面新鲜时白色至奶油色，干燥后奶油色、浅黄色或肉桂黄色；不育边缘不明显或几乎不存在；

孔口圆形至多角形，每毫米 3~4 个；管口边缘薄，全缘或撕裂状；菌肉白色，白垩质至易碎，厚约 20 mm；菌管与孔口表面同色，白垩质，长可达 10 mm。

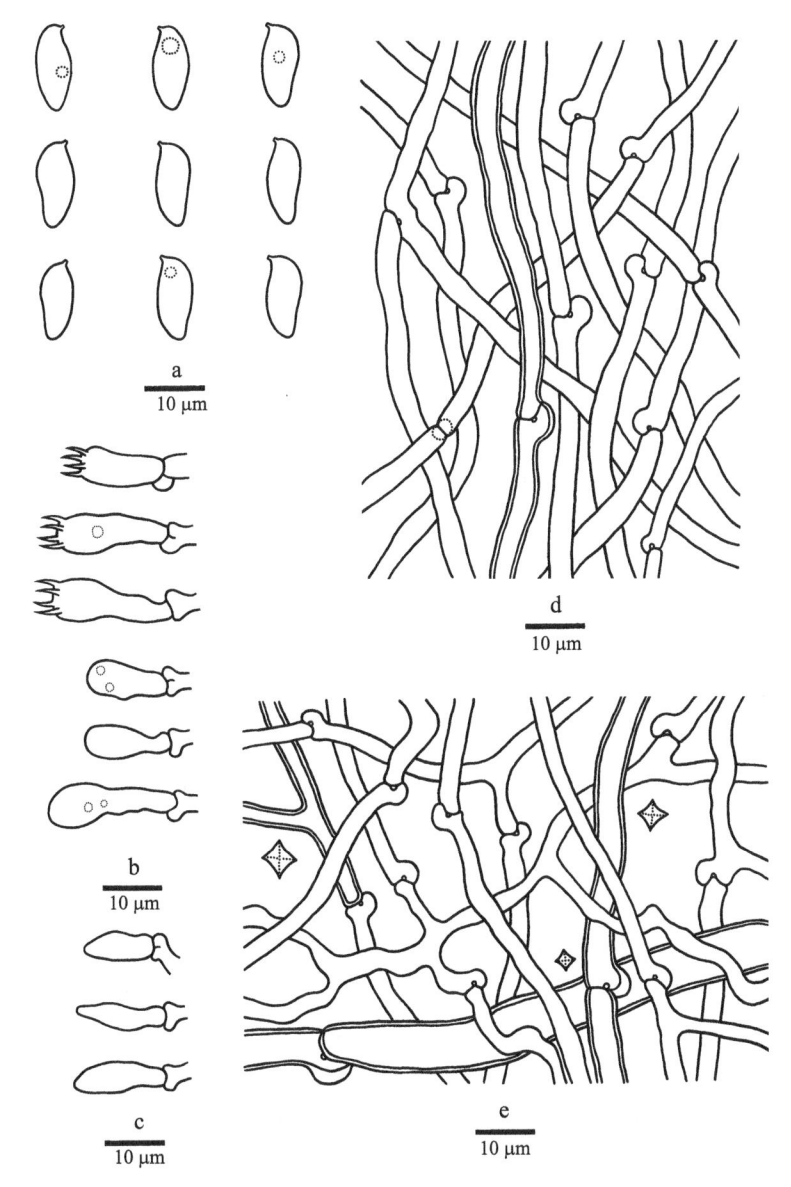

图 75 单系玫红拟层孔菌 *Rhodofomitopsis monomitica* (Yuan Y. Chen) B.K. Cui, Yuan Y. Chen & Shun Liu 的显微结构图
a. 担孢子；b. 担子和拟担子；c. 拟囊状体；d. 菌管菌丝；e. 菌肉菌丝

显微结构： 菌丝系统单体系；生殖菌丝具有锁状联合，无拟糊精反应和淀粉质反应，无嗜蓝反应；菌丝组织在 KOH 试剂中无变化。菌肉中生殖菌丝薄壁至稍厚壁，常具分枝，附着有结晶，直径为 3~8 μm。菌管中生殖菌薄壁至稍厚壁，偶尔分枝，直径为 2~6 μm。子实层中无囊状体，具拟囊状体，纺锤形，薄壁，光滑，12~15 × 3.5~4 μm。担子棒棒状，着生 4 个担孢子梗，基部具一锁状联合，14~20 × 5~6.5 μm；拟担子占多数，

形状与担子类似，比担子稍小。担孢子纺锤形至芒果形，无色，薄壁，光滑，无拟糊精反应和淀粉质反应，无嗜蓝反应，6~7.5(~8) × 2.3~3 μm，平均长 L = 6.62 μm，平均宽 W = 2.68 μm，长宽比 Q = 2.44~2.51（n = 60/2）。

研究标本：黑龙江：哈尔滨理工大学，2016 年 8 月 6 日，戴玉成 16894（BJFC 022529，模式标本）。江西：南昌市，江西林业科学研究院，2008 年 9 月 24 日，戴玉成 10630（BJFC 004879）。广西：梧州市，苍梧县，天洪岭林场，2018 年 4 月 29 日，戴玉成 18560A（BJFC 027028）。

生境：生长在阔叶树或针叶树上，引起木材褐色腐朽。

中国分布：黑龙江、江西、广西。

世界分布：中国。

讨论：单系薄孔菌 Antrodia monomitica Yuan Y. Chen 由 Chen 和 Wu（2017）描述发表，主要特征是担子果一年生，平伏，干后易碎，菌丝系统单体系，生殖菌丝具锁状联合，担孢子纺锤形至芒果形（6~7.5 × 2.3~3 μm）。Yuan 等（2020）根据系统发育学研究，发现单系薄孔菌和脆薄孔菌 *A. oleracea* 与玫红拟层孔菌属种类聚集在一起，于是将这两个种转移至玫红拟层孔菌属。

粉红层孔菌属 Rubellofomes B.K. Cui, M.L. Han & Y.C. Dai
Fungal Divers. 80: 366, 2016

担子果一年生或多年生，反转至具菌盖，新鲜时软木栓质，干后韧质至木质；菌盖扁平，贝壳形至扇形；菌盖表面橘黄色至深褐色，无毛，大部分具明显的环沟和环带；孔口表面新鲜时白色至奶油色或粉色，干后变成稻黄色至肉桂棕色；孔口多角形；菌肉粉色至浅粉褐色，木栓质至硬木质；菌管与孔口同色，韧质至木质。菌丝系统二体系；生殖菌丝具锁状联合，骨架菌丝无拟糊精反应和淀粉质反应，无嗜蓝反应；子实层中无囊状体，具拟囊状体；担孢子圆柱形至椭圆形，无色，薄壁，光滑，无拟糊精反应和淀粉质反应，无嗜蓝反应。

模式种：*Rubellofomes cystidiatus* (B.K. Cui & M.L. Han) B.K. Cui, M.L. Han & Y.C. Dai。

生境：通常生长在阔叶树上，引起木材褐色腐朽。

中国分布：广西、海南。

世界分布：南美洲，亚洲。

讨论：粉红层孔菌属是新近建立的一个属（Han et al., 2016）。系统发育关系上，与白孔层孔菌属和蹄迷孔菌属亲缘关系密切。形态学上，白孔层孔菌属具有象牙白色至赭黄色的菌盖表面，白色至赭黄色的菌肉及卵形至宽椭圆形的担孢子；蹄迷孔菌属具有一年生，蹄形，脆质的子实体及具频繁简单分隔的骨架菌丝（Han et al., 2016）。目前，该属有 1 种，中国分布 1 种。

囊体粉红层孔菌　图 76

Rubellofomes cystidiatus (B.K. Cui & M.L. Han) B.K. Cui, M.L. Han & Y.C. Dai, Fungal

Divers. 80: 366, 2016.

Fomitopsis cystidiata B.K. Cui & M.L. Han, Mycol. Prog. 13: 908, 2014.

子实体：担子果一年生，具盖形，单生或覆瓦状叠生，新鲜时软木栓质，干后硬木栓质，重量变轻；菌盖扁平，贝壳形至扇形，单个菌盖长可达 4 cm，宽可达 7 cm，中部厚可达 20 mm；菌盖表面新鲜时橘褐色至暗褐色，从基部至边缘颜色逐渐变浅，干后鹿褐色、红褐色或黑褐色至紫褐色，无毛，具中心环带；菌盖边缘新鲜时白色，干后土黄色至鹿褐色，薄而锐；孔口表面新鲜时粉色，干后土黄色至肉桂棕色；不育边缘不明显，与孔口表面同色，可达 0.5 mm；孔口多角形，每毫米 0.5~1 个；管口边缘薄，全缘；菌肉肉桂棕色，木栓质，厚约 10 mm；菌管与孔口表面同色或颜色较浅，木栓质，长可达 10 mm。

显微结构：菌丝系统二体系；生殖菌丝具有锁状联合，骨架菌丝无拟糊精反应和淀粉质反应，无嗜蓝反应；菌丝组织在 KOH 试剂中变成黑色。菌肉中生殖菌丝较少，无色，薄壁至稍厚壁，偶尔分枝，直径为 1.5~6 μm；骨架菌丝占多数，无色至淡黄色，厚壁，具一窄的内腔至近实心，很少分枝，直径为 1.5~4 μm。菌管中生殖菌丝较少，无色，薄壁至稍厚壁，偶尔分枝，直径为 2~4 μm；骨架菌丝占多数，无色，厚壁，具一窄的内腔至近实心，很少分枝，交织排列，直径为 2.5~4 μm。囊状体棍棒状，顶部渐细，无色，厚壁，有时顶部具结晶，19~46 × 3.5~6 μm；拟囊状体纺锤形，薄壁，光滑，10~24.5 × 2~4 μm。担子棍棒状，着生 4 个担孢子梗，基部具一锁状联合，12~28 × 3~5 μm；拟担子占多数，形状与担子类似，比担子稍小。担孢子圆柱形至长椭圆形，无色，薄壁，光滑，无拟糊精反应和淀粉质反应，无嗜蓝反应，(4.8~)5~6.2(~6.5) × 2~2.8(~3) μm，平均长 L = 5.58 μm，平均宽 W = 2.38 μm，长宽比 Q = 2.2~2.58 (n = 90/3)。

研究标本：广西：上思县，十万大山国家森林公园，2012 年 7 月 24 日，袁海生 6295（IFP 018336）；2012 年 7 月 26 日，袁海生 6338（IFP 018373）；2016 年 7 月 6 日，崔宝凯 13983（BJFC 028851），崔宝凯 13989（BJFC 028857），崔宝凯 13990（BJFC 028858），崔宝凯 14009（BJFC 028877）。海南：保亭县，七仙岭国家森林公园，2007 年 11 月 27 日，崔宝凯 5481（BJFC 003522，模式标本）；2008 年 5 月 28 日，戴玉成 9775（BJFC 015627）；2008 年 9 月 6 日，戴玉成 10355（BJFC 015626）；昌江县，霸王岭自然保护区，2009 年 5 月 9 日，崔宝凯 6514（BJFC 004367）；陵水县，吊罗山国家森林公园，2008 年 5 月 30 日，戴玉成 9872（IFP 012400）。

生境：生长在阔叶树活立木、倒木、树桩上，引起木材褐色腐朽。

中国分布：广西、海南。

世界分布：中国。

讨论：囊体粉红层孔菌的主要特征是担子果一年生，贝壳形至扇形，菌盖表面新鲜时橘褐色至暗褐色，具中心环带，孔口表面新鲜时粉色，孔口多角形，较大（每毫米 0.5~1 个），囊状体厚壁，担孢子圆柱形至长椭圆形（5~6.2 × 2~2.8 μm）。铜玫红拟层孔菌 *Rhodofomitopsis cupreorosea* (Berk.) B.K. Cui, M.L. Han & Y.C. Dai 与囊体粉红层孔菌相似，具有贝壳形或蹄形的菌盖，棕粉色、灰褐色或灰粉色的菌盖表面，较大的孔口（每毫米 1~3 个）；但是铜玫红拟层孔菌的孢子较大（5~7 × 2.5~3.5 μm），且无囊状体（Carranza-Morse and Gilbertson，1986）。

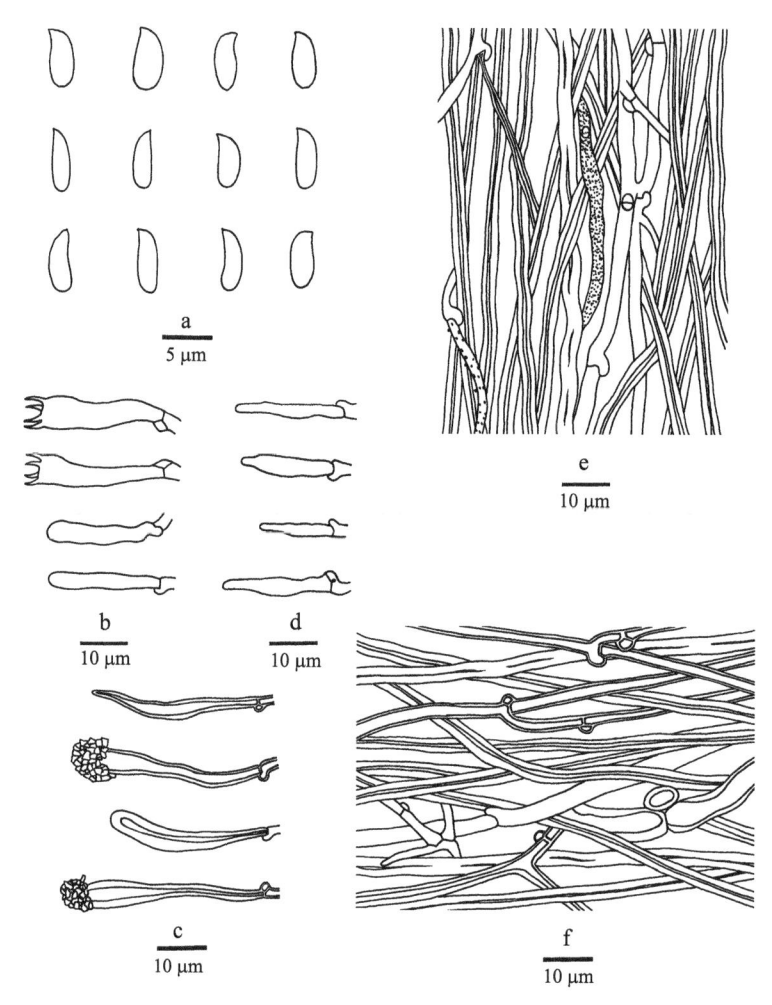

图 76 囊体粉红层孔菌 *Rubellofomes cystidiatus* (B.K. Cui & M.L. Han) B.K. Cui, M.L. Han & Y.C. Dai 的显微结构图

a. 担孢子；b. 担子和拟担子；c. 囊状体；d. 拟囊状体；e. 菌管菌丝；f. 菌肉菌丝

蹄迷孔菌属 Ungulidaedalea B.K. Cui, M.L. Han & Y.C. Dai

Fungal Divers. 80: 366, 2016

担子果一年生，具菌盖，单生，新鲜时肉质，干后脆质；菌盖蹄形；菌盖表面褐色至暗褐色，具中心环带；孔口表面新鲜时白色至奶油色，干后土黄色至棕色；孔口多角形；菌肉浅黄色至土黄色，脆质，通常在上表面具皮壳；菌管与孔口同色，脆质。菌丝系统二体系；生殖菌丝具锁状联合，骨架菌丝具频繁简单分隔，无拟糊精反应和淀粉质反应，无嗜蓝反应；子实层中无囊状体，具拟囊状体；担孢子长椭圆形，无色，薄壁，光滑，无拟糊精反应和淀粉质反应，无嗜蓝反应。

模式种：*Ungulidaedalea fragilis* (B.K. Cui & M.L. Han) B.K. Cui, M.L. Han & Y.C. Dai。

生境：通常生长在阔叶树上，引起木材褐色腐朽。

中国分布：海南。

世界分布：中国。

讨论：蹄迷孔菌属由 Han 等（2016）建立，该属目前只包括一个种。系统发育关系上，与拟层孔菌属与迷孔菌属较近。形态上，不同于拟层孔菌属和迷孔菌属，蹄迷孔菌属有蹄形，脆质的子实体及具频繁简单分隔的骨架菌丝（Han et al., 2016）。目前，该属有 1 种，中国分布 1 种。

脆蹄迷孔菌　图 77

Ungulidaedalea fragilis (B.K. Cui & M.L. Han) B.K. Cui, M.L. Han & Y.C. Dai, Fungal Divers. 80: 367, 2016.

Fomitopsis fragilis B.K. Cui & M.L. Han, Mycol. Prog. 13: 909, 2014.

子实体：担子果一年生，具盖形，单生，新鲜时软木栓质，干后脆质，重量变轻；菌盖蹄形，单个菌盖长可达 3.5 cm，宽可达 5 cm，中部厚可达 25 mm；菌盖表面新鲜时褐色至暗褐色，无毛，具肉桂黄色的中心环带；菌盖边缘乳黄色，圆而钝；孔口表面新鲜时白色至奶油色，干后土黄色至棕色，略具折光反应；孔口多角形，每毫米 1~2 个；管口边缘薄至稍厚，全缘；菌肉浅黄色至土黄色，脆质，上表面具一深褐色皮壳，厚约 5 mm；菌管浅黄色至土黄色，比孔口颜色浅，脆质，长可达 20 mm。

显微结构：菌丝系统二体系；生殖菌丝具有锁状联合，骨架菌丝无拟糊精反应和淀粉质反应，无嗜蓝反应；菌丝组织在 KOH 试剂中变成黑褐色。菌肉中生殖菌丝较少，无色，薄壁至稍厚壁，偶尔分枝，直径为 2.5~3.5 μm；骨架菌丝占多数，无色至淡黄色，厚壁，具一窄的内腔至近实心，具频繁的简单分隔，很少分枝，直径为 2.5~5.5 μm。菌管中生殖菌丝较少，无色，薄壁至稍厚壁，偶尔分枝，直径为 2~3 μm；骨架菌丝占多数，无色至淡黄色，厚壁，具一窄的内腔至近实心，具频繁的简单分隔，很少分枝，交织排列，直径为 2.5~5.5 μm。子实层中无囊状体，具拟囊状体，纺锤形，薄壁，光滑，12~23 × 3~5 μm。担子棍棒状，着生 4 个担孢子梗，基部具一锁状联合，12~23 × 4~6.5 μm；拟担子占多数，形状与担子类似，比担子稍小。担孢子长椭圆形，无色，薄壁，光滑，无拟糊精反应和淀粉质反应，无嗜蓝反应，4~5.2(~5.5) × (2~)2.2~2.8(~3) μm，平均长 L = 4.77 μm，平均宽 W = 2.56 μm，长宽比 Q = 1.83~1.9 (n = 60/2)。

研究标本：海南：乐东县，尖峰岭国家森林公园，2007 年 11 月 18 日，戴玉成 9292（BJFC 010337；IFP 007452），袁海生 4081（IFP 016598）；2012 年 11 月 7 日，崔宝凯 10919（BJFC 013841，模式标本）。

生境：生长在阔叶树倒木上，引起木材褐色腐朽。

中国分布：海南。

世界分布：中国。

讨论：脆蹄迷孔菌的主要特征是担子果一年生，菌盖蹄形，脆质，菌盖表面具一褐色的皮壳，孔口多角形，较大（每毫米 1~2 个），骨架菌丝具频繁简单分隔，担孢子长椭圆形（4~5.2 × 2.2~2.8 μm）。铜拟红层孔菌与脆蹄迷孔菌具有相似的孔口（每毫米 1~3 个），但是它的孔口表面粉褐色或紫色，骨架菌丝不分隔和担孢子较大（5~7 × 2.5~3.5 μm）（Carranza-Morse and Gilbertson, 1986）。

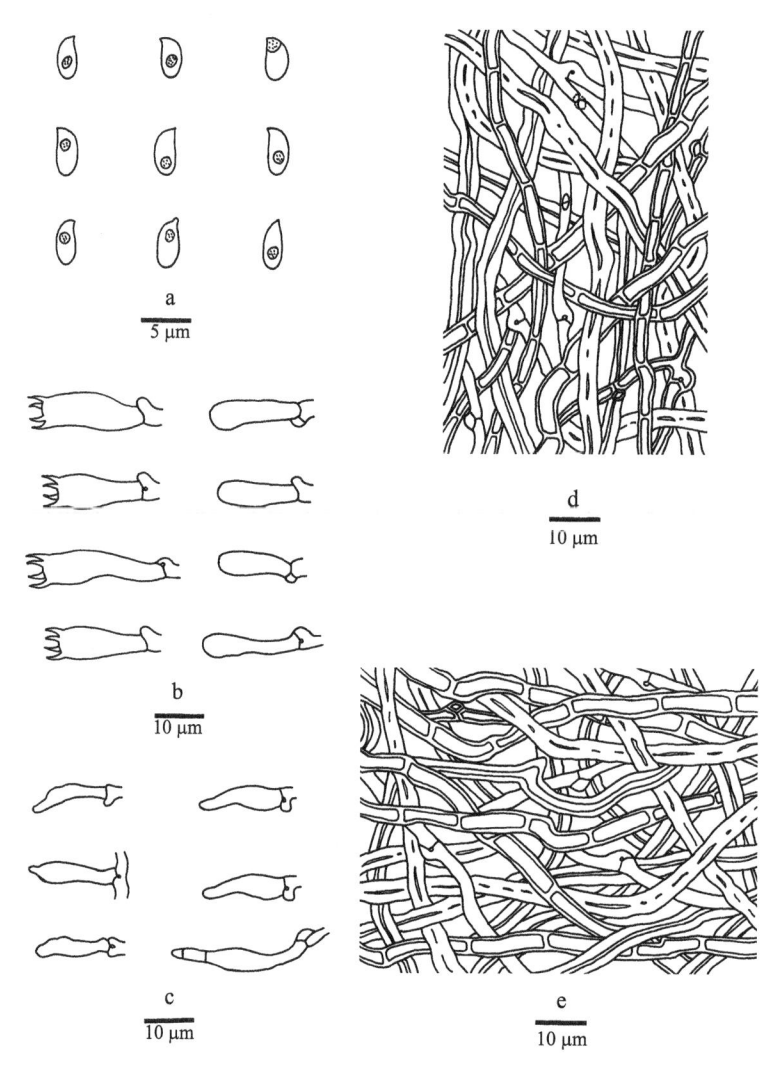

图77 脆蹄迷孔菌 *Ungulidaedalea fragilis* (B.K. Cui & M.L. Han) B.K. Cui, M.L. Han & Y.C. Dai 的显微结构图

a. 担孢子；b. 担子和拟担子；c. 拟囊状体；d. 菌管菌丝；e. 菌肉菌丝

硫黄菌科 LAETIPORACEAE Jülich
Bibliotheca Mycol. 85: 375, 1981

担子果一年生，反转至具菌盖，无柄附着至具侧生柄或中生柄，白垩质、木栓质至硬木栓质，子实层体呈孔状，孔口圆形至多角形。菌丝系统二体系，生殖菌丝具有简单分隔；担孢子椭圆形到梨形或水滴形，无色，薄壁，光滑，无拟糊精反应和淀粉质反应，无嗜蓝反应。

模式属：*Laetiporus* Murrill。

生境：广泛分布于世界各地，生长在活树、死树、倒腐木、落枝及树桩上，引起木材褐色腐朽。

中国分布：全国广泛分布。

世界分布：世界各地广泛分布。

讨论：硫黄菌科由 Jülich（1981）建立。该科镶嵌在多孔菌目中的薄孔菌分支中，可造成木材的褐色腐朽。硫黄菌属有很长一段时间都被放置于拟层孔菌科中（Kirk et al., 2008；Song et al., 2018）。近些年的研究表明，硫黄菌科是一个独立且合法的褐腐真菌科（Justo et al., 2017；He et al., 2019；Liu et al., 2023a, b）。目前，该科共有 5 属 27 种，中国分布有 3 属 12 种。

中国硫黄菌科分属检索表

1. 担子果多为具盖形，偶然具侧生柄或中生柄 ·· 硫黄菌属 *Laetiporus*
1. 担子果为平伏反转 ··· 2
   2. 孔口每毫米 1~3 个；所有菌丝在 KOH 中不变化 ··············· 拟沃菲卧孔菌属 *Wolfiporiopsis*
   2. 孔口每毫米 >3 个；所有菌丝在 KOH 中发生弱膨胀 ············ 小沃菲卧孔菌属 *Wolfiporiella*

硫黄菌属 Laetiporus Murrill

Bull. Torrey Bot. Club 31 (11): 607, 1904

担子果一年生，具菌盖，无柄或有近似侧生柄，单生、群生或覆瓦状叠生，新鲜时肉质较软，干后较轻，易碎或白垩质；菌盖扁平，扇形至半圆形；菌盖表面新鲜时浅黄色、明黄色或橙红色，干后奶油色、浅黄色至浅棕色，有辐射状沟纹或平展沟纹，无环纹或者有明显环纹，边缘圆钝或锋锐；孔口表面新鲜时白色至亮黄色，干后奶油色、浅棕褐色至黄棕色；孔口多角形至不规则状；菌肉白色至略带浅黄色，易碎或白垩质；菌管与孔口表面同色，易碎或白垩质。菌丝系统二体系；生殖菌丝具简单分隔，骨架菌丝无拟糊精反应和淀粉质反应，无嗜蓝反应；子实层中无囊状体，拟囊状体偶尔存在；担孢子梨形、卵球形或椭球形，无色，薄壁，光滑，无拟糊精反应和淀粉质反应，无嗜蓝反应。

模式种：*Laetiporus sulphureus* (Bull.) Murrill。

生境：通常生长在落叶植物或常绿树木的活树、树桩或腐朽倒木上，引起树木心材的褐色腐朽。

中国分布：全国广泛分布。

世界分布：世界各地广泛分布。

讨论：硫黄菌属是一种全球广泛分布的属，可造成阔叶树与针叶树的褐色腐朽。该属中的有些种类是森林病原菌，还有些种类是食用菌或药用菌（Dai et al., 2007, 2009）。近些年来，宋杰等人对硫黄菌的分类与系统发育及生物地理学进行了研究，推动了该属的研究进展（Song et al., 2014, 2018；Song and Cui, 2017）。目前，该属有 18 种，中国分布 8 种。

中国硫黄菌属分种检索表

1. 孔口表面柠檬黄至硫黄色 ··· 2

1. 孔口表面奶油色至白色 ··· 6
  2. 担孢子 6~8 × 4~5.5 μm ·· 高山硫黄菌 *L. montanus*
  2. 担孢子 4~7 × 2.5~5 μm ·· 3
3. 担子果仅生长在针叶树上 ·· 墨脱硫黄菌 *L. medogensis*
3. 担子果主要生长在阔叶树上，少数也可长在针叶树上 ··· 4
  4. 担孢子 4.5~5 × 3~4.2 μm ·· 新疆硫黄菌 *L. xinjiangensis*
  4. 担孢子 5~7 × 3~5.5 μm ··· 5
5. 亚热带到热带区域有大量的分布 ·· 变孢硫黄菌 *L. versisporus*
5. 分布于冷温带到温带区域 ··· 硫色硫黄菌 *L. sulphureus*
  6. 生长在亚热带区域 ·· 哀牢山硫黄菌 *L. ailaoshanensis*
  6. 生长在寒温带或温带区域 ·· 7
7. 菌盖表面奶油色、白色到浅橙色，具明显同心环纹 ··· 环纹硫黄菌 *L. zonatus*
7. 菌盖表面浅橙色到橙红色，同心环纹不明显 ··· 奶油硫黄菌 *L. cremeiporus*

哀牢山硫黄菌　图 78

Laetiporus ailaoshanensis B.K. Cui & J. Song, Mycologia 106(5): 1042, 2014.

  子实体：担子果一年生，具盖形，无柄或有近似侧生柄，覆瓦状叠生，新鲜时肉质，干后易碎，重量变轻；菌盖平展，扇形至半圆形，单个菌盖长可达 8 cm，宽可达 10 cm，中部厚可达 15 mm；菌盖表面新鲜时橙黄色至橙红色，干后浅黄色至棕褐色，光滑无毛，无环纹或有不明显的环纹；菌盖边缘幼嫩时奶油色至浅黄色，老后变为橙黄色至红褐色，较锋锐；孔口表面新鲜时奶油色至淡黄色，烘干后变为浅黄色至肉桂色，不育边缘浅黄色至土黄色，宽达 1 mm；孔口多角形至不规则，每毫米 3~5 个；管口边缘薄，全缘至撕裂状；菌肉新鲜时白色至奶油色，干后奶油色至淡黄色，易碎，厚约 10 mm；菌管与孔口表面同色，易碎，长可达 3 mm。

  显微结构：菌丝系统二体系；菌管中为生殖菌丝和骨架菌丝，菌肉中为生殖菌丝和缠绕菌丝；生殖菌丝无色，简单分隔；骨架菌丝无淀粉质反应，无嗜蓝反应，在 KOH 溶液中菌丝消融。菌肉中生殖菌丝较少，很难观察到；缠绕菌丝占多数，无色透明，有很多的树杈状分枝，偶尔有简单分隔，厚壁宽腔，近平行或交错排布，直径 6~14 μm。菌管中生殖菌丝较多，薄壁透明，较少分枝，直径为 3.8~5 μm；骨架菌丝微厚壁宽腔，偶尔有分枝和简单分隔，沿菌管方向松散交织排列或近似平行排列，直径为 3~5 μm。子实层中无囊状体，具拟囊状体，纺锤形，薄壁，光滑，10~13 × 4~6 μm。担子棒棒状，着生 4 个担孢子梗，基部具一简单分隔，12~15 × 5~8 μm；拟担子占多数，形状与担子类似，比担子稍小。担孢子卵球形至椭球形，无色，薄壁，光滑，无拟糊精反应和淀粉质反应，无嗜蓝反应，(4.5~)5~6.2 × 4~5(~5.5) μm，平均长 L = 5.29 μm，平均宽 W = 4.18 μm，长宽比 Q = 1.22~1.31（n = 60/2）。

  研究标本：云南：宾川县，鸡足山公园，2018 年 9 月 14 日，崔宝凯 16984（BJFC 030283）；普洱市，景东县，哀牢山自然保护区，2013 年 8 月 24 日，戴玉成 15629（BJFC 019733）；2013 年 7 月 12 日，戴玉成 13256（BJFC 016648，模式标本）；2013 年 10 月 15 日，戴玉成 13565（BJFC 015027），戴玉成 13566（BJFC 015028），戴玉成 13567（BJFC 015029），戴玉成 13568（BJFC 015030），戴玉成 13574（BJFC 015036）；普洱市，景东县，哀牢山生态站阴坡，2015 年 8 月 24 日，戴玉成 15629（BJFC 019733）；

景东县，哀牢山，自然保护区杜鹃湖沿线，2015 年 9 月 10 日，崔宝凯 12562（BJFC 028340），崔宝凯 12569（BJFC 028347），崔宝凯 12570（BJFC 028348）；大理市，苍山，2014 年 9 月 1 日，崔宝凯 12387（BJFC 017301）。

生境：生长在横断山脉云南哀牢山亚热带区域的阔叶植物上，如石栎属和栲属，偶尔发现于针叶树上，引起木材褐色腐朽。

中国分布：云南。

世界分布：中国。

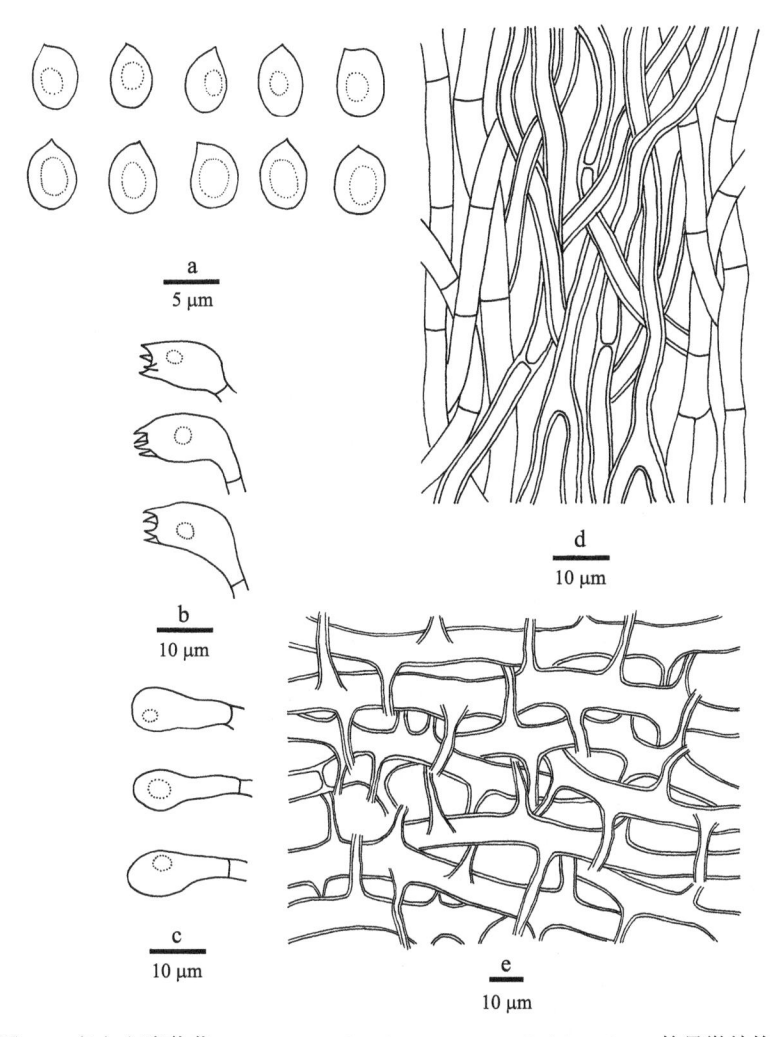

图 78 哀牢山硫黄菌 *Laetiporus ailaoshanensis* B.K. Cui & J. Song 的显微结构图
a. 担孢子；b. 担子；c. 拟担子；d. 菌管菌丝；e. 菌肉菌丝

讨论：哀牢山硫黄菌的主要特征是新鲜时橙黄色至红橙色的菌盖上表面及奶油色至浅黄色的孔口表面，菌盖表面无环纹或有不明显的环纹，卵球形至椭球形的担孢子，大小为 5~6.2 × 4~5 μm。与针叶硫黄菌 *Laetiporus conifericola* Burds. & Banik、休伦硫黄菌 *L. huroniensis* Burds. & Banik 和高山硫黄菌相比，尽管都产生覆瓦状单年生的担子果，具有相似的菌盖上表面颜色，但是哀牢山硫黄菌仅发现于云南哀牢山地区的阔叶植物上，多为栲树与石栎，而其他三种硫黄菌仅生长在北方冷温带到温带的针叶植物上，并且具有更大的孔口和担孢子（Burdsall and Banik，2001；Tomšovský and Jankovský，2008；Ota et al.，2009）。加勒比硫黄菌 *L. caribensis* Banik & D.L. Lindner 和哀牢山硫黄菌都生长在阔叶植物上，菌盖表面很相似，但加勒比硫黄菌仅生长在中美洲热带地区，产生较小的孔口和担孢子。辛辛那提硫黄菌 *L. cincinnatus* (Morgan) Burds., Banik & T.J. Volk、吉尔布特森硫黄菌 *L. gilbertsonii* Burds.与哀牢山硫黄菌也有相似的菌盖表面和孔口表面，都生长在阔叶植物上，但辛辛那提硫黄菌和吉尔布特森硫黄菌的担孢子更小或较窄。奶油硫黄菌和哀牢山硫黄菌都分布于亚洲，生长在阔叶树上，产生覆瓦状的担子果及相似的橙色至红橙色菌盖表面，黄白色至奶油色的孔口表面，但奶油硫黄菌产生稍大的孔口和更长的担孢子，另外，该种主要分布在寒温带地区，而哀牢山硫黄菌分布在亚热带地区。

奶油硫黄菌 图 79

Laetiporus cremeiporus Y. Ota & T. Hatt., Mycol. Res. 113(11): 1289, 2010. Song et al., MycoKeys 37: 63, 2018.

子实体： 担子果一年生，具盖形，无柄或侧生近柄状，覆瓦状结构，有时可长成很大的一簇，直径可达 50 cm 或者更大，新鲜时柔软多汁，干后易碎，重量变轻；菌盖半圆形至扇形，单个菌盖长可达 32 cm，宽可达 24 cm，中部厚可达 33 mm；菌盖表面浅橙色至橙红色，干后浅棕色，无环纹或有微弱的环纹，有辐射状的沟纹；孔口表面新鲜黄白色至乳白色，有时呈粉白色，干后奶油色至浅黄色；不育边缘不明显；孔口圆形至不规则状，每毫米 2~4 个；管口边缘薄，全缘；菌肉乳白色至浅黄色，易碎，厚约 30 mm；菌管白色、浅黄色至浅棕色，易碎，长可达 3 mm。

显微结构： 菌丝系统二体系；菌管中为生殖菌丝和骨架菌丝，菌肉中为生殖菌丝和缠绕菌丝；生殖菌丝无色，简单分隔；骨架菌丝无淀粉质反应，无嗜蓝反应，在 KOH 溶液中菌丝消融。菌肉中生殖菌丝薄壁，透明，简单分隔，较少分枝，直径为 4.6~15 μm；缠绕菌丝厚壁到实心状，透明，无分隔，分枝较多且互相连锁交织，直径达 22 μm。菌管中生殖菌丝无色透明，薄壁，简单分隔，直径为 2.4~3.6 μm；骨架菌丝微厚壁宽腔或实心，直径为 2.2~4.4 μm。子实层中没有囊状体或其他不育子实层结构。担子棍棒状，着生 2~4 个担孢子梗，基部具一简单分隔，15~20 × 5~8 μm；拟担子占多数，形状与担子类似，比担子稍小。担孢子卵球形至椭球形，无色，薄壁，光滑，无拟糊精反应和淀粉质反应，无嗜蓝反应，(4.9~)5.6~7(~8.3) × (3.1~)3.9~4.7(~5) μm，平均长 L = 6.3 μm，平均宽 W = 4.4 μm，长宽比 Q = 1.29~1.63（n = 120/4）。

研究标本： 吉林：抚松县，露水河林场，2012 年 9 月 7 日，崔宝凯 10894（BJFC 013816）；安图县，长白山自然保护区储木场，2013 年 9 月 7 日，戴玉成 13477（BJFC 014938）；安图县，长白山 5 公里大样地，2008 年 7 月 31 日，戴玉成 10045（BJFC 015739）。河南：内乡县，宝天曼自然保护区，2015 年 6 月 22 日，戴玉成 15389（BJFC 019501）。湖南：桑植县，八大公山，2020 年 9 月 16 日，崔宝凯 18591（BJFC 035452）。四川：巴塘县，2019 年 8 月 8 日，崔宝凯 17346（BJFC 034204）。陕西：柞水县，牛背梁森林公园，2013 年 9 月 16 日，崔宝凯 11217（BJFC 015332），崔宝凯 11218（BJFC 015333），

崔宝凯 11225（BJFC 015340）。

生境：生长在阔叶树倒木、树桩及活树的基部位置，通常生长在寒温带到温带区域的栎属植物上，引起木材褐色腐朽。

中国分布：山西、内蒙古、辽宁、吉林、黑龙江、山东、河南、湖北、湖南、四川、贵州、陕西、甘肃等。

世界分布：蒙古国、日本、韩国、中国等。

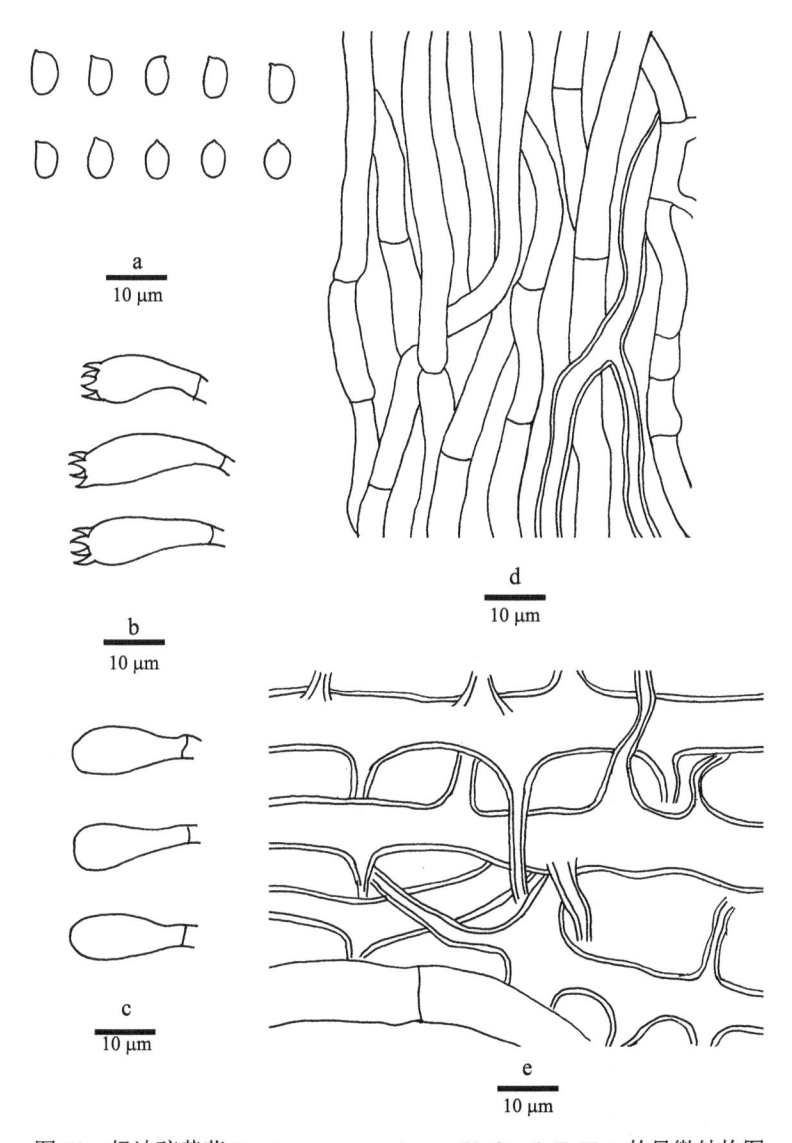

图 79 奶油硫黄菌 *Laetiporus cremeiporus* Y. Ota & T. Hatt.的显微结构图
a. 担孢子；b. 担子；c. 拟担子；d. 菌管菌丝；e. 菌肉菌丝

讨论：奶油硫黄菌的主要特征是担子果一年生，近似侧生柄至无柄，菌盖上表面新鲜时浅橙色至橙红色，孔口表面幼嫩新鲜时黄白色至乳白色，孔口每毫米 2~4 个，担孢子卵球形至椭球形（5.6~7 × 3.9~4.7 μm），主要生长在寒温带到温带的阔叶植物上。辛辛那提硫黄菌、吉尔布特森硫黄菌与奶油硫黄菌的菌盖上表面与菌孔表面颜色相似，然而，辛辛那提硫黄菌主要分布在北美地区，地面上丛生，且孢子较小（4.5~5.5 × 3.5~4 μm）；吉尔布特森硫黄菌主要分布在泛美洲的温带到热带区域，担孢子更小更圆（5~6.5 × 3.5~5 μm）（Ota et al., 2009）。哀牢山硫黄菌和奶油硫黄菌都分布于亚洲地区，生长在阔叶树上，产生覆瓦状的担子果及相似的橙色至红橙色菌盖表面，奶油色至白色的孔口表面，但哀牢山硫黄菌菌孔较小，孢子更圆（5~6.2 × 4~5 μm），另外，哀牢山硫黄菌分布在亚热带地区，奶油硫黄菌主要分布在寒温带到温带地区。环纹硫黄菌和奶油硫黄菌为亚洲的两种易混种，温带区域的阔叶树上都有分布，产生覆瓦状的担子果及相似的白色到奶油色的孔面，但环纹硫黄菌产生更圆的担孢子，形状也不同（Ota et al., 2009）。调查发现，奶油硫黄菌在我国分布广泛，常生长在阔叶树上（Song et al., 2014）。

墨脱硫黄菌　图 80

Laetiporus medogensis J. Song & B.K. Cui, MycoKeys 37: 61, 2018. Song et al., MycoKeys 37: 61, 2018.

子实体：担子果一年生，具盖形，无柄或有近似侧生柄，覆瓦状结构，新鲜时肉质，干后易碎，重量变轻；菌盖平展，扇形或半圆形，单个菌盖长可达 9 cm，宽可达 12 cm，中部厚可达 10 mm；菌盖表面新鲜时黄棕色至浅黄色，干后浅黄色，无环纹或有微弱的环纹；菌盖边缘橙棕色至橙色，干后红褐色至暗褐色，较锋锐；孔口表面亮黄色，干后浅黄色至奶油色；不育边缘奶油色，宽达 3 mm；孔口不规则，每毫米 2~4 个；管口边缘薄，全缘至撕裂状；菌肉白色，干后奶油色至淡黄色，易碎，厚约 8.5 mm；菌管与孔口表面同色，易碎，长可达 1.5 mm。

显微结构：菌丝系统二体系；菌管中为生殖菌丝和骨架菌丝，菌肉中为生殖菌丝和缠绕菌丝；生殖菌丝薄壁，无色，简单分隔；骨架菌丝无淀粉质反应，无嗜蓝反应，在 KOH 试剂中菌丝消融。菌肉中生殖菌丝较少，透明薄壁，光滑，较少分枝，直径为 11 μm；缠绕菌丝占多数，无色透明，有大量的树杈状分枝互相交织，偶尔有简单分隔，厚壁宽腔，直径为 4~11 μm。菌管中生殖菌丝较多，透明薄壁，常有明显的简单分隔，直径为 4~5 μm；骨架菌丝厚壁宽腔，部分弯曲或波浪状起伏，多有分枝和偶尔有简单分隔，沿菌管方向交织排列或近似平行排列，直径为 3~5 μm。子实层中没有囊状体或其他不育的子实层结构。担子棒棒状，着生 4 个担孢子梗，基部具一简单分隔，20~25 × 8~9 μm；拟担子占多数，形状与担子类似，比担子稍小。担孢子卵球形到椭球形，无色，薄壁，光滑，无拟糊精反应和淀粉质反应，无嗜蓝反应，5~6.2 × 4.2~5.2 μm，平均长 $L = 5.78$ μm，平均宽 $W = 4.73$ μm，长宽比 $Q = 1.22$~1.23（n = 60/2）。

研究标本：西藏：墨脱县，2014 年 8 月 24 日，崔宝凯 12390（BJFC 017304）；2014 年 9 月 20 日，崔宝凯 12218（BJFC 017132），崔宝凯 12219（BJFC 017133）；2014 年 9 月 21 日，崔宝凯 12240（BJFC 017154，模式标本），崔宝凯 12241（BJFC 017155）。

生境：发现于西藏高原的寒温带到温带区域，生长在冷杉上，引起木材褐色腐朽。

中国分布：西藏。

世界分布：中国。

讨论：墨脱硫黄菌的主要特征是担子果一年生，盖形，菌盖表面新鲜时黄棕色至浅黄色，菌孔表面新鲜时亮黄色，菌孔不规则，每毫米 2~4 个，担孢子卵球形到椭球形（5~6.2 × 4.2~5.2 μm）。目前该种仅发现于我国西藏地区的寒温带到温带区域，生长在针叶植物上。环纹硫黄菌与墨脱硫黄菌是两种易混的硫黄菌种类，都分布在中国的西南地区，可以寄生在针叶植物上，孔口大小也相似，但环纹硫黄菌的孔口表面是白色的，产生的孢子整体偏小，而墨脱硫黄菌孔口表面是黄色的。高山硫黄菌与墨脱硫黄菌都仅生长在针叶树上，菌盖表面和孔口表面的颜色都是相似的，但高山硫黄菌的担孢子明显都较大（6~8 × 4~5.5 μm）（Tomšovský and Jankovský，2008）。

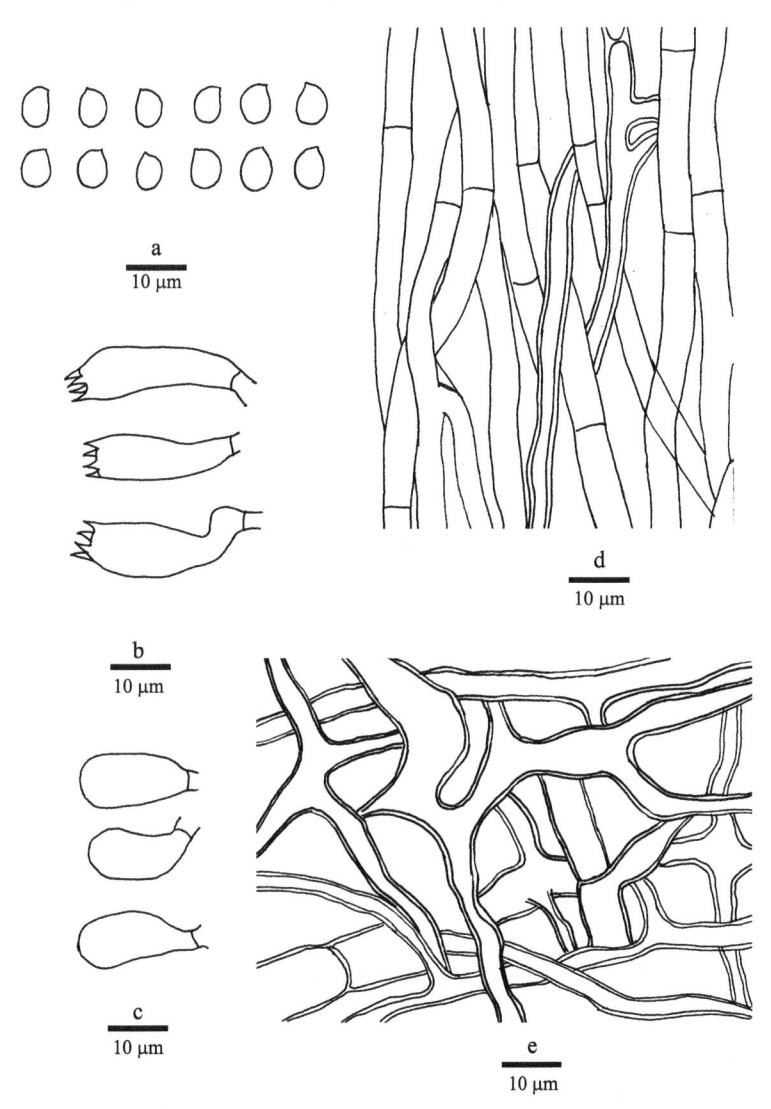

图 80 墨脱硫黄菌 *Laetiporus medogensis* J. Song & B.K. Cui 的显微结构图
a. 担孢子；b. 担子；c. 拟担子；d. 菌管菌丝；e. 菌肉菌丝

高山硫黄菌　图 81

Laetiporus montanus Černý ex Tomšovský & Jankovský, Mycotaxon 106: 292, 2009. Song et al., MycoKeys 37: 69, 2018.

子实体：担子果一年生，具盖形，无柄或有侧生近柄，通常为很大的一丛覆瓦状结构，有时为单生，新鲜时易碎至多汁，干后易碎至白垩质，重量变轻；菌盖半圆形到扇形，单个菌盖长可达 34 cm，宽可达 20 cm，中部厚可达 19 mm；菌盖表面新鲜时浅橙色至橙红色，随着时间变化或干后变为浅棕色，无环纹到有微弱的环纹，有辐射状沟纹；菌孔表面新鲜时黄色，干后浅棕褐色；不育边缘不明显；孔口圆形至不规则状，每毫米 2~4 个；管口边缘薄，撕裂状；菌肉白色至浅黄色，易碎至白垩质，厚约 18 mm；菌管黄色、柠檬黄色至浅黄色，易碎，长可达 1.8 mm。

显微结构：菌丝系统二体系；菌管中为生殖菌丝和骨架菌丝，菌肉中为生殖菌丝和缠绕菌丝；生殖菌丝无色，简单分隔；骨架菌丝无淀粉质反应，无嗜蓝反应，在 KOH 试剂中菌丝消融。菌肉中生殖菌丝薄壁，透明，简单分隔，分枝较少，直径为 5.6~14 μm；缠绕菌丝实心到厚壁，无色透明，无分隔，有很多的树杈状分枝交叉排列，直径可达 20 μm。菌管中生殖菌丝无色透明，薄壁，简单分隔，直径为 2.4~4 μm；骨架菌丝厚壁宽腔，直径为 2~3.6 μm。子实层中无囊状体，具拟囊状体，纺锤形，薄壁，光滑，11~14 × 3~5 μm。担子棍棒状，着生 2~4 个担孢子梗，基部具一简单分隔，14~33 × 5~10 μm；拟担子占多数，形状与担子类似，比担子稍小。担孢子卵圆形至椭圆形，无色，薄壁，光滑，无拟糊精反应和淀粉质反应，无嗜蓝反应，6~8(~8.4) × 4~5.5 μm，平均长 L = 7.1 μm，平均宽 W = 4.6 μm，长宽比 Q = 1.33~1.75（n = 120/4）。

研究标本：内蒙古：根河市，大兴安岭自然保护区，2009 年 8 月 28 日，戴玉成 11059（BJFC 015753）；2009 年 8 月 31 日，戴玉成 11203（BJFC 015752）。吉林：安图县，长白山自然保护区，2011 年 8 月 8 日，崔宝凯 10011（BJFC 010904），崔宝凯 10015（BJFC 010908）；安图县，长白山自然保护区黄松蒲林场，2005 年 8 月 28 日，戴玉成 7094（BJFC 001151）。黑龙江：呼玛县，南瓮河自然保护区，2014 年 8 月 27 日，戴玉成 14677（BJFC 017835），戴玉成 14678（BJFC 017836）；呼中区，呼中自然保护区，2015 年 8 月 9 日，戴玉成 15762（BJFC 019866）；宁安市，镜泊湖景区，2007 年 9 月 10 日，戴玉成 8940（BJFC 015761）。新疆：布尔津县，喀纳斯自然保护区，2015 年 9 月 11 日，戴玉成 15888（BJFC 019989）。

生境：生长在北方寒温带到温带的高山区域的针叶树树桩或倒木上，引起木材褐色腐朽。

中国分布：内蒙古、辽宁、吉林、黑龙江、甘肃、新疆等。

世界分布：韩国、蒙古国、日本、中国等。

讨论：高山硫黄菌的主要特征是菌盖浅橙色至橙红色，孔口表面黄色，孔口每毫米 2~4 个，担孢子较大（6~8 × 4~5.5 μm），生长在高山区域的针叶树。欧洲的部分硫色硫黄菌也生长在针叶树上，菌盖上表面和孔口表面颜色很相似，但硫色硫黄菌生长在海拔较低的区域，产生的担孢子较小（Tomšovský and Jankovský，2008）。休伦硫黄菌和针叶硫黄菌也生长在针叶树上，菌盖上表面颜色、菌孔面颜色都与高山硫黄菌相似，但高山硫黄菌产生更大的宽椭球形担孢子（6~8 × 4~5.5 μm），序列差异也较大；针叶硫黄菌的分子序列与高山硫黄菌有明显的差异，分布范围也不同（Tomšovský and Jankovský，2008）。调查发现，高山硫黄菌在我国分布广泛，常生长在针叶树上（Song et al.，2014）。

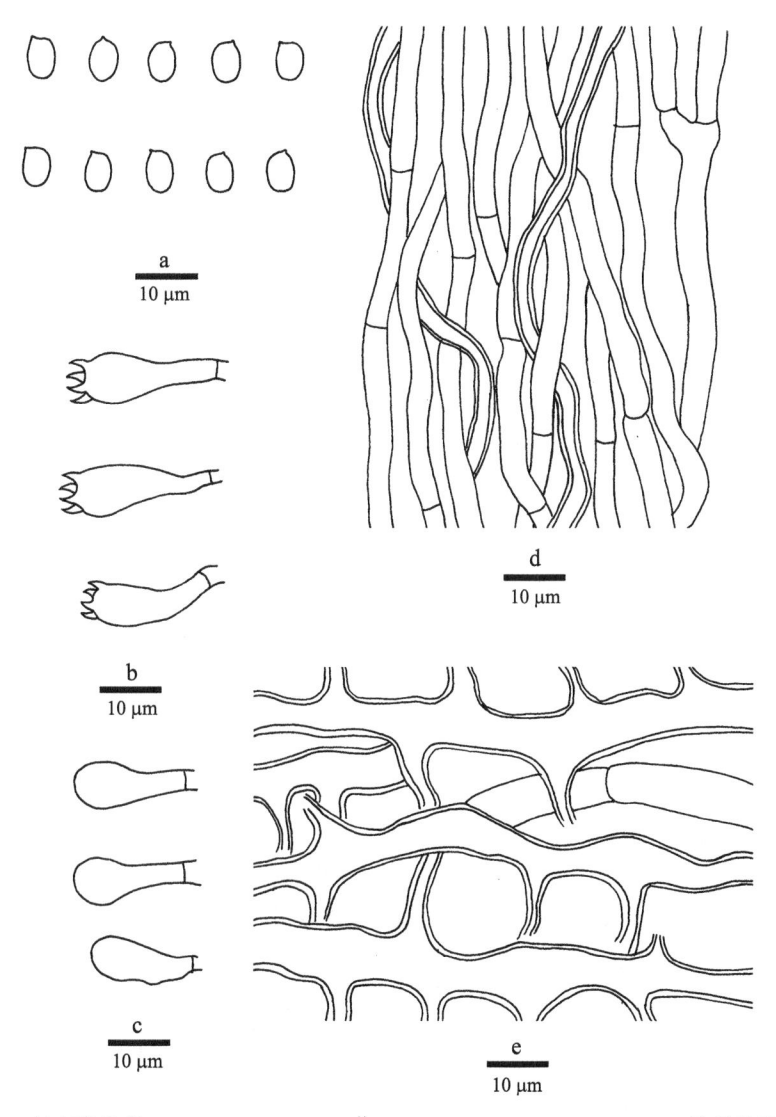

图 81 高山硫黄菌 *Laetiporus montanus* Černý ex Tomšovský & Jankovský 的显微结构图
a. 担孢子；b. 担子；c. 拟担子；d. 菌管菌丝；e. 菌肉菌丝

硫色硫黄菌 图 82

Laetiporus sulphureus (Bull.) Murrill, Mycologia 12(1):11, 1920. Song et al., MycoKeys 37: 69, 2018.

Boletus sulphureus Bull., Herb. Fr. (Paris) 9: tab. 429, 1789.

Sistotrema sulphureum (Bull.) Rebent., Prodr. Fl. neomarch. (Berolini): 376, 1804.

Polyporus sulphureus (Bull.) Fr., Syst. Mycol. (Lundae) 1: 357, 1821.

Merisma sulphureum (Bull.) Gillet [as '*sulfureum*'], Hyménomycètes (Alençon): 691, 1878.

Polypilus sulphureus (Bull.) P. Karst., Acta Soc. Fauna Flora Fenn. 2(1): 29, 1881.

Leptoporus sulphureus (Bull.) Quél. [as '*sulfureus*'], Fl. Mycol. France (Paris): 386, 1888.

Cladomeris sulphurea (Bull.) Bigeard & H. Guill. [as '*sulfurea*'], Fl. Champ. Supér. France

(Chalon-sur-Saône) 1: 408, 1909.

Tyromyces sulphureus (Bull.) Donk, Meded. Bot. Mus. Herb. Rijks Univ. Utrecht 9: 145, 1933.

Grifola sulphurea (Bull.) Pilát, Beih. Bot. Zbl., Abt. 2 52: 39, 1934.

Cladoporus sulphureus (Bull.) Teixeira, J. Bot., Paris 9(1): 43, 1986.

子实体：担子果一年生，具盖形，无柄或有近似侧生柄，覆瓦状叠生，新鲜时肉质，干后易碎，重量变轻；菌盖平展，扇形至半圆形，单个菌盖长可达 30 cm，宽可达 45 cm，中部厚可达 30 mm；菌盖表面新鲜时亮鲑红橙色，干后为浅棕色，光滑无毛，有明显的环纹或微弱环纹；菌盖边缘幼嫩时奶油色至浅黄色，老后变为橙黄色至红褐色，圆钝，较厚；孔口表面新鲜时柠檬黄色至亮奶油黄色，干后变为浅黄色，不育边缘不明显，宽达 1 mm；孔口圆形至不规则状，每毫米 2~4 个；管口边缘薄，全缘至撕裂状；菌肉白色至淡黄色，易碎，厚约 30 mm；菌管与孔口表面同色，易碎，长可达 5 mm；菌柄无毛。

显微结构：菌丝系统二体系；菌管中为生殖菌丝和骨架菌丝，菌肉中为生殖菌丝和缠绕菌丝；生殖菌丝无色透明，简单分隔；骨架菌丝无淀粉质反应，无嗜蓝反应，在 KOH 试剂中菌丝消融。菌肉中生殖菌丝较难发现，通常为光滑透明，薄壁，有规律的简单分隔，无锁状联合，直径达 13 μm；缠绕菌丝有很多，直径 4~12 μm，圆柱状近平行排列，无色透明，树杈状分枝很多并交织，偶尔有简单分隔，无锁状联合，厚壁宽腔，壁厚 1~3 μm，KOH 试剂中完全消融。菌管中生殖菌丝光滑透明，薄壁，有规律的简单分隔，分枝不多，直径 3~5 μm；骨架菌丝厚壁宽腔，偶尔有分枝，有规律的简单分隔，有波浪状弯曲起伏，沿菌管方向互相交织排列，直径 2~5 μm，KOH 试剂中消融。子实层中没有囊状体或其他不育的子实层结构。担子棍棒状，着生 4 个担孢子梗，基部具一简单分隔，18~22 × 7~9 μm；拟担子占多数，形状与担子类似，比担子稍小。担孢子卵球形到椭球形，无色，薄壁，光滑，无拟糊精反应和淀粉质反应，无嗜蓝反应，5.5~7.2 × (3.5~)4~5 μm，平均长 L = 6.6 μm，平均宽 W = 4.8 μm，长宽比 Q = 1.36~1.38（n = 60/2）。

研究标本：云南：昆明市，官渡区，昆明学院，2020 年 9 月 28 日，崔宝凯 18609（BJFC 035470）。新疆：布尔津县，2014 年 9 月 11 日，崔宝凯 12388（BJFC 017302）；2014 年 9 月 13 日，崔宝凯 12389（BJFC 017303）；2015 年 9 月 9 日，戴玉成 15836（BJFC 019937），戴玉成 15838（BJFC 019939）；2019 年 8 月 23 日，崔宝凯 17683（BJFC 034542），崔宝凯 17684（BJFC 034543）；喀纳斯自然保护区，2015 年 9 月 11 日，崔宝凯 15893（BJFC 019994）。

生境：通常生长在温带的阔叶树和针叶树的活树、死树、倒木和树桩上，引起木材的褐色腐朽。

中国分布：云南、新疆。

世界分布：德国、芬兰、加拿大、捷克、美国、斯洛伐克、越南、中国等。

讨论：硫色硫黄菌的主要特征是担子果一年生，菌盖上表面幼嫩新鲜时亮鲑红橙色，孔口表面新鲜时柠檬黄色至亮奶油黄色，孔口每毫米 2~4 个，担孢子卵球形到椭球形（5.5~7.2 × 4~5 μm），在泛美洲、欧洲、亚洲都有分布，主要生长在阔叶树上，少数长在针叶树上。辛辛那提硫黄菌和北美的硫色硫黄菌都在北美的五大湖区普遍分布，但辛辛那提硫黄菌最显著的区别性特征是在地上生长或树木基部生长，引起树木基部或根部的褐色腐朽，且该种的孔口表面为白色至浅奶油色，孢子相对较小，而硫色硫黄菌主要生长在树干上较高的位置，孔口表面为柠檬黄色到亮奶油黄色，引起树木心材的褐色腐朽（Burdsall and Banik，2001）。休伦硫黄菌与硫色硫黄菌在美国东北部地区都有分布，外观形态极其相似，非常容易混淆，但硫色硫黄菌主要生长在阔叶植物上，如栎树，而休伦硫黄菌仅生长在针叶树上。高山硫黄菌与硫色硫黄菌在欧亚都有共同的分布范围，都可寄生于针叶树上，菌盖上表面和孔口表面颜色很相似，但高山硫黄菌通常生长在海拔较高的区域，产生的担孢子明显较大（6~8 × 4~5.5 μm；Tomšovský and Jankovský，2008）。调查发现，硫色硫黄菌在我国分布广泛，常生长在针叶树上（Song et al., 2014）。

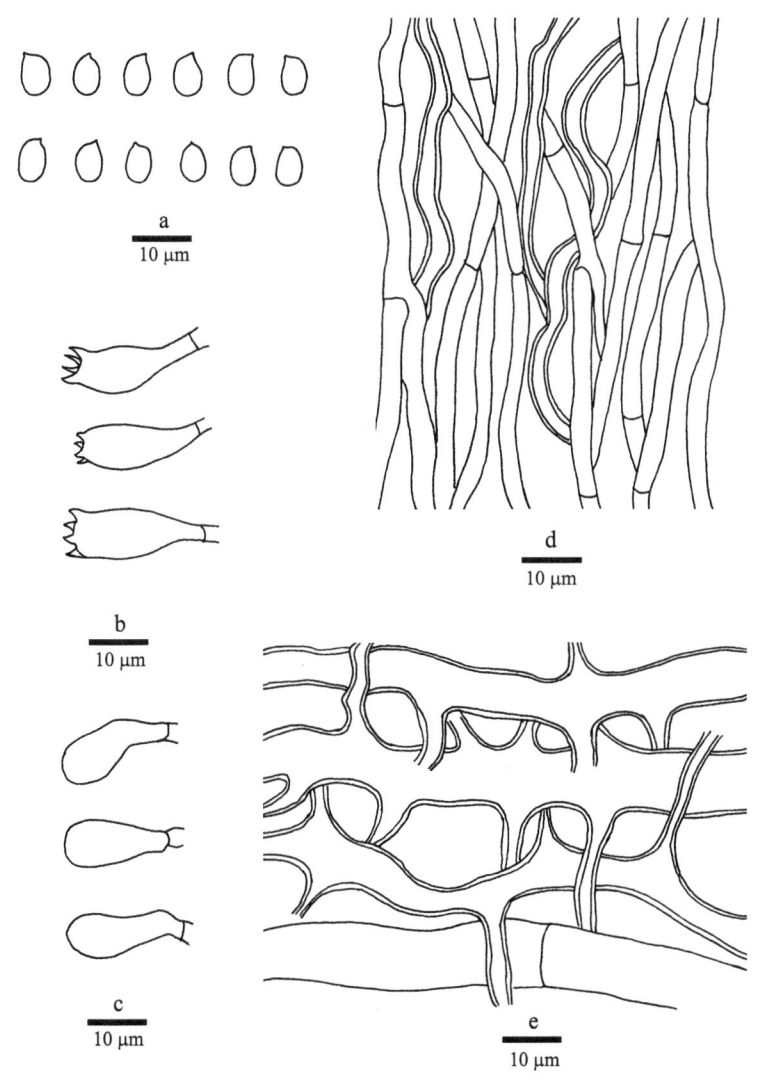

图 82 硫色硫黄菌 *Laetiporus sulphureus* (Bull.) Murrill 的显微结构图
a. 担孢子；b. 担子；c. 拟担子；d. 菌管菌丝；e. 菌肉菌丝

变孢硫黄菌 图 83

Laetiporus versisporus (Lloyd) Imazeki, Bull. Tokyo Sci. Mus. 6: 88, 1943. Song et al.,

MycoKeys 37: 69, 2018.
Calvatia versispora Lloyd, Mycol. Writ. 4, Letter 40: 7, 1915.
Polyporus calvatioides Imazeki, J. Jap. Bot. 16: 269, 1940.

子实体：担子果一年生，具盖形，有柄或有近似侧生柄，单生，偶尔覆瓦状叠生，新鲜时肉质，干后易碎或白垩质，重量变轻；菌盖半圆形至扇形，单个菌盖长可达21 cm，宽可达6 cm，中部厚可达30 mm；菌盖表面新鲜时黄色或鲑红橙色至橙色，极少部分近乎白色，干后蜕变为浅棕色或近白色，光滑无毛，无环纹或者有微弱的环纹，有辐射状的沟纹；菌盖边缘新鲜时肉粉色，干后肉桂色至深棕色，薄而锐；孔口表面新鲜时白色，干后粉黄色或土黄色至深棕色；不育边缘不明显；孔口不规则状，每毫米3~6个；管口边缘薄，撕裂状；菌肉白色至奶油色，易碎至白垩质，厚约30 mm；菌管浅黄色至棕色，易碎，长可达3 mm。

显微结构：菌丝系统二体系；菌管中为生殖菌丝和骨架菌丝，菌肉中为生殖菌丝和缠绕菌丝；生殖菌丝薄壁，无色透明，简单分隔；骨架菌丝无淀粉质反应，无嗜蓝反应，在KOH试剂中菌丝消融。菌肉中生殖菌丝薄壁，透明，常有简单分隔和少量分枝，直径为8~14 μm；缠绕菌丝多为厚壁宽腔，透明，树杈状分枝较多且互相交织，直径为18 μm。菌管中生殖菌丝占多数，透明薄壁，多有简单分隔，分枝较多，直径为2.4~4.4 μm；骨架菌丝厚壁宽腔，直径为2.4~4 μm。子实层中没有囊状体或其他不育的子实层结构。担子棍棒状，着生2~4个担孢子梗，基部具一简单分隔，12~17 × 5~7 μm；拟担子占多数，形状与担子类似，比担子稍小。担孢子卵圆形到椭圆形，无色，薄壁，光滑，无拟糊精反应和淀粉质反应，无嗜蓝反应，(4.8~)5.2~6.8(~7.5) × 4.0~5.5(~6.5) μm，平均长 $L = 6$ μm，平均宽 $W = 4.7$ μm，长宽比 $Q = 1.08$~1.44（n = 150/5）。变形形态菌肉中有很多厚垣孢子，近球形到卵球形，厚壁，浅棕色到绿棕色，(7~)7.5~11.5(~12) × (7~)7.5~11.5(~12) μm，每个厚垣孢子有2~6个核。

研究标本：浙江：开化县，古田山保护区，2013年8月12日，戴玉成13386（BJFC 014847）。湖南：邵阳市，新宁县，舜皇山，2017年，崔宝凯16490（BJFC 029789）。江西：井冈山市，井冈山自然保护区，2016年8月11日，戴玉成17181（BJFC 023279）；龙南县，九连山自然保护区，2016年8月13日，戴玉成17187（BJFC 023285）；九江市，庐山风景区，2008年10月9日，崔宝凯6014（BJFC 003870）。海南：陵水县，吊罗山国家森林公园，2014年6月13日，戴玉成13582A（BJFC 017321），戴玉成13583A（BJFC 017322）；乐东县，尖峰岭自然保护区，2015年6月1日，戴玉成15258（BJFC 019369）；五指山市，五指山自然保护区，2015年12月15日，戴玉成16195（BJFC 020282）。云南：屏边县，大围山国家森林公园，2013年10月2日，戴玉成13523（BJFC 014985）；保山市，高黎贡山自然保护区百花岭，2012年10月27日，戴玉成13052（BJFC 013275）；腾冲市，高黎贡山自然保护区，2013年6月25日，戴玉成13448（BJFC 014929）；丽江市，黑龙潭森林公园，2013年8月2日，戴玉成13447（BJFC 015791）；洱源县，2019年11月5日，崔宝凯18035（BJFC 034894）。

生境：生长在温带到热带区域的阔叶植物活树或死树枯倒木及树桩上，寄主植物多为栲属或栎属植物，引起木材褐色腐朽。

中国分布：北京、浙江、福建、江西、湖南、广东、广西、海南、贵州、云南、台湾等。

世界分布：韩国、日本、中国等。

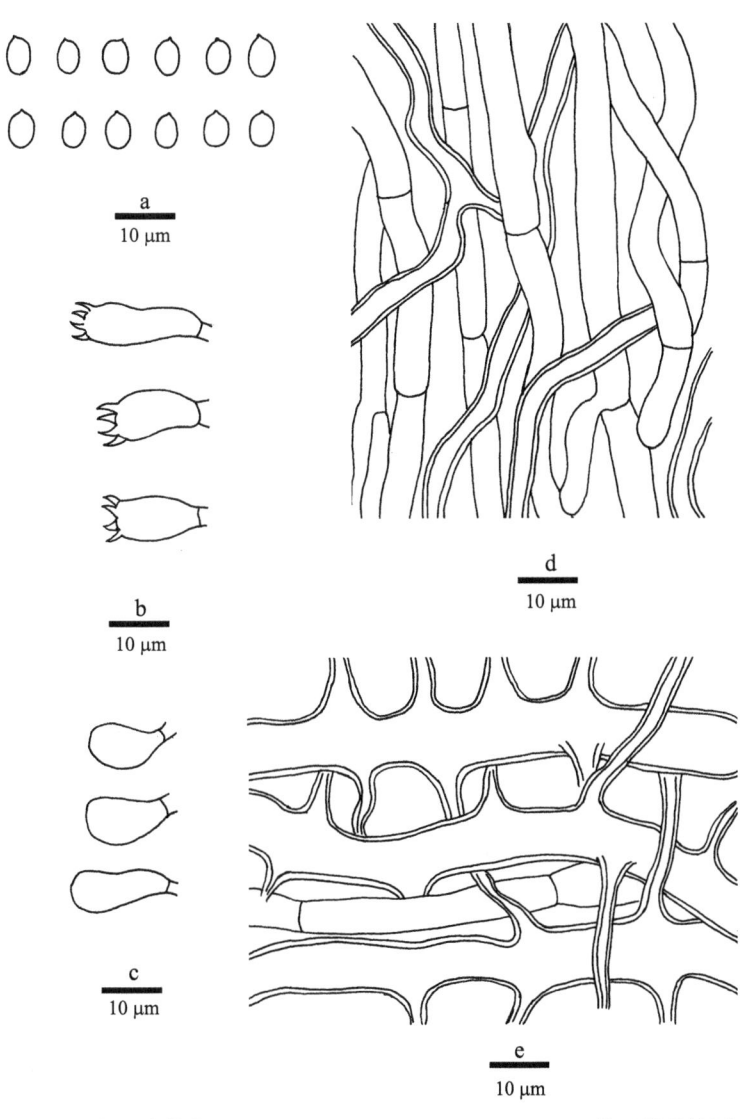

图 83 变孢硫黄菌 *Laetiporus versisporus* (Lloyd) Imazeki 的显微结构图
a. 担孢子；b. 担子；c. 拟担子；d. 菌管菌丝；e. 菌肉菌丝

讨论：变孢硫黄菌是亚洲温带到热带区域最常见的硫黄菌种类，分布范围很广，该种的主要特征是担子果一年生，单生或覆瓦状叠生，菌盖上表面新鲜时黄色或鲑红橙色至橙色，极少部分近乎白色，菌孔表面新鲜时通常为黄色，有时是浅黄色至近白色，菌孔较小，每毫米 3~6 个，担孢子中等大小（5.2~6.8 × 4~5.5 μm），仅寄生在阔叶植物上，亚热带到热带区域生长较多。该种经常产生球状的变形形态，无菌管层，菌肉内具有很多的厚垣孢子。加勒比硫黄菌、吉尔布特森硫黄菌与变孢硫黄菌都是热带分布的常见种，但加勒比硫黄菌产生明显较小的孢子，吉尔布特森硫黄菌的菌孔明显较大，担孢子通常更小。哀牢山硫黄菌也分布于中国南部亚热带区域，寄生在阔叶树上，但哀牢山硫黄菌的孔口表面为白色，菌孔明显更大，但序列明显不同（Ota et al., 2009）。调查发现，变孢硫黄菌在我国分布广泛，常生长在阔叶树上（Song et al., 2014）。

新疆硫黄菌　图 84

Laetiporus xinjiangensis J. Song, Y.C. Dai & B.K. Cui, MycoKeys 37: 63, 2018.

子实体：担子果一年生，具盖形，无柄或有近似侧生柄，覆瓦状叠生，新鲜时肉质，干后易碎，重量变轻；菌盖平展或波浪状起伏，扇形到半圆形，单个菌盖长可达 15 cm，宽可达 20 cm，中部厚可达 30 mm；菌盖表面新鲜时土黄色至棕色，干后浅黄色至奶油色，光滑无毛，新鲜时有明显的或微弱的环纹，有辐射状沟纹；边缘圆钝，幼嫩时浅棕色，干后颜色加深，棕褐色；孔口表面新鲜时浅黄色至亮硫黄色，干后棕色至土黄色，不育边缘浅黄色，宽约 2 mm；孔口不规则状，每毫米 2~3 个；管口边缘薄，全缘至撕裂状；菌肉白色，干后奶油色至淡黄色，易碎，厚约 22 mm；菌管与孔口表面同色，易碎，长可达 8 mm。

显微结构：菌丝系统二体系；菌管中为生殖菌丝和骨架菌丝，菌肉中为生殖菌丝和缠绕菌丝；生殖菌丝无色透明，简单分隔；骨架菌丝无淀粉质反应，无嗜蓝反应，在 KOH 试剂中菌丝消融。菌肉中生殖菌丝较少，薄壁，无色透明，光滑，简单分隔，直径可达 15 μm；缠绕菌丝占多数，无色透明，光滑，有大量的树杈状分枝，偶尔有简单分隔，厚壁宽腔，交织排列，直径为 8~15 μm。菌管中生殖菌丝占比较多，透明薄壁，分枝少，直径为 4~6 mm；骨架菌丝微厚壁宽腔，偶尔有分枝和简单分隔，沿菌管方向交织排列或近平行排列，直径为 3~5 μm。子实层中没有囊状体或其他不育的子实层结构。担子棍棒状，着生 4 个担孢子梗，基部具一简单分隔，20~25 × 6~8 μm；拟担子占多数，形状与担子类似，比担子稍小。担孢子卵球形到椭球形，无色，薄壁，光滑，无拟糊精反应和淀粉质反应，无嗜蓝反应，4.5~5 × 3~4.2 μm，平均长 L = 5.13 μm，平均宽 W = 3.74 μm，长宽比 Q = 1.37~1.39（n = 60/2）。

研究标本：新疆：石河子市，121 兵团，2015 年 9 月 9 日，戴玉成 15827（BJFC 019930）；石河子市，121 兵团，2015 年 9 月 9 日，戴玉成 15828（BJFC 019931）；布尔津县，2015 年 9 月 9 日，戴玉成 15836（BJFC 019937），戴玉成 15838（BJFC 019939）；布尔津县，喀纳斯自然保护区，2015 年 9 月 11 日，戴玉成 15893（BJFC 019994）；伊宁市，伊犁宾馆公园，2015 年 9 月 13 日，戴玉成 15902（BJFC 020003），戴玉成 15905（BJFC 020006）；2015 年 10 月 4 日，戴玉成 15898A（BJFC 019999）；巩留县，西天山自然保护区，2015 年 9 月 14 日，戴玉成 15953（BJFC 020054，模式标本）。

生境：生长在我国西北部温带区域的阔叶植物上，主要为杨树和柳树，引起木材褐色腐朽。

中国分布：新疆。

世界分布：中国。

讨论：新疆硫黄菌的主要分类特征是担子果一年生，盖状，菌盖表面幼嫩新鲜时橙黄色至棕黄色，有明显的或微弱的环纹，菌孔表面新鲜时浅黄色至亮硫黄色，菌孔不规则，每毫米 2~3 个，担孢子中等大小（4.5~5 × 3~4.2 μm），主要生长在海拔较低的温带阔叶植物上。硫色硫黄菌在新疆硫黄菌的分布区域也大量存在，都寄生在阔叶树上，产生的担子果具有相似颜色的菌盖表面和孔口表面，但硫色硫黄菌的菌孔较小，担孢子明显较大。高山硫黄菌在我国西北部也有分布，尽管产生的菌盖和孔口颜色相似，但高山硫黄菌与新疆硫黄菌相比，担孢子明显较大，菌孔稍小，且高山硫黄菌仅生长在海拔较高的针叶植物上（Ota et al., 2009）。

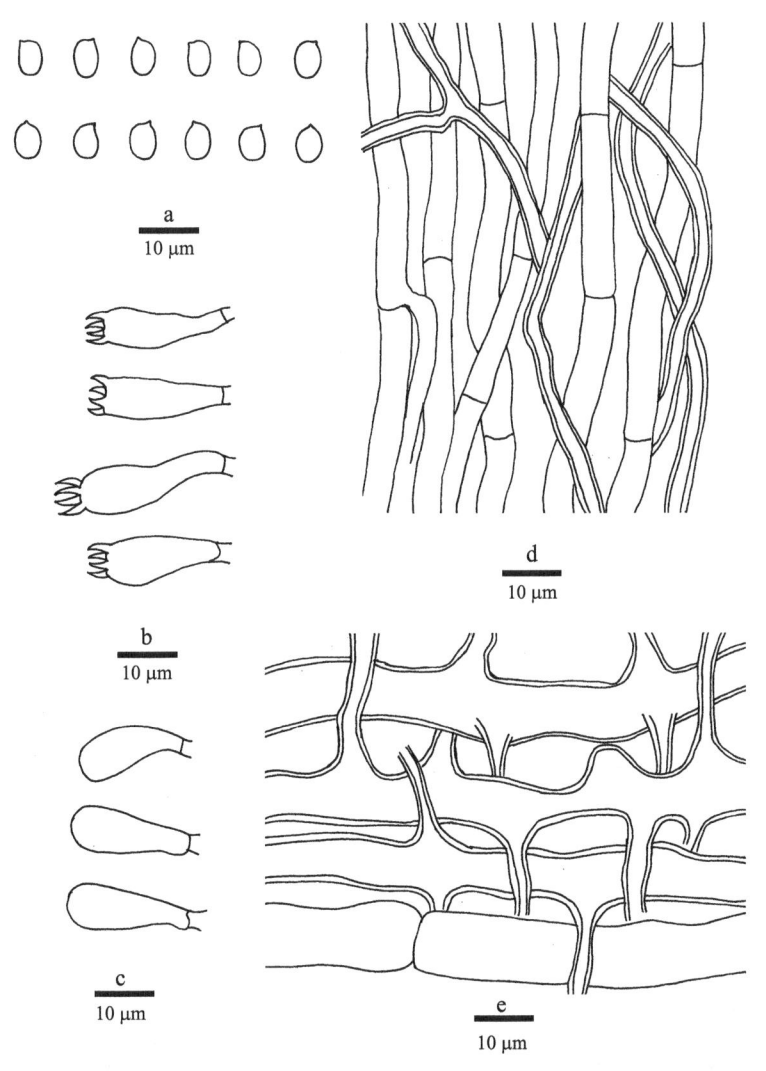

图 84 新疆硫黄菌 *Laetiporus xinjiangensis* J. Song, Y.C. Dai & B.K. Cui 的显微结构图
a. 担孢子；b. 担子；c. 拟担子；d. 菌管菌丝；e. 菌肉菌丝

环纹硫黄菌　图 85，图版Ⅱ 10

Laetiporus zonatus B.K. Cui & J. Song, Mycologia 106: 1042, 2014.

子实体：担子果一年生，具盖形，菌盖无柄或有近似侧生柄，覆瓦状叠生，新鲜时肉质，干后白垩质或易碎，重量变轻；菌盖波浪状起伏，扇形至半圆形，单个菌盖长可达 10 cm，宽可达 17 cm，中部厚可达 30 mm；菌盖表面新鲜白色、奶油色至橙黄色，基部淡黄色至土黄色，干后变为浅黄色至橙黄褐色，光滑无毛，有明显的浅黄色至肉桂色同心环纹和辐射状沟纹；菌盖边缘幼嫩时浅黄色至黄褐色，干后颜色加深至暗褐色，较锋锐；孔口表面新鲜时白色至奶油色，边缘有浅黄色至浅棕色的环纹，干后变为浅黄色至黄棕色，不育边缘明显，土黄色至肉桂棕色，宽达 2 mm；孔口不规则，每毫米 2~5 个；管口边缘薄，全缘至撕裂状；菌肉奶白色至淡黄色，易碎，厚约 25 mm；菌管与孔口表面同色，白垩质或易碎，长可达 5 mm。

显微结构：菌丝系统二体系，菌管中为生殖菌丝和骨架菌丝，菌肉中为生殖菌丝和缠绕菌丝；生殖菌丝无色，简单分隔；骨架菌丝无淀粉质反应，无嗜蓝反应，在 KOH 试剂中菌丝消融。菌肉中生殖菌丝占比较少，很难观察到；缠绕菌丝占多数，光滑透明，有很多的树杈状分枝，偶尔有简单分隔，厚壁宽腔，交织排列，直径为 6~14 μm。菌管中生殖菌丝无色透明，薄壁，偶尔有分枝，直径为 4~5.5 μm；骨架菌丝厚壁宽腔，偶尔有分枝和简单分隔，沿菌管方向松散交织排列或近似平行排列，直径为 4~5.5 μm。子实层中没有囊状体或其他不育的子实层结构。担子棍棒状，着生 4 个担孢子梗，基部具一简单分隔，18~26 × 5~8 μm；拟担子占多数，形状与担子类似，比担子稍小。担孢子梨形至椭圆形，无色，薄壁，光滑，无拟糊精反应和淀粉质反应，无嗜蓝反应，(5.5~)5.8~7.2 × 4~5.5 μm，平均长 L = 6.46 μm，平均宽 W = 4.92 μm，长宽比 Q = 1.29~1.34（n = 90/3）。

研究标本：四川：九龙县，伍须海景区，2019 年 9 月 13 日，崔宝凯 17729（BJFC 034588），崔宝凯 17730（BJFC 034589）。云南：楚雄市，紫溪山自然保护区，2016 年 8 月 12 日，崔宝凯 14276（BJFC 029144），崔宝凯 14290（BJFC 029158）；兰坪县，通甸镇，罗古箐，2011 年 9 月 20 日，崔宝凯 10403（BJFC 011298），崔宝凯 10404（BJFC 011299，模式标本）；2018 年 9 月 18 日，崔宝凯 17166（BJFC 030466）；丽江市，玉水寨景区，2011 年 9 月 25 日，崔宝凯 10570（BJFC 011465）；香格里拉市，碧沽天池，2013 年 9 月 2 日，戴玉成 13632（BJFC 015095）；2013 年 9 月 3 日，戴玉成 13633（BJFC 015096）；香格里拉市，普达措国家公园，2015 年 9 月 7 日，崔宝凯 12499（BJFC 028277）；2020 年 8 月 26 日，崔宝凯 18590（BJFC 035451）；2021 年 9 月 6 日，戴玉成 22928（BJFC 037501），戴玉成 22944（BJFC 037517）。

生境：生长在横断山脉高山区域的阔叶植物上，偶尔长在针叶树上，引起木材褐色腐朽。

中国分布：四川、云南。

世界分布：中国。

讨论：环纹硫黄菌的典型鉴别特征是新鲜时白色或奶油色至橙色的菌盖上表面及白色至奶油色孔口表面，菌盖表面有明显的同心环纹和辐射状沟纹，椭球形至梨形或水滴状的担孢子（5.8~7.2 × 4~5.5 μm）。针叶硫黄菌、休伦硫黄菌、高山硫黄菌和环纹硫黄菌相比，都产生覆瓦状单年生的担子果，具有相似颜色的菌盖表面，但是环纹硫黄菌生长于阔叶植物上，偶尔发现在针叶植物上，而其他三种硫黄菌仅生长在北方寒温带到温带的针叶植物上产生形状和大小都不同的担孢子（Burdsall and Banik，2001；Tomšovský and Jankovský，2008；Ota et al.，2009）。加勒比硫黄菌和环纹硫黄菌都生长在阔叶植物上，菌盖表面相似，但加勒比硫黄菌仅生长在中美洲热带地区，产生较小的孔口和担孢子。辛辛那提硫黄菌、吉尔布特森硫黄菌与环纹硫黄菌也有相似的菌盖表面和孔面，都生长在阔叶植物上，但辛辛那提硫黄菌和吉尔布特森硫黄菌的担孢子较小，形状也有差别。奶油硫黄菌和环纹硫黄菌为亚洲的两种易混种，温带区域阔叶树上都有分布，产生覆瓦状的担子果及相似的白色至奶油色的孔口表面，但奶油硫黄菌产生更扁的担孢子，形状也不同；此外，环纹硫黄菌分布在温带的海拔较高的区域，而奶油硫黄菌在寒温带低海拔区域较多（Ota et al., 2009）。

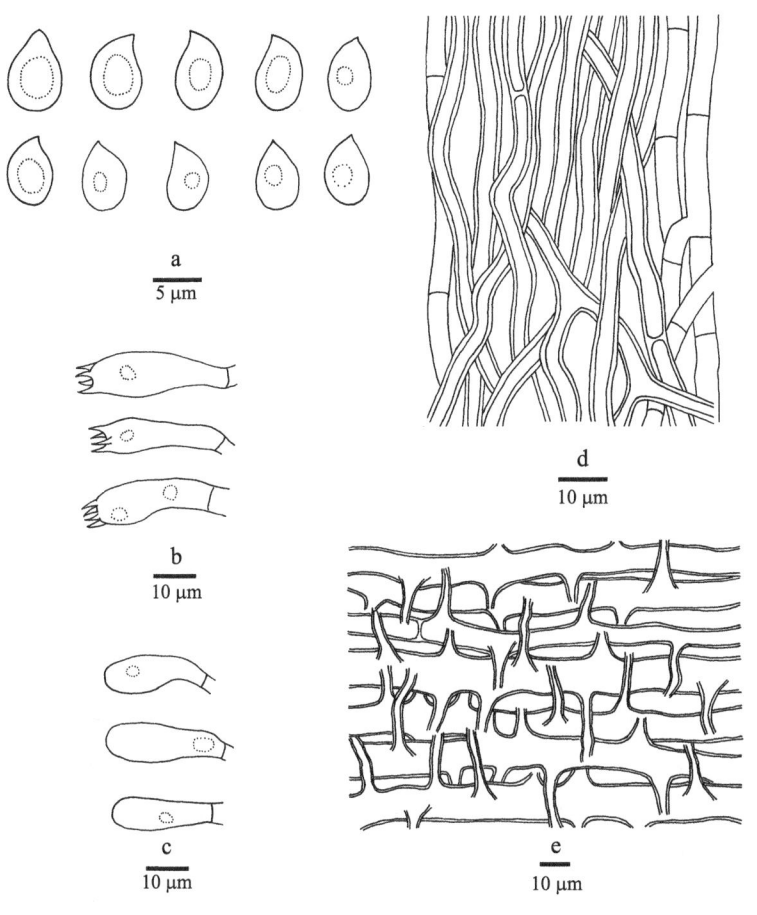

图 85 环纹硫黄菌 *Laetiporus zonatus* B.K. Cui & J. Song 的显微结构图
a. 担孢子；b. 担子；c. 拟担子；d. 菌管菌丝；e. 菌肉菌丝

小沃菲卧孔菌属 Wolfiporiella B.K. Cui & Shun Liu

Fungal Divers. 118: 63, 2023

担子果一年生，平伏，新鲜时木栓质，干后木栓质至易碎；孔口表面奶油色、肉桂棕色至浅黄色；孔口圆形至多角形；菌肉肉桂色至浅黄色，木栓质；菌管浅黄色，木栓质至易碎。菌丝系统二体系；生殖菌丝具简单分隔，骨架菌丝无拟糊精反应和淀粉质反应，无嗜蓝反应；子实层中无囊状体，具拟囊状体；担孢子椭圆形至宽椭圆形，无色，薄壁，光滑，无拟糊精反应和淀粉质反应，无嗜蓝反应。

模式种：*Wolfiporiella dilatohypha* (Ryvarden & Gilb.) B.K. Cui & Shun Liu。

生境：生长在阔叶树或针叶树上，引起木材的褐色腐朽。

中国分布：吉林、黑龙江。

世界分布：北美洲，亚洲。

讨论：系统发育关系上，宽丝沃菲卧孔菌 *Wolfiporia dilatohypha* Ryvarden & Gilb. 和骨沃菲卧孔菌 *W. cartilaginea* Ryvarden 聚集在一起，并且与硫黄菌属亲缘关系较近（Binder et al., 2013；Ortiz-Santana et al., 2013；Justo et al., 2017；Tibpromma et al., 2017），与茯苓沃菲卧孔菌 *W. hoelen* (Fr.) Y.C. Dai & V. Papp 和假茯苓沃菲卧孔菌 *W. pseudococos* F. Wu, J. Song & Y.C. Dai 的亲缘关系较远。形态上，弯孢沃菲卧孔菌 *W. curvispora* Y.C. Dai、宽丝沃菲卧孔菌和骨沃菲卧孔菌的孔口和担孢子大小均比茯苓沃菲卧孔菌和假茯苓沃菲卧孔菌的小。结合形态学特征和分子数据，Liu 等（2023a）将弯孢沃菲卧孔菌、宽丝沃菲卧孔菌和骨沃菲卧孔菌转移至新属小沃菲卧孔菌属 *Wolfiporiella* 中，隶属于硫黄菌科。目前，该属有 3 种，中国分布 3 种。

中国小沃菲卧孔菌属分种检索表

1. 孔口每毫米＞5 个 ·· 弯孢小沃菲卧孔菌 *W. curvispora*
1. 孔口每毫米≤5 个 ·· 2
   2. 担孢子圆柱形，4~5 × 2~2.5 μm ·· 骨小沃菲卧孔菌 *W. cartilaginea*
   2. 担孢子椭圆形，3.8~4.7 × 2.9~3.1 μm ·································· 宽丝小沃菲卧孔菌 *W. dilatohypha*

骨小沃菲卧孔菌　图 86

Wolfiporiella cartilaginea (Ryvarden) B.K. Cui & Shun Liu, Fungal Divers. 118: 63, 2023.
Wolfiporia cartilaginea Ryvarden, Acta Mycol. Sin. 5(4): 231, 1986.

子实体：担子果一年生，平伏，贴生，不易与基质分离，新鲜时柔软，干后软木栓质至木栓质或易碎，重量变轻；平伏担子果长可达 4 cm，宽可达 5 cm，厚约 2 mm；孔口表面新鲜时奶油色，干后木质色至浅黄色；不育边缘不明显或几乎不存在；孔口多角形，每毫米 3~4 个；管口边缘薄，全缘或稍撕裂状；菌肉木质色，木栓质，厚约 1 mm；菌管奶油色至浅黄色，软木栓质至易碎，长可达 1.5 mm。

显微结构：菌丝系统二体系；生殖菌丝具有简单分隔，骨架菌丝无拟糊精反应和淀粉质反应，无嗜蓝反应；菌丝组织在 KOH 试剂中无变化。菌肉中生殖菌丝较少，无色，薄壁至稍厚壁，很少分枝，直径为 2.8~6.6 μm；骨架菌丝占多数，无色，厚壁，具一宽的内腔，很少分枝，直径为 4~8.5 μm。菌管中菌丝系统与菌肉中的菌丝系统相似，稍细。子实层中没有囊状体或其他不育的子实层结构。担子桶形，着生 4 个担孢子梗，基部具一简单分隔，7.2~17.5 × 5~8.5 μm；拟担子占多数，形状与担子类似，比担子稍小。担孢子圆柱形，无色，薄壁，光滑，无拟糊精反应和淀粉质反应，无嗜蓝反应，4~5 × 2~2.5 μm，平均长 L = 4.42 μm，平均宽 W = 2.34 μm，长宽比 Q = 1.89（n = 30/1）。

研究标本：吉林：安图县，白河镇，2002 年 9 月 18 日，戴玉成 3764（BJFC 002754）。

生境：常生长在针叶树上，引起木材褐色腐朽。

中国分布：吉林。

世界分布：日本、中国。

讨论：骨小沃菲卧孔菌的主要特征是担子果一年生，平伏，新鲜时柔软，干后软木栓质至木栓质或易碎，担孢子圆柱形（4~5 × 2~2.5 μm）。调查发现，骨小沃菲卧孔菌在我国吉林有分布，常生长在针叶树上（Liu et al.，2023a）。

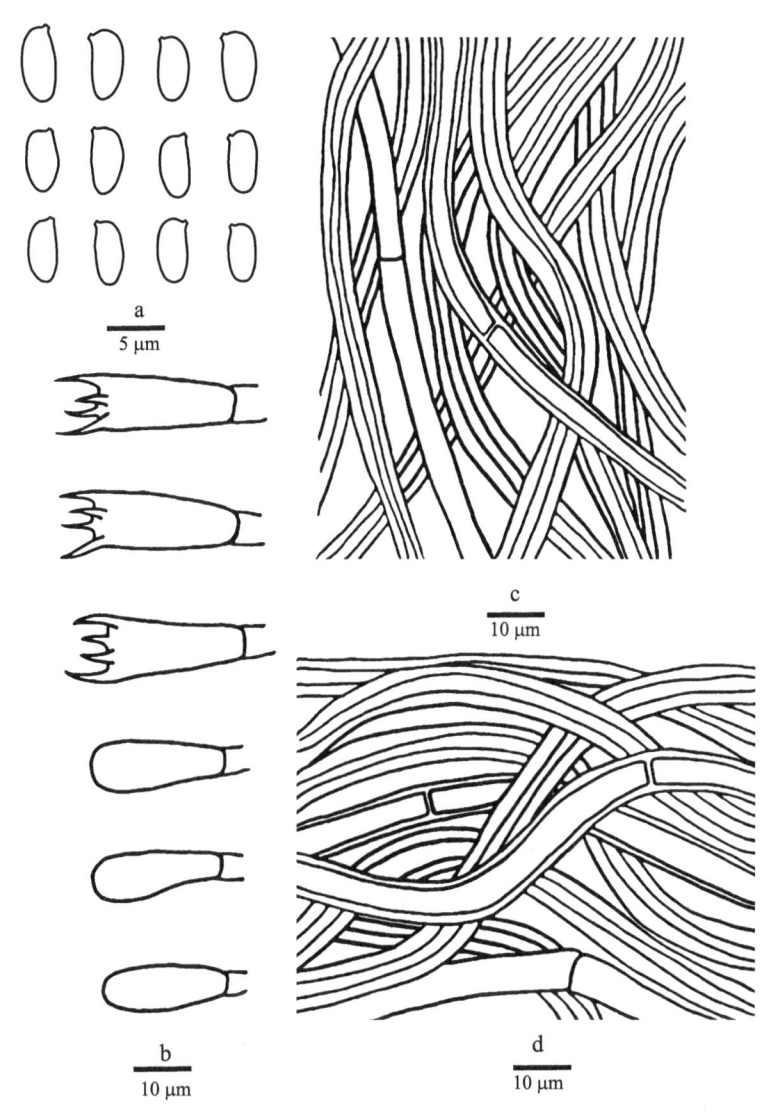

图 86 骨小沃菲卧孔菌 Wolfiporiella cartilaginea (Ryvarden) B.K. Cui & Shun Liu 的显微结构图
a. 担孢子；b. 担子和拟担子；c. 菌管菌丝；d. 菌肉菌丝

弯孢小沃菲卧孔菌 图 87

Wolfiporiella curvispora (Y.C. Dai) B.K. Cui & Shun Liu, Fungal Divers. 118: 63, 2023.
Wolfiporia curvispora Y.C. Dai, Ann. Bot. Fenn. 35 (2): 151, 1998.

子实体：担子果二年生，平伏，贴生，不易与基质分离，新鲜时柔软，干后软木栓质至易碎，重量变轻；平伏担子果长可达 300 cm，宽可达 70 cm，厚约 10 mm；孔口表面新鲜时奶油色，干后木质色至浅黄色；不育边缘不明显或几乎不存在；孔口多角形，每毫米 6~8 个；管口边缘薄，全缘或稍撕裂状；菌肉木质色，软木栓质，厚约 0.2 mm；菌管奶油色至淡黄色，软木栓质至易碎，长可达 5 mm。

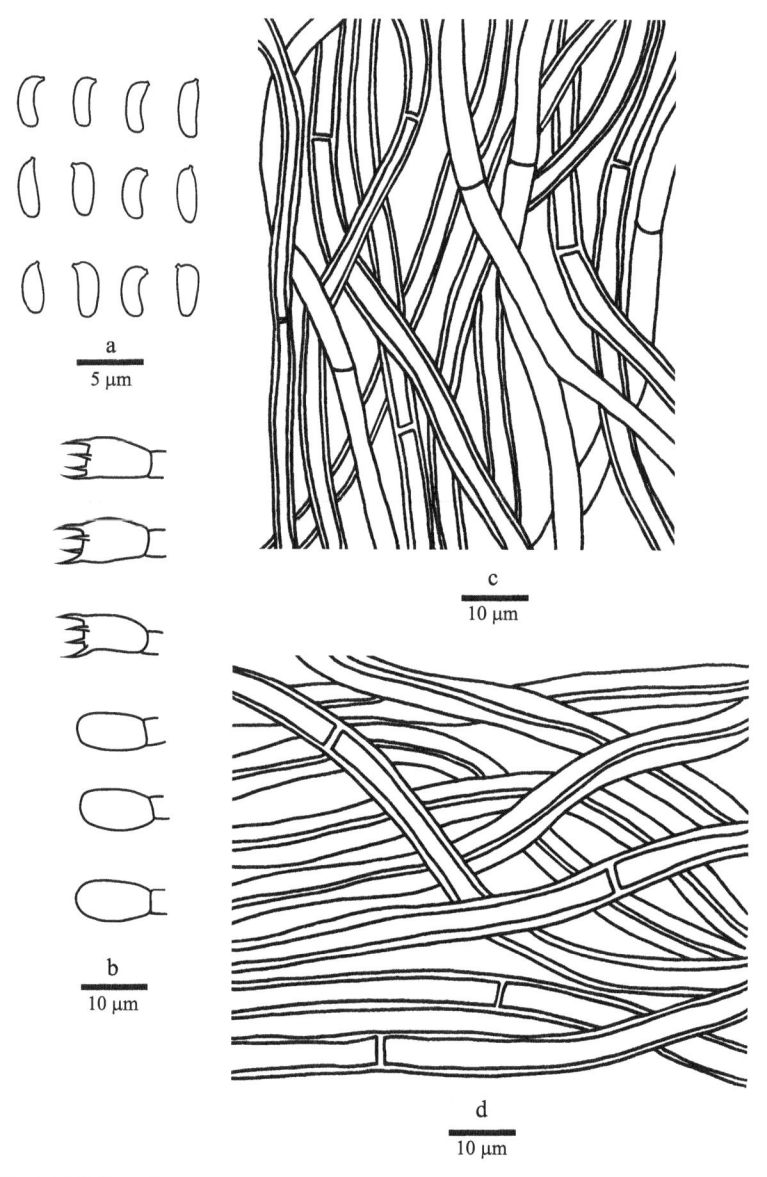

图 87　弯孢小沃菲卧孔菌 Wolfiporiella curvispora (Y.C. Dai) B.K. Cui & Shun Liu 的显微结构图
a. 担孢子；b. 担子和拟担子；c. 菌管菌丝；d. 菌肉菌丝

显微结构：菌丝系统二体系；生殖菌丝具有简单分隔，骨架菌丝无拟糊精反应和淀粉质反应，无嗜蓝反应；菌丝组织在 KOH 试剂中无变化。菌肉中生殖菌丝较少，无色，薄壁至稍厚壁，很少分枝，直径为 2.8~4.5 μm；骨架菌丝占多数，无色，厚壁，具一窄的内腔至近实心，偶尔具简单分隔，很少分枝，直径为 4~5.5 μm。菌管中生殖菌丝与菌肉中的生殖菌丝相似，稍细。子实层中没有囊状体或其他不育的子实层结构。担子桶形，着生 4 个担孢子梗，基部具一简单分隔，7~9 × 4.9~6.5 μm；拟担子占多数，形状与担子类似，比担子稍小。担孢子圆柱形，无色，薄壁，光滑，无拟糊精反应和淀粉质反应，无嗜蓝反应，3.3~4.1 × 1.2~1.8 μm，平均长 L = 3.81 μm，平均宽 W = 1.43 μm，长宽比 Q = 2.67 (n = 30/1)。

研究标本：黑龙江：依兰县，红旗林场，1993 年 10 月 13 日，戴玉成 1592（BJFC 010368，模式标本）。

生境：常生长在针叶树上，引起木材褐色腐朽。

中国分布：黑龙江。

世界分布：中国。

讨论：弯孢小沃菲卧孔菌的主要特征是担子果二年生，平伏担子果长可达 300 cm，宽可达 70 cm，孔口多角形，每毫米 6~8 个，担孢子圆柱形（3.3~4.1 × 1.2~1.8 μm）。

宽丝小沃菲卧孔菌　图 88

Wolfiporiella dilatohypha (Ryvarden & Gilb.) B.K. Cui & Shun Liu, Fungal Divers. 118: 63, 2023.

Wolfiporia dilatohypha Ryvarden & Gilb., Mycotaxon 19: 141, 1984.

子实体：担子果一年生，平伏，贴生，不易与基质分离，新鲜时柔软，干后软木栓质至木栓质或易碎，重量变轻；平伏担子果长可达 5 cm，宽可达 3 cm，厚约 4 mm；孔口表面新鲜时奶油色，干后浅黄色；不育边缘不明显或几乎不存在；孔口多角形，每毫米 4~5 个；管口边缘薄，全缘或稍撕裂状；菌肉奶油色，木栓质，厚约 1 mm；菌管奶油色至浅黄色，软木栓质至易碎，长可达 3 mm。

显微结构：菌丝系统二体系；生殖菌丝具有简单分隔，骨架菌丝无拟糊精反应和淀粉质反应，无嗜蓝反应；菌丝组织在 KOH 试剂中无变化。菌肉中生殖菌丝较少，无色，薄壁至稍厚壁，很少分枝，直径为 2.5~5 μm；骨架菌丝占多数，无色，厚壁，具一宽的内腔，很少分枝，直径为 4~7.8 μm。菌管中菌丝结构与菌肉中的菌丝结构相似，稍细。子实层中没有囊状体或其他不育的子实层结构。担子桶形，着生 4 个担孢子梗，基部具一简单分隔，6.5~16.4 × 4.3~7.8 μm；拟担子占多数，形状与担子类似，比担子稍小。担孢子椭圆形，无色，薄壁，光滑，无拟糊精反应和淀粉质反应，无嗜蓝反应，(3.7~)3.8~4.7(~5) × (2.8~)2.9~3.1(~3.6) μm，平均长 L = 4.1 μm，平均宽 W = 3.1 μm，长宽比 Q = 1.30 (n = 30/1)。

研究标本：吉林：安图县，长白山自然保护区，1995 年 9 月 8 日，戴玉成 1974（BJFC 012870）；2008 年 7 月 31 日，戴玉成 10059（IFP 008229）。

生境：常生长在针叶树上，引起木材褐色腐朽。

中国分布：吉林。

世界分布：加拿大、美国、中国。

讨论：宽丝小沃菲卧孔菌的主要特征是担子果一年生，平伏，新鲜时柔软，干后软木栓质至木栓质或易碎，孔口多角形，每毫米 4~5 个，担孢子椭圆形（3.8~4.7 × 2.9~3.1 μm）。调查发现，宽丝小沃菲卧孔菌在我国吉林有分布，常生长在针叶树上（Liu et al., 2023a）。

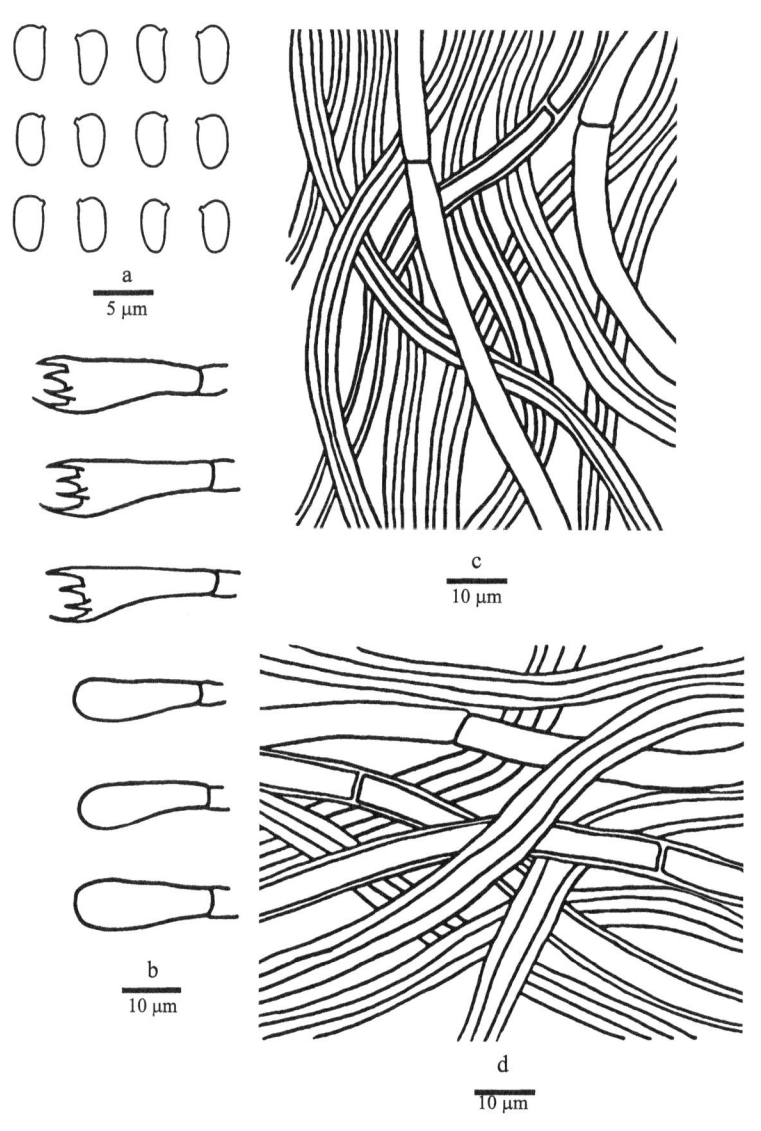

图 88　宽丝小沃菲卧孔菌 Wolfiporiella dilatohypha (Ryvarden & Gilb.) B.K. Cui & Shun Liu 的显微结构图
a. 担孢子；b. 担子和拟担子；c. 菌管菌丝；d. 菌肉菌丝

拟沃菲卧孔菌属 Wolfiporiopsis B.K. Cui & Shun Liu
Fungal Divers. 118: 64, 2023

担子果一年生，平伏，新鲜时软木栓质，干后木栓质至易碎；孔口表面奶油色、浅黄色、灰色至浅棕色；孔口圆形；菌肉奶油色至浅黄色，木栓质；菌管浅黄色，木栓质至易碎。菌丝系统二体系；生殖菌丝具简单分隔，骨架菌丝无拟糊精反应和淀粉质反应，无嗜蓝反应；子实层中无囊状体，具拟囊状体；担孢子椭圆形至宽椭圆形，无色，薄壁，光滑，无拟糊精反应和淀粉质反应，无嗜蓝反应。

模式种：*Wolfiporiopsis castanopsidis* (Y.C. Dai) B.K. Cui & Shun Liu。

生境：生长在栲属上，引起木材的褐色腐朽。

中国分布：云南。

世界分布：中国。

讨论：锥沃菲卧孔菌 *Wolfiporia castanopsis* Y.C. Dai 是 Dai 等（2011）在中国云南发现，基于形态学发表的。Liu 等（2023a）对近年来采集的该种标本进行研究之后发现，该种在系统发育关系上与沃菲卧孔菌属 *Wolfiporia* 离得较远；形态上沃菲卧孔菌属具有菌核，球状或不规则形状的担子果，圆柱形至椭圆形担孢子。系统发育学上，拟沃菲卧孔菌属 *Wolfiporiopsis* 与 *Kusaghiporia*、暗色硫黄菌 *Laetiporus persicinus* 和小沃菲卧孔菌 *Wolfiporiella* 离得较近。形态上，*Kusaghiporia* 有着带柄的担子果（Hussein et al., 2018）；暗色硫黄菌具中心或偏心柄，具一个或几个菌盖（Gilbertson, 1981）；小沃菲卧孔菌有着较小的孔口与孢子。基于形态学与系统发育学，拟沃菲卧孔菌属作为一个新属被提出（Liu et al., 2023a）。目前，该属有 1 种，中国分布 1 种。

锥拟沃菲卧孔菌　图 89

Wolfiporiopsis castanopsidis (Y.C. Dai) B.K. Cui & Shun Liu, Fungal Divers. 118: 64, 2023.

Wolfiporia castanopsis Y.C. Dai, Mycosystema 30 (5): 678, 2011.

子实体：担子果一年生，平伏，贴生，不易与基质分离，新鲜时软木栓质，干后木栓质至脆质，重量变轻；平伏担子果长可达 25 cm，宽可达 6 cm，厚约 2 mm；孔口表面新鲜时奶油色至灰色，干后奶油色至浅黄色；不育边缘不明显或几乎不存在；孔口圆形，每毫米 2~3 个；管口边缘厚，全缘或稍撕裂状；菌肉浅黄色，木栓质，厚约 2 mm；菌管浅黄色，木栓质至脆质，长可达 1 mm。

显微结构：菌丝系统二体系；生殖菌丝具有简单分隔，骨架菌丝无拟糊精反应和淀粉质反应，无嗜蓝反应；菌丝组织在 KOH 试剂中无变化。菌肉中生殖菌丝较少，无色，薄壁至稍厚壁，很少分枝，直径为 4~8 μm；骨架菌丝占多数，无色，厚壁，具一宽的内腔至窄的内腔，偶尔分枝，直径为 4~8 μm。菌管中生殖菌丝较少，无色，薄壁至稍厚壁，很少分枝，直径为 4~7 μm；骨架菌丝占多数，无色，厚壁，具一窄的内腔至近实心，很少分枝，交织排列，直径为 5~8 μm。子实层中无囊状体，具拟囊状体，纺锤形，薄壁，光滑，18.6~35.5 × 3.2~4.5 μm。担子棒棒状，着生 4 个担孢子梗，基部具一简单分隔，27~35 × 7.5~9.3 μm；拟担子占多数，形状与担子类似，比担子稍小。担孢子椭圆形至宽椭圆形，无色，薄壁，光滑，无拟糊精反应和淀粉质反应，无嗜蓝反应，(7~)7.6~10(~11) × (4.6~)5~7(~8) μm，平均长 L = 8.7 μm，平均宽 W = 6.13 μm，长宽比 Q = 1.35~1.46 (n = 60/2)。

研究标本：云南：楚雄市，紫溪山自然保护区，2006 年 11 月 4 日，戴玉成 8022（IFP 012173，模式标本）；2017 年 9 月 20 日，崔宝凯 16295（BJFC 029594），崔宝凯 16296（BJFC 029595）。

生境：生长在栲属上，引起木材褐色腐朽。

中国分布：云南。

世界分布：中国。

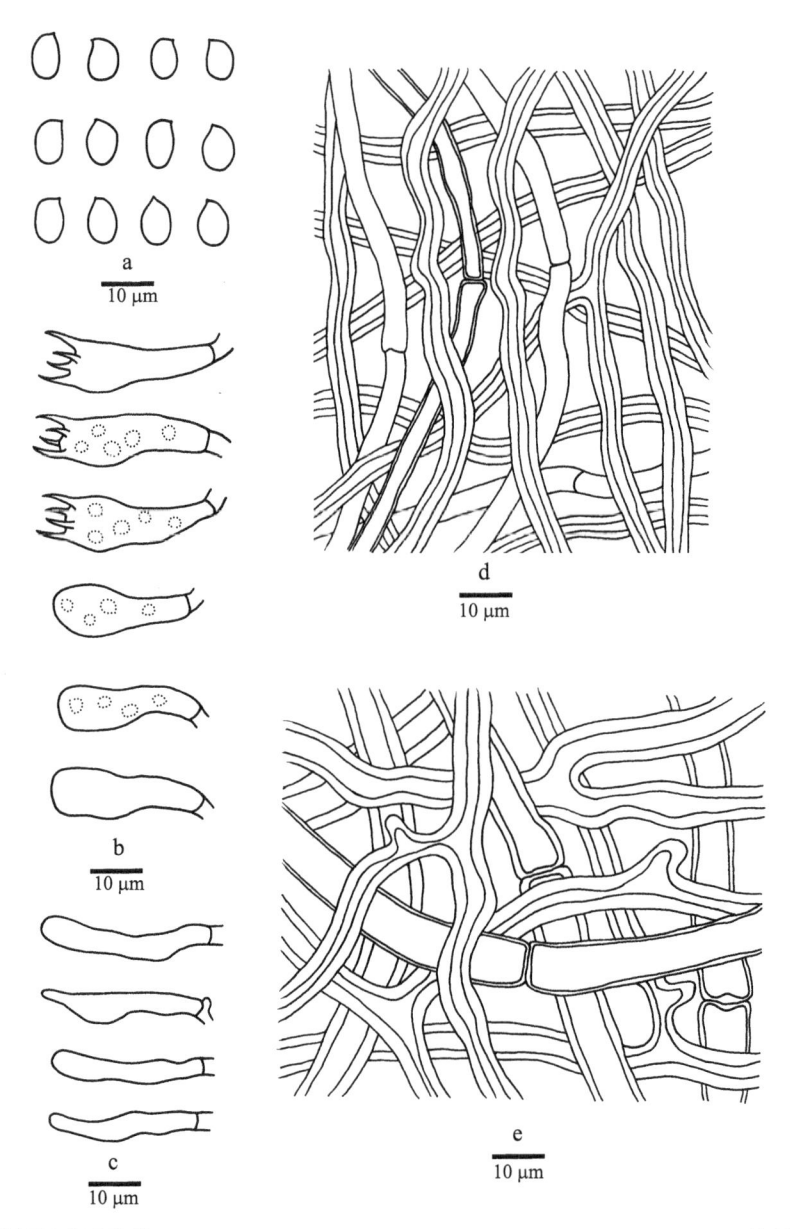

图 89 锥拟沃菲卧孔菌 *Wolfiporiopsis castanopsidis* (Y.C. Dai) B.K. Cui & Shun Liu 的显微结构图
a. 担孢子；b. 担子和拟担子；c. 拟囊状体；d. 菌管菌丝；e. 菌肉菌丝

讨论：锥拟沃菲卧孔菌的主要特征是新鲜时软木栓质，干后木栓质至脆质，孔口圆形，每毫米 2~3 个，担孢子椭圆形至宽椭圆形（7.6~10 × 5~7 μm），生长在栲属上（Dai et al., 2011）。

落叶松层孔菌科 LARICIFOMITACEAE Jülich
Bibliotheca Mycol. 85: 375, 1981

担子果一年生至多年生，具菌盖，平伏或反转，大多为木栓质，有时脆质至硬木质，子实层体呈孔状。菌丝系统单体系至二体系，生殖菌丝大多具有锁状联合；担孢子椭圆形、短圆柱形至水滴状，无色，薄壁，光滑，无拟糊精反应和淀粉质反应，无嗜蓝反应。

模式属：*Laricifomes* Kotl. & Pouzar。

生境：分布广泛，引起木材的褐色腐朽。

中国分布：吉林、黑龙江。

世界分布：北美洲，欧洲，亚洲。

讨论：落叶松层孔菌科由 Jülich（1981）建立，以落叶松层孔菌属作为模式属。近些年的系统发育研究表明，落叶松层孔菌属与吉尔孔菌属 *Gilbertsonia* 和瑞瓦德尼孔菌属 *Ryvardenia* 聚集在一起（Kim et al., 2005；Ortiz-Santana et al., 2013；Han et al., 2016；Shen et al., 2019）。Justo 等（2017）认为落叶松层孔菌科以落叶松层孔菌属作为模式属是合理的。目前，该科共有 3 属 4 种，中国分布 1 属 1 种。

落叶松层孔菌属 Laricifomes Kotl. & Pouzar
Česká Mykol. 11(3): 158, 1957

担子果一年生至多年生，具菌盖，单生，新鲜时软木栓质，干后易碎或白垩质；菌盖蹄形至圆柱状；菌盖表面新鲜时白色奶油色至浅黄色，干后白垩色至棕褐色；孔口表面新鲜时白色至奶油色，干后浅黄色至棕褐色；孔口圆形至多角形；菌肉奶油色，白垩质或易碎；菌管与孔口同色，白垩质或易碎。菌丝系统二体系；生殖菌丝具锁状联合，骨架菌丝无拟糊精反应和淀粉质反应，无嗜蓝反应；子实层中无囊状体，具拟囊状体；担孢子圆柱形至椭圆形，无色，薄壁，光滑，无拟糊精反应和淀粉质反应，无嗜蓝反应。

模式种：*Laricifomes officinalis* (Vill.) Kotl. & Pouzar。

生境：全球广泛分布，常生长在针叶树上，引起木材褐色腐朽。

讨论：Kotlába 和 Pouzar（1957）建立落叶松层孔菌属，并将药用拟层孔菌 *Fomitopsis officinalis* (Vill.) Bondartsev & Singer 定为该属模式种，该属区别于拟层孔菌属 *Fomitopsis* 的主要特征是具有白奎质的菌肉，脆质，宽且强烈厚壁的石细胞，菌盖表面无树脂质的皮壳（Kotlába and Pouzar, 1957, 1998）。目前，该属有 1 种，中国分布 1 种。

药用落叶松层孔菌　图 90
Laricifomes officinalis (Vill.) Kotl. & Pouzar, Česká Mykol. 11(3): 158, 1957. Liu et al., Mycosphere 14(1): 1605, 2023.

Boletus officinalis Vill., Hist. Pl. Dauphiné 3(2): 1041, 1788.

Polyporus officinalis (Vill.) Fr., Syst. Mycol. (Lundae) 1: 365, 1821.

Piptoporus officinalis (Vill.) P. Karst., Bidr. Känn. Finl. Nat. Folk 37: 45, 1882.
Cladomeris officinalis (Vill.) Quél., Enchir. Fung. (Paris): 168, 1886.
Ungulina officinalis (Vill.) Pat., Essai Tax. Hyménomyc. (Lons-le-Saunier): 103, 1900.
Fomes officinalis (Vill.) Bres., Iconogr. Mycol. 20: 989, 1931.
Fomitopsis officinalis (Vill.) Bondartsev & Singer, Annls Mycol. 39(1): 55, 1941.
Agaricum officinale (Vill.) Donk, Proc. K. Ned. Akad. Wet., Ser. C, Biol. Med. Sci. 74(1): 26, 1971.
Boletus laricis F. Rubel, Miscell. Austriac. 1: 172, 1778.
Boletus purgans J.F. Gmel., Syst. Nat., Edn 13, 2(2): 1436, 1792.
Boletus agaricum Pollini, Flora Veronensis 3: 613, 1824.
Fomes laricis (F. Rubel) Murrill, Bull. Torrey Bot. Club 30(4): 230, 1903.
Fomes fuscatus Lázaro Ibiza, Revta R. Acad. Cienc. exact. fis. Nat. Madr. 14(10): 666, 1916.

子实体：担子果一年生，具盖形，单生，新鲜时软木栓质，干后易碎或白垩质，重量变轻；菌盖蹄形至圆柱状，单个菌盖长可达 15 cm，宽可达 23 cm，中部厚可达 45 mm；菌盖表面新鲜时白色、奶油色至浅黄色，干后白垩色至棕褐色，光滑，不成环带，常具沟槽，边缘与菌管表面同色，钝；孔口表面新鲜时白色至奶油色，干后浅黄色至棕褐色；不育边缘不明显；孔口圆形至多角形，每毫米 4~5 个；管口边缘厚，全缘；菌肉奶油色，白垩质或易碎，厚约 10 mm；菌管与孔口表面同色，白垩质或易碎，长可达 10 mm。

显微结构：菌丝系统二体系；生殖菌丝具有简单分隔，骨架菌丝无拟糊精反应和淀粉质反应，无嗜蓝反应；菌丝组织在 KOH 试剂中无变化。菌肉中生殖菌丝较少，无色，薄壁，很少分枝，直径为 2.5~7 μm；骨架菌丝占多数，无色，厚壁，具一窄的内腔至近实心，很少分枝，直径为 3~6 μm。菌管中的菌丝结构与菌肉中的相似，稍细。子实层中无囊状体，具拟囊状体，纺锤形，薄壁，光滑，13~18 × 4~5.5 μm。担子棒棒状，着生 4 个担孢子梗，基部具一简单分隔，18~25 × 6~8 μm；拟担子占多数，形状与担子类似，比担子稍小。担孢子椭圆形至短圆柱形，无色，薄壁，光滑，无拟糊精反应和淀粉质反应，无嗜蓝反应，6~9 × 3~4 μm，平均长 L = 7.56 μm，平均宽 W = 3.53 μm，长宽比 Q = 2.08~2.21 (n = 60/2)。

研究标本：吉林：安图县，长白山自然保护区黄松蒲林场，2007 年 9 月 12 日，戴玉成 9055（BJFC 000712）；2013 年 9 月 9 日，戴玉成 13489（BJFC 014950）。黑龙江：伊春市，丰林自然保护区，1999 年 7 月 7 日，戴玉成 3122（BJFC 000713）。

生境：常生长在针叶树上，引起木材褐色腐朽。

中国分布：吉林、黑龙江、新疆。

世界分布：日本、美国、中国等。

讨论：药用落叶松层孔菌的主要特征是担子果一年生，具盖形，新鲜时软木栓质，干后易碎或白垩质，菌盖蹄形至圆柱状，孔口圆形至多角形，每毫米 4~5 个，担孢子椭圆形至短圆柱形（6~9 × 3~4 μm）。该种具有润肺、消痞、降气、平喘、祛风、除湿、消肿、利尿、治疗胃病、抑肿瘤等功效（戴玉成等，2013）。调查发现，药用落叶松层孔菌在我国东北地区和西北地区有分布，生长在针叶树上（Han et al., 2016）。

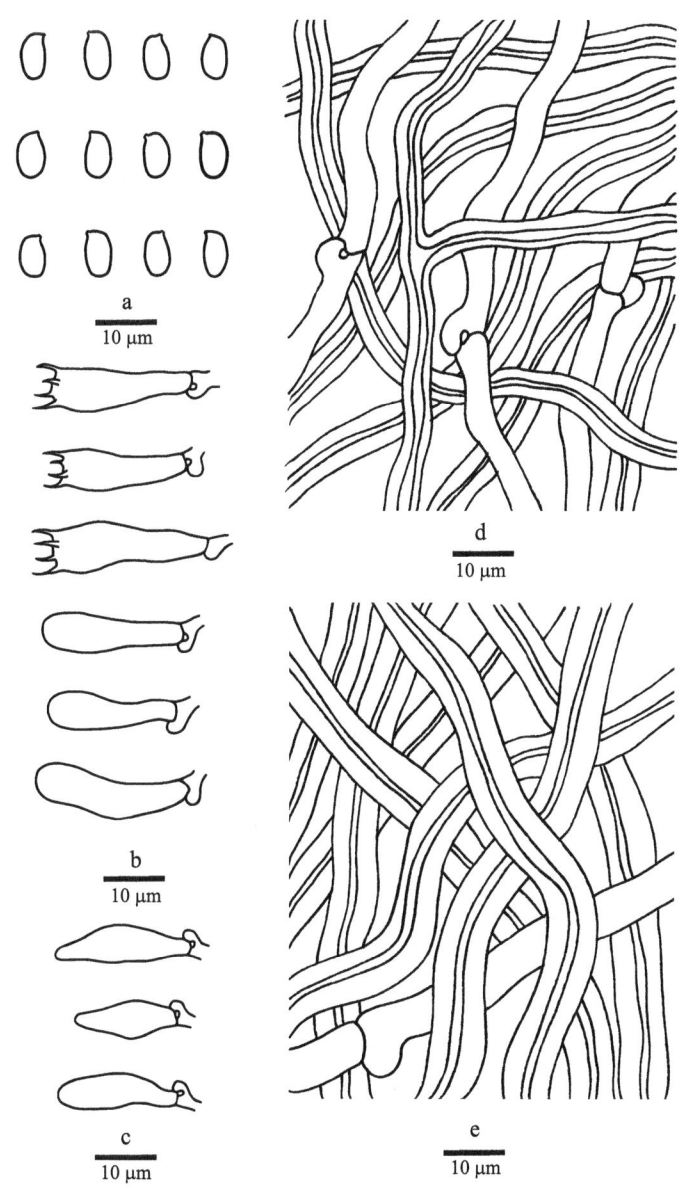

图 90　药用落叶松层孔菌 *Laricifomes officinalis* (Vill.) Kotl. & Pouzar 的显微结构图
a. 担孢子；b. 担子和拟担子；c. 拟囊状体；d. 菌管菌丝；e. 菌肉菌丝

褐暗孔菌科 PHAEOLACEAE Jülich
Bibliotheca Mycol. 85: 384, 1981

担子果一年生至多年生，平伏或具菌盖，木栓质或脆质，子实层体绝大多数呈孔状，孔口圆形至多角形。菌丝系统单体系至二体系，生殖菌丝具简单分隔；担孢子圆柱形、椭圆形至球形，无色，薄壁，光滑，无拟糊精反应和淀粉质反应，无嗜蓝反应。

模式属：*Phaeolus* (Pat.) Pat.。

生境：生长在针叶树或阔叶树上，引起木材褐色腐朽。

中国分布：全国广泛分布。

世界分布：世界各地广泛分布。

讨论：褐暗孔菌科由 Jülich（1981）建立。由于褐暗孔菌属经常与硫黄菌属聚在一起（Kim and Jung，2001；Hibbett and Binder，2002；Ortiz-Santana et al.，2013），所以褐暗孔菌科常被视为硫黄菌科的同物异名。但在系统发育关系上，并没有得到支持（Justo et al.，2017）。目前，该科共有 3 属 9 种，中国分布 2 属 3 种。

中国褐暗孔菌科分属检索表

1. 担子果具柄；菌丝系统单体系 ·· 褐暗孔菌属 *Phaeolus*
1. 担子果平伏；菌丝系统二体系 ·· 沃菲卧孔菌属 *Wolfiporia*

褐暗孔菌属 Phaeolus (Pat.) Pat.

Essai Tax. Hyménomyc. (Lons-le-Saunier): 86, 1900

担子果一年生，具菌盖，单生或覆瓦状叠生，新鲜时木栓质，干后易碎质至纤维状或木栓质；菌盖扁平，扇形至半圆形；菌盖表面橘黄色至棕色；孔口表面橘黄色至绿棕色；孔口圆形至多角形；菌肉橘黄色至棕色，纤维状；菌管与孔口表面同色，易碎。菌丝系统单体系；生殖菌丝具锁状联合，无拟糊精反应和淀粉质反应，无嗜蓝反应；子实层中无囊状体，具拟囊状体；担孢子椭圆形至圆柱形，无色，薄壁，光滑，无拟糊精反应和淀粉质反应，无嗜蓝反应。

模式种：*Phaeolus schweinitzii* (Fr.) Pat.。

生境：常生长在林地上，可引起木材褐色腐朽。

中国分布：黑龙江、吉林、新疆等。

世界分布：世界各地广泛分布。

讨论：褐暗孔菌属由 Patouillard（1900）建立，以栗褐暗孔菌 *P. schweinitzii* 为模式种。常与沃菲卧孔菌属聚集在一起，但沃菲卧孔菌属担子果常为平伏，且菌丝系统二体系。目前，该属有 5 种，中国分布 1 种。

栗褐暗孔菌　图 91

Phaeolus schweinitzii (Fr.) Pat., Essai Tax. Hyménomyc. (Lons-le-Saunier): 86, 1900. Liu et al., Mycosphere 14(1): 1606, 2023.

Polyporus schweinitzii Fr. [as '*schweinizii*'], Syst. Mycol. (Lundae) 1: 351, 1821.

Polystictus schweinitzii (Fr.) P. Karst., Meddn Soc. Fauna Flora Fenn. 5: 39, 1879.

Cladomeris schweinitzii (Fr.) Quél., Enchir. Fung. (Paris): 169, 1886.

Inodermus schweinitzii (Fr.) Quél., Fl. Mycol. France (Paris): 394, 1888.

Hapalopilus schweinitzii (Fr.) Donk, Meded. Bot. Mus. Herb. Rijks Univ. Utrecht 9: 173, 1933.

Coltricia schweinitzii (Fr.) G. Cunn., Bull. N.Z. Dept. Sci. Industr. Res., Pl. Dis. Div. 77: 7,

1948.

Hydnum spadiceum Pers., Icon. Desc. Fung. Min. Cognit. (Leipzig) 2: 34, 1800.

Boletus sistotremoides Alb. & Schwein., Consp. Fung. (Leipzig): 243, 1805.

Sistotrema spadiceum (Pers.) Sw. [as '*spadicea*'], K. Vetensk-Acad. Nya Handl. 31: 238, 1810.

Daedalea spadicea (Pers.) Fr., Syst. Mycol. (Lundae) 1: 505, 1821.

Polyporus sistotremoides (Alb. & Schwein.) Duby, Bot. Gall., Edn 2 (Paris) 2: 785, 1830.

Polyporus holophaeus Mont., Annls Sci. Nat., Bot., Sér. 2 20: 361, 1843.

Polyporus herbergii Rostk., Deutschl. Fl., 3 Abt. (Pilze Deutschl.) [7](27-28): 35, 1848.

Polystictus holophaeus (Mont.) Fr. [as '*holopleus*'], Nova Acta R. Soc. Scient. Upsal., Ser. 3 1(1): 78, 1851.

Polyporus spongia Fr., Monogr. Hymenomyc. Suec. (Upsaliae) 2(2): 268, 1863.

Hydnellum spadiceum (Pers.) P. Karst., Meddn Soc. Fauna Flora Fenn. 5: 41, 1879.

Inonotus spongia (Fr.) P. Karst., Bidr. Känn. Finl. Nat. Folk 37: 69, 1882.

Calodon spadiceus (Pers.) Quél., Enchir. Fung. (Paris): 190, 1886.

Cladomeris spongia (Fr.) Quél., Enchir. Fung. (Paris): 169, 1886.

Polystictus herbergii (Rostk.) P. Karst., Meddn Soc. Fauna Flora Fenn. 14: 86, 1887.

Ochroporus sistotremoides (Alb. & Schwein.) J. Schröt., Krypt.-Fl. Schlesien (Breslau) 3.1(25-32): 488, 1888.

Boletus sistotrema Alb. & Schwein. ex Sacc., Syll. Fung. (Abellini) 6: 76, 1888.

Phaeodon spadiceus (Pers.) J. Schröt., Krypt.-Fl. Schlesien (Breslau) 3.1(25-32): 459, 1888.

Inonotus herbergii (Rostk.) P. Karst., Bidr. Känn. Finl. Nat. Folk 48: 329, 1889.

Mucronoporus spongia (Fr.) Ellis & Everh., J. Mycol. 5(1): 29, 1889.

Phaeolus spongia (Fr.) Pat., Essai Tax. Hyménomyc. (Lons-le-Saunier): 86, 1900.

Inonotus sulphureopulverulentus P. Karst., Öfvers. Finska Vetensk.-Soc. Förh. 46(11): 8, 1904.

Romellia sistotremoides (Alb. & Schwein.) Murrill, Bull. Torrey Bot. Club 31(6): 339, 1904.

Phaeolus sistotremoides (Alb. & Schwein.) Murrill, Bull. Torrey Bot. Club 32(7): 363, 1905.

Polyporus sulphureopulverulentus (P. Karst.) Sacc. & D. Sacc., Syll. Fung. (Abellini) 17: 114, 1905.

Daedalea suberosa Massee, Bull. Misc. Inf., Kew: 94, 1906.

Daedalea fusca Velen., České Houby 4-5: 689, 1922.

Xanthochrous waterlotii Pat., Bull. Mus. Natn. Hist. Nat., Paris 30(6): 409, 1924.

Phaeolus spadiceus (Pers.) Rauschert, Haussknechtia 4: 54, 1988.

子实体：担子果一年生，生长在地上，具中生柄或侧生柄，或无柄附着在树的基部，新鲜时木栓质，干后易碎质至纤维状或木栓质，重量变轻；菌盖扁平，扇形或半圆形，单个菌盖长可达 20 cm，宽可达 20 cm，中部厚可达 15 mm；菌盖表面新鲜时橘黄色至黄棕色，干后变暗至暗红棕色，被绒毛至长毛，不具环带；孔口表面新鲜时橘黄色，干后黄棕色至锈棕色；孔口多角形，每毫米 1~2 个；管口边缘厚，全缘；菌肉黄棕色，软纤维状，厚约 15 mm；菌管绿色至锈棕色，易碎，长可达 1.5 mm。

显微结构：菌丝系统单体系；生殖菌丝具有简单分隔，无拟糊精反应和淀粉质反应，无嗜蓝反应；菌丝组织在 KOH 试剂中变成黑棕色至黄棕色。菌肉中生殖菌丝无色，薄壁至稍厚壁，偶尔分枝，直径为 4~17 μm。菌管中生殖菌丝无色，薄壁至稍厚壁，偶尔分枝，直径为 3~14 μm。子实层中无囊状体，具拟囊状体，纺锤形，薄壁，光滑，20~90 × 7~13 μm。担子棍棒状，着生 4 个担孢子梗，基部具一简单分隔，20~30 × 7~8 μm；拟担子占多数，形状与担子类似，比担子稍小。担孢子椭圆形至圆形，无色，薄壁，光滑，无拟糊精反应和淀粉质反应，无嗜蓝反应，6~9 × 4.5~5 μm，平均长 L = 7.58 μm，平均宽 W = 4.75 μm，长宽比 Q = 1.58~1.61 (n = 60/2)。

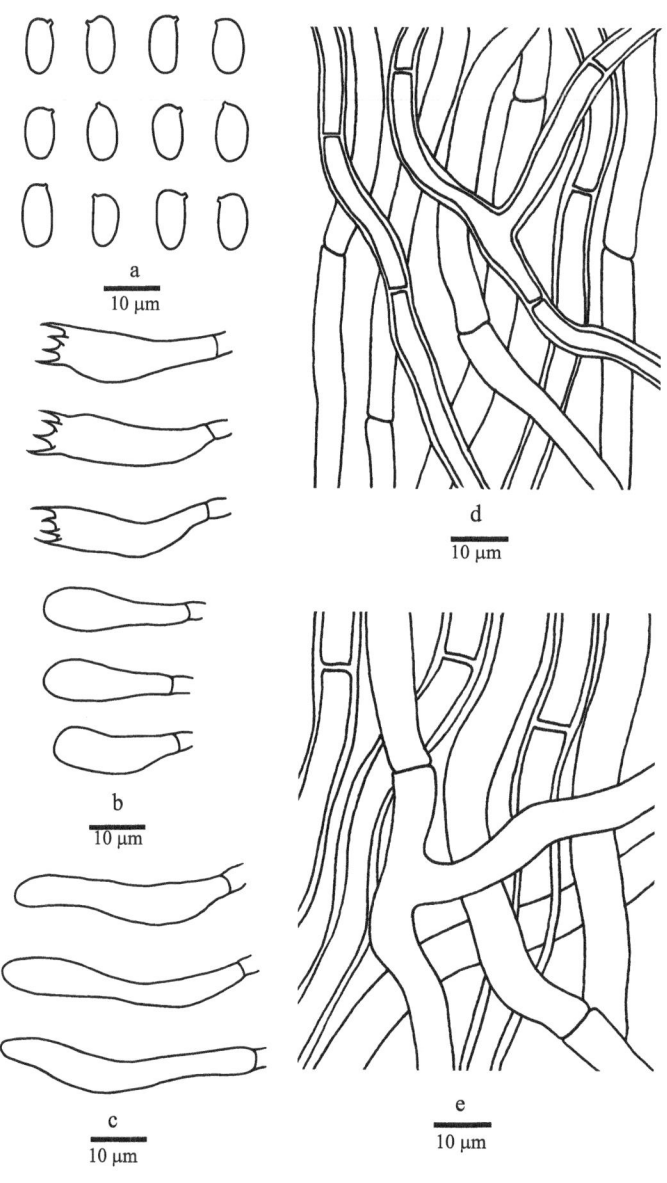

图 91 栗褐暗孔菌 *Phaeolus schweinitzii* (Fr.) Pat. 的显微结构图
a. 担孢子；b. 担子和拟担子；c. 拟囊状体；d. 菌管菌丝；e. 菌肉菌丝

研究标本：黑龙江：汤原县，大亮子河国家森林公园，2014 年 8 月 25 日，崔宝凯 11478（BJFC 016720），崔宝凯 11479（BJFC 016721），崔宝凯 11480（BJFC 016721），崔宝凯 11481（BJFC 016722）。吉林：长白山国家级自然保护区，2020 年 8 月 18 日，戴玉成 21783（BJFC 035684），戴玉成 21784（BJFC 035685），戴玉成 21785（BJFC 035686）。

生境：常生长林中的地面上，也会生长在针叶树或阔叶树上，引起木材的褐色腐朽。

中国分布：内蒙古、吉林、黑龙江等。

世界分布：美国、白俄罗斯、中国等。

讨论：栗褐暗孔菌的主要特征是担子果具菌盖或平伏，橘黄色至锈棕色，孔口多角形，每毫米 1~2 个，担孢子椭圆形至圆形（6~9 × 4.5~5 μm）。曾经由于它锈棕色的担子果被放置于锈革孔菌科。然而，它是一种褐腐真菌，可造成木材的褐色腐朽。调查发现，栗褐暗孔菌在我国东北地区常有分布，生长在针叶林或阔叶林地上（Liu et al., 2023a）。

沃菲卧孔菌属 Wolfiporia Ryvarden & Gilb.
Mycotaxon 19: 141, 1984

担子果一年生，平伏，新鲜时木栓质，干后木栓质至脆质；孔口表面白色、灰色至棕褐色；孔口圆形；菌肉奶油色至棕褐色，木栓质；菌管奶油色至浅黄色，木栓质至脆质。菌丝系统二体系；生殖菌丝具简单分隔，骨架菌丝无拟糊精反应和淀粉质反应，无嗜蓝反应；子实层中无囊状体，具拟囊状体；担孢子圆柱形，无色，薄壁，光滑，无拟糊精反应和淀粉质反应，无嗜蓝反应。

模式种：*Wolfiporia cocos* (F.A. Wolf) Ryvarden & Gilb.。

生境：生长在针叶树或阔叶树上，引起木材褐色腐朽。

中国分布：广西、海南、云南。

世界分布：北美洲，非洲，亚洲。

讨论：沃菲卧孔菌属由 Ryvarden 和 Gilbertson（1984）建立，以茯苓卧孔菌 *Poria cocos* F.A. Wolf 为模式种。Wu 等（2020）证实东亚地区的茯苓卧孔菌与北美地区的茯苓卧孔菌并不是同一物种，提出用 *Pachyma* 而不是沃菲卧孔菌属。但 Stalpers 等（2021）建议用沃菲卧孔菌属而不是 *Pachyma*。目前，该属有 3 种，中国分布 2 种。

中国沃菲卧孔菌属分种检索表

1. 拟囊状体缺失，常生长在针叶树上··· 茯苓沃菲卧孔菌 *W. hoelen*
1. 拟囊状体存在，常生长在阔叶树上··· 假茯苓沃菲卧孔菌 *W. pseudococos*

茯苓沃菲卧孔菌　图 92，图版 II 11

Wolfiporia hoelen (Fr.) Y.C. Dai & V. Papp, IMA Fungus 12 (22): 25, 2021. Liu et al., Mycosphere 14(1): 1606, 2023.

Pachyma hoelen Fr., Syst. Mycol. 2: 243, 1822.

子实体：担子果一年生，平伏，贴生，不易与基质分离，新鲜时软木栓质，干后硬木栓质至易碎质，重量变轻；平伏担子果长可达 20 cm，宽可达 10 cm，厚约 5.5 mm；孔口表面新鲜时奶油色至灰色，干后粉黄色至肉桂黄色；不育边缘不明显或几乎不存在；孔口圆形至多角形，每毫米 1~2 个；管口边缘薄，全缘或稍撕裂状；菌肉肉桂黄色，硬木栓质，厚约 1.5 mm；菌管浅黄色，硬木栓质至易碎，长可达 4 mm。

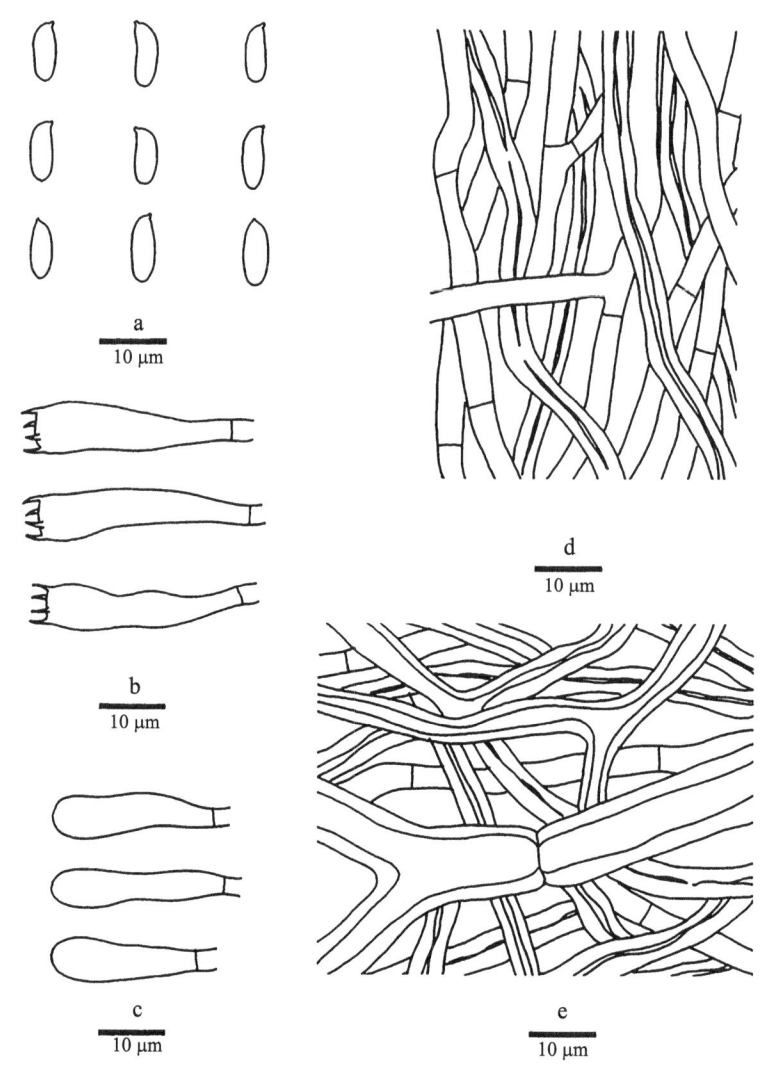

图 92 茯苓沃菲卧孔菌 *Wolfiporia hoelen* (Fr.) Y.C. Dai & V. Papp 的显微结构图
a. 担孢子；b. 担子；c. 拟担子；d. 菌管菌丝；e. 菌肉菌丝

显微结构：菌丝系统二体系；生殖菌丝具有简单分隔，骨架菌丝无拟糊精反应和淀粉质反应，无嗜蓝反应；菌丝组织在 KOH 试剂中发生弱膨胀。菌肉中生殖菌丝较少，无色，薄壁至稍厚壁，偶尔分枝，直径为 4~6 μm；骨架菌丝占多数，无色，厚壁，具一宽的内腔，很少分枝，直径为 6~12 μm。菌管中生殖菌丝较少，无色，薄壁，偶尔分枝，直径为 3~5 μm；骨架菌丝占多数，无色，厚壁，具一窄的内腔至近实心，很少分枝，交织排列，直径为 4~8 μm。囊状体与拟囊状体缺失。担子棍棒状，着生 4 个担孢

· 204 ·

子梗，基部具一简单分隔，25~32 × 7~8 μm；拟担子占多数，形状与担子类似，比担子稍小。担孢子椭球形至圆柱形，无色，薄壁，光滑，无拟糊精反应和淀粉质反应，无嗜蓝反应，(6~)7~9.6(~11) × (2.5~)2.9~4(~4.1) μm，平均长 L = 8.24 μm，平均宽 W = 3.2 μm，长宽比 Q = 2.49~2.66 (n = 90/3)。

研究标本：广西：百色市，百色起义纪念公园，2019 年 7 月 1 日，戴玉成 20034（BJFC 031708），戴玉成 20036（BJFC 031710），戴玉成 20041（BJFC 031715）。

生境：常生长在松树树桩上，引起木材褐色腐朽。

中国分布：广西、云南。

世界分布：中国。

讨论：茯苓沃菲卧孔菌的主要特征是担子果平伏，新鲜时软木栓质，干后硬木栓质至易碎质，孔口表面新鲜时奶油色至灰色，干燥后粉黄色至肉桂色，担孢子椭球形至圆柱形（7~9.6 × 2.9~4 μm），该物种分布于东亚地区。调查发现，茯苓沃菲卧孔菌在我国广西和云南有分布，生长在针叶树上。

假茯苓沃菲卧孔菌　图 93

Wolfiporia pseudococos F. Wu, J. Song & Y.C. Dai, Fungal Divers. 83: 230, 2017.

子实体：担子果一年生，平伏，贴生，不易与基质分离，新鲜时软木栓质，干后木栓质至脆质，重量变轻；平伏担子果长可达 10 cm，宽可达 4 cm，厚约 6 mm；孔口表面新鲜时奶油色至灰色，干后粉红色至肉桂色；不育边缘不明显或几乎不存在；孔口圆形，每毫米 1.5~2.5 个；管口边缘厚，全缘或稍撕裂状；菌肉肉桂色，木栓质，厚约 1.5 mm；菌管浅黄色，木栓质至脆质，长可达 4.5 mm。

显微结构：菌丝系统二体系；生殖菌丝具有简单分隔，骨架菌丝无拟糊精反应和淀粉质反应，无嗜蓝反应；菌丝组织在 KOH 试剂中发生弱膨胀反应。菌肉中生殖菌丝较少，无色，薄壁至稍厚壁，很少分枝，直径为 4~6 μm；骨架菌丝占多数，无色，厚壁，具一宽的内腔，很少分枝，直径为 5~7 μm。菌管中生殖菌丝较少，无色，薄壁，偶尔分枝，直径为 3~5 μm；骨架菌丝占多数，无色，厚壁，具一宽的内腔，偶尔分枝，交织排列，直径为 4~6 μm。子实层中无囊状体，具拟囊状体，纺锤形，薄壁，光滑，17~43 × 4~8 μm。担子棒棒状，着生 4 个担孢子梗，基部具一简单分隔，18~25 × 10~14 μm；拟担子占多数，形状与担子类似，比担子稍小。担孢子椭圆形至宽椭圆形，无色，薄壁，光滑，无拟糊精反应和淀粉质反应，无嗜蓝反应，(7.6~)7.9~9.5(~9.7) × (2.9~)3~3.8 μm，平均长 L = 8.55 μm，平均宽 W = 3.17 μm，长宽比 Q = 2.7 (n=30/1)。

研究标本：海南：乐东县，尖峰岭自然保护区，2015 年 6 月 1 日，戴玉成 15269（BJFC 019380，模式标本）。

生境：生长在阔叶树上，引起木材褐色腐朽。

中国分布：海南。

世界分布：中国。

讨论：假茯苓沃菲卧孔菌区别于茯苓沃菲卧孔菌的主要特征是存在拟囊状体，担孢子较大（茯苓沃菲卧孔菌担孢子 6.5~8.1 × 2.8~3.1 μm）。此外，茯苓沃菲卧孔菌常生长在温带的针叶树上，但是假茯苓沃菲卧孔菌常生长在热带的阔叶树上。

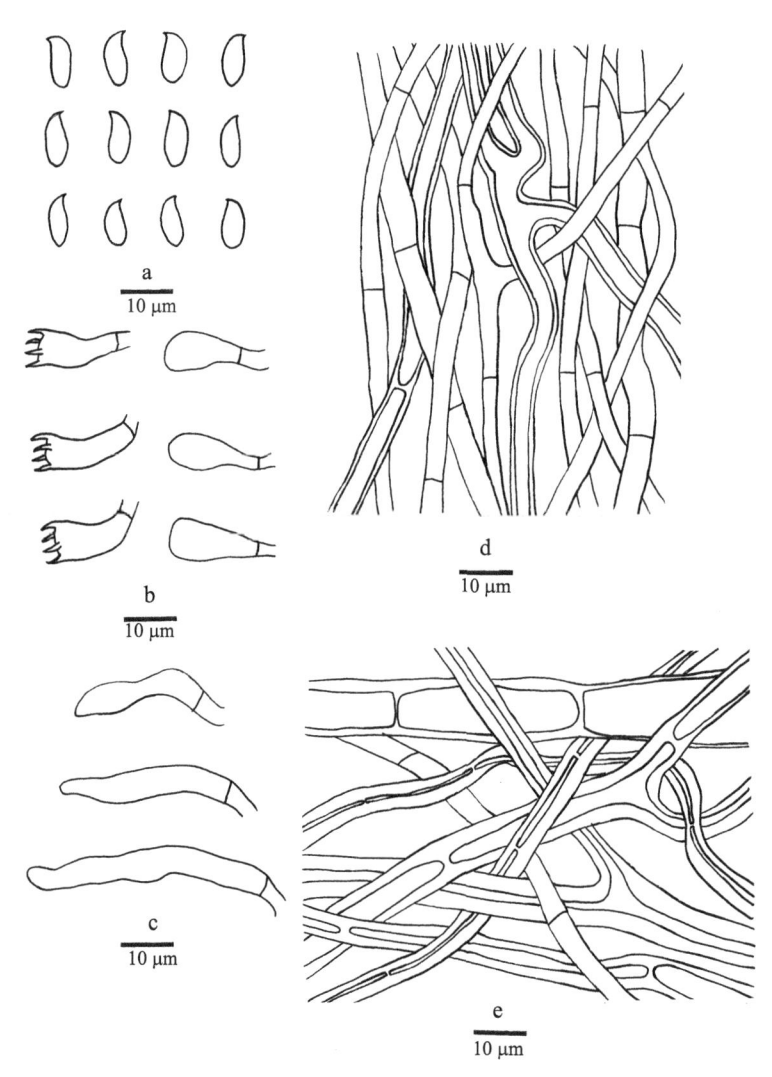

图93 假茯苓沃菲卧孔菌 *Wolfiporia pseudococos* F. Wu, J. Song & Y.C. Dai 的显微结构图
a. 担孢子；b. 担子和拟担子；c. 拟囊状体；d. 菌管菌丝；e. 菌肉菌丝

小剥管孔菌科 PIPTOPORELLACEAE B.K. Cui, Shun Liu & Y.C. Dai
Fungal Divers. 118: 67, 2023

担子果一年生，具菌盖，有时形成柄状的基部，新鲜时软木栓质，干后软木栓质至软纤维质，子实层体绝大多数呈孔状，孔口圆形至多角形。菌丝系统二体系，生殖菌丝多数具锁状联合；担孢子圆柱形至纺锤形或椭圆形，无色，薄壁，光滑。小剥管孔菌科中不同种类的骨架菌丝和担孢子在棉蓝试剂和 Melzer 试剂中多不具有化学反应。

模式属：*Piptoporellus* B.K. Cui, M.L. Han & Y.C. Dai。
生境：通常生长在阔叶树上，引起木材褐色腐朽。

中国分布：浙江、安徽、福建、江西、山东、广东、海南、四川、云南。
世界分布：非洲，欧洲，亚洲。

讨论：近些年的系统发育研究表明，小剥管孔菌属 *Piptoporellus* 远离于拟层孔菌科类群，并且镶嵌在多孔菌目中，其科级地位未定（Han et al.，2016；Justo et al.，2017；Shen et al.，2019）。Liu 等（2023a）基于形态学研究与系统发育分析，将小剥管孔菌属建立新科小剥管孔菌科 Piptoporellaceae。目前，该科共有 1 属 4 种，中国分布 1 属 3 种。

小剥管孔菌属 Piptoporellus B.K. Cui, M.L. Han & Y.C. Dai
Fungal Divers. 80: 361, 2016

担子果一年生，具菌盖，有时形成柄状的基部，新鲜时软木栓质，干后软木栓质至软纤维质；菌盖三角形，扇形或半圆形；菌盖表面奶油色、淡黄色、肉桂色至橙色，被短绒毛或无毛，无环带；孔口表面奶油色、淡黄色、黄色至浅褐色；孔口圆形至多角形；菌肉奶油色至粉黄色，软木栓质或软纤维质；菌管与孔口同色，纤维质至脆质。菌丝系统二体系；生殖菌丝具锁状联合，骨架菌丝无拟糊精反应和淀粉质反应，无嗜蓝反应；子实层中无囊状体，具拟囊状体；担孢子圆柱形至椭圆形，无色，薄壁，光滑，无拟糊精反应和淀粉质反应，无嗜蓝反应。

模式种：*Piptoporellus soloniensis* (Dubois) B.K. Cui, M.L. Han & Y.C. Dai。
生境：通常生长在阔叶树上，引起木材褐色腐朽。
中国分布：浙江、安徽、福建、江西、山东、广东、海南、四川、云南。
世界分布：非洲，欧洲，亚洲。

讨论：形态学上，小剥管孔菌属具有一年生、盖形、木栓质或软纤维质的担子果，奶油色至粉黄色的菌肉，菌盖表面不具皮层或皮壳；此外，该属的骨架菌丝厚壁，具有一明显的宽腔，且在 KOH 试剂中大部分消解。小剥管孔菌属和硫黄菌属都有一年生、盖形、无柄至有柄、软木栓质至脆质的子实体，橙色的菌盖表面，奶油色至黄色的孔口表面，二体系的菌丝系统和薄壁的担孢子（Núñez and Ryvarden, 2001）。但是硫黄菌属的生殖菌丝具有简单分隔，且担孢子是卵形至宽椭圆形（Núñez and Ryvarden, 2001）。目前，该属有 4 种，中国分布 4 种。

中国小剥管孔菌属分种检索表

1. 子实层中无拟囊状体，担孢子圆柱形至长椭圆形 ················· 海南小剥管孔菌 *P. hainanensis*
1. 子实层中具拟囊状体，担孢子椭圆形 ··· 2
   2. 菌盖表面奶油色至肉桂色或浅橙色；菌肉骨架菌丝直径 2~5 μm ··································
      ·· 梭伦小剥管孔菌 *P. soloniensis*
   2. 菌盖表面淡黄色或橙红色至棕橙色；菌肉骨架菌丝直径 3~11 μm ·····························
      ·· 三角小剥管孔菌 *P. triqueter*

海南小剥管孔菌　图 94
Piptoporellus hainanensis M.L. Han, B.K. Cui & Y.C. Dai, Fungal Divers. 80: 361, 2016.

子实体：担子果一年生，具盖形，具一侧生的基部，单生，新鲜时软木栓质，干后硬木栓质，重量变轻；菌盖扇形或半圆形，扁平或凸状，单个菌盖长可达 9 cm，宽可达 7.8 cm，中部厚可达 17 mm；菌盖表面奶油色至淡黄色，无毛，无环带，具放射状纵条纹；菌盖边缘奶油色，薄而锐，内卷；孔口表面奶油色至淡黄色或黄色，具折光反应；不育边缘不明显；孔口圆形至多角形或不规则，每毫米 4~5 个；管口边缘薄，全缘；菌肉奶油色，硬木栓质，厚约 11 mm；菌管与孔口表面同色，脆质，长可达 6 mm。

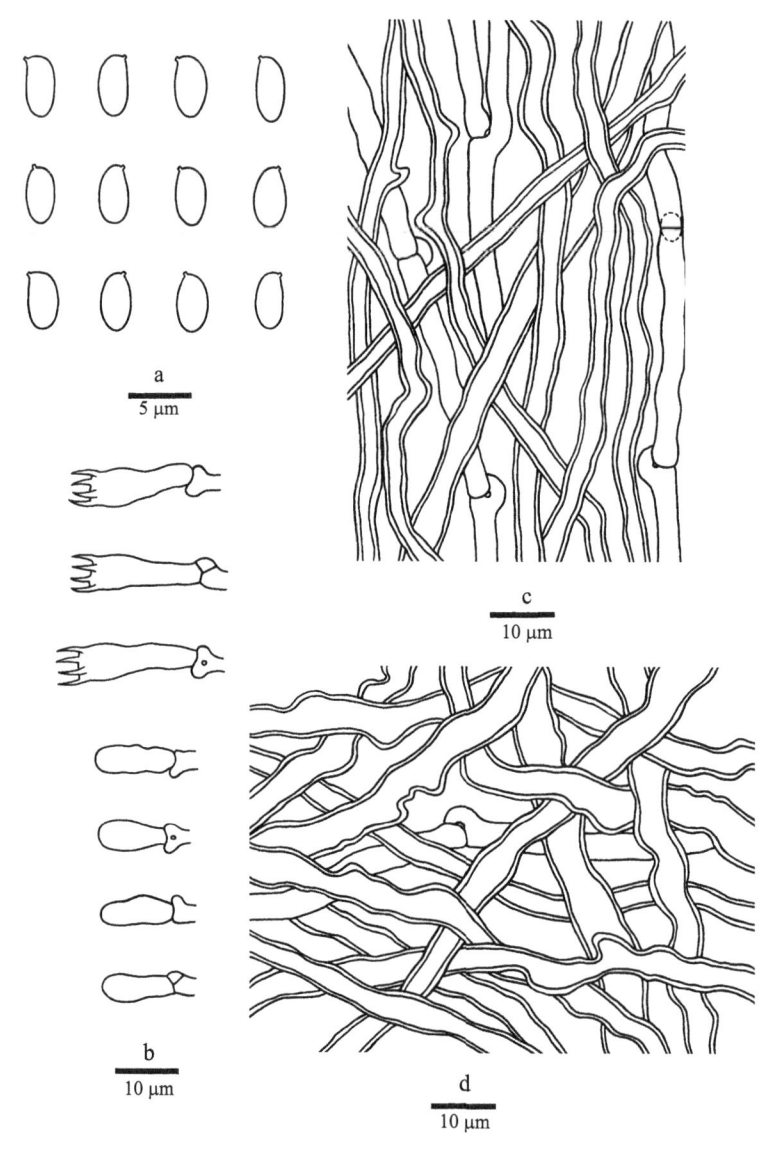

图 94　海南小剥管孔菌 *Piptoporellus hainanensis* M.L. Han, B.K. Cui & Y.C. Dai 的显微结构图
a. 担孢子；b. 担子和拟担子；c. 菌管菌丝；d. 菌肉菌丝

显微结构：菌丝系统二体系；生殖菌丝具有锁状联合，骨架菌丝无拟糊精反应和淀粉质反应，无嗜蓝反应；菌丝组织在 KOH 试剂中变成橙色。菌肉中生殖菌丝较少，无色，薄壁，很少分枝，直径为 2.5~4 μm；骨架菌丝占多数，无色，厚壁，具一宽的内

腔，很少分枝，直径为 2~9 μm。菌管中生殖菌丝较少，无色，薄壁，偶尔分枝，直径为 2.5~4 μm；骨架菌丝占多数，无色，厚壁，具一宽的内腔，很少分枝，交织排列，直径为 2~4 μm。子实层中无囊状体或其他不育结构。担子棍棒状，着生 4 个担孢子梗，基部具一锁状联合，10~17 × 4~5 μm；拟担子占多数，形状与担子类似，比担子稍小。担孢子圆柱形至长椭圆形，无色，薄壁，光滑，无拟糊精反应和淀粉质反应，无嗜蓝反应，4~5 × 2~2.8(~3) μm，平均长 L = 4.51 μm，平均宽 W = 2.37 μm，长宽比 Q = 0.87~1.91（n = 60/2)。

研究标本：广东：韶关市，南岭自然保护区，2019 年 6 月 12 日，崔宝凯 17265（BJFC 034123），崔宝凯 17266（BJFC 034124）。海南：乐东县，尖峰岭自然保护区，2014 年 6 月 17 日，戴玉成 13714（BJFC 017451，模式标本），戴玉成 13725（BJFC 017462）；2015 年 6 月 1 日，戴玉成 15261（BJFC 019372），戴玉成 15273（BJFC 019384）；五指山市，五指山自然保护区，2015 年 5 月 31 日，戴玉成 15232（BJFC 019343）。

生境：生长在阔叶树活树、倒木或树桩上，引起木材褐色腐朽。

中国分布：广东、海南。

世界分布：中国。

讨论：海南小剥管孔菌的主要特征是菌盖表面奶油色至淡黄色，子实层中无囊状体或其他不育结构。与海南小剥管孔菌不同，梭伦小剥管孔菌具有奶油色至肉桂色或浅橙色的菌盖表面和拟囊状体；三角小剥管孔菌具有淡黄色或浅橙色至棕橙色的菌盖表面和拟囊状体（Han et al.，2016）。

梭伦小剥管孔菌　图 95

Piptoporellus soloniensis (Dubois) B.K. Cui, M.L. Han & Y.C. Dai, Fungal Divers. 80: 361, 2016.

Agaricus soloniensis Dubois, Méth. Ėprouv. (Orleans): 177, 1803.

Boletus soloniensis (Dubois) DC., Fl. Franç., Edn 3 (Paris) 5/6: 41, 1815.

Polyporus soloniensis (Dubois) Fr., Syst. Mycol. (Lundae) 1: 365, 1821.

Ischnoderma soloniense (Dubois) P. Karst., Meddn Soc. Fauna Flora Fenn. 5: 38, 1879.

Ungulina soloniensis (Dubois) Bourdot & Galzin, Hyménomyc. de France (Sceaux): 607, 1928.

Piptoporus soloniensis (Dubois) Pilát, Atlas Champ. l'Europe, III, Polyporaceae (Praha) 1: 126, 1937.

Polyporus trichrous Berk. & M.A. Curtis, Ann. Mag. Nat. Hist., Ser. 2 12: 434, 1853.

Polyporus irpex Schulzer, Verh. Zool Bot. Ges. Wien 16(Abh.): 42, 1866.

Polyporus appendiculatus Berk. & Broome, J. Linn. Soc., Bot. 14(73): 48, 1873.

Polyporus komatsuzakii Yasuda, Bot. Mag., Tokyo 31: [279], 1917.

Polyporus pseudosulphureus Long, Phi Kappa Phi 1: 1, 1917.

Polyporus angolensis Lloyd, Mycol. Writ. 6(Letter 64): 997, 1920.

Polyporus medullae Lloyd, Mycol. Writ. 7(Letter 73): 1330, 1924.

Fomitopsis komatsuzakii (Yasuda) Imazeki, Bull. Tokyo Sci. Mus. 6: 92, 1943.

Tyromyces trichrous (Berk. & M.A. Curtis) J. Lowe, Mycotaxon 2(1): 51, 1975.

子实体：担子果一年生，具盖形，具中生至侧生的短柄，单生或覆瓦状排列，新鲜时软肉质，干后软纤维质，重量变轻；菌盖半圆形或扇形，单个菌盖长可达 6.1 cm，宽可达 7.1 cm，中部厚可达 15 mm；菌盖表面奶油色至肉桂色或浅橙色，被绒毛至无毛，无环带，多皱纹；菌盖边缘奶油色至浅橙色或橙褐色，锐或钝，有时内卷，有时外卷；孔口表面奶油色至淡黄色或蜜黄色，具折光反应；不育边缘不明显；孔口圆形至多角形，每毫米 2~4 个；管口边缘薄，全缘；菌肉奶油色，软纤维质，厚约 10 mm；菌管与孔口表面同色，脆质，长可达 5 mm。

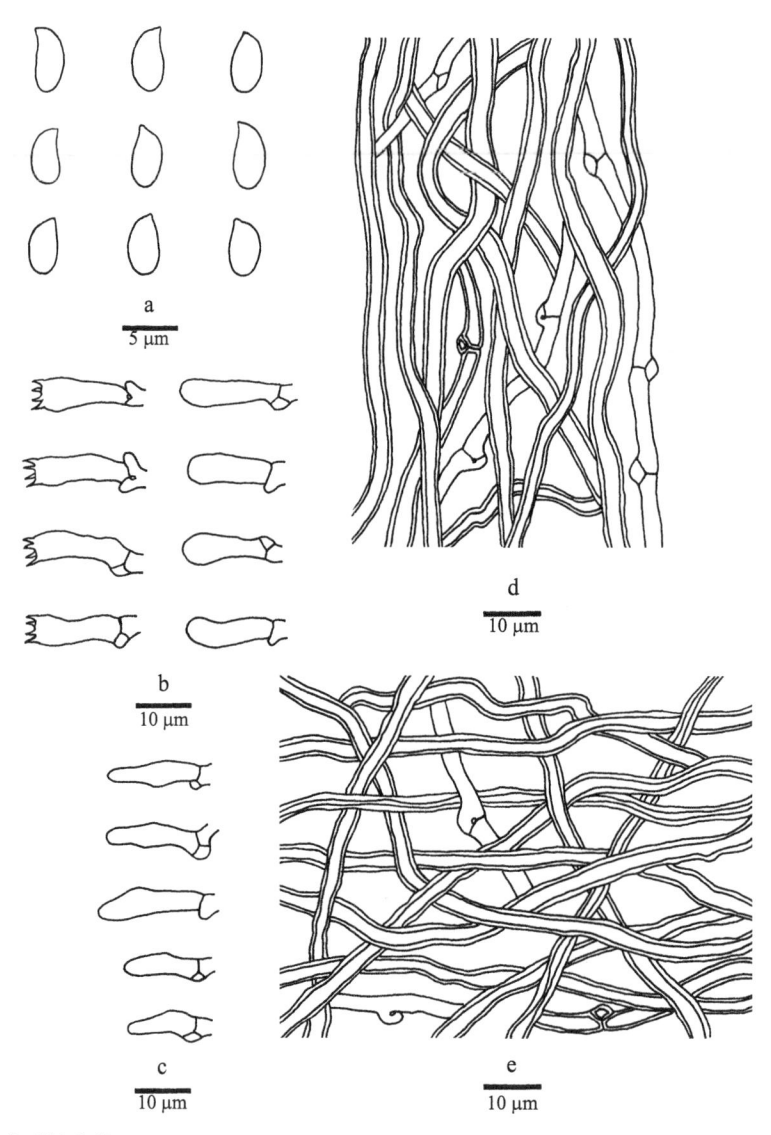

图 95 梭伦小剥管孔菌 *Piptoporellus soloniensis* (Dubois) B.K. Cui, M.L. Han & Y.C. Dai 的显微结构图
a. 担孢子；b. 担子和拟担子；c. 拟囊状体；d. 菌管菌丝；e. 菌肉菌丝

显微结构：菌丝系统二体系；生殖菌丝具有锁状联合，骨架菌丝无拟糊精反应和淀粉质反应，无嗜蓝反应；菌丝组织在 KOH 试剂中变成浅橙色。菌肉中生殖菌丝较少，

无色，薄壁至稍厚壁，很少分枝，直径为 2~5 μm；骨架菌丝占多数，无色，厚壁，具一宽的内腔，很少分枝，直径为 2~5 μm。菌管中生殖菌丝较少，无色，薄壁，偶尔分枝，直径为 2~5 μm；骨架菌丝占多数，无色，厚壁，具一宽的内腔，很少分枝，交织排列，直径为 2.5~4 μm。子实层中无囊状体，具拟囊状体，纺锤形，薄壁，光滑，12~17 × 2.5~4 μm。担子棍棒状，着生 4 个担孢子梗，基部具一锁状联合，13~20 × 4.5~7 μm；拟担子占多数，形状与担子类似，比担子稍小。担孢子椭圆形，无色，薄壁，光滑，无拟糊精反应和淀粉质反应，无嗜蓝反应，4.5~5.5 × 2~2.9(~3) μm，平均长 L = 4.88 μm，平均宽 W = 2.5 μm，长宽比 Q = 1.96~1.98（n = 60/2）。

研究标本：浙江：龙泉市，天堂山，2013 年 8 月 29 日，崔宝凯 11389（BJFC 015505）；庆元县，百山祖自然保护区，2013 年 9 月 14 日，崔宝凯 11390（BJFC 015506）。安徽：黄山风景区，2010 年 10 月 21 日，戴玉成 11872（BJFC 008975）。福建：福州市，福州植物园，2013 年 10 月 28 日，崔宝凯 11386（BJFC 015502）。江西：鹰潭市，龙虎山，2008 年 10 月 5 日，崔宝凯 5952（BJFC 003808）。山东：枣庄市，台儿庄古城风景区，2018 年 7 月 14 日，崔宝凯 16932（BJFC 030231）。四川：大邑县，2011 年 8 月 20 日，戴玉成 12492（BJFC 013464）。

生境：生长在阔叶树活立木、死树、倒木上，引起木材褐色腐朽。

中国分布：浙江、安徽、福建、江西、山东、四川。

世界分布：法国、美国、日本、泰国、中国等。

讨论：梭伦小剥管孔菌的主要特征是菌盖表面奶油色至肉桂色或浅橙色，孔口表面奶油色至淡黄色或蜜黄色，具折光反应，孔口大（每毫米 2~4 个），菌管骨架菌丝直径为 2.5~4 μm，菌肉骨架菌丝直径为 2~5 μm（Han et al.，2016）。调查发现，梭伦小剥管孔菌在我国分布较广泛，生长在阔叶树上（Han et al.，2016）。

三角小剥管孔菌　图 96

Piptoporellus triqueter M.L. Han, B.K. Cui & Y.C. Dai, Fungal Divers. 80: 362, 2016.

子实体：担子果一年生，具盖形，单生，新鲜时软木栓质，干后脆质，重量变轻；菌盖三角形，单个菌盖长可达 3.5 cm，宽可达 2.3 cm，中部厚可达 15 mm；菌盖表面淡黄色或浅橙色至棕橙色，无毛，无环带；菌盖边缘浅橙色至棕橙色，薄而锐；孔口表面奶油色或淡黄色至淡褐色；不育边缘明显，奶油色至棕橙色，宽可达 7 mm；孔口圆形至多角形，每毫米 3~4 个；管口边缘薄，全缘；菌肉奶油色至粉黄色，软木栓质，厚约 14.5 mm；菌管与孔口表面同色，脆质，长可达 0.5 mm。

显微结构：菌丝系统二体系；生殖菌丝具有锁状联合，骨架菌丝无拟糊精反应和淀粉质反应，无嗜蓝反应；菌丝组织在 KOH 试剂中变成红棕色。菌肉中生殖菌丝较少，无色，薄壁至稍厚壁，很少分枝，直径为 3~7 μm；骨架菌丝占多数，无色，厚壁，具一宽的内腔，很少分枝，直径为 3~11 μm。菌管中生殖菌丝较少，无色，薄壁至稍厚壁，很少分枝，直径为 2~5 μm；骨架菌丝占多数，无色，厚壁，具一宽的内腔，偶尔分枝，交织排列，直径为 2.5~7 μm。子实层中无囊状体，具拟囊状体，纺锤形，薄壁，光滑，13~21 × 3~4 μm。担子棍棒状，着生 4 个担孢子梗，基部具一锁状联合，15~26 × 4.8~7 μm；拟担子占多数，形状与担子类似，比担子稍小。担孢子椭圆形，无色，薄壁，光滑，无拟糊精反应和淀粉质反应，无嗜蓝反应，4~6 × (2.5~)2.8~3.1(~3.2) μm，平均长 L = 4.92 μm，平均宽 W = 2.96 μm，长宽比 Q = 1.66 (n = 60/1)。

研究标本：云南：盈江县，铜壁关保护区，2012 年 10 月 29 日，戴玉成 13121（BJFC 013339，模式标本）。

生境：生长在阔叶树倒木上，引起木材褐色腐朽。

中国分布：云南。

世界分布：中国。

讨论：三角小剥管孔菌的主要特征是菌盖表面淡黄色或浅橙色至棕橙色，骨架菌丝直径宽（菌管骨架菌丝直径为 2.5~7 μm，菌肉骨架菌丝直径为 3~11 μm），担孢子椭圆形（4~6 × 2.8~3.1 μm）。梭伦小剥管孔菌与三角小剥管孔菌相似，都具相似大小的孔口，二体系的菌丝系统和相似大小的椭圆形担孢子；但是梭伦小剥管孔菌的菌盖表面是奶油色至肉桂色或浅橙色，菌肉骨架菌丝较窄，直径为 2~5 μm（Han et al.，2016）。

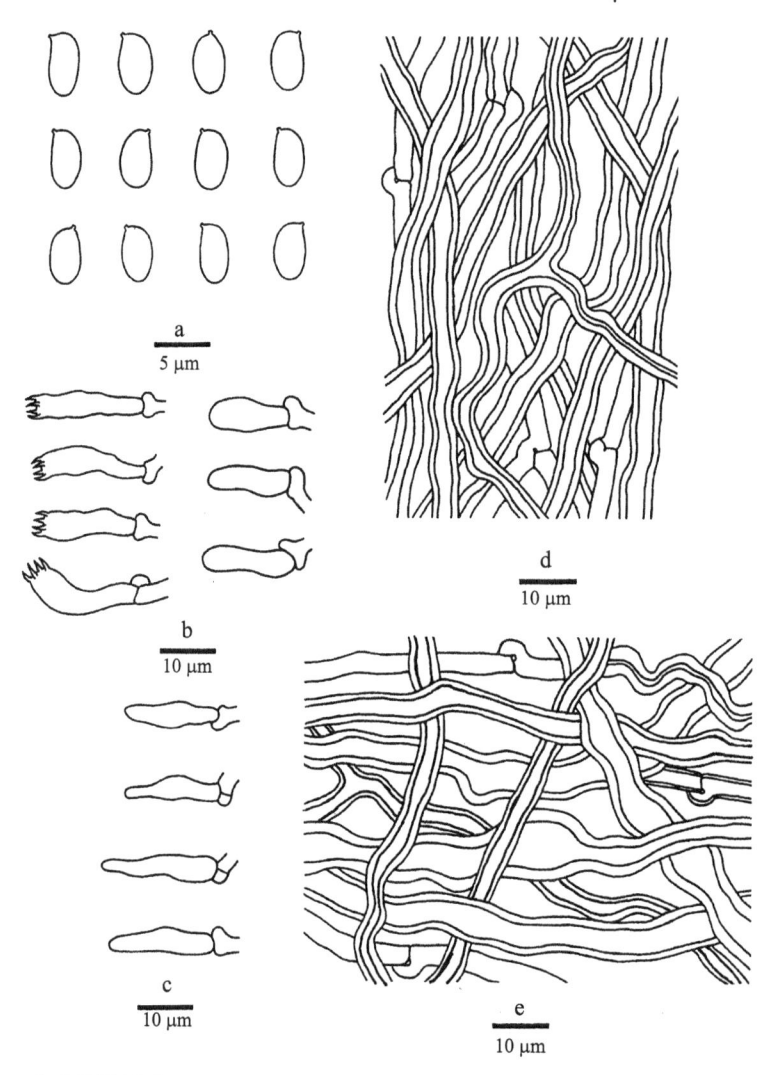

图 96 三角小剥管孔菌 *Piptoporellus triqueter* M.L. Han, B.K. Cui & Y.C. Dai 的显微结构图
a. 担孢子；b. 担子和拟担子；c. 拟囊状体；d. 菌管菌丝；e. 菌肉菌丝

波斯特孔菌科 POSTIACEAE B.K. Cui, Shun Liu & Y.C. Dai
Fungal Divers. 118: 68, 2023

担子果一年生至多年生，具菌盖或平伏至反转，新鲜时木栓质或柔软至软木栓质，干后木栓质至硬木栓质或易碎，子实层体大多呈孔状，孔口圆形至多角形。菌丝系统单体系，生殖菌丝具有锁状联合；担孢子腊肠形至圆柱形或椭圆形，无色，薄壁至厚壁，光滑，无拟糊精反应和淀粉质反应，大多无嗜蓝反应，偶尔具嗜蓝反应。

模式属：*Postia* Fr.。

生境：生长在阔叶树或针叶树上，引起木材褐色腐朽。

中国分布：全国广泛分布。

世界分布：世界各地广泛分布。

讨论：近年来，许多研究者对波斯特孔菌属 *Postia* 及其相关类群进行了分类学和系统发育学的研究，该类群的物种被划成多个分支（Ortiz-Santana et al.，2013；Pildain and Rajchenberg，2013；Cui et al.，2014；Shen and Cui，2014；Shen et al.，2014，2019；Justo et al.，2017），但是它的科级水平一直发生着变化。波斯特孔菌属曾经很长一段时间被放置在拟层孔菌科中（Kirk et al.，2008；Shen et al.，2014，2015；Shen and Cui，2014），但是拟层孔菌科中的物种常具有二系或三系的菌丝系统，薄壁，圆柱形至椭圆形的担孢子（Jülich，1981；Justo et al.，2017）。此外，该类群中的部分类群如黑囊孔菌属 *Amylocystis*、褐腐干酪孔菌属 *Oligoporus*、波斯特孔菌属和绵孔菌属 *Spongiporus* 被放置在耳壳菌科 Dacryobolaceae 中（Justo et al.，2017），但是在很多研究中，耳壳菌属 *Dacryobolus* 并不与这些属聚集在一起（Ortiz-Santana et al.，2013；Han et al.，2016；Shen et al.，2019）。形态上，耳壳菌科有着膜质到皮质的担子果，光滑或有纹饰的担孢子（Eriksson and Ryvarden，1975；Bernicchia and Gorjón，2010）。Liu 等（2023a）基于形态学特征和分子数据，提出新科波斯特孔菌科。目前，该科共有 17 属 96 种，中国分布 14 属 68 种。

中国波斯特孔菌科分属检索表

1. 担子果通常具蓝色色调 ·· 灰蓝孔菌属 *Cyanosporus*
1. 担子果不具蓝色色调 ··· 2
　2. 担子果表面触摸或烘干后迅速变为褐色 ·· 3
　2. 担子果表面触摸或烘干后不变色 ·· 4
3. 担子果多具菌盖 ·· 褐波斯特孔菌属 *Fuscopostia*
3. 担子果多平伏 ·· 平伏波斯特孔菌属 *Resupinopostia*
　4. 担子果具钙质结构 ·· 钙质波斯特孔菌属 *Calcipostia*
　4. 担子果不具钙质结构 ·· 5
5. 担孢子腊肠形至圆柱形 ·· 6
5. 担孢子长椭圆形，椭圆形至圆柱形，纺锤形至舟形 ·· 11
　6. 囊状体顶部被结晶 ·· 7
　6. 囊状体缺失，或存在顶部不被结晶 ·· 8

7. 生殖菌丝具淀粉质反应	黑囊孔菌属 *Amylocystis*
7. 生殖菌丝不具淀粉质反应	囊体波斯特孔菌属 *Cystidiopostia*
8. 担子果干后硬木质或硬骨质	9
8. 担子果干后木栓质或易碎	10
9. 担子果无柄附着；味苦	苦味波斯特孔菌属 *Amaropostia*
9. 担子果平伏至反转或具柄；味道温和	骨质孔菌属 *Osteina*
10. 担子果通常覆瓦状叠生；担孢子宽度大多 2~3 μm	绵孔菌属 *Spongiporus*
10. 担子果大多单生；担孢子宽度大多 < 2 μm	波斯特孔菌属 *Postia*
11. 担子果具柄，担孢子长度大多 > 10 μm	杨氏孔菌属 *Jahnoporus*
11. 担子果不具柄，担孢子长度大多 < 10 μm	12
12. 担子果平伏；担孢子具强嗜蓝反应	褐腐干酪孔菌属 *Oligoporus*
12. 担子果大多具盖形或平伏至反转；担孢子无嗜蓝反应	13
13. 厚垣孢子缺失	澳洲波斯特孔菌属 *Austropostia*
13. 厚垣孢子存在	翼状孔菌属 *Ptychogaster*

苦味波斯特孔菌属 Amaropostia B.K. Cui, L.L. Shen & Y.C. Dai
Persoonia 42: 110, 2019

担子果一年生，具菌盖，单生或覆瓦状叠生，新鲜时软木栓质，干后硬木质；菌盖扇形、扇贝形或半圆形；菌盖表面新鲜时白色，干后奶油色至浅黄色；孔口表面新鲜时白色至奶油色，干后略带黄色或奶油色；孔口圆形至角形；菌肉白色，硬木质；菌管白色至奶油色，易碎。菌丝系统单体系；生殖菌丝具锁状联合，无拟糊精反应和淀粉质反应，无嗜蓝反应；子实层中无囊状体，具拟囊状体；担孢子圆柱形，无色，薄壁，光滑，无拟糊精反应和淀粉质反应，无嗜蓝反应。

模式种：*Amaropostia stiptica* (Pers.) B.K. Cui, L.L. Shen & Y.C. Dai。
生境：生长在针叶树或阔叶树上，引起木材褐色腐朽。
中国分布：吉林、黑龙江、山东、海南、四川、云南、西藏等。
世界分布：北美洲，欧洲，亚洲。
讨论：苦味波斯特孔菌属是新近建立的一个属。形态学上，具有干后变为硬木质的子实体，且味道很苦，明显区别于波斯特孔菌属及其他相关属（Shen et al.，2019）。目前，该属有2种，中国分布2种。

中国苦味波斯特孔菌属分种检索表

1. 孔口每毫米 5~6 个；子实层中有拟囊状体	具柄苦味波斯特孔菌 *A. stiptica*
1. 孔口每毫米 7~9 个；子实层中无拟囊状体	海南苦味波斯特孔菌 *A. hainanensis*

海南苦味波斯特孔菌 图 97

Amaropostia hainanensis B.K. Cui, L.L. Shen & Y.C. Dai, Persoonia 42: 111, 2019.

子实体：担子果一年生，具菌盖，单生，新鲜时软而多汁，干后木栓质至硬木质，有非常苦的味道，重量变轻；菌盖扇贝形，单个菌盖长可达 2 cm，宽可达 2.5 cm，中部厚可达 8 mm；菌盖表面新鲜时白色，光滑，干后奶油色至淡黄色；边缘锐，颜色同菌盖表面；孔口表面新鲜时白色，干后浅黄色；不育边缘不明显；孔口圆形，每毫米7~9个；管口边缘薄，全缘；菌肉白色，硬木质，厚约5 mm；菌管白色，易碎，长可达3 mm。

显微结构：菌丝系统单体系；生殖菌丝具有锁状联合，无拟糊精反应和淀粉质反应，无嗜蓝反应；菌丝组织在KOH试剂中无变化。菌肉中生殖菌丝无色，稍厚壁，常具分枝，直径为3~6 μm。菌管中生殖菌丝无色，薄壁至稍厚壁，偶尔分枝，直径为1.4~3 μm。子实层中无囊状体和拟囊状体。担子棍棒状，着生4个担孢子梗，基部具一锁状联合，12.5~14 × 4~5 μm；拟担子占多数，形状与担子类似，比担子稍小。担孢子圆柱形，无色，薄壁，光滑，无拟糊精反应和淀粉质反应，无嗜蓝反应，(4~)4.5~5.5(~6) × 1.5~2 μm，平均长 L = 4.53 μm，平均宽 W = 1.68 μm，长宽比 Q = 2.59~2.73 (n=90/3)。

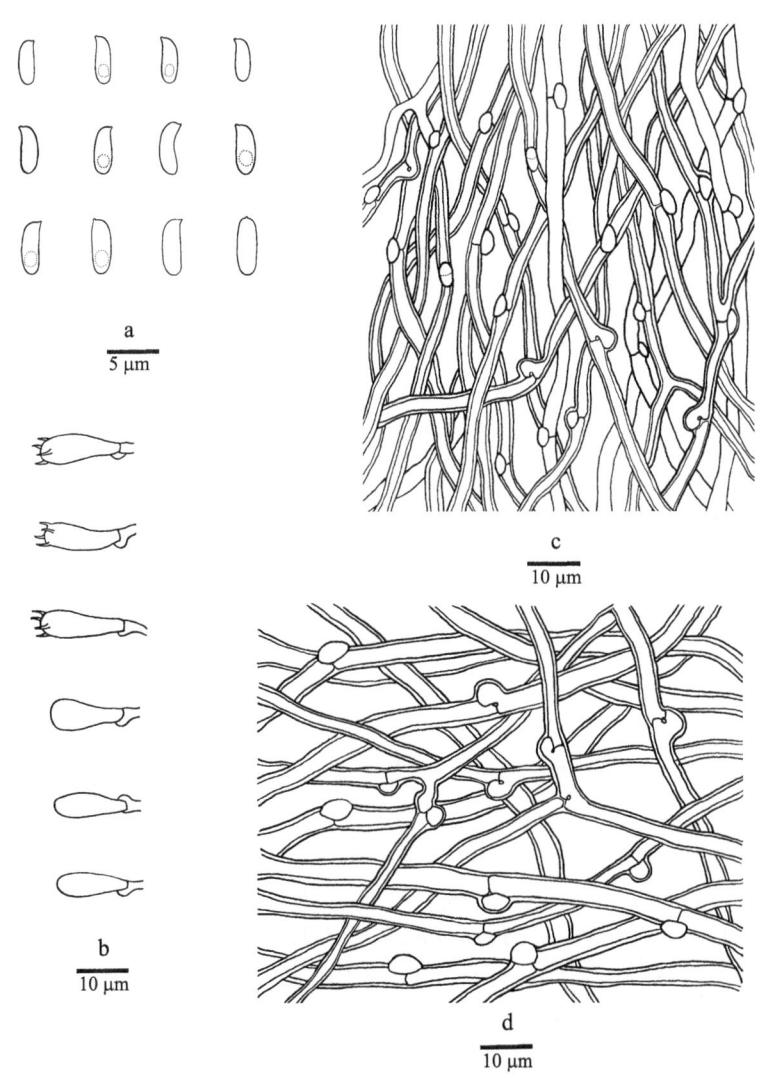

图97 海南苦味波斯特孔菌 *Amaropostia hainanensis* B.K. Cui, L.L. Shen & Y.C. Dai 的显微结构图
a. 担孢子；b. 担子和拟担子；c. 菌管菌丝；d. 菌肉菌丝

研究标本：海南：乐东县，尖峰岭自然保护区，2015年11月21日，崔宝凯 13739

（BJFC 028605，模式标本）；陵水县，吊罗山森林公园，2007年11月22日，崔宝凯5367（BJFC 003408）；琼中县，黎母山森林公园，2015年5月30日，戴玉成15208（BJFC 019319）。

生境：生长在阔叶树倒木上，引起木材褐色腐朽。

中国分布：海南。

世界分布：中国。

讨论：海南苦味波斯特孔菌的主要特征是具有扇贝形的担子果，小而圆的孔口，和略微弯曲的圆柱形担孢子。具柄苦味波斯特孔菌和海南苦味波斯特孔菌都有无柄盖形、木栓质至硬木质的子实体和大小相似的圆柱形担孢子，且都具苦味；但是具柄苦味波斯特孔菌有较大的孔口（每毫米5~6个）和纺锤形的拟囊状体（Ryvarden and Melo，2014）。

具柄苦味波斯特孔菌　图98

Amaropostia stiptica (Pers.) B.K. Cui, L.L. Shen & Y.C. Dai, Persoonia 42: 111, 2019.

Boletus stipticus Pers. [as '*stypticus*'], Syn. Meth. Fung. (Göttingen) 2: 525, 1801.

Polyporus stipticus (Pers.) Fr., Syst. Mycol. (Lundae) 1: 359, 1821.

Bjerkandera stiptica (Pers.) P. Karst., Bidr. Känn. Finl. Nat. Folk 37: 36, 1882.

Leptoporus stipticus (Pers.) Quél., Enchir. Fung. (Paris): 176, 1886.

Polystictus stipticus (Pers.) Bigeard & H. Guill., Fl. Champ. Supér. France (Chalon-sur-Saône) 2: 374, 1913.

Tyromyces stipticus (Pers.) Kotl. & Pouzar, Česká Mykol. 13(1): 28, 1959.

Spongiporus stipticus (Pers.) A. David, Bull. Mens. Soc. Linn. Lyon 49(1): 36, 1980.

Postia stiptica (Pers.) Jülich, Persoonia 11(4): 424, 1982.

Oligoporus stipticus (Pers.) Gilb. & Ryvarden, N. Amer. Polyp., Vol. 2 Megasporoporia - Wrightoporia (Oslo) 2: 485, 1987.

Boletus albidus Schaeff., Fung. Bavar. Palat. Nasc. (Ratisbonae) 4: 84, 1774.

Boletus suaveolens Batsch, Elench. Fung. (Halle): 97, 1783.

Boletus salicinus Bull., Herb. Fr. (Paris) 10: tab. 433, Fig. 1, 1790.

Daedalea albida (Schaeff.) Purton, Appendix Midl. Fl.: 253, 1821.

Daedalea salicina (Bull.) Purton, Appendix Midl. Fl.: 247, 1821.

Polyporus albidus (Schaeff.) Trog, Flora, Regensburg 22: 475, 1839.

Polystictus albidus (Schaeff.) Cooke, Grevillea 14(71): 81, 1886.

Bjerkandera acricula P. Karst., Revue Mycol., Toulouse 10(37): 73, 1888.

Bjerkandera colliculosa P. Karst., Hedwigia 29: 177, 1890.

Polyporus acriculus (P. Karst.) Sacc., Syll. Fung. (Abellini) 9: 168, 1891.

Microporus albidus (Schaeff.) Kuntze, Revis. Gen. Pl. (Leipzig) 3(3): 495, 1898.

Tyromyces carbonarius Murrill, Mycologia 4(2): 94, 1912.

Polyporus carbonarius (Murrill) Murrill, Mycologia 4(4): 217, 1912.

Fomes albidus (Schaeff.) Bigeard & H. Guill., Fl. Champ. Supér. France (Chalon-sur-Saône) 2: 359, 1913.

Polyporus dentatus Velen., České Houby 4-5: 650, 1922.

Polyporus fodinarum Velen., České Houby 4-5: 640, 1922.

Polyporus foetens Velen., České Houby 4-5: 650, 1922.

Polyporus perdurus Velen., České Houby 4-5: 646, 1922.

Polyporus candidissimus Velen., České Houby 4-5: 645, 1922.

Polyporus fragilis Velen., České Houby 4-5: 651, 1922.

Leptoporus albidus (Schaeff.) Bourdot & Galzin, Bull. Trimest. Soc. Mycol. Fr. 41(1): 126, 1925.

Agaricus albidus (Schaeff.) E.H.L. Krause, Basidiomycetum Rostochiensium, Suppl. 5: 164, 1933.

Tyromyces albidus (Schaeff.) Donk, Meded. Bot. Mus. Herb. Rijks Univ. Utrecht 9: 151, 1933.

Leptoporus fodinarum (Velen.) Pilát, Atlas Champ. l'Europe, III, Polyporaceae (Praha) 1 : 199, 1938.

子实体：担子果一年生，无柄盖形或具拟柄状基部，单生或覆瓦状丛生，新鲜时肉质，干后硬木质，味很苦，重量变轻；菌盖大多数扇形，偶有半圆形，单个菌盖长可达 8 cm，宽可达 6 cm，中部厚可达 1.5 mm；菌盖表面新鲜时白色，光滑，干后浅黄色至橘黄色，表面褶皱或具圆形小坑；边缘较钝，新鲜时奶油色，干后变为赭黄色；孔口表面新鲜时白色，干后呈黄色；不育边缘宽达 3 mm，颜色较孔口表面深；孔口多角形，每毫米 5~6 个；管口边缘薄，齿状；菌肉白色，硬木质，厚约 10 mm；菌管白色，硬木质，长可达 5 mm。

显微结构：菌丝系统单体系；生殖菌丝具有锁状联合，无拟糊精反应和淀粉质反应，无嗜蓝反应；菌丝组织在 KOH 试剂中无变化。菌肉中生殖菌丝无色，稍厚壁至厚壁，常具分枝，直径为 3~5 μm。菌管中生殖菌丝无色，稍厚壁，偶尔分枝，直径为 2.5~4 μm。子实层中无囊状体，具拟囊状体，纺锤形，薄壁，光滑，16.5~18 × 3~3.5 μm。担子棍棒状，着生 4 个担孢子梗，基部具一锁状联合，13~14.5 × 4~5 μm；拟担子占多数，形状与担子类似，比担子稍小。担孢子圆柱形，无色，薄壁，光滑，无拟糊精反应和淀粉质反应，无嗜蓝反应，(3.5~)4~4.5 × 1.5~2 μm，平均长 L = 4.28 μm，平均宽 W = 1.53 μm，长宽比 Q = 2.24~2.45 (n = 60/2)。

研究标本：吉林：安图县，长白山自然保护区，2011 年 8 月 9 日，崔宝凯 10022（BJFC 010915），崔宝凯 10043（BJFC 010936）。黑龙江：伊春市，丰林自然保护区，2002 年 9 月 8 日，戴玉成 3701（IFP 005462）。山东：泰安市，泰山风景区，2012 年 8 月 4 日，崔宝凯 10981（BJFC 013903）。四川：屏山县，龙华古镇，2019 年 9 月 20 日，崔宝凯 17938（BJFC 034797）。云南：武定县，狮子山自然保护区，2019 年 8 月 15 日，戴玉成 20323（BJFC 031991）；贡山县，2020 年 9 月 12 日，崔宝凯 18469（BJFC 035330）；剑川县，石宝山风景区，2019 年 11 月 5 日，崔宝凯 18013（BJFC 034872）。西藏：林芝县，鲁朗镇，2010 年 9 月 16 日，崔宝凯 9268（BJFC 008207）。

生境：多见于针叶树如云杉、冷杉、落叶松等倒木上，偶尔生长在阔叶树如槭树、桦树等，引起木材褐色腐朽。

中国分布：吉林、黑龙江、山东、四川、云南、西藏等。

世界分布：白俄罗斯、芬兰、加拿大、挪威、美国、中国等。

讨论：具柄苦味波斯特孔菌的主要特征是干后变为硬木质，偶尔覆瓦状丛生并有拟柄状基部的担子果，子实层常见纺锤形的拟囊状体，味很苦。调查发现，具柄苦味波斯特孔菌在我国分布较广泛，常生长在针叶树上（Shen et al.，2019）。

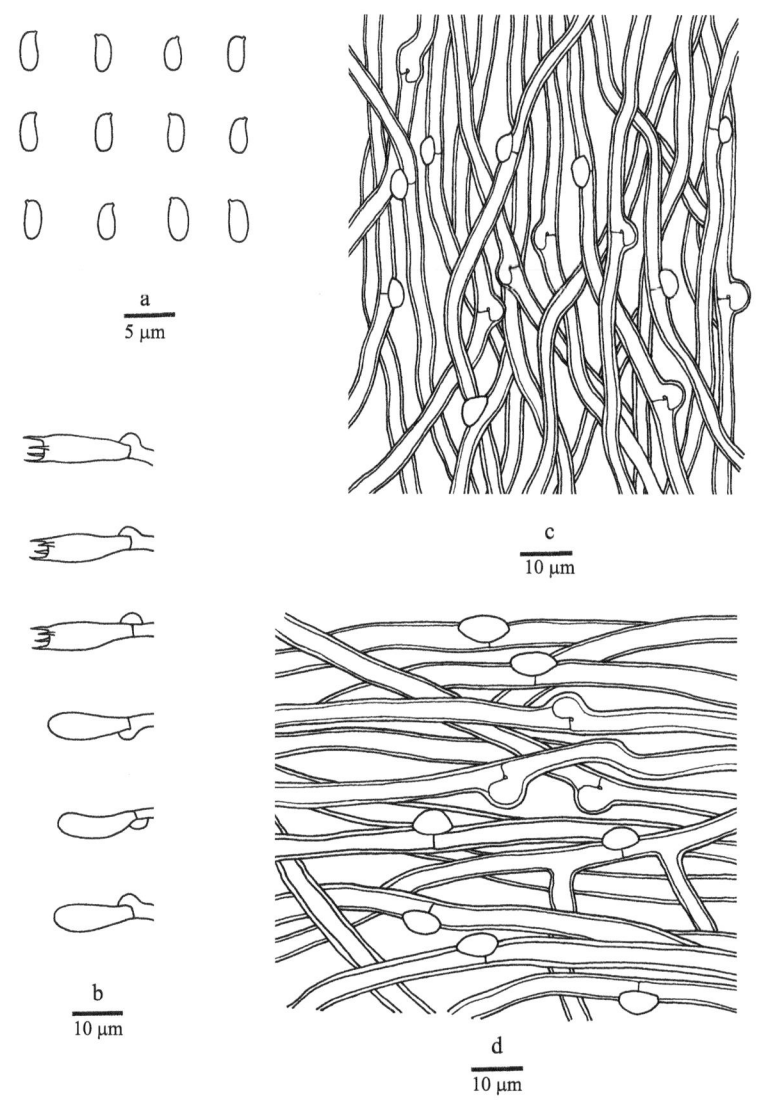

图 98 具柄苦味波斯特孔菌 *Amaropostia stiptica* (Pers.) B.K. Cui, L.L. Shen & Y.C. Dai 的显微结构图
a. 担孢子；b. 担子和拟担子；c. 菌管菌丝；d. 菌肉菌丝

黑囊孔菌属 **Amylocystis** Bondartsev & Singer ex Singer
Mycologia 36 (1): 66, 1944

担子果一年生，具菌盖或平伏至反转，木栓质；菌盖表面浅黄色，脏白色到暗红色；

孔口表面白色至暗棕红色；孔口多角形；菌肉浅黄色，木栓质；菌管比菌肉稍暗，木栓质。菌丝系统单体系；生殖菌丝具锁状联合，有淀粉质反应，无嗜蓝反应；子实层具囊状体，拟囊状体存在或缺失；担孢子圆柱形，无色，薄壁，光滑，无拟糊精反应和淀粉质反应，无嗜蓝反应。

模式种：*Amylocystis lapponica* (Romell) Bondartsev & Singer。

生境：常生长在针叶树或阔叶树上，引起木材褐色腐朽。

中国分布：吉林、黑龙江。

世界分布：世界各地广泛分布。

讨论：形态上，黑囊孔菌属与褐腐干酪孔菌属相似，但是黑囊孔菌属的菌盖被绒毛至粗硬毛，生殖菌丝厚壁且有淀粉质反应，囊状体顶部被结晶且具淀粉质反应（Singer，1944；Ryvarden and Melo，2014）。目前，该属有1种，中国分布1种。

北方黑囊孔菌　图99

Amylocystis lapponica (Romell) Bondartsev & Singer, Mycologia 36(1): 67, 1944. Liu et al., Mycosphere 14(1): 1607, 2023.

Polyporus lapponicus Romell, Ark. Bot. 11(3): 17, 1911.

Ungulina lapponica (Romell) Pilát, Bull. Trimest. Soc. Mycol. Fr. 49(3-4): 268, 1934.

Leptoporus lapponicus (Romell) Pilát, Atlas Champ. l'Europe, III, Polyporaceae (Praha): 179, 1938.

Tyromyces lapponicus (Romell) J. Lowe, Mycotaxon 2(1): 26, 1975.

Polyporus ursinus Lloyd, Mycol. Writ. 4 (Polyp. Sect. Apus): 319, 1915.

子实体：担子果一年生，无柄附着或平伏至反转，二分状，木栓质；菌盖大多数扇形，单个菌盖长可达10 cm，宽可达5 cm，中部厚可达20 mm；菌盖表面新鲜时脏灰色至淡黄色，干燥后暗棕褐色，被绒毛至粗硬毛，不成带；边缘较钝；孔口表面新鲜时白色，干后暗棕红色；不育边缘不明显；孔口多角形，每毫米3~4个；管口边缘薄，圆形至撕裂状；菌肉浅黄色，木栓质，厚约20 mm；菌管颜色比菌肉稍暗，木栓质，长可达4 mm。

显微结构：菌丝系统单体系；生殖菌丝具有锁状联合，具淀粉质反应，无嗜蓝反应；菌丝组织在KOH试剂中无变化。菌肉中生殖菌丝无色，稍厚壁，偶尔分枝，直径为4~10 μm。菌管中生殖菌丝无色，薄壁至稍厚壁，偶尔分枝，直径为3~4.5 μm。子实层中具囊状体，纺锤形，厚壁，光滑，具中度至强度淀粉质反应，顶端被结晶，20~45 × 5~9 μm。担子棍棒状，着生4个担孢子梗，基部具一锁状联合，20~25 × 7~8 μm；拟担子占多数，形状与担子类似，比担子稍小。担孢子圆柱形，无色，薄壁，光滑，无拟糊精反应和淀粉质反应，无嗜蓝反应，8~11 × 2.5~3.5 μm，平均长 $L = 9.53$ μm，平均宽 $W = 3.12$ μm，长宽比 $Q = 2.95$~3.12 ($n = 60/2$)。

研究标本：吉林：安图县，长白山自然保护区，1998年9月18日，戴玉成2973b（BJFC 000041）；2007年7月12日，戴玉成8206（IFP 012235）；安图县，长白山北坡地下森林，2005年7月26日，魏玉莲2561（IFP 000040）；安图县，长白山自然保护区黄松蒲林场，2008年8月1日，戴玉成10085（IFP 008252）。黑龙江：大兴安岭地区呼中保护区，2003 年 8 月 18 日，戴玉成 4771（IFP 000041）。

生境：生长在针叶树或阔叶树上，引起木材褐色腐朽。

中国分布：吉林、黑龙江。

世界分布：挪威、爱沙尼亚、波兰、俄罗斯、芬兰、捷克、斯洛伐克、瑞典、乌克兰、意大利、中国等。

讨论：北方黑囊孔菌的主要特征是菌盖表面新鲜时脏灰色至淡黄色，干燥后暗棕褐色，被绒毛至粗硬毛，孔口表面新鲜时白色，干燥后暗棕红色，孔口多角形，每毫米 3~4 个。调查发现，北方黑囊孔菌在我国分布较广泛，常生长在针叶树或阔叶树上（Shen et al., 2019）。

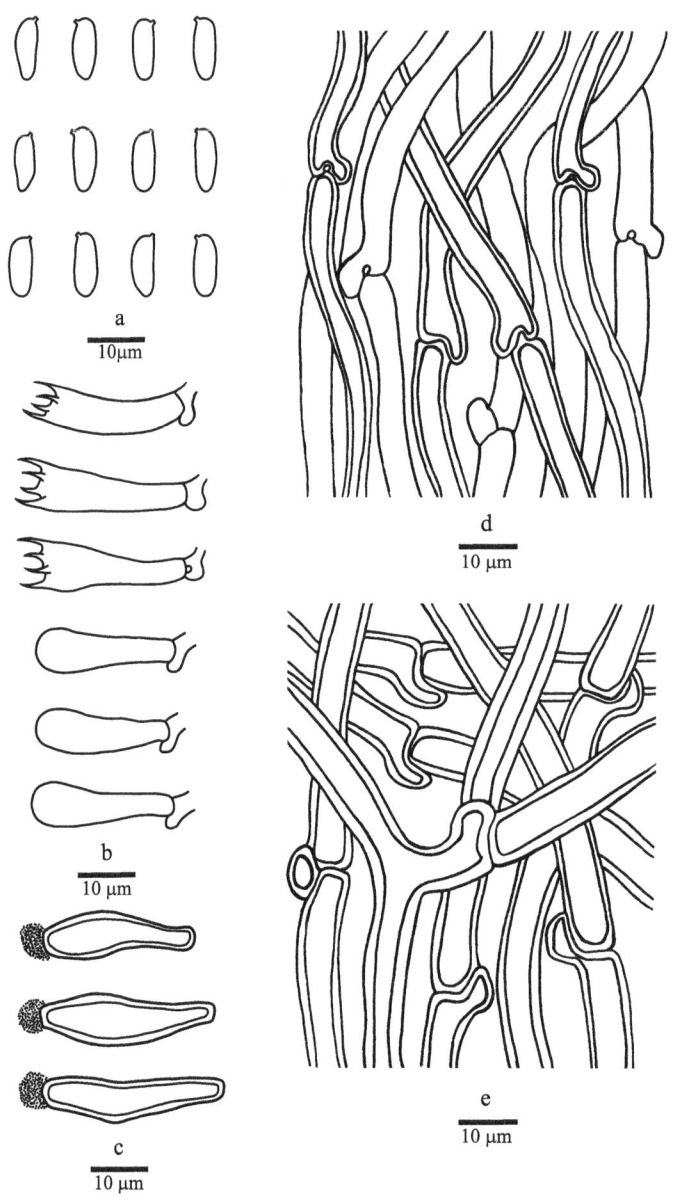

图 99 北方黑囊孔菌 *Amylocystis lapponica* (Romell) Bondartsev & Singer 的显微结构图
a. 担孢子；b. 担子和拟担子；c. 囊状体；d. 菌管菌丝；e. 菌肉菌丝

澳洲波斯特孔菌属 Austropostia B.K. Cui & Shun Liu
Fungal Divers. 118: 71, 2023

担子果一年生，具菌盖，或偶尔平伏至反转，单生或覆瓦状叠生，新鲜时肉质或木栓质，干后易碎或硬木栓质；菌盖扇形至半圆形；菌盖表面白色、奶油色至肉桂棕色或浅黄色；孔口表面奶油色、柠檬黄至黏土黄色；孔口圆形至多角形；菌肉白色至柠檬黄色，木栓质；菌管与孔口表面同色，木栓质。菌丝系统单体系；生殖菌丝具锁状联合，无拟糊精反应和淀粉质反应，无嗜蓝反应；子实层中无囊状体，具拟囊状体；担孢子椭圆形至长椭圆形，无色，薄壁至稍厚壁，光滑，无拟糊精反应和淀粉质反应，无嗜蓝反应。

模式种：*Austropostia pelliculosa* (Berk.) B.K. Cui & Shun Liu。
生境：只生长在阔叶树上，引起木材褐色腐朽。
中国分布：云南。
世界分布：大洋洲，南美洲，亚洲。
讨论：澳洲波斯特孔菌属由 Liu 等（2023a）建立，模式种是粗毛澳洲波斯特孔菌 *A. pelliculosa*，该属物种多分布于南半球。目前，该属有 6 种，中国分布 1 种。

亚斑点澳洲波斯特孔菌　图 100，图版 II 12
Austropostia subpunctata B.K. Cui & Shun Liu, Fungal Divers. 118: 73, 2023.

子实体：担子果一年生，具菌盖，覆瓦状叠生，新鲜时木栓质，干后木栓质至硬木质，重量变轻；菌盖扇形，单个菌盖长可达 4.5 cm，宽可达 8 cm，中部厚可达 12 mm；菌盖表面新鲜时浅鼠灰色至灰棕色，干后浅葡萄灰色；孔口表面奶油色至浅黄色；不育边缘狭窄，灰棕色，宽达 0.5 mm；孔口多角形，每毫米 3~5 个；管口边缘薄，全缘至撕裂状；菌肉白色，硬木质，厚约 10 mm；菌管白色至奶油色，木栓质，长可达 20 mm。

显微结构：菌丝系统单体系；生殖菌丝具有锁状联合，无拟糊精反应和淀粉质反应，无嗜蓝反应；菌丝组织在 KOH 试剂中无变化。菌肉中生殖菌丝无色，薄壁至稍厚壁，偶尔分枝，直径为 3.3~9.8 μm。菌管中生殖菌丝无色，薄壁至稍厚壁，偶尔分枝，直径为 1.9~5.5 μm。子实层中无囊状体，具拟囊状体，纺锤形，薄壁，光滑，9.7~24.5 × 2.9~4.5 μm。担子棒棒状，着生 4 个担孢子梗，基部具一锁状联合，9~24 × 2~5 μm；拟担子占多数，形状与担子类似，比担子稍小。担孢子长椭圆形至椭圆形，无色，薄壁，光滑，无拟糊精反应和淀粉质反应，无嗜蓝反应，(4.9~)5.2~6.2(~6.6) × (2.8~)3~3.4(~3.6) μm，平均长 L = 5.77 μm，平均宽 W = 3.12 μm，长宽比 Q = 1.72~1.88（n = 60/2）。

研究标本：云南：屏边县，大围山国家森林公园，2019 年 6 月 27 日，戴玉成 19869（BJFC 031543），戴玉成 19891（BJFC 031565）；西畴县，小桥沟林场，2019 年 6 月 29 日，戴玉成 19967（BJFC 031641）；武定县，狮子山保护区，2019 年 8 月 15 日，戴玉成 20363（BJFC 032031）；金平县，分水岭自然保护区，2019 年 8 月 18 日，戴玉成 20762（BJFC 032429）。

生境：生长在阔叶树上，引起木材褐色腐朽。
中国分布：云南。

世界分布：澳大利亚、中国等。

讨论：亚斑点澳洲波斯特孔菌主要特征是担子果一年生，具菌盖，覆瓦状叠生，新鲜时木栓质，干后木栓质至硬木质，担孢子长椭圆形至椭圆形（5.2~6.2 × 3~3.4 μm）。

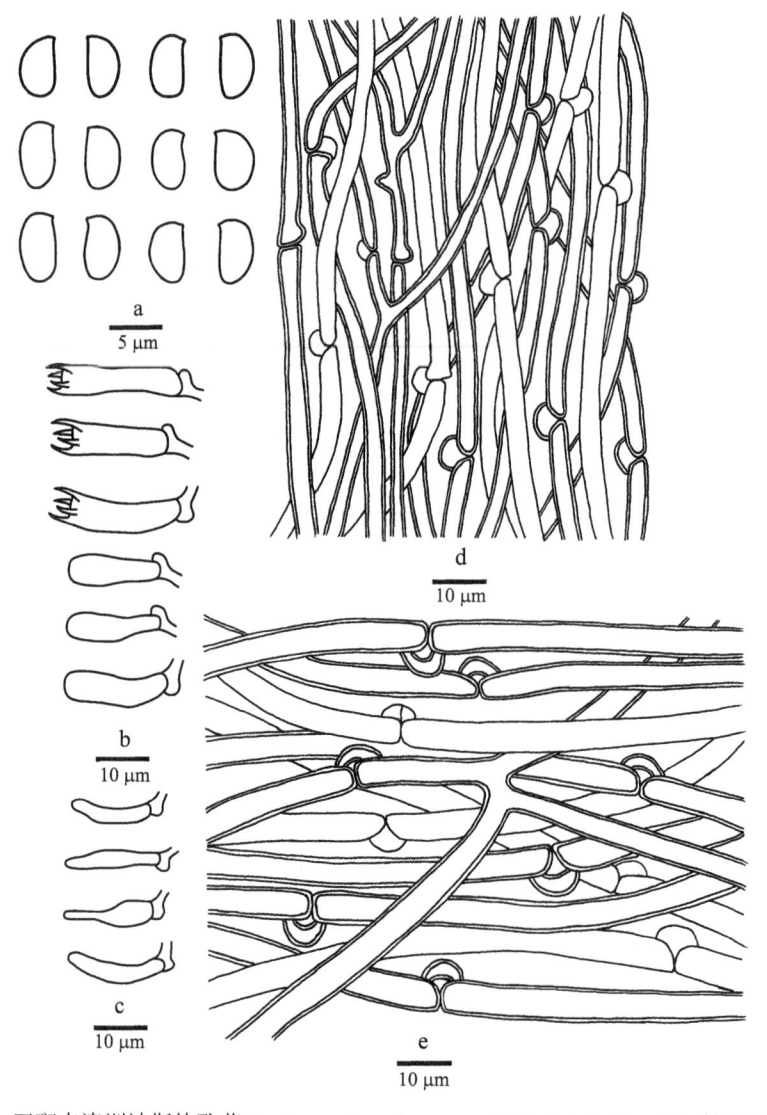

图 100 亚斑点澳洲波斯特孔菌 *Austropostia subpunctata* B.K. Cui & Shun Liu 的显微结构图
a. 担孢子；b. 担子和拟担子；c. 拟囊状体；d. 菌管菌丝；e. 菌肉菌丝

钙质波斯特孔菌属 Calcipostia B.K. Cui, L.L. Shen & Y.C. Dai
Persoonia 42: 111, 2019

担子果一年生，具菌盖，无柄盖形或具拟柄，单生或覆瓦状叠生，新鲜时肉质，干后变石灰质至硬纤维质，略有苦味；菌盖扇形至半圆形；菌盖表面新鲜时白色，干后淡黄色至浅褐色，粗糙，有圆形的油斑凹陷；孔口表面新鲜时白色，干后浅黄色；孔口圆形至角形；菌肉褐色，硬纤维质；菌管褐色，干后变为石灰质，易碎。菌丝系统单体系；生殖菌丝具锁状联合，无拟糊精反应和淀粉质反应，无嗜蓝反应；子实层中无囊状体，具拟囊状体；担孢子短圆柱形，无色，薄壁，光滑，无拟糊精反应和淀粉质反应，无嗜蓝反应。

模式种：Calcipostia guttulata (Sacc.) B.K. Cui, L.L. Shen & Y.C. Dai。
生境：常生长在针叶树上，引起木材褐色腐朽。
中国分布：吉林、黑龙江、云南、西藏等。
世界分布：欧洲，亚洲。
讨论：钙质波斯特孔菌属是新近建立的属，该属目前是单种属，只含有一个种。形态上，钙质波斯特孔菌属的主要特征是担子果一年生，盖形或具拟柄，新鲜时肉质，干后变石灰质至硬纤维质，略有苦味；菌肉褐色，硬纤维质；菌管褐色，干后变为石灰质，易碎；担孢子短圆柱形（Shen et al., 2019）。目前，该属有1种，中国分布1种。

油斑钙质波斯特孔菌 图101

Calcipostia guttulata (Sacc.) B.K. Cui, L.L. Shen & Y.C. Dai, Persoonia 42: 112, 2019.
Tyromyces guttulatus (Sacc.) Murrill, N. Amer. Fl. (New York) 9(1): 31, 1907.
Spongiporus guttulatus (Sacc.) A. David, Bull. Mens. Soc. Linn. Lyon 49(1): 17, 1980.
Postia guttulata (Sacc.) Jülich, Persoonia 11(4): 423, 1982.
Oligoporus guttulatus (Sacc.) Gilb. & Ryvarden, Mycotaxon 22(2): 365, 1985.
Ptychogaster rubescens sensu auct.; fide Checklist of Basidiomycota of Great Britain and Ireland, 2005.
Polyporus maculatus Peck, Ann. Rep. N.Y. St. Mus. Nat. Hist. 26: 69, 1874.
Polyporus guttulatus Sacc., Syll. Fung. (Abellini) 6: 106, 1888.
Tyromyces tiliophilus Murrill [as '*tiliophila*'], N. Amer. Fl. (New York) 9(1): 33, 1907.
Polyporus tiliophilus (Murrill) Sacc. & Trotter, Syll. Fung. (Abellini) 21: 281, 1912.
Tyromyces substipitatus Murrill, Mycologia 4(2): 96, 1912.
Polyporus substipitatus (Murrill) Murrill, Mycologia 4(4): 217, 1912.
Polyporus grantii Lloyd, Mycol. Writ. 5: 763, 1918.

子实体：担子果一年生，无柄盖形或具拟柄状基部，单生或覆瓦状丛生，新鲜时肉质，干后变为石灰质至硬纤维质，有苦味，重量变轻；菌盖半圆形，大而肥厚，单个菌盖长可达14 cm，宽可达10 cm，中部厚可达30 mm；菌盖表面新鲜时白色，有环形的沟纹及圆形的油斑，干后淡黄色至浅褐色，粗糙，有圆形的油斑凹陷；边缘较钝，颜色较菌盖表面深；孔口表面新鲜时白色，干后褐色；不育边缘不明显；孔口圆形至角形，每毫米3~6个；管口边缘薄，全缘至撕裂状；菌肉浅褐色，硬纤维质，厚约25 mm；菌管深褐色，石灰质，长可达5 mm。

显微结构：菌丝系统单体系；生殖菌丝具有锁状联合，无拟糊精反应和淀粉质反应，无嗜蓝反应；菌丝组织在KOH试剂中无变化。菌肉中生殖菌丝无色，稍厚壁，很少分枝，直径为4~6 µm。菌管中生殖菌丝无色，薄壁至稍厚壁，常具分枝，直径为2~4 µm。子实层中无囊状体，具拟囊状体，纺锤形，薄壁，光滑，16~19 × 3~4 µm。担子棒棒状，着生 4 个担孢子梗，基部具一锁状联合，14~16.5 × 4~5 μm；拟担子占多数，形状与担子类似，比担子稍小。担孢子短圆柱形，无色，薄壁，光滑，无拟糊精反应和淀粉质反应，无嗜蓝反应，(2.9~)3~4(~4.2) × (1.5~)1.8~2.3(~2.5) μm，平均长 L = 3.81 μm，平均宽 W = 1.96 μm，长宽比 Q = 1.75~1.83 (n = 60/2)。

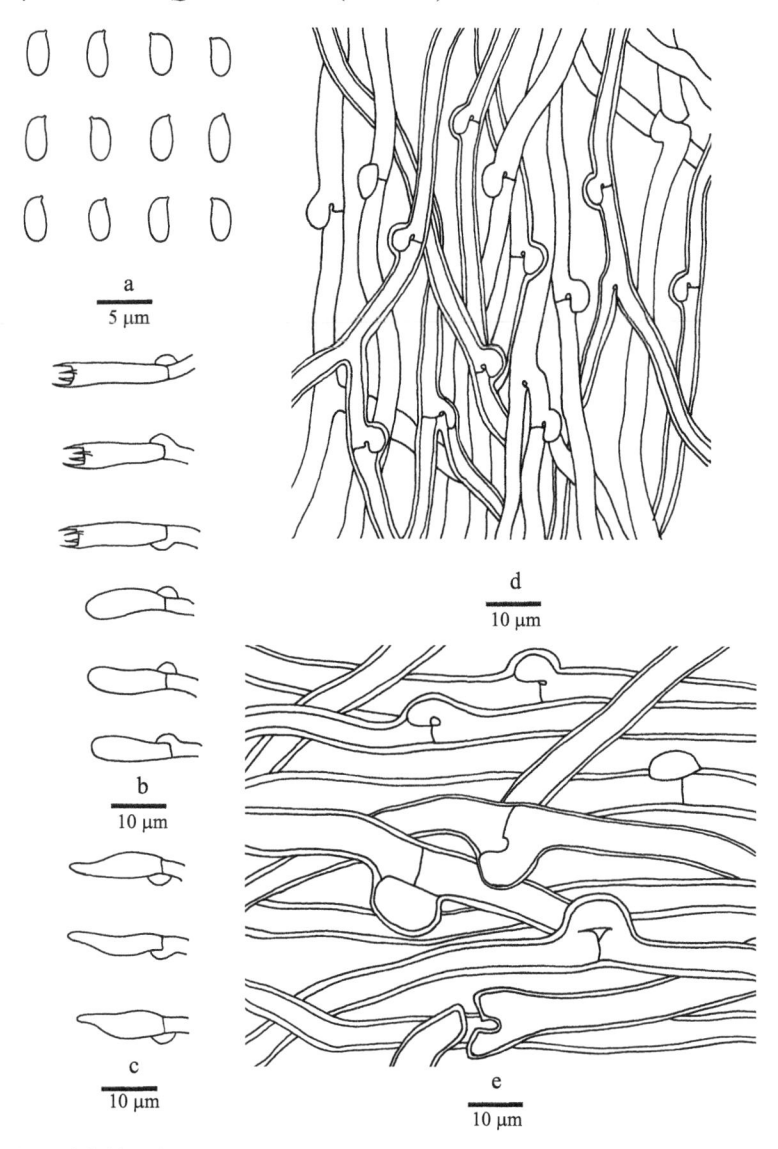

图 101　油斑钙质波斯特孔菌 *Calcipostia guttulata* (Sacc.) B.K. Cui, L.L. Shen & Y.C. Dai 的显微结构图
a. 担孢子；b. 担子和拟担子；c. 拟囊状体；d. 菌管菌丝；e. 菌肉菌丝

研究标本：吉林：长白山自然保护区，2011 年 8 月 9 日，崔宝凯 10018（BJFC 010911），崔宝凯 10028（BJFC 010921）。黑龙江：汤原县，大亮子河自然保护区，2014 年 8 月 25 日，崔宝凯 11424（BJFC 016666）。云南：兰坪县，通甸镇，罗古箐，2017 年 9 月 19 日，崔宝凯 16274（BJFC 029573）；2018 年 9 月 18 日，崔宝凯 17150（BJFC 030450）。西藏：林芝，2010 年 9 月 18 日，崔宝凯 9444（BJFC 008382）；

波密县，2021 年 10 月 24 日，戴玉成 23411（BJFC 038013）。

生境：常生长在针叶树上，引起木材褐色腐朽。

中国分布：吉林、黑龙江、云南、西藏等。

世界分布：分布于欧洲、亚洲的中北部，如芬兰、波兰、中国等。

讨论：油斑钙质波斯特孔菌的主要特征是具有大而肥厚、干后变为石灰质的子实体，菌盖表面具有圆形油斑，菌肉菌管干后呈褐色，略有苦味（Ryvarden and Melo, 2014）。调查发现，油斑钙质波斯特孔菌在我国东北地区和西南地区有分布，常生长在针叶树上（Shen et al., 2019）。

灰蓝孔菌属 Cyanosporus McGinty

Mycol. Notes (Cincinnati) 33: 436, 1909

担子果一年生，盖形或平伏至反转，单生，新鲜时柔软至软木栓质，干后木栓质至易碎，重量变轻；菌盖扁平，扇形至半圆形或不规则状；菌盖表面新鲜时白色、奶油色、黄色至浅灰色，通常带蓝色，干后变为奶油色、灰色至灰褐色，光滑或被短绒毛至多毛；孔口表面白色至奶油色；孔口圆形至角形；菌肉白色至奶油色，木栓质；菌管常与孔口表面同色，木栓质至易碎。菌丝系统单体系；生殖菌丝具锁状联合，无拟糊精反应和淀粉质反应，无嗜蓝反应；子实层中无囊状体，具拟囊状体；担孢子多数为腊肠形，部分圆柱形，无色，薄壁，光滑，无拟糊精反应和淀粉质反应，无嗜蓝反应。

模式种：*Cyanosporus caesius* (Schrad.) McGinty。

生境：广泛分布，生长在针叶树与阔叶树上，引起木材褐色腐朽。

中国分布：全国广泛分布。

世界分布：世界各地广泛分布。

讨论：灰蓝孔菌属由 McGinty（1909）提出，以灰蓝多孔菌 *Polyporus caesius* (Schrad.) Fr.为模式种，基于其具有嗜蓝反应的孢子（McGinty，1909），但是该属在之后的研究中很少被接受（Donk，1960；Jahn，1963；Lowe，1975）。随后，灰蓝波斯特孔菌复合群 *Postia caesia* complex 被广泛应用（Țura et al., 2008；Papp，2014；Miettinen et al., 2018）。Shen 等（2019）对波斯特孔菌属及其近缘属进行了一个系统性的研究，灰蓝孔菌属被证明是一个独立的属，并包含灰蓝波斯特孔菌复合群。Liu 等（2021b，2022b）研究了灰蓝孔菌属的物种多样性和分子系统发育关系，再次证明该属的独立位置，并发表了多个新种，极大地丰富了该属的物种多样性。灰蓝盖灰蓝孔菌 *Cyanosporus glaucus* (Spirin & Miettinen) B.K. Cui & Shun Liu 和相似灰蓝孔菌 *Cyanosporus simulans* (P. Karst.) B.K. Cui & Shun Liu 在中国有报道（Miettinen et al., 2018），但由于笔者未获得标本，故没有对其进行描述。目前，该属有 35 种，中国分布 23 种，本志描述了 21 种。

中国灰蓝孔菌属分种检索表

1. 担子果不具灰蓝色调 ··· 2
1. 担子果具灰蓝色调 ··· 5
   2. 担子果干后硬木栓质至硬质 ······························· **硬灰蓝孔菌 *C. rigidus***

2. 担子果干后软木栓质、木栓质至易碎 ··· 3
3. 担子果黄色 ·· 黄灰蓝孔菌 *C. auricomus*
3. 担子果白色至奶油色 ·· 4
　　4. 担子果厚 1.5 cm；担孢子 4.3~4.8 × 1.2~1.7 μm ·············· 黄白盖灰蓝孔菌 *C. bubalinus*
　　4. 担子果厚 0.4 cm；担孢子 4.7~6 × 1.3~2 μm ······················· 薄灰蓝孔菌 *C. tenuis*
5. 菌盖表面光滑 ··· 6
5. 菌盖表面具绒毛或长硬毛 ·· 7
　　6. 担子果蹄形 ··· 蹄形灰蓝孔菌 *C. ungulatus*
　　6. 担子果扇形至贝壳形 ·· 杨生灰蓝孔菌 *C. populi*
7. 菌肉厚小于 1 mm ·· 薄肉灰蓝孔菌 *C. tenuicontextus*
7. 菌肉厚大于 1 mm ·· 8
　　8. 菌盖表面具长硬毛 ·· 9
　　8. 菌盖表面具绒毛 ·· 11
9. 孔口每毫米少于 4 个 ·· 亚毛盖灰蓝孔菌 *C. subhirsutus*
9. 孔口每毫米多于 4 个 ·· 10
　　10. 担孢子窄腊肠形，4.6~5.2 × 0.8~1.3 μm ························· 淡黄灰蓝孔菌 *C. flavus*
　　10. 担孢子圆柱形，4.1~4.7 × 1.2~1.5 μm ····························· 毛盖灰蓝孔菌 *C. hirsutus*
11. 孔口每毫米大多多于 6 个 ·· 12
11. 孔口每毫米大多少于 6 个 ·· 15
　　12. 只生长在针叶树上 ·· 双色灰蓝孔菌 *C. bifaria*
　　12. 只生长在阔叶树上 ·· 13
13. 担孢子薄壁，无嗜蓝反应 ·· 淡绿灰蓝孔菌 *C. coeruleivirens*
13. 担孢子稍薄壁，有嗜蓝反应 ·· 14
　　14. 担孢子 4.5~4.9 × 1~1.2 μm ······································· 小孔灰蓝孔菌 *C. microporus*
　　14. 担孢子 3.6~4.7 × 1~1.3 μm ·································· 亚小孔灰蓝孔菌 *C. submicroporus*
15. 子实层中有拟囊状体 ·· 梭囊体灰蓝孔菌 *C. fusiformis*
15. 子实层中无拟囊状体 ·· 16
　　16. 菌盖表面由白色、灰蓝色和灰褐色三色环区组成 ············· 三色灰蓝孔菌 *C. tricolor*
　　16. 菌盖表面无三色环区组成 ·· 17
17. 只生长在云杉上 ·· 云杉灰蓝孔菌 *C. piceicola*
17. 不生长在云杉上 ·· 18
　　18. 只生长在阔叶树上 ·· 赤杨灰蓝孔菌 *C. alni*
　　18. 既可以生长在阔叶树上也可以生长在针叶树上 ··· 19
19. 具有拟囊状体 ·· 毛灰蓝孔菌 *C. comatus*
19. 不具拟囊状体 ··· 20
　　20. 菌盖表面新鲜时白色至奶油色；担子 10~12.5 × 3.2~4 μm ·········· 大灰蓝孔菌 *C. magnus*
　　20. 菌盖表面新鲜时浅鼠灰色至灰色；担子 13.6~17.8 × 3~5.5 μm ··· 亚蹄形灰蓝孔菌 *C. subungulatus*

赤杨灰蓝孔菌　图 102

Cyanosporus alni (Niemelä & Vampola) B.K. Cui, L.L. Shen & Y.C. Dai, Persoonia 42: 112, 2019.

Postia alni Niemelä & Vampola, Karstenia 41(1): 7, 2001.

Oligoporus alni (Niemelä & Vampola) Piątek, Polish Bot. J. 48(1): 17, 2003.

子实体：担子果一年生，平伏反转或具盖形，单生，新鲜时松软多汁，干后木栓质至脆革质，重量变轻；菌盖半圆形，单个菌盖长可达 1.5 cm，宽可达 2 cm，中部厚可达 8 mm；菌盖表面新鲜时白色至奶油色，被短绒毛，触摸后变蓝，干后淡黄色；边缘较钝，颜色同菌盖表面，些微内卷；孔口表面奶油色略带蓝色，干后浅黄色至灰褐色；不育边缘不明显；孔口圆形至角形，每毫米 5~6 个；管口边缘薄，全缘至撕裂状；菌肉浅黄色，木栓质，厚约 5 mm；菌管浅黄色至灰褐色，脆革质，长可达 3 mm。

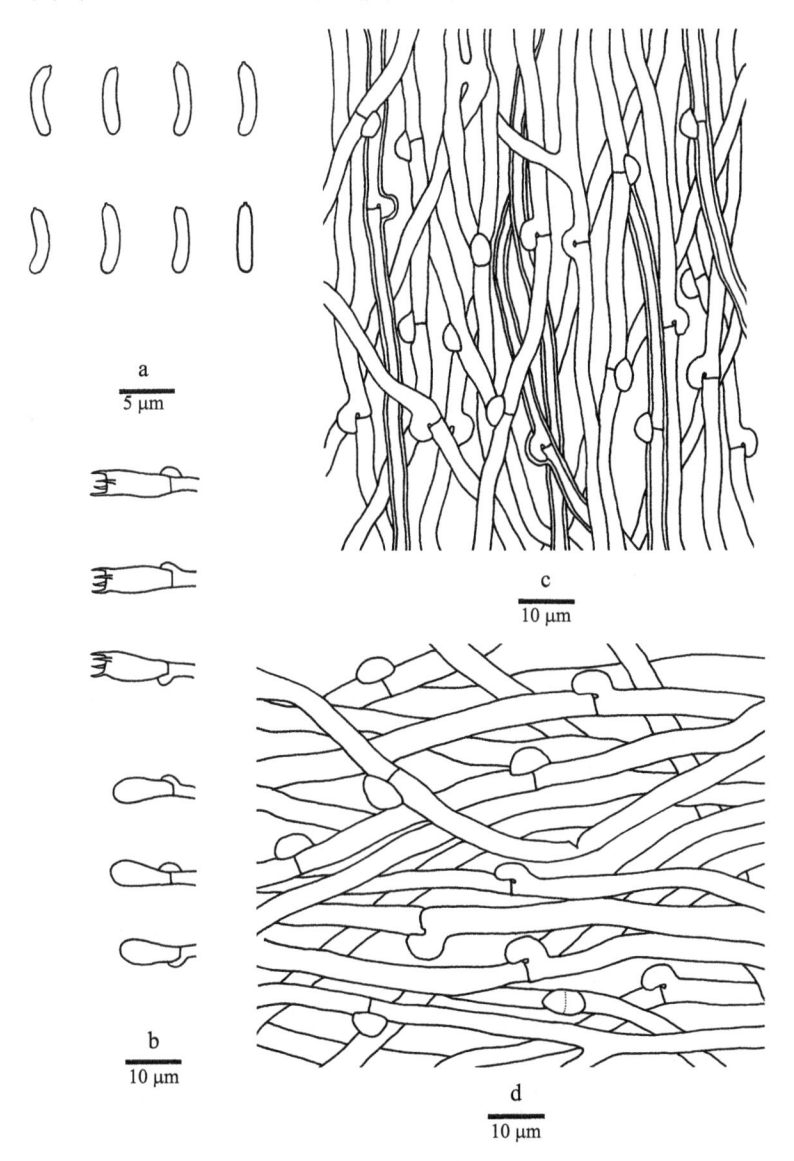

图 102　赤杨灰蓝孔菌 *Cyanosporus alni* (Niemelä & Vampola) B.K. Cui, L.L. Shen & Y.C. Dai 的显微结构图
a. 担孢子；b. 担子和拟担子；c. 菌管菌丝；d. 菌肉菌丝

显微结构：菌丝系统单体系；生殖菌丝具有锁状联合，无拟糊精反应和淀粉质反应，无嗜蓝反应；菌丝组织在 KOH 试剂中无变化。菌肉中生殖菌丝无色，薄壁，偶尔分枝，

直径为 3~5 μm。菌管中生殖菌丝无色，薄壁至稍厚壁，偶尔分枝，直径为 2~3 μm。子实层中无囊状体及其他不育结构。担子棍棒状，着生 4 个担孢子梗，基部具一锁状联合，12~14 × 3~4 μm；拟担子占多数，形状与担子类似，比担子稍小。担孢子腊肠形，无色，稍厚壁，光滑，无拟糊精反应和淀粉质反应，有弱嗜蓝反应，(4.3~)4.5~6(~6.2) × 1~1.5(~1.6) μm，平均长 L = 5.23 μm，平均宽 W = 1.27 μm，长宽比 Q = 4.17~4.35 (n = 60/2)。

研究标本：河北：兴隆县，雾灵山自然保护区，2009 年 8 月 29 日，崔宝凯 7183（BJFC 005670），崔宝凯 7185（BJFC 005672）。贵州：宽阔水保护区，2014 年 9 月 26 日，戴玉成 15043（BJFC 018156），戴玉成 15060（BJFC 018172）。

生境：多生长于阔叶树如杨树、山毛榉、椴树等倒木，引起木材褐色腐朽。

中国分布：河北、贵州。

世界分布：广泛分布于芬兰、瑞典、波兰、捷克、美国、中国等。

讨论：赤杨灰蓝孔菌的主要特征是菌盖触摸后变蓝，孔口表面带蓝色，担孢子稍厚壁，在棉蓝试剂中弱嗜蓝，生长在阔叶树倒木上。调查发现，赤杨灰蓝孔菌在我国河北和贵州有分布，常生长在阔叶树上（Liu et al., 2022b）。

黄灰蓝孔菌　图 103

Cyanosporus auricomus (Spirin & Niemelä) B.K. Cui & Shun Liu, Front. Microbiol. 12(631166): 16, 2021. Liu et al., Front. Microbiol. 12(631166): 16, 2021.

Postia auricoma Spirin & Niemelä, Fungal Syst. Evol. 1: 115, 2018.

Cyanosporus mongolicus B.K. Cui, L.L. Shen & Y.C. Dai, Persoonia 42: 115, 2019.

子实体：担子果一年生，具菌盖或平伏至反转，不易与基质分离，新鲜时柔软，干后木栓质至易碎，重量变轻；单个菌盖长可达 2.5 cm，宽可达 4 cm，中部厚可达 8 mm；平伏担子果长可达 4 cm，宽可达 3 cm，厚约 4 mm；菌盖表面新鲜时白色至奶油色，被多毛，干后变成灰褐色；边缘锐，新鲜时白色，干后变为暗黑色，内卷；孔口表面新鲜时白色至奶油色，干后灰褐色略带蓝色；不育边缘宽达 2 mm，新鲜时白色，干后深褐色；孔口多角形，每毫米 3~4 个，管口边缘薄，全缘至撕裂状；菌肉白色，木栓质，厚约 5 mm；菌管鼠灰色略发蓝，易碎，长可达 3 mm。

显微结构：菌丝系统单体系；生殖菌丝具有锁状联合，无拟糊精反应和淀粉质反应，无嗜蓝反应；菌丝组织在 KOH 试剂中无变化。菌肉中生殖菌丝无色，稍厚壁，常具分枝，直径为 3.5~5 μm。菌管中生殖菌丝无色，稍厚壁，常具分枝，直径为 2~5 μm。子实层中有胶化囊状体，从梨形至宽棍棒形，样式多变，薄壁，光滑，在棉蓝试剂中呈深蓝色，在 Melzer 试剂中呈亮黄色，20~30 × 5~8 μm；拟囊状体纺锤形，薄壁，光滑，21~25 × 2~3 μm。担子棍棒状，着生 4 个担孢子梗，基部具一锁状联合，12~14 × 5~7 μm；拟担子占多数，形状与担子类似，比担子稍小。担孢子圆柱状至腊肠形，无色，稍厚壁，光滑，无拟糊精反应和淀粉质反应，弱嗜蓝反应，(4~)4.5~5(~5.5) × 1.5~1.9(~2) μm，平均长 L = 4.94 μm，平均宽 W = 1.74 μm，长宽比 Q = 2.77~2.85 (n = 60/2)。

研究标本：内蒙古：呼伦贝尔市，红花尔基樟子松国家森林公园，2015 年 10 月 19 日，崔宝凯 13518（BJFC），崔宝凯 13519（BJFC）。

生境：生长于松树倒木上，引起木材褐色腐朽。

中国分布：内蒙古。

世界分布：芬兰、波兰、俄罗斯、中国。

讨论：黄灰蓝孔菌的形态特征是具有平伏至反转的子实体，灰蓝色的孔口表面，子实层中有胶化囊状体及薄壁的拟囊状体，圆柱形至腊肠形的担孢子。调查发现，黄灰蓝孔菌在我国内蒙古有分布，常生长在针叶树上（Liu et al.，2022b）。

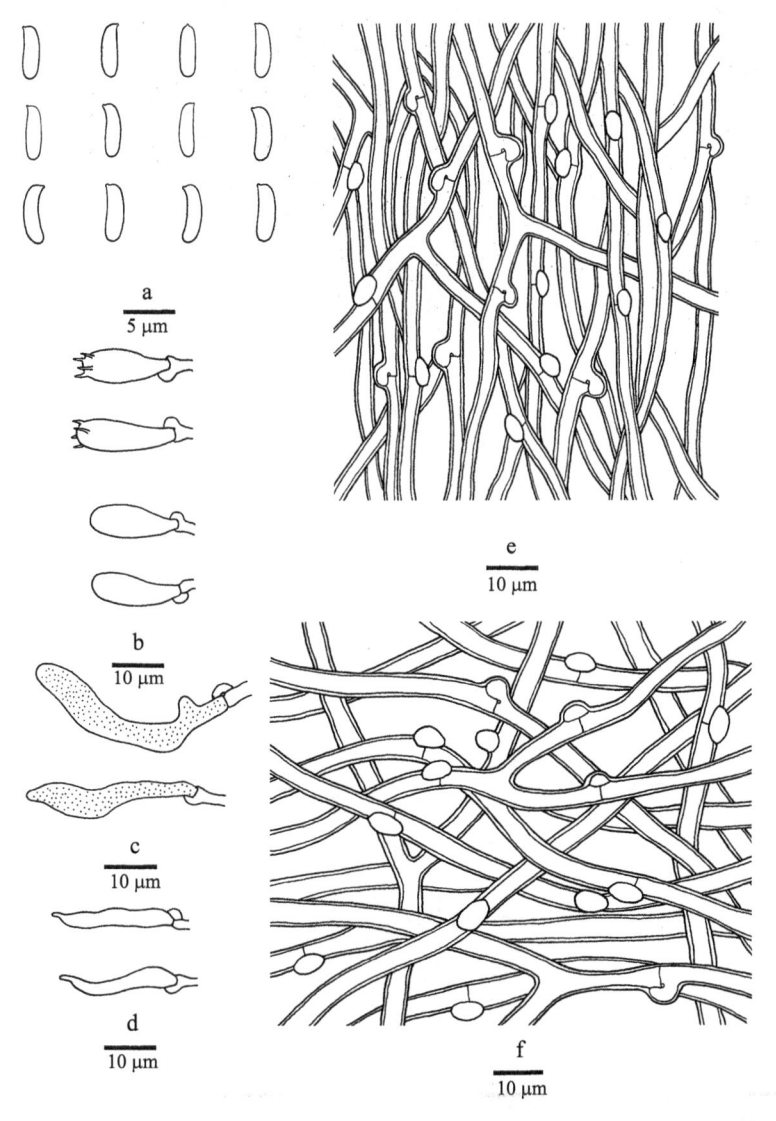

图 103 黄灰蓝孔菌 *Cyanosporus auricomus* (Spirin & Niemelä) B.K. Cui & Shun Liu 的显微结构图
　　a. 担孢子；b. 担子和拟担子；c. 胶化囊状体；d. 拟囊状体；e. 菌管菌丝；f. 菌肉菌丝

双色灰蓝孔菌　图 104

Cyanosporus bifaria (Spirin) B.K. Cui & Shun Liu, Front. Microbiol. 12(631166): 16, 2021.

Postia bifaria Spirin, Fungal Syst. Evol. 1: 115, 2018.

子实体：担子果一年生，具菌盖，单生，新鲜时软木栓质，干后木栓质至易碎，重量变轻；菌盖贝壳形，单个菌盖长可达 5 cm，宽可达 4 cm，中部厚可达 8 mm；菌盖表面新鲜时浅灰色，干后赭色，被有绒毛；边缘较钝，新鲜时奶油色，干后变为浅黄色；孔口表面新鲜时白色至奶油色，干后呈黄色；不育边缘宽达 1 mm，颜色较孔口表面浅；孔口圆形至多角形，每毫米 6~8 个；管口边缘稍厚，全缘至撕裂状；菌肉白色至奶油色，木栓质至易碎，厚约 4 mm；菌管奶油色至浅灰色，木栓质至易碎，长可达 3 mm。

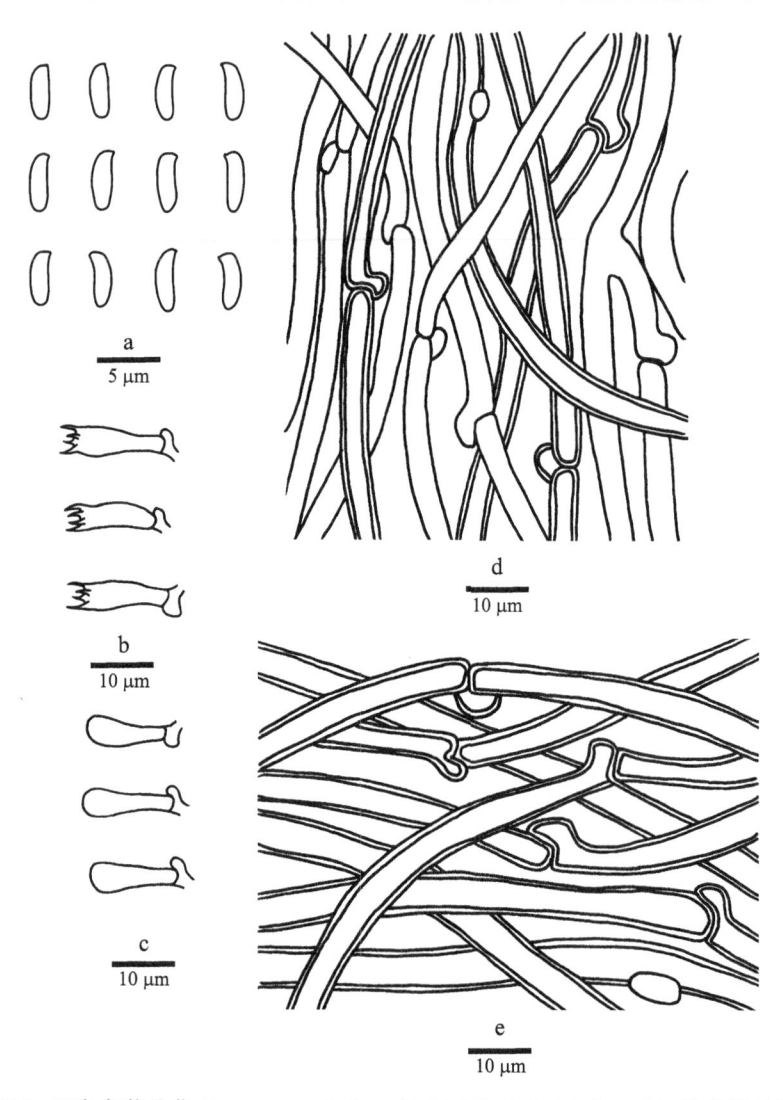

图 104 双色灰蓝孔菌 *Cyanosporus bifaria* (Spirin) B.K. Cui & Shun Liu 的显微结构图
a. 担孢子；b. 担子；c. 拟担子；d. 菌管菌丝；e. 菌肉菌丝

显微结构：菌丝系统单体系；生殖菌丝具有锁状联合，无拟糊精反应和淀粉质反应，无嗜蓝反应；菌丝组织在 KOH 试剂中无变化。菌肉中生殖菌丝无色，稍厚壁，很少分枝，直径为 4~7 μm。菌管中生殖菌丝无色，薄壁至稍厚壁，偶尔分枝，直径为 2.5~3.8 μm。子实层中无囊状体及其他不育结构。担子棒棒状，着生 4 个担孢子梗，基部具一锁状联合，9.8~14.8 × 3.4~4.5 μm；拟担子占多数，形状与担子类似，比担子稍小。

担孢子腊肠形，无色，薄壁，光滑，无拟糊精反应和淀粉质反应，无嗜蓝反应，(3.6~)3.7~4.4(~5.2) × 1.0~1.2(~1.3) μm，平均长 L = 4.1 μm，平均宽 W = 1.14 μm，长宽比 Q = 3.55~3.63 (n = 60/2)。

研究标本：四川：乡城县，2019 年 8 月 12 日，崔宝凯 17445（BJFC 034304）；昭觉县，2019 年 9 月 16 日，崔宝凯 17806（BJFC 034665）。

生境：常生长在针叶树上，尤喜松树，引起木材褐色腐朽。

中国分布：吉林、四川。

世界分布：俄罗斯、日本、中国等。

讨论：形态上，双色灰蓝孔菌与灰蓝盖灰蓝孔菌相似，两者主要生长在针叶树上，最主要的区别是担孢子的大小，双色灰蓝孔菌担孢子平均大小为 4.1 × 1.14 μm，灰蓝盖灰蓝孔菌担孢子平均大小为 4.64 × 1.27 μm。调查发现，双色灰蓝孔菌在我国吉林和四川有分布，常生长在针叶树上（Liu et al.，2022b）。

黄白盖灰蓝孔菌　图 105

Cyanosporus bubalinus B.K. Cui & Shun Liu, Front. Microbiol. 12(631166): 5, 2021.

子实体：担子果一年生，无柄盖形，单生，新鲜时柔软多汁，干燥后软木栓质至易碎，重量变轻；菌盖贝壳形，单个菌盖长可达 2.5 cm，宽可达 3.5 cm，中部厚可达 15 mm；菌盖表面新鲜时白色至奶油色，被细绒毛，干燥后奶油色至浅黄色；边缘锐；孔口表面新鲜时白色至奶油色，干燥后稻草黄色至浅黄色；不育边缘狭窄至几乎缺失；孔口圆形至多角形，每毫米 5~8 个；管口边缘薄，全缘至撕裂状；菌肉白色，木栓质，厚约 12 mm；菌管奶油色，易碎，长可达 5 mm。

显微结构：菌丝系统单体系；生殖菌丝具有锁状联合，无拟糊精反应和淀粉质反应，无嗜蓝反应；菌丝组织在 KOH 试剂中无变化。菌肉中生殖菌丝无色，稍厚壁，偶尔分枝，直径为 2.5~7.3 μm。菌管中生殖菌丝无色，薄壁至稍厚壁，偶尔分枝，直径为 2~4.2 μm。子实层中无囊状体，具拟囊状体，纺锤形，薄壁，光滑，13.3~23.4 × 2.9~4.2 μm。担子棍棒状，着生 4 个担孢子梗，基部具一锁状联合，11.6~19.8 × 4.3~5.6 μm；拟担子占多数，形状与担子类似，比担子稍小。担孢子圆柱形，无色，薄壁至稍厚壁，光滑，无拟糊精反应和淀粉质反应，无嗜蓝反应，(4.2~)4.3~4.8 × 1.2~1.7(~1.8) μm，平均长 L = 4.65 μm，平均宽 W = 1.55 μm，长宽比 Q = 2.98~3.09 (n = 60/2)。

研究标本：云南：宾川县，鸡足山，2018 年 9 月 14 日，崔宝凯 16985（BJFC 030284，模式标本），崔宝凯 16976（BJFC 030275）。

生境：生长在阔叶树上，引起木材褐色腐朽。

中国分布：云南。

世界分布：中国。

讨论：黄白盖灰蓝孔菌主要特征是菌盖新鲜时被绒毛，白色至奶油色，干燥后奶油色至粉黄色，孔口表面新鲜时白色至奶油色，干燥后稻草黄色至浅黄色，孔口圆形至多角形，每毫米 5~8 个（Liu et al.，2021b）。

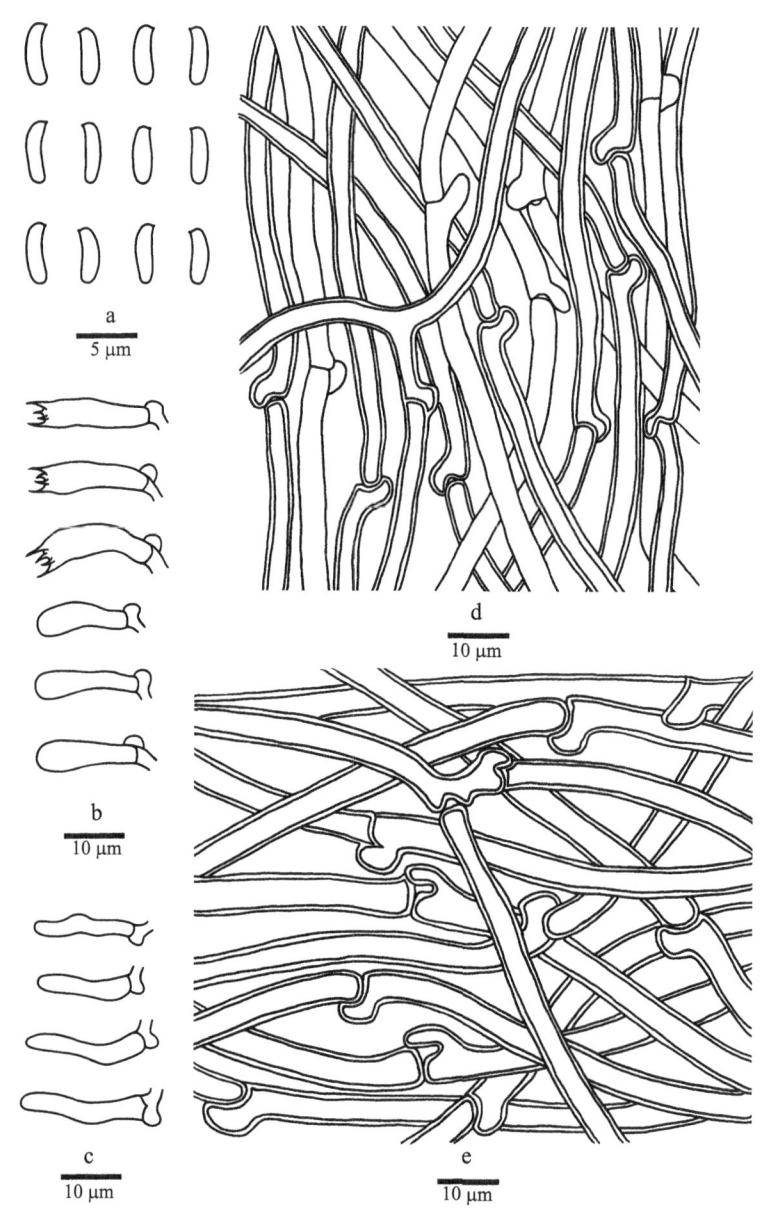

图 105 黄白盖灰蓝孔菌 Cyanosporus bubalinus B.K. Cui & Shun Liu 的显微结构图
a. 担孢子；b. 担子和拟担子；c. 拟囊状体；d. 菌管菌丝；e. 菌肉菌丝

淡绿灰蓝孔菌　图 106

Cyanosporus coeruleivirens (Corner) B.K. Cui, Shun Liu & Y.C. Dai, Front. Microbiol. 12(631166): 18, 2021.

Postia coeruleivirens (Corner) V. Papp, Mycotaxon 129(2): 411, 2015.

Tyromyces coeruleivirens Corner, Beih. Nova Hedwigia 96: 163, 1989.

子实体：担子果一年生，平伏反转至具盖形，新鲜时软木栓质，干后木栓质，重量变轻；菌盖贝壳状，单个菌盖长可达 4 cm，宽可达 3 cm，中部厚可达 8 mm；菌盖表面新鲜时奶油色，干后浅赭色，有时带有淡蓝色的斑点，被有短绒毛；孔口表面新鲜时白色至奶油色，干后浅灰色至略带有灰蓝色；不育边缘不明显或几乎不存在；孔口圆形至多角形，每毫米 6~8 个；管口边缘稍厚，全缘至撕裂状；菌肉白色至奶油色，木栓质，厚约 5 mm；菌管白色至奶油色，木栓质，长可达 4 mm。

显微结构：菌丝系统单体系；生殖菌丝具有锁状联合，无拟糊精反应和淀粉质反应，无嗜蓝反应；菌丝组织在 KOH 试剂中无变化。菌肉中生殖菌丝无色，薄壁，常具分枝，直径为 3.6~6 µm。菌管中生殖菌丝无色，薄壁至稍厚壁，偶尔分枝，直径为 2.4~3.4 µm。子实层中无囊状体及其他不育结构。担子棍棒状，着生 4 个担孢子梗，基部具一锁状联合，8.8~13.5 × 3.3~4.3 µm；拟担子占多数，形状与担子类似，比担子稍小。担孢子腊肠形，无色，薄壁，光滑，无拟糊精反应和淀粉质反应，无嗜蓝反应，(3.6~)3.8~4.8(~5.2) × 1.0~1.3 µm，平均长 L = 4.23 µm，平均宽 W = 1.16 µm，长宽比 Q = 3.61~3.68 (n = 60/2)。

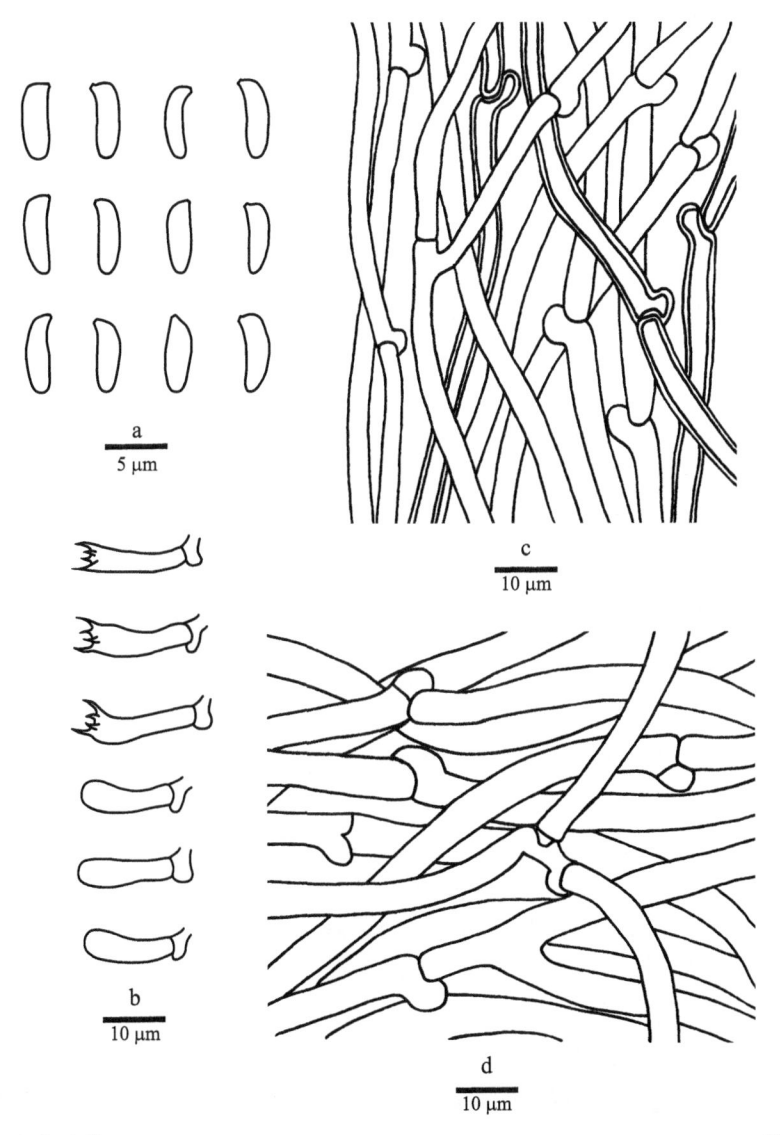

图 106　淡绿灰蓝孔菌 *Cyanosporus coeruleivirens* (Corner) B.K. Cui, Shun Liu & Y.C. Dai 的显微结构图
a. 担孢子；b. 担子和拟担子；c. 菌管菌丝；d. 菌肉菌丝

研究标本：浙江：杭州市，九溪森林公园，2010 年 10 月 17 日，戴玉成 11834（BJFC 008937）。湖南：常德市，河洑森林公园，2018 年 10 月 17 日，戴玉成 19220（BJFC 027687）。

生境：常生长在阔叶树上，引起木材褐色腐朽。

中国分布：吉林、浙江、湖南。

世界分布：俄罗斯、印度尼西亚、中国等。

讨论：淡绿灰蓝孔菌最初描述于婆罗洲（Corner，1989a），菌盖浅绿色，菌丝系统单体系，担孢子腊肠形，属于灰蓝波斯特孔菌复合群 *Postia caesia* complex（Hattori, 2002）。形态上，淡绿灰蓝孔菌和亚毛盖灰蓝孔菌均具一年生担子果，单体系菌丝系统和腊肠形担孢子，但是亚毛盖灰蓝孔菌具半圆形的菌盖，毛状且具环带的菌盖表面和较大的孔口（每毫米 2~3 个）（Shen et al., 2019）。调查发现，淡绿灰蓝孔菌在我国吉林、浙江和湖南有分布，常生长在阔叶树上（Liu et al., 2022b）。

毛灰蓝孔菌　图 107

Cyanosporus comatus (Miettinen) B.K. Cui & Shun Liu, Front. Microbiol. 12(631166): 18, 2021.

Postia comata Miettinen, Fungal Syst. Evol. 1: 118, 2018.

子实体：担子果一年生，平伏反转或具菌盖，单生，新鲜时软木栓质，干后木栓质，重量变轻；菌盖贝壳形，单个菌盖长可达 6 cm，宽可达 4 cm，中部厚可达 15 mm；菌盖表面新鲜时白色至奶油色，干后奶油色至浅赭色，被短绒毛；孔口表面新鲜时白色，干后呈浅灰色；不育边缘不明显或几乎不存在；孔口多角形，每毫米 4~6 个；管口边缘薄至稍厚，全缘至撕裂状；菌肉奶油色，木栓质，厚约 10 mm；菌管奶油色至浅灰色，木栓质，长可达 6 mm。

显微结构：菌丝系统单体系；生殖菌丝具有锁状联合，无拟糊精反应和淀粉质反应，无嗜蓝反应；菌丝组织在 KOH 试剂中无变化。菌肉中生殖菌丝无色，薄壁，很少分枝，直径为 4.2~5.3 μm。菌管中生殖菌丝无色，薄壁至稍厚壁，偶尔分枝，直径为 2.8~3.8 μm。子实层中无囊状体，具拟囊状体，纺锤形，薄壁，光滑，8.5~15.6 × 3.2~4.5 μm。担子棍棒状，着生 4 个担孢子梗，基部具一锁状联合，8.8~14.2 × 3.7~4.9 μm；拟担子占多数，形状与担子类似，比担子稍小。担孢子腊肠形，无色，薄壁，光滑，无拟糊精反应和淀粉质反应，无嗜蓝反应，(3.8~)4.1~4.9(~5.1) × 1.1~1.3 μm，平均长 L = 4.36 μm，平均宽 W = 1.21 μm，长宽比 Q = 3.58~3.63（n = 60/2）。

研究标本：四川：九寨沟县，2020 年 9 月 19 日，崔宝凯 18546（BJFC 035407）。西藏：芒康县，2020 年 9 月 8 日，崔宝凯 18388（BJFC 035247）。

生境：常生长在针叶树上，引起木材褐色腐朽。

中国分布：四川、西藏。

世界分布：美国、中国。

讨论：毛灰蓝孔菌最初描述于美国（Miettinen et al., 2018）。形态上，与灰蓝灰蓝孔菌 *Cyanosporus livens* (Miettinen & Vlasák) B.K. Cui & Shun Liu 相似，但是灰蓝灰蓝孔菌的担孢子偏大（4.1~5.7 × 1.1~1.5 μm）（Miettinen et al., 2018）。亲缘关系上，与

双色灰蓝孔菌相近，但双色灰蓝孔菌的孔口（每毫米 6~8 个）与担孢子均偏小（3.7~4.4 × 1.0~1.2 μm）（Miettinen et al., 2018）。调查发现，毛灰蓝孔菌在我国西南地区有分布，常生长在针叶树上（Liu et al., 2022b）。

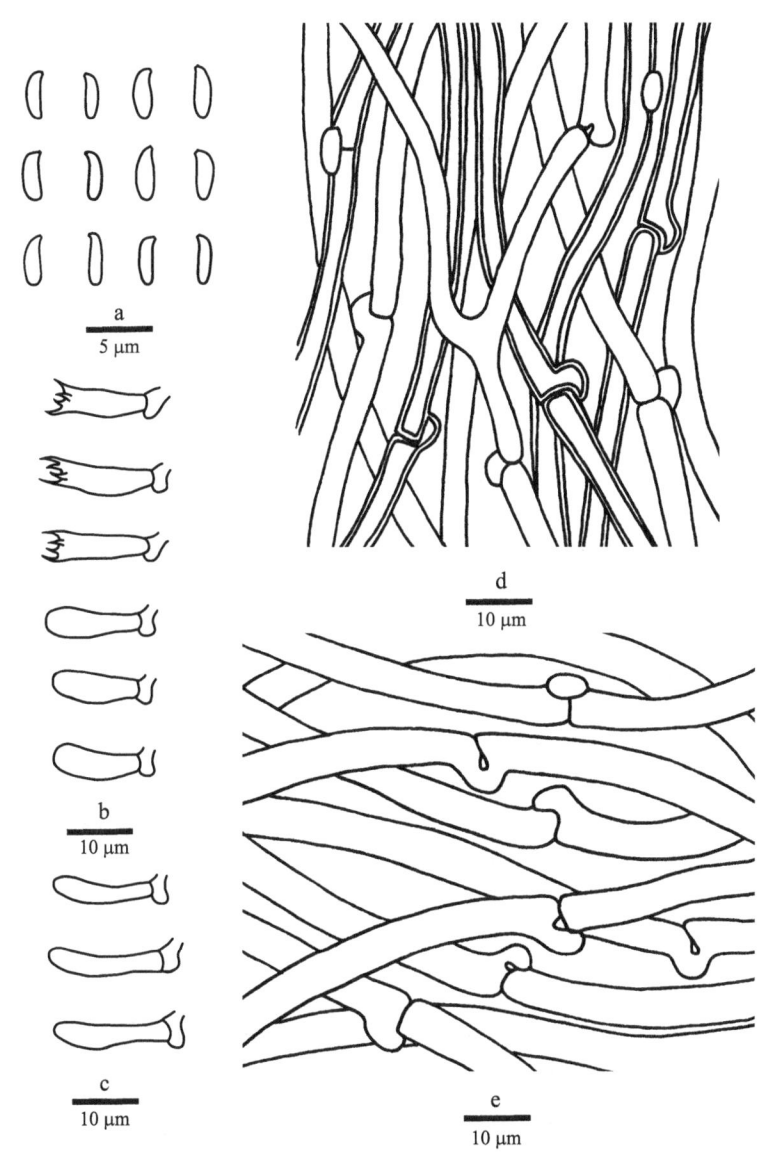

图 107 毛灰蓝孔菌 *Cyanosporus comatus* (Miettinen) B.K. Cui & Shun Liu 的显微结构图
a. 担孢子；b. 担子和拟担子；c. 拟囊状体；d. 菌管菌丝；e. 菌肉菌丝

淡黄灰蓝孔菌 图 108，图版 II 13

Cyanosporus flavus B.K. Cui & Shun Liu, MycoKeys 86: 28, 2022.

子实体：担子果一年生，具菌盖，单生，新鲜时柔软多水，干后木栓质至易碎；菌盖扇形至半圆形，单个菌盖长可达 3.2 cm，宽可达 5.7 cm，中部厚可达 8 mm；菌盖表面新鲜时灰色至浅酒石灰色，干后浅鼠灰色至鼠灰色，多毛；边缘锐至稍钝，新鲜时白色略带有蓝色斑点，干燥后浅橄榄色至灰棕色；孔口表面新鲜时白色，干燥后浅黄色至柠檬黄色；不育边缘窄至几乎缺失；孔口多角形，每毫米 5~7 个；管口边缘薄，全缘至撕裂状；菌肉白色至奶油色，软木栓质，厚约 6 mm；菌管浅鼠灰色至灰色，易碎，长可达 4 mm。

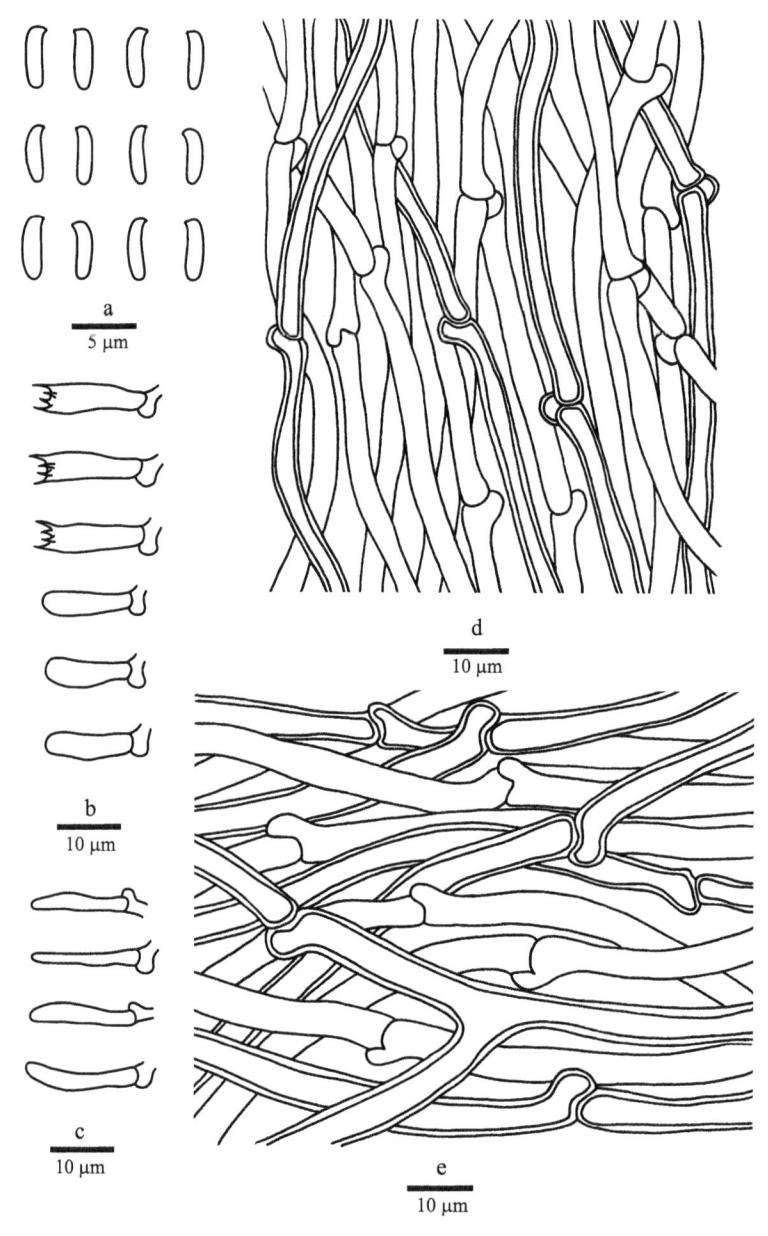

图 108　淡黄灰蓝孔菌 Cyanosporus flavus B.K. Cui & Shun Liu 的显微结构图
a. 担孢子；b. 担子和拟担子；c. 拟囊状体；d. 菌管菌丝；e. 菌肉菌丝

显微结构：菌丝系统单体系；生殖菌丝具有锁状联合，无拟糊精反应和淀粉质反应，无嗜蓝反应；菌丝组织在 KOH 试剂中无变化。菌肉中生殖菌丝无色，稍厚壁至厚壁，偶尔分枝，直径为 2.7~6.5 μm。菌管中生殖菌丝无色，稍厚壁至厚壁，偶尔分枝，直径为 2.2~4.7 μm。子实层中无囊状体，具拟囊状体，纺锤形，薄壁，光滑，12.3~17.8 × 2.2~3.5 μm。担子棍棒状，着生 4 个担孢子梗，基部具一锁状联合，13.2~16.5 × 3.2~5.5 μm；拟担子占多数，形状与担子类似，比担子稍小。担孢子腊肠形，无色，薄壁至稍厚壁，光滑，无拟糊精反应和淀粉质反应，无嗜蓝反应，4.6~5.2 × 0.8~1.3 μm，平均长 $L = 5$ μm，平均宽 $W = 0.99$ μm，长宽比 $Q = 4.96$~5.25 ($n = 60/2$)。

研究标本：四川：九寨沟县，2020 年 9 月 19 日，崔宝凯 18547（BJFC 035408，模式标本）；九寨沟县，九寨沟自然保护区，2020 年 9 月 20 日，崔宝凯 18562（BJFC 035423）。

生境：生长在针叶树上，引起木材褐色腐朽。

中国分布：四川。

世界分布：中国。

讨论：淡黄灰蓝孔菌的主要特征是新鲜时菌盖表面被有多毛，灰色至淡酒灰色，孔口表面干燥后浅黄色至柠檬黄色，担孢子腊肠形（4.6~5.2 × 0.8~1.3 μm）。

梭囊体灰蓝孔菌　图 109

Cyanosporus fusiformis B.K. Cui, L.L. Shen & Y.C. Dai, Persoonia 42: 112, 2019.

子实体：担子果一年生，盖形或平伏反转，单生或覆瓦状叠生，新鲜时软木栓质，干后硬木栓质至易碎，重量变轻；菌盖半圆形，单个菌盖长可达 1 cm，宽可达 1.2 cm，中部厚可达 3 mm；菌盖表面新鲜时白色至奶油色，在中心处稍带蓝色，被细绒毛，干后葡萄灰色至深灰色；边缘锐，颜色同菌盖表面；孔口表面白色，干后黄色至土黄色；不育边缘不明显或几乎不存在；孔口圆形，每毫米 4~5 个；管口边缘薄，全缘至撕裂状；菌肉白色，硬木栓质，厚约 2 mm；菌管白色，易碎，长可达 1 mm。

显微结构：菌丝系统单体系；生殖菌丝具有锁状联合，无拟糊精反应和淀粉质反应，无嗜蓝反应；菌丝组织在 KOH 试剂中无变化。菌肉中生殖菌丝无色，稍厚壁，很少分枝，直径为 3~5 μm。菌管中生殖菌丝无色，薄壁至稍厚壁，偶尔分枝，直径为 2~4 μm。子实层中无囊状体，具拟囊状体，梭形，薄壁，光滑，10~13 × 3~5 μm。担子棍棒状，着生 4 个担孢子梗，基部具一锁状联合，12~15 × 4.5~6 μm；拟担子占多数，形状与担子类似，比担子稍小。担孢子窄腊肠形，无色，薄壁，光滑，无拟糊精反应和淀粉质反应，无嗜蓝反应，4.5~5.2(~5.5) × 0.8~1.1 μm，平均长 $L = 5.01$ μm，平均宽 $W = 0.92$ μm，长宽比 $Q = 5.21$~5.45 ($n=60/2$)。

研究标本：四川：泸定县，海螺沟森林公园，2012 年 10 月 20 日，崔宝凯 10775（BJFC 013697）。贵州：宽阔水保护区，2014 年 9 月 26 日，戴玉成 15036（BJFC 018149，模式标本）。

生境：生长于阔叶树死树上，引起木材褐色腐朽。

中国分布：四川、贵州。

世界分布：中国。

讨论：梭囊体灰蓝孔菌的主要特征是具有很小的子实体，菌盖干后变为葡萄灰色至深灰色，子实层中有大量梭形拟囊状体，担孢子为极窄的腊肠形，这些特征使梭囊体灰蓝孔菌明显区别于其他种。

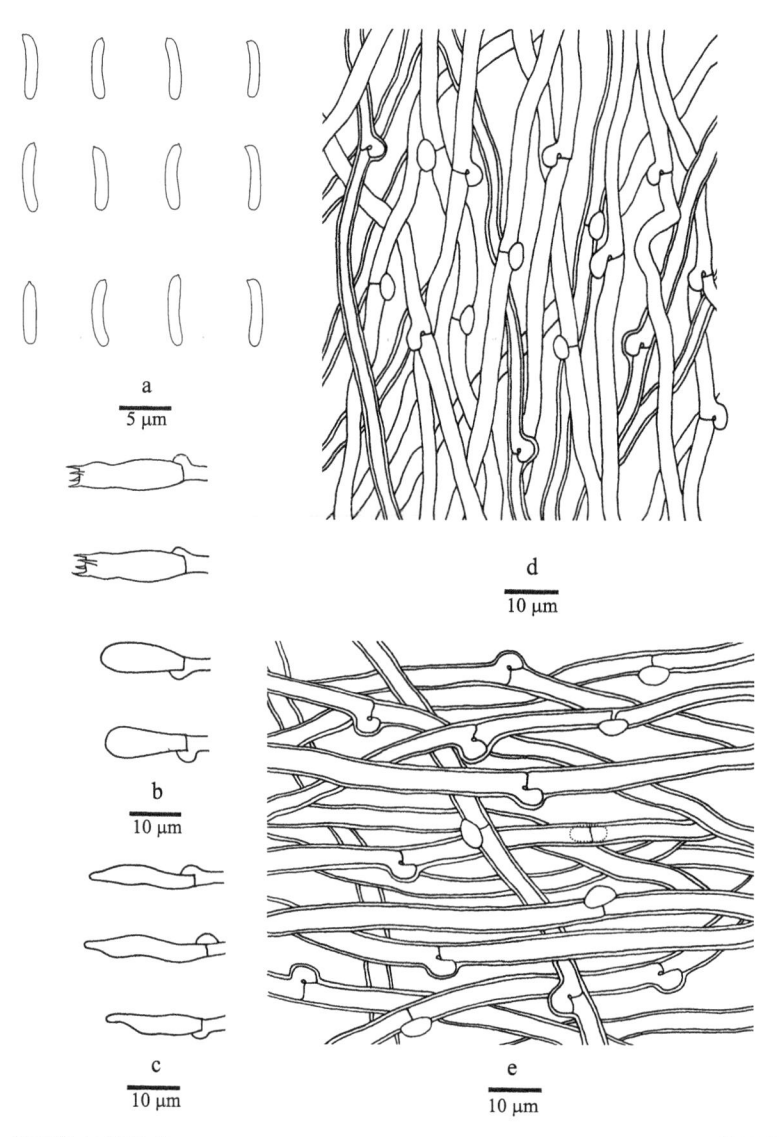

图 109　梭囊体灰蓝孔菌 Cyanosporus fusiformis B.K. Cui, L.L. Shen & Y.C. Dai 的显微结构图
a. 担孢子；b. 担子和拟担子；c. 拟囊状体；d. 菌管菌丝；e. 菌肉菌丝

毛盖灰蓝孔菌　图 110，图版 II 14

Cyanosporus hirsutus B.K. Cui & Shun Liu, Front. Microbiol. 12 (631166): 7, 2021.

子实体：担子果一年生，具菌盖，单生，新鲜时软木栓质，干后木栓质至易碎，重量变轻；菌盖扇形至半圆形，单个菌盖长可达 5.2 cm，宽可达 9.5 cm，中部厚可达 15 mm；菌盖表面新鲜时灰色至灰棕色，带有灰蓝色环带，干后灰色至灰棕色，被有明显长毛；边缘锐；孔口表面新鲜时奶油色，干后稻草黄色至橄榄黄色；不育边缘狭窄至几乎缺失；孔口多角形，每毫米 5~7 个；管口边缘薄，全缘；菌肉白色，软木栓质，厚约 9 mm；菌管奶油色，易碎，长可达 7 mm。

显微结构：菌丝系统单体系；生殖菌丝具有锁状联合，无拟糊精反应和淀粉质反应，无嗜蓝反应；菌丝组织在 KOH 试剂中无变化。菌肉中生殖菌丝无色，薄壁至稍厚壁，

常具分枝，直径为 2.7~8.2 μm。菌管中生殖菌丝无色，薄壁至稍厚壁，常具分枝，直径为 2~5 μm。子实层中无囊状体，具拟囊状体，纺锤形，薄壁，光滑，13.2~22.5 × 2.7~4.3 μm。担子棍棒状，着生 4 个担孢子梗，基部具一锁状联合，13.6~15.5 × 3.4~4.7 μm；拟担子占多数，形状与担子类似，比担子稍小。担孢子圆柱形，无色，薄壁，光滑，无拟糊精反应和淀粉质反应，无嗜蓝反应，4~4.7(~4.9) × (1~)1.2~1.5(~1.8) μm，平均长 L = 4.42 μm，平均宽 W = 1.33 μm，长宽比 Q = 3.18~3.52 (n = 90/3)。

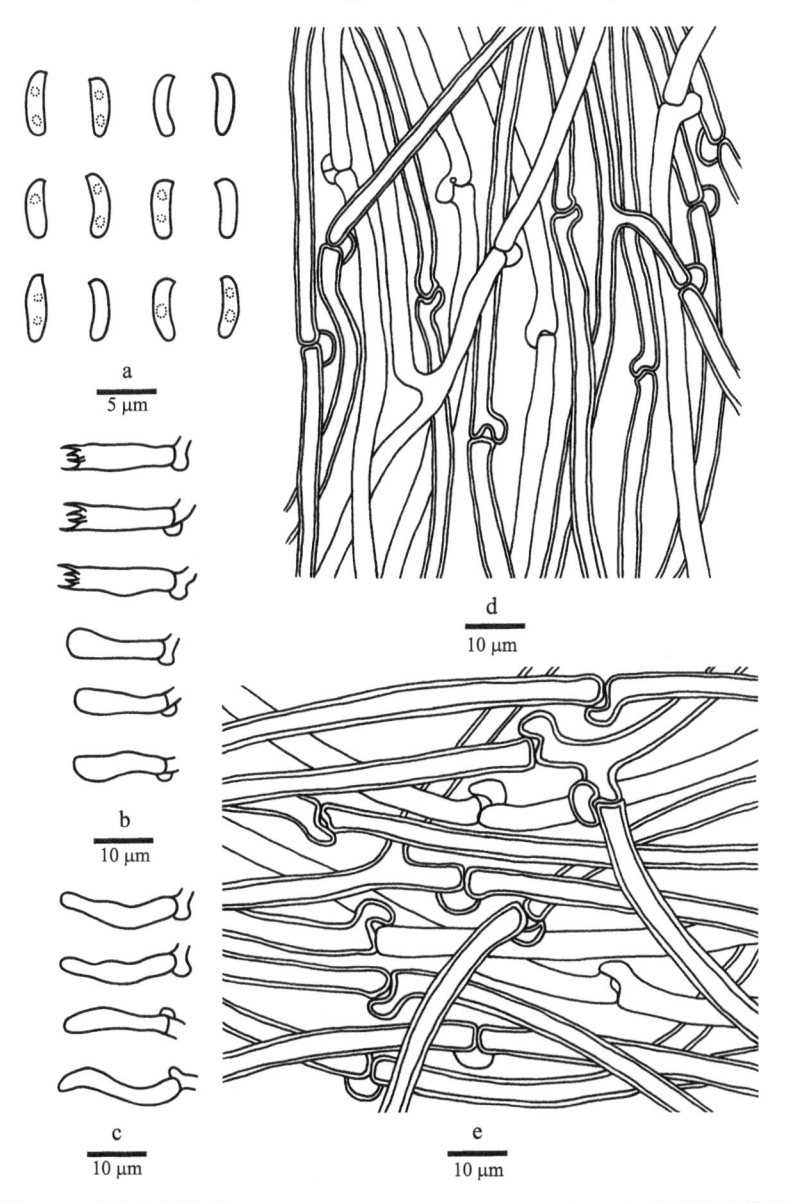

图 110　毛盖灰蓝孔菌 *Cyanosporus hirsutus* B.K. Cui & Shun Liu 的显微结构图
a. 担孢子；b. 担子和拟担子；c. 拟囊状体；d. 菌管菌丝；e. 菌肉菌丝

研究标本：四川：雅江县，2019 年 8 月 8 日，崔宝凯 17342（BJFC 034200），崔宝凯 17343（BJFC 034201）。云南：丽江市，玉龙雪山，2018 年 9 月 14 日，崔宝凯 17083

（BJFC 030382，模式标本），崔宝凯 17050（BJFC 030349），崔宝凯 17053（BJFC 030352），崔宝凯 17055（BJFC 030354），崔宝凯 17070（BJFC 030369），崔宝凯 17082（BJFC 030381）。西藏：林芝市，波密县，2021 年 10 月 26 日，戴玉成 23580（BJFC 038152）。

生境：生长在云杉上，引起木材褐色腐朽。

中国分布：四川、云南、西藏。

世界分布：中国。

讨论：毛盖灰蓝孔菌主要特征是菌盖扇形至半圆形，被多毛，灰色至浅灰棕色，担孢子圆柱形，稍弯曲（4~4.7 × 1.2~1.5 μm）。小孔灰蓝孔菌和亚毛盖灰蓝孔菌与毛盖灰蓝孔菌有着相似的形态特征，均具盖形子实体和蓝色色调的菌盖表面；但小孔灰蓝孔菌的孔口（每毫米 6~8 个）与担子较小（11~13.5 × 4~5 μm）；亚毛盖灰蓝孔菌的孔口较大（每毫米 2~3 个），担子较小（10~12 × 4~6 μm）（Shen et al.，2019）。

大灰蓝孔菌　图 111

Cyanosporus magnus (Miettinen) B.K. Cui & Shun Liu, Front. Microbiol. 12(631166): 19, 2021.

Postia magna Miettinen, Fungal Syst. Evol. 1: 121, 2018.

子实体：担子果一年生，平伏至反转或具菌盖，单生，新鲜时软木栓质，干后木栓质，重量变轻；菌盖贝壳形，单个菌盖长可达 8 cm，宽可达 6 cm，中部厚可达 15 mm；菌盖表面新鲜时白色至奶油色，干后奶油色至浅灰褐色，被绒毛；孔口表面新鲜时白色，干后奶油色至浅黄色；不育边缘不明显或几乎不存在；孔口圆形至多角形，每毫米 4~5 个；管口边缘薄，全缘至撕裂状；菌肉白色，木栓质，厚约 10 mm；菌管白色至浅灰色，具蓝色色调，木栓质，长可达 6 mm。

显微结构：菌丝系统单体系；生殖菌丝具有锁状联合，无拟糊精反应和淀粉质反应，无嗜蓝反应；菌丝组织在 KOH 试剂中无变化。菌肉中生殖菌丝无色，薄壁至稍厚壁，很少分枝，直径为 4.2~6 μm。菌管中生殖菌丝无色，薄壁至稍厚壁，偶尔分枝，直径为 2.2~3.3 μm。子实层中无囊状体及其他不育结构。担子棍棒状，着生 4 个担孢子梗，基部具一锁状联合，10~12.5 × 3.2~4 μm；拟担子占多数，形状与担子类似，比担子稍小。担孢子腊肠形，无色，薄壁，光滑，无拟糊精反应和淀粉质反应，无嗜蓝反应，3.6~4.4(~4.5) × 1.0~1.2 μm，平均长 L = 3.97 μm，平均宽 W = 1.13 μm，长宽比 Q = 3.49~3.53 (n = 60/2)。

研究标本：吉林：抚松县，露水河林场，2011 年 8 月 11 日，崔宝凯 10094（BJFC 010987）。海南：乐东县，尖峰岭自然保护区，2009 年 5 月 12 日，戴玉成 10854（BJFC 005096）。云南：宾川县，鸡足山公园，2018 年 9 月 14 日，崔宝凯 16983（BJFC 030282）。

生境：常生长在阔叶树上，引起木材褐色腐朽。

中国分布：吉林、海南、云南。

世界分布：韩国、中国。

讨论：大灰蓝孔菌由 Miettinen 等（2018）描述于中国吉林。形态上，大灰蓝孔菌与亚灰蓝孔菌 *Cyanosporus subcaesius* (A. David) B.K. Cui, L.L. Shen & Y.C. Dai、灰蓝灰

蓝孔菌都有较大体积的毛状担子果，但大灰蓝孔菌的担孢子偏小。调查发现，大灰蓝孔菌在我国吉林、海南和云南有分布，常生长在阔叶树上（Liu et al.，2022b）。

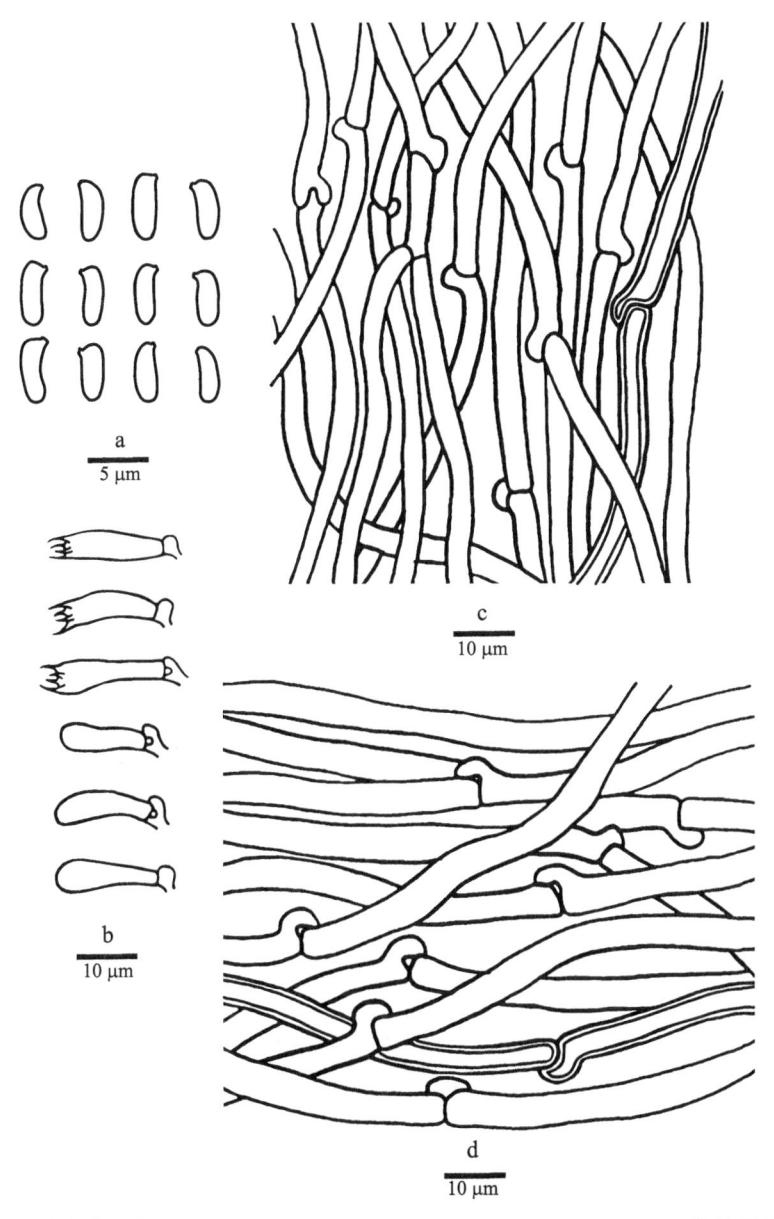

图 111　大灰蓝孔菌 Cyanosporus magnus (Miettinen) B.K. Cui & Shun Liu 的显微结构图
a. 担孢子；b. 担子和拟担子；c. 菌管菌丝；d. 菌肉菌丝

小孔灰蓝孔菌　图 112

Cyanosporus microporus B.K. Cui, L.L. Shen & Y.C. Dai, Persoonia 42: 114, 2019.

子实体：担子果一年生，具菌盖，单生，新鲜时软而多汁，干后木栓质至易碎，重量变轻；菌盖近圆形，单个菌盖长可达 2.5 cm，宽可达 6 cm，中部厚可达 15 mm；菌盖表面新鲜时白色略带蓝色，被短绒毛，干后奶油色至偏黄色，光滑而多皱的；边缘钝，新鲜时白色，干后呈灰褐色；孔口表面新鲜时白色，触摸时显蓝色，干后奶油色至浅黄色；不育边缘不明显；孔口圆形，每毫米 6~8 个；管口边缘薄，全缘；菌肉白色至奶油色，木栓质，厚约 13 mm；菌管奶油色，易碎，长可达 2 mm。

显微结构： 菌丝系统单体系；生殖菌丝具有锁状联合，无拟糊精反应和淀粉质反应，无嗜蓝反应；菌丝组织在 KOH 试剂中无变化。菌肉中生殖菌丝无色，薄壁至稍厚壁，偶尔分枝，直径为 3.5~6 μm。菌管中生殖菌丝无色，稍厚壁，很少分枝，直径为 2~4 μm。子实层中无囊状体及其他不育结构。担子棍棒状，着生 4 个担孢子梗，基部具一锁状联合，11~13.5 × 4~5 μm；拟担子占多数，形状与担子类似，比担子稍小。担孢子腊肠形，无色，稍厚壁，光滑，无拟糊精反应和淀粉质反应，具弱嗜蓝反应，(4.2~)4.5~4.9(~5.2) × 1~1.2 μm，平均长 L = 4.69 μm，平均宽 W = 1.08 μm，长宽比 Q = 4.47~4.52 (n = 60/2)。

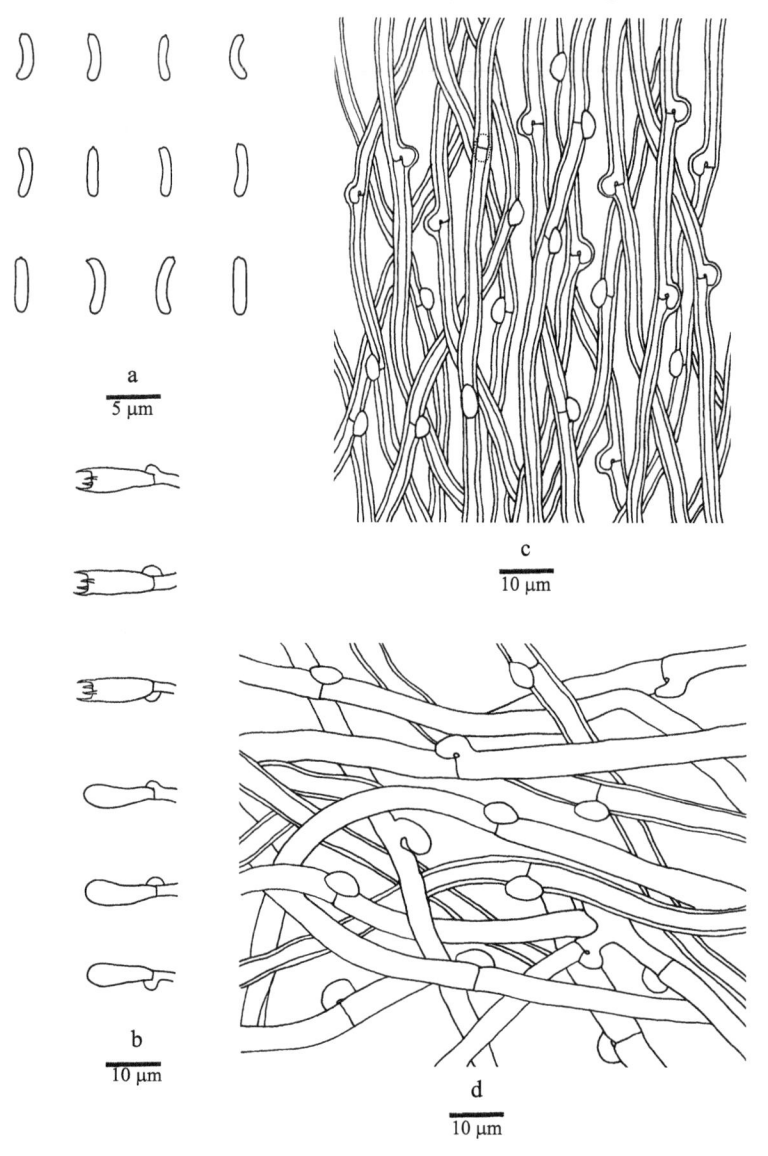

图 112 小孔灰蓝孔菌 *Cyanosporus microporus* B.K. Cui, L.L. Shen & Y.C. Dai 的显微结构图
a. 担孢子；b. 担子和拟担子；c. 菌管菌丝；d. 菌肉菌丝

研究标本：云南：普洱市，太阳河森林公园，2013 年 7 月 8 日，崔宝凯 11014（BJFC 015131，模式标本）；楚雄市，紫溪山保护区，2010 年 8 月 28 日，戴玉成 11717（BJFC 008830）。

生境：生长于阔叶树死树或倒木上。

中国分布：云南。

世界分布：中国。

讨论：小孔灰蓝孔菌的主要特征是子实体近圆形，孔口表面触摸后变蓝色，孔口偏小，菌管菌丝厚壁。赤杨灰蓝孔菌和小孔灰蓝孔菌都生长在阔叶树上，都具短绒毛、略带蓝色的菌盖，和发白的孔口表面，但是赤杨灰蓝孔菌的孔口较大（每毫米 5~6 个），而且担孢子较长（4.5~6 × 1~1.5 μm）（Shen et al.，2019）。

云杉灰蓝孔菌　图 113

Cyanosporus piceicola B.K. Cui, L.L. Shen & Y.C. Dai, Persoonia 42: 115, 2019.

子实体：担子果一年生，具菌盖，单生，新鲜时软木栓质，干后硬木栓质，重量变轻；菌盖扇形，单个菌盖长可达 3 cm，宽可达 5.5 cm，中部厚可达 18 mm；菌盖表面新鲜时奶油色至偏黄色，伴有灰色环纹，被短绒毛，干后浅灰褐色；边缘锐，颜色同菌盖表面；孔口表面新鲜时白色略发蓝，干后奶油色；不育边缘宽达 0.1 cm，新鲜时偏黄色，干后变为灰褐色；孔口圆形，每毫米 3~5 个；管口边缘薄，全缘；菌肉奶油色，硬木栓质，厚约 10 mm；菌管奶油色至浅黄色，硬木栓质，长可达 3 mm。

显微结构：菌丝系统单体系；生殖菌丝具有锁状联合，无拟糊精反应和淀粉质反应，无嗜蓝反应；菌丝组织在 KOH 试剂中无变化。菌肉中生殖菌丝无色，薄壁至稍厚壁，偶尔分枝，直径为 5~7 μm。菌管中生殖菌丝无色，稍厚壁，很少分枝，直径为 2.5~4 μm。子实层中无囊状体及其他不育结构。担子棍棒状，着生 4 个担孢子梗，基部具一锁状联合，13~16 × 4~5 μm；拟担子占多数，形状与担子类似，比担子稍小。担孢子腊肠形，无色，稍厚壁，光滑，无拟糊精反应和淀粉质反应，具弱嗜蓝反应，(3.9~)4~4.5(~4.8) × 0.9~1.3 μm，平均长 L = 4.65 μm，平均宽 W = 1.21 μm，长宽比 Q = 3.75~3.97（n = 150/5）。

研究标本：四川：九寨沟县，九寨沟自然保护区，2012 年 10 月 11 日，崔宝凯 10626（BJFC 013551，模式标本），崔宝凯 10617（BJFC 013542）。云南：马关县，老君山自然保护区，2011 年 9 月 21 日，崔宝凯 10446（BJFC 011341）。西藏：林芝县，色季拉山，2014 年 9 月 18 日，崔宝凯 12158（BJFC 017072）；米林县，南伊沟公园，2014 年 9 月 16 日，崔宝凯 12088（BJFC 017002）。

生境：专性生长于云杉的倒木或树桩上，引起木材褐色腐朽。

中国分布：四川、云南、西藏。

世界分布：中国。

讨论：云杉灰蓝孔菌专性生长于云杉上，菌盖和孔口都带蓝色，孔口圆形且隔膜全缘，菌管菌丝平行排列，这些特征使之明显区别于其他种。亚灰蓝孔菌和亚毛盖灰蓝孔菌与云杉灰蓝孔菌的担孢子大小形状均类似，但是亚灰蓝孔菌菌盖光滑无毛，孔口白色至淡灰色，菌管菌丝薄壁且交织排列；而亚毛盖灰蓝孔菌具有盘状的担子果，菌盖表面着生长毛，且孔口较大（每毫米 2~3 个）（Shen et al.，2019）。

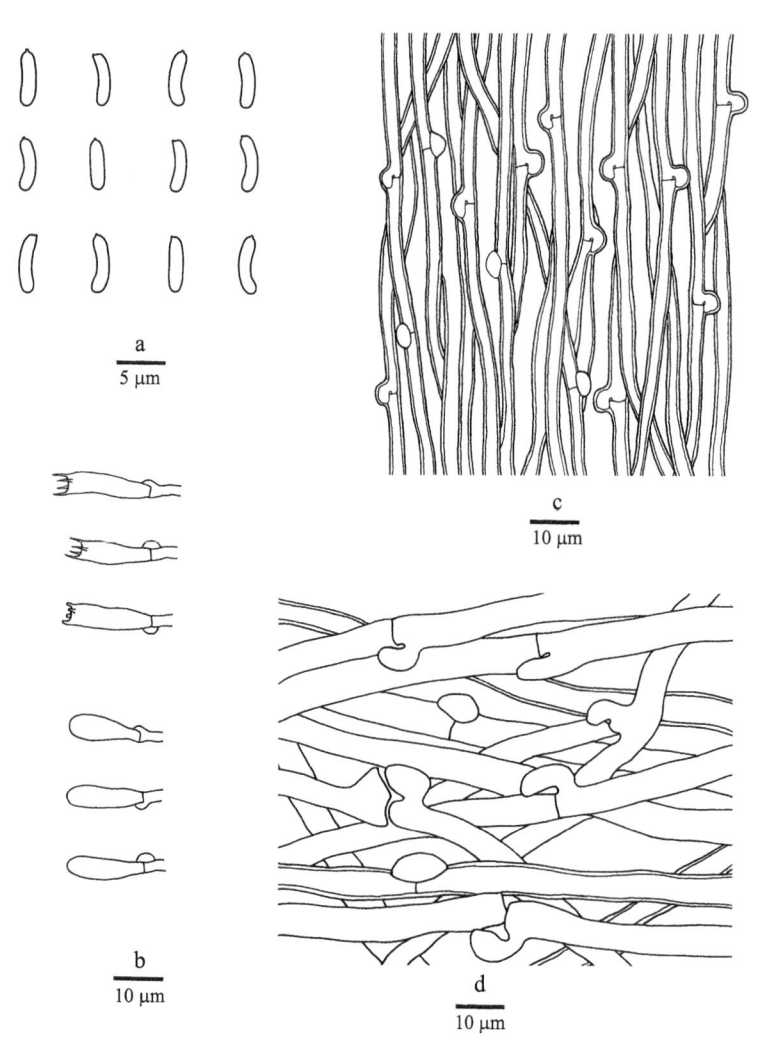

图 113 云杉灰蓝孔菌 *Cyanosporus piceicola* B.K. Cui, L.L. Shen & Y.C. Dai 的显微结构图
a. 担孢子；b. 担子和拟担子；c. 菌管菌丝；d. 菌肉菌丝

杨生灰蓝孔菌 图 114

Cyanosporus populi (Miettinen) B.K. Cui & Shun Liu, Front. Microbiol. 12(631166): 19, 2021.

Postia populi Miettinen, Fungal Syst. Evol. 1: 122, 2018.

子实体：担子果一年生，具菌盖，有时平伏或反转，单生，新鲜时软木栓质，干后木栓质，重量变轻；菌盖贝壳形至扇形，单个菌盖长可达 6 cm，宽可达 4 cm，中部厚可达 8 mm；菌盖表面新鲜时白色至奶油色，干后浅赭色至灰色，很少有蓝色斑点，几乎光滑；孔口表面新鲜时白色至奶油色，干后奶油色至浅黄色；不育边缘不明显或几乎不存在；孔口多角形，每毫米 5~7 个；管口边缘薄，全缘至撕裂状；菌肉奶油色，木栓质，厚约 3 mm；菌管白色，木栓质，长可达 5 mm。

显微结构：菌丝系统单体系；生殖菌丝具有锁状联合，无拟糊精反应和淀粉质反应，无嗜蓝反应；菌丝组织在 KOH 试剂中无变化。菌肉中生殖菌丝无色，薄壁至稍厚壁，

很少分枝，直径为 3.2~4.8 μm。菌管中生殖菌丝无色，薄壁至稍厚壁，很少分枝，直径为 2.7~3.3 μm。子实层中无囊状体及其他不育结构。担子棍棒状，着生 4 个担孢子梗，基部具一锁状联合，10~16 × 3.5~4.2 μm；拟担子占多数，形状与担子类似，比担子稍小。担孢子窄腊肠形，无色，薄壁，光滑，无拟糊精反应和淀粉质反应，无嗜蓝反应，(4~)4.2~5.6(~6.1) × 1~1.3(~1.6) μm，平均长 L = 4.84 μm，平均宽 W = 1.17 μm，长宽比 Q = 4.08~4.19 (n = 60/2)。

研究标本：四川：木里县，2019 年 8 月 16 日，崔宝凯 17549（BJFC 034408）。云南：丽江市，玉龙雪山，2018 年 9 月 16 日，崔宝凯 17087a（BJFC 030387）。

生境：生长在阔叶树和针叶树上，引起木材褐色腐朽。

中国分布：吉林、四川、云南。

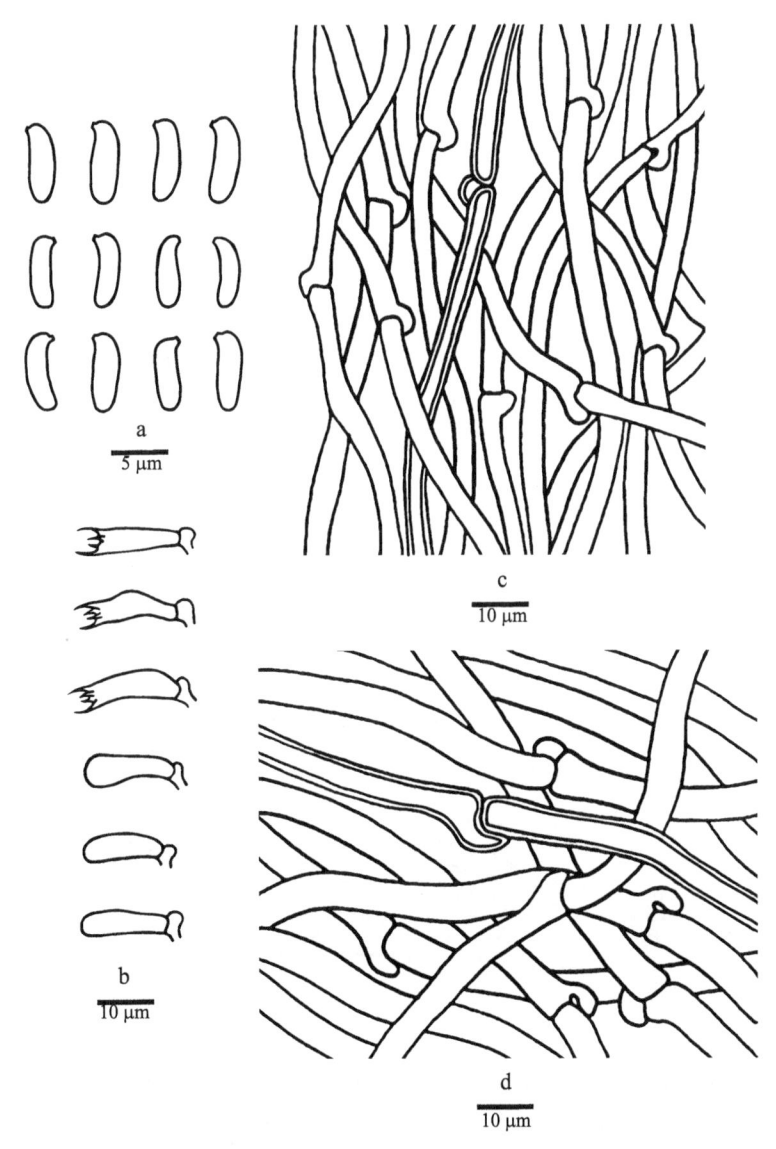

图 114 杨生灰蓝孔菌 *Cyanosporus populi* (Miettinen) B.K. Cui & Shun Liu 的显微结构图
a. 担孢子；b. 担子和拟担子；c. 菌管菌丝；d. 菌肉菌丝

世界分布：俄罗斯、波兰、美国、芬兰、挪威、中国等。

讨论：杨生灰蓝孔菌的主要特征是担子果贝壳形至扇形，有时平伏至反转，孔口每毫米 5~7 个，担孢子窄腊肠形（4.2~5.6 × 1.0~1.3 μm）。调查发现，杨生灰蓝孔菌在我国东北和西南地区有分布，生长在阔叶树和针叶树上（Liu et al., 2022b）。

硬灰蓝孔菌　图 115

Cyanosporus rigidus B.K. Cui & Shun Liu, MycoKeys 86: 29, 2022.

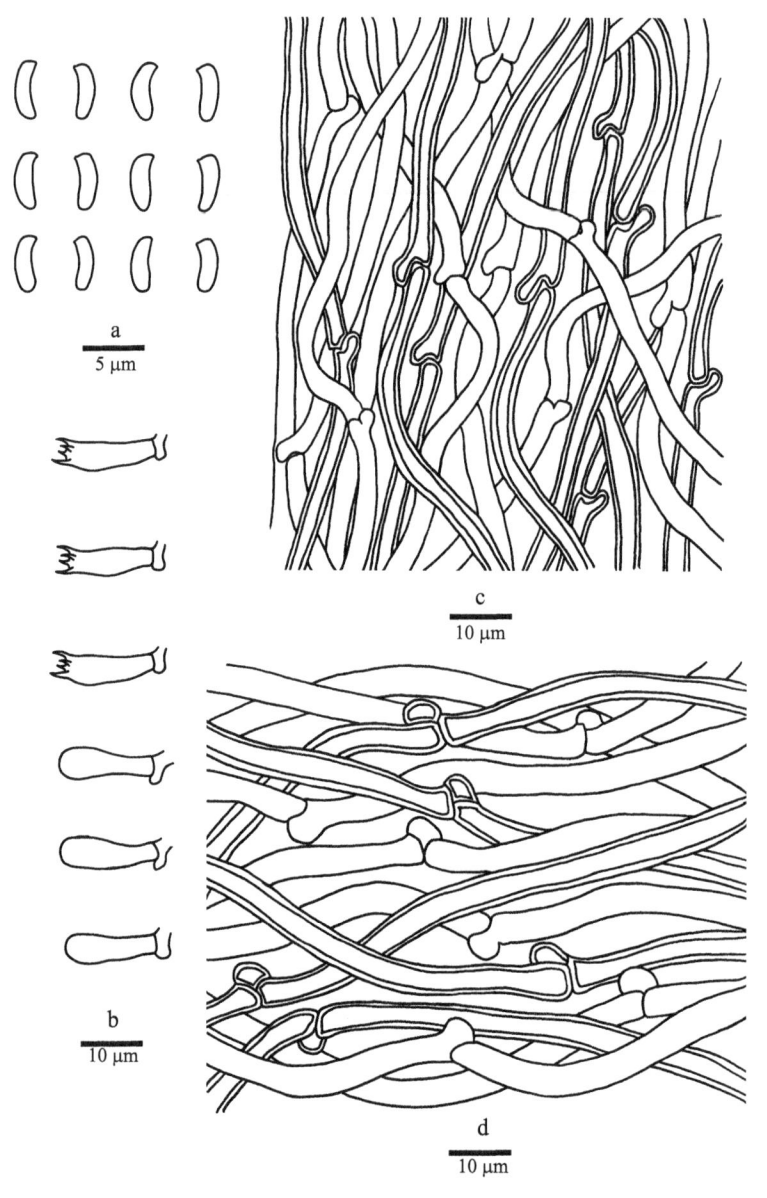

图 115　硬灰蓝孔菌 *Cyanosporus rigidus* B.K. Cui & Shun Liu 的显微结构图
a. 担孢子；b. 担子和拟担子；c. 菌管菌丝；d. 菌肉菌丝

子实体：担子果一年生，具盖形，单生，新鲜时木栓质，干后硬木栓质至坚硬，重量变轻；菌盖扇形，单个菌盖长可达 1.6 cm，宽可达 3.8 cm，中部厚可达 9 mm；菌盖表面新鲜时浅黄色至黏土浅黄色，被绒毛，干后橄榄黄色至灰棕色，粗糙，边缘钝；孔口表面新鲜时白色至奶油色，干后浅黄色至粉黄色；不育边缘不明显；孔口多角形，每毫米 5~8 个；管口边缘薄，全缘至撕裂状；菌肉奶油色至浅黄色，硬木栓质，厚约 4 mm；菌管奶油色至粉黄色，易碎，长可达 5 mm。

显微结构：菌丝系统单体系；生殖菌丝具有锁状联合，无拟糊精反应和淀粉质反应，无嗜蓝反应；菌丝组织在 KOH 试剂中无变化。菌肉中生殖菌丝无色，薄壁至稍厚壁，很少分枝，直径为 2.2~5 μm。菌管中生殖菌丝无色，薄壁至稍厚壁，很少分枝，直径为 2~4 μm。子实层中无囊状体及其他不育结构。担子棍棒状，着生 4 个担孢子梗，基部具一锁状联合，12.4~14.8 × 3~4.2 μm；拟担子占多数，形状与担子类似，比担子稍小。担孢子腊肠形至圆柱形，无色，薄壁至稍厚壁，光滑，无拟糊精反应和淀粉质反应，具弱嗜蓝反应，(3.5~)3.7~4.2 × (0.8~)0.9~1.3(~1.4) μm，平均长 L = 3.94 μm，平均宽 W = 1.09 μm，长宽比 Q = 3.66 (n = 60/1)。

研究标本：云南：丽江市，玉龙县，九河乡老君山九十九龙潭景区，2018 年 9 月 15 日，崔宝凯 17032（BJFC 030331，模式标本）。

生境：生长在冷杉倒木上，引起木材褐色腐朽。

中国分布：云南。

世界分布：中国。

讨论：硬灰蓝孔菌的主要特征是担子果木栓质，硬木栓质至坚硬，菌盖表面新鲜时浅黄色至黏土浅黄色，干后橄榄黄色至灰棕色，担孢子腊肠形至圆柱形（3.7~4.2 × 0.9~1.3 μm）。

亚毛盖灰蓝孔菌　图 116

Cyanosporus subhirsutus B.K. Cui, L.L. Shen & Y.C. Dai, Persoonia 42: 116, 2019.

子实体：担子果一年生，具菌盖，单生，新鲜时软而多汁，干后软木栓质至脆革质，重量变轻；菌盖圆盘形，单个菌盖长可达 4 cm，宽可达 6 cm，中部厚可达 8 mm；菌盖表面新鲜时由浅鼠灰色和奶油色的环区组成，被长毛，干后奶油色至浅黄色，粗糙；边缘锐，新鲜时白色略发蓝，干后变为奶油色；孔口表面新鲜时白色，干后浅黄色至蜜黄色；不育边缘不明显；孔口多角形，每毫米 2~3 个；管口边缘薄，全缘；菌肉白色，软木栓质，厚约 5 mm；菌管奶油色，脆革质，长可达 3 mm。

显微结构：菌丝系统单体系；生殖菌丝具有锁状联合，无拟糊精反应和淀粉质反应，无嗜蓝反应；菌丝组织在 KOH 试剂中无变化。菌肉中生殖菌丝无色，薄壁，很少分枝，直径为 4~6 μm。菌管中生殖菌丝无色，稍厚壁，偶尔分枝，直径为 3~4.5 μm。子实层中无囊状体及其他不育结构。担子棍棒状，着生 4 个担孢子梗，基部具一锁状联合，10~12 × 4~6 μm；拟担子占多数，形状与担子类似，比担子稍小。担孢子腊肠形，无色，稍厚壁，光滑，无拟糊精反应和淀粉质反应，无嗜蓝反应，(3.9~)4~4.5 × 0.9~1.3 μm，平均长 L = 4.19 μm，平均宽 W = 1.12 μm，长宽比 Q = 3.67~3.79 (n = 90/3)。

研究标本：福建：南靖县，虎伯寮自然保护区，2013 年 10 月 26 日，崔宝凯 11330（BJFC 015446）。贵州：梵净山保护区，2014 年 9 月 21 日，戴玉成 14892（BJFC 018005，

模式标本）。云南：普洱市，太阳河国家森林公园，2013 年 7 月 8 日，崔宝凯 11019（BJFC 015136）。

生境：生长在阔叶树倒木或落枝上，引起木材褐色腐朽。

中国分布：福建、贵州、云南。

世界分布：中国。

讨论：亚毛盖灰蓝孔菌的主要特征是菌盖盘状并附着长毛，孔口较大并且隔膜严重撕裂。绒毛波斯特孔菌 *Postia hirsuta* L.L. Shen & B.K. Cui 和亚毛盖灰蓝孔菌相似，都有鼠灰色、多毛的菌盖表面，干后呈黄色的孔口表面，及大小相近的腊肠形担孢子，但是绒毛波斯特孔菌的菌盖很厚，边缘无蓝色，且菌肉菌丝明显厚壁（Shen and Cui, 2014）。

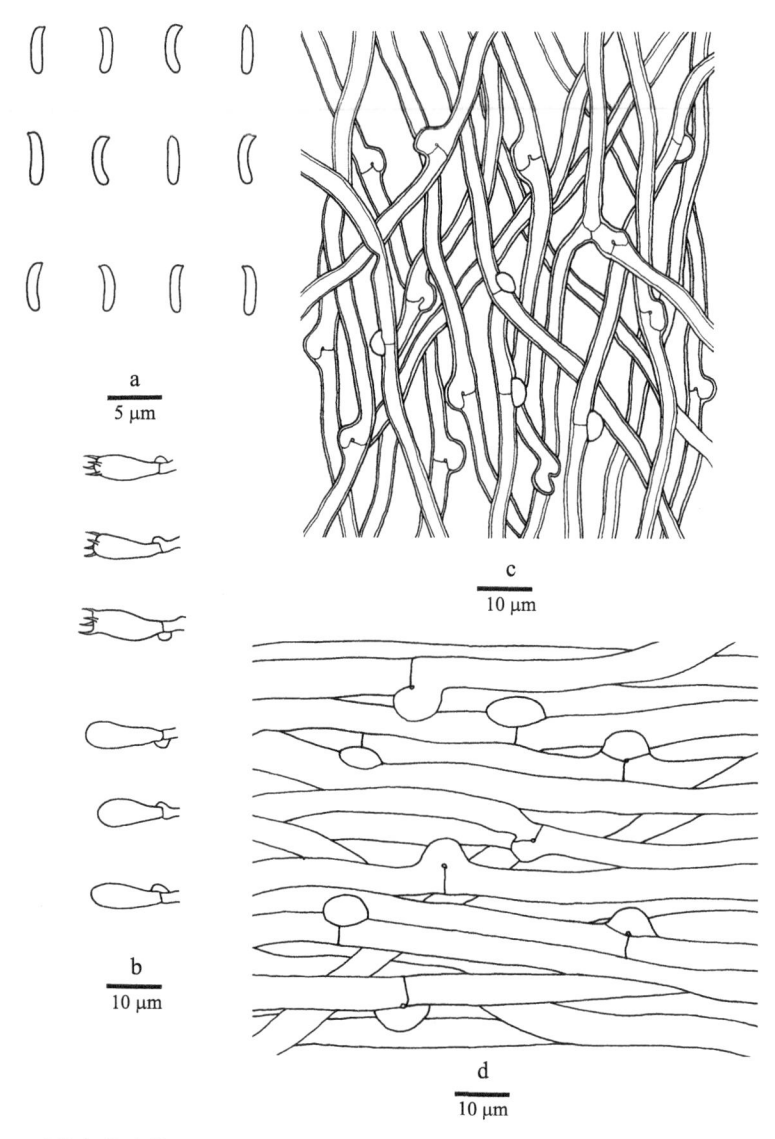

图 116 亚毛盖灰蓝孔菌 *Cyanosporus subhirsutus* B.K. Cui, L.L. Shen & Y.C. Dai 的显微结构图
a. 担孢子；b. 担子和拟担子；c. 菌管菌丝；d. 菌肉菌丝

亚小孔灰蓝孔菌 图 117

Cyanosporus submicroporus B.K. Cui & Shun Liu, Front. Microbiol. 12 (631166): 12, 2021.

子实体：担子果一年生，具菌盖，单生，新鲜时柔软多汁，干后木栓质至硬木质，重量变轻；菌盖扇形至半圆形，单个菌盖长可达 3.2 cm，宽可达 6.5 cm，中部厚可达 13 mm；菌盖表面新鲜时奶油色至粉黄色，被绒毛，干后浅黄色；边缘锐；孔口表面新鲜时白色至烟灰色，干后浅黄色至浅黄褐色；不育边缘狭窄至几乎缺失；孔口圆形，每毫米 6~9 个；管口边缘薄，全缘；菌肉奶油色至浅黄色，木栓质，厚约 5 mm；菌管浅鼠灰色至奶油色，易碎，长可达 7 mm。

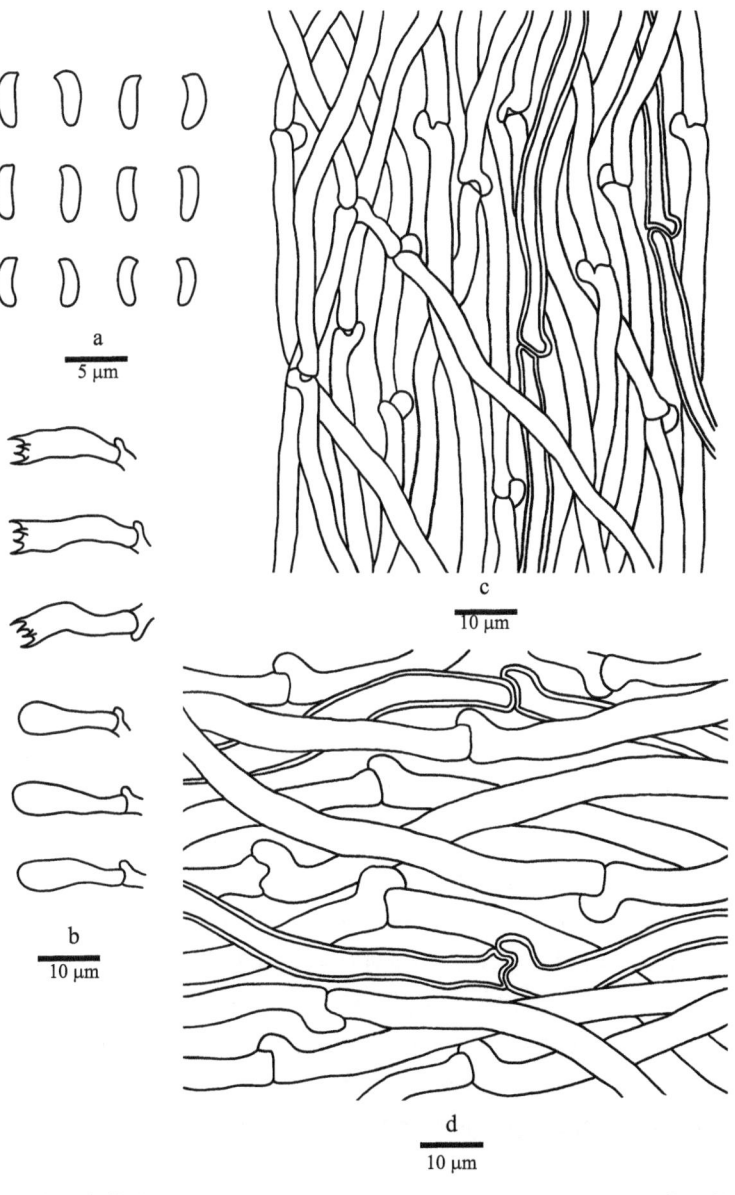

图 117 亚小孔灰蓝孔菌 *Cyanosporus submicroporus* B.K. Cui & Shun Liu 的显微结构图
a. 担孢子；b. 担子和拟担子；c. 菌管菌丝；d. 菌肉菌丝

显微结构：菌丝系统单体系；生殖菌丝具有锁状联合，无拟糊精反应和淀粉质反应，无嗜蓝反应；菌丝组织在 KOH 试剂中无变化。菌肉中生殖菌丝无色，薄壁至稍厚壁，很少分枝，直径为 2.3~6.2 μm。菌管中生殖菌丝无色，薄壁至稍厚壁，很少分枝，直径为 2~4.8 μm。子实层中无囊状体及其他不育结构。担子棍棒状，着生 4 个担孢子梗，基部具一锁状联合，12.2~20.5 × 3.4~5.6 μm；拟担子占多数，形状与担子类似，比担子稍小。担孢子腊肠形，无色，稍厚壁，光滑，无拟糊精反应和淀粉质反应，有嗜蓝反应，3.6~4.7 × (0.9~)1.0~1.3 μm，平均长 L = 4.18 μm，平均宽 W = 1.19 μm，长宽比 Q = 3.45~3.52 (n = 90/3)。

研究标本：四川：石棉县，2019 年 9 月 14 日，崔宝凯 17750（BJFC 034609）。云南：保山市，高黎贡山自然保护区，2019 年 11 月 8 日，崔宝凯 18156（BJFC 035015，模式标本）；楚雄市，紫溪山自然保护区，2017 年 9 月 20 日，崔宝凯 16306（BJFC 029605）。

生境：生长在阔叶树上，引起木材褐色腐朽。

中国分布：四川、云南。

世界分布：中国。

讨论：亚小孔灰蓝孔菌主要特征是菌盖表面新鲜时奶油色至粉黄色，干燥后浅黄色至米黄色；孔口表面新鲜时白色至烟灰色，干燥后米黄色至黄棕色。形态上，亚小孔灰蓝孔菌与小孔灰蓝孔菌相似，担子果具盖形，菌盖表面被绒毛，孔口圆形，较小，但是小孔灰蓝孔菌菌管菌丝厚壁，担子较小（11~13.5 × 4~5 μm），担孢子较长（4.5~4.9 × 1~1.2 μm）（Liu et al.，2022b）。

亚蹄形灰蓝孔菌　图 118

Cyanosporus subungulatus B.K. Cui & Shun Liu, MycoKeys 86: 33, 2022.

子实体：担子果一年生，具菌盖，单生，新鲜时软木栓质，干后木栓质至易碎，重量变轻；菌盖贝壳形，单个菌盖长可达 1.7 cm，宽可达 2.8 cm，中部厚可达 12 mm；菌盖表面新鲜时浅鼠灰色至灰色，被短绒毛，干后暗灰色至鼠灰色；边缘钝；孔口表面新鲜时白色至奶油色，干后奶油色至粉黄色；不育边缘不明显或几乎不存在；孔口圆形，每毫米 4~6 个；管口边缘薄，全缘至撕裂状；菌肉白色至奶油色，软木栓质，厚约 5 mm；菌管浅鼠灰色至灰色，木栓质至易碎，长可达 6 mm。

显微结构：菌丝系统单体系；生殖菌丝具有锁状联合，无拟糊精反应和淀粉质反应，无嗜蓝反应；菌丝组织在 KOH 试剂中无变化。菌肉中生殖菌丝无色，稍厚壁，很少分枝，直径为 2.5~6.4 μm。菌管中生殖菌丝无色，稍厚壁，偶尔分枝，直径为 2~4.2 μm。子实层中无囊状体及其他不育结构。担子棍棒状，着生 4 个担孢子梗，基部具一锁状联合，13.6~17.8 × 3~5.5 μm；拟担子占多数，形状与担子类似，比担子稍小。担孢子腊肠形，无色，薄壁，光滑，无拟糊精反应和淀粉质反应，无嗜蓝反应，(4.3~)4.5~5.2 × 1.1~1.4 μm，平均长 L = 4.73 μm，平均宽 W = 1.22 μm，长宽比 Q = 3.48~3.66 (n = 60/2)。

研究标本：云南：漾濞县，石门景区，2019 年 11 月 6 日，崔宝凯 18046（BJFC 034905，模式标本）。

生境：生长在针叶树上，引起木材褐色腐朽。

中国分布：云南。
世界分布：中国。
讨论：亚蹄形灰蓝孔菌的主要特征是菌盖贝壳形，新鲜时菌盖表面淡鼠灰色至灰色，干燥后灰黑色至鼠灰色，担孢子腊肠形（4.5~5.2 × 1.1~1.4 μm）。

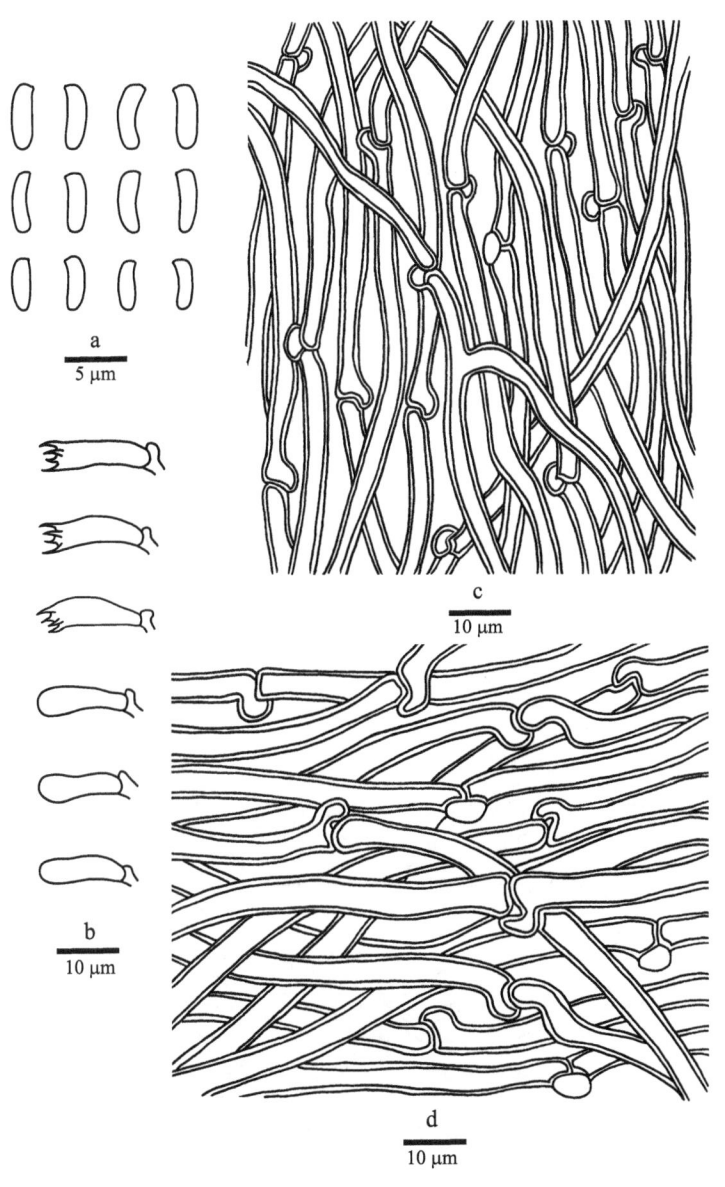

图 118 亚蹄形灰蓝孔菌 *Cyanosporus subungulatus* B.K. Cui & Shun Liu 的显微结构图
a. 担孢子；b. 担子和拟担子；c. 菌管菌丝；d. 菌肉菌丝

薄肉灰蓝孔菌　图 119
Cyanosporus tenuicontextus B.K. Cui & Shun Liu, MycoKeys 86: 36, 2022.
子实体：担子果一年生，具菌盖，单生，新鲜时软木栓质，干后木栓质至易碎，重量变轻；菌盖扇形，单个菌盖长可达 1.3 cm，宽可达 3.2 cm，中部厚可达 5 mm；菌盖表面新鲜时米黄色至黄褐色，被绒毛，干后奶油色至黄褐色，边缘锐；孔口表面新鲜时白色至奶油色，干后米黄色至粉黄色；不育边缘薄至缺失；孔口多角形，每毫米 6~8 个；管口边缘薄，全缘至撕裂状；菌肉奶油色，软木栓质，厚约 0.8 mm；菌管粉黄色，易碎，长可达 4.3 mm。

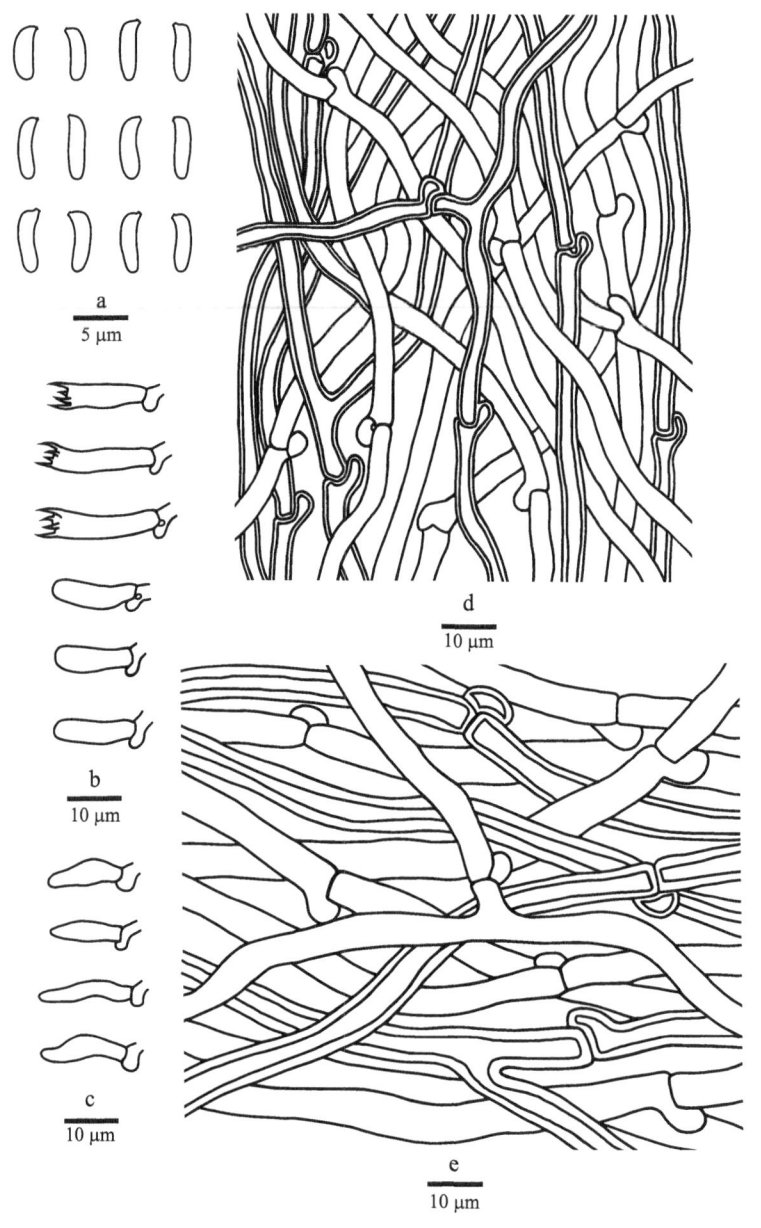

图 119　薄肉灰蓝孔菌 *Cyanosporus tenuicontextus* B.K. Cui & Shun Liu 的显微结构图
a. 担孢子；b. 担子和拟担子；c. 拟囊状体；d. 菌管菌丝；e. 菌肉菌丝

显微结构：菌丝系统单体系；生殖菌丝具有锁状联合，无拟糊精反应和淀粉质反应，无嗜蓝反应；菌丝组织在 KOH 试剂中无变化。菌肉中生殖菌丝无色，薄壁至稍厚壁，常具分枝，直径为 2.3~5.5 μm。菌管中生殖菌丝无色，薄壁至稍厚壁，常具分枝，直径为 2~4 μm。子实层中无囊状体，具拟囊状体，纺锤形，薄壁，光滑，9.5~14.6 × 2.8~3.4 μm。担子棍棒状，着生 4 个担孢子梗，基部具一锁状联合，11.7~16.8 × 3.4~4.3 μm；拟担子占多数，形状与担子类似，比担子稍小。担孢子腊肠形，无色，薄壁，光滑，无拟糊精反应和淀粉质反应，无嗜蓝反应，(3.7~)3.8~4.3 × 0.8~1.2 μm，平均长 L = 3.97 μm，平均宽 W = 1.02 μm，长宽比 Q = 3.78~4.26 (n = 60/2)。

研究标本：云南：兰坪县，通甸镇，罗古箐，2017 年 9 月 19 日，崔宝凯 16280（BJFC 029579，模式标本）。

生境：生长在针叶树或阔叶树上，引起木材褐色腐朽。

中国分布：云南。

世界分布：中国。

讨论：薄肉灰蓝孔菌的主要特征是菌盖表面新鲜时米黄色至黄褐色，被绒毛，干后奶油色至黄褐色，孔口多角形，每毫米 6~8 个，担孢子腊肠形（3.8~4.3 × 0.8~1.2 μm）（Liu et al.，2022b）。

薄灰蓝孔菌 图 120

Cyanosporus tenuis B.K. Cui, Shun Liu & Y.C. Dai, Front. Microbiol. 12(631166): 16, 2021.

子实体：担子果一年生，平伏至反转或具菌盖，单生，新鲜时软木栓质，干后木栓质至易碎，重量变轻；菌盖扇形，单个菌盖长可达 1.5 cm，宽可达 1.8 cm，中部厚可达 4 mm；菌盖表面新鲜时米黄色至黄褐色，被绒毛，干后奶油色至黄褐色，边缘锐；孔口表面新鲜时白色至奶油色，干后米黄色至粉黄色；不育边缘薄至缺失；孔口多角形，每毫米 5~7 个；管口边缘薄，全缘至撕裂状；菌肉奶油色，软木栓质，厚约 2 mm；菌管粉黄色，易碎，长可达 2 mm。

显微结构：菌丝系统单体系；生殖菌丝具有锁状联合，无拟糊精反应和淀粉质反应，无嗜蓝反应；菌丝组织在 KOH 试剂中无变化。菌肉中生殖菌丝无色，薄壁至稍厚壁，偶尔分枝，直径为 2.6~7 μm。菌管中生殖菌丝无色，薄壁至稍厚壁，偶尔分枝，直径为 2.2~4.8 μm。子实层中无囊状体，具拟囊状体，纺锤形，薄壁，光滑，16.4~25.4 × 2.8~4.2 μm。担子棍棒状，着生 4 个担孢子梗，基部具一锁状联合，18.2~27.6 × 3.7~6 μm；拟担子占多数，形状与担子类似，比担子稍小。担孢子圆柱形，无色，薄壁至稍厚壁，光滑，无拟糊精反应和淀粉质反应，具弱嗜蓝反应，(4.5~)4.7~6 × 1.3~2 μm，平均长 L = 5.44 μm，平均宽 W = 1.76 μm，长宽比 Q = 2.89~2.93 (n = 60/2)。

研究标本：四川：泸定县，海螺沟森林公园，2012 年 10 月 20 日，崔宝凯 10788（BJFC 013710，模式标本）；普格县，螺髻山，2012 年 9 月 19 日，戴玉成 12974（BJFC 013220）。

生境：常生长在云杉上，引起木材褐色腐朽。

中国分布：四川。

世界分布：中国。

讨论：薄灰蓝孔菌的主要特征是担子果薄，较大的拟囊状体（16.4~25.4 × 2.8~4.2 μm）与担孢子（4.7~6 × 1.3~2 μm）。梭囊体灰蓝孔菌、云杉灰蓝孔菌、三色灰蓝孔菌和蹄形灰蓝孔菌均在四川有分布，但是梭囊体灰蓝孔菌有着半圆形的菌盖，纺锤形的拟囊状体和窄腊肠形担孢子（4.5~5.2 × 0.8~1.1 μm）；云杉灰蓝孔菌有着亚圆形的菌盖，小而圆形孔口，稍厚壁的腊肠形担孢子（4~4.5 × 0.9~1.3 μm）；三色灰蓝孔菌新鲜时有着白色、蓝色和浅鼠灰色的菌盖表面；蹄形灰蓝孔菌有着蹄形的担子果（Shen et al., 2019）。

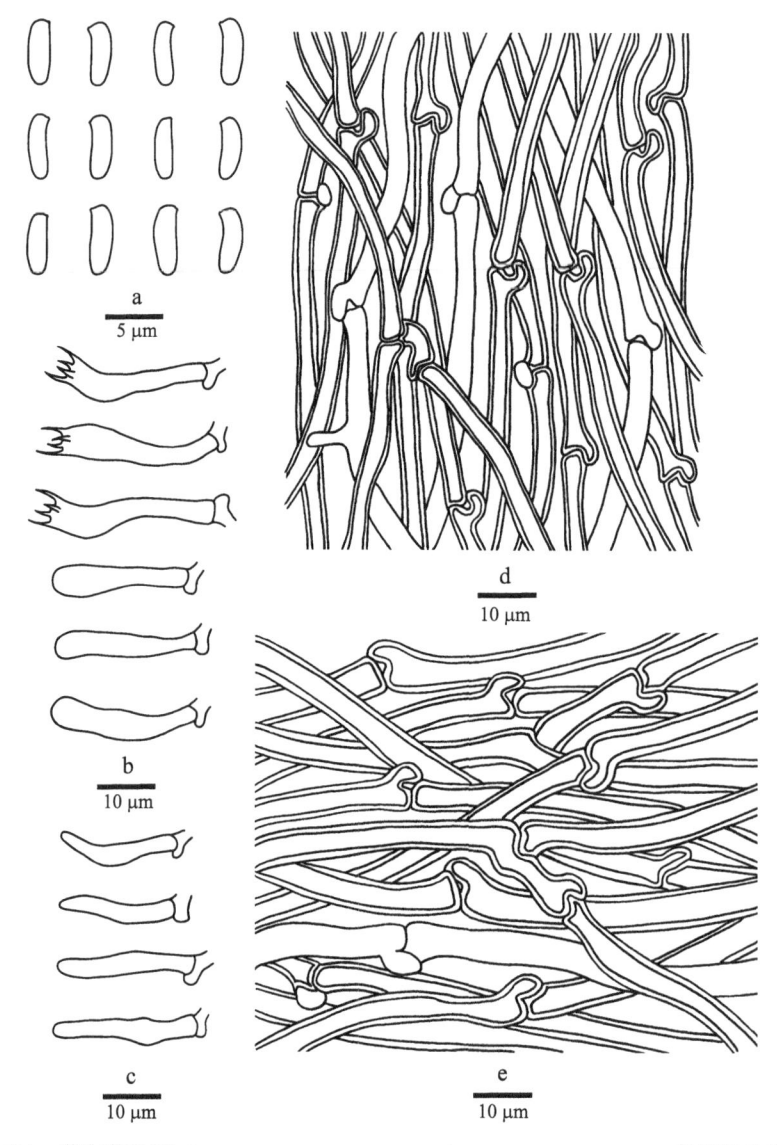

图 120 薄灰蓝孔菌 Cyanosporus tenuis B.K. Cui, Shun Liu & Y.C. Dai 的显微结构图
a. 担孢子；b. 担子和拟担子；c. 拟囊状体；d. 菌管菌丝；e. 菌肉菌丝

三色灰蓝孔菌　图 121

Cyanosporus tricolor B.K. Cui, L.L. Shen & Y.C. Dai, Persoonia 42: 117, 2019.

子实体：担子果一年生，具菌盖，单生，新鲜时软而多汁，干后硬木栓质，重量变轻；菌盖半圆形，单个菌盖长可达 2 cm，宽可达 4 cm，中部厚可达 10 mm；菌盖表面有三种颜色，中央浅灰褐色，伴有灰蓝色环区，外缘白色，被短绒毛，干后灰褐色，光滑；边缘宽而锐，新鲜时白色，干后呈灰褐色；孔口表面新鲜时发白，干后中部呈奶油色，外部为浅黄色；不育边缘宽达 0.1 cm，新鲜时白色，干后变为浅黄色；孔口角形，每毫米 4~5 个；管口边缘薄，全缘；菌肉白色，硬木栓质，厚约 9 mm；菌管奶油色，木栓质，长可达 1 mm。

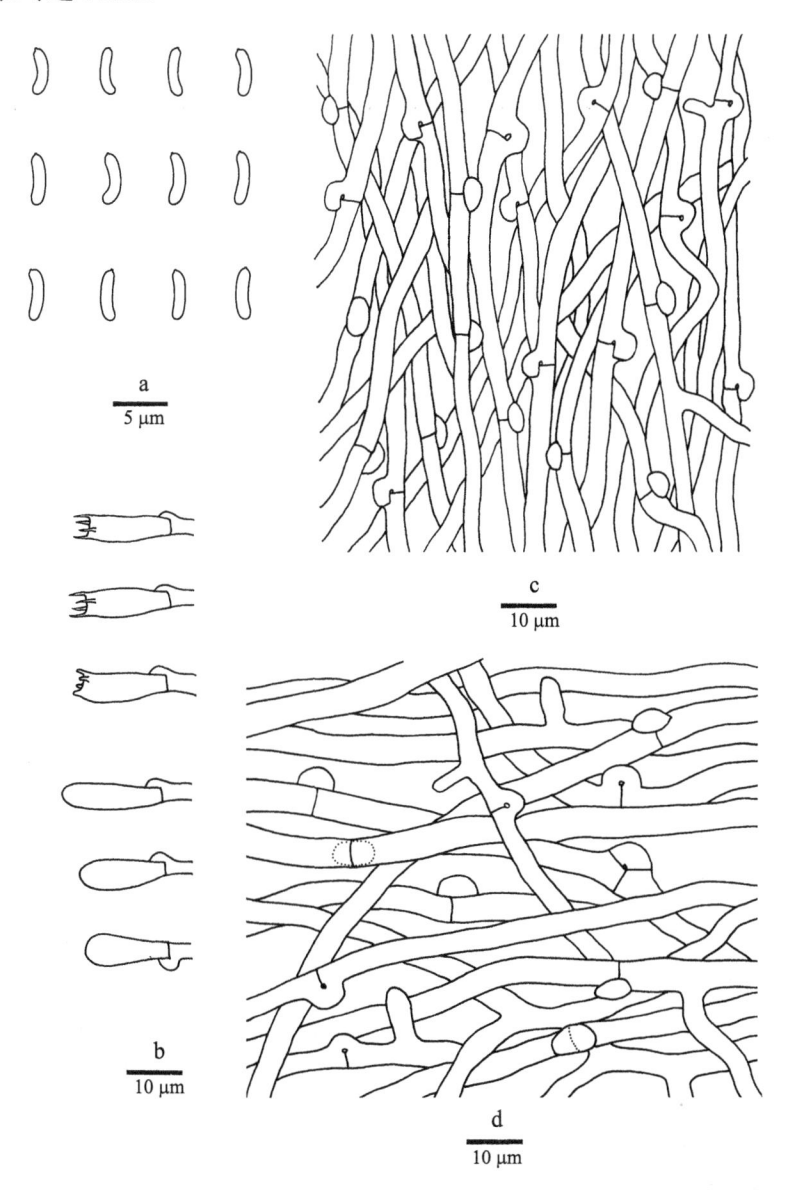

图 121　三色灰蓝孔菌 Cyanosporus tricolor B.K. Cui, L.L. Shen & Y.C. Dai 的显微结构图
a. 担孢子；b. 担子和拟担子；c. 菌管菌丝；d. 菌肉菌丝

显微结构：菌丝系统单体系；生殖菌丝具有锁状联合，无拟糊精反应和淀粉质反应，无嗜蓝反应；菌丝组织在 KOH 试剂中无变化。菌肉中生殖菌丝无色，薄壁，常具分枝，直径为 3~5 μm。菌管中生殖菌丝无色，薄壁，偶尔分枝，直径为 2~3 μm。子实层中无囊状体及其他不育结构。担子棍棒状，着生 4 个担孢子梗，基部具一锁状联合，12~15 ×

4~5 μm；拟担子占多数，形状与担子类似，比担子稍小。担孢子圆柱形，无色，稍厚壁，光滑，无拟糊精反应和淀粉质反应，具弱嗜蓝反应，(3.9~)4~4.8(~4.9) × 0.8~1.2 μm，平均长 L = 4.51 μm，平均宽 W = 0.97 μm，长宽比 Q = 4.55~4.87 (n = 90/3)。

研究标本：四川：泸定县，海螺沟森林公园，2012 年 10 月 20 日，崔宝凯 10790（BJFC 013712），崔宝凯 10780（BJFC 013702）。西藏：墨脱县 50K-80K，2014 年 9 月 20 日，崔宝凯 12233（BJFC 017147，模式标本）。

生境：生长在针叶树倒木或落枝上，引起木材褐色腐朽。

中国分布：四川、西藏。

世界分布：中国。

讨论：三色灰蓝孔菌的主要特征是菌盖分为白色、蓝色、鼠灰色三色环区，菌丝的锁状联合附近着生垂直的凸起。小孔灰蓝孔菌与三色灰蓝孔菌有相似的担孢子，但是小孔灰蓝孔菌菌盖近圆形，孔口表面触摸后发蓝，而且孔口很小（每毫米 6~8 个）（Shen et al.，2019）。

蹄形灰蓝孔菌 图 122

Cyanosporus ungulatus B.K. Cui, L.L. Shen & Y.C. Dai, Persoonia 42: 117, 2019.

子实体：担子果一年生，蹄形，具菌盖，单生，新鲜时软木栓质，干后变硬，白垩质，重量变轻；菌盖半圆形，单个菌盖长可达 1.8 cm，宽可达 2 cm，中部厚可达 15 mm；菌盖表面新鲜时具橄榄黄、浅黄色、奶油色至烟灰色，以及白色四个环区，有环形沟纹，光滑，干后稍微变暗；边缘锐，新鲜时白色，干后奶油色。孔口表面新鲜时白色，干后奶油色；不育边缘宽达 0.1 cm，颜色同孔口表面；孔口圆形，每毫米 4~6 个；管口边缘薄，全缘；菌肉奶油色，硬木栓质，厚约 12 mm；菌管奶油色至浅黄色，白垩质，长可达 3 mm。

显微结构：菌丝系统单体系；生殖菌丝具有锁状联合，无拟糊精反应和淀粉质反应，无嗜蓝反应；菌丝组织在 KOH 试剂中无变化。菌肉中生殖菌丝无色，薄壁至稍厚壁，常具分枝，直径为 2.5~4.5 μm。菌管中生殖菌丝无色，稍厚壁，偶尔分枝，直径为 2~3 μm。子实层中无囊状体及其他不育结构。担子棒棒状，着生 4 个担孢子梗，基部具一锁状联合，12~15 × 4~5 μm；拟担子占多数，形状与担子类似，比担子稍小。担孢子腊肠形，无色，薄壁，光滑，无拟糊精反应和淀粉质反应，无嗜蓝反应，4.5~5(~5.5) × 0.9~1.2 μm，平均长 L = 4.86 μm，平均宽 W = 1.01 μm，长宽比 Q = 4.79~4.83 (n = 60/2)。

研究标本：四川：冕宁县，灵山寺，2012 年 9 月 17 日，戴玉成 12897（BJFC 013166，模式标本）；泸定县，海螺沟森林公园，2012 年 10 月 20 日，崔宝凯 10778（BJFC 013700）。

生境：生长在针叶树倒木或落枝上，引起木材褐色腐朽。

中国分布：四川。

世界分布：中国。

讨论：蹄形灰蓝孔菌的主要特征是子实体蹄形，菌盖有环沟及环纹，圆形孔口，担孢子极窄。在系统发育分析中，梭囊体灰蓝孔菌与蹄形灰蓝孔菌的亲缘关系很近，这两个种都产生很细、薄壁的担孢子，但是梭囊体灰蓝孔菌的子实体干后变为暗黑色，且子实层中有大量拟囊状体（Shen et al.，2019）。

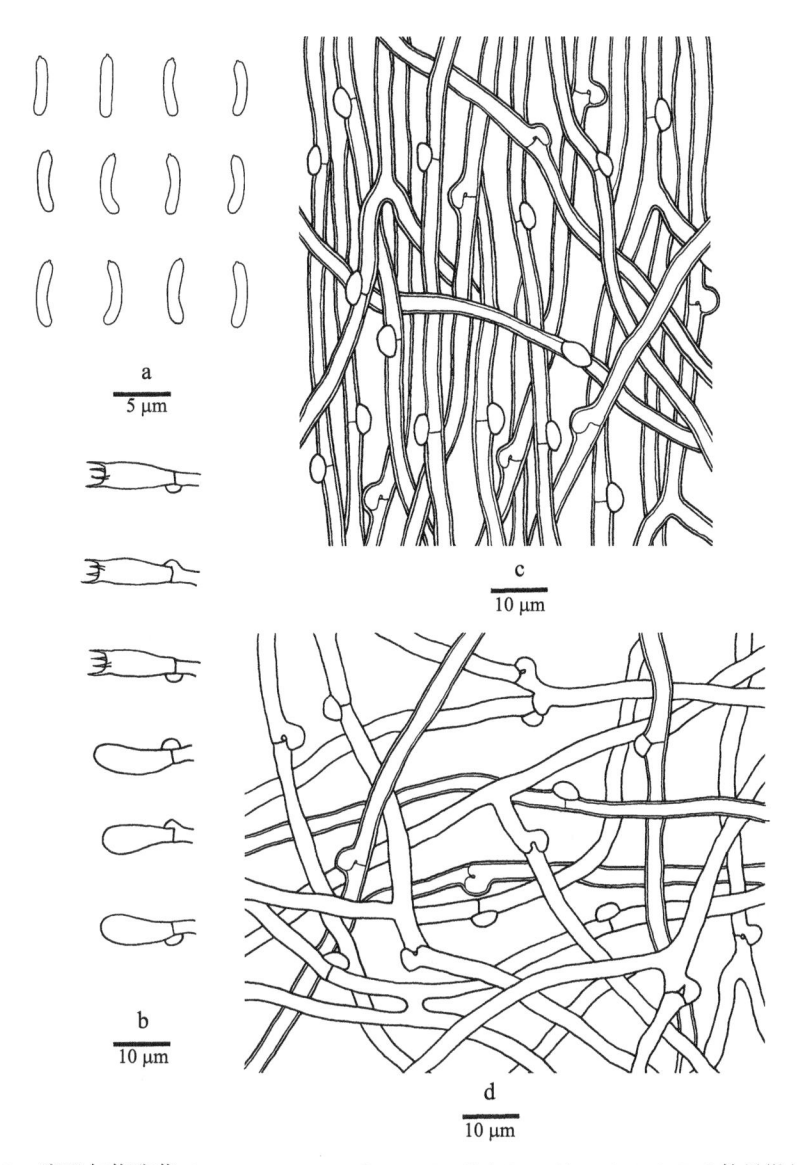

图 122　蹄形灰蓝孔菌 Cyanosporus ungulatus B.K. Cui, L.L. Shen & Y.C. Dai 的显微结构图
a. 担孢子；b. 担子和拟担子；c. 菌管菌丝；d. 菌肉菌丝

囊体波斯特孔菌属 *Cystidiopostia* B.K. Cui, L.L. Shen & Y.C. Dai

Persoonia 42: 118, 2019

担子果一年生，平伏至反转或具菌盖，单生，新鲜时软木栓质，干后脆革质；菌盖表面新鲜时白色，干后奶油色至浅黄色，光滑或者具有放射状皱纹；孔口表面新鲜时白色，干后奶油色至浅黄色；孔口圆形至角形；菌肉白色，软木栓质；菌管白色至奶油色，脆革质。菌丝系统单体系；生殖菌丝具锁状联合，无拟糊精反应和淀粉质反应，无嗜蓝反应；子实层中具囊状体，拟囊状体有或无；担孢子腊肠形，无色，薄壁，光滑，无拟糊精反应和淀粉质反应，无嗜蓝反应。

模式种：*Cystidiopostia hibernica* (Berk. & Broome) B.K. Cui, L.L. Shen & Y.C. Dai。
生境：生长在针叶树或阔叶树上，引起木材褐色腐朽。
中国分布：吉林、黑龙江、浙江、安徽、云南。
世界分布：大洋洲，欧洲，亚洲。
讨论：囊体波斯特孔菌属由 Shen 等（2019）建立，模式种爱尔兰囊体波斯特孔菌 *C. hibernica*。该属区别于波斯特孔菌属的主要特征是担子果大多平伏贴生至反转，偶尔呈盖形，子实层中有囊状体，薄壁至厚壁，大部分锥形，在顶端形成结晶（Shen et al., 2019）。目前，该属有 5 种，中国分布 5 种。

中国囊体波斯特孔菌属分种检索表

1. 担孢子宽 1.5~1.9 μm ·· 丝盖囊体波斯特孔菌 *C. inocybe*
1. 担孢子宽小于 1.5 μm ·· 2
   2. 子实体通常无柄盖形；囊状体厚壁，顶端覆结晶 ····················· 盖形囊体波斯特孔菌 *C. pileata*
   2. 子实体平伏；囊状体薄壁，光滑或偶有结晶 ·· 3
3. 孔口表面干后褐色；囊状体顶端通常无结晶 ·· 4
3. 孔口表面干后浅黄色；囊状体顶端有结晶 ······························ 希玛囊体波斯特孔菌 *C. simanii*
   4. 菌管菌丝薄壁，担孢子较长，4.9~5.5 × 1~1.2 μm ········· 爱尔兰囊体波斯特孔菌 *C. hibernica*
   4. 菌管菌丝薄壁至稍厚壁，担孢子较短，3.9~4.2 × 1~1.4 μm ··
·· 亚爱尔兰囊体波斯特孔菌 *C. subhibernica*

爱尔兰囊体波斯特孔菌　图 123

Cystidiopostia hibernica (Berk. & Broome) B.K. Cui, L.L. Shen & Y.C. Dai, Persoonia 42: 118, 2019.
Polyporus hibernicus Berk. & Broome, Ann. Mag. Nat. Hist., Ser. 4 7: 428, 1871.
Poria hibernica (Berk. & Broome) Cooke, Grevillea 14(72): 112, 1886.
Postia hibernica (Berk. & Broome) Jülich, Persoonia 11(4): 423, 1982.
Spongiporus hibernicus (Berk. & Broome) Jülich, BibliothecaMycol. 85: 401, 1982.
Oligoporus hibernicus (Berk. & Broome) Gilb. & Ryvarden, Mycotaxon 22(2): 365, 1985.
Tyromyces hibernicus (Berk. & Broome) Ryvarden, Acta Mycol. Sin. 5(4): 231, 1986.
Amylocystis hibernica (Berk. & Broome) Teixeira, J. Bot., Paris 15(2): 125, 1992.
Polyporus subsericeomollis Romell, Svensk Bot. Tidskr. 20(1): 17, 1926.
Leptoporus subsericeomollis (Romell) Pilát, Kavina & Pilát, Atlas Champ. l'Europe, III, Polyporaceae (Praha) 1: 192, 1938.
Tyromyces subsericeomollis (Romell) J. Erikss., Symb. Bot. Upsal. 16(1): 139, 1958.
Oligoporus parvus Renvall, Karstenia 45(2): 96, 2005.
Postia parva (Renvall) Renvall, Norrlinia 19: 221, 2009.

子实体：担子果一年生，平伏，贴生，不易与基质分离，新鲜时柔软，干后脆而易碎，重量变轻；平伏担子果长可达 5 cm，宽可达 3 cm，厚约 6 mm；孔口表面新鲜时白色，干后浅褐色；不育边缘不明显或几乎不存在；孔口多角形，每毫米 4~5 个；管口边缘薄，稍撕裂状；菌肉奶油色，木栓质，厚约 0.2 mm；菌管浅褐色，易碎，长可达 6 mm。

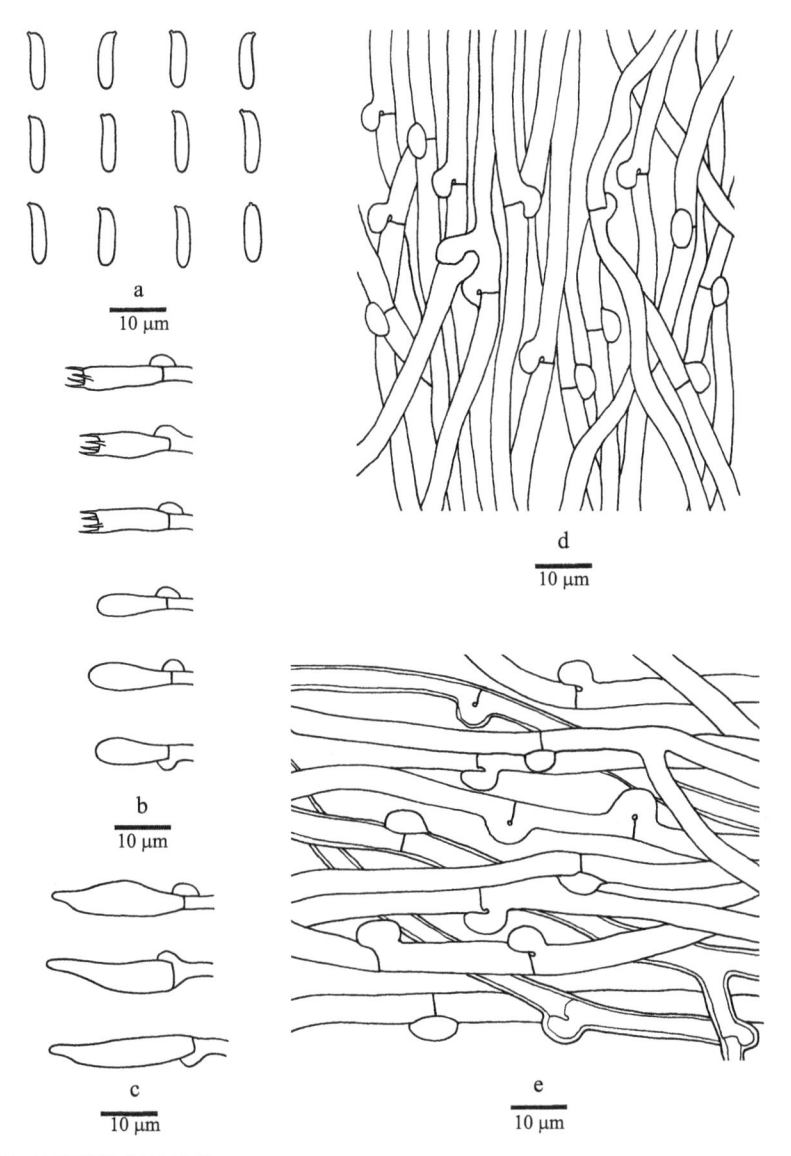

图 123 爱尔兰囊体波斯特孔菌 Cystidiopostia hibernica (Berk. & Broome) B.K. Cui, L.L. Shen & Y.C. Dai 的显微结构图
a. 担孢子；b. 担子和拟担子；c. 囊状体；d. 菌管菌丝；e. 菌肉菌丝

显微结构：菌丝系统单体系；生殖菌丝具有锁状联合，无拟糊精反应和淀粉质反应，无嗜蓝反应；菌丝组织在 KOH 试剂中无变化。菌肉中生殖菌丝无色，薄壁至稍厚壁，常具分枝，直径为 3~5 μm。菌管中生殖菌丝无色，薄壁，偶尔分枝，直径为 2~3 μm。子实层中有囊状体，纺锤形，薄壁，光滑或偶有结晶，12.5~16.5 × 3.2~4.8 μm。担子棍棒状，着生 4 个担孢子梗，基部具一锁状联合，10~12 × 3~4 μm；拟担子占多数，形状与担子类似，比担子稍小。担孢子腊肠形，无色，薄壁，光滑，无拟糊精反应和淀粉质反应，无嗜蓝反应，(4.5~)4.9~5.5(~5.9) × 1~1.2 μm，平均长 L = 5.22 μm，平均宽 W = 1.08 μm，长宽比 Q = 4.55~4.76 (n = 60/2)。

研究标本：吉林：安图县，长白山黄松蒲林场，2007 年 7 月 13 日，戴玉成 8248

（IFP 005454），戴玉成 8250（IFP 005365）。浙江：临安市，天目山自然保护区，2005年 10 月 10 日，崔宝凯 2654（IFP 005380），崔宝凯 2658（BJFC 002080）。

生境：生长在针叶树或阔叶树倒木上，引起木材褐色腐朽。

中国分布：吉林、浙江。

世界分布：日本、俄罗斯、中国等。

讨论：爱尔兰囊体波斯特孔菌的主要特征是子实体平伏，子实层有薄壁囊状体，顶端通常无结晶，担孢子腊肠形（4.9~5.5 × 1~1.2 μm）。调查发现，爱尔兰囊体波斯特孔菌在我国吉林和浙江有分布，生长在阔叶树和针叶树上（Shen et al., 2019）。

丝盖囊体波斯特孔菌　图 124

Cystidiopostia inocybe (A. David & Malençon) B.K. Cui, L.L. Shen & Y.C. Dai, Persoonia 42: 118, 2019.

Tyromyces inocybe A. David & Malençon, Bull. Trimest. Soc. Mycol. Fr. 94(4): 395, 1979.

Postia inocybe (A. David & Malençon) Jülich, Persoonia 11(4): 423, 1982.

Oligoporus inocybe (A. David & Malençon) Ryvarden & Gilb., Syn. Fung. (Oslo) 7: 415, 1993.

子实体：担子果一年生，平伏，贴生，不易与基质分离，新鲜时柔软至丝绒质，干后脆革质，重量变轻；平伏担子果长可达 10 cm，宽可达 3 cm，厚约 3 mm；孔口表面新鲜时雪白色至象牙白色，干后浅黄色；不育边缘丝绒质，宽达 0.1 cm；孔口圆形至多角形，每毫米 4~6 个；管口边缘薄，稍撕裂状；菌肉奶油色，木栓质，厚约 0.2 mm；菌管浅黄色，脆革质，长可达 3 mm。

显微结构：菌丝系统单体系；生殖菌丝具有锁状联合，无拟糊精反应和淀粉质反应，无嗜蓝反应；菌丝组织在 KOH 试剂中无变化。菌肉中生殖菌丝无色，稍厚壁，常具分枝，直径为 3~4 μm。菌管中生殖菌丝无色，稍厚壁，偶尔分枝，直径为 2~3 μm。子实层中有囊状体，纺锤形，薄壁，顶端有结晶，18~21 × 7~12 μm。担子棍棒状，着生 4 个担孢子梗，基部具一锁状联合，11~13 × 3~4 μm；拟担子占多数，形状与担子类似，比担子稍小。担孢子宽腊肠形，无色，薄壁，光滑，无拟糊精反应和淀粉质反应，无嗜蓝反应，(4.9~)5~5.8(~6.2) × (1.3~)1.5~1.9 μm，平均长 L = 5.46 μm，平均宽 W = 1.38 μm，长宽比 Q = 3.82~3.95 (n = 60/2)。

研究标本：黑龙江：伊春市，丰林自然保护区，2002 年 4 月 8 日，戴玉成 3706（IFP 005406）。

生境：多生长在阔叶树倒木上，引起木材褐色腐朽。

中国分布：黑龙江。

世界分布：法国、中国等。

讨论：丝盖囊体波斯特孔菌的主要特征是具有丝绒质子实体，孔口表面雪白色至象牙白，子实层有顶部结晶的囊状体。爱尔兰囊体波斯特孔菌和丝盖囊体波斯特孔菌相似，但是爱尔兰囊体波斯特孔菌的担孢子较窄，而且囊状体通常无结晶。调查发现，丝盖囊体波斯特孔菌在我国黑龙江有分布，常生长在阔叶树上（Shen et al., 2019）。

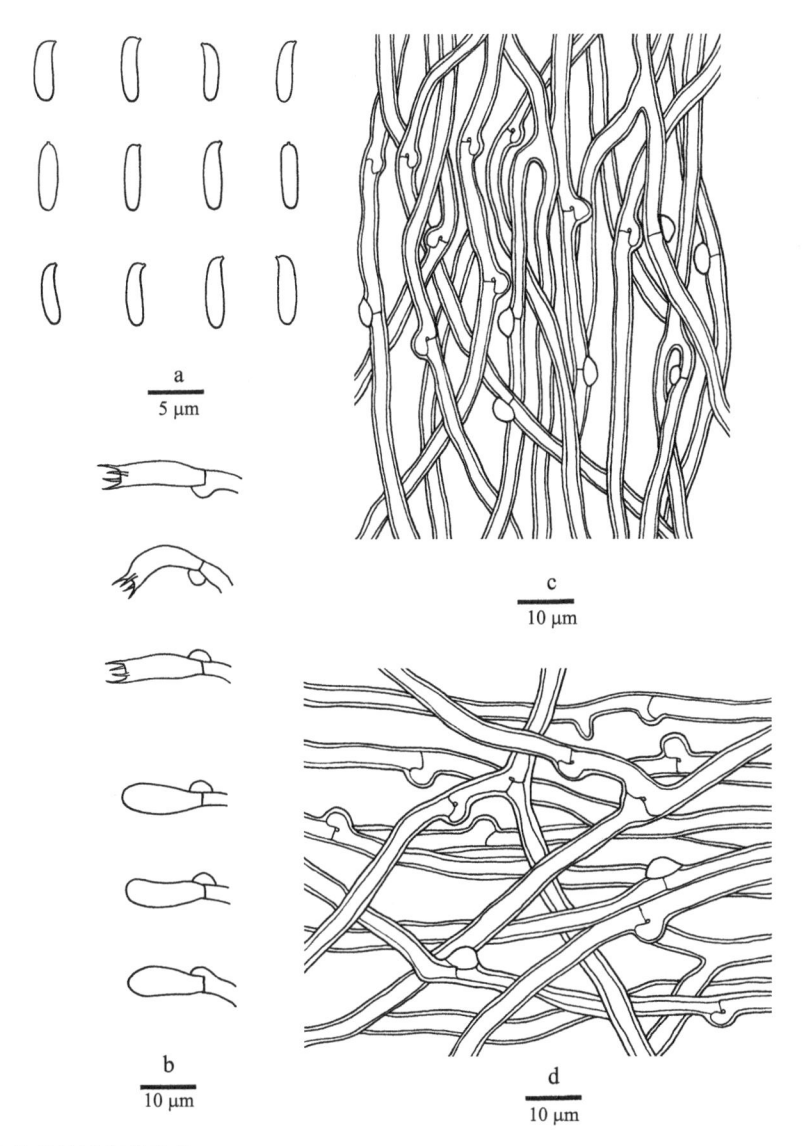

图 124　丝盖囊体波斯特孔菌 Cystidiopostia inocybe (A. David & Malençon) B.K. Cui, L.L. Shen & Y.C. Dai 的显微结构图
a. 担孢子；b. 担子和拟担子；c. 菌管菌丝；d. 菌肉菌丝

盖形囊体波斯特孔菌　图 125

Cystidiopostia pileata (Parmasto) B.K. Cui, L.L. Shen & Y.C. Dai, Persoonia 42: 118, 2019.
Auriporia pileata Parmasto, Mycotaxon 11(1): 173, 1980.
Postia pileata (Parmasto) Y.C. Dai & Renvall, Fung. Sci. 11(3, 4): 98, 1996.

子实体：担子果一年生，平伏至反转或无柄盖形，贴生，不易与基质分离，新鲜时肉质，干后木栓质至易碎，重量变轻；单个菌盖长可达 3 cm，宽可达 2 cm，中部厚可达 15 mm；平伏担子果长可达 8 cm，宽可达 4 cm，厚约 3 mm；菌盖表面新鲜时浅黄色，被绒毛，干后浅褐色，光滑；菌盖边缘新鲜时淡黄色，干后褐色，内卷，锐；孔口表面新鲜时白色，干后黄色；不育边缘颜色比孔口表面深，宽达 0.1 cm；孔口多角形，每毫米 3~5 个；管口边缘薄，撕裂状；菌肉浅黄色，木栓质，厚约 0.2 mm；菌管浅黄色，木栓质，长可达 3 mm。

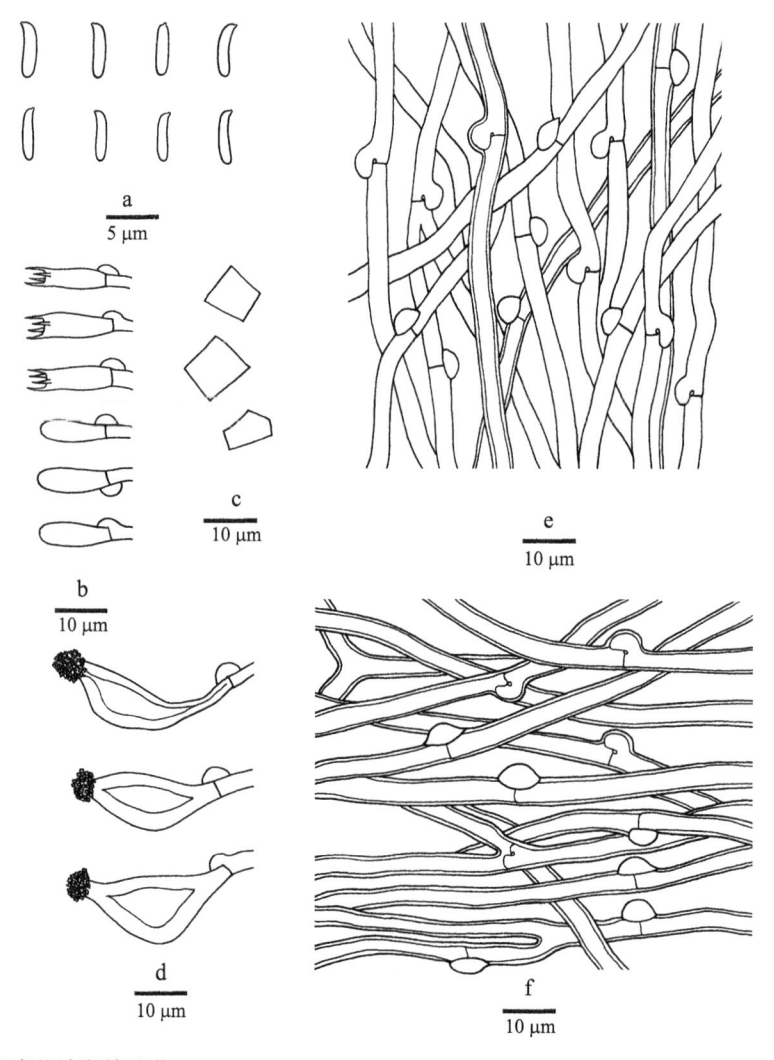

图 125 盖形囊体波斯特孔菌 Cystidiopostia pileata (Parmasto) B.K. Cui, L.L. Shen & Y.C. Dai 的显微结构图

a. 担孢子；b. 担子和拟担子；c. 多边形结晶；d. 囊状体；e. 菌管菌丝；f. 菌肉菌丝

显微结构：菌丝系统单体系；生殖菌丝具有锁状联合，无拟糊精反应和淀粉质反应，无嗜蓝反应；菌丝组织在 KOH 试剂中无变化。菌肉中生殖菌丝无色，稍厚壁，常具分枝，直径为 3~4.5 μm，有大量多边形结晶存在。菌管中生殖菌丝无色，薄壁至稍厚壁，偶尔分枝，直径为 3~4 μm。子实层中有囊状体，纺锤形，厚壁，顶端有结晶，在 Melzer 试剂中有淀粉质反应，18~25 × 5~7 μm。担子棍棒状，着生 4 个担孢子梗，基部具一锁状联合，12~14 × 3~4 μm；拟担子占多数，形状与担子类似，比担子稍小。担孢子腊肠形，无色，薄壁，光滑，无拟糊精反应和淀粉质反应，无嗜蓝反应，(4.2~)4.5~5(~5.2) × 0.9~1.2 μm，平均长 L = 4.86 μm，平均宽 W = 1.07 μm，长宽比 Q = 4.46~4.58 (n = 60/2)。

研究标本：吉林：长白山自然保护区，2005 年 8 月 29 日，戴玉成 7132（IFP 005426）。

安徽：黄山风景区，2004 年 10 月 13 日，戴玉成 6137（BJFC 002088）。

生境：多见于针叶树和阔叶树的倒木上，引起木材褐色腐朽。

中国分布：吉林、安徽。

世界分布：日本、俄罗斯、芬兰、中国等。

讨论：盖形囊体波斯特孔菌的主要特征是子实体偶尔为无柄盖形，子实层中具有大量的厚壁囊状体，且覆有结晶，在菌肉中有大量多边形结晶。调查发现，盖形囊体波斯特孔菌在我国吉林和安徽有分布，生长在针叶树和阔叶树上（Shen et al., 2019）。

希玛囊体波斯特孔菌 图 126

Cystidiopostia simanii (Pilát) B.K. Cui, L.L. Shen & Y.C. Dai, Mycosphere 14(1): 1647, 2023.

Leptoporus simanii Pilát, Sb. Nár. Mus. v Praze, Rada B, Prír. Vedy 9(2): 100, 1953.

Tyromyces simanii (Pilát) Parmasto, Eesti NSV Tead. Akad. Toim., Biol. Seer 2: 118, 1961.

Poria simanii (Pilát) Gilb. & J. Lowe, Pap. Mich. Acad. Sci. 42: 173, 1962.

Spongiporus simanii (Pilát) A. David, Bull. Mens. Soc. Linn. Lyon 49(1): 33, 1980.

Postia simanii (Pilát) Jülich, Persoonia 11(4): 423, 1982.

Oligoporus simanii (Pilát) Bernicchia [as *'simani'*], Polyporaceae s.l. in Italia (Italy): 338, 1990.

子实体：担子果一年生，平伏，贴生，不易与基质分离，新鲜时软而多汁，干后脆而易碎，重量变轻；平伏担子果长可达 5 cm，宽可达 3 cm，厚约 1 mm；孔口表面新鲜时白色，干后浅黄色；不育边缘颜色比孔口表面深，宽达 0.1 cm；孔口圆形，每毫米 4~5 个；管口边缘厚，全缘；菌肉浅黄色，木栓质，厚约 0.2 mm；菌管黄色，木栓质，长可达 1 mm。

显微结构：菌丝系统单体系；生殖菌丝具有锁状联合，无拟糊精反应和淀粉质反应，无嗜蓝反应；菌丝组织在 KOH 试剂中无变化。菌肉中生殖菌丝无色，稍厚壁，常具分枝，直径为 3~4.5 μm。菌管中生殖菌丝无色，薄壁至稍厚壁，常具分枝，直径为 3~4 μm。子实层中有囊状体，纺锤形，薄壁，顶端有结晶，在 Melzer 试剂中有淀粉质反应，15~21 × 5~6 μm。担子棒棒状，着生 4 个担孢子梗，基部具一锁状联合，10~15 × 2~4 μm；拟担子占多数，形状与担子类似，比担子稍小。担孢子腊肠形，无色，薄壁，光滑，无拟糊精反应和淀粉质反应，无嗜蓝反应，(4.0~)4.5~5(~5.2) × 0.9~1.1 μm，平均长 L = 4.87 μm，平均宽 W = 1.07 μm，长宽比 Q = 4.53~4.62（n=60/2）。

研究标本：吉林：安图县，长白山自然保护区，2005 年 8 月 28 日，戴玉成 7074（IFP 011834）。浙江：天目山保护区，2005 年 10 月 11 日，崔宝凯 2072（IFP 005450）。安徽：黄山，2004 年 10 月 13 日，戴玉成 6157（IFP 005451）。

生境：常生长在阔叶树倒木上，引起木材褐色腐朽。

中国分布：吉林、浙江、安徽。

世界分布：中国；欧洲南部。

讨论：丝盖囊体波斯特孔菌与希玛囊体波斯特孔菌相似，都有平伏并与基物紧贴生长的子实体，以及大量的顶端覆结晶的囊状体存在于子实层中，但是丝盖囊体波斯特孔菌的担孢子宽（5~5.8 × 1.5~1.9 μm）。调查发现，希玛囊体波斯特孔菌在我国吉林、浙江和安徽有分布，常生长在阔叶树上（Shen et al., 2019）。

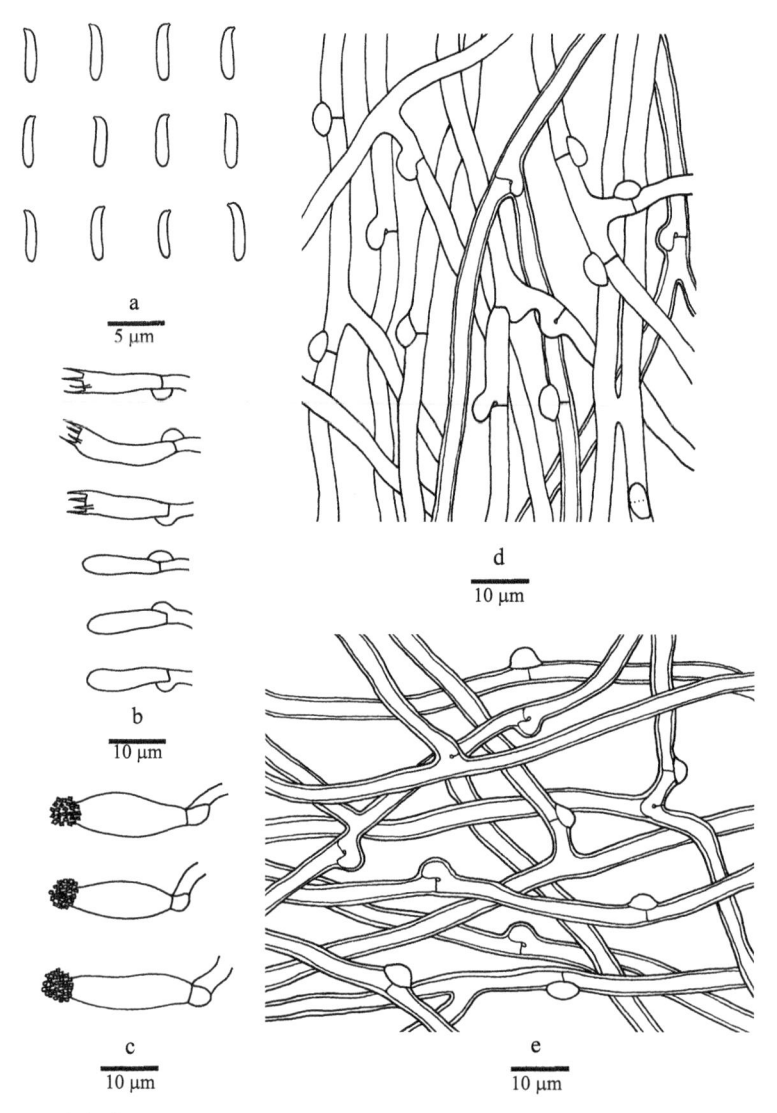

图126 希玛囊体波斯特孔菌 *Cystidiopostia simanii* (Pilát) B.K. Cui, L.L. Shen & Y.C. Dai 的显微结构图
a. 担孢子；b. 担子和拟担子；c. 囊状体；d. 菌管菌丝；e. 菌肉菌丝

亚爱尔兰囊体波斯特孔菌 图127

Cystidiopostia subhibernica B.K. Cui & Shun Liu, Fungal Divers. 118: 75, 2023.

子实体：担子果一年生，平伏至反转，贴生，不易与基质分离，新鲜时软木栓质，干后木栓质，重量变轻；平伏担子果长可达 3 cm，宽可达 4.5 cm，厚约 3 mm；孔口表面新鲜时白色至奶油色，干后浅黄色、浅黄棕色至黄棕色；不育边缘不明显或缺失；孔口圆形至多角形，每毫米 4~6 个；管口边缘薄，全缘至撕裂；菌肉奶油色至浅黄色，木栓质，厚约 1.5 mm；菌管与孔口表面同色，木栓质，长可达 7 mm。

显微结构：菌丝系统单体系；生殖菌丝具有锁状联合，无拟糊精反应和淀粉质反应，

无嗜蓝反应；菌丝组织在 KOH 试剂中无变化。菌肉中生殖菌丝无色，薄壁至稍厚壁，很少分枝，直径为 3.2~6 μm。菌管中生殖菌丝无色，薄壁至稍厚壁，偶尔分枝，直径为 1.8~4 μm。子实层中有囊状体，纺锤形，薄壁，顶端无结晶，13.2~20.5 × 2~3.2 μm。担子棍棒状，着生 4 个担孢子梗，基部具一锁状联合，12.5~22.5 × 3.8~4.7 μm；拟担子占多数，形状与担子类似，比担子稍小。担孢子腊肠形，无色，薄壁，光滑，无拟糊精反应和淀粉质反应，无嗜蓝反应，3.9~4.2(~4.4) × 1~1.4(~1.5) μm，平均长 L = 4.1 μm，平均宽 W = 1.18 μm，长宽比 Q = 3.45~3.52 (n=60/2)。

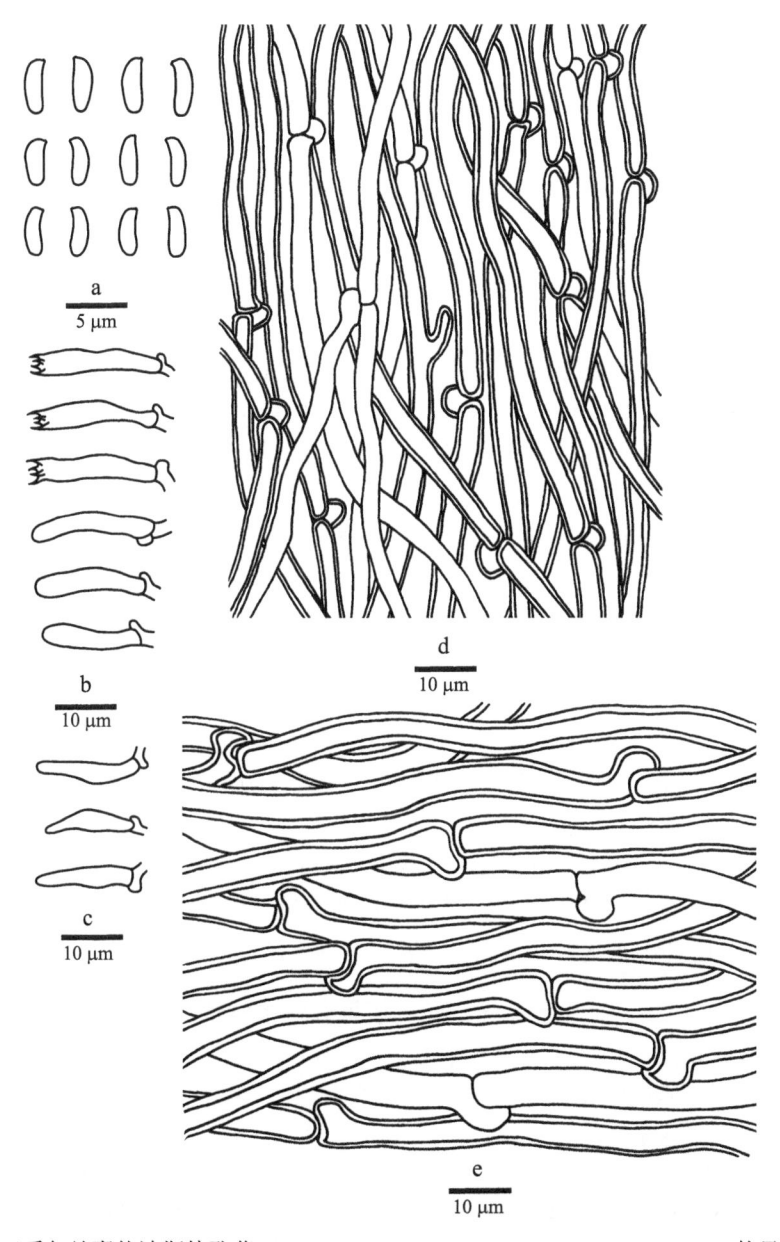

图 127　亚爱尔兰囊体波斯特孔菌 Cystidiopostia subhibernica B.K. Cui & Shun Liu 的显微结构图
a. 担孢子；b. 担子和拟担子；c. 囊状体；d. 菌管菌丝；e. 菌肉菌丝

研究标本：云南：楚雄，牟定县，化佛山自然保护区，2021年8月31日，戴玉成22653（BJFC 037227）；大理，宾川县，鸡足山，2021年9月1日，戴玉成22691（BJFC 037264）；香格里拉市，滇藏线，2018年9月17日，崔宝凯17095（BJFC 030395，模式标本）。

生境：生长在针叶树上，引起木材褐色腐朽。

中国分布：云南。

世界分布：中国。

讨论：形态上，亚爱尔兰囊体波斯特孔菌与爱尔兰囊体波斯特孔菌相似，担子果均为一年生，新鲜时孔口白色至奶油色，孔口相似（Ryvarden and Melo，2014），但是爱尔兰囊体波斯特孔菌菌管中的生殖菌丝为薄壁，担子较小（10~12 × 3~4 μm），担孢子较长（4.9~5.5 × 1~1.2 μm）（Ryvarden and Melo，2014）。

褐波斯特孔菌属 Fuscopostia B.K. Cui, L.L. Shen & Y.C. Dai
Persoonia 42: 118, 2019

担子果一年生，具盖形或平伏至反转，单生或覆瓦状叠生，新鲜时肉质至木栓质，干后木栓质至脆革质；菌盖扇形至半圆形；菌盖表面新鲜时白色至奶油色，触摸后迅速变为肉桂色至红褐色，干后土黄色至深褐色，被绒毛或光滑，无环纹；孔口表面新鲜时白色至奶油色或略带淡黄色，触摸后快速变成红褐色至锈棕色，干后呈深褐色；孔口圆形至多角形；菌肉奶油色至浅黄色，木栓质；菌管与孔口表面同色，易碎或脆革质。菌丝系统单体系；生殖菌丝具锁状联合，无拟糊精反应和淀粉质反应，无嗜蓝反应；子实层中偶尔具囊状体，拟囊状体存在；担孢子圆柱形至腊肠形，无色，薄壁，光滑，无拟糊精反应和淀粉质反应，无嗜蓝反应。

模式种：*Fuscopostia fragilis* (Fr.) B.K. Cui, L.L. Shen & Y.C. Dai。

生境：生长在阔叶树或针叶树上，引起木材褐色腐朽。

中国分布：吉林、黑龙江、浙江、江西、四川、云南、西藏等。

世界分布：北美洲，欧洲，亚洲。

讨论：褐波斯特孔菌属由Shen等（2019）建立，模式种是脆褐波斯特孔菌 *F. fragilis*。该属区别于波斯特孔菌属的主要特征是褐波斯特孔菌属的子实体较厚，边缘较钝，触摸后菌盖和孔口表面均迅速变为红褐色，干后呈棕色。目前，该属有7种，中国分布6种。

中国褐波斯特孔菌属分种检索表

1. 子实层中有胶化囊状体 ··· 2
1. 子实层中无胶化囊状体 ··· 4
   2. 孔口每毫米少于5个 ··· 3
   2. 孔口每毫米多于5个 ··· 桃红褐波斯特孔菌 *F. persicina*
3. 菌肉双层；担孢子宽1.8~2.5 μm ··· 异质褐波斯特孔菌 *F. duplicata*
3. 菌肉不分层；担孢子宽1~1.7 μm ··· 白褐波斯特孔菌 *F. leucomallella*
   4. 菌盖表面干后浅褐色至褐色 ·· 毛褐波斯特孔菌 *F. tomentosa*
   4. 菌盖表面干后浅黄色至黏土浅黄色或蜜黄色 ··· 5

5. 孔口表面新鲜时白色至奶油色；担孢子宽 0.9~1.5 μm·················· **榛色褐波斯特孔菌** *F. avellanea*
5. 孔口表面新鲜时浅黄色至肉粉色；担孢子宽 1.7~2.5 μm············ **亚脆褐波斯特孔菌** *F. subfragilis*

榛色褐波斯特孔菌　图 128

Fuscopostia avellanea B.K. Cui & Shun Liu, Mycosphere 14(1): 1635, 2023.

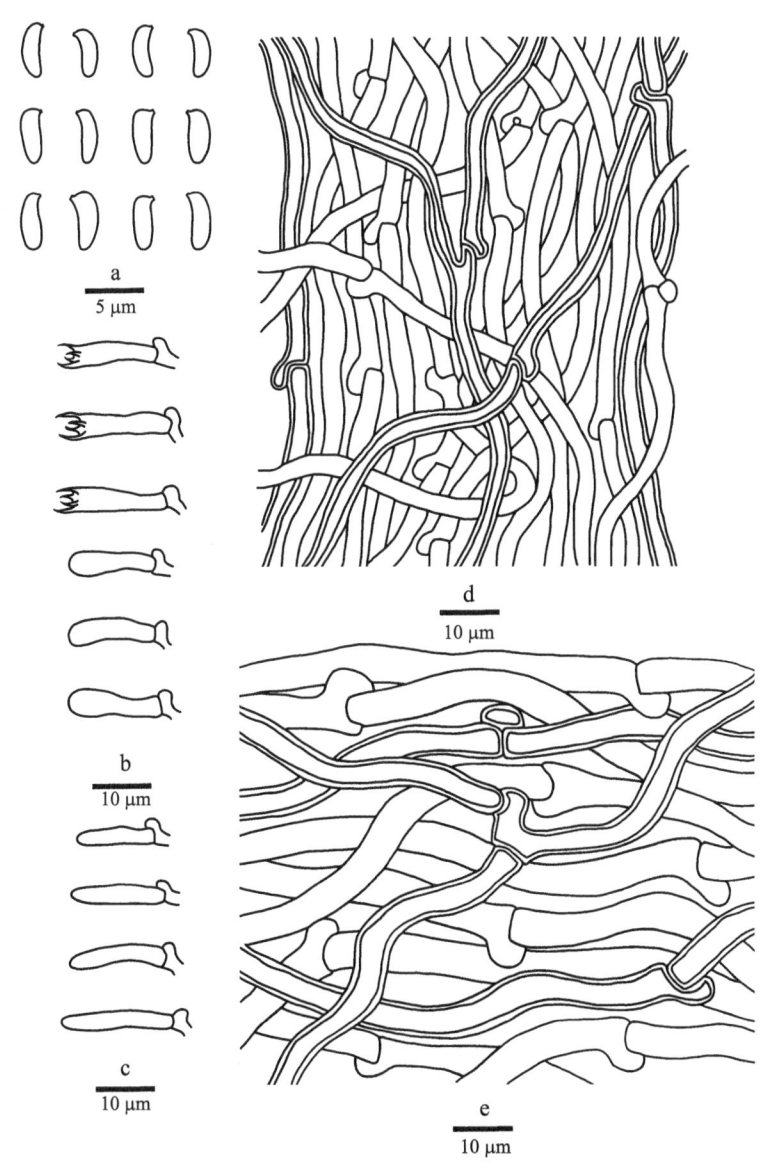

图 128　榛色褐波斯特孔菌 *Fuscopostia avellanea* B.K. Cui & Shun Liu 的显微结构图
a. 担孢子；b. 担子和拟担子；c. 囊状体；d. 菌管菌丝；e. 菌肉菌丝

子实体：担子果一年生，盖形或平伏至反转，单生，新鲜时软木栓质至木栓质，干后木栓质至脆质，重量变轻；菌盖半圆形至蹄形，单个菌盖长可达 4 cm，宽可达 7.5 cm，中部厚可达 1.5 mm；菌盖表面新鲜时奶油色至鲑鱼红色略带泥粉色，触摸或干后浅黄色至黏土黄色，无毛或具绒毛，无环带；菌盖边缘薄而锐；孔口表面新鲜时白色至奶油色，触摸或干后粉黄色至锈棕色；不育边缘不明显或缺失；孔口圆形至多角形，每毫米 4~7 个；管口边缘薄至稍厚，全缘至稍撕裂状；菌肉奶油色至粉黄色，木栓质，厚约 10 mm；菌管与孔口表面同色，木栓质至脆质，长可达 5 mm。

显微结构：菌丝系统单体系；生殖菌丝具有锁状联合，无拟糊精反应和淀粉质反应，无嗜蓝反应；菌丝组织在 KOH 试剂中无变化。菌肉中生殖菌丝无色，薄壁至稍厚壁，偶尔分枝，直径为 2.6~7.2 μm。菌管中生殖菌丝无色，薄壁至稍厚壁，偶尔分枝，直径为 1.8~3.7 μm。子实层中无囊状体，具拟囊状体，纺锤形，薄壁，光滑，12.8~19.2 × 1.8~3.3 μm。担子棍棒状，着生 4 个担孢子梗，基部具一锁状联合，13.5~19.8 × 3.5~4.8 μm；拟担子占多数，形状与担子类似，比担子稍小。担孢子腊肠形至圆柱形，无色，薄壁，光滑，无拟糊精反应和淀粉质反应，无嗜蓝反应，(3.7~)3.8~5.2(~5.3) × 0.9~1.5(~1.6) μm，平均长 L = 4.26 μm，平均宽 W = 1.24 μm，长宽比 Q = 3.27~3.69 (n = 120/4)。

研究标本：云南：兰坪县，通甸镇，罗古箐，2017 年 9 月 19 日，崔宝凯 16266（BJFC 029565，模式标本）；丽江市，宁蒗县，泸沽湖自然保护区，2021 年 9 月 9 日，戴玉成 23018（BJFC 037591），戴玉成 23019（BJFC 037592）；云龙县，天池自然保护区，2019 年 11 月 6 日，崔宝凯 18064（BJFC 034923）。

生境：生长在松树上，引起木材褐色腐朽。

中国分布：云南。

世界分布：中国。

讨论：榛色褐波斯特孔菌的主要特征是担子果一年生，盖形或平伏至反转，菌盖表面新鲜时奶油色至鲑鱼红色略带泥粉色，触摸或干后浅黄色至黏土黄色，孔口圆形至多角形，每毫米 4~7 个，担孢子腊肠形至圆柱形（3.8~5.2 × 0.9~1.5 μm）。

异质褐波斯特孔菌　图 129

Fuscopostia duplicata (L.L. Shen, B.K. Cui & Y.C. Dai) B.K. Cui, L.L. Shen & Y.C. Dai, Persoonia 42: 119, 2019.

Postia duplicata L.L. Shen, B.K. Cui & Y.C. Dai, Phytotaxa 162(3): 149, 2014.

子实体：担子果一年生，盖形，单生，新鲜时软木栓质，干后木栓质，重量变轻；菌盖半圆形至蹄形，单个菌盖长可达 20 cm，宽可达 8 cm，中部厚可达 1.6 mm；菌盖表面新鲜时白色至奶油色，触摸或干后肉桂色至红褐色，无毛或具绒毛，无环带；菌盖边缘钝；孔口表面新鲜时白色，触摸或干后棕色至红褐色；不育边缘不明显或缺失；孔口多角形，每毫米 3~4 个；管口边缘薄，全缘；菌肉以一条不规则黑色分为两层，上层菌肉软，灰色至橄榄黄色，厚达 5.5 mm；下层菌肉紧密，奶油色至浅黄色，厚达 4.5 mm；菌管浅棕色，脆而易碎，长可达 6 mm。

显微结构：菌丝系统单体系；生殖菌丝具有锁状联合，无拟糊精反应和淀粉质反应，无嗜蓝反应；菌丝组织在 KOH 试剂中无变化。菌肉中生殖菌丝无色，稍厚壁，常具分枝，直径为 4~7 μm。菌管中生殖菌丝无色，薄壁至稍厚壁，偶尔分枝，直径为 2~4 μm。子实层中有胶化囊状体，菌丝状至窄棍棒形，薄壁，光滑，26~34 × 2~3 μm；拟囊状体纺锤形，薄壁，光滑，21~29 × 4.5~5.5 μm。担子棍棒状，着生 4 个担孢子梗，基部具一锁状联合，20~28 × 4~5 μm；拟担子占多数，形状与担子类似，比担子稍小。担孢子圆柱形，无色，薄壁，光滑，无拟糊精反应和淀粉质反应，无嗜蓝反应，(3.6~)3.8~5.8 × 1.8~2.5(~2.6) μm，平均长 L = 4.65 μm，平均宽 W = 2.05 μm，长宽比 Q = 2.28~2.41 (n = 60/2)。

研究标本：浙江：庆元县，百山祖保护区，2013 年 8 月 14 日，戴玉成 13411（BJFC 014872，模式标本）。云南：兰坪县，通甸镇，罗古箐，2011 年 9 月 19 日，崔宝凯 10366（BJFC 011261）。西藏：林芝市，波密县，易贡茶场，2021 年 10 月 24 日，戴玉成 23429（BJFC 038001），戴玉成 23430（BJFC 038002）。

生境：生长于阔叶树或针叶树树桩或朽木上，引起木材褐色腐朽。

中国分布：浙江、云南、西藏。

世界分布：中国。

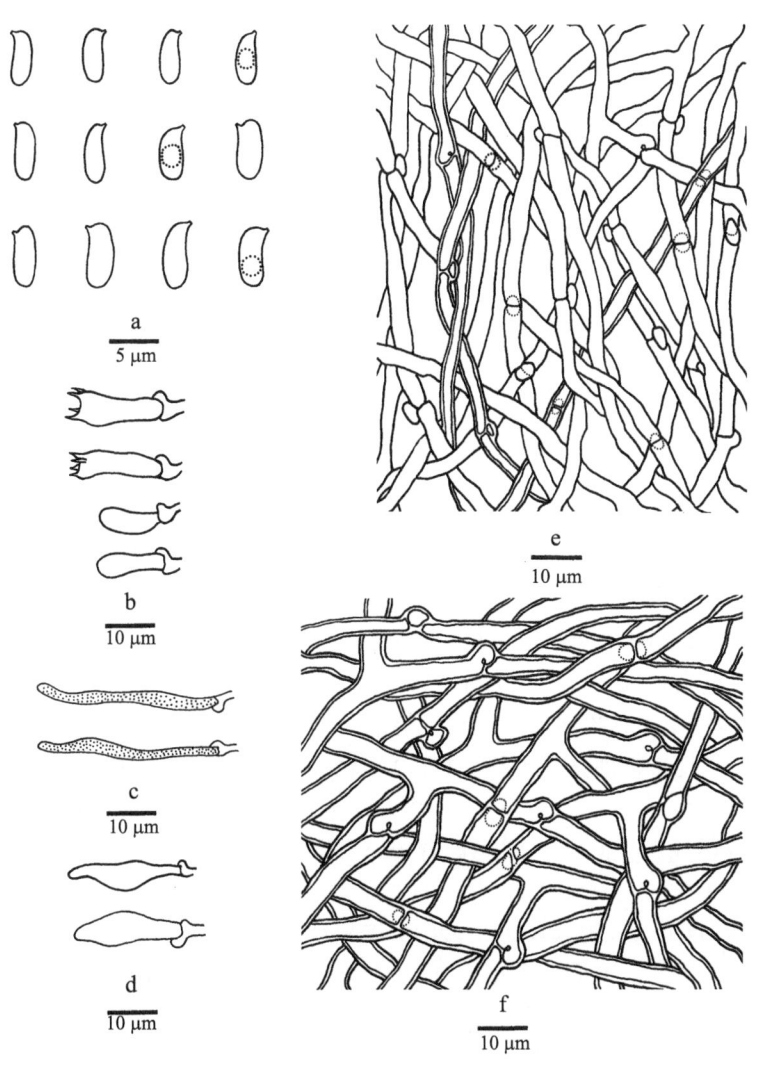

图 129 异质褐波斯特孔菌 *Fuscopostia duplicata* (L.L. Shen, B.K. Cui & Y.C. Dai) B.K. Cui, L.L. Shen & Y.C. Dai 的显微结构图

a. 担孢子；b. 担子和拟担子；c. 胶化囊状体；d. 拟囊状体；e. 菌管菌丝；f. 菌肉菌丝

讨论：异质褐波斯特孔菌的主要特征是子实体触摸后变棕色，菌肉分两层，子实层中有胶化囊状体，担孢子圆柱形。在系统发育分析中，异质褐波斯特孔菌和脆褐波斯特孔菌的亲缘关系近，这两个种都有无柄盖形、触摸后变棕色的子实体，大小相似的孔口，且子实层中都有胶化囊状体，但是脆褐波斯特孔菌菌肉同质，且担孢子为腊肠形。

白褐波斯特孔菌　图 130

Fuscopostia leucomallella (Murrill) B.K. Cui, L.L. Shen & Y.C. Dai, Persoonia 42: 119, 2019.

Polyporus leucomallellus (Murrill) Murrill, Bull. Torrey Bot. Club 67(1): 66, 1940.
Tyromyces leucomallellus Murrill, Bull. Torrey Bot. Club 67(1): 63, 1940.
Spongiporus leucomallellus (Murrill) A. David, Bull. Mens. Soc. Linn. Lyon 49(1): 23, 1980.
Postia leucomallella (Murrill) Jülich, Persoonia 11(4): 423, 1982.
Oligoporus leucomallellus (Murrill) Gilb. & Ryvarden, Mycotaxon 22(2): 365, 1985.
Polyporus newellianus (Murrill) Murrill, Bull. Torrey Bot. Club 67(1): 66, 1940.
Tyromyces newellianus Murrill, Bull. Torrey Bot. Club 67(1): 64, 1940.
Tyromyces gloeocystidiatus Kotl. & Pouzar, Westfälische Pilzbriefe 4: 45-47, 1963.
Tyromyces gloeocystidiatus Kotl. & Pouzar, Česká Mykol. 18(4): 207, 1964.
Postia fragilis sensu auct fide Checklist of Basidiomycota of Great Britain and Ireland, 2005.

子实体：担子果一年生，盖形，单生，新鲜时肉质，干后软木栓质至脆革质，重量变轻；菌盖扇形，单个菌盖长可达 8 cm，宽可达 10 cm，中部厚可达 10 mm；菌盖表面新鲜时奶油色至棕色，触摸或干后红褐色，无毛或具绒毛，无环带；菌盖边缘较钝，颜色同菌盖；孔口表面新鲜时白色至奶油色，触摸或干后红褐色至深褐色；不育边缘不明显或缺失；孔口多角形，每毫米 3~4 个；管口边缘薄，撕裂状；菌肉浅黄色，软木栓质，厚约 5 mm；菌管黄色，易碎，长可达 5 mm。

显微结构：菌丝系统单体系；生殖菌丝具有锁状联合，无拟糊精反应和淀粉质反应，无嗜蓝反应；菌丝组织在 KOH 试剂中无变化。菌肉中生殖菌丝无色，薄壁至稍厚壁，很少分枝，直径为 4~5.5 μm。菌管中生殖菌丝无色，稍厚壁，很少分枝，直径为 3~4.5 μm。子实层中具胶化囊状体，菌丝状，薄壁，光滑，20~25 × 3~4 μm。担子棒棒状，着生 4 个担孢子梗，基部具一锁状联合，13~16 × 3~4 μm；拟担子占多数，形状与担子类似，比担子稍小。担孢子腊肠形，无色，薄壁，光滑，无拟糊精反应和淀粉质反应，无嗜蓝反应，(4~)4.5~5.8(~6) × 1~1.7(~2) μm，平均长 L = 5.22 μm，平均宽 W = 1.42 μm，长宽比 Q = 3.33~3.65 (n = 60/2)。

研究标本：四川：乡城县，小雪山，2019 年 8 月 12 日，崔宝凯 17446（BJFC 034305）。云南：大理，宾川县，鸡足山，2021 年 9 月 1 日，戴玉成 22701（BJFC 037274）；宾川县，鸡足山公园，2018 年 9 月 14 日，崔宝凯 17004（BJFC 030303）。西藏：林芝市，波密县，2010 年 9 月 20 日，崔宝凯 9521（BJFC 008459），崔宝凯 9577（BJFC 008515），崔宝凯 9599（BJFC 008537）；2021 年 10 月 24 日，戴玉成 23505（BJFC 038077）；波密县，易贡茶场，2021 年 10 月 24 日，戴玉成 23462（BJFC 038034）；波密县，岗云杉林景区，2021 年 10 月 27 日，戴玉成 23644（BJFC 038216），戴玉成

23655（BJFC 038227）；林芝县，卡定沟公园，2014 年 9 月 24 日，崔宝凯 12320（BJFC 017234）。

生境：生长于针叶树或阔叶树树桩或倒木上，引起木材褐色腐朽。

中国分布：四川、云南、西藏。

世界分布：中国（北部）、俄罗斯（远东地区）；欧洲，北美洲。

讨论：白褐波斯特孔菌的主要特征是子实体较大，触摸后变红褐色，子实层中有胶化囊状体，担孢子腊肠形。异质褐波斯特孔菌和白褐波斯特孔菌相似，都有干后棕褐色子实体，大小相似的孔口，子实层中都有胶化囊状体。但是，异质褐波斯特孔菌的菌肉分层且担孢子为圆柱形。调查发现，白褐波斯特孔菌在我国西南地区有分布，生长在针叶树或阔叶树上（Shen et al., 2019）。

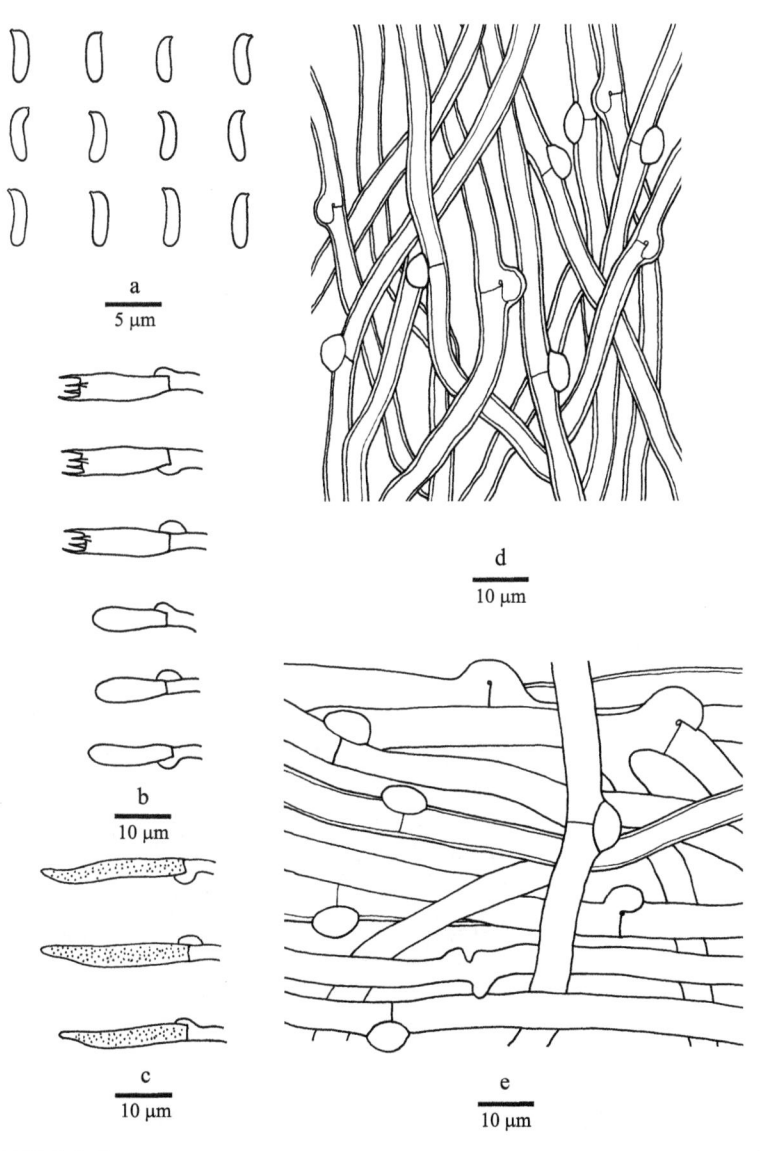

图 130　白褐波斯特孔菌 *Fuscopostia leucomallella* (Murrill) B.K. Cui, L.L. Shen & Y.C. Dai 的显微结构图
a. 担孢子；b. 担子和拟担子；c. 胶化囊状体；d. 菌管菌丝；e. 菌肉菌丝

桃红褐波斯特孔菌　图 131，图版 II 15

Fuscopostia persicina B.K. Cui & Shun Liu, Mycosphere 14(1): 1636, 2023.

子实体：担子果一年生，盖形，单生或覆瓦状叠生，新鲜时软木栓质至木栓质，干后木栓质至易碎，重量变轻；菌盖扇形，单个菌盖长可达 4.2 cm，宽可达 7 cm，中部厚可达 10 mm；菌盖表面新鲜时桃黄色至肉桂色，触摸或干后浅褐色至褐色，无毛，无环带；菌盖边缘锐，颜色同菌盖；孔口表面新鲜时奶油色至浅黄色，触摸或干后咖啡色至棕褐色；不育边缘不明显或缺失；孔口多角形，每毫米 6~8 个；管口边缘薄，撕裂状；菌肉奶油色至浅黄色，木栓质，厚约 2 mm；菌管粉黄色至橄榄黄色，木栓质至易碎，长可达 2 mm。

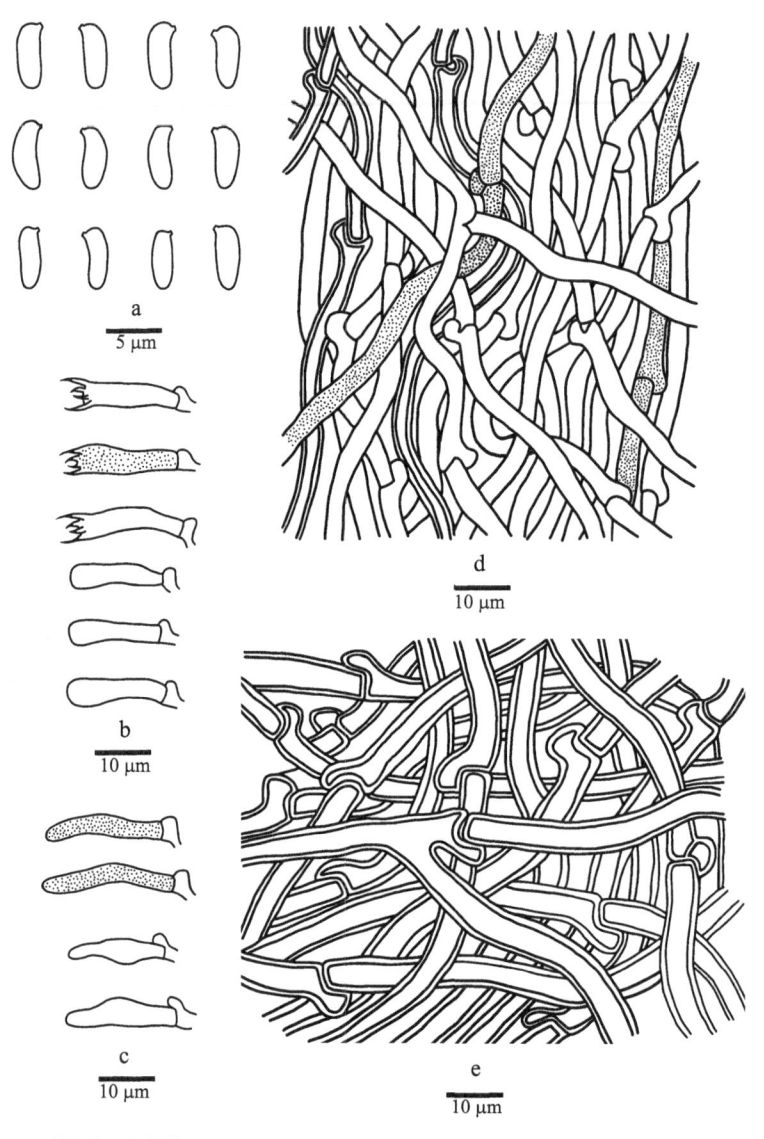

图 131　桃红褐波斯特孔菌 *Fuscopostia persicina* B.K. Cui & Shun Liu 的显微结构图
a. 担孢子；b. 担子和拟担子；c. 胶化囊状体和拟囊状体；d. 菌管菌丝；e. 菌肉菌丝

显微结构：菌丝系统单体系；生殖菌丝具有锁状联合，无拟糊精反应和淀粉质反应，无嗜蓝反应；菌丝组织在 KOH 试剂中无变化。菌肉中生殖菌丝无色，稍厚壁，偶尔分枝，直径为 2.6~6.8 μm。菌管中生殖菌丝无色，稍厚壁，很少分枝，直径为 2.3~5 μm。子实层中具胶化囊状体，窄棍棒形至纺锤形，薄壁，光滑，16.4~27.5 × 2~4.5 μm；拟囊状体纺锤形，薄壁，光滑，14.6~21.8 × 2.9~4.8 μm。担子棍棒状，着生 4 个担孢子梗，基部具一锁状联合，15.5~19.8 × 3.2~5.4 μm；拟担子占多数，形状与担子类似，比担子稍小。担孢子腊肠形至圆柱形，无色，薄壁，光滑，无拟糊精反应和淀粉质反应，无嗜蓝反应，(4.2~)4.4~5.3(~5.4) × (1.3~)1.5~2.3 μm，平均长 L = 4.82 μm，平均宽 W = 1.83 μm，长宽比 Q = 2.65~2.69 (n = 60/2)。

研究标本：云南：丽江市，玉龙雪山景区云杉坪，2018 年 9 月 16 日，崔宝凯 17086（BJFC 030385，模式标本）。西藏：林芝市，色季拉山，2021 年 10 月 23 日，戴玉成 23341（BJFC 037912）。

生境：生长在云杉或冷杉上，引起木材褐色腐朽。

中国分布：云南、西藏。

世界分布：中国。

讨论：桃红褐波斯特孔菌的主要特征是担子果一年生，单生或覆瓦状叠生，菌盖表面新鲜时桃黄色至肉桂色，触摸或干后浅褐色至褐色，孔口表面新鲜时奶油色至浅黄色，触摸或干后咖啡色至棕褐色，孔口多角形，每毫米 6~8 个，担孢子腊肠形至圆柱形（4.4~5.3 × 1.5~2.3 μm）。

亚脆褐波斯特孔菌　图 132

Fuscopostia subfragilis B.K. Cui & Shun Liu, Fungal Divers. 118: 76, 2023.

子实体：担子果一年生，盖形，单生，新鲜时柔软多水，干后木栓质至易碎，重量变轻；菌盖扇形，单个菌盖长可达 2.5 cm，宽可达 4.2 cm，中部厚可达 7 mm；菌盖表面新鲜时浅黄色至橘黄色，触摸或干后浅黄色至蜜黄色，无毛，无环带；菌盖边缘钝，颜色同菌盖；孔口表面新鲜时浅黄色至肉粉色，触摸或干后橄榄黄色至蜜黄色；不育边缘宽达 1 mm，与孔口表面同色；孔口圆形至多角形，每毫米 4~6 个；管口边缘薄至稍厚，全缘至撕裂状；菌肉奶油色至浅黄色，木栓质，厚约 4 mm；菌管奶油色至黄褐色，木栓质至易碎，长可达 3 mm。

显微结构：菌丝系统单体系；生殖菌丝具有锁状联合，无拟糊精反应和淀粉质反应，无嗜蓝反应；菌丝组织在 KOH 试剂中无变化。菌肉中生殖菌丝无色，薄壁至稍厚壁，很少分枝，直径为 2~7.2 μm。菌管中生殖菌丝无色，薄壁至稍厚壁，偶尔分枝，直径为 1.9~4.8 μm。子实层中无囊状体，具拟囊状体，纺锤形，薄壁，光滑，14.2~18.4 × 2.6~5.3 μm。担子棍棒状，着生 4 个担孢子梗，基部具一锁状联合，13.4~18.5 × 3.8~6.5 μm；拟担子占多数，形状与担子类似，比担子稍小。担孢子腊肠形至圆柱形，无色，薄壁，光滑，无拟糊精反应和淀粉质反应，无嗜蓝反应，(4.2~)4.3~5.2(~5.6) × (1.6~)1.7~2.5(~2.7) μm，平均长 L = 4.85 μm，平均宽 W = 2 μm，长宽比 Q = 2.32~2.6 (n = 60/2)。

研究标本：四川：九龙县，伍须海景区，2019 年 9 月 13 日，崔宝凯 17706（BJFC 034565）。云南：楚雄市，紫溪山自然保护区，2017 年 9 月 20 日，崔宝凯 16302（BJFC

029601，模式标本）；楚雄市，牟定县，化佛山自然保护区，2021 年 8 月 31 日，戴玉成 22634（BJFC 037208）；兰坪县，通甸镇，罗古箐，2017 年 9 月 19 日，崔宝凯 16282（BJFC 029581）；玉溪市，新平县，磨盘山森林公园，2017 年 6 月 15 日，戴玉成 17617（BJFC 025149）。

生境：生长于针叶树或阔叶树上，引起木材褐色腐朽。

中国分布：四川、云南。

世界分布：中国。

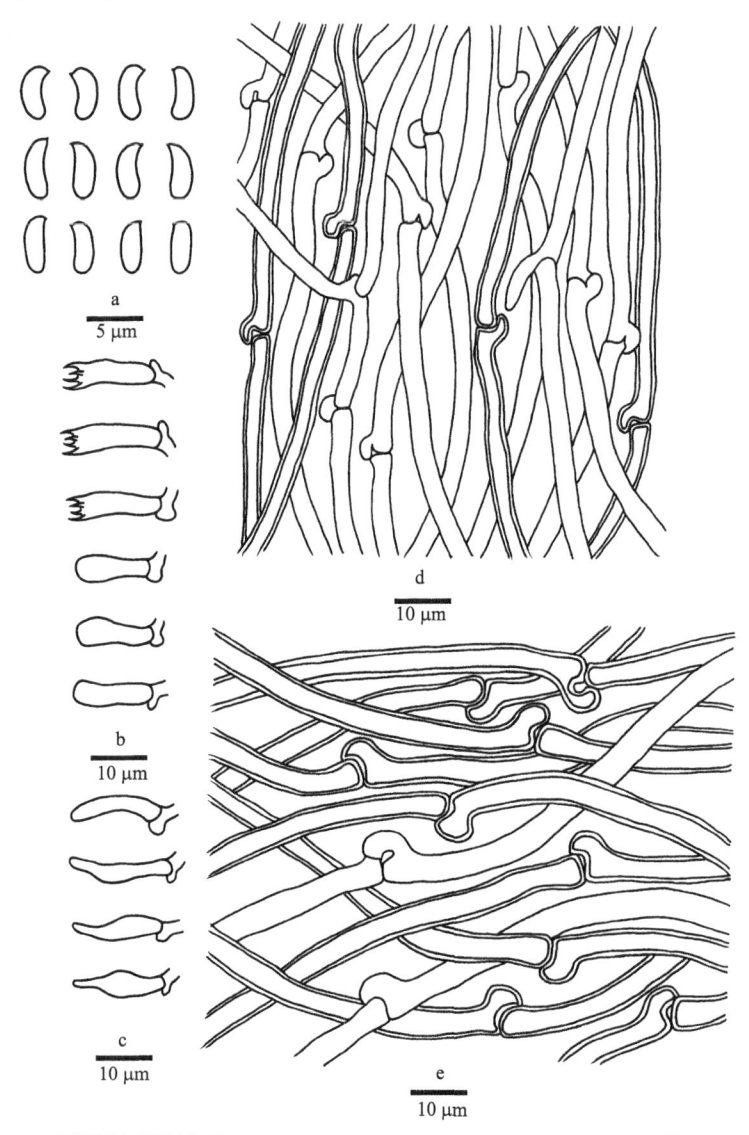

图 132 亚脆褐波斯特孔菌 *Fuscopostia subfragilis* B.K. Cui & Shun Liu 的显微结构图
a. 担孢子；b. 担子和拟担子；c. 拟囊状体；d. 菌管菌丝；e. 菌肉菌丝

讨论：亚脆褐波斯特孔菌与脆褐波斯特孔菌都有着一年生的子实体和相似的孔口（每毫米 4~6 个），但是脆褐波斯特孔菌新鲜时菌盖表面白色至奶油色，菌肉菌丝稍厚壁，菌管中薄壁菌丝占多数和较大的担子（20~22 × 4~5 µm）（Ryvarden and Melo，2014）。

毛褐波斯特孔菌 图 133

Fuscopostia tomentosa B.K. Cui & Shun Liu, Mycosphere 14(1): 1638, 2023.

子实体：担子果一年生，盖形，单生，新鲜时软木栓质，干后木栓质至易碎，重量变轻；菌盖半圆形至扇形，单个菌盖长可达 3.2 cm，宽可达 6.4 cm，中部厚可达 12 mm；菌盖表面幼时白色至奶油色，成熟新鲜标本的基部为浅棕色至红棕色，边缘为奶油色至浅黄色，触摸或干后黏土黄色、浅褐色至棕褐色，被多毛，具环带或不具环带；菌盖边缘锐至钝，颜色同菌盖；孔口表面新鲜时白色至奶油色，触摸或干后灰棕色至锈棕色；不育边缘不明显或缺失；孔口圆形至多角形，每毫米 3~5 个；管口边缘薄至稍厚，全缘至撕裂状；菌肉蜜黄至灰棕色，木栓质，厚约 8 mm；菌管粉黄色至黏土黄色，木栓质至易碎，长可达 3 mm。

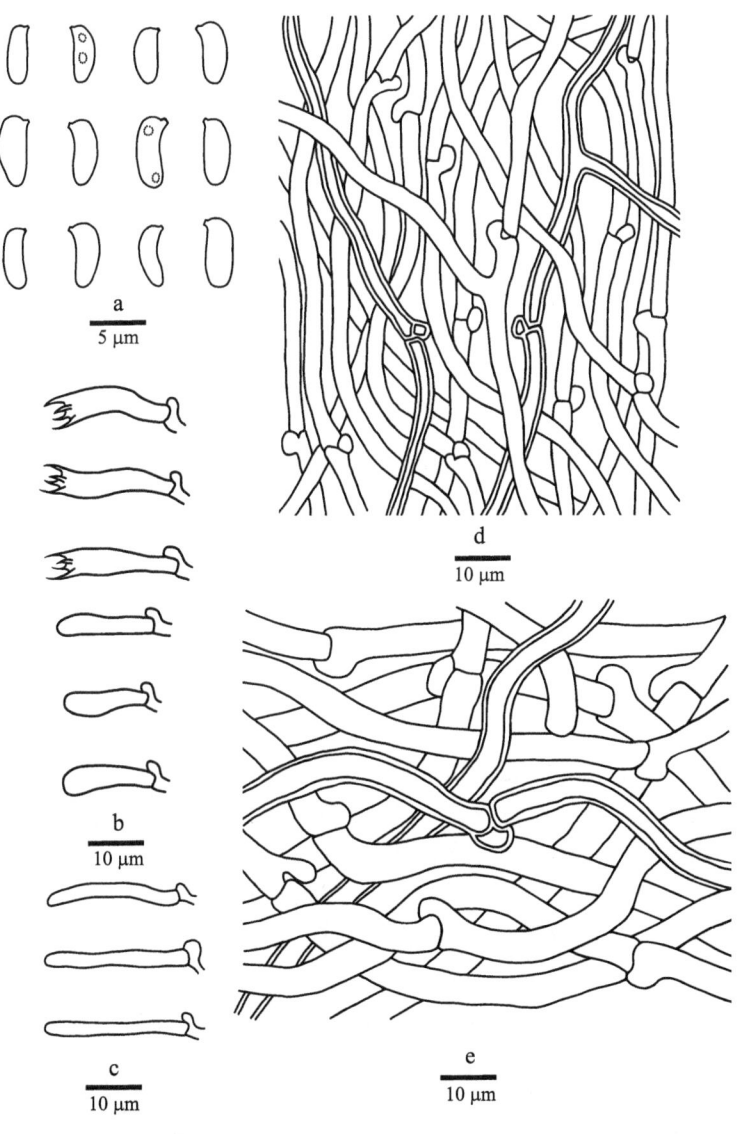

图 133 毛褐波斯特孔菌 *Fuscopostia tomentosa* B.K. Cui & Shun Liu 的显微结构图
a. 担孢子；b. 担子和拟担子；c. 拟囊状体；d. 菌管菌丝；e. 菌肉菌丝

显微结构：菌丝系统单体系；生殖菌丝具有锁状联合，无拟糊精反应和淀粉质反应，无嗜蓝反应；菌丝组织在 KOH 试剂中无变化。菌肉中生殖菌丝无色，稍厚壁，偶尔分枝，直径为 2.4~6.5 μm。菌管中生殖菌丝无色，稍厚壁，很少分枝，直径为 1.8~4 μm。子实层中无囊状体，具拟囊状体，纺锤形，薄壁，光滑，18.3~42.5 × 1.9~3.2 μm。担子棍棒状，着生 4 个担孢子梗，基部具一锁状联合，17.4~24.7 × 3.2~5.5 μm；拟担子占多数，形状与担子类似，比担子稍小。担孢子圆柱形，无色，薄壁，光滑，无拟糊精反应和淀粉质反应，无嗜蓝反应，3.9~6.2(~6.3) × 1.8~2.5(~2.7) μm，平均长 L = 5.21 μm，平均宽 W = 2.16 μm，长宽比 Q = 2.25~2.66 (n = 120/4)。

研究标本：四川：九龙县，伍须海景区，2019 年 9 月 13 日，崔宝凯 17718（BJFC 034577，模式标本）；美姑县，大风顶国家自然保护区，2019 年 9 月 18 日，崔宝凯 17860（BJFC 034719），崔宝凯 17865（BJFC 034724）；雅江县，康巴汉子村，2020 年 9 月 7 日，崔宝凯 18364（BJFC 035223）；九寨沟县，九寨沟自然保护区，2020 年 9 月 20 日，崔宝凯 18564（BJFC 035425）。云南：香格里拉市，普达措国家公园，2018 年 9 月 17 日，崔宝凯 17114（BJFC 030414）；2019 年 8 月 13 日，崔宝凯 17478（BJFC 034337）；2021 年 9 月 7 日，戴玉成 22977（BJFC 037550）；德钦县，白马雪山自然保护区，2020 年 9 月 14 日，崔宝凯 18515（BJFC 035376）。

生境：生长在云杉或冷杉上，引起木材褐色腐朽。

中国分布：四川、云南。

世界分布：中国。

讨论：毛褐波斯特孔菌的主要特征是担子果一年生，盖形，菌盖表面幼时白色至奶油色，成熟新鲜标本的基部为浅棕色至红棕色，边缘为奶油色至浅黄色，触摸或干后黏土黄色、浅褐色至棕褐色，被多毛，具环带或不具环带，担孢子圆柱形（3.9~6.2 × 1.8~2.5 μm）。

杨氏孔菌属 Jahnoporus Nuss

Hoppea 39: 176, 1980

担子果一年生，盖形，具柄，新鲜时肉质至软木栓质，干后木栓质至易碎；菌盖表面新鲜时灰色至浅紫棕色，具硬毛至绒毛；孔口表面白色至奶油色；孔口圆形至多角形；菌肉白色，木栓质；菌管与孔口表面同色，木栓质至易碎；菌柄浅赭色至浅灰色，具孔口或多毛状。菌丝系统单体系；生殖菌丝均具锁状联合，无拟糊精反应和淀粉质反应，无嗜蓝反应；子实层中无囊状体及其他不育结构；担孢子纺锤形至舟形，无色，厚壁，光滑，无拟糊精反应和淀粉质反应，有嗜蓝反应。

模式种：*Jahnoporus hirtus* (Cooke) Nuss。

生境：生长在针叶树或阔叶树上，引起木材褐色腐朽。

中国分布：黑龙江。

世界分布：北美洲，欧洲，亚洲。

讨论：杨氏孔菌属由 Nuss（1980）建立，模式种是硬毛杨氏孔菌 *J. hirtus*。该属的主要特征是担子果具柄，菌丝系统单体系，担孢子锤形至舟形（Spirin et al., 2015b）。

近些年的系统发育研究表明，杨氏孔菌属是波斯特孔菌类群（the postia group）中的一员。目前，该属有4种，中国分布1种。

伸展杨氏孔菌　图134

Jahnoporus brachiatus Spirin, Vlasák & Miettinen, Cryptog. Mycol. 36 (4): 412, 2015. Liu et al., Mycosphere 14(1): 1611, 2023.

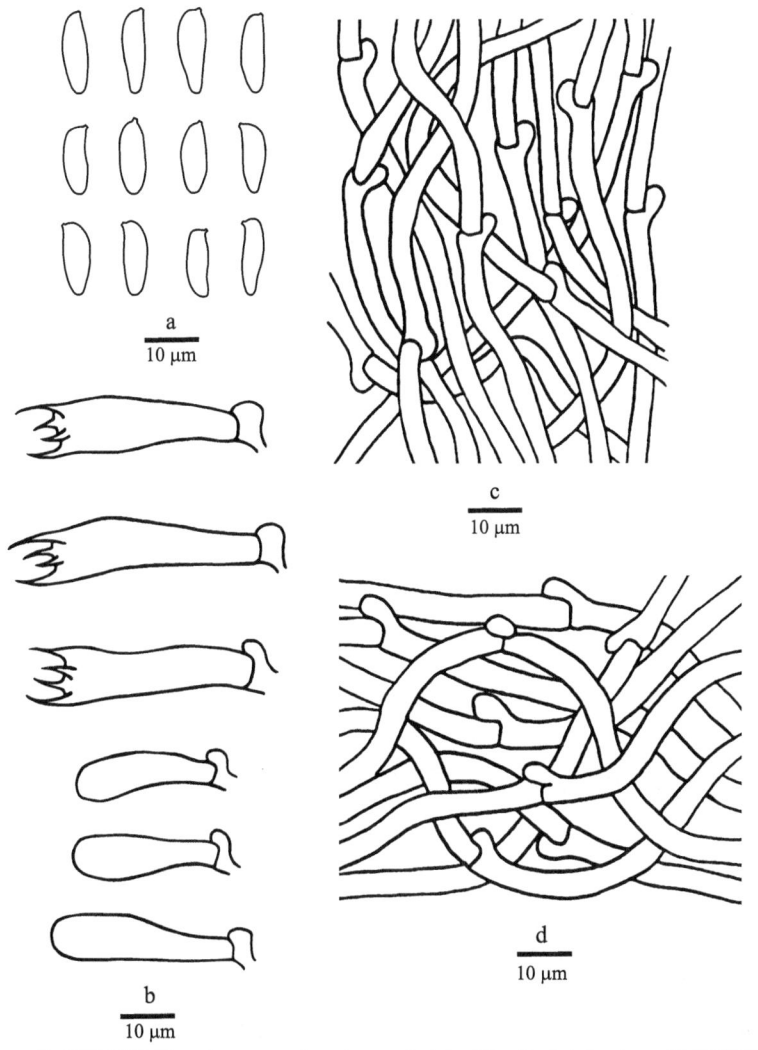

图134　伸展杨氏孔菌 *Jahnoporus brachiatus* Spirin, Vlasák & Miettinen 的显微结构图
a. 担孢子；b. 担子和拟担子；c. 菌管菌丝；d. 菌肉菌丝

子实体：担子果一年生，具盖形，通常具一侧生柄或中生柄，单生，新鲜时肉质，干后木栓质至脆质，重量变轻；菌盖扁平伸展，单个菌盖长可达7 cm，宽可达5 cm，中部厚可达3 mm；菌盖表面浅灰色至浅赭色，环带不明显；菌盖锐；孔口表面奶油色至浅赭色；不育边缘不明显；孔口多角形，每毫米2~3个；管口边缘薄，撕裂状；菌肉白色至奶油色，木栓质，厚约1.5 mm；菌管与孔口表面同色，脆质，长可达1.5 mm；菌柄具孔口或被多毛，奶油色至浅赭色，长可达5 cm，宽可达1 cm，新鲜时肉质，干

后脆质。

显微结构：菌丝系统单体系；生殖菌丝具有锁状联合，无拟糊精反应和淀粉质反应，无嗜蓝反应；菌丝组织在 KOH 试剂中无变化。菌肉中生殖菌丝无色，薄壁，很少分枝，直径为 4.5~6.5 μm。菌管中生殖菌丝无色，薄壁，很少分枝，直径为 3~5 μm。子实层中无囊状体及其他不育结构。担子棍棒状，着生 4 个担孢子梗，基部具一锁状联合，25.9~33.3 × 7.4~10.6 μm；拟担子占多数，形状与担子类似，比担子稍小。担孢子窄纺锤形，无色，薄壁，光滑，无拟糊精反应和淀粉质反应，无嗜蓝反应，13~17 × 4~5 μm，平均长 L = 14.25 μm，平均宽 W = 4.55 μm，长宽比 Q = 3.14 (n = 30/1)。

研究标本：黑龙江：伊春市，丰林自然保护区，2011 年 8 月 2 日，崔宝凯 9873（BJFC 010766）。

生境：生长在阔叶树或针叶树上，引起木材褐色腐朽。

中国分布：黑龙江。

世界分布：俄罗斯、中国。

讨论：伸展杨氏孔菌的主要特征是担子果一年生，具盖形，通常具一侧生柄或中生柄，菌盖扁平伸展，孔口多角形，每毫米 2~3 个，担孢子窄纺锤形（13~17 × 4~5 μm）。调查发现，伸展杨氏孔菌在我国黑龙江有分布，生长在针叶树或阔叶树上。

褐腐干酪孔菌属 Oligoporus Bref.

Unters. Gesammtgeb. Mykol. 8: 114, 1888

担子果一年生，平伏，贴生，不易于基质分离，新鲜时质地软，棉絮状，干后软木栓质；孔口表面新鲜时白色至浅黄色，干后奶油色至浅黄色；不育边缘很窄，白色，绒毛状；孔口圆形至多角形；菌肉白色，软木栓质；菌管白色至奶油色，木栓质。菌丝系统单体系；生殖菌丝均具锁状联合，无拟糊精反应和淀粉质反应，无嗜蓝反应；子实层中具囊状体，拟囊状体有或无；担孢子椭圆形，无色，厚壁，光滑，无拟糊精反应和淀粉质反应，有嗜蓝反应。

模式种：*Oligoporus rennyi* (Berk. & Broome) Donk。

生境：常生长在针叶树上，引起木材褐色腐朽。

中国分布：内蒙古、吉林、黑龙江、海南、云南、西藏等。

世界分布：欧洲，亚洲。

讨论：褐腐干酪孔菌属常被视为波斯特孔菌属的同物异名，一些分类学家支持使用褐腐干酪孔菌属（Gilbertson and Ryvarden，1987；Ryvarden and Gilbertson，1994；Núñez and Ryvarden，2001），另外一些支持使用波斯特孔菌属（Renvall，1992；Niemelä et al.，2005；Wei and Dai，2006；Hattori et al.，2011；Cui and Li，2012；Pildain and Rajchenberg，2013）。近年来的研究指出，波斯特孔菌属包括担孢子薄壁的种类，而褐腐干酪孔菌属包含担孢子厚壁且嗜蓝的种类（Shen et al.，2019）。目前，该属有 4 种，中国分布 4 种。

中国褐腐干酪孔菌属分种检索表

1. 囊状体不存在 ·· 厚垣孢褐腐干酪孔菌 *O. rennyi*

1. 囊状体存在 ··· 2
　　2. 囊状体薄壁 ··· **柔丝褐腐干酪孔菌 *O. sericeomollis***
　　2. 囊状体厚壁 ··· 3
3. 生长在罗汉松上 ··· **罗汉松褐腐干酪孔菌 *O. podocarpi***
3. 生长在其他树种上 ··· **洛梅里褐腐干酪孔菌 *O. romellii***

罗汉松褐腐干酪孔菌　图 135
Oligoporus podocarpi Y.C. Dai, Chao G. Wang & Yuan Yuan, MycoKeys 82: 189, 2021.

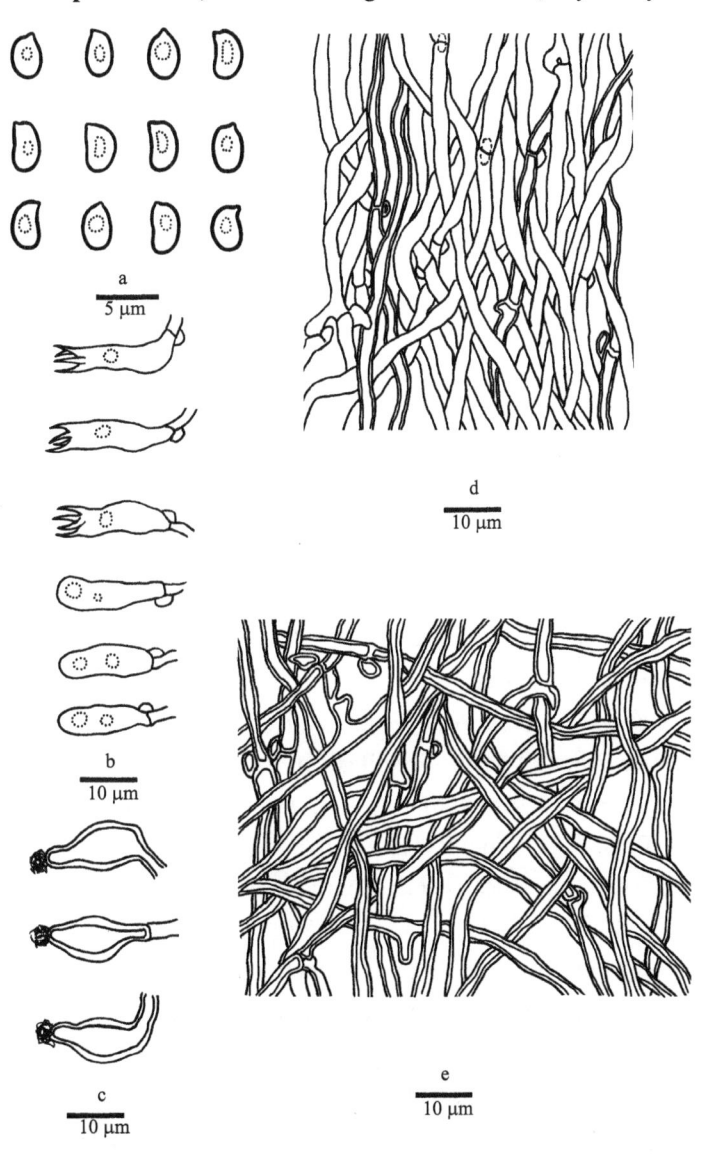

图 135　罗汉松褐腐干酪孔菌 *Oligoporus podocarpi* Y.C. Dai, Chao G. Wang & Yuan Yuan 的显微结构图
a. 担孢子；b. 担子和拟担子；c. 囊状体；d. 菌管菌丝；e. 菌肉菌丝

子实体：担子果一年生，平伏，贴生，不易与基质分离，新鲜时软木栓质，干后硬木栓质至易碎，重量变轻；平伏担子果长可达 3 cm，宽可达 2 cm，厚约 2.3 mm；孔口

· 279 ·

表面新鲜时雪白色，干后奶油色至浅黄色；不育边缘不明显或几乎不存在；孔口圆形至多角形，每毫米 5~6 个；管口边缘薄，全缘；菌肉白色，易碎至软木栓质，厚约 0.3 mm；菌管与孔口表面同色，硬木栓质至易碎，长可达 2 mm。

显微结构：菌丝系统单体系；生殖菌丝具有锁状联合，无拟糊精反应和淀粉质反应，无嗜蓝反应；菌丝组织在 KOH 试剂中无变化。菌肉中生殖菌丝无色，厚壁，常具分枝，直径为 2.5~3.8 μm。菌管中生殖菌丝无色，薄壁至稍厚壁，偶尔分枝，直径为 2.5~3.8 μm。子实层中有囊状体，纺锤形，厚壁，顶端被结晶，12.3~17.6 × 4.3~6.5 μm。担子棒状，着生 4 个担孢子梗，基部具一锁状联合，12.5~16 × 4~5 μm；拟担子占多数，形状与担子类似，比担子稍小。担孢子宽椭圆形至肾形，无色，薄壁至稍厚壁，光滑，有拟糊精反应，有嗜蓝反应，(3.5~)3.8~4.2(~4.5) × 2~2.3(~2.5) μm，平均长 L = 3.98 μm，平均宽 W = 2.14 μm，长宽比 Q = 1.82~1.90 (n = 90/3)。

研究标本：海南：昌江黎族自治县，海南热带雨林国家公园霸王岭，2020 年 11 月 10 日，戴玉成 22042（BJFC 035938，模式标本），戴玉成 22043（BJFC 035939），戴玉成 22044（BJFC 035940）。

生境：生长在罗汉松上，引起木材褐色腐朽。

中国分布：海南。

世界分布：中国。

讨论：罗汉松褐腐干酪孔菌的主要特征是担子果新鲜时柔软，干燥后坚硬，囊状体顶端被结晶，担孢子宽椭圆形至肾形（3.8~4.2 × 2~2.3 μm）、有拟糊精反应、有嗜蓝反应，生长在罗汉松上（Zhou et al.，2021）。

厚垣孢褐腐干酪孔菌　图 136

Oligoporus rennyi (Berk. & Broome) Donk, Persoonia 6(2): 214, 1971. Liu et al., Mycosphere 14(1): 1611, 2023.

Polyporus rennyi Berk. & Broome, Ann. Mag. Nat. Hist., Ser. 4 15(85): 31, 1875.
Poria rennyi (Berk. & Broome) Sacc., Grevillea 14(72): 112, 1886.
Strangulidium rennyi (Berk. & Broome) Pouzar, Česká Mykol. 21(4): 206, 1967.
Tyromyces rennyi (Berk. & Broome) Ryvarden, Svensk Bot. Tidskr. 68: 281, 1974.
Postia rennyi (Berk. & Broome) Rajchenb., Boln Soc. Argent. Bot. 29(1-2): 117, 1993.
Ptychogaster citrinus Boud., J. Bot., Paris 1: 8, 1887.
Ceriomyces citrinus (Boud.) Sacc., Syll. Fung. (Abellini) 6: 386, 1888.
Oligoporus farinosus Bref., Unters. Gesammtgeb. Mykol. (Liepzig) 8: 118, 1888.
Polyporus farinosus (Bref.) Sacc., Syll. Fung. (Abellini) 9: 169, 1891.
Poria amesii Murrill, Mycologia 12(2): 90, 1920.

子实体：担子果一年生，平伏，贴生，不易与基质分离，新鲜时质地软至棉絮状，干后纤维质，重量变轻；平伏担子果长可达 2 cm，宽可达 0.2 cm，厚约 0.3 mm；孔口表面新鲜时白色，干后奶油色；不育边缘不明显或几乎不存在；孔口多角形，每毫米 4~5 个；管口边缘薄，全缘；菌肉白色，纤维质，厚约 0.1 mm；菌管与孔口表面同色，易碎，长可达 0.2 mm。

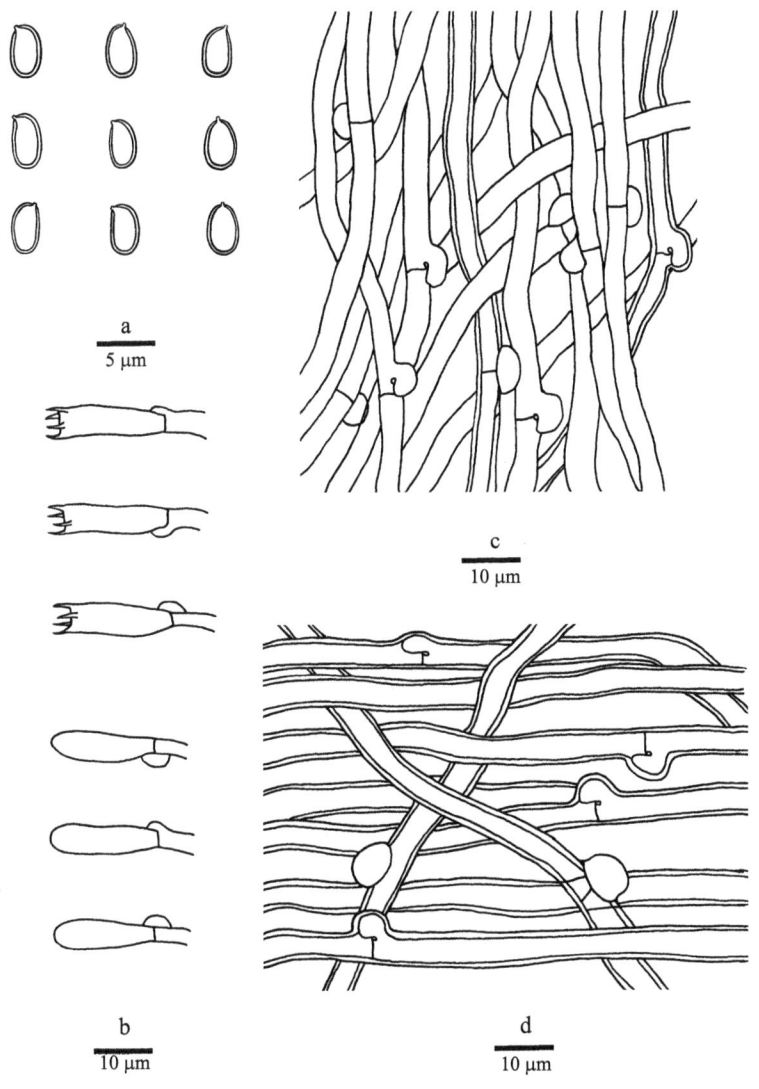

图 136 厚垣孢褐腐干酪孔菌 Oligoporus rennyi (Berk. & Broome) Donk 的显微结构图
a. 担孢子；b. 担子和拟担子；c. 菌管菌丝；d. 菌肉菌丝

显微结构：菌丝系统单体系；生殖菌丝具有锁状联合，无拟糊精反应和淀粉质反应，无嗜蓝反应；菌丝组织在 KOH 试剂中无变化。菌肉中生殖菌丝无色，稍厚壁，很少分枝，直径为 3~5 μm。菌管中生殖菌丝无色，薄壁至稍厚壁，偶尔分枝，直径为 2~4 μm。子实层中无囊状体及其他不育结构。担子棍棒状，着生 4 个担孢子梗，基部具一锁状联合，15~20 × 4~5 μm；拟担子占多数，形状与担子类似，比担子稍小。担孢子椭圆形，无色，薄壁至稍厚壁，光滑，有拟糊精反应，有嗜蓝反应，(4.5~)4.8~6(~6.2) × 2.5~3.5(~3.8) μm，平均长 L = 5.62 μm，平均宽 W = 2.83 μm，长宽比 Q = 1.95~2.05 (n = 60/2)。

研究标本：黑龙江：鹤岗市联营林场，2008 年 8 月 30 日，袁海生 5194（IFP 014196）。云南：丽江市，玉龙雪山景区云杉坪，2018 年 9 月 16 日，崔宝凯 17054（BJFC 030353）。西藏：林芝市，波密县，2021 年 10 月 25 日，戴玉成 23514（BJFC 038086）。

生境：生长在针叶树上，引起木材褐色腐朽。

中国分布：黑龙江、云南、西藏。

世界分布：俄罗斯（远东地区）、中国；欧洲。

讨论：厚垣孢褐腐干酪孔菌主要特征是子实体棉絮状，很薄，子实层中缺乏囊状体，担孢子椭圆形（4.8~6 × 2.5~3.5 μm）。调查发现，厚垣孢褐腐干酪孔菌在我国东北和西南地区有分布，常生长在针叶树上（Shen et al., 2019）。

洛梅里褐腐干酪孔菌 图 137

Oligoporus romellii (M. Pieri & B. Rivoire) Niemelä, Norrlinia 19: 221, 2009. Liu et al., Mycosphere 14(1): 1611, 2023.

Postia romellii M. Pieri & B. Rivoire, Bull. Mens. Soc. Linn. Lyon 75(3): 116, 2006.

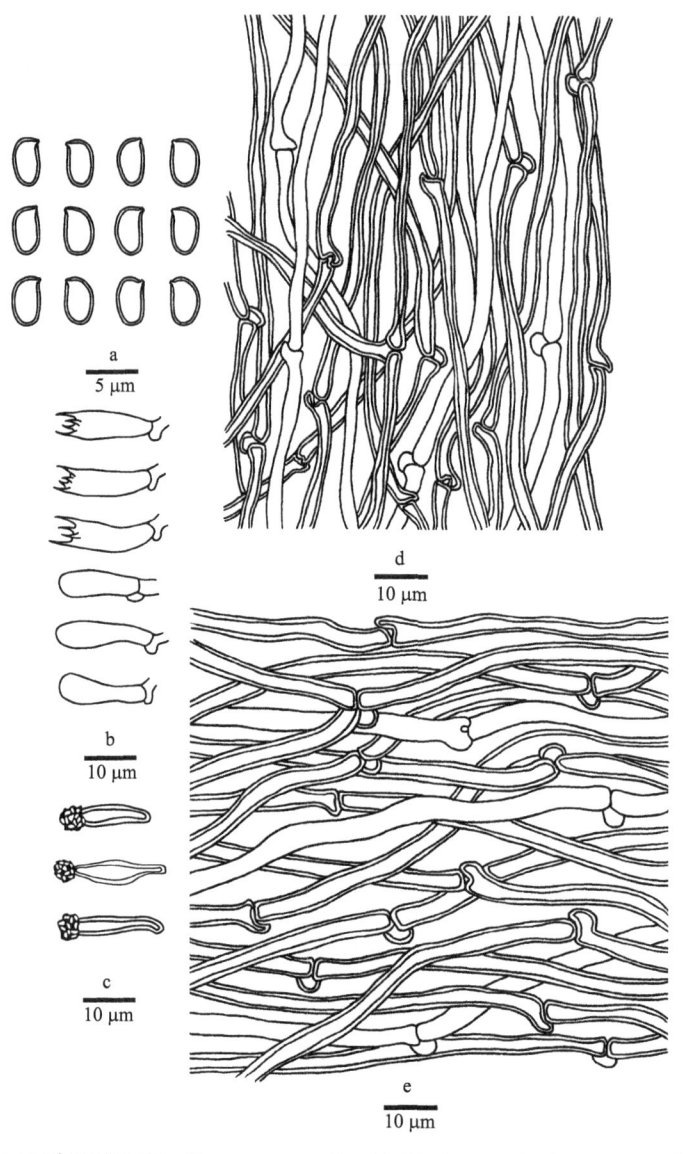

图 137 洛梅里褐腐干酪孔菌 *Oligoporus romellii* (M. Pieri & B. Rivoire) Niemelä 的显微结构图
a. 担孢子；b. 担子和拟担子；c. 囊状体；d. 菌管菌丝；e. 菌肉菌丝

子实体：担子果一年生，平伏，贴生，不易与基质分离，新鲜时软木栓质，干后木栓质，重量变轻；平伏担子果长可达 4 cm，宽可达 7.5 cm，厚约 4 mm；孔口表面新鲜时白色至奶油色，干后浅黄色；不育边缘不明显或几乎不存在；孔口多角形，每毫米 4~6 个；管口边缘稍厚，全缘至撕裂状；菌肉奶油色至浅黄色，木栓质，厚约 0.5 mm；菌管与孔口表面同色，木栓质至易碎，长可达 3 mm。

显微结构：菌丝系统单体系；生殖菌丝具有锁状联合，无拟糊精反应和淀粉质反应，无嗜蓝反应；菌丝组织在 KOH 试剂中无变化。菌肉中生殖菌丝无色，薄壁至稍厚壁，偶尔分枝，直径为 3.2~5.2 μm。菌管中生殖菌丝无色，薄壁至稍厚壁，偶尔分枝，直径为 1.8~4 μm。子实层中有囊状体，纺锤形，厚壁，顶端被结晶，11.5~16.4 × 3.7~5.2 μm。担子棍棒状，着生 4 个担孢子梗，基部具一锁状联合，14.5~20.5 × 3.5~5.8 μm；拟担子占多数，形状与担子类似，比担子稍小。担孢子椭圆形，无色，稍厚壁，光滑，有拟糊精反应，有嗜蓝反应，4~4.4(~4.5) × 1.9~2.3(~2.4) μm，平均长 L = 4.06 μm，平均宽 W = 2.13 μm，长宽比 Q = 1.91 (n = 30/1)。

研究标本：西藏：林芝市，波密县，2021 年 10 月 26 日，戴玉成 23576（BJFC 038148）。
生境：生长在针叶树上，引起木材褐色腐朽。
中国分布：西藏。
世界分布：白俄罗斯、瑞典、中国等。
讨论：洛梅里褐腐干酪孔菌的主要特征是担子果一年生，平伏，菌管木栓质至易碎，囊状体纺锤形，厚壁，顶端被结晶，担孢子椭圆形（4~4.4 × 1.9~2.3 μm）。调查发现，洛梅里褐腐干酪孔菌在我国西藏地区有分布，常生长在针叶树上（Liu et al., 2023a）。

柔丝褐腐干酪孔菌　　图 138

Oligoporus sericeomollis (Romell) Bondartseva, Mikol. Fitopatol. 17(4): 279, 1983. Liu et al., Mycosphere 14(1): 1611, 2023.

Polyporus sericeomollis Romell, Ark. Bot. 11(3): 22, 1911.

Leptoporus sericeomollis (Romell) Bourdot & Galzin, Bull. Trimest. Soc. Mycol. Fr. 41(1): 128, 1925.

Poria sericeomollis (Romell) Romell, Pap. Mich. Acad. Sci. 6: 72, 1927.

Tyromyces sericeomollis (Romell) Bondartsev, Annls Mycol. 39(1): 52, 1941.

Strangulidium sericeomolle (Romell) Pouzar, Česká Mykol. 21(4): 206, 1967.

Postia sericeomollis (Romell) Jülich, Persoonia 11(4): 423, 1982.

Amylocystis sericeomollis (Romell) Teixeira, J. Bot., Paris 15(2): 125, 1992.

Leptoporus litschaueri Pilát, Bull. Trimest. Soc. Mycol. Fr. 48(1): 9, 1932.

Leptoporus asiaticus Pilát, Atlas Champ. l'Europe, III, Polyporaceae (Praha) 1: 194, 1938.

Poria asiatica (Pilát) Overholts, Bull. Pa agric. Exp. Stn 418: 22, 1942

Chaetoporellus asiaticus (Overholts) M.P. Christ., Dansk Bot. Ark. 19(2): 352, 1960.

Tyromyces litschaueri (Pilát) Komarova, Opredelitel' Trutovykh Gribov Belorussii: 106, 1964.

子实体：担子果一年生，平伏，贴生，不易与基质分离，新鲜时质地为棉絮状，干后脆而易碎，重量变轻；平伏担子果长可达 8 cm，宽可达 2 cm，厚约 3 mm；孔口表面新鲜时白色，干后奶油色至浅黄色；不育边缘不明显或几乎不存在；孔口多角形，每毫米 4~6 个；管口边缘薄，撕裂状；菌肉白色，易碎，厚约 0.1 mm；菌管与孔口表面同色，易碎，长可达 3 mm。

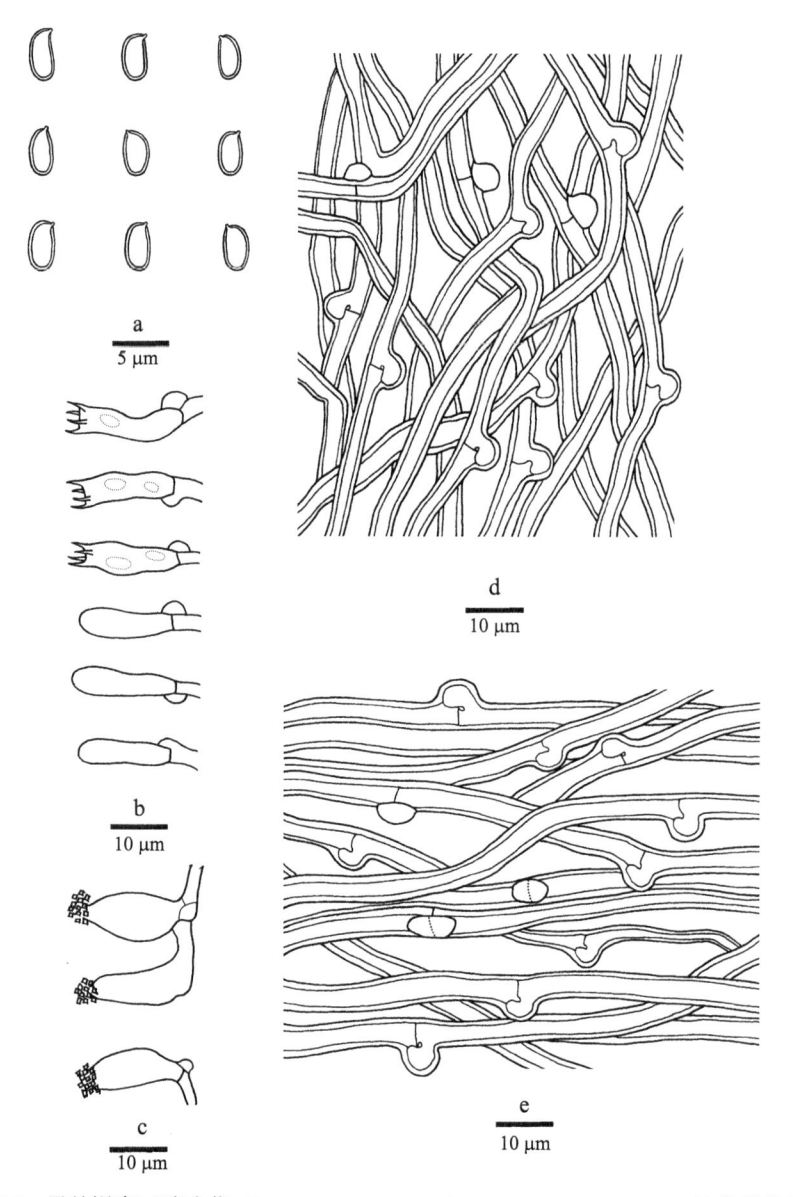

图 138 柔丝褐腐干酪孔菌 *Oligoporus sericeomollis* (Romell) Bondartseva 的显微结构图
a. 担孢子；b. 担子和拟担子；c. 囊状体；d. 菌管菌丝；e. 菌肉菌丝

显微结构：菌丝系统单体系；生殖菌丝具有锁状联合，无拟糊精反应和淀粉质反应，无嗜蓝反应；菌丝组织在 KOH 试剂中无变化。菌肉中生殖菌丝无色，稍厚壁，很少分枝，直径为 2.5~6 μm。菌管中生殖菌丝无色，稍厚壁，偶尔分枝，直径为 2~4 μm。子实层中有囊状体，纺锤形，薄壁，顶端被结晶，14.6~22.3 × 4.5~8.2 μm。担子棍棒状，着生 4 个担孢子梗，基部具一锁状联合，15~20 × 4~5 μm；拟担子占多数，形状与担子类似，比担子稍小。担孢子宽椭圆形至肾形，无色，厚壁，光滑，无拟糊精反应和淀粉质反应，有嗜蓝反应，(3.8~)4~5(~5.2) × 2~2.5(~2.8) μm，平均长 L = 4.57 μm，平均宽 W = 2.35 μm，长宽比 Q = 2.05~2.21（n = 60/2）。

研究标本：黑龙江：宁安市，镜泊湖景区，2007 年 9 月 9 日，戴玉成 8359（BJFC 001305）；伊春市，五营丰林自然保护区，2002 年 9 月 8 日，戴玉成 3709（BJFC 001310）。西藏：林芝市，波密县，2010 年 9 月 20 日，崔宝凯 9560（BJFC 008498）；林芝市，波密县，易贡茶场，2021 年 10 月 24 日，戴玉成 23389（BJFC 037960），戴玉成 23474（BJFC 038046），戴玉成 23389（BJFC 037960）；林芝市，林芝县，色季拉山，2021 年 10 月 23 日，戴玉成 23327（BJFC 037898）。

生境：生长在针叶树上，引起木材褐色腐朽。

中国分布：内蒙古、吉林、黑龙江、海南、云南、西藏。

世界分布：中国、日本、俄罗斯（远东地区）；欧洲，北美洲。

讨论：柔丝褐腐干酪孔菌的主要特征是具有棉絮状的子实体，子实层中有大量顶端覆结晶的囊状体，担孢子厚壁，在棉兰溶液中有嗜蓝反应。调查发现，柔丝褐腐干酪孔菌在我国分布较广泛，常生长在针叶树上（Shen et al.，2019）。

骨质孔菌属 Osteina Donk

Schweiz. Z. Pilzk. 44: 86, 1966

担子果一年生，平伏反转至无柄盖形，或具柄盖形，新鲜时软肉质，干后硬骨质或硬木质；菌盖表面新鲜时白色，干后奶油色至灰褐色；孔口表面新鲜时发白，干燥后偏深，孔口圆形至角形；菌肉白色，硬木栓质；菌管白色至浅黄色，脆而易碎。菌丝系统单体系；生殖菌丝具锁状联合，无拟糊精反应和淀粉质反应，无嗜蓝反应；子实层中无囊状体及其他不育结构；担孢子圆柱形，无色，薄壁，光滑，无拟糊精反应和淀粉质反应，无嗜蓝反应。

模式种：*Osteina obducta* (Berk.) Donk。

生境：生长在针叶树上，引起木材褐色腐朽。

中国分布：吉林、黑龙江、福建、四川、云南。

世界分布：北美洲，欧洲，亚洲。

讨论：骨质孔菌属由 Donk（1966）提出，但是这个属并没有被广泛接受，而是被视为褐腐干酪孔菌属的同物异名。Cui 等（2014）利用 ITS 核糖体片段探讨了骨质孔菌属在拟层孔菌科中的分类地位，并证实硬骨质孔菌 *Osteina obducta* 是合理的名称而不是硬褐腐干酪孔菌 *Oligoporus obductus*。Shen 等（2019）研究显示，弯边骨质孔菌 *Osteina undosa* 和硬骨质孔菌形成一个高支持率的聚类，并远离波斯特孔菌属。另外，亚弯边骨质孔菌 *O. subundosa* 虽然无分子数据，但是在形态上与以上两个种相似，都有干后呈硬骨质或硬木质的子实体，波浪形的菌盖边缘，以及极厚壁的菌丝。目前，该属有 3 种，中国分布 3 种。

中国骨质孔菌属分种检索表

1. 孔口每毫米 3~5 个 ··· 2
1. 孔口每毫米 2~3 个 ·· 弯边骨质孔菌 *O. undosa*
    2. 菌肉菌丝厚壁具不均匀内腔；担孢子宽 2~2.5 μm ················· 硬骨质孔菌 *O. obducta*
    2. 菌肉菌丝厚壁具宽腔；担孢子宽 1.8~2 μm ···················· 亚弯边骨质孔菌 *O. subundosa*

硬骨质孔菌 图 139

Osteina obducta (Berk.) Donk, Schweiz. Z. Pilzk. 44: 86, 1966. Liu et al., Mycosphere 14(1): 1611, 2023.

Polyporus obductus Berk., London J. Bot. 4: 304, 1845.
Tyromyces obductus (Berk.) Murrill, N. Amer. Fl. (New York) 9(1): 32, 1907.
Grifola obducta (Berk.) Aoshima & H. Furuk., Trans. Mycol. Soc. Japan 4(4): 91, 1963.
Oligoporus obductus (Berk.) Gilb. & Ryvarden, Mycotaxon 22(2): 365, 1985.
Polyporus osseus Kalchbr., Mathem. Természettud. Közlem. 3: 217, 1865.
Leptoporus osseus (Kalchbr.) Quél., Enchir. Fung. (Paris): 177, 1886.
Leucoporus osseus (Kalchbr.) Quél., Fl. Mycol. France (Paris): 404, 1888.
Polyporus zelleri Murrill, Western Polypores(5): 13, 1915.
Grifola ossea (Kalchbr.) Pilát, Beih. Bot. Zbl., Abt. 2 52: 58, 1934.
Polypilus osseus (Kalchbr.) Parmasto, Tartu R. Ülik. Toim. 6: 124, 1963.

子实体：担子果一年生，具有侧生的短柄或窄的基部，单生或簇生，新鲜时软而多汁，干后硬骨质，重量变轻；菌盖近圆形至扇形，单个菌盖长可达 13 cm，宽可达 8 cm，中部厚可达 30 mm；菌盖表面新鲜时白色至奶油色，中部较外部颜色深，光滑，无环纹，干后灰褐色且多起皱；边缘锐，波浪形，干后向下卷曲；孔口表面白色至奶油色，干后黄色至黄棕色；不育边缘不明显或几乎不存在；孔口多角形，每毫米 3~5 个；管口边缘薄，撕裂状；菌肉浅黄色，硬骨质，厚约 25 mm；菌管黄棕色，干脆易碎，长可达 5 mm。

显微结构：菌丝系统单体系；生殖菌丝具有锁状联合，无拟糊精反应和淀粉质反应，无嗜蓝反应；菌丝组织在 KOH 试剂中无变化。菌肉中生殖菌丝无色，厚壁，常具分枝，直径为 6~8 μm。菌管中生殖菌丝无色，稍厚壁，常具分枝，直径为 2~5 μm。子实层中无囊状体及其他不育结构。担子棍棒状，着生 4 个担孢子梗，基部具一锁状联合，15~20 × 4~5 μm；拟担子占多数，形状与担子类似，比担子稍小。担孢子圆柱形，无色，薄壁，光滑，无拟糊精反应和淀粉质反应，无嗜蓝反应，(4.2~)4.5~4.9(~5) × 2~2.5(~2.8) μm，平均长 $L = 4.65$ μm，平均宽 $W = 2.15$ μm，长宽比 $Q = 2.12~2.25$ ($n = 60/2$)。

研究标本：吉林：长白山保护区，2011 年 8 月 8 日，崔宝凯 9959（BJFC 010852）；2011 年 8 月 10 日，崔宝凯 10074（BJFC 010967）。云南：兰坪县，通甸镇罗古箐，2018 年 9 月 18 日，崔宝凯 17142（BJFC 030442）。黑龙江：伊春市丰林自然保护区，2011 年 8 月 1 日，崔宝凯 9832（BJFC 010725）。

生境：常见于针叶树林中，尤其是落叶松林，主要生长在树根或者地下腐朽木上，引起木材褐色腐朽。

中国分布：吉林、黑龙江、云南。

世界分布：俄罗斯、日本、中国；中欧，北美洲。

讨论：硬骨质孔菌的主要特征是子实体有柄，干后硬骨质，菌盖边缘波浪形，菌肉菌丝极厚壁，有时呈半固体状，担孢子圆柱形并在尖端逐渐变细。调查发现，硬骨质孔菌在我国东北和西南地区有分布，常生长在针叶树上（Shen et al., 2019）。

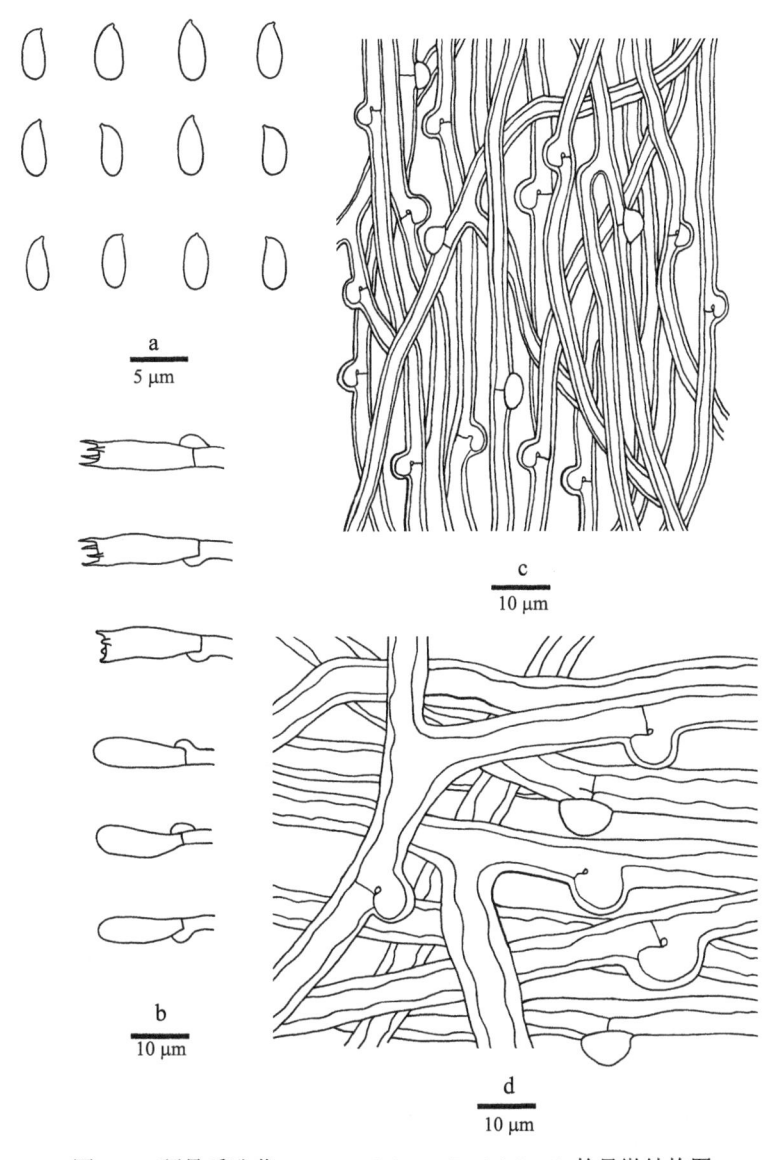

图 139　硬骨质孔菌 *Osteina obducta* (Berk.) Donk 的显微结构图
a. 担孢子；b. 担子和拟担子；c. 菌管菌丝；d. 菌肉菌丝

亚弯边骨质孔菌　图 140

Osteina subundosa (Y.L. Wei & Y.C. Dai) B.K. Cui, Shun Liu & L.L. Shen, Mycosphere 14(1): 1649, 2023.

Postia subundosa Y.L. Wei & Y.C. Dai, Fungal Divers. 23: 400, 2006.

子实体：担子果一年生，具菌盖，偶尔具有侧生的短柄，单生，新鲜时软而多汁，干后硬骨质至易碎，重量变轻；菌盖近圆形至半圆形，单个菌盖长可达 2.7 cm，宽可达 2.8 cm，中部厚可达 13 mm；菌盖表面新鲜时奶油色，随着年龄增长逐渐带有棕色，光滑，稍带沟纹，干后棕褐色；边缘锐，波浪形，干后稍微向里卷曲；孔口表面初时白色至奶油色，干后棕色；不育边缘不明显或几乎不存在；孔口多角形，每毫米 3~4 个；管口边缘薄，撕裂状；菌肉奶油色，硬骨质，厚约 5 mm；菌管浅棕色，脆骨质至易碎，长可达 8 mm。

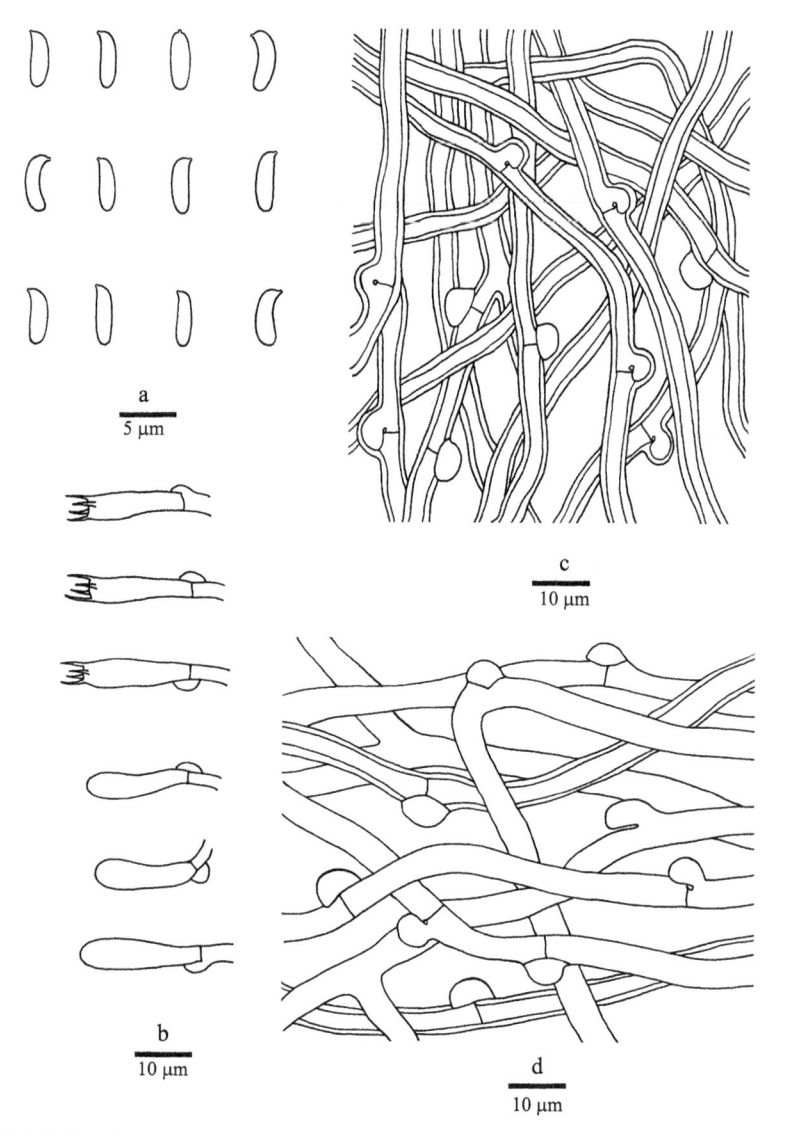

图 140 亚弯边骨质孔菌 Osteina subundosa (Y.L. Wei & Y.C. Dai) B.K. Cui, Shun Liu & L.L. Shen 的显微结构图
a. 担孢子；b. 担子和拟担子；c. 菌管菌丝；d. 菌肉菌丝

显微结构：菌丝系统单体系；生殖菌丝具有锁状联合，无拟糊精反应和淀粉质反应，无嗜蓝反应；菌丝组织在 KOH 试剂中无变化。菌肉中生殖菌丝无色，厚壁，常具分枝，

直径为 6~8 μm。菌管中生殖菌丝无色，稍厚壁，常具分枝，直径为 2~5 μm。子实层中无囊状体及其他不育结构。担子棍棒状，着生 4 个担孢子梗，基部具一锁状联合，15~20 × 4~5 μm；拟担子占多数，形状与担子类似，比担子稍小。担孢子圆柱形，无色，薄壁，光滑，无拟糊精反应和淀粉质反应，无嗜蓝反应，(3.5~)4~5.5(~5.6) × (1.6~)1.8~2 μm，平均长 L = 4.92 μm，平均宽 W = 2.03 μm，长宽比 Q = 2.4~2.55 (n = 60/2)。

研究标本：黑龙江：伊春市，丰林保护区，2002 年 9 月 7 日，戴玉成 3628（IFP 015762，模式标本），戴玉成 3608（BJFC 002101）。福建：武夷山自然保护区黄岗山，2005 年 10 月 21 日，戴玉成 7314（IFP 011874），戴玉成 7325（IFP 011876）。

生境：生长在云杉朽木或倒木上，引起木材褐色腐朽。

中国分布：黑龙江、福建。

世界分布：中国。

讨论：亚弯边骨质孔菌与弯边骨质孔菌相比，都有波状的边缘，相似大小的孔口（每毫米 3~4 个），但是亚弯边骨质孔菌的担子果通常具盖，且担孢子较宽。调查发现，亚弯边骨质孔菌在我国黑龙江和福建有分布，常生长在针叶树上（Shen et al.，2019）。

弯边骨质孔菌　图 141

Osteina undosa (Peck) B.K. Cui, L.L. Shen & Y.C. Dai, Persoonia 42: 120, 2019.
Polyporus undosus Peck, Ann. Rep. N.Y. St. Mus. Nat. Hist. 34: 42, 1883.
Tyromyces undosus (Peck) Murrill, N. Amer. Fl. (New York) 9(1): 34, 1907.
Leptoporus undosus (Peck) Pilát, Atlas Champ. l'Europe (Praha) 1: 189, 1938.
Spongiporus undosus (Peck) A. David, Bull. Mens. Soc. Linn. Lyon 49(1): 41, 1980.
Postia undosa (Peck) Jülich, Persoonia 11(4): 424, 1982.
Oligoporus undosus (Peck) Gilb. & Ryvarden, Mycotaxon 22(2): 365, 1985.
Tyromyces pseudotsugae Murrill, Mycologia 4(2): 95, 1912.
Polyporus pseudotsugae (Murrill) Murrill, Mycologia 4(4): 217, 1912.

子实体：担子果一年生，平伏至反转或具盖形，单生，新鲜时柔软，干后硬木质至硬骨质，重量变轻；菌盖近圆形至扇形，单个菌盖长可达 2.5 cm，宽可达 2 cm，中部厚可达 8 mm；平伏担子果长可达 6 cm，宽可达 3 cm，厚约 5 mm；菌盖表面新鲜时白色至奶油色，多毛，干后变成浅黄色；边缘波浪形，颜色同菌盖表面；孔口表面初时白色至奶油色，干后黄色至黄棕色；不育边缘宽至 1 mm，初时白色，柔软具绒毛，干后深棕色，变成硬骨质；孔口圆形至多角形，每毫米 2~3 个；管口边缘薄，撕裂状；菌肉白色，硬木质，厚约 5 mm；菌管黄棕色，硬木栓质，长可达 3 mm。

显微结构：菌丝系统单体系；生殖菌丝具有锁状联合，无拟糊精反应和淀粉质反应，无嗜蓝反应；菌丝组织在 KOH 试剂中无变化。菌肉中生殖菌丝无色，厚壁，常具分枝，直径为 4~6 μm。菌管中生殖菌丝无色，薄壁至稍厚壁，偶尔分枝，直径为 2.5~4 μm。在孔口边缘的菌丝有时具简单分隔。子实层中无囊状体及其他不育结构。担子棍棒状，着生 4 个担孢子梗，基部具一锁状联合，15~22 × 3~5 μm；拟担子占多数，形状与担子类似，比担子稍小。担孢子圆柱形，无色，薄壁，光滑，无拟糊精反应和淀粉质反应，无嗜蓝反应，(4.6~)5~5.5(~5.6) × 1~1.5(~1.6) μm，平均长 L = 5.28 μm，平均宽 W = 1.25 μm，

长宽比 $Q = 4.12\sim4.27$ ($n = 60/2$)。

研究标本：吉林：长白山保护区，2005 年 8 月 25 日，戴玉成 6942（IFP 011822），戴玉成 7105（IFP 011838）。四川：阿坝自治州，九寨沟自然保护区，戴玉成 4062（IFP 005517）。

生境：主要生长于针叶树树桩或腐木上，引起木材褐色腐朽。

中国分布：吉林、四川。

世界分布：中国；北美洲，欧洲北温带等。

讨论：弯边骨质孔菌与硬骨质孔菌形态特征相似，都有边缘呈波浪形的子实体，菌盖干后为硬骨质，菌肉菌丝厚壁。但是弯边骨质孔菌的子实体通常平伏至反转，且担孢子圆柱形，明显窄于硬骨质孔菌。调查发现，弯边骨质孔菌在我国吉林和四川有分布，常生长在针叶树上（Shen et al., 2019）。

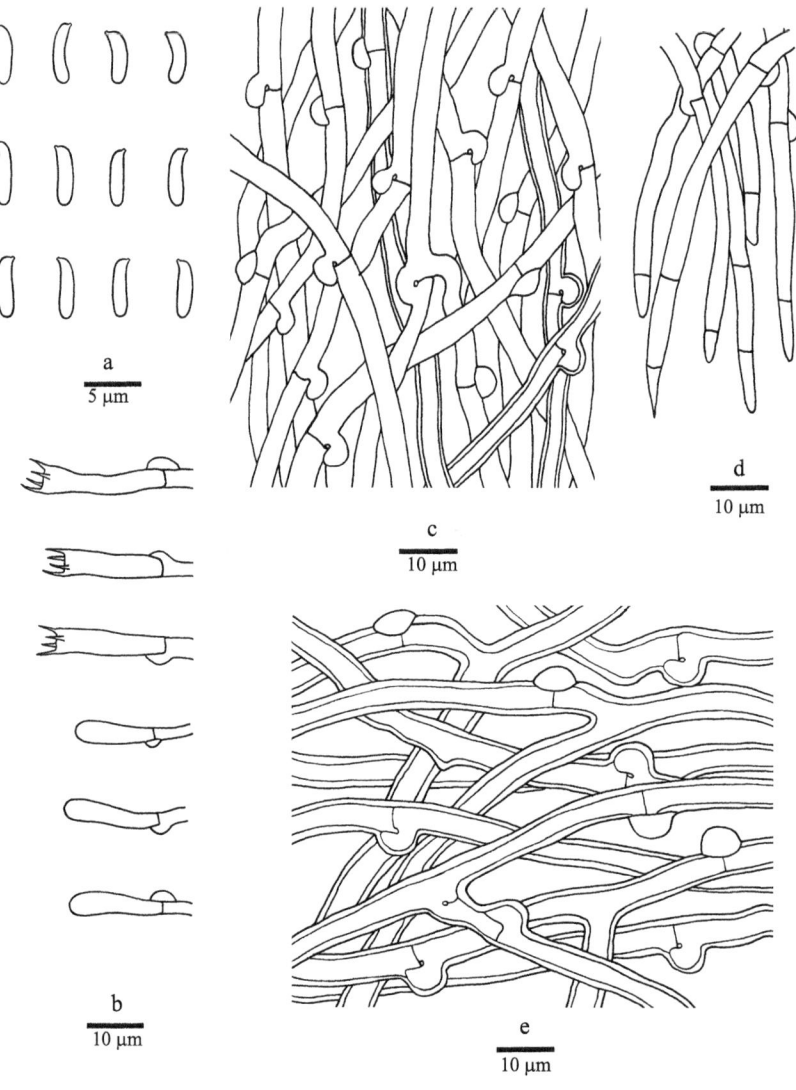

图 141　弯边骨质孔菌 *Osteina undosa* (Peck) B.K. Cui, L.L. Shen & Y.C. Dai 的显微结构图
a. 担孢子；b. 担子和拟担子；c. 菌管菌丝；d. 孔口外缘的菌丝；e. 菌肉菌丝

波斯特孔菌属 Postia Fr.

Hymenomyc. Eur.: 586, 1874

担子果一年生，具菌盖，有时平伏至反转，新鲜时肉质至软木栓质，干后木栓质至易碎；菌盖表面新鲜时白色或灰色至灰棕色，光滑或被绒毛至长毛，干后奶油色至灰棕色；孔口表面新鲜时白色至奶油色，干后淡黄色或淡红棕色；孔口圆形至多角形；菌肉奶油色，木栓质；菌管白色至奶油色，木栓质至易碎。菌丝系统单体系；生殖菌丝具锁状联合，无拟糊精反应和淀粉质反应，无嗜蓝反应；子实层中无囊状体，具拟囊状体；担孢子腊肠形至圆柱形，无色，薄壁，光滑，无拟糊精反应和淀粉质反应，无嗜蓝反应。

模式种：*Postia lactea* (Fr.) P. Karst.。

生境：生长在针叶树或阔叶树上，引起木材褐色腐朽。

中国分布：全国广泛分布。

世界分布：世界各地广泛分布。

讨论：波斯特孔菌属由 Fries（1874）建立。在过去，波斯特孔菌属中的许多种类被放置于干酪菌属 *Tyromyces* P. Karst.，然而，干酪菌属种类造成木材白色腐朽（Ryvarden and Gilbertson，1994），波斯特孔菌属种类造成木材褐色腐朽（Jülich，1982；Niemelä，2005）。波斯特孔菌属的主要特征是子实体新鲜时软而多汁，干后木栓质至脆革质，担孢子通常为薄壁腊肠形至圆柱形，偶尔有胶化菌丝存在。目前，该属有 15 种，中国分布 12 种。

中国波斯特孔菌属分种检索表

1. 孔口表面干后呈灰色、奶油色或者红棕色 ·· 2
1. 孔口表面干后呈黄色 ·· 5
    2. 担孢子宽 1.8~2.2 μm ·· 洛氏波斯特孔菌 *P. lowei*
    2. 担孢子宽 0.8~1.5 μm ·· 3
3. 菌盖表面有环纹；孔口每毫米 6~7 个 ·························· 赭白波斯特孔菌 *P. ochraceoalba*
3. 菌盖表面无环纹；孔口每毫米 3~5 个 ·· 4
    4. 子实体有短柄，悬生，干后呈白垩质 ························· 白垩波斯特孔菌 *P. calcarea*
    4. 子实体无柄，贴生，干后呈木栓质至脆革质 ············· 奶油波斯特孔菌 *P. lactea*
5. 囊状体和拟囊状体都不存在 ·· 6
5. 囊状体或拟囊状体存在 ·· 9
    6. 子实体平伏至反转 ··· 圆柱波斯特孔菌 *P. cylindrica*
    6. 子实体具菌盖 ·· 7
7. 子实体覆瓦状叠生；菌盖表面新鲜时浅粉色 ······························ 灰波斯特孔菌 *P. cana*
7. 子实体单生；菌盖表面新鲜时奶油色或灰色 ·· 8
    8. 菌盖表面鼠灰色且具多毛 ·· 绒毛波斯特孔菌 *P. hirsuta*
    8. 菌盖表面奶油色稍带棕色且具短绒毛 ················· 灰白波斯特孔菌 *P. tephroleuca*
9. 子实层囊状体或拟囊状体非胶化 ·· 10
9. 子实层有大量胶化囊状体 ·· 11
    10. 子实体小（1×2×0.5 cm），菌盖表面带橘色，生长在针叶树上 ································
        ··· 亚洛氏波斯特孔菌 *P. sublowei*
    10. 子实体大（4×5×1 cm），菌盖表面不带橘色，生长在阔叶树上 ································

	阿穆尔波斯特孔菌 *P. amurensis*
11. 子实体平伏至反转；担孢子宽 1.2~1.5 μm	秦岭波斯特孔菌 *P. qinensis*
11. 子实体盖形；担孢子宽 1~1.2 μm	胶囊波斯特孔菌 ***P. gloeocystidiata***

阿穆尔波斯特孔菌　图 142

Postia amurensis Y.C. Dai & Penttilä, Ann. Bot. Fenn. 43(2): 90, 2006.

子实体：担子果一年生，具盖形，单生，新鲜时柔软多汁，干后软木质，重量变轻；菌盖扇形，单个菌盖长可达 4 cm，宽可达 5 cm，中部厚可达 10 mm；菌盖表面新鲜时白色至奶油色，被短绒毛，干后浅褐色，光滑；边缘锐，颜色与菌盖表面同色；孔口表面新鲜时奶油色，干后黄棕色；不育边缘不明显或几乎不存在；孔口圆形至角形，每毫米 3~4 个；管口边缘薄，全缘至撕裂状；菌肉浅黄色，软木栓质，厚约 8 mm；菌管与孔口表面同色，易碎，长可达 2 mm。

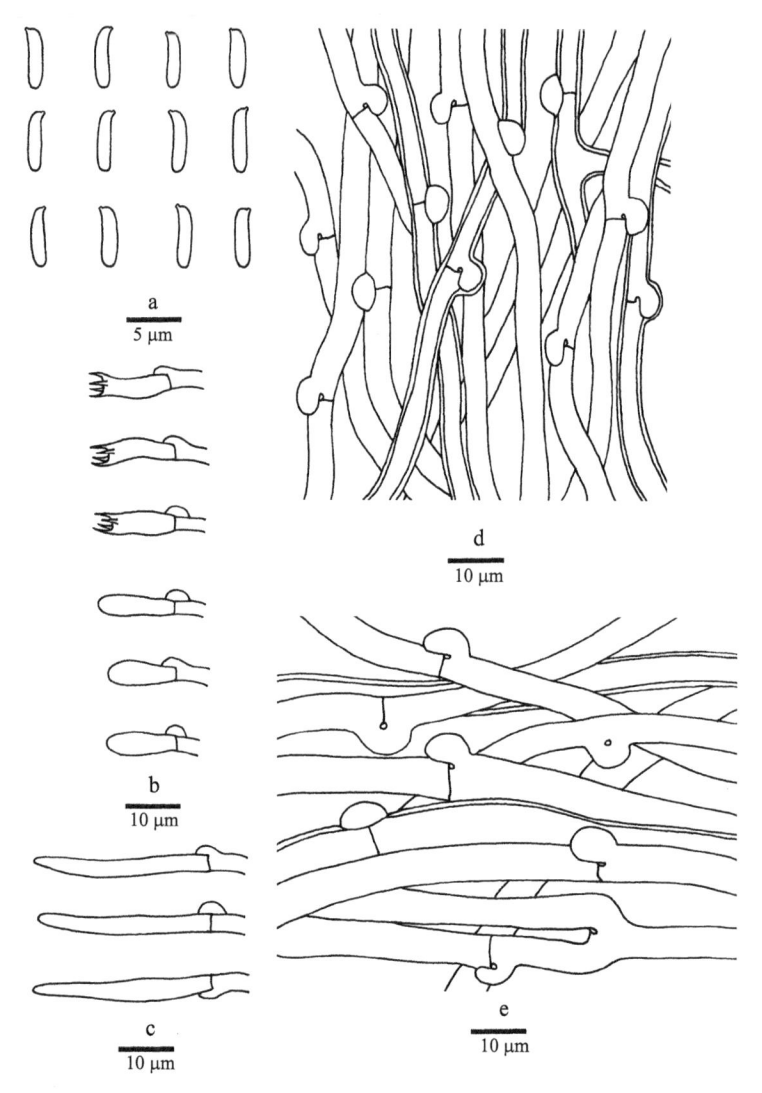

图 142　阿穆尔波斯特孔菌 *Postia amurensis* Y.C. Dai & Penttilä 的显微结构图
a. 担孢子；b. 担子和拟担子；c. 囊状体；d. 菌管菌丝；e. 菌肉菌丝

显微结构：菌丝系统单体系；生殖菌丝具有锁状联合，无拟糊精反应和淀粉质反应，无嗜蓝反应；菌丝组织在 KOH 试剂中无变化。菌肉中生殖菌丝无色，薄壁至稍厚壁，偶尔分枝，直径为 4~6 μm。菌管中生殖菌丝无色，薄壁至稍厚壁，偶尔分枝，直径为 2.5~4 μm。子实层中无囊状体，具拟囊状体，纺锤形，薄壁，光滑，28~33 × 4~5 μm。担子棍棒状，着生 4 个担孢子梗，基部具一锁状联合，11~15 × 4~5 μm；拟担子占多数，形状与担子类似，比担子稍小。担孢子腊肠形，无色，薄壁，光滑，无拟糊精反应和淀粉质反应，无嗜蓝反应，(4~)4.2~5(~5.2) × 1~1.2 μm，平均长 L = 4.56 μm，平均宽 W = 1.1 μm，长宽比 Q = 4.04~4.11 (n = 60/2)。

研究标本：辽宁：宽甸县保护区，2004 年 8 月 31 日，崔宝凯 1044（BJFC 013486）。吉林：安图县，长白山自然保护区，1993 年 9 月 1 日，戴玉成 903（IFP 015745，模式标本）。黑龙江：伊春市，丰林自然保护区，2000 年 8 月 7 日，Penttilä 13288（IFP 015746）。

生境：生长于阔叶树树桩或倒木上，引起木材褐色腐朽。

中国分布：辽宁、吉林、黑龙江。

世界分布：中国。

讨论：阿穆尔波斯特孔菌与绒毛波斯特孔菌都有形状大小相似的担孢子，但是绒毛波斯特孔菌菌盖具有长毛，子实层中无囊状体，且菌管菌丝厚壁。灰白波斯特孔菌与阿穆尔波斯特孔菌相似，包括宏观子实体形状及微观形态特征，但是灰白波斯特孔菌菌盖通常带灰色，菌肉干后质地变硬，且其担孢子较长（4.5~6 × 1~1.5 μm）。

白垩波斯特孔菌　图 143

Postia calcarea Y.L. Wei & Y.C. Dai, Fungal Divers. 23: 394, 2006.

子实体：担子果一年生，具盖形，有短柄，背部紧贴基物悬生，通常单生，新鲜时软而多汁，干后白垩质，重量变轻；菌盖半圆形，单个菌盖长可达 6 cm，宽可达 4 cm，中部厚可达 10 mm；菌盖表面新鲜时白色，光滑无毛，干后奶油色；边缘钝；孔口表面新鲜时白色，干后奶油色；不育边缘不明显或几乎不存在；孔口圆形，每毫米 3~5 个；管口边缘薄，全缘至撕裂状；菌肉白色，白垩质，厚约 5 mm；菌管奶油色，白垩质，长可达 5 mm。

显微结构：菌丝系统单体系；生殖菌丝具有锁状联合，无拟糊精反应和淀粉质反应，无嗜蓝反应；菌丝组织在 KOH 试剂中无变化。菌肉中生殖菌丝无色，薄壁至稍厚壁，常有分枝，直径为 3.5~4 μm。菌管中生殖菌丝无色，稍厚壁，偶尔分枝，直径为 2~3 μm。子实层中无囊状体等不育结构。担子棍棒状，着生 4 个担孢子梗，基部具一锁状联合，11~14 × 3~4 μm；拟担子占多数，形状与担子类似，比担子稍小。担孢子腊肠形，无色，薄壁，光滑，无拟糊精反应和淀粉质反应，无嗜蓝反应，(3.5~)4.2~4.8(~5) × (1~)1.2~1.3 μm，平均长 L = 4.55 μm，平均宽 W = 1.21 μm，长宽比 Q = 3.59~3.73 (n = 60/2)。

研究标本：安徽：黄山市，黄山风景区，2004 年 10 月 13 日，戴玉成 6167（IFP 015751，模式标本），戴玉成 6185（IFP 015752）。

生境：多见于阔叶树倒木，引起木材褐色腐朽。

中国分布：安徽。

世界分布：中国。

讨论：白垩波斯特孔菌的主要特征是子实体悬生，干后白垩质。蜡绵孔菌也有悬生的习性，但是蜡绵孔菌的子实体较小，子实层中有纺锤形拟囊状体，且担孢子为宽圆柱形至椭圆形（4~4.5 × 2~2.6 μm）。

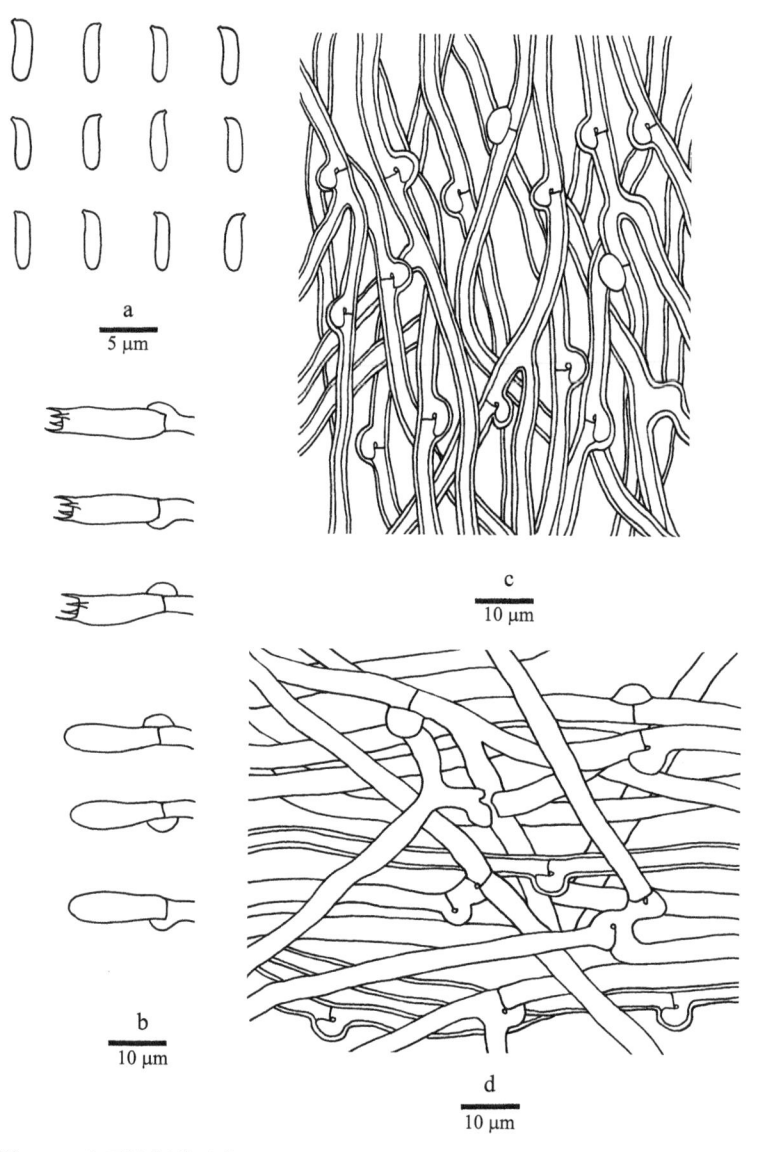

图 143 白垩波斯特孔菌 *Postia calcarea* Y.L. Wei & Y.C. Dai 的显微结构图
a. 担孢子；b. 担子和拟担子；c. 菌管菌丝；d. 菌肉菌丝

灰波斯特孔菌　图 144

Postia cana H.S. Yuan & Y.C. Dai, Nordic Jl Bot. 28 (5): 629, 2010.

子实体：担子果一年生，具盖形，覆瓦状叠生，新鲜时软至纤维质，干后硬木栓质，重量变轻；菌盖半圆形，单个菌盖长可达 5 cm，宽可达 10 cm，中部厚可达 15 mm；菌盖表面新鲜时浅粉色至浅黄褐色，被短绒毛，有微弱的环带，纵向的沟纹，干后鼠灰色或深灰色，被糙伏毛；边缘锐利，呈波浪形；孔口表面新鲜时奶油色，触摸后变为浅棕色，干后为黄色；不育边缘不明显或几乎不存在；孔口圆形至角形，每毫米 4~5 个；管口边缘薄，全缘至撕裂状；菌肉白色，硬木栓质，厚约 12 mm；菌管奶油色，木栓质，长可达 3 mm。

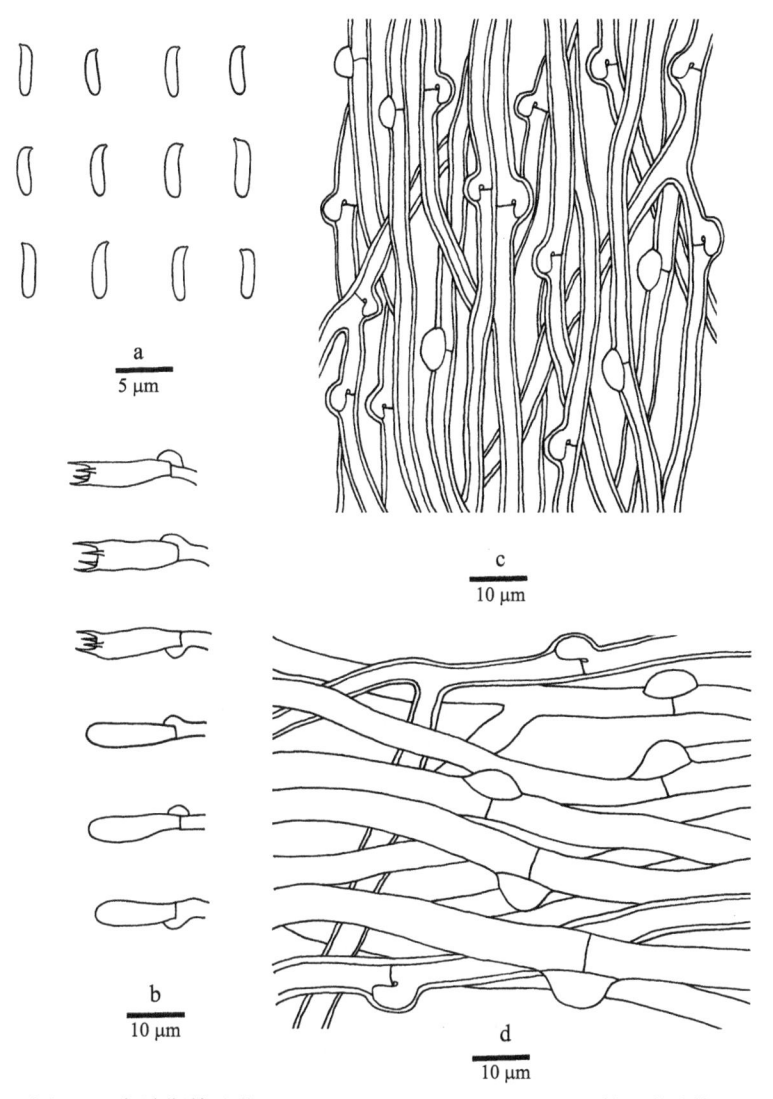

图 144 灰波斯特孔菌 Postia cana H.S. Yuan & Y.C. Dai 的显微结构图
a. 担孢子；b. 担子和拟担子；c. 菌管菌丝；d. 菌肉菌丝

显微结构：菌丝系统单体系；生殖菌丝具有锁状联合，无拟糊精反应和淀粉质反应，无嗜蓝反应；菌丝组织在 KOH 试剂中无变化。菌肉中生殖菌丝无色，薄壁至稍厚壁，偶尔分枝，直径为 3~5 μm。菌管中生殖菌丝无色，稍厚壁，偶尔分枝，直径为 2~3.5 μm。子实层中无囊状体等不育结构。担子棒棒状，着生 4 个担孢子梗，基部具一锁状联合，15~20 × 5~7 μm；拟担子占多数，形状与担子类似，比担子稍小。担孢子腊肠形，无色，薄壁，光滑，无拟糊精反应和淀粉质反应，无嗜蓝反应，(3.5~)4.2~5(~5.2) × (0.9~)1~1.2 μm，平均长 L = 4.96 μm，平均宽 W = 1.1 μm，长宽比 Q = 3.98~4.09 (n = 60/2)。

研究标本：山西：沁水县，历山自然保护区，2006 年 9 月 15 日，袁海生 2443（IFP

015754，模式标本），袁海生 2429（IFP 015753）。

生境：生长于云杉倒木上，引起木材褐色腐朽。

中国分布：山西。

世界分布：中国。

讨论：灰波斯特孔菌的主要特点是子实体覆瓦状叠生，菌盖表面新鲜时浅粉色至浅黄褐色，被短绒毛，干后变为深灰色和被糙伏毛。灰白波斯特孔菌和灰波斯特孔菌相似，但是灰白波斯特孔菌的菌盖表面光滑，有较大的孔口（每毫米 3~4 个），且担孢子较大（4.5~6 × 1~1.5 μm）。

圆柱波斯特孔菌 图 145

Postia cylindrica H.S. Yuan, Phytotaxa 292 (3): 290, 2017.

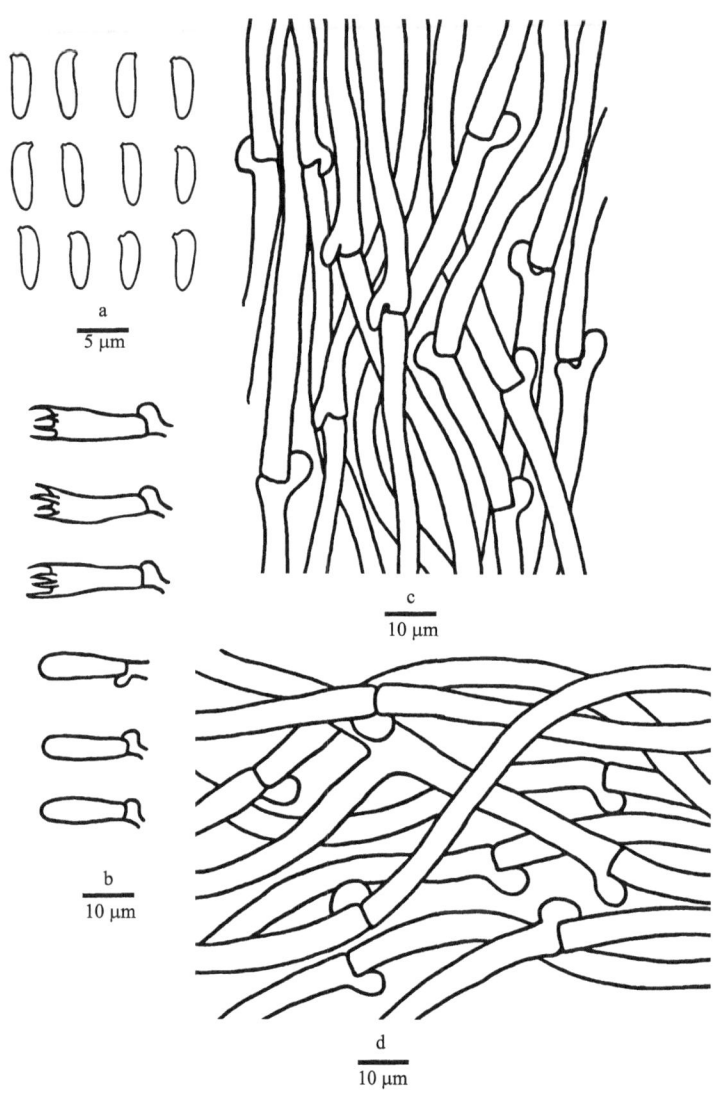

图 145 圆柱波斯特孔菌 *Postia cylindrica* H.S. Yuan 的显微结构图
a. 担孢子；b. 担子和拟担子；c. 菌管菌丝；d. 菌肉菌丝

子实体：担子果一年生，平伏至反转或具菌盖，不易与基质分离，新鲜时柔软多汁，干后软木栓质至易碎，重量变轻；单个菌盖长可达 0.5 cm，宽可达 4 cm，中部厚可达 4 mm；平伏担子果长可达 6 cm，宽可达 4 cm，厚约 3 mm；菌盖表面新鲜时奶油色至浅黄色，干后浅黄色至肉桂黄色，光滑或稍具绒毛，无环带；边缘干后红棕色，弯曲，锐；孔口表面新鲜时白色至奶油色，干后奶油色至浅黄色；不育边缘不明显或缺失；孔口圆形至多角形，每毫米 3~4 个，管口边缘薄，全缘至撕裂状；菌肉奶白色，柔软，厚约 1 mm；菌管奶油色，软木栓质，长可达 3 mm。

显微结构：菌丝系统单体系；生殖菌丝具有锁状联合，无拟糊精反应和淀粉质反应，无嗜蓝反应；菌丝组织在 KOH 试剂中无变化。菌肉中生殖菌丝无色，稍厚壁至厚壁，偶尔分枝，直径为 2.8~4.5 μm。菌管中生殖菌丝无色，稍厚壁至厚壁，偶尔分枝，直径为 2.3~4.5 μm。子实层中无囊状体及其他不育结构。担子棍棒状，着生 4 个担孢子梗，基部具一锁状联合，13~16 × 4~5 μm；拟担子占多数，形状与担子类似，比担子稍小。担孢子圆柱形，无色，薄壁，光滑，无拟糊精反应和淀粉质反应，无嗜蓝反应，(4.6~)4.7~5.2(~5.4) × 1.3~1.5(~1.6) μm，平均长 L = 4.9 μm，平均宽 W = 1.4 μm，长宽比 Q = 3.46~3.49 (n = 60/2)。

研究标本：湖北：宜昌市，五峰县，后河保护区，2017 年 8 月 16 日，戴玉成 17941（BJFC 025470）。云南：南华县，龙川镇，2021 年 9 月 25 日，戴玉成 23087（BJFC 037658）。

生境：生长于针叶树或阔叶树上，引起木材褐色腐朽。

中国分布：江西、湖北、云南。

世界分布：中国。

讨论：圆柱波斯特孔菌的主要特征是担子果平伏至反转或具菌盖，菌盖表面新鲜时奶油色至浅黄色，干后浅黄色至肉桂黄色，边缘干后红棕色，担孢子圆柱形（4.7~5.2 × 1.3~1.5 μm）。

胶囊波斯特孔菌　图 146

Postia gloeocystidiata Y.L. Wei & Y.C. Dai, Fungal Divers. 23: 396, 2006.

子实体：担子果一年生，具盖形，单生，新鲜时柔软多汁，干后软木栓质，重量变轻；菌盖扇形，单个菌盖长可达 3.8 cm，宽可达 6.2 cm，中部厚可达 35 mm；菌盖表面新鲜时灰棕色，随着年龄增长逐渐变深，干后棕褐色，被粗毛；边缘锐，颜色与菌盖表面同色；孔口表面新鲜时白色，干后浅黄棕色；不育边缘不明显或几乎不存在；孔口圆形至多角形，每毫米 3~4 个；管口边缘薄，全缘至撕裂状；菌肉白色，软木栓质，厚约 3 mm；菌管白色，易碎，长可达 1 mm。

显微结构：菌丝系统单体系；生殖菌丝具有锁状联合，无拟糊精反应和淀粉质反应，无嗜蓝反应；菌丝组织在 KOH 试剂中无变化。菌肉中生殖菌丝无色，薄壁至稍厚壁，偶尔分枝，直径为 3~4 μm。菌管中生殖菌丝无色，稍厚壁，常具分枝，直径为 2~3.5 μm。子实层中有胶化囊状体，棒状，薄壁，光滑，12~21 × 3~4 μm。担子棍棒状，着生 4 个担孢子梗，基部具一锁状联合，10~14 × 3~4 μm；拟担子占多数，形状与担子类似，比担子稍小。担孢子腊肠形，无色，薄壁，光滑，无拟糊精反应和淀粉质反应，无嗜蓝反应，(3.2~)3.5~4.8(~5) × 1~1.2(~1.3) μm，平均长 L = 4.85 μm，平均宽 W = 1.1 μm，长宽比 Q = 4.38~4.45 (n = 60/2)。

研究标本：内蒙古：大兴安岭保护区，2009 年 8 月 29 日，戴玉成 11111（IFP 008586）。浙江：天目山保护区，2004 年 10 月 14 日，戴玉成 6338（IFP 015755，模式标本），戴玉成 6327（BJFC 002073）。

生境：生长于油松死树或落枝上，引起木材褐色腐朽。

中国分布：内蒙古、浙江。

世界分布：中国。

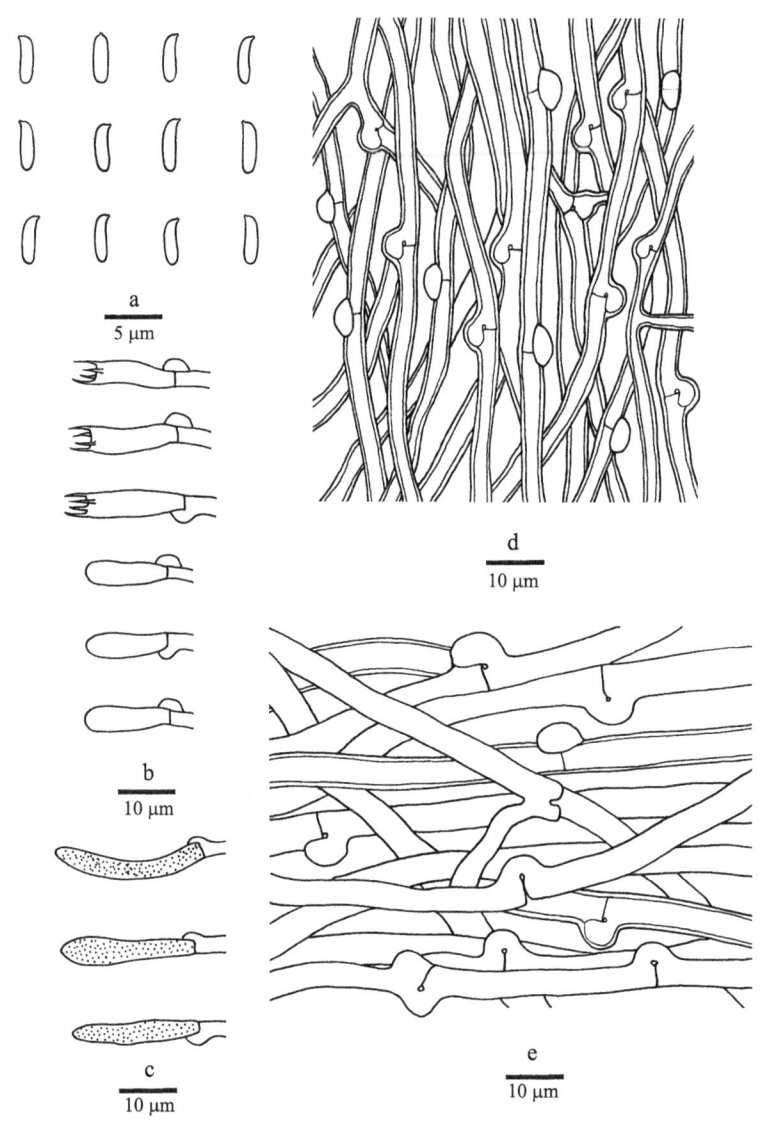

图 146 胶囊波斯特孔菌 *Postia gloeocystidiata* Y.L. Wei & Y.C. Dai 的显微结构图
a. 担孢子；b. 担子和拟担子；c. 胶化囊状体；d. 菌管菌丝；e. 菌肉菌丝

讨论：胶囊波斯特孔菌和奶油波斯特孔菌形态结构相似，都有干后发黄至黄棕色的孔口表面和腊肠形担孢子，但是奶油波斯特孔菌新鲜时子实体奶油色，菌管菌丝明显厚壁，且子实层中无囊状体。白褐波斯特孔菌的子实层中也有胶化囊状体，但是其子实体较大，触摸后迅速变为红褐色，且担孢子较大（4.5~5.8 × 1~1.7 μm）。

绒毛波斯特孔菌　图 147

Postia hirsuta L.L. Shen & B.K. Cui, Cryptog. Mycol. 35(2): 202, 2014.

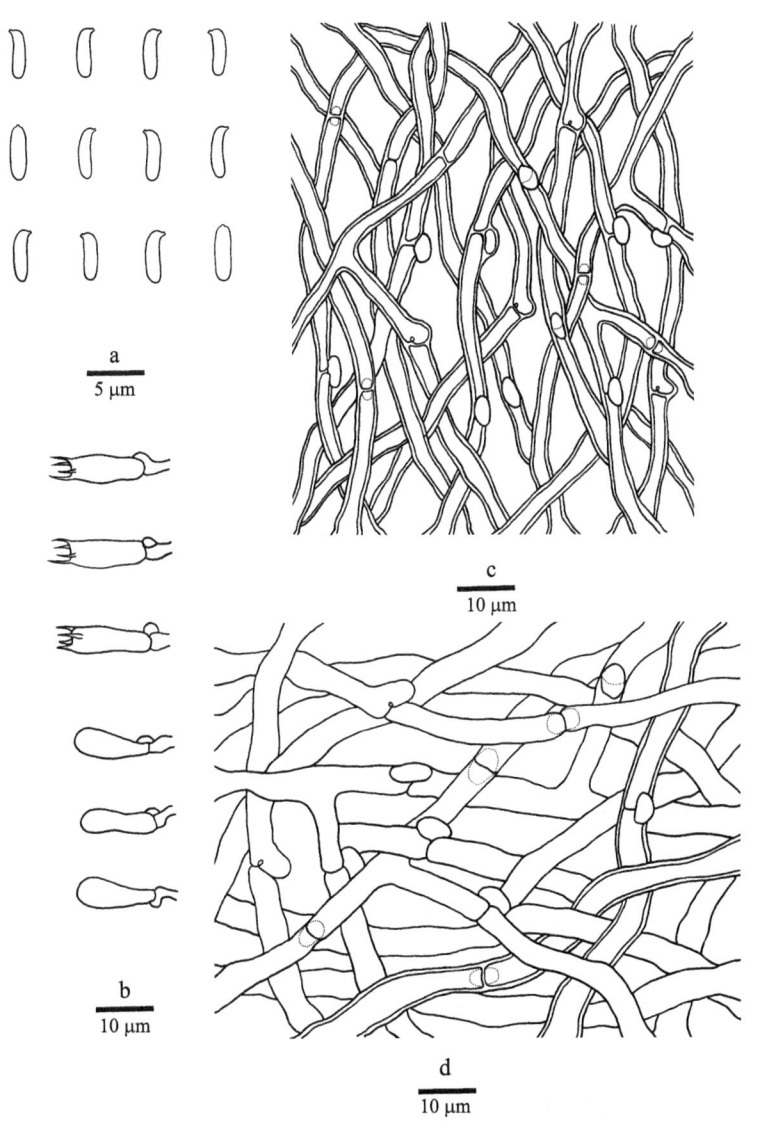

图 147　绒毛波斯特孔菌 *Postia hirsuta* L.L. Shen & B.K. Cui 的显微结构图
a. 担孢子；b. 担子和拟担子；c. 菌管菌丝；d. 菌肉菌丝

子实体：担子果一年生，具盖形，单生，新鲜时柔软多汁，干后硬木栓质，重量变轻；菌盖扇形，单个菌盖长可达 4.5 cm，宽可达 5.5 cm，中部厚可达 20 mm；菌盖表面新鲜时白色至浅鼠灰色，干后变为鼠灰色，多毛；边缘钝，与菌盖表面同色；孔口表面新鲜时白色，干后奶油色至浅黄色；不育边缘新鲜时白色，干后浅黄色，宽至 1 mm；孔口圆形至角形，每毫米 3~4 个；管口边缘薄，全缘；菌肉白色，木栓质，厚约 17 mm；

菌管浅黄色，硬木栓质，长可达 3 mm。

显微结构：菌丝系统单体系；生殖菌丝具有锁状联合，无拟糊精反应和淀粉质反应，无嗜蓝反应；菌丝组织在 KOH 试剂中无变化。菌肉中生殖菌丝无色，薄壁至稍厚壁，常具分枝，直径为 3~6 μm。菌管中生殖菌丝无色，厚壁，常具分枝，直径为 2.5~4 μm。子实层中无囊状体及其他不育结构。担子棍棒状，着生 4 个担孢子梗，基部具一锁状联合，14.5~18 × 5~7.5 μm；拟担子占多数，形状与担子类似，比担子稍小。担孢子腊肠形，无色，薄壁，光滑，无拟糊精反应和淀粉质反应，无嗜蓝反应，(3.6~)4~4.8(~5.2) × (0.8~)1~1.2 μm，平均长 L = 4.35 μm，平均宽 W = 1.1 μm，长宽比 Q = 4.33~4.35 (n = 60/2)。

研究标本：湖南：张家界市，永定区，天门山，2020 年 8 月 12 日，崔宝凯 18347（BJFC 035206）。广东：韶关市，始兴县，车八岭自然保护区，2017 年 9 月 18 日，戴玉成 18203（BJFC 025732）。陕西：柞水县，牛背梁森林公园，2013 年 9 月 16 日，崔宝凯 11237（BJFC 015352，模式标本）；眉县，太白山红河谷森林公园，2013 年 9 月 10 日，崔宝凯 11180（BJFC 015295）。

生境：生长于阔叶树树桩或倒木上，引起木材褐色腐朽。

中国分布：湖南、广东、陕西。

世界分布：中国。

讨论：绒毛波斯特孔菌的主要特征是菌盖表面鼠灰色，具多毛，菌管菌丝明显厚壁。绒毛波斯特孔菌与奶油波斯特孔菌的亲缘关系近，二者都有白色的孔口表面和相似的孔口。但是奶油波斯特孔菌的菌盖光滑，菌肉菌丝薄壁。

奶油波斯特孔菌 图 148

Postia lactea (Fr.) P. Karst., Revue Mycol., Toulouse 3(9): 17, 1881. Liu et al., Mycosphere 14(1): 1612, 2023.

子实体：担子果一年生，具盖形，单生或偶尔群生，新鲜时软肉质，干后木栓质至脆革质，重量变轻；菌盖扇形，单个菌盖长可达 4.5 cm，宽可达 6 cm，中部厚可达 20 mm；菌盖表面新鲜时奶油色，光滑，干后浅黄色；边缘锐，颜色与菌盖表面同色；孔口表面新鲜时奶油色，干后淡黄色；不育边缘新鲜时白色，干后黄褐色，宽达 1 mm；孔口圆形至角形，每毫米 4~5 个；管口边缘薄，撕裂状；菌肉白色，硬木栓质，厚约 15 mm；菌管浅黄色，脆革质，长可达 5 mm。

显微结构：菌丝系统单体系；生殖菌丝具有锁状联合，无拟糊精反应和淀粉质反应，无嗜蓝反应；菌丝组织在 KOH 试剂中无变化。菌肉中生殖菌丝无色，薄壁至稍厚壁，偶尔分枝，直径为 4~6 μm。菌管中生殖菌丝无色，厚壁，常具分枝，直径为 3~4 μm。子实层中无囊状体及其他不育结构。担子棍棒状，着生 4 个担孢子梗，基部具一锁状联合，10~13 × 4~5 μm；拟担子占多数，形状与担子类似，比担子稍小。担孢子腊肠形，无色，薄壁，光滑，无拟糊精反应和淀粉质反应，无嗜蓝反应，(3.9~)4~5(~5.2) × 1~1.3(~1.5) μm，平均长 L = 4.56 μm，平均宽 W = 1.15 μm，长宽比 Q = 3.86~4.11 (n = 60/2)。

研究标本：黑龙江：宁安市，镜泊湖景区，2007 年 9 月 8 日，戴玉成 8312（IFP 005388）；汤原县，大亮子河国家森林公园，2014 年 8 月 25 日，崔宝凯 11511（BJFC 016753）。山东：蒙山森林公园，2009 年 8 月 17 日，崔宝凯 7156（BJFC 005643）。

云南：兰坪县，罗古箐自然保护区，2021 年 9 月 3 日，戴玉成 22752（BJFC 037325）。西藏：林芝市，林芝县，鲁朗镇，2010 年 9 月 17 日，崔宝凯 9319（BJFC 008258），崔宝凯 12141（BJFC 017055）；林芝市，米林县，南伊沟，2021 年 10 月 22 日，戴玉成 23307（BJFC 037878），戴玉成 23312（BJFC 037883），戴玉成 23313（BJFC 037884），戴玉成 23314（BJFC 037885）。新疆：西天山保护区，2015 年 9 月 14 日，戴玉成 15946（BJFC 020047）。

生境：生长在阔叶树或针叶树上，引起木材褐色腐朽。

中国分布：黑龙江、山东、云南、西藏、新疆等。

世界分布：芬兰、日本、俄罗斯、中国等。

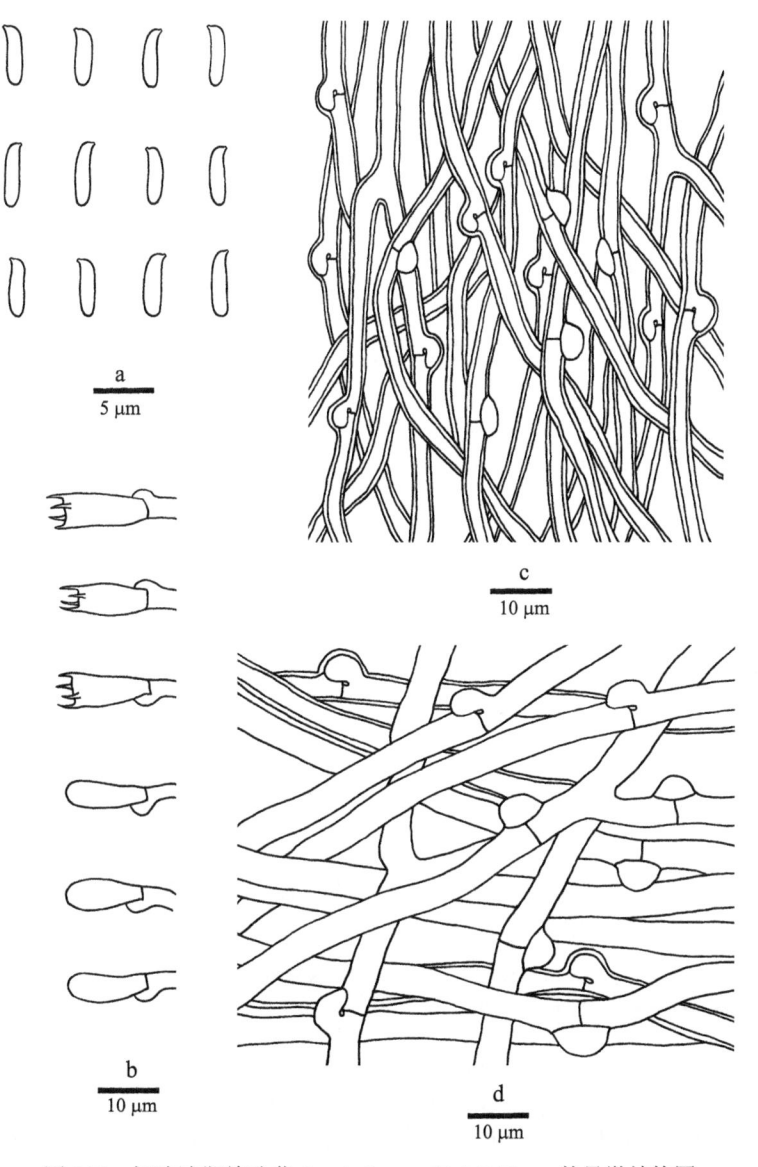

图 148 奶油波斯特孔菌 *Postia lactea* (Fr.) P. Karst.的显微结构图
a. 担孢子；b. 担子和拟担子；c. 菌管菌丝；d. 菌肉菌丝

讨论：奶油波斯特孔菌的主要特征是菌盖表面和孔口表面新鲜时奶油色，菌管菌丝明显厚壁，担孢子腊肠形（4~5 × 1~1.3 μm）。调查发现，奶油波斯特孔菌在我国分布较广泛，生长在阔叶树和针叶树上（Shen et al., 2019）。

洛氏波斯特孔菌　图 149

Postia lowei (Pilát) Jülich, Persoonia 11(4): 423, 1982. Liu et al., Mycosphere 14(1): 1612, 2023.

Leptoporus lowei Pilát, Atlas Champ. l'Europe, Polyporaceae (Praha) 1: 205, 1938.

Polyporus lowei Pilát ex J. Lowe, Tech. Publ. N.Y. St. Univ. Coll. For. 60: 78, 1942.

Tyromyces lowei (Pilát) Bondartsev, Trut. Grib Evrop. Chasti SSSR Kavkaza [Bracket Fungi Europ. U.S.S.R. Caucasus] (Moscow-Leningrad): 227, 1953.

Leptoporus lowei Pilát, Sb. Nár. Mus. v Praze, Rada B, Prír. Vedy 9(2): 101, 1953.

Spongiporus lowei (Pilát) A. David, Bull. Mens. Soc. Linn. Lyon 49(1): 27, 1980.

Oligoporus lowei (Pilát) Gilb. & Ryvarden, Mycotaxon 22(2): 365, 1985.

子实体：担子果一年生，平伏反转至具盖形，单生，新鲜时柔软多汁，干后木栓质至脆而易碎，重量变轻；菌盖扇形，单个菌盖长可达 6 cm，宽可达 2 cm，中部厚可达 10 mm；菌盖表面初时白色，干后奶油色至浅棕褐色，并有一些纵向条纹，幼时具绒毛，随着年龄增长逐渐变得光滑；孔口表面新鲜时白色至奶油色，干后淡红棕色；不育边缘不明显；孔口圆形，每毫米 3~4 个；管口边缘薄，撕裂状；菌肉浅黄色，木栓质，厚约 5 mm；菌管浅黄色，脆革质，长可达 5 mm。

显微结构：菌丝系统单体系；生殖菌丝具有锁状联合，无拟糊精反应和淀粉质反应，无嗜蓝反应；菌丝组织在 KOH 试剂中无变化。菌肉中生殖菌丝无色，薄壁至稍厚壁，常具分枝，直径为 3.5~5 μm。菌管中生殖菌丝无色，稍厚壁，偶尔分枝，直径为 2~4 μm。子实层中无囊状体及其他不育结构。担子棒棒状，着生 4 个担孢子梗，基部具一锁状联合，15~22 × 4~5 μm；拟担子占多数，形状与担子类似，比担子稍小。担孢子腊肠形，无色，薄壁，光滑，无拟糊精反应和淀粉质反应，无嗜蓝反应，(4.5~)4.8~5(~5.2) × (1.5~)1.8~2.2(~2.5) μm，平均长 L = 4.92 μm，平均宽 W = 2.05 μm，长宽比 Q = 2.52~2.73 (n = 60/2)。

研究标本：吉林：长白山保护区，1993 年 7 月 30 日，戴玉成 865（BJFC 013412）。四川：雅江县，康巴汉子村，2020 年 9 月 7 日，崔宝凯 18366（BJFC 035225）；九寨沟县，神仙池景区，2020 年 9 月 22 日，崔宝凯 18579（BJFC 035440）。西藏：波密县，2010 年 9 月 20 日，崔宝凯 9585（BJFC 008523）。

生境：生长于阔叶树树桩或倒木上，引起木材褐色腐朽。

中国分布：吉林、四川、西藏。

世界分布：俄罗斯、中国；北美洲东北部，欧洲东部。

讨论：洛氏波斯特孔菌的主要特征是菌盖表面干后有纵向条纹，孔口表面新鲜时白色至奶油色，干后淡红棕色，担孢子腊肠形（4.8~5.2 × 1.8~2.2 μm）。调查发现，洛氏波斯特孔菌在我国东北和西南地区有分布，生长在阔叶树上（Shen et al., 2019）。

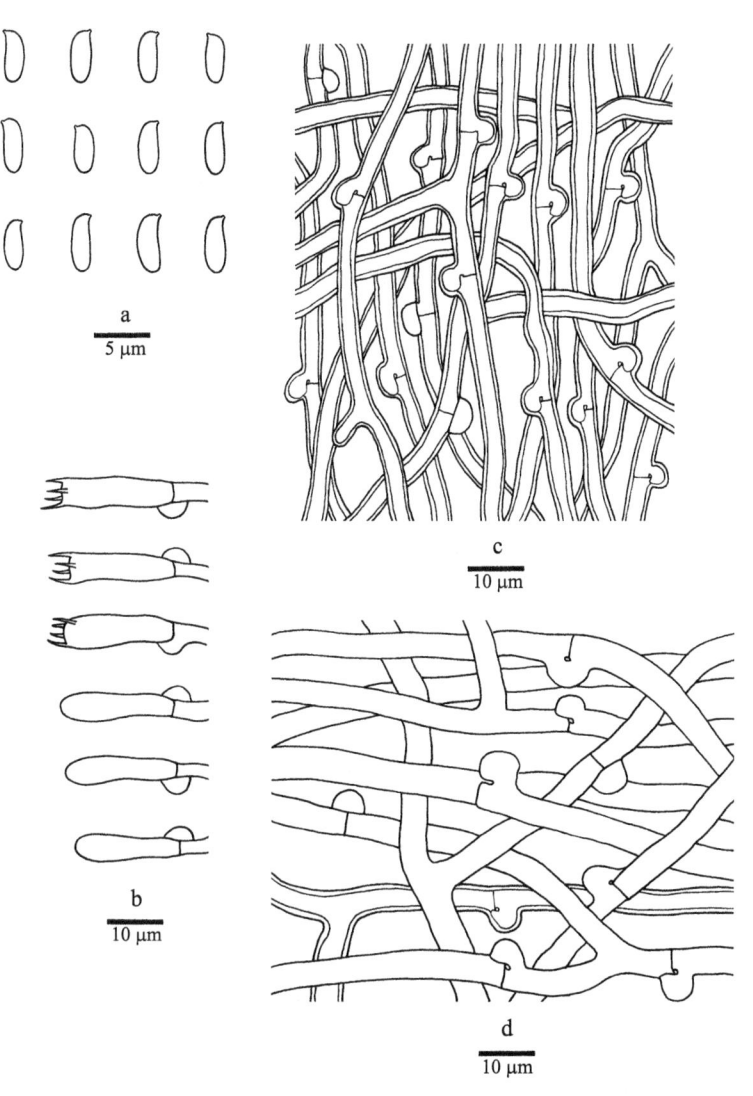

图 149 洛氏波斯特孔菌 *Postia lowei* (Pilát) Jülich 的显微结构图
a. 担孢子；b. 担子和拟担子；c. 菌管菌丝；d. 菌肉菌丝

赭白波斯特孔菌 图 150

Postia ochraceoalba L.L. Shen, B.K. Cui & Y.C. Dai, Mycol. Prog. 14: 7, 2015.

子实体：担子果一年生，具盖形，覆瓦状叠生，新鲜时软至纤维质，干后木栓质至脆质，重量变轻；菌盖扇形，单个菌盖长可达 5.5 cm，宽可达 11 cm，中部厚可达 12 mm；菌盖表面新鲜时浅黄色、赭色至灰棕色，有暗褐色的环带和纵向的沟纹，干后浅鼠灰色或深橄榄色；边缘锐，波浪形，新鲜时白色，干后浅灰色，向内卷曲；孔口表面新鲜时白色，干后奶油色至浅黄色；不育边缘窄，灰棕色，宽达 0.5 mm；孔口多角形，每毫米 6~7 个；管口边缘薄，撕裂状；菌肉白色，硬木栓质至脆革质，厚约 10 mm；菌管白色至奶油色，木栓质，长可达 2 mm。

显微结构：菌丝系统单体系；生殖菌丝具有锁状联合，无拟糊精反应和淀粉质反应，无嗜蓝反应；菌丝组织在 KOH 试剂中无变化。菌肉中生殖菌丝无色，稍厚壁，常具分枝，直径为 3~5.5 μm。菌管中生殖菌丝无色，薄壁至稍厚壁，偶尔分枝，直径为 2~3.5 μm。子实层中无囊状体及其他不育结构。担子棍棒状，着生 4 个担孢子梗，基部具一锁状联合，12~18 × 4~6 μm；拟担子占多数，形状与担子类似，比担子稍小。担孢子腊肠形，无色，薄壁，光滑，无拟糊精反应和淀粉质反应，无嗜蓝反应，4~4.5(~5) × 1~1.5 μm，平均长 L = 4.46 μm，平均宽 W = 1.37 μm，长宽比 Q = 3.18~4.02 (n = 60/2)。

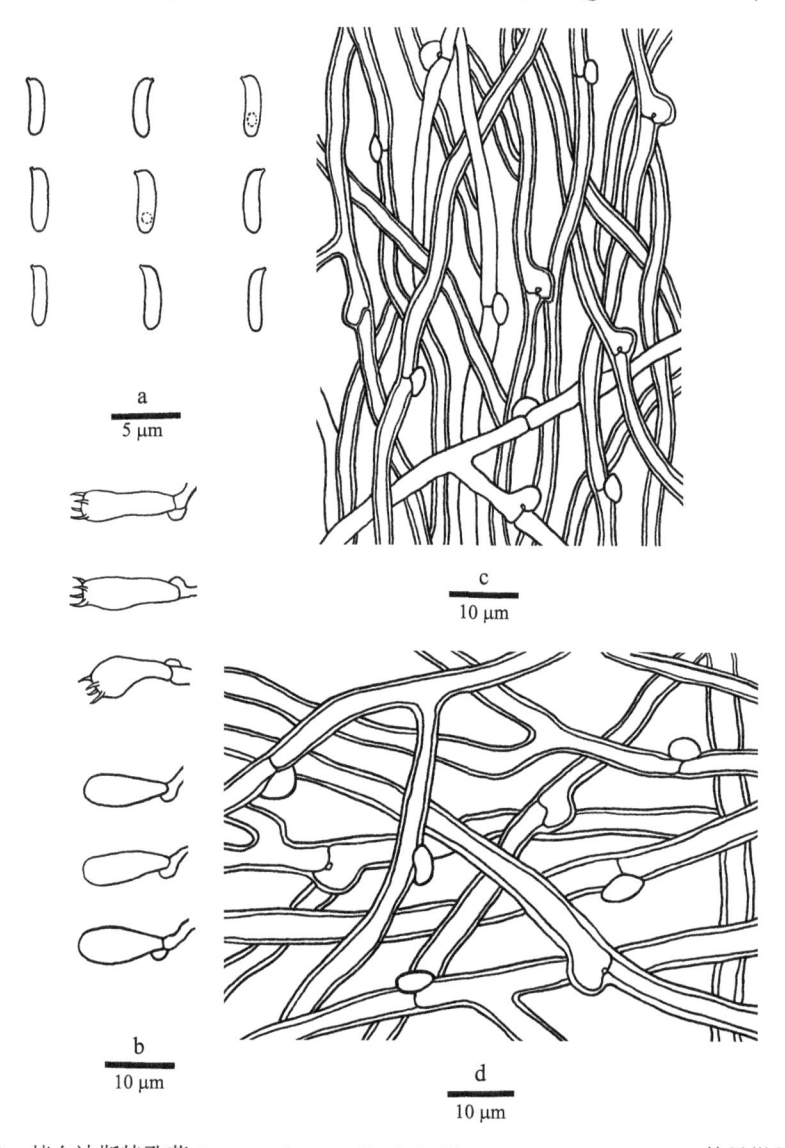

图 150 赭白波斯特孔菌 *Postia ochraceoalba* L.L. Shen, B.K. Cui & Y.C. Dai 的显微结构图
a. 担孢子；b. 担子和拟担子；c. 菌管菌丝；d. 菌肉菌丝

研究标本：四川：泸定县，海螺沟森林公园，2012 年 10 月 20 日，崔宝凯 10802（BJFC 013724，模式标本）；2021 年 10 月 8 日，戴玉成 23172（BJFC 037743）；雅江县，格西沟自然保护区，2020 年 9 月 7 日，崔宝凯 18352（BJFC 035211），崔宝凯 18353（BJFC 035212），崔宝凯 18354（BJFC 035213），崔宝凯 18356（BJFC 035215）。云南：丽江市，玉龙县九河乡老君山九十九龙潭景区，2018 年 9 月 15 日，崔宝凯 17028

（BJFC 030327），崔宝凯 17031（BJFC 030330）；丽江市，玉龙雪山景区云杉坪，2018 年 9 月 16 日，崔宝凯 17044（BJFC 030343），崔宝凯 17047（BJFC 030346），崔宝凯 17076（BJFC 030375），崔宝凯 17087（BJFC 030386）。西藏：林芝县，卡定沟公园，崔宝凯 12333（BJFC 017247）；林芝市，米林县，南伊沟，2021 年 10 月 22 日，戴玉成 23278（BJFC 037849）。

生境：多生长于针叶树上，引起木材褐色腐朽。

中国分布：四川、云南、西藏等。

世界分布：中国。

讨论：赭白波斯特孔菌的主要特征是子实体覆瓦状叠生，菌盖表面赭色并有环纹，孔口表面白色，孔口偏小且管壁呈锯齿状。奶油波斯特孔菌也具有发白的孔口表面，稍厚壁的菌肉菌丝，大小相似的担孢子，但是奶油波斯特孔菌的子实体单生，菌盖无环纹，且孔口较大（每毫米 4~5 个）。

秦岭波斯特孔菌　图 151

Postia qinensis Y.C. Dai & Y.L. Wei, Ann. Bot. Fenn. 46: 60, 2009.

子实体：担子果一年生，平伏至反转，不易与基质分离，新鲜时软而多汁，干后软木栓质，重量变轻；单个菌盖长可达 1 cm，宽可达 4 cm，中部厚可达 6 mm；平伏担子果长可达 5 cm，宽可达 2 cm，厚约 2 mm；菌盖表面新鲜时白色，被短绒毛，干后奶油色至灰白色；边缘锐利，干燥后稍微内卷；孔口表面新鲜时白色，干后黄色；不育边缘不明显；孔口圆形，每毫米 3~5 个；管口边缘薄，撕裂状；菌肉奶油色，白垩质，厚约 2 mm；菌管奶油色，木栓质，长可达 4 mm。

显微结构：菌丝系统单体系；生殖菌丝具有锁状联合，无拟糊精反应和淀粉质反应，无嗜蓝反应；菌丝组织在 KOH 试剂中无变化。菌肉中生殖菌丝无色，薄壁至稍厚壁，大部分为 Y 形分枝，也有 H 形分枝，直径为 2~3 μm。菌管中生殖菌丝无色，薄壁，均呈 Y 形分枝，直径为 3~4.5 μm。子实层中有胶化囊状体，棒状，薄壁，光滑，18~22 × 5~7 μm。担子棍棒状，着生 4 个担孢子梗，基部具一锁状联合，10~15 × 4~4.5 μm；拟担子占多数，形状与担子类似，比担子稍小。担孢子腊肠形，无色，薄壁，光滑，无拟糊精反应和淀粉质反应，无嗜蓝反应，(4~)4.2~4.6(~4.8) × (1~)1.2~1.5(~1.6) μm，平均长 L = 4.63 μm，平均宽 W = 1.29 μm，长宽比 Q = 3.55~3.61 (n = 60/2)。

研究标本：陕西：华阴县，华山自然保护区，2006 年 8 月 6 日，戴玉成 7723（IFP 015761，模式标本）。

生境：生长于油松腐木上，引起木材褐色腐朽。

中国分布：陕西。

世界分布：中国。

讨论：秦岭波斯特孔菌的主要特征是子实体新鲜时发白，子实层中有大量的胶化囊状体，担孢子腊肠形，生长在油松腐木上而非干燥环境。白褐波斯特孔菌和胶囊波斯特孔菌也有胶化囊状体，但是白褐波斯特孔菌的子实体触摸后立即变成棕色，而且担孢子较长（4.5~5.8 × 1~1.7 μm）；而胶囊波斯特孔菌子实体明显盖形，菌盖表面被硬毛，子实层中有大量菌丝束，担孢子较细（3.5~4.8 × 1~1.2 μm）。

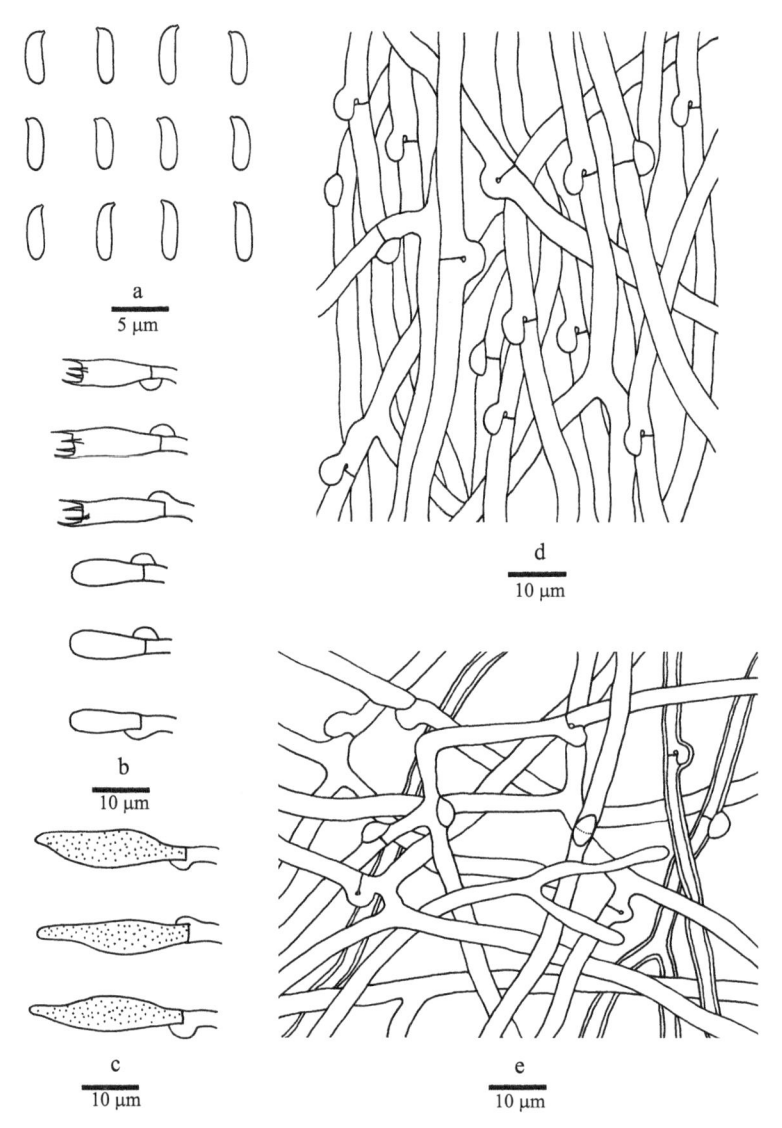

图 151 秦岭波斯特孔菌 *Postia qinensis* Y.C. Dai & Y.L. Wei 的显微结构图
a. 担孢子；b. 担子和拟担子；c. 胶化囊状体；d. 菌管菌丝；e. 菌肉菌丝

亚洛氏波斯特孔菌　图 152，图版 II 16
Postia sublowei B.K. Cui, L.L. Shen & Y.C. Dai, Persoonia 42: 121, 2019.

子实体：担子果一年生，具盖形或平伏至反转，单生或成簇生长，新鲜时软木栓质，干后易碎，重量变轻；菌盖半圆形，单个菌盖长可达 1 cm，宽可达 2 cm，中部厚可达 5 mm；菌盖表面新鲜时白色，并带橘色，被短绒毛，干后奶油色至棕褐色，光滑；边缘钝，新鲜时白色，干后暗褐色，内卷；孔口表面新鲜时白色，干后奶油色至浅黄色；不育边缘新鲜时白色，干后变为灰棕色，宽达 0.1 cm；孔口多角形，每毫米 3~4 个；管口边缘薄，全缘；菌肉白色，木栓质，厚约 1 mm；菌管奶油色，易碎，长可达 4 mm。

显微结构：菌丝系统单体系；生殖菌丝具有锁状联合，无拟糊精反应和淀粉质反应，无嗜蓝反应；菌丝组织在 KOH 试剂中无变化。菌肉中生殖菌丝无色，稍厚壁，偶尔分枝，直径为 3~4.5 μm。菌管中生殖菌丝无色，薄壁至稍厚壁，偶尔分枝，直径为 3~4.5 μm。子实层中无囊状体，具拟囊状体，纺锤形，薄壁，光滑，17~20 × 2~4 μm。担子棍棒状，着生 4 个担孢子梗，基部具一锁状联合，16~20 × 4~4.5 μm；拟担子占多数，形状与担子类似，比担子稍小。担孢子腊肠形至圆柱形，无色，薄壁，光滑，无拟糊精反应和淀粉质反应，无嗜蓝反应，4~4.5(~5) × 1~1.5 μm，平均长 L = 4.78 μm，平均宽 W = 1.06 μm，长宽比 Q = 4.48~4.62 (n = 60/2)。

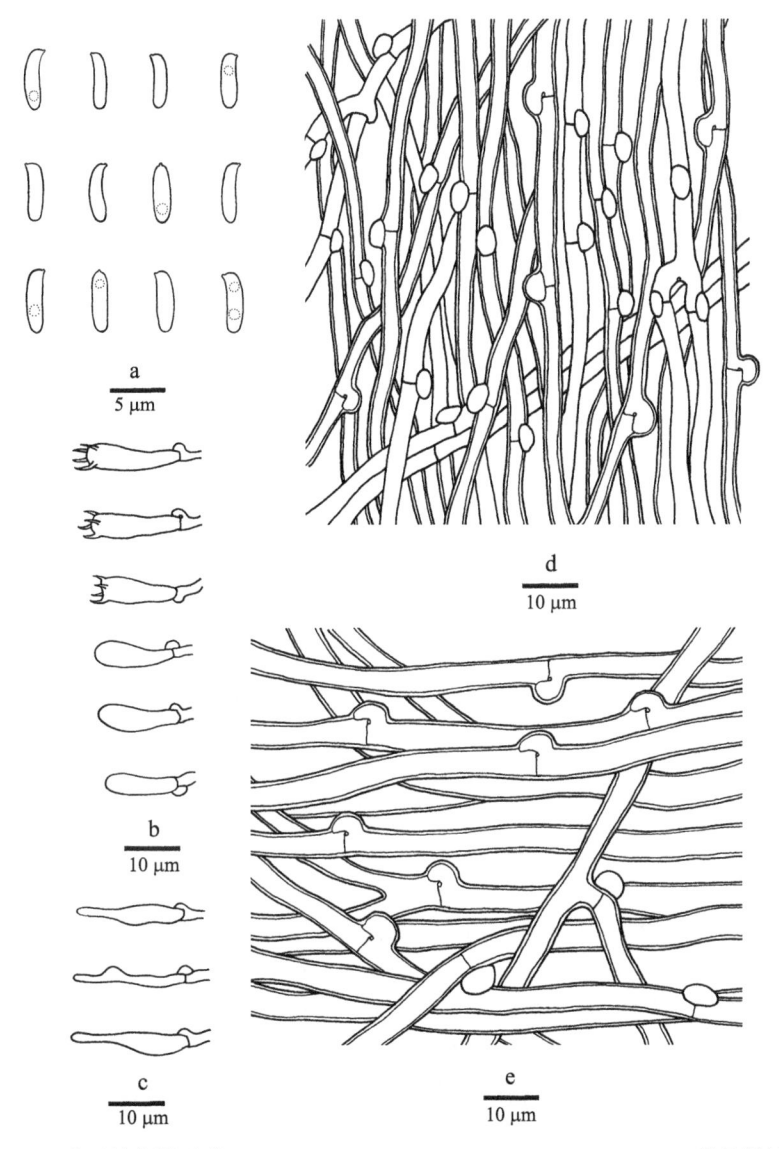

图 152 亚洛氏波斯特孔菌 Postia sublowei B.K. Cui, L.L. Shen & Y.C. Dai 的显微结构图
a. 担孢子；b. 担子和拟担子；c. 拟囊状体；d. 菌管菌丝；e. 菌肉菌丝

研究标本：四川：乡城县，小雪山，2019 年 8 月 12 日，崔宝凯 17460（BJFC 034319）。云南：香格里拉市，普达措国家公园，2021 年 9 月 6 日，戴玉成 22902（BJFC 037475）。西藏：波密县，2010 年 9 月 20 日，崔宝凯 9597（BJFC 008535，模式标本），崔宝凯

9601（BJFC 008539）。

生境：生长于针叶树倒木上，引起木材褐色腐朽。

中国分布：四川、西藏、云南。

世界分布：中国。

讨论：亚洛氏波斯特孔菌的主要特征是菌盖小，半圆形，菌盖表面新鲜时有橙色，子实层中有纺锤形拟囊状体，担孢子腊肠形至圆柱形。洛氏波斯特孔菌和亚洛氏波斯特孔菌都有干后易碎的子实体，灰棕色的菌盖表面，大小相同的孔口。但洛氏波斯特孔菌菌盖表面新鲜时无橙色，子实层中也没有拟囊状体，担孢子较宽。

灰白波斯特孔菌　图 153

Postia tephroleuca (Fr.) Jülich, Persoonia 11(4): 424, 1982. Liu et al., Mycosphere 14(1): 1612, 2023.

子实体：担子果一年生，具盖形，单生，新鲜时柔软多汁，干后硬木栓质至脆革质，重量变轻；菌盖扇形，单个菌盖长可达 5 cm，宽可达 4 cm，中部厚可达 10 mm；菌盖表面新鲜时白色，被短绒毛，干后灰褐色，光滑，边缘钝，与菌盖表面同色；孔口表面新鲜时白色，干后黄色；不育边缘不明显或几乎不存在；孔口多角形，每毫米 3~4 个；管口边缘薄，撕裂状；菌肉白色，硬木栓质，厚约 6 mm；菌管奶油色，脆革质，长可达 4 mm。

显微结构：菌丝系统单体系；生殖菌丝具有锁状联合，无拟糊精反应和淀粉质反应，无嗜蓝反应；菌丝组织在 KOH 试剂中无变化。菌肉中生殖菌丝无色，薄壁至稍厚壁，偶尔分枝，直径为 4~5.5 μm。菌管中生殖菌丝无色，厚壁，偶尔分枝，直径为 3~4.5 μm。子实层中无囊状体及其他不育结构。担子棒棒状，着生 4 个担孢子梗，基部具一锁状联合，12~17 × 4~6 μm；拟担子占多数，形状与担子类似，比担子稍小。担孢子腊肠形，无色，薄壁，光滑，无拟糊精反应和淀粉质反应，无嗜蓝反应，(4~)4.5~6(~6.2) × 1~1.5 μm，平均长 L = 5.03 μm，平均宽 W = 1.22 μm，长宽比 Q = 3.75~3.92 (n = 60/2)。

研究标本：吉林：长白山保护区，2011 年 8 月 9 日，崔宝凯 10047（BJFC 010940）。江西：九江市，庐山，2008 年 10 月 9 日，崔宝凯 6020（BJFC 003876）。四川：雅江县，2019 年 8 月 8 日，崔宝凯 17329（BJFC 034187），崔宝凯 17334（BJFC 034192）；木里县，寸冬海子，2019 年 8 月 16 日，崔宝凯 17560（BJFC 034419）；西昌市，螺髻山，2019 年 8 月 17 日，崔宝凯 17611（BJFC 034470）；越西县，梅花乡，打土村，2019 年 9 月 15 日，崔宝凯 17790（BJFC 034649）。贵州：旺草宽阔水保护区，2000 年 6 月 17 日，戴玉成 3221（IFP 015292）。

生境：生长于针叶树树桩或倒木上，引起木材褐色腐朽。

中国分布：吉林、江西、四川、贵州。

世界分布：中国、日本、俄罗斯（远东地区）；欧洲，北美洲。

讨论：灰白波斯特孔菌和奶油波斯特孔菌的亲缘关系很近，二者都有盖形的子实体，新鲜时白色至奶油色，菌管菌丝厚壁，担孢子腊肠形，但是奶油波斯特孔菌干燥后菌盖和菌孔都呈浅黄色，而灰白波斯特孔菌呈灰褐色。调查发现，灰白波斯特孔菌在我国分布较广泛，生长在针叶树上（Shen et al., 2019）。

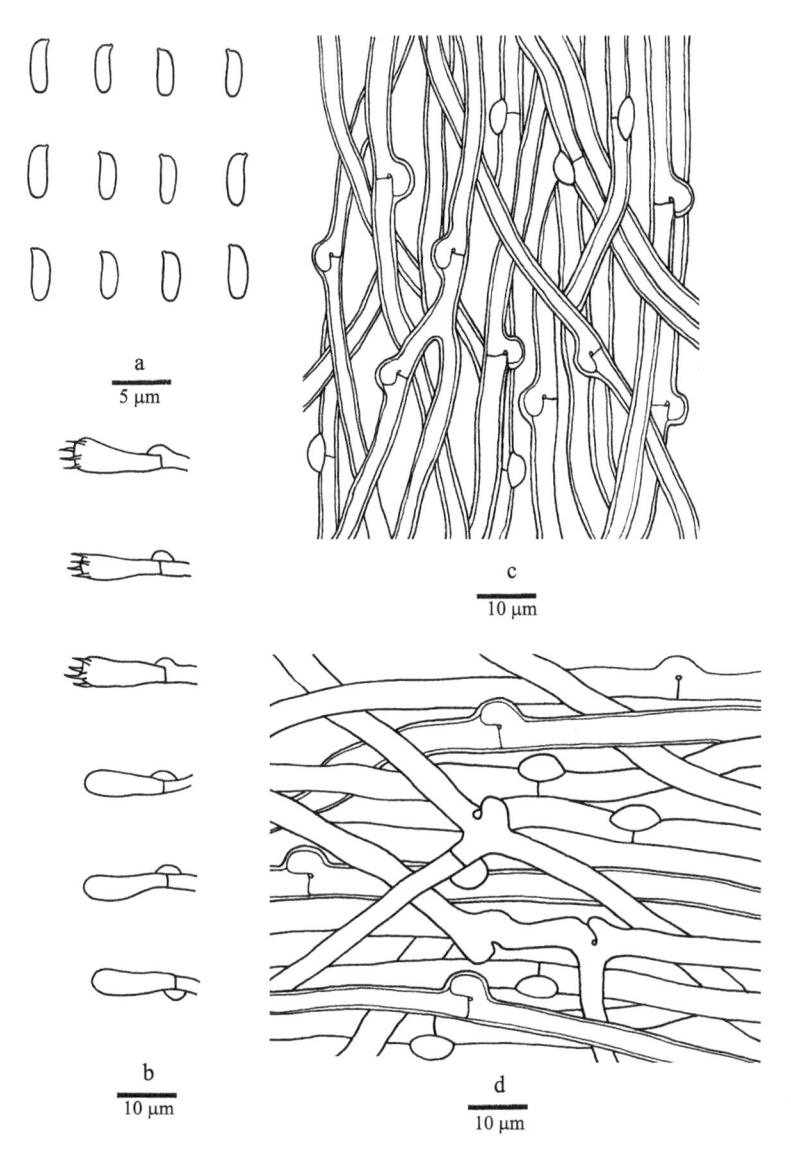

图 153　灰白波斯特孔菌 Postia tephroleuca (Fr.) Jülich 的显微结构图
a. 担孢子；b. 担子和拟担子；c. 菌管菌丝；d. 菌肉菌丝

翼状孔菌属 Ptychogaster Corda

Icon. Fung. (Prague) 2: 23, 1838

担子果一年生，平伏至反转或偶尔具菌盖，新鲜时柔软，干后木栓质至易碎；菌盖表面白色至奶油色；孔口表面白色至浅黄色；孔口多角形；菌肉白色，柔软；菌管与孔口表面同色，木栓质至易碎。菌丝系统单体系；生殖菌丝具锁状联合，无拟糊精反应和淀粉质反应，无嗜蓝反应；子实层中无囊状体及其他不育结构；担孢子椭圆形，无色，薄壁，光滑，无拟糊精反应和淀粉质反应，无嗜蓝反应。

模式种：*Ptychogaster albus* Corda。

生境：生长于针叶树上，引起木材褐色腐朽。

中国分布：西藏。

世界分布：欧洲，亚洲。

讨论：翼状孔菌属由 Corda（1838）建立，模式种是白翼状孔菌 *P. albus* Corda。后来白翼状孔菌被认为是翼状波斯特孔菌 *Postia ptychogaster* (F. Ludw.) Vesterh.的同物异名（Knudsen and Hansen，1996）。近些年，翼状孔菌属常被处理为波斯特孔菌属的同物异名（He et al.，2019；Stalpers et al.，2021）。Liu 等（2023a）研究发现，翼状波斯特孔菌在系统发育分析中远离于波斯特孔菌属并且不与其他属聚集在一起。因此，翼状孔菌属 *Ptychogaster* 是一个独立的属。目前，该属有 1 种，中国分布 1 种。

白翼状孔菌　图 154

Ptychogaster albus Corda, Icon. Fung. (Prague) 2: 24, Fig. 90, 1838. Liu et al., Mycosphere 14(1): 1612, 2023.

Trichoderma fuliginoides Pers., Syn. Meth. Fung. (Göttingen) 1: 231, 1801.

Arongylium fuliginoides (Pers.) Link, Mag. Gesell. Naturf. Freunde, Berlin 3(1-2): 24, 1809.

Strongylium fuliginoides (Pers.) Ditmar, Neues J. Bot. 3(3, 4): 55, 1809.

Reticularia fuliginoides (Pers.) Duby, Bot. Gall., Edn 2 (Paris) 2: 862, 1830.

Institale effusa Fr., Summa Veg. Scand., Sectio Post. (Stockholm) 2: 447, 1849.

Polyporus ptychogaster F. Ludw., Z. Gesammt. Naturw. 3: 424, 1880.

Ceriomyces albus (Corda) Sacc., Syll. Fung. (Abellini) 6: 388, 1888.

Ceriomyces richonii Sacc., Syll. Fung. (Abellini) 6: 388, 1888.

Oligoporus ustilaginoides Bref., Unters. Gesammtgeb. Mykol. (Liepzig) 8: 134, 1889.

Polyporus ustilaginoides (Bref.) Sacc. & Traverso, Syll. Fung. (Abellini) 20: 497, 1911.

Tyromyces ptychogaster (F. Ludw.) Donk, Meded. Bot. Mus. Herb. Rijks Univ. Utrecht 9: 153, 1933.

Oligoporus ptychogaster (F. Ludw.) Falck & O. Falck, Hausschwamm-forsch. 12: 41, 1937.

Ptychogaster flavescens Falck & O. Falck, Hausschwamm-forsch 12, 1937.

Leptoporus ptychogaster (F. Ludw.) Pilát, Atlas Champ. l'Europe, , Polyporaceae (Praha) 1: 206, 1938.

Ptychogaster fuliginoides (Pers.) Donk, Proc. K. Ned. Akad. Wet., Ser. C, Biol. Med. Sci. 75(3): 170, 1972.

Postia ptychogaster (F. Ludw.) Vesterh., Nordic Jl Bot. 16(2): 213, 1996.

子实体：担子果一年生，平伏至反转或具菌盖，不易与基质分离，新鲜时柔软，干后易碎，重量变轻；单个菌盖长可达 4 cm，宽可达 2 cm，中部厚可达 10 mm；平伏担子果长可达 5 cm，宽可达 3 cm，厚约 7 mm；菌盖表面新鲜时白色至奶油色，干后奶油色至浅黄色；孔口表面新鲜时白色，干后浅奶油色；不育边缘不明显或缺失；孔口多角形，每毫米 3~4 个，管口边缘薄，全缘；菌肉奶油色，柔软，厚约 4 mm；菌管与孔口表面同色，易碎，长可达 3 mm。

显微结构：菌丝系统单体系；生殖菌丝具有锁状联合，无拟糊精反应和淀粉质反应，

无嗜蓝反应；菌丝组织在 KOH 试剂中无变化。菌肉中生殖菌丝无色，薄壁，很少分枝，直径为 4~6 μm。菌管中生殖菌丝无色，薄壁，很少分枝，直径为 3~5 μm。子实层中无囊状体及其他不育结构。担子棍棒状，着生 4 个担孢子梗，基部具一锁状联合，16~25 × 4~6 μm；拟担子占多数，形状与担子类似，比担子稍小。担孢子椭圆形，无色，薄壁，光滑，无拟糊精反应和淀粉质反应，无嗜蓝反应，4.5~5.5 × 2~3 μm，平均长 L = 5.12 μm，平均宽 W = 2.52 μm，长宽比 Q = 1.98~2.08 (n = 60/2)。厚垣孢子椭圆形或长圆形，无色，厚壁，光滑，5~10 × 3.5~7 μm。

研究标本：西藏：林芝市，波密县，2021 年 10 月 25 日，戴玉成 23535（BJFC 038107）；林芝市，波密县，岗云杉林景区，2021 年 10 月 27 日，戴玉成 23618（BJFC 038190）。

生境：生长于针叶树上，引起木材褐色腐朽。

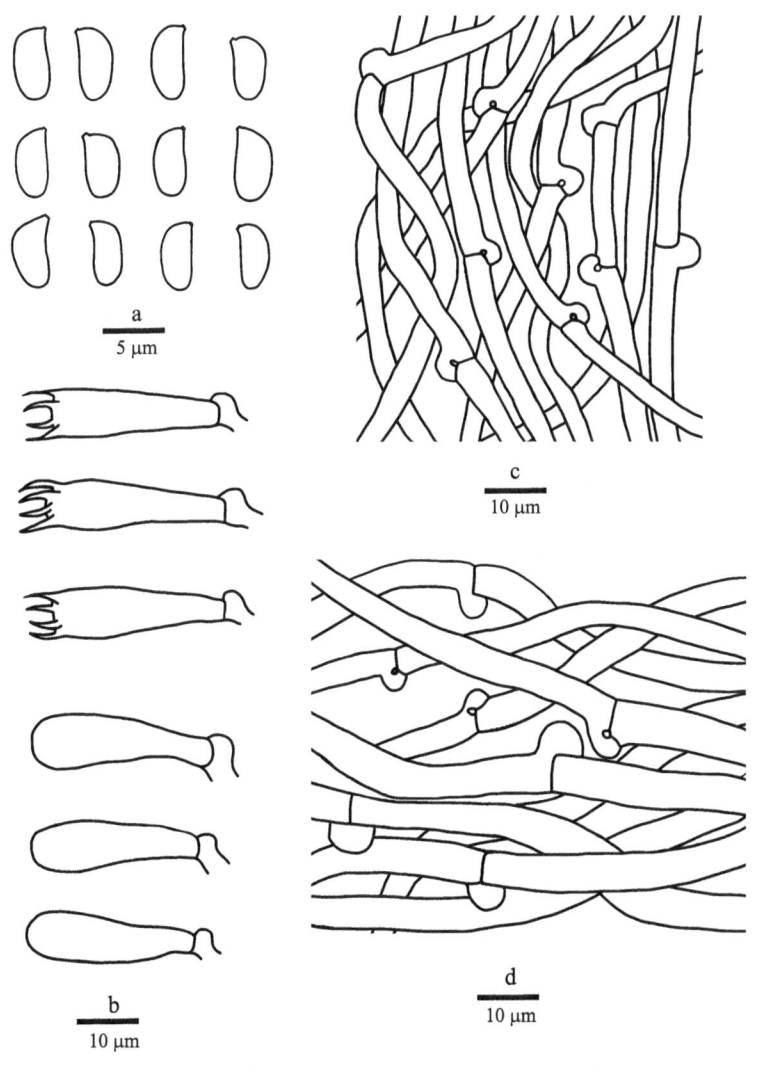

图 154　白翼状孔菌 *Ptychogaster albus* Corda 的显微结构图
a. 担孢子；b. 担子和拟担子；c. 菌管菌丝；d. 菌肉菌丝

中国分布：西藏。

世界分布：白俄罗斯、中国等。

讨论：白翼状孔菌的主要特征是担子果一年生，平伏至反转或具菌盖，孔口多角形，每毫米 3~4 个，担孢子椭圆形（4.5~5.5 × 2~3 μm），厚垣孢子存在，椭圆形或长圆形（5~10 × 3.5~7 μm）。调查发现，白翼状孔菌在我国西藏地区有分布，生长在针叶树上（Liu et al.，2023a）。

平伏波斯特孔菌属 Resupinopostia B.K. Cui & Shun Liu
Mycosphere 14(1): 1643, 2023

担子果一年生，平伏至反转，新鲜时软木栓质，干后木栓质至易碎；孔口表面白色、奶油色至粉黄色，干后粉黄色至浅黄色，受伤后变为红棕色；孔口圆形至多角形；菌肉白色至奶油色，木栓质；菌管粉黄色至红棕色，易碎。菌丝系统单体系；生殖菌丝具锁状联合，无拟糊精反应和淀粉质反应，无嗜蓝反应；子实层中无囊状体，拟囊状体偶尔存在；担孢子腊肠形至圆柱形，无色，薄壁，光滑，无拟糊精反应和淀粉质反应，无嗜蓝反应。

模式种：*Resupinopostia lateritia* (Renvall) B.K. Cui & Shun Liu。

生境：多生长在针叶树上，引起木材褐色腐朽。

中国分布：吉林、四川、云南。

世界分布：芬兰、挪威、瑞典、丹麦、加拿大、俄罗斯、中国等。

讨论：平伏波斯特孔菌属种类此前被放置于褐波斯特孔菌属中，但最近的系统发育分析表明，红褐波斯特孔菌 *F. lateritia* 与亚红褐波斯特孔菌 *F. sublateritia* 聚集在一起形成高支持率分支，并且没有与褐波斯特孔菌属以及其他属种类聚集在一起（Liu et al.，2023b）。形态上，褐波斯特孔菌属种类的担子果大多具菌盖有时反转，烘干或受伤后子实体为棕褐色。所以将红褐波斯特孔菌与亚红褐波斯特孔菌从褐波斯特孔菌属中移出建立为新属平伏波斯特孔菌属。目前，该属有 2 种，中国分布 2 种。

中国平伏波斯特孔菌属分种检索表

1. 孔口每毫米 3~4 个 ··· 砖红平伏波斯特孔菌 *R. lateritia*
1. 孔口每毫米 6~8 个 ··· 亚砖红平伏波斯特孔菌 *R. sublateritia*

砖红平伏波斯特孔菌　图 155

Resupinopostia lateritia (Renvall) B.K. Cui & Shun Liu, Mycosphere 14(1): 1649, 2023.

Fuscopostia lateritia (Renvall) B.K. Cui, L.L. Shen & Y.C. Dai, Persoonia 42: 119, 2019.

Postia lateritia Renvall, Karstenia 32(2): 44, 1992.

Oligoporus lateritius (Renvall) Ryvarden & Gilb., Syn. Fung. (Oslo) 7: 417, 1993.

子实体：担子果一年生，平伏，贴生，不易与基质分离，新鲜时软而多汁，干后木栓质至脆革质，重量变轻；平伏担子果长可达 6 cm，宽可达 2 cm，厚约 3 mm；孔口表面新鲜时白色，触摸或干后红褐色至褐色；不育边缘不明显或缺失；孔口多角形，每毫米 3~4 个；管口边缘薄，撕裂状；菌肉白色，软木栓质，厚约 1 mm；菌管浅黄色，易碎，长可达 2 mm。

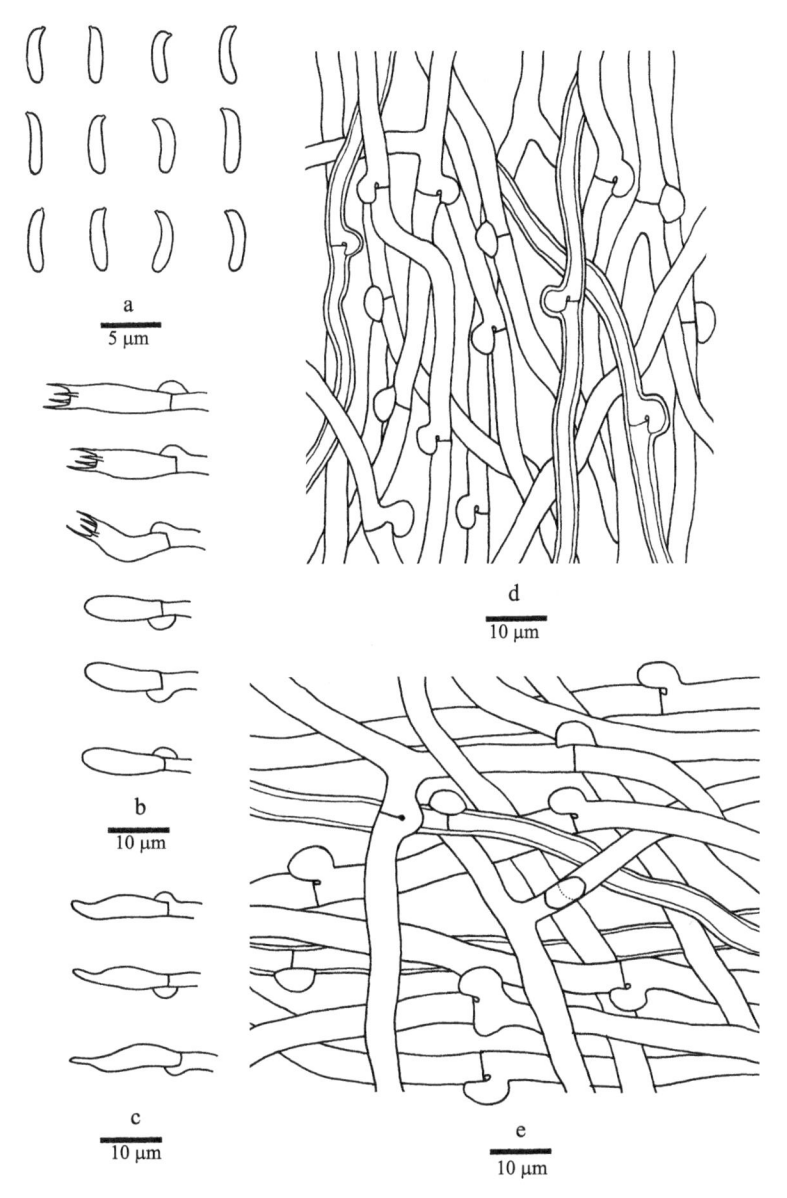

图 155 砖红平伏波斯特孔菌 *Resupinopostia lateritia* (Renvall) B.K. Cui & Shun Liu 的显微结构图
a. 担孢子；b. 担子和拟担子；c. 拟囊状体；d. 菌管菌丝；e. 菌肉菌丝

显微结构：菌丝系统单体系；生殖菌丝具有锁状联合，无拟糊精反应和淀粉质反应，无嗜蓝反应；菌丝组织在 KOH 试剂中无变化。菌肉中生殖菌丝无色，薄壁至稍厚壁，偶尔分枝，直径为 3~5.5 μm。菌管中生殖菌丝无色，薄壁至稍厚壁，偶尔分枝，直径为 3~4 μm。子实层中无囊状体，具拟囊状体，纺锤形，薄壁，光滑，13~16 × 2~3 μm。担子棍棒状，着生 4 个担孢子梗，基部具一锁状联合，12~14 × 4~5 μm；拟担子占多数，形状与担子类似，比担子稍小。担孢子腊肠形，无色，薄壁，光滑，无拟糊精反应和淀粉质反应，无嗜蓝反应，(4.3~)4.5~5.5(~5.8) × (1~)1.2~1.6(~2) μm，平均长 L = 5.13 μm，平均宽 W = 1.45 μm，长宽比 Q = 3.48~3.76 (n = 60/2)。

研究标本：吉林：长白山保护区，2005 年 8 月 25 日，戴玉成 6946（IFP 011823）；2005 年 8 月 29 日，戴玉成 7139（IFP 011844）。

生境：多生长于针叶树倒木上，引起木材褐色腐朽。

中国分布：吉林。

世界分布：芬兰、挪威、瑞典、丹麦、加拿大、俄罗斯、中国等。

讨论：砖红平伏波斯特孔菌的主要特征是具有平伏子实体，孔口表面触摸后迅速变为红褐色，具有顶端侧弯的拟囊状体，担孢子腊肠形（4.5~5.5 × 1.2~1.6 μm）。调查发现，砖红平伏波斯特孔菌在我国吉林有分布，常生长在针叶树上（Shen et al., 2019）。

亚砖红平伏波斯特孔菌　图 156

Resupinopostia sublateritia B.K. Cui & Shun Liu, Mycosphere 14(1): 1645, 2023.

子实体：担子果一年生，平伏，贴生，不易与基质分离，新鲜时软木栓质至木栓质，干后木栓质至易碎，重量变轻；平伏担子果长可达 6 cm，宽可达 1.3 cm，厚约 3 mm；孔口表面新鲜时白色、奶油色至粉黄色，触摸或干后浅黄粉色至浅黄色或灰棕色；不育边缘不明显或缺失；孔口多角形，每毫米 6~8 个；管口边缘稍厚，全缘；菌肉白色至浅黄色，木栓质，厚约 1 mm；菌管浅粉黄色至橄榄黄色，木栓质至易碎，长可达 2 mm。

显微结构：菌丝系统单体系；生殖菌丝具有锁状联合，无拟糊精反应和淀粉质反应，无嗜蓝反应；菌丝组织在 KOH 试剂中无变化。菌肉中生殖菌丝无色，稍厚壁，很少分枝，直径为 2.3~5 μm。菌管中生殖菌丝无色，薄壁至稍厚壁，很少分枝，直径为 2.2~4.3 μm。子实层中无囊状体，具拟囊状体，纺锤形，薄壁，光滑，15.5~21.5 × 2.2~4.2 μm。担子棍棒状，着生 4 个担孢子梗，基部具一锁状联合，13~20.5 × 3.5~5.5 μm；拟担子占多数，形状与担子类似，比担子稍小。担孢子腊肠形至圆柱形，无色，薄壁，光滑，无拟糊精反应和淀粉质反应，无嗜蓝反应，4.3~5 × 1.3~2(~2.1) μm，平均长 L = 4.65 μm，平均宽 W = 1.64 μm，长宽比 Q = 2.25~3.33 (n = 120/4)。

研究标本：四川：西昌市，一碗水村，2019 年 9 月 16 日，崔宝凯 17825（BJFC 034684）；盐源县，泸沽湖，2019 年 8 月 15 日，崔宝凯 17519（BJFC 034378）。云南：牟定县，化佛山自然保护区，2021 年 8 月 31 日，戴玉成 22655（BJFC 037229，模式标本）；兰坪县，罗古箐自然保护区，2021 年 9 月 3 日，戴玉成 22760（BJFC 037333），戴玉成 22761（BJFC 037334）。

生境：生长在松树上，引起木材褐色腐朽。

中国分布：四川、云南。

世界分布：中国。

讨论：亚砖红平伏波斯特孔菌的主要特征是担子果一年生，平伏，孔口表面新鲜时白色、奶油色至粉黄色，触摸或干后浅黄粉色至浅黄色或灰棕色，孔口多角形，每毫米 6~8 个，担孢子腊肠形至圆柱形（4.3~5 × 1.3~2 μm）。

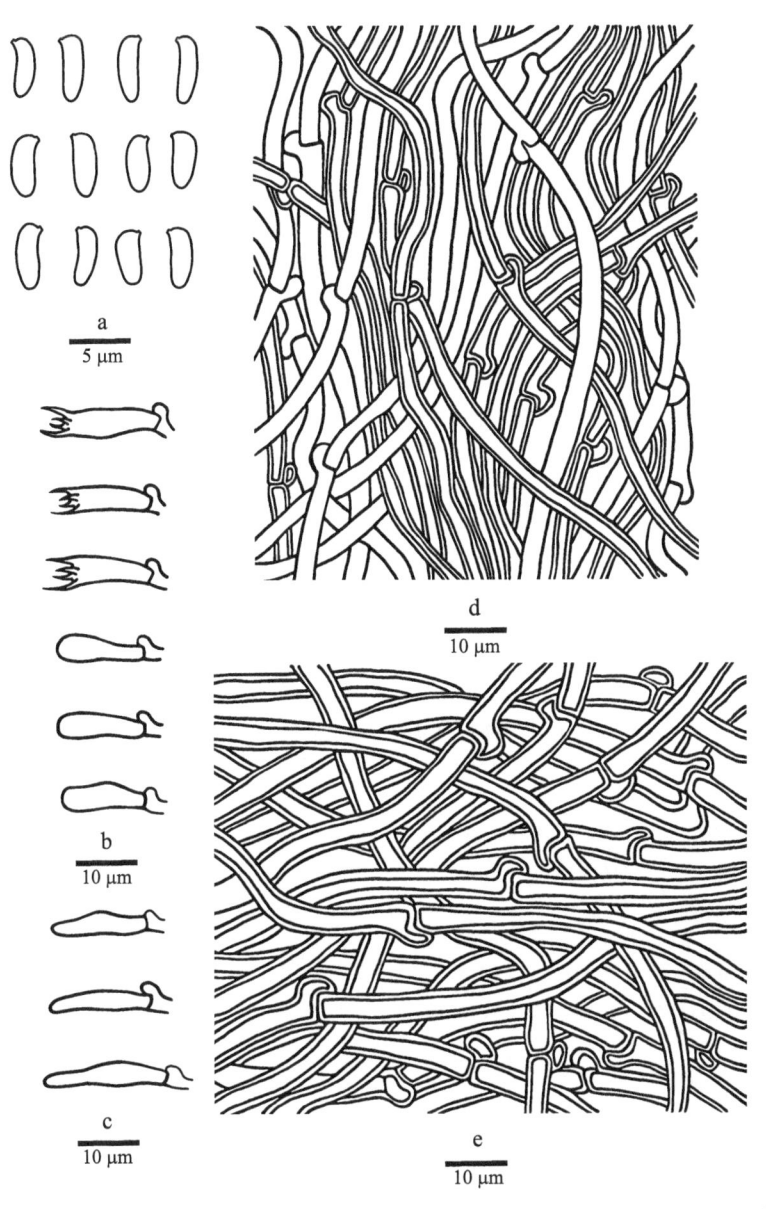

图 156 亚砖红平伏波斯特孔菌 Resupinopostia sublateritia B.K. Cui & Shun Liu 的显微结构图
a. 担孢子；b. 担子和拟担子；c. 拟囊状体；d. 菌管菌丝；e. 菌肉菌丝

绵孔菌属 Spongiporus Murrill

Bull. Torrey Bot. Club 32(9): 474, 1905

担子果一年生，无柄盖形或平伏至反转，通常覆瓦状丛生，新鲜时软至纤维状，干后木栓质至脆革质；菌盖表面新鲜时白色，干后浅黄色至棕色，被短绒毛或者光滑，有时具环纹；孔口表面新鲜时白色至浅黄色，干后不变色；孔口圆形至角形；菌肉白色，木栓质；菌管棕色，脆革质。菌丝系统单体系；生殖菌丝具锁状联合，无拟糊精反应和淀粉质反应，无嗜蓝反应；子实层中偶尔具囊状体，拟囊状体存在或缺失；担孢子圆柱形或椭圆形，无色，薄壁，光滑，无拟糊精反应和淀粉质反应，无嗜蓝反应。

模式种：*Spongiporus leucospongia* (Cooke & Harkn.) Murrill。

生境：生长于针叶树或阔叶树上，引起木材褐色腐朽。

中国分布：全国广泛分布。

世界分布：北美洲，欧洲，亚洲。

讨论：绵孔菌属由 Murrill 于 1905 年建立，后来它代表了所有具有单系菌丝系统，能引起木材褐色腐朽的真菌（David，1980）。但是，绵孔菌属一直被视为褐腐干酪孔菌属和波斯特孔菌属的同物异名（Pildain and Rajchenberg，2013；Ryvarden and Melo，2014）。绵孔菌属的主要特征是具有覆瓦状丛生的子实体，新鲜时纤维质，菌盖表面多有环纹，孔口表面干后偏黄色，偶尔有菌丝束存在，这些特征使之区别于波斯特孔菌属。Shen 等（2019）对波斯特孔菌属及其近缘属进行了分类与系统发育研究，证明了绵孔菌属的独立位置。目前，该属有 8 种，中国分布 7 种。

中国绵孔菌属分种检索表

1. 担孢子宽 2.5~3.6 μm ·· 2
1. 担孢子宽 2~2.5 μm ·· 3
    2. 子实层中有大量囊状体；担孢子圆柱形 ···························· 香绵孔菌 *S. balsameus*
    2. 子实层中无囊状体；担孢子椭圆形，具逐渐变细的尖端 ········ 日本绵孔菌 *S. japonica*
3. 孔口每毫米 6~8 个 ·· 4
3. 孔口每毫米 3~5 个 ·· 5
    4. 菌盖表面有灰棕色环纹；没有菌丝束 ································ 斑纹绵孔菌 *S. zebra*
    4. 菌盖表面无环纹；有菌丝束 ·· 莲座绵孔菌 *S. floriformis*
5. 拟囊状体存在 ··· 6
5. 拟囊状体不存在 ··· 桃绵孔菌 *S. persicinus*
    6. 子实体无柄贴生；菌管干后焦化变硬 ···························· 胶孔绵孔菌 *S. gloeoporus*
    6. 子实体具短柄悬生；菌管干后脆而易碎 ····························· 蜡绵孔菌 *S. cerifluus*

香绵孔菌　图 157

Spongiporus balsameus (Peck) A. David, Bull. Mens. Soc. Linn. Lyon 49(1): 9, 1980. Liu et al., Mycosphere 14(1): 1613, 2023.

Polyporus balsameus Peck, Ann. Rep. N.Y. St. Mus. Nat. Hist. 30: 46, 1878.

Polystictus balsameus (Peck) Cooke, Grevillea 14(71): 83, 1886.

Microporus balsameus (Peck) Kuntze, Revis. Gen. Pl. (Leipzig) 3(3): 495, 1898.

Coriolus balsameus (Peck) Murrill, N. Amer. Fl. (New York) 9(1): 21, 1907.

Tyromyces balsameus (Peck) Murrill, North. Polyp.: 13, 1914.

Spongiporus balsameus (Peck) A. David, Bull. Mens. Soc. Linn. Lyon 49(1): 9, 1980.

Postia balsamea (Peck) Jülich, Persoonia 11(4): 423, 1982.

Oligoporus balsameus (Peck) Gilb. & Ryvarden, Mycotaxon 22(2): 364, 1985.

Tyromyces cutifractus Murrill, Mycologia 4(2): 94, 1912.

Polyporus cutifractus (Murrill) Murrill, Mycologia 4(4): 217, 1912.

Tyromyces kymatodes Donk, Meded. Bot. Mus. Herb. Rijks Univ. Utrecht 9: 154, 1933.

Leptoporus alma-atensis Pilát, Bull. Trimest. Soc. Mycol. Fr. 52(3): 307, 1937.
Polyporus basilaris Overh., Bull. Torrey Bot. Club 68: 112, 1941.
Tyromyces basilaris (Overh.) K.J. Martin, Tech. Bull. Ariz. Agric. Exp. Stn 209: 24, 1974.

子实体：担子果一年生，具盖形，覆瓦状叠生，新鲜时柔软多汁，干后木栓质至脆革质，重量变轻；菌盖扇形，单个菌盖长可达 4 cm，宽可达 3 cm，中部厚可达 10 mm；菌盖表面新鲜时浅褐色，干后褐色；边缘钝，新鲜时白色，干后褐色；孔口表面新鲜时白色，干后棕色；不育边缘不明显或几乎不存在；孔口圆形，每毫米 5~6 个；管口边缘薄，撕裂状；菌肉浅褐色，硬木栓质，厚约 5 mm；菌管褐色，脆革质，长可达 5 mm。

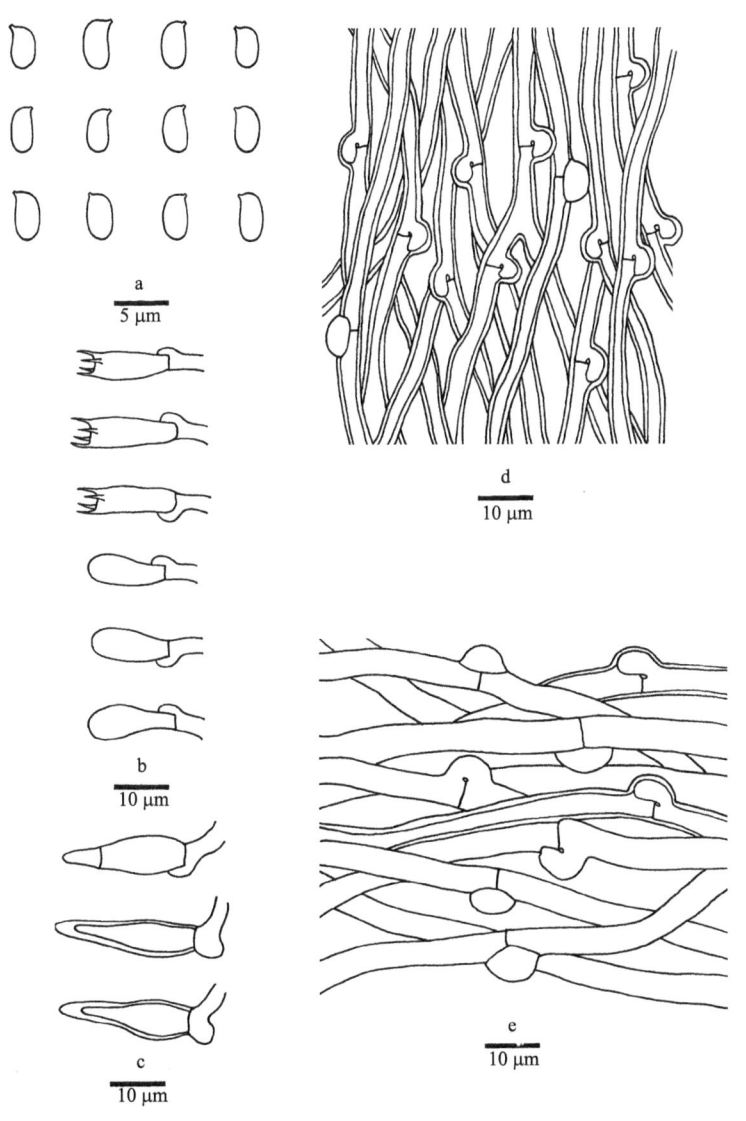

图 157 香绵孔菌 *Spongiporus balsameus* (Peck) A. David 的显微结构图
a. 担孢子；b. 担子和拟担子；c. 囊状体；d. 菌管菌丝；e. 菌肉菌丝

显微结构：菌丝系统单体系；生殖菌丝具有锁状联合，无拟糊精反应和淀粉质反应，无嗜蓝反应；菌丝组织在 KOH 试剂中无变化。菌肉中生殖菌丝无色，薄壁至稍厚壁，

偶尔分枝，直径为 4~6 μm。菌管中生殖菌丝无色，薄壁至稍厚壁，很少分枝，直径为 3~4 μm。子实层中具囊状体，纺锤形，常为厚壁，偶尔薄壁并具简单分隔，光滑，11~22 × 5~7 μm。担子棍棒状，着生 4 个担孢子梗，基部具一锁状联合，18~20 × 4~5 μm；拟担子占多数，形状与担子类似，比担子稍小。担孢子圆柱形，无色，薄壁，光滑，无拟糊精反应和淀粉质反应，无嗜蓝反应，(3.8~)4~5(~5.2) × (2~)2.5~3(~3.2) μm，平均长 $L = 4.82$ μm，平均宽 $W = 2.59$ μm，长宽比 $Q = 1.86~2.01$ ($n = 60/2$)。

研究标本：河北：承德市，避暑山庄，2016 年 9 月 23 日，戴玉成 17149（BJFC 023247）。吉林：梅河口市，鸡冠山森林公园，2016 年 8 月 6 日，崔宝凯 14187（BJFC 029055）。云南：宾川县，鸡足山，2021 年 9 月 1 日，戴玉成 22714（BJFC 037287）。

生境：生长于针叶树或阔叶树上，引起木材褐色腐朽。

中国分布：北京、河北、吉林、黑龙江、云南。

世界分布：俄罗斯、韩国、捷克、日本、越南、中国等。

讨论：香绵孔菌的主要特征是子实体叠生，有大量囊状体，担孢子圆柱形。斑纹绵孔菌和香绵孔菌相似，尤其是担孢子形状大小很接近，但是斑纹绵孔菌的菌盖表面有灰棕色的环纹，较小的孔口，且子实层中无囊状体。调查发现，香绵孔菌在我国分布较广泛，生长在针叶树或阔叶树上（Shen et al., 2019）。

蜡绵孔菌 图 158

Spongiporus cerifluus (Berk. & M.A. Curtis) A. David, Bull. Mens. Soc. Linn. Lyon 49: 10, 1980. Liu et al., Mycosphere 14(1): 1613, 2023.

Polyporus cerifluus Berk. & M.A. Curtis, Grevillea 1(4): 50, 1872.

Tyromyces cerifluus (Berk. & M.A. Curtis) Murrill, N. Amer. Fl. (New York) 9(1): 33, 1907.

Spongiporus cerifluus (Berk. & M.A. Curtis) A. David, Bull. Mens. Soc. Linn. Lyon 49(1): 10, 1980.

Postia ceriflua (Berk. & M.A. Curtis) Jülich, Persoonia 11(4): 423, 1982.

Oligoporus cerifluus (Berk. & M.A. Curtis) Ryvarden & Gilb., Mycotaxon 22(2): 365, 1985.

Polystictus revolutus Bres., Annls Mycol. 18(1/3): 35, 1920.

Leptoporus revolutus (Bres.) Bourdot & Galzin, Bull. Trimest. Soc. Mycol. Fr. 41(1): 129, 1925.

Agaricus revolutus (Bres.) E.H.L. Krause, Basidiomycetum Rostochiensium, Suppl. 5: 164, 1933.

Leptoporus minusculoides Pilát, Atlas Champ. l'Europe, Polyporaceae (Praha) 1: 193, 1938.

Tyromyces revolutus (Bres.) Bondartsev & Singer, Annls Mycol. 39(1): 52, 1941.

Tyromyces minusculoides Pilát ex Bondartsev, Trut. Grib Evrop. Chasti SSSR Kavkaza [Bracket Fungi Europ. U.S.S.R. Caucasus] (Moscow-Leningrad): 227, 1953.

Leptoporus minusculoides Pilát, Sb. Nár. Mus. v Praze, Rada B, Prír. Vedy 9(2): 100, 1953.

Polyporus minusculoides (Pilát) J. Lowe, Pap. Mich. Acad. Sci. 42: 37, 1957.

Oligoporus minusculoides (Pilát) Gilb. & Ryvarden, N. Amer. Polyp., Vol. 2 Megasporoporia-Wrightoporia (Oslo): 476, 1987.

Oligoporus folliculocystidiatus Kotl. & Vampola, Czech Mycol. 47(1): 59, 1993.
Postia folliculocystidiata (Kotl. & Vampola) Niemelä & Vampola, Karstenia 41(1): 9, 2001.
Postia minusculoides (Pilát) Boulet, Les Champignons des Arbres de l'Est de l'Amérique du Nord: 54, 2003.

子实体：担子果一年生，具盖形，具短柄悬生，新鲜时柔软多汁，干后木栓质，重量变轻；菌盖圆形至半圆形，单个菌盖长可达 1.5 cm，宽可达 1 cm，中部厚可达 5 mm；菌盖表面新鲜时奶油色，干后浅赭色，被短绒毛，光滑；边缘锐，与菌盖表面同色；孔口表面新鲜时白色，干后浅黄色；不育边缘不明显或几乎不存在；孔口圆形至角形，每毫米 3~5 个；管口边缘薄，全缘至锯齿状；菌肉白色，木栓质，厚约 2 mm；菌管浅黄色，木栓质，长可达 3 mm。

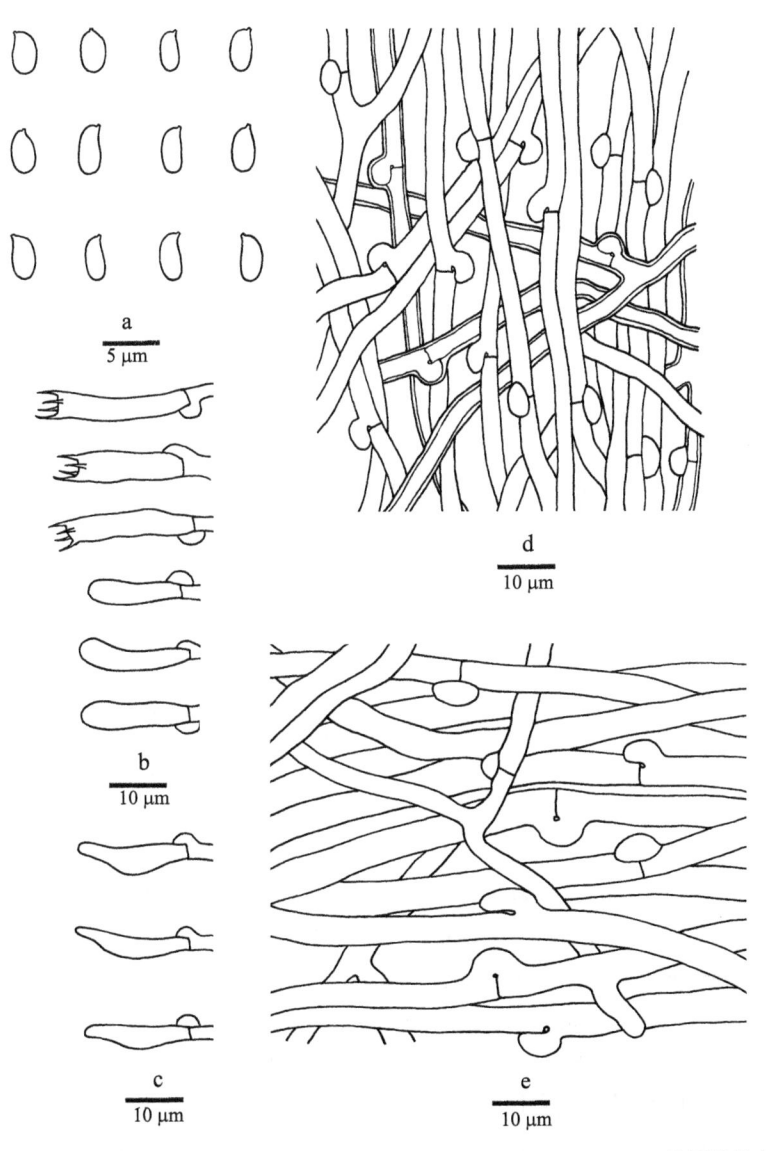

图 158 蜡绵孔菌 *Spongiporus cerifluus* (Berk. & M.A. Curtis) A. David 的显微结构图
a. 担孢子；b. 担子和拟担子；c. 拟囊状体；d. 菌管菌丝；e. 菌肉菌丝

显微结构：菌丝系统单体系；生殖菌丝具有锁状联合，无拟糊精反应和淀粉质反应，无嗜蓝反应；菌丝组织在 KOH 试剂中无变化。菌肉中生殖菌丝无色，薄壁，经常可见未形成菌丝的分枝末端，偶尔分枝，直径为 3~4.5 μm。菌管中生殖菌丝无色，薄壁至稍厚壁，偶尔分枝，直径为 2.5~4 μm。子实层中具拟囊状体，纺锤形，常为厚壁，偶尔薄壁并具简单分隔，光滑，15~19 × 4~5 μm。担子棍棒状，着生 4 个担孢子梗，基部具一锁状联合，18~23 × 4~5 μm；拟担子占多数，形状与担子类似，比担子稍小。担孢子宽圆柱形至椭圆形，无色，薄壁，光滑，无拟糊精反应和淀粉质反应，无嗜蓝反应，(3.8~)4~4.5(~4.8) × (1.9~)2~2.6(~2.8) μm，平均长 L = 4.73 μm，平均宽 W = 2.18 μm，长宽比 Q = 2.13~2.25（n = 60/2）。

研究标本：黑龙江：伊春市，丰林自然保护区，2000 年 8 月 9 日，Penttilä 13319（BJFC 002069）。西藏：林芝县，八一镇，2004 年 8 月 30 日，戴玉成 5387（IFP 011649）。

生境：多见于针叶树腐木上，引起木材褐色腐朽。

中国分布：黑龙江、西藏。

世界分布：肯尼亚、坦桑尼亚、马拉维、中国等。

讨论：蜡绵孔菌的主要特征是子实体较小，悬生，具短柄，子实层中有拟囊状体，担孢子宽圆柱形至椭圆形。白垩波斯特孔菌有短柄及悬生的习性，但白垩波斯特孔菌的子实体干后白垩质，子实层中无拟囊状体，且担孢子为腊肠形。调查发现，蜡绵孔菌在我国黑龙江和西藏有分布，常生长在针叶树上（Shen et al., 2019）。

莲座绵孔菌　图 159

Spongiporus floriformis (Quél.) B.K. Cui, L.L. Shen & Y.C. Dai, Persoonia 42: 122, 2019.

Polyporus floriformis Quél., Fung. Trident. 1(1): 61, 1884.

Coriolus floriformis (Quél.) Quél., Fl. Mycol. France (Paris): 390, 1888.

Polystictus floriformis (Quél.) Bigeard & H. Guill., Fl. Champ. Supér. France (Chalon-sur-Saône) 2: 369, 1913.

Cladomeris floriformis (Quél.) Lázaro Ibiza, Revta R. Acad. Cienc. exact. fis. Nat. Madr. 14(12): 862, 1916.

Leptoporus floriformis (Quél.) Bourdot & Galzin, Bull. Trimest. Soc. Mycol. Fr. 41(1): 127, 1925.

Agaricus floriformis (Quél.) E.H.L. Krause, Basidiomycetum Rostochiensium, Suppl. 5: 164, 1933.

Tyromyces floriformis (Quél.) Bondartsev & Singer, Annls Mycol. 39(1): 52, 1941.

Postia floriformis (Quél.) Jülich, Persoonia 11(4): 423, 1982.

Oligoporus floriformis (Quél.) Gilb. & Ryvarden, Mycotaxon 22(2): 365, 1985.

Bjerkandera subsericella P. Karst., Meddn Soc. Fauna Flora Fenn. 11: 136, 1884.

Polyporus subsericellus (P. Karst.) Sacc., Syll. Fung. (Abellini) 6: 122, 1888.

Polyporellus albulus P. Karst., Hedwigia 33: 15, 1894.

Polyporus albulus (P. Karst.) Sacc., Syll. Fung. (Abellini) 11: 82, 1895.

Tyromyces cinchonensis Murrill, Mycologia 2(4): 192, 1910.

Polyporus cinchonensis (Murrill) Sacc. & Trotter, Syll. Fung. (Abellini) 21: 281, 1912.
Polyporus zonatulus Lloyd, Mycol. Writ. 6(Letter 60): 883, 1919.
Polyporus tabulosus Velen., České Houby 4-5: 650, 1922.
Tyromyces zonatulus (Lloyd) Imazeki, Mycol. Fl. Japan, Basidiomycetes 2(4): 280, 1955.

子实体：担子果一年生，具盖形，覆瓦状叠生，新鲜时柔软多汁，干后木栓质至脆革质，重量变轻；菌盖扇形，单个菌盖长可达 5 cm，宽可达 3 cm，中部厚可达 15 mm；菌盖表面新鲜时白色，干后浅黄色；边缘锐，颜色与菌盖表面同色，干后稍微内卷；孔口表面新鲜时白色，干后淡黄色；不育边缘不明显或几乎不存在；孔口多角形，每毫米 6~8 个；管口边缘薄，撕裂状；菌肉浅黄色，木栓质，厚约 10 mm；菌管浅棕色，脆革质，长可达 5 mm。

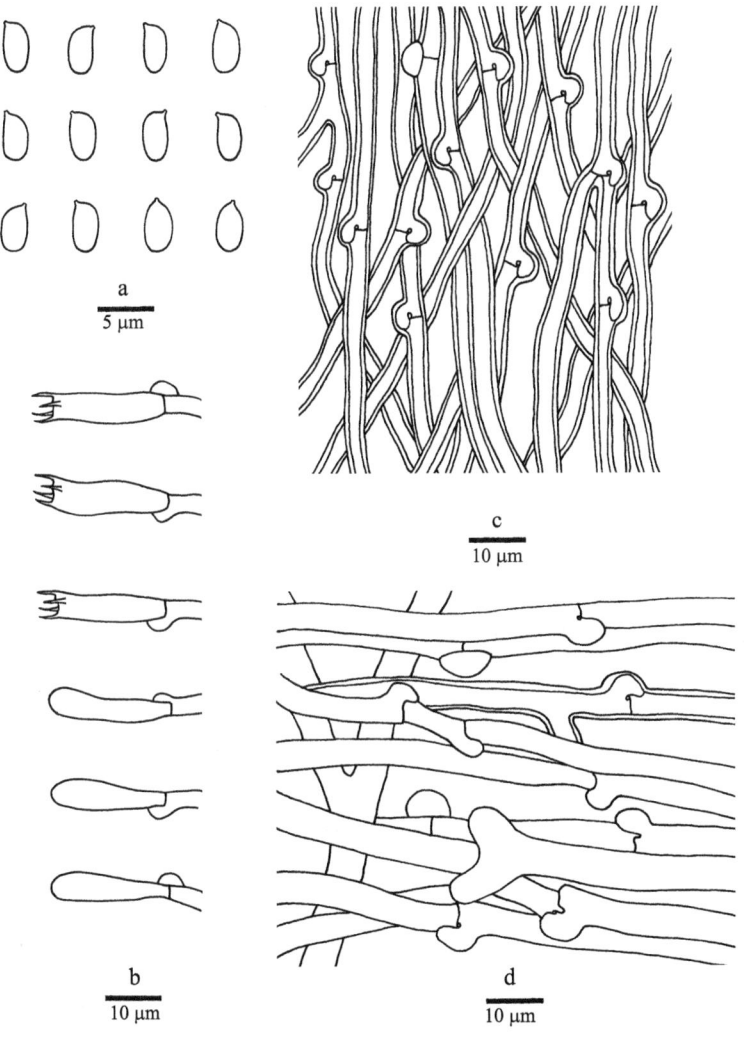

图 159　莲座绵孔菌 *Spongiporus floriformis* (Quél.) B.K. Cui, L.L. Shen & Y.C. Dai 的显微结构图
a. 担孢子；b. 担子和拟担子；c. 菌管菌丝；d. 菌肉菌丝

显微结构：菌丝系统单体系；生殖菌丝具有锁状联合，无拟糊精反应和淀粉质反应，无嗜蓝反应；菌丝组织在 KOH 试剂中无变化。菌肉中生殖菌丝无色，薄壁至稍厚壁，

偶尔分枝，直径为 3.5~6 μm。菌管中生殖菌丝无色，厚壁，偶尔分枝，直径为 3~4 μm。子实层中无囊状体及其他不育结构。担子棒棒状，着生 4 个担孢子梗，基部具一锁状联合，17~20 × 4~5 μm；拟担子占多数，形状与担子类似，比担子稍小。担孢子圆柱形，无色，薄壁，光滑，无拟糊精反应和淀粉质反应，无嗜蓝反应，(3~)3.5~4.5(~4.6) × (1.9~)2~2.5(~2.8) μm，平均长 L = 4.27 μm，平均宽 W = 2.26 μm，长宽比 Q = 1.79~1.85 (n = 60/2)。

研究标本：黑龙江：伊春市，兴安国家森林公园，2014 年 8 月 31 日，崔宝凯 12059（BJFC 016977）。云南：大理市，苍山世界地质公园，2021 年 8 月 30 日，戴玉成 22619（BJFC 037193）；大理市，宾川县，鸡足山，2021 年 9 月 1 日，戴玉成 22692（BJFC 037265），戴玉成 22698（BJFC 037271），戴玉成 22713（BJFC 037286）；昆明市，黑龙潭公园，2014 年 7 月 25 日，戴玉成 13887（BJFC 017617）；兰坪县，长岩山保护区，2011 年 9 月 18 日，崔宝凯 10292（BJFC 011187）；兰坪县，罗古箐自然保护区，2011 年 9 月 19 日，崔宝凯 10401（BJFC 011296）；2021 年 9 月 3 日，戴玉成 22763（BJFC 037336）。

生境：生长于针叶树树桩或腐木，引起木材褐色腐朽。

中国分布：黑龙江、云南。

世界分布：广泛分布于美国、加拿大、西班牙、中国、日本、俄罗斯（远东地区）。

讨论：莲座绵孔菌的主要特征是覆瓦状叠生，新鲜时通体白色，干后浅黄色，担孢子圆柱形。胶孔绵孔菌与莲座绵孔菌的亲缘关系较近，在形态方面，二者都有白色、扇形的菌盖和大小相似的圆柱形担孢子，但是胶孔绵孔菌的子实体通常单生，有较大的孔口（每毫米 3~4 个），有胶化菌丝及拟囊状体。调查发现，莲座绵孔菌在我国黑龙江和云南有分布，常生长在针叶树上（Shen et al., 2019）。

胶孔绵孔菌 图 160

Spongiporus gloeoporus (L.L. Shen, B.K. Cui & Y.C. Dai) B.K. Cui, L.L. Shen & Y.C. Dai, Persoonia 42: 122, 2019. Shen et al., Persoonia 42: 122, 2019.

Postia gloeopora L.L. Shen, B.K. Cui & Y.C. Dai, Mycol. Prog. 14(3/7): 3, 2015.

子实体：担子果一年生，具盖形，单生，新鲜时软木栓质，干后硬木栓质至脆革质，重量变轻；菌盖扇形，单个菌盖长可达 3 cm，宽可达 4 cm，中部厚可达 8 mm；菌盖表面新鲜时白色，被短绒毛，干后奶油色至浅黄色，光滑，仅有浅的放射状沟纹；边缘薄，新鲜时具绒毛，颜色与菌盖表面同色，干后锐利，呈棕黄色；孔口表面新鲜时白色，干后如烧焦一般，淡黄色至橄榄黄；不育边缘不明显或几乎不存在；孔口多角形，每毫米 3~4 个；管口边缘薄，撕裂状；菌肉白色至奶油色，木栓质，厚约 6 mm；菌管浅黄色，易碎，长可达 2 mm。

显微结构：菌丝系统单体系；生殖菌丝具有锁状联合，无拟糊精反应和淀粉质反应，无嗜蓝反应；菌丝组织在 KOH 试剂中无变化。菌肉中生殖菌丝无色，薄壁至稍厚壁，常具分枝，直径为 3~5 μm。大量油状物存在于菌丝之间。菌管中生殖菌丝无色，稍厚壁，偶尔分枝，直径为 2~4 μm。管壁边缘的菌丝强烈胶化，薄壁。子实层中具拟囊状体，纺锤形，常为厚壁，偶尔薄壁并具简单分隔，光滑，12~18 × 2~4 μm。担子棒棒形至桶形，着生 4 个担孢子梗，基部具一锁状联合，12~20 × 4~5 μm；拟担子占多数，形状与担子类似，比担子稍小。大量油状物存在于菌丝之间。担孢子椭圆形至圆柱形，无色，薄壁，光滑，无拟糊精反应和淀粉质反应，无嗜蓝反应，(3.5~)4~4.5 × 2~2.5 μm，平均长 L = 4.04 μm，平均宽 W = 2.13 μm，长宽比 Q = 1.86~2.16 (n = 60/2)。

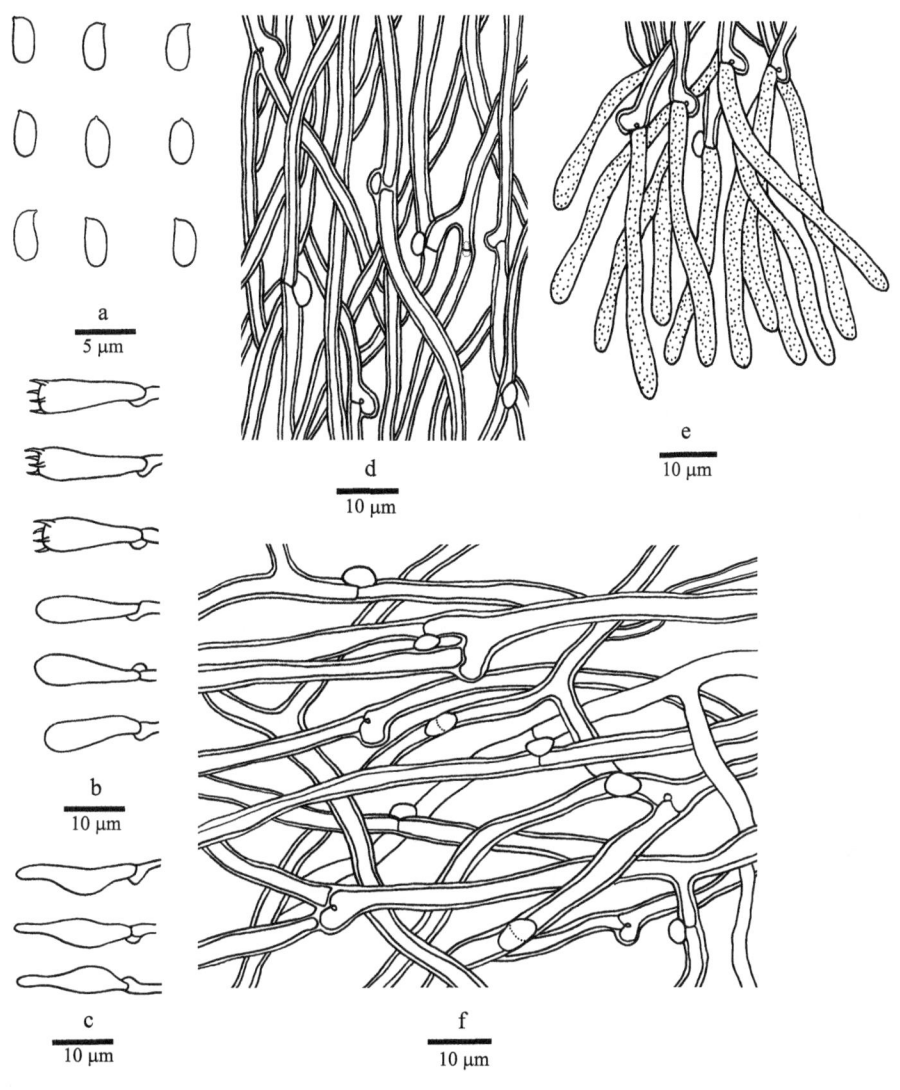

图 160　胶孔绵孔菌 Spongiporus gloeoporus (L.L. Shen, B.K. Cui & Y.C. Dai) B.K. Cui, L.L. Shen & Y.C. Dai 的显微结构图

a. 担孢子；b. 担子和拟担子；c. 拟囊状体；d. 菌管菌丝；e. 孔口外缘的胶化菌丝；f. 菌肉菌丝

研究标本：四川：昭觉县，2019 年 9 月 16 日，崔宝凯 17813（BJFC 034672）。云南：昆明市，西山公园，2016 年 8 月 1 日，戴玉成 16869（BJFC 022975）。西藏：波密县，2010 年 9 月 19 日，崔宝凯 9507（BJFC 008445，模式标本）；2010 年 9 月 20 日，崔宝凯 9517（BJFC 008455）。甘肃：天水市，麦积山森林公园，2017 年 9 月 1 日，戴玉成 18014（BJFC 025543）。

生境：生长于高山松树桩或倒木上，引起木材褐色腐朽。

中国分布：四川、云南、西藏、甘肃。
世界分布：中国。
讨论：胶孔绵孔菌的主要特征是菌盖新鲜时边缘具绒毛，孔口表面干后如烧焦一般，管壁边缘的菌丝强烈胶化，在菌丝之间具大量油状物，且担孢子椭圆形至圆柱形。深裂波斯特孔菌 *Postia dissecta* (Cooke) Rajchenb.和胶孔绵孔菌的菌盖边缘新鲜时都有绒毛，且担孢子大小形状相似，不同的是深裂波斯特孔菌具有棕色的孔口表面，较小的孔口（每毫米 4~5 个），一些菌丝略着黄色，且子实层中没有拟囊状体（Rajchenberg, 1987）。

日本绵孔菌　图 161

Spongiporus japonica (Y.C. Dai & T. Hatt.) B.K. Cui, L.L. Shen & Y.C. Dai, Mycosphere 14(1): 1649, 2023.

Postia japonica Y.C. Dai & T. Hatt., Mycotaxon 102: 114, 2007.

子实体：担子果一年生，具盖形，覆瓦状叠生，经常成簇，新鲜时肉质，干后硬木栓质，重量变轻；菌盖半圆形至扇形，单个菌盖长可达 5 cm，宽可达 8 cm，中部厚可达 13 mm；菌盖表面新鲜时浅灰色至淡赭色，被绒毛，随着年龄增长逐渐变为糙毛，干后颜色不变，出现放射状褶皱；边缘逐渐变薄，锐利，波浪形，干燥后由浅灰色变成深黑色；孔口表面新鲜时白色至奶油色，经常有琥珀色液滴，干后灰白色；不育边缘不明显或几乎不存在；孔口圆形至多角形，每毫米 2~3 个；管口边缘薄，全缘至撕裂状；菌肉白色至奶油色，硬木栓质，厚约 5 mm；菌管浅灰色，木栓质，长可达 8 mm。

显微结构：菌丝系统单体系；生殖菌丝具有锁状联合，极少数菌管菌丝具有简单分隔，有弱淀粉质反应，无嗜蓝反应；菌丝组织在 KOH 试剂中明显膨胀。菌肉中生殖菌丝无色，厚壁，偶尔分枝，直径为 5~7 μm。菌管中生殖菌丝无色，厚壁，常具分枝，直径为 2~4 μm。子实层中无囊状体及其他不育结构。担子棍棒状，着生 4 个担孢子梗，基部具一锁状联合，13~20 × 4~5 μm；拟担子占多数，形状与担子类似，比担子稍小。担孢子椭圆形，无色，薄壁，光滑，无拟糊精反应和淀粉质反应，无嗜蓝反应，(4~)4.2~5.8(~5.9) × (2.5~)2.8~3.6(~4.2) μm，平均长 L = 5.32 μm，平均宽 W = 3.27 μm，长宽比 Q = 1.63~1.71（n = 60/2）。

研究标本：云南：永平县，宝台山公园，2015 年 11 月 27 日，戴玉成 16380（BJFC 020468）。

生境：生长于栲属活树上，引起木材褐色腐朽。

中国分布：云南。

世界分布：中国、日本。

讨论：在原始描述中，日本波斯特孔菌 *Postia japonica* 具有二系菌丝结构，其菌管中存在骨架菌丝（Dai and Hattori, 2007）。本研究发现，在极少数的菌管菌丝中有简单分隔，这种情况比较难发现，所以本研究认为在初始描述中所谓的骨架菌丝应该是具有简单分隔的生殖菌丝。除此特点外，该种寄生于尖叶栲 *Castanopsis cuspidata* 活树上，子实体覆瓦状叠生，菌肉硬木栓质，菌丝在 Melzer 试剂中有弱淀粉质反应，以及担孢子椭圆形等特征使它区别于其他种。调查发现，日本绵孔菌在我国云南有分布，常生长在阔叶树上。

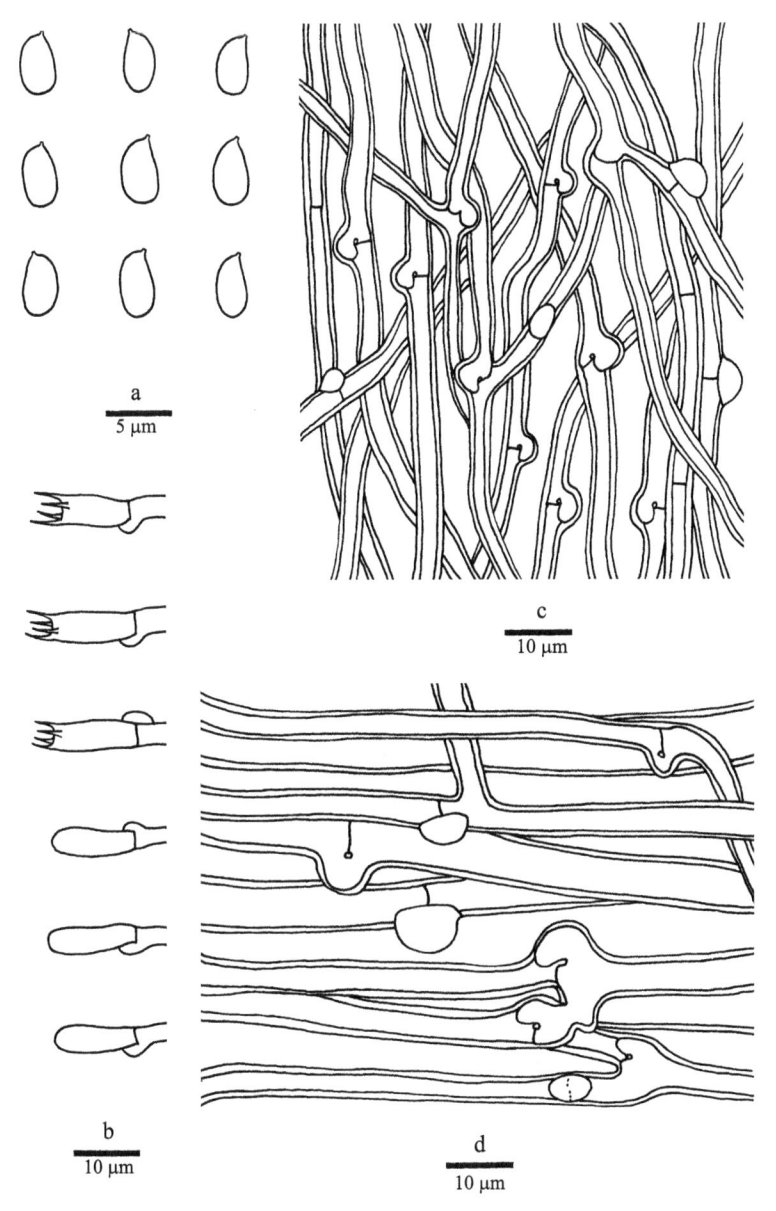

图 161　日本绵孔菌 *Spongiporus japonica* (Y.C. Dai & T. Hatt.) B.K. Cui, L.L. Shen & Y.C. Dai 的显微结构图

a. 担孢子；b. 担子和拟担子；c. 菌管菌丝；d. 菌肉菌丝

桃绵孔菌　图 162

Spongiporus persicinus (Niemelä & Y.C. Dai) B.K. Cui, L.L. Shen & Y.C. Dai, Mycosphere 14(1): 1649, 2023.

Postia persicina Niemelä & Y.C. Dai, Karstenia 44: 74, 2004.

子实体：担子果一年生，具盖形，单生，新鲜时柔软多汁但有些许坚硬，干后收缩，呈白垩质至硬革质，重量变轻；菌盖扇形，单个菌盖长可达 6.5 cm，宽可达 2 cm，中部厚可达 13 mm；菌盖表面新鲜时桃红色，有乳状液滴吐出，干后颜色变暗甚至变为棕褐色，并出现液滴干燥后留下的小坑；边缘较钝，呈波浪形；孔口表面新鲜时白色，干后棕色；不育边缘不明显或几乎不存在；孔口圆形至多角形，每毫米 3~5 个；管口边缘薄，全缘；菌肉浅褐色，白垩质，厚约 8 mm；菌管奶油色，硬革质，长可达 5 mm。

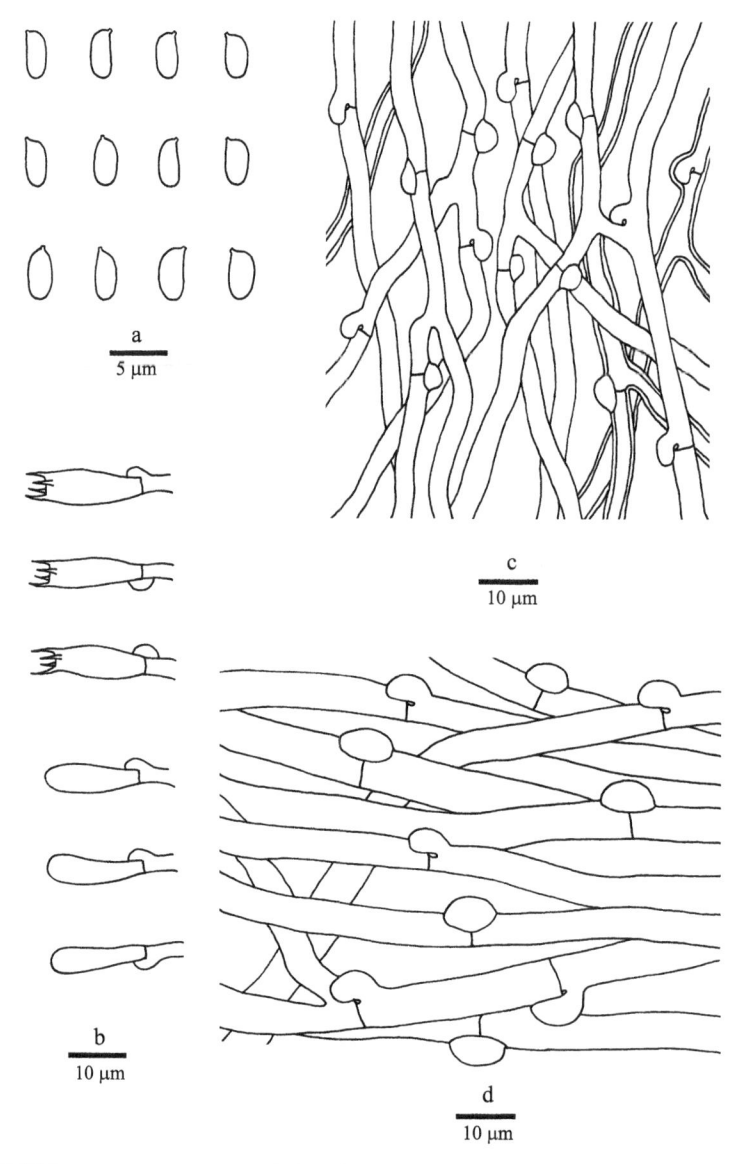

图 162 桃绵孔菌 Spongiporus persicinus (Niemelä & Y.C. Dai) B.K. Cui, L.L. Shen & Y.C. Dai 的显微结构图

a. 担孢子；b. 担子和拟担子；c. 菌管菌丝；d. 菌肉菌丝

显微结构：菌丝系统单体系；生殖菌丝具有锁状联合，有淀粉质反应，无嗜蓝反应；菌丝组织在 KOH 试剂中膨胀。菌肉中生殖菌丝无色，薄壁，偶尔分枝，直径为 4.5~7 μm。菌管中生殖菌丝无色，薄壁至稍厚壁，常具分枝，直径为 2.5~4 μm。子实层中无囊状体及其他不育结构。担子棒棒状，着生 4 个担孢子梗，基部具一锁状联合，15~20 × 4~6 μm；拟担子占多数，形状与担子类似，比担子稍小。担孢子圆柱形，无色，薄壁，

光滑，无拟糊精反应和淀粉质反应，无嗜蓝反应，(3.5~)4.2~5(~5.2) × (1.8~)2~2.5 μm，平均长 L = 4.85 μm，平均宽 W = 2.06 μm，长宽比 Q = 2.32~2.43 (n = 60/2)。

研究标本：新疆：霍城县，果子沟保护区，2004 年 8 月 18 日，魏玉莲 1456a（IFP 015297）。

生境：生长于冷杉腐木上，引起木材褐色腐朽。

中国分布：新疆。

世界分布：芬兰、俄罗斯、中国。

讨论：桃绵孔菌的主要特点是菌盖表面新鲜时桃红色，有乳状液滴，干后子实体呈白垩质至硬革质，菌丝在 Melzer 试剂中有淀粉质反应，部分菌肉菌丝在 KOH 试剂中膨胀，子实层中有菌丝束，其担孢子呈略微弯曲的圆柱形。

斑纹绵孔菌　图 163

Spongiporus zebra (Y.L. Wei & W.M. Qin) B.K. Cui, L.L. Shen & Y.C. Dai, Persoonia 42: 122, 2019.

Postia zebra Y.L. Wei & W.M. Qin, Sydowia 62(1): 167, 2010.

子实体：担子果一年生，具盖形，单生或覆瓦状叠生，新鲜时柔软至纤维质，干后白垩质至木栓质，重量变轻；菌盖扇形，单个菌盖长可达 2.7 cm，宽可达 2.5 cm，中部厚可达 12 mm；菌盖表面新鲜时白色至奶油色，光滑，有灰棕色环纹，干后奶油色至浅棕色；边缘锐，干后稍内卷；孔口表面新鲜时白色至奶油色，干后棕色；不育边缘不明显或几乎不存在；孔口圆形至多角形，每毫米 7~8 个；管口边缘薄，撕裂状；菌肉奶油色，白垩质，厚约 4 mm；菌管奶油色至浅棕色，硬木栓质，长可达 8 mm。

显微结构：菌丝系统单体系；生殖菌丝具有锁状联合，无拟糊精反应和淀粉质反应，无嗜蓝反应；菌丝组织在 KOH 试剂中无变化。菌肉中生殖菌丝无色，薄壁至稍厚壁，常具分枝，直径为 4~5 μm。大量油状物存在于菌丝之间。菌管中生殖菌丝无色，薄壁至稍厚壁，偶尔分枝，直径为 2.5~4 μm。子实层中无囊状体及其他不育结构。担子棒棒状，着生 4 个担孢子梗，基部具一锁状联合，12~19 × 5~6 μm；拟担子占多数，形状与担子类似，比担子稍小。担孢子椭圆形至圆柱形，无色，薄壁，光滑，无拟糊精反应和淀粉质反应，无嗜蓝反应，(3.5~)3.6~4.5(~4.8) × (1.9~)2~2.5 μm，平均长 L = 4.06 μm，平均宽 W = 2.15 μm，长宽比 Q = 1.85~1.93 (n = 60/2)。

研究标本：吉林：安图县，长白山保护区，2005 年 8 月 29 日，戴玉成 7131（IFP 015764，模式标本）；2011 年 8 月 8 日，崔宝凯 9973（BJFC 010866）。

生境：生长于冷杉腐木上，引起木材褐色腐朽。

中国分布：吉林。

世界分布：中国。

讨论：斑纹绵孔菌区别于绵孔菌属其他种最大的特点是菌盖新鲜时有棕色的环纹。香绵孔菌和斑纹绵孔菌有相似的担孢子，但是香绵孔菌的菌盖无环纹，具有较大的孔口（每毫米 5~6 个），而且子实层中有大量的囊状体。

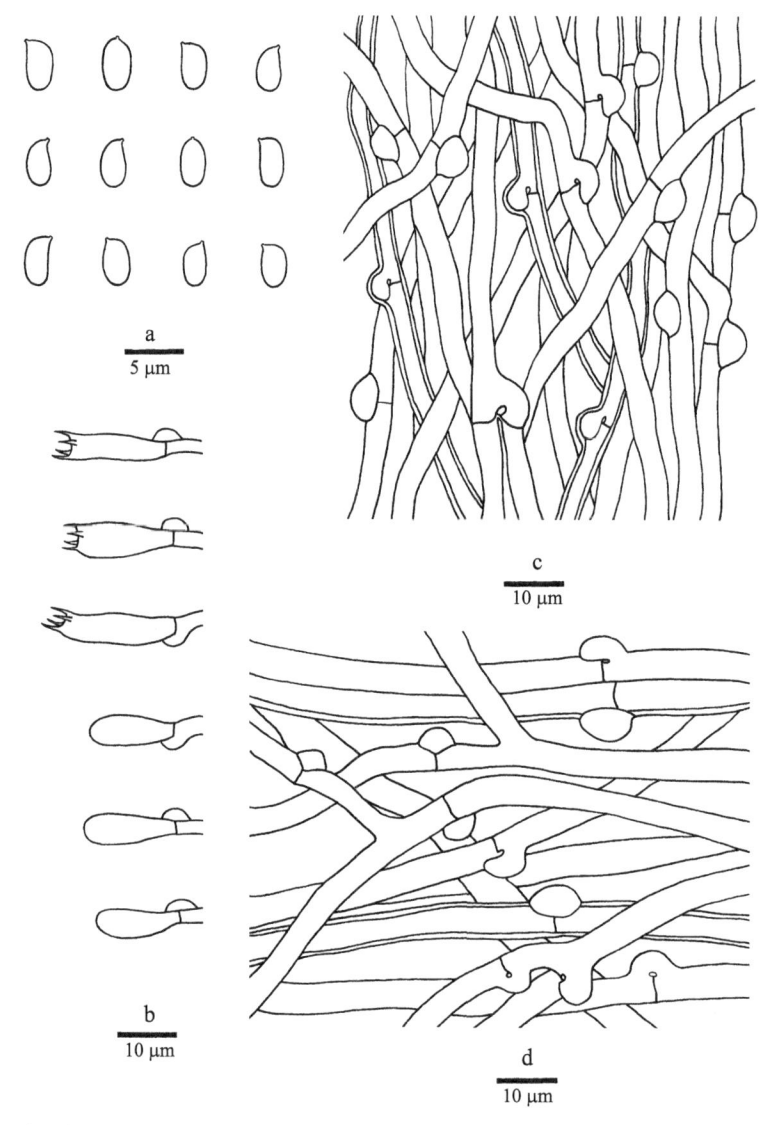

图163 斑纹绵孔菌 *Spongiporus zebra* (Y.L. Wei & W.M. Qin) B.K. Cui, L.L. Shen & Y.C. Dai 的显微结构图

a. 担孢子；b. 担子和拟担子；c. 菌管菌丝；d. 菌肉菌丝

小红孔菌科 PYCNOPORELLACEAE Audet
Mushr. Nomen. Novel. 16: 1, 2018

担子果一年生，具菌盖或平伏，软纤维状，木栓质至易碎至皮质，子实层体绝大多数呈孔状。菌丝系统单体系，生殖菌丝具有锁状联合或简单分隔；担孢子近球形、椭圆形或圆柱形，无色或黄色，薄壁至稍厚壁，光滑，无拟糊精反应和淀粉质反应，无嗜蓝反应。

模式属：*Pycnoporellus* Murrill。

生境：主要生长在针叶树上，偶尔也生长在阔叶树上，引起木材褐色腐朽。

中国分布：吉林、黑龙江、广东、云南等。

世界分布：北美洲，欧洲，亚洲。

讨论：小红孔菌科由 Audet 建立，模式属为小红孔菌属 *Pycnoporellus*（Audet，2017-2018）。在许多研究中，小红孔菌属常与壳皮革菌属 *Crustoderma* 聚集在一起（Ortiz-Santana et al.，2013；Han et al.，2016；Justo et al.，2017）。小红孔菌科与褐暗孔菌科和绣球菌科的亲缘关系比较接近；但在形态上，褐暗孔菌科的担子果具盖形，具柄，平伏或反转，菌丝系统单体系，生殖菌丝具有简单分隔，担孢子薄壁至稍厚壁；绣球菌科有着绣球状的担子果，生殖菌丝具锁状联合，担孢子宽椭圆形至近球形（Light and Woehrel，2009；Zhao et al.，2013）。目前，该科共有 2 属 21 种，中国分布 1 属 1 种。

小红孔菌属 Pycnoporellus Murrill
Bull. Torrey Bot. Club 32 (9): 489, 1905

担子果一年生，具盖或平伏，纤维状，木栓质至易碎；菌盖扁平至扇形；菌盖表面亮橙色至铁锈色；孔口表面橘黄色；孔口多角形；菌肉橘黄色至浅橙黄色，柔软至纤维状；菌管与孔口同色，木栓质至易碎。菌丝系统单体系；生殖菌丝具简单分隔；子实层中囊状体存在，拟囊状体存在或缺失；担孢子窄椭圆形至圆柱形，无色，薄壁，光滑，无拟糊精反应和淀粉质反应，无嗜蓝反应。

模式种：*Pycnoporellus fulgens* (Fr.) Donk。

生境：常生长在针叶树上，引起木材褐色腐朽。

中国分布：吉林、黑龙江、广东、云南等。

世界分布：北美洲，欧洲，亚洲。

讨论：小红孔菌属由 Murrill（1905）建立，模式种是光亮小红孔菌 *P. fulgens*。该属的主要特征是担子果具盖形或平伏，菌丝系统单体系，生殖菌丝具简单分隔，菌丝组织在 KOH 试剂中变深红，担孢子窄椭圆形至圆柱形。目前，该属有 2 种，中国分布 1 种。

光亮小红孔菌　图 164

Pycnoporellus fulgens (Fr.) Donk, Persoonia 6(2): 216, 1971. Liu et al., Mycosphere 14(1): 1614, 2023.

Hydnum fulgens Fr., Öfvers. K. Svensk. Vetensk.-Akad. Förhandl. 9: 130, 1852.

Creolophus fulgens (Fr.) P. Karst., Meddn Soc. Fauna Flora Fenn. 5: 42, 1879.

Dryodon fulgens (Fr.) Quél., Enchir. Fung. (Paris): 193, 1886.

Polyporus fibrillosus P. Karst., Sydvestra Finlands Polyporeer, Disp. Praes. Akademisk Afhandling (Helsingfors): 30, 1859.

Polyporus aurantiacus Peck, Ann. Rep. N.Y. St. Mus. Nat. Hist. 26: 69, 1874.

Inoderma fibrillosum (P. Karst.) P. Karst., Meddn Soc. Fauna Flora Fenn. 6: 10, 1881.

Inonotus fibrillosus (P. Karst.) P. Karst., Acta Soc. Fauna Flora Fenn. 2(1): 32, 1881.

Polystictus aurantiacus Cooke, Grevillea 14(71): 82, 1886.
Ochroporus lithuanicus Błoński, Hedwigia 28(4): 280, 1889.
Polystictus lithuanicus (Błoński) Sacc., Syll. Fung. (Abellini) 9: 184, 1891.
Microporus aurantiacus (Cooke) Kuntze, Revis. Gen. Pl. (Leipzig) 3(3): 495, 1898.
Microporus lithuanicus (Błoński) Kuntze, Revis. Gen. Pl. (Leipzig) 3(3): 496, 1898.
Phaeolus aurantiacus (Cooke) Pat., Essai Tax. Hyménomyc. (Lons-le-Saunier): 86, 1900.
Polyporus lithuanicus (Błoński) Mussat, Syll. Fung. (Abellini) 15: 302, 1901.
Pycnoporellus fibrillosus (P. Karst.) Murrill, Bull. Torrey Bot. Club 32(9): 489, 1905.
Phaeolus fibrillosus (P. Karst.) A. Ames, Annls Mycol. 11(3): 241, 1913.
Hapalopilus fibrillosus (P. Karst.) Bondartsev & Singer, Annls Mycol. 39(1): 52, 1941.

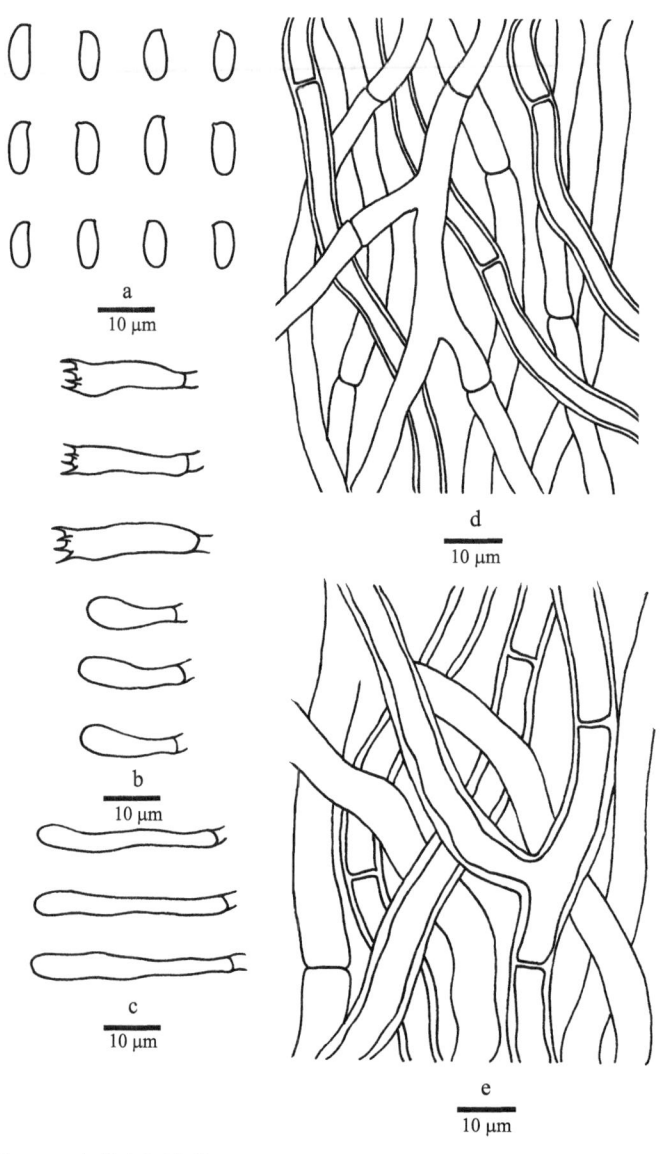

图 164 光亮小红孔菌 *Pycnoporellus fulgens* (Fr.) Donk 的显微结构图
a. 担孢子；b. 担子和拟担子；c. 拟囊状体；d. 菌管菌丝；e. 菌肉菌丝

子实体：担子果一年生，具盖形或平伏，多为单生，有时覆瓦状叠生，新鲜时软纤维状或海绵状，干燥时坚硬，易碎，重量变轻；菌盖扁平，扇形至半圆形，单个菌盖长可达 10 cm，宽可达 5 cm，中部厚可达 10 mm；平伏担子果长可达 10 cm，宽可达 6 cm，厚约 4 mm；菌盖表面橘红色至橙锈色；孔口表面浅橙色至杏色；不育边缘不明显；孔口圆形至多角形，每毫米 2~3 个；管口边缘薄，全缘至撕裂状；菌肉亮红色，木栓质，厚约 6.5 mm；菌管藏红花色至杏色，木栓质至易碎，长可达 0.5 mm。

显微结构：菌丝系统单体系；生殖菌丝具简单分隔，无拟糊精反应和淀粉质反应，无嗜蓝反应；菌丝组织在 KOH 试剂中变深红。菌肉中生殖菌丝无色，薄壁、稍厚壁，偶尔分枝，直径为 3~9 μm。菌管中生殖菌丝无色，薄壁稍厚壁，偶尔分枝，直径为 2.5~5.5 μm。子实层中无囊状体，具拟囊状体，纺锤形，薄壁，光滑，(27~)35~50 × 3~5.5 μm。担子棍棒状，着生 4 个担孢子梗，基部具一锁状联合，20~30 × 4.5~5.5 μm；拟担子占多数，形状与担子类似，比担子稍小。担孢子窄椭圆形，无色，薄壁，光滑，无拟糊精反应和淀粉质反应，无嗜蓝反应，(5.2~)6~10 (~15) × (2.6~)3~4 (~4.7) μm，平均长 L = 8.56 mm，平均宽 W = 3.53 μm，长宽比 Q = 2.4~2.45 (n = 60/2)。

研究标本：吉林：安图县，长白山自然保护区，2011 年 8 月 9 日，崔宝凯 10033（BJFC 010926）。黑龙江：伊春市，五营丰林自然保护区，2011 年 8 月 2 日，崔宝凯 9895（BJFC 010788）。广东：韶关市，始兴县，车八岭自然保护区，2017 年 9 月 18 日，戴玉成 18207（BJFC 025736）；肇庆市，封开县，黑石顶自然保护区，2018 年 4 月 30 日，戴玉成 18573A（BJFC 027041），戴玉成 18579A（BJFC 027047）。云南：香格里拉市，普达措国家公园，2021 年 9 月 7 日，戴玉成 23001（BJFC 037574）。

生境：生长在针叶树或阔叶树上，引起木材褐色腐朽。

中国分布：吉林、黑龙江、广东、云南等。

世界分布：白俄罗斯、美国、加拿大、芬兰、越南、中国等。

讨论：光亮小红孔菌的主要特征是担子果具盖形或平伏，多为单生，有时覆瓦状叠生，菌盖表面橘红色，孔口表面浅橙色至杏色，略带光泽，孔口圆形至多角形，每毫米 2~3 个，担孢子窄椭圆形（6~10 × 3~4 μm）。调查发现，光亮小红孔菌在我国分布较广泛，生长在针叶树或阔叶树上（Liu et al.，2023a）。

萨尔克孔菌科 SARCOPORIACEAE Audet
Mushr. Nomen. Novel. 18: 1, 2018

担子果一年生，平伏至反转，柔软至易碎，子实层体呈孔状，孔口圆形至多角形。菌丝系统单体系，生殖菌丝具锁状联合；担孢子椭圆形至长椭圆形，无色至棕色，厚壁，光滑，具拟糊精反应，具嗜蓝反应。

模式属：*Sarcoporia* P. Karst.。

生境：生长在针叶树或阔叶树上，引起木材褐色腐朽。

中国分布：黑龙江、四川、云南等。

世界分布：北美洲，南美洲，欧洲，亚洲。

讨论：萨尔克孔菌科由 Audet 建立，模式属是萨尔克孔菌属 *Sarcoporia*（Audet，2017-2018）。萨尔克孔菌科与耳壳菌科和牛樟芝科亲缘关系较近。形态上，耳壳菌科有着腊肠形的担孢子（Eriksson and Ryvarden，1975；Maekawa，1993）；牛樟芝科菌丝系统二体系至三体系，骨架菌丝略有淀粉质反应，担孢子圆柱形。目前，该科共有 1 属 3 种，中国分布 1 属 1 种。

萨尔克孔菌属 Sarcoporia P. Karst.
Hedwigia 33: 15, 1894

担子果一年生，平伏至反转，新鲜时柔软，干后易碎；孔口表面奶油色、红棕色至黑棕色；孔口圆形；菌肉奶油色，柔软至软棉质；菌管与孔口表面同色，易碎。菌丝系统单体系；生殖菌丝具锁状联合，无拟糊精反应和淀粉质反应，无嗜蓝反应；子实层中无囊状体，具拟囊状体；担孢子椭圆形至长椭圆形，透明至棕色，厚壁，光滑，具拟糊精反应与嗜蓝反应。

模式种：*Sarcoporia polyspora* P. Karst.。
生境：生长在针叶树或阔叶树上，引起木材褐色腐朽。
中国分布：黑龙江、四川、云南等。
世界分布：北美洲，南美洲，欧洲，亚洲。
讨论：萨尔克孔菌属是一种特殊的褐腐真菌，有着柔软、平伏至反转的担子果，起初白色至奶油色，后来变为红棕色，担孢子厚壁，具拟糊精反应与嗜蓝反应。目前，该属有 1 种，中国分布 1 种。

多孢萨尔克孔菌 图 165

Sarcoporia polyspora P. Karst., Hedwigia 33: 15, 1894. Liu et al., Mycosphere 14(1): 1614, 2023.

Poria polyspora (P. Karst.) Sacc., Syll. Fung. (Abellini) 11: 95, 1895.

子实体：担子果一年生，平伏至反转，贴生，不易与基质分离，新鲜时柔软，具绒毛，干后易碎，重量变轻；平伏担子果长可达 5 cm，宽可达 3 cm，厚约 5 mm；孔口表面新鲜时奶油色，干后棕色至黑棕色；不育边缘白色至奶油色，宽达 1 mm；孔口圆形至多角形，每毫米 3~5 个；管口边缘薄，全缘或稍撕裂状；菌肉奶油色，柔软，厚约 3 mm；菌管与孔口表面同色，易碎，长可达 2 mm。

显微结构：菌丝系统单体系；生殖菌丝具有锁状联合，无拟糊精反应和淀粉质反应，无嗜蓝反应；菌丝组织在 KOH 试剂中无变化。菌肉中生殖菌丝无色，薄壁，偶尔分枝，直径为 4~7 μm。菌管中生殖菌丝无色，稍厚壁，偶尔分枝，直径为 3~5 μm。子实层中无囊状体及其他不育结构。担子棒棒状，着生 4 个担孢子梗，基部具一锁状联合，14~18.5 × 4~7 μm；拟担子占多数，形状与担子类似，比担子稍小。担孢子长椭圆形，棕色，厚壁，光滑，具拟糊精反应和嗜蓝反应，(4.2~)4.7~7.2(~7.3) × (2.5)2.6~3.8(~4) μm，平均长 L = 5.53 mm，平均宽 W = 3.1 μm，长宽比 Q = 1.76~1.82 (n = 60/2)。

研究标本：黑龙江：汤原县，大亮子河国家森林公园，2014 年 8 月 25 日，崔宝凯

11452（BJFC 016694）。四川：盐源县，2019 年 8 月 15 日，崔宝凯 17525（BJFC 034384）。云南：宾川县，鸡足山公园，2018 年 9 月 14 日，崔宝凯 16977（BJFC 030276），崔宝凯 16995（BJFC 030294）。

生境：常生长在针叶树上，引起木材褐色腐朽。

中国分布：黑龙江、四川、云南等。

世界分布：捷克、芬兰、俄罗斯、美国、越南、中国等。

讨论：多孢萨尔克孔菌的主要特征是担子果一年生，平伏至反转，贴生，不易与基质分离，新鲜时柔软，干后易碎，孔口圆形至多角形，每毫米 3~5 个，担孢子长椭圆形，厚壁，具拟糊精反应和嗜蓝反应（4.7~7.2 × 2.6~3.8 μm）。调查发现，多孢萨尔克孔菌在我国东北和西南地区有分布，常生长在针叶树上（Liu et al., 2023a）。

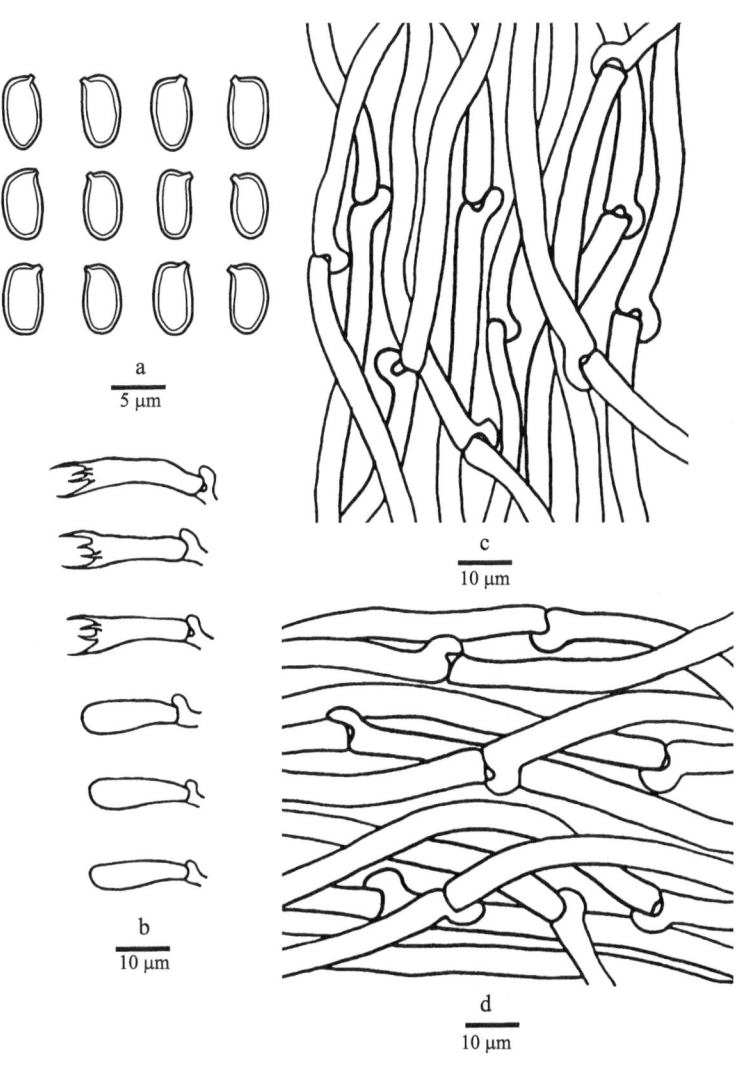

图 165　多孢萨尔克孔菌 *Sarcoporia polyspora* P. Karst. 的显微结构图
a. 担孢子；b. 担子和拟担子；c. 菌管菌丝；d. 菌肉菌丝

牛樟芝科 TAIWANOFUNGACEAE B.K. Cui, Shun Liu & Y.C. Dai
Fungal Divers. 118: 84, 2023

担子果多年生，平伏至反转或具菌盖，木栓质至硬木质，子实层体呈孔状。菌丝系统二体系至三体系，生殖菌丝具结节分隔，骨架菌丝具弱淀粉质反应；担孢子圆柱形，无色，薄壁，光滑。

模式属：*Taiwanofungus* Sheng H. Wu, Z.H. Yu, Y.C. Dai & C.H. Su。

生境：生长在牛樟树上，引起木材褐色腐朽。

中国分布：台湾。

世界分布：中国。

讨论：牛樟芝 *Taiwanofungus camphoratus* 是最重要的药用多孔菌之一，在台湾已有几十年药用历史，据说它有多种药用价值，包括对癌症的治疗作用（Wu et al.，1997，2004；Hseu et al.，2007；Geethangili and Tzeng，2011）。近些年的研究表明，牛樟芝属 *Taiwanofungus* 无法被放置于多孔菌目中任何一个已知的科中，它的科级地位被处理为未定（Justo et al.，2017；He et al.，2019）。目前，该科共有 1 属 1 种，中国分布 1 属 1 种。

牛樟芝属 **Taiwanofungus** Sheng H. Wu, Z.H. Yu, Y.C. Dai & C.H. Su
Fung. Sci. 19 (3-4): 110, 2004

担子果多年生，平伏至反转或具菌盖，木栓质至硬木质；孔口表面黄色、橘红色或橘棕色；孔口多角形；菌肉奶油色至浅黄色，木栓质；菌管与孔口同色，木栓质至硬木质。菌丝系统二体系至三体系；生殖菌丝具结节分隔，骨架菌丝具弱淀粉质反应，无嗜蓝反应；子实层中无囊状体，具拟囊状体；担孢子圆柱形，无色，薄壁，光滑，无拟糊精反应和淀粉质反应，无嗜蓝反应。

模式种：*Taiwanofungus camphoratus* (M. Zang & C.H. Su) Sheng H. Wu, Z.H. Yu, Y.C. Dai & C.H. Su。

生境：生长在牛樟树树桩上，引起木材褐色腐朽。

中国分布：台湾。

世界分布：中国。

讨论：牛樟芝属由 Wu 等（2004）建立，模式种是牛樟芝 *T. camphoratus*。形态上，牛樟芝属与薄孔菌属和小薄孔菌属 *Antrodiella* Ryvarden & I. Johans. 都比较接近；但是牛樟芝属与薄孔菌属不同之处在于其菌肉菌丝中有着丰富的生殖菌丝，与小薄孔菌属不同之处在于其骨架菌丝稍具淀粉质反应（Wu et al.，2004）。文献中记载鲑色牛樟芝 *Taiwanofungus salmoneus* (T.T. Chang & W.N. Chou) Sheng H. Wu, Z.H. Yu, Y.C. Dai & C.H. Su 在中国有分布（Wu et al.，2004），但笔者未获得该种标本，故没有对其进行描述。目前，该属有 1 种，中国分布 1 种。

牛樟芝　图 166

Taiwanofungus camphoratus (M. Zang & C.H. Su) Sheng H. Wu, Z.H. Yu, Y.C. Dai & C.H. Su, Fung. Sci. 19(3, 4): 111, 2004.

Ganoderma camphoratum M. Zang & C.H. Su [as '*comphoratum*'], Acta Bot. Yunn. 12(4): 395, 1990.

Antrodia cinnamomea T.T. Chang & W.N. Chou, Mycol. Res. 99(6): 756, 1995.

Antrodia camphorata (M. Zang & C.H. Su) Sheng H. Wu, Ryvarden & T.T. Chang, Bot. Bull. Acad. Sin. 38(4): 273, 1997.

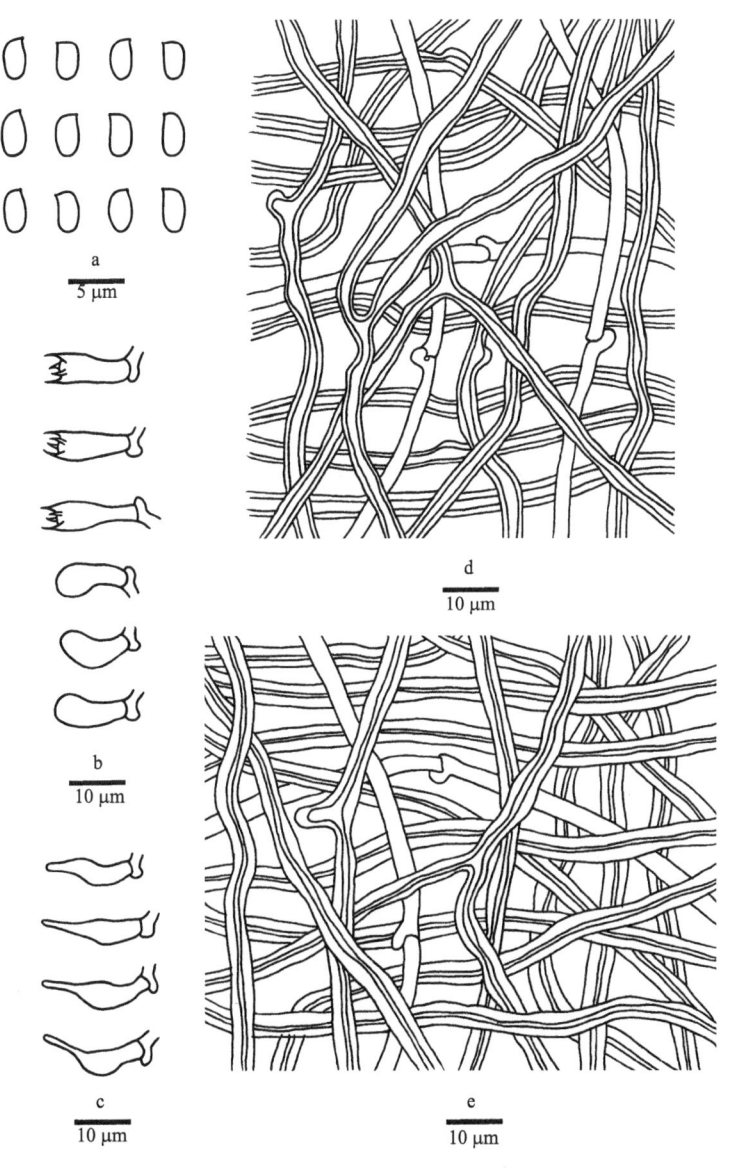

图166　牛樟芝 *Taiwanofungus camphoratus* (M. Zang & C.H. Su) Sheng H. Wu, Z.H. Yu, Y.C. Dai & C.H. Su 的显微结构图
a. 担孢子；b. 担子和拟担子；c. 拟囊状体；d. 菌管菌丝；e. 菌肉菌丝

子实体：担子果多年生，平伏至反转，贴生，不易与基质分离，新鲜时木栓质，干后木栓质至硬木质，重量变轻；平伏担子果长可达 8 cm，宽可达 5 cm，厚约 3 mm；孔口表面黄色、橘红色或橘棕色；不育边缘不明显或几乎不存在；孔口多角形，每毫米 4~6 个；管口边缘厚，稍撕裂状；菌肉奶油色至浅黄色，木栓质，厚约 2 mm；菌管与孔口表面同色，木栓质至硬木质，长可达 1 mm。

显微结构：菌丝系统二体系；生殖菌丝具结节分隔，骨架菌丝具弱淀粉质反应，无嗜蓝反应；菌丝组织在 KOH 试剂中无变化。菌肉中生殖菌丝较少，无色，薄壁，很少分枝，直径为 2.2~4.5 μm；骨架菌丝占多数，无色，厚壁，具一窄的内腔至近实心，偶尔分枝，直径为 3.2~6.8 μm。菌管中生殖菌丝较少，无色，薄壁，很少分枝，直径为 1.7~4 μm；骨架菌丝占多数，无色，厚壁，具一窄的内腔至近实心，常具分枝，交织排列，直径为 2~4.2 μm。子实层中无囊状体，具拟囊状体，纺锤形，薄壁，光滑，13.2~23.5 × 2.2~4.7 μm。担子棍棒状，着生 4 个担孢子梗，基部具一简单分隔，15.5~22.8 × 3.4~6 μm；拟担子占多数，形状与担子类似，比担子稍小。担孢子圆柱形，无色，薄壁，光滑，无拟糊精反应和淀粉质反应，无嗜蓝反应，(2.7~)2.8~3(~3.2) × 1.6~2(~2.3) μm，平均长 L = 2.93 μm，平均宽 W = 1.85 μm，长宽比 Q = 1.46~1.67(n = 60/2)。分生孢子和厚垣孢子常存在。

研究标本：台湾：台北市，2019 年 7 月 29 日，崔宝凯 17233（BJFC 034091），崔宝凯 17234（BJFC 034092），崔宝凯 17235（BJFC 034093）；2019 年 7 月 29 日，崔宝凯 17284A（BJFC 034142），崔宝凯 17285A（BJFC 034143）。

生境：该种可栽培，生长在牛樟树树桩上，引起木材褐色腐朽。

中国分布：台湾。

世界分布：中国。

讨论：牛樟芝的主要特征是担子果多年生，平伏至反转，孔口表面黄色、橘红色或橘棕色，孔口多角形，每毫米 4~6 个，担孢子圆柱形（2.8~3 × 1.6~2 μm）。该物种在我国台湾有分布，常生长在牛樟树上。

参 考 文 献

池玉杰. 2003. 木材腐朽与木材腐朽菌. 北京: 科学出版社.

戴芳澜. 1979. 中国真菌总汇. 北京: 科学出版社.

戴玉成, 图力古尔, 崔宝凯, 等. 2013. 中国药用真菌图志. 哈尔滨: 东北林业大学出版社.

邓叔群. 1963. 中国的真菌. 北京: 科学出版社.

李茹光. 1991. 吉林省真菌志第一卷—担子菌亚门. 长春: 东北师范大学出版社.

刘顺, 陈圆圆, 孙一翡, 等. 2022. 中国多孔菌目中褐腐真菌的多样性与系统发育研究进展. 菌物研究, 20: 255-270.

魏玉莲. 2006. 中国褐腐真菌泊氏孔菌等三属的分类和生态研究. 沈阳: 中国科学院沈阳应用生态研究所博士学位论文.

严东辉, 姚一建. 2003. 菌物在森林生态系统中的功能和作用研究进展. 植物生态学报, 27(2): 143-150.

赵继鼎. 1982. 中国多孔菌科分类系统的研究. 微生物学报, 22: 218-232.

赵继鼎. 1998. 中国真菌志第三卷多孔菌科. 北京: 科学出版社.

赵继鼎, 张小青. 1991. 中国拟层孔菌属二新种. 真菌学报, 10: 113-116.

赵继鼎, 张小青. 1994. 中国多孔菌类型真菌生态、分布与资源. 生态学报, 14: 437-443.

周丽伟, 戴玉成. 2013. 中国多孔菌多样性初探: 物种、区系和生态功能. 生物多样性, 21: 499-506.

Alexopoulos CJ, Mims CW, Blackwell M. 1996. Introductory mycology, 4th ed. New York: John Wiley & Sons.

Audet S. 2017-2018. New genera and new combinations in *Antrodia* s.l. or *Polyporus* s.l., or new families in the Polyporales. Mushrooms Nomenclatural Novelties 1-18. https://sergeaudetmyco.com/antrodia/ ［2024-1-3］.

Bernicchia A, Gorjón SP. 2010. Corticiaceae s.l. 12. Fungi Europaei. Alassio: Candusso Edizioni.

Bernicchia A, Gorjón SP, Vampola P, et al. 2012. A phylogenetic analysis of *Antrodia* s. l. based on nrDNA ITS sequences, with emphasis on rhizomorphic European species. Mycological Progress, 11: 93-100.

Bernicchia A, Ryvarden L. 1998. *Neolentiporus* (Basidiomycetes, Polyporaceae) in Europe. Cryptogamie Mycologie, 19: 281-283.

Binder M, Hibbett DS, Larsson KH, et al. 2005. The phylogenetic distribution of resupinate forms across the major clades of mushroom-forming fungi (Homobasidiomycetes). Systematics and Biodiversity, 3: 113-157.

Binder M, Justo A, Riley R, et al. 2013. Phylogenetic and phylogenomic overview of the Polyporales. Mycologia, 105: 1350-1373.

Binder M, Larsson KH, Matheny PB, et al. 2010. Amylocorticiales ord. nov and Jaapiales ord. nov.: early diverging clades of Agaricomycetidae dominated by corticioid forms. Mycologia, 102: 865-880.

Boidin J, Mugnier J, Canales R. 1998. Taxonomie moleculaire des Aphyllophorales. Mycotaxon, 66: 445-491.

Brefeld O. 1888. Basidiomyceten III. Autobasidiomyceten. Untersuchungen aus dem Gesammtgebiete der Mykologie, 8: 1-184.

Burdsall HH Jr, Banik MT. 2001. The genus *Laetiporus* in North America. Harvard Papers in Botany, 6(1): 43-55.

Carranza-Morse J, Gilbertson RL. 1986. Taxonomy of the *Fomitopsis rosea* complex (Aphyllophorales, Polyporaceae). Mycotaxon, 25: 469-486.

Chen YY, Cui BK. 2016. Phylogenetic analysis and taxonomy of the *Antrodia heteromorpha* complex in China. Mycoscience, 57: 1-10.

Chen YY, Li HJ, Cui BK. 2015. Molecular phylogeny and taxonomy of *Fibroporia* (Basidiomycota) in China. Phytotaxa, 203: 47-54.

Chen YY, Wu F. 2017. A new species of *Antrodia* (Basidiomycota, Polypores) from China. Mycosphere, 8(7): 878-885.

Chen YY, Wu F, Wang M, et al. 2017. Species diversity and molecular systematics of *Fibroporia* (Polyporales, Basidiomycota) and its related genera. Mycological Progress, 16: 521-533.

Corda ACJ. 1838. Icones fungorum hucusque cognitorum. Journal of Natural History, 2: 1-43.

Corner EJH. 1932a. The fruit body of *Polystictus xanthopus*. Annals of Botany, 46: 71-111.

Corner EJH. 1932b. A *Fomes* with two system of hyphae. Transactions of the British Mycological Society, 17: 51-81.

Corner EJH. 1950. A monograph of *Clavaria* and allied genera. London: Oxford University Press.

Corner EJH. 1953. The constructions of polypores. 1. Introduction: *Polyporus sulphureus, P. squamosus, P. betulinus* and *Polystictus microcyclus*. Phytomorphology, 3: 152-167.

Corner EJH. 1989a. Ad polyporaceas 5. Beihefte zur Nova Hedwigia, 96: 1-218.

Corner EJH. 1989b. Ad Polyporaceas 6. The genus *Trametes*. Beihefte zur Nova Hedwigia, 97: 1-197.

Cui BK. 2013. *Antrodia tropica* sp. nov. from southern China inferred from morphological characters and molecular data. Mycological Progress, 12: 223-230.

Cui BK, Dai YC. 2013. Molecular phylogeny and morphology reveal a new species of *Amyloporia* (Basidiomycota) from China. Antonie Van Leeuwenhoek, 104: 817.

Cui BK, Li HJ. 2012. A new species of *Postia* (Basidiomycota) from Northeast China. Mycotaxon, 120: 231-237.

Cui BK, Li HJ, Dai YC. 2011. Wood-rotting fungi in eastern China 6. Two new species of *Antrodia* (Basidiomycota) from Mt. Huangshan, Anhui Province. Mycotaxon, 116(1): 13-20.

Cui BK, Vlasák J, Dai YC. 2014. The phylogenetic position of *Osteina obducta* (Polyporales, Basidiomycota) based on samples from northern hemisphere. Chiang Mai Journal of Science, 41: 838-845.

Dai YC. 1996. Changbai wood-rotting fungi 7.A checklist of the polypores. Fungal Science, 11: 79-105.

Dai YC. 2012. Polypore diversity in China with an annotated checklist of Chinese polypores. Mycoscience, 53(1): 49-80.

Dai YC, Cui BK, Yuan HS, et al. 2007. Pathogenic wood-decaying fungi in China. Forest Pathology, 37(2): 105-120.

Dai YC, Hattori T. 2007. *Postia japonica* (Basidiomycota), a new polypore from Japan. Mycotaxon, 102: 113-118.

Dai YC, Penttilä R. 2006. Polypore diversity of Fenglin Nature Reserve, northeastern China. Annales Botanici Fennici, 43: 81-96.

Dai YC, Renvall P. 1994. Changbai wood-rotting fungi 2. *Postia amylocystis* (Basidiomycetes), a new polypore species. Annales Botanici Fennici, 31: 71-76.

Dai YC, Yuan HS, Wang HC, et al. 2009. Polypores (Basidiomycota) from Qin Mts. In Shaanxi Province, central China. Annales Botanici Fennici, 46: 54-61.

Dai YC, Zhou LW, Steffen K. 2011. Wood-decaying fungi in eastern Himalayas. 1. Polypores from Zixishan Nature Reserve, Yunnan Province. Mycosystema, 30: 674-679.

David A. 1980. Étude du genre Tyromyces sensu lato: répartition dans les genres *Leptoporus*, *Spongiporus* et *Tyromyces* sensu stricto. Bulletin Mensuel De La Societe Linneenne De Lyon, 49: 6-56.

David A, Tortic M, Jelic M. 1974. Etudes comparatives de deux especes d'*Auriporia*: *A. aurea* (Peck) Ryv. espece americaine et *A. aurulenta* nouvelle espece europeenne. compatibilite partielle de leur mycelium. Bulletin trimestriel de la Société mycologique de France, 90: 359-370.

De AB. 1981. Taxonomy of *Polyporus ostreiformis* in relation to its morphological and cultural characters. Canadian Journal of Botany, 59: 1297-1300.

Decock CA, Ryvarden L, Amalfi M. 2022. *Niveoporofomes* (Basidiomycota, Fomitopsidaceae) in Tropical Africa: two additions from Afromontane forests, *Niveoporofomes oboensis* sp. nov. and *N. widdringtoniae* comb. nov. and *N. globosporus* comb. nov. from the Neotropics. Mycological Progress, 21: 29.

Donk MA. 1960. The generic names proposed for Polyporaceae. Persoonia, 1: 173-302.

Donk MA. 1966. *Osteina*, a new genus of Polyporaceae. Schweizerische Zeitschrift für Pilzkunde, 44: 83-87.

Donk MA. 1974. Check list of European polypores. Verh Koninkl Nederl Akad Wet, Natuurk, 62: 1-469.

Eriksson J, Ryvarden L. 1975. The Corticiaceae of North Europe 3. Norway: Fungiflora.

Floudas D, Binder M, Riley R, et al. 2012. The Paleozoic origin of enzymatic lignin decomposition reconstructed from 31 fungal genomes. Science, 336(6089): 1715-1719.

Franklin JF, Shugart HH, Harmon ME. 1987. Tree death as an ecological process. BioScience, 37: 550-556.

Fries EM. 1819. Novitiae florae svecicae. Berling, 5(2): 73-80.

Fries EM. 1821. Systema Mycologicum. Vol. 1. Berling: Lund.

Fries EM. 1849. Summa vegetabilium Scandinaviae. Vol. 2. Bonnier: Stockholm.

Fries EM. 1874. Hymenomycetes europaei. Berling: Uppsala.

Geethangili M, Tzeng YM. 2011. Review of pharmacological effects of *Antrodia camphorata* and its bioactive compounds. Evidence-Based Complementary and Alternative Medicine, 2011: 1-17.

Gilbertson RL. 1981. North American wood-rotting fungi that cause brown rots. Mycotaxon, 12: 372-416.

Gilbertson RL, Ryvarden L. 1986. North American polypores 1. Oslo: Fungiflora.

Gilbertson RL, Ryvarden L. 1987. North American polypores 2. Oslo: Fungiflora.

Haight JE, Nakasone KK, Laursen GA, et al. 2019. *Fomitopsis mounceae* and *F. schrenkii*—two new species from North America in the *F. pinicola* complex. Mycologia, 111: 339-357.

Han ML, An Q, Fu WX, et al. 2020. Morphological characteristics and phylogenetic analyses reveal *Antrodia yunnanensis* sp. nov. (Polyporales, Basidiomycota) from China. Phytotaxa, 460: 1-11.

Han ML, Chen YY, Shen LL, et al. 2016. Taxonomy and phylogeny of the brown-rot fungi: *Fomitopsis* and its related genera. Fungal Diversity, 80: 343-373.

Han ML, Cui BK. 2015. Morphological characters and molecular data reveal a new species of *Fomitopsis* (Polyporales) from southern China. Mycoscience, 56: 168-176.

Han ML, Song J, Cui BK. 2014. Morphology and molecular phylogeny for two new species of *Fomitopsis* (Basidiomycota) from South China. Mycological Progress, 13: 905-914.

Han ML, Vlasák J, Cui BK. 2015. *Daedalea americana* sp. nov. (Polyporales, Basidiomycota) evidenced by morphological characters and phylogenetic analysis. Phytotaxa, 204: 277-286.

Harmon ME, Franklin JF. 1989. Tree seedlings on logs in *Picea-Tsuga* forests of Oregon and Washington. Ecology, 70: 48-59.

Harmon ME, Franklin JF, Swanson FJ, et al. 1986. Ecology of coarse woody debris in temperate ecosystems. Advances in Ecological Research, 15: 133-302.

Hattori T. 2000. Type studies of the polypores described by E.J.H. Corner from Asia and the west Pacific I.

species described in *Polyporus*, *Buglossoporus*, *Meripilus*, *Daedalea*, and *Flabellophora*. Mycoscience, 41: 339-349.

Hattori T. 2002. Type studies of the polypores described by E.J.H. Corner from Asia and West Pacific Areas. IV. Species described in *Tyromyces* (1). Mycoscience, 43: 307-315.

Hattori T. 2005. Type studies of the polypores described by E.J.H. Corner from Asia and West Pacific Areas. VII. Species described in *Trametes* (1). Mycoscience, 46: 303-312.

Hattori T, Ryvarden L. 1994. Type studies in the Polyporaceae. 25. Species described from Japan by R. Imazeki & A. Yasuda. Mycotaxon, 50: 27-46.

Hattori T, Sotome K, Ota Y, et al. 2011. *Postia stellifera* sp. nov., a stipitate and terrestrial polypore from Malaysia. Mycotaxon, 114: 151-161.

He MQ, Zhao RL, Hyde KD, et al. 2019. Notes, outline and divergence times of Basidiomycota. Fungal Diversity, 99: 105-367.

Hibbett DS, Binder M. 2002. Evolution of complex fruiting-body morphologies in homobasidiomycetes. Proceedings of the Royal Society B-biological Sciences, 269: 1963-1969.

Hibbett DS, Donoghue MJ. 1995. Progress toward a phylogenetic classification of the Polyporaceae through parsimony analyses of ribosomal DNA sequences. Canadian Journal of Botany, 73 (Suppl. 1): S853-S861.

Hibbett DS, Donoghue MJ. 2001. Analysis of character correlations among wood-decay mechanisms, mating systems and substrate ranges in Homobasidiomycetes. Systems Biology, 50: 215-242.

Hseu YC, Chen SC, Tsai PC, et al. 2007. Inhibition of cyclooxygenase-2 and induction of apoptosis in estrogen-nonresponsive breast cancer cells by *Antrodia camphorata*. Food and Chemical Toxicology, 45: 1107-1115.

Hussein JM, Tibuhwa DD, Tibell S. 2018. Phylogenetic position and taxonomy of *Kusaghiporia usambarensis* gen. et sp. nov. (Polyporales). Mycology, 9(2): 136-144.

Jahn H. 1963. Mitteleuropäische Porlinge (Polyporaceae s. lato) und ihr Vorkommen in Westfalen. Westfälische Pilzbriefe, 4: 1-143.

Johansen I, Ryvarden L. 1979. Studies in the Aphyllophorales of Africa 7. Some new genera and species in the Polyporacea. Transactions of the British Mycological Society, 72(2): 189-199.

Jülich W. 1981. Higher taxa of Basidiomycetes. Bibliotheca Mycologica, 85: 1-485.

Jülich W. 1982. Notes on some Basidiomycetes (Aphyllophorales and Heterobasidiomycetes). Persoonia, 11: 421-428.

Justo A, Hibbett DS. 2011. Phylogenetic classification of *Trametes* (Basidiomycota, Polyporales) based on a five-marker dataset. Taxon, 60(6): 1567-1583.

Justo A, Miettinen O, Floudas D, et al. 2017. A revised family-level classification of the Polyporales (Basidiomycota). Fungal Biology, 121: 798-824.

Karasiński D, Niemelä T. 2016. *Anthoporia*, a new genus in the Polyporales (Agaricomycetes). Polish Botanical Journal, 61: 7-14.

Karsten PA. 1879. Symbolae ad mycologiam Fennicam VI. Meddelanden af Societas pro Fauna et Flora Fennica, 5: 15-46.

Karsten PA. 1881. Symbolae ad mycologiam Fennicam. VIII. Meddelanden af Societas pro Fauna et Flora Fennica, 6: 7-13.

Karsten PA. 1894. Fragmenta mycologica XLII. Hedwigia, 33: 15-16.

Kim KM, Lee JS, Jung HS. 2007. *Fomitopsis incarnatus* sp. nov. based on generic evaluation of *Fomitopsis* and *Rhodofomes*. Mycologia, 99: 833-841.

Kim KM, Park SY, Jung HS. 2001. Phylogenetic classification of *Antrodia* and related genera based on ribosomal RNA internal transcribed space sequences. Journal of Molecular Microbiology and Biotechnology, 11: 475-481.

Kim KM, Yoon YG, Jung HS. 2005. Evaluation of the monophyly of *Fomitopsis* using parsimony and MCMC methods. Mycologia, 97: 812-822.

Kim SY, Jung HS. 2001. Phylogenetic relationships of the Polyporaceae based on gene sequences of nuclear small subunit ribosomal RNAs. Mycobiology, 29: 73-79.

Kim SY, Park SY, Ko KS, et al. 2003. Phylogenetic analysis of *Antrodia* and related taxa based on partial mitochondrial SSU rDNA sequences. Antonie van Leeuwenhoek, 83(1): 81-88.

Kirk PM, Cannon PF, Minter DW, et al. 2008. Dictionary of the Fungi, 10th edn. Oxon: CAB International.

Knudsen H, Hansen L. 1996. Nomenclatural notes to Nordic macromycetes vol. 1 & 3. Nordic Journal of Botany, 16: 211-221.

Kotiranta H, Niemelä T. 1996. Threatened polypores in Finland. Suomen Ymparistokeskus, Helsinki.

Kotlába F, Pouzar Z. 1957. Poznámky k trídení evropských chorosu [Notes on classification of European pore fungi]. Ceska Mykologie, 11(3): 152-170.

Kotlába F, Pouzar Z. 1958. Polypori novi vel minus cogniti Cechoslovakiae III. Ceska Mykologie, 12(2): 95-104.

Kotlába F, Pouzar Z. 1966. *Buglossosporus* gen. nov. a new genus of Polypores. Ceska Mykologie, 20: 81-89.

Kotlába F, Pouzar Z. 1990. Type studies of polypores described by A. Pilát - III. Česká Mykologie, 44: 228-237.

Kotlába F, Pouzar Z. 1998. Notes on the division of the genus *Fomitopsis* (Polyporales). Folia Cryptogamica Estonica, 33: 49-52.

Lamoure D. 1989. Répertoire des données utiles pour effectuer les tests d'intercompatibilité chez les Basidiomycetes V. Agaricales sensu lato. Cryptogamie Mycologie, 10:41-80.

Li HJ, Cui BK. 2013. Two new *Daedalea* species (Polyporales, Basidiomycota) from South China. Mycoscience, 54: 62-68.

Li HJ, Han ML, Cui BK. 2013. Two new *Fomitopsis* species from southern China based on morphological and molecular characters. Mycological Progress, 12: 709-718.

Light W, Woehrel M. 2009. Clarification of the nomenclatural confusion of the genus *Sparassis* (Polyporales: Sparassidaceae) in North America. Fungi, 2: 10-15.

Lindner DL, Ryvarden L, Baroni TJ. 2011. A new species of *Daedalea* (Basidiomycota) and a synopsis of core species in *Daedalea* sensu stricto. North American Fungi, 6: 1-12.

Linnaeus C. 1753. Species Plantarum. Sweden: Laurentius Salvius.

Liu S, Chen YY, Sun YF, et al. 2023a. Systematic classification and phylogenetic relationships of the brown-rot fungi within the Polyporales. Fungal Diversity, 118: 1-94.

Liu S, Han ML, Xu TM, et al. 2021a. Taxonomy and phylogeny of the *Fomitopsis pinicola* complex with descriptions of six new species from east Asia. Frontiers in Microbiology, 12: 644979.

Liu S, Shen LL, Wang Y, et al. 2021b. Species diversity and molecular phylogeny of *Cyanosporus* (Polyporales, Basidiomycota). Frontiers in Microbiology, 12: 631166.

Liu S, Shen LL, Xu TM, et al. 2023b. Global diversity, molecular phylogeny and divergence times of the brown-rot fungi within the Polyporales. Mycosphere, 14(1): 1564-1664.

Liu S, Song CG, Cui BK. 2019. Morphological characters and molecular data reveal three new species of *Fomitopsis* (Basidiomycota). Mycological Progress, 18: 1317-1327.

Liu S, Song CG, Xu TM, et al. 2022a. Species diversity, molecular phylogeny, and ecological habits of *Fomitopsis* (Polyporales, Basidiomycota). Frontiers in Microbiology, 13: 859411.

Liu S, Xu TM, Song CG, et al. 2022b. Species diversity, molecular phylogeny and ecological habits of *Cyanosporus* (Polyporales, Basidiomycota) with an emphasis on Chinese collections. MycoKeys, 86: 19-46.

Lowe JL. 1975. Polyporaceae of North America. The genus *Tyromyces*. Mycotaxon, 2: 1-82.

Maekawa N. 1993. Taxonomic study of Japanese Corticiaceae (Aphyllophorales). I. Reports of the Tottori Mycological Institute, 31: 1-149.

McGinty NJ. 1909. A new genus, *Cyanosporus*. Mycological Notes, 33: 436.

Miettinen O, Vlasák J, Rivoire B, et al. 2018. *Postia caesia* complex (Polyporales, Basidiomycota) in temperate Northern Hemisphere. Fungal Systematics and Evolution, 1: 101-129.

Murrill WA. 1904. The Polyporaceae of North America IX. *Inonotus*, *Sesia* and monotypic genera. Bulletin of the Torrey Botanical Club, 31(11): 593-610.

Murrill WA. 1905. The Polyporaceae of North America: XII. A synopsis of the white and bright-colored pileate species. Bulletin of the Torrey Botanical Club, 32(9): 469-493.

Murrill WA. 1907. Polyporaceae, Part 1. North American Flora, 9(1): 1-72.

Niemelä T. 1985. On Fennoscandian polypors 9. *Gelatoporia* n. gen. and *Tyromyces canadensis*, plus notes on *Skeletocutis* and *Antrodia*. Karstenia, 25: 21-40.

Niemelä T. 2005. Polypores, lignicolous fungi. Norrlinia, 13: 1-320.

Niemelä T, Kinnunen J, Larsson KH, et al. 2005. Genus revision and new combinations of some north European polypores. Karstenia, 45: 75-80.

Niemelä T, Kotiranta H, Penttilä R. 1992. New records of rare and threatened polypores in Finland. Karstenia, 32: 81-94.

Nobles MK. 1971. Cultural characters as a guide to the taxonomy of the Polyporaceae. In: Petersen RH (ed). Evolution in the higher basidiomycetes. Knoxville: the University of Tennessee Press. 169-196.

Núñez M, Ryvarden L. 2001. East Asian polypores 2. Synopsis Fungorum, 14: 170-522.

Nuss I. 1980. Untersuchungen zur systematischen Stellung der Gattung *Polyporus*. Hoppea Denkschrift der Regensburgischen Naturforschenden Gesellschaft, 39: 127-198.

Ortiz-Santana B, Lindner DL, Miettinen O, et al. 2013. A phylogenetic overview of the antrodia clade (Basidiomycota, Polyporales). Mycologia, 105: 1391-1411.

Ota Y, Hattori T, Banik MT, et al. 2009. The genus *Laetiporus* (Basidiomycota, Polyporales) in East Asia. Mycological Research, 113(11): 1283-1300.

Papp V. 2014. Nomenclatural novelties in the *Postia caesia* complex. Mycotaxon, 129: 407-413.

Parmasto E. 1968. Conspectus systematis Corticiacearum. Tartu: Inst Zool Bot.

Parmasto E. 2001. *Gilbertsonia*, a new genus of polpores (Hymenomycetes, Basidiomycota). Harvard Papers in Botany, 6(1): 179-182.

Patouillard N. 1900. Essai taxonomique sur les familles et les genres des Hyménomycetes. Université de Paris: Lonsle-Saunier.

Penttila R, Sittinen J, Kuusinen M. 2004. Polypore diversity in managed and old-growth boreal *Picea abies* forests in southern Finland. Biological Conservation, 117: 271-283.

Persoon CH. 1801. Synopsis Methodica Fungorum. Göttingen: Henricus Dieterich.

Pildain MB, Rajchenberg M. 2013. The phylogenetic position of *Postia* s. l. (Polyporales, Basidiomycota) from Patagonia, Argentina. Mycologia, 105: 357-367.

Rajchenberg M. 1987. *Xylophilous* (Aphyllophorales, Basidiomycetes) from the southern Andean forests.

Sydowia, 40: 235-249.

Rajchenberg M. 1994. A taxonomic study of the Subantarctic *Piptoporus* (Polyporaceae, Basidiomycetes) I. Nordic Journal of Botany, 14(4): 435-449.

Rajchenberg M. 1995. A taxonomic study of the Subantarctic *Piptoporus* (Polyporaceae, Basidiomycetes) II. Nordic Journal of Botany, 15(1): 105-119.

Rajchenberg M, Gorjón SP, Pildain MB. 2011. The phylogenetic disposition of *Antrodia* s.l. (Polyporales, Basidiomycota) from Patagonia, Argentina. Australian Systematic Botany, 24: 111-120.

Redhead S, Ginns JH. 1985. A reappraisal of agaric genera associated with brown rot of wood. Transactions of the Mycological Society of Japan, 26: 349-381.

Renvall P. 1992. Basidiomycetes at the timberline in Lapland 4. *Postia lateritia* n. sp. and its rustcoloured relatives. Karsternia, 32: 43-60.

Runnel K, Spirin V, Miettinen O, et al. 2019. Morphological plasticity in brown-rot fungi: *Antrodia* is redefined to encompass both poroid and corticioid species. Mycologia, 111: 871-883.

Ryvarden L. 1973. New genera in the Polyporaceae. Norwegian Journal of Botany, 20: 1-5.

Ryvarden L. 1984. Type studies in the Polyporaceae 16. Species described by J.M. Berkeley, either alone or with other mycologists from 1856 to 1886. Mycotaxon, 20: 329-363.

Ryvarden L. 1988. Type studies in the Polyporaceae. 20. Species described by G. Bresadola. Mycotaxon, 33: 303-327.

Ryvarden L. 1991. Genera of polypores. Nomenclature and taxonomy. Synopsis Fungorum, 5: 1-363.

Ryvarden L. 2015. Neotropical polypores part 2. Polyporaceae, *Abortiporus-Nigroporus*. Synopsis Fungorum, 34: 232-443.

Ryvarden L, Gilbertson RL. 1984. Type studies in the Polyporaceae. 15. Species described by L.O. Overholts, either alone or with J.L. Lowe. Mycotaxon, 19: 137-144.

Ryvarden L, Gilbertson RL. 1993. European polypores 1. Synopsis Fungorum, 6: 1-387.

Ryvarden L, Gilbertson RL. 1994. European polypores 2. Synopsis Fungorum, 7: 394-743.

Ryvarden L, Johansen I. 1980. Apreliminary polypore flora of East Africa. Oslo: Fungiflora.

Ryvarden L, Melo I. 2014. Poroid fungi of Europe. Synopsis Fungorum, 31: 1-455.

Shen LL, Cui BK. 2014. Morphological and molecular evidence for a new species of *Postia* (Basidiomycota) from China. Cryptogamie Mycologie, 35: 199-207.

Shen LL, Cui BK, Dai YC. 2014. A new species of *Postia* (Polyporales, Basidiomycota) from China based on morphological and molecular evidence. Phytotaxa, 162: 147-156.

Shen LL, Liu HX, Cui BK. 2015. Morphological characters and molecular data reveal two new species of *Postia* (Basidiomycota) from China. Mycological Progress, 14: 7.

Shen LL, Wang M, Zhou JL, et al. 2019. Taxonomy and phylogeny of *Postia*. Multi-gene phylogeny and taxonomy of the brown-rot fungi: *Postia* (Polyporales, Basidiomycota) and related genera. Persoonia, 42: 101-126.

Singer R. 1944. Notes on taxonomy and nomenclature of the polypores. Mycologia, 36: 65-69.

Soares AM, Nogueira-Melo G, Plautz HL, et al. 2017. A new species, two new combinations and notes on Fomitopsidaceae (Agaricomycetes, Polyporales). Phytotaxa, 331: 75-83.

Song J, Chen YY, Cui BK, et al. 2014. Morphological and molecular evidence for two new species of *Laetiporus* (Basidiomycota, Polyporales) from southwestern China. Mycologia, 106(5): 1039-1050.

Song J, Cui BK. 2017. Phylogeny, divergence time and historical biogeography of *Laetiporus* (Basidiomycota, Polyporales). BMC Evolutionary Biology, 17: 102.

Song J, Liu XY, Wang M, et al. 2016. Phylogeny and taxonomy of the genus *Anomoloma* (Amylocorticiales,

Basidiomycota). Mycological Progress, 15: 11.

Song J, Sun YF, Ji X, et al. 2018. Phylogeny and taxonomy of *Laetiporus* (Basidiomycota, Polyporales) with descriptions of two new species from western China. MycoKeys, 37: 57-71.

Spirin V. 2007. New and noteworthy *Antrodia* species (Polyporales, Basidiomycota) in Russia. Mycotaxon, 101: 149-156.

Spirin V, Miettinen O, Pennanen J, et al. 2013a. *Antrodia hyalina*, a new polypore from Russia, and *A. leucaena*, new to Europe. Mycological Progress, 12: 53-61.

Spirin V, Runnel K, Vlasák J, et al. 2015a. Species diversity in the *Antrodia crassa* group (Polyporales, Basidiomycota). Fungal Biology, 119: 1291-1310.

Spirin V, Vlasák J, Miettinen O. 2017. Studies in the *Antrodia serialis* group (Polyporales, Basidiomycota). Mycologia, 109: 217-230.

Spirin V, Vlasák J, MiLakovsky B, et al. 2015b. Searching for indicator species of old-growth spruce forests: studies in the genus *Jahnoporus* (Polyporales, Basidiomycota). Cryptogamie Mycologie, 36: 409-417.

Spirin V, Vlasák J, Niemelä T, ct al. 2013b. What is *Antrodia* sensu stricto? Mycologia, 105: 1555-1576.

Spirin V, Vlasák J, Rivoire B, et al. 2016. Hidden diversity in the *Antrodia malicola* group (Polyporales, Basidiomycota). Mycological Progress, 15: 51.

Stalpers JA, Redhead SA, May TW, et al. 2021. Competing sexual-asexual generic names in Agaricomycotina (Basidiomycota) with recommendations for use. IMA Fungus, 12: 1-31.

Swift MJ. 1977. The ecology of wood decomposition. Sci. Prog. Oxford, 64: 179-203.

Teixeira AR. 1994. Genera of Polyporaceae: an objective approach. Boletim da Chácara Botânica de Itu, 1: 3-91.

Tibpromma S, Hyde KD, Jeewon R, et al. 2017. Fungal diversity notes 491-602: taxonomic and phylogenetic contributions to fungal taxa. Fungal Diversity, 83: 1-261.

Tomšovský M, Jankovský L. 2008. Validation and typification of *Laetiporus montanus*. Mycotaxon, 106(5): 289-295.

Ţura D, Spirin WA, Zmitrovich IV, et al. 2008. Polypores new to Israel 1: genera *Ceriporiopsis*, *Postia* and *Skeletocutis*. Mycotaxon, 103: 217-227.

Vampola P, Pouzar Z. 1993. Contribution to the knowledge of a rare resupinate polypore *Amyloporia sitchensis*. Ceská Mykologie, 46: 213-222.

Wei YL, Dai YC. 2006. Three new species of *Postia* (Aphyllophorales, Basidiomycota) from China. Fungal Diversity, 23: 405-416.

Wei YL, Qin WM. 2010. Two new species of *Postia* from China. Sydowia, 62: 165-170.

Wu F, Li SJ, Dong CH, et al. 2020. The genus *Pachyma* (syn. *Wolfiporia*) reinstated and species clarification of the cultivated medicinal mushroom "Fuling" in China. Frontiers in Microbiology, 11: 590788.

Wu F, Zhou LW, Yang ZL, et al. 2019. Resource diversity of Chinese macrofungi: edible, medicinal and poisonous species. Fungal Diversity, 98: 1-76.

Wu SH, Ryvarden L, Chang TT. 1997. *Antrodia camphorata* ("niu-chang-chih") new combination of a medical fungus in Taiwan. Botanical Bulletin of the Academia Sinica, 38: 273-275.

Wu SH, Yu ZH, Dai YC, et al. 2004. *Taiwanofungus*, a polypore new genus. Fungal Science, 19(3-4): 109-116.

Yu ZH, Wu SH, Hsiang T. 2006. Phylogeny of *Antrodia* and related taxa inferred from sequences of nuclear rDNA. Canadian Journal of Plant Pathology, 28: 370-371.

Yu ZH, Wu SH, Wang DM, et al. 2010. Phylogenetic relationships of *Antrodia* species and related taxa based on analyses of nuclear large subunit ribosomal DNA sequences. Botanical Studies, 51: 53-60.

Yuan HS, Lu X, Dai YC, et al. 2020. Fungal diversity notes 1277-1386: taxonomic and phylogenetic contributions to fungal taxa. Fungal Diversity, 104: 1-266.

Yuan Y, Shen LL. 2017. Morphological characters and molecular data reveal a new species of *Rhodonia* (Polyporales, Basidiomycota) from China. Phytotaxa, 328: 175-182.

Zhao Q, Feng B, Yang ZL, et al. 2013. New species and distinctive geographical divergences of the genus *Sparassis* (Basidiomycota): evidence from morphological and molecular data. Mycological Progress, 12: 445-454.

Zhou LW, Wei YL. 2012. Changbai wood-rotting fungi 16. A new species of *Fomitopsis* (Fomitopsidaceae). Mycological Progress, 11: 435-441.

Zhou M, Wang CG, Wu YD, et al. 2021. Two new brown rot polypores from tropical China. MycoKeys, 82:173-197.

索 引

真菌汉名索引

A

阿穆尔波斯特孔菌 292, 293
哀牢山硫黄菌 6, 12, 174, 175, 176, 178, 185
爱尔兰囊体波斯特孔菌 258, 260, 266
桉牛舌孔菌 8, 82, 83, 84
澳洲波斯特孔菌属 214, 221

B

白边脆层孔菌 128, 132, 133
白垩波斯特孔菌 291, 293, 294, 320
白褐波斯特孔菌 9, 266, 270, 271, 299, 305
白褐花孔菌 63, 64
白孔层孔菌属 6, 62, 101, 148, 158, 168
白索孔菌 46, 48
白翼状孔菌 310, 312
斑纹绵孔菌 316, 318, 327
邦氏拟层孔菌 102, 108
薄灰蓝孔菌 226, 253
薄孔菌属 2, 3, 4, 5, 6, 7, 17, 20, 24, 26, 46, 61, 62, 63, 64, 65, 79, 84, 97, 136, 152, 334
薄肉灰蓝孔菌 226, 251, 253
北方黑囊孔菌 219, 220
变孢硫黄菌 6, 174, 183, 185, 186
波斯特孔菌科 1, 5, 61, 213
波斯特孔菌属 1, 2, 3, 4, 5, 6, 59, 150, 213, 214, 225, 258, 266, 278, 285, 291, 310, 316

C

赤杨灰蓝孔菌 226, 228, 243
脆层孔菌属 6, 62, 101, 131, 132
脆蹄迷孔菌 171

D

大薄孔菌 65, 69, 71
大灰蓝孔菌 226, 240, 241
单系假薄孔菌 150, 152
单系玫红拟层孔菌 166
淡黄灰蓝孔菌 226, 235, 237
淡绿灰蓝孔菌 226, 232, 234
迪氏迷孔菌 87, 89, 91, 93
垫形黄伏孔菌 33, 97, 99, 101
淀粉伏孔菌属 4, 5, 6, 7, 10, 16, 17, 19, 20, 24, 26, 65
东方白孔层孔菌 148, 150
多孢萨尔克孔菌 2, 332, 333

F

放射迷孔菌 87, 95, 97
粉红层孔菌 158, 160
粉红层孔菌属 6, 62, 101, 158, 168
茯苓沃菲卧孔菌 190, 203, 205

G

钙质波斯特孔菌属 7, 61, 213, 222, 223
盖形囊体波斯特孔菌 258, 261, 263
高山硫黄菌 6, 174, 175, 179, 180, 183, 187, 188
根状索孔菌 46, 52, 53, 54, 56
骨小沃菲卧孔菌 190, 191
骨质孔菌属 3, 6, 61, 214, 285, 286
光亮小红孔菌 2, 329, 331
鲑色玫瑰孔菌 33, 34, 35, 38, 41

H

海南苦味波斯特孔菌　7, 214, 216
海南小剥管孔菌　207, 209
褐暗孔菌科　1, 3, 4, 5, 199, 200, 329
褐暗孔菌属　2, 4, 5, 200
褐波斯特孔菌属　7, 61, 213, 266, 312
褐伏孔菌属　5, 62, 65, 78, 79
褐腐干酪孔菌属　2, 3, 4, 5, 6, 10, 213, 214, 219, 278, 285, 316
黑囊孔菌属　61, 213, 214, 218, 219
横断山拟层孔菌　102, 112, 113, 114, 117
红薄孔菌属　62, 152
红层孔菌属　3, 62, 101, 157, 158
厚胶质孔菌　27, 28, 29
厚垣孢褐腐干酪孔菌　278, 280, 282
厚垣孢黄伏孔菌　10, 97, 98, 99
花孔菌属　62, 63
桦拟层孔菌　102, 106, 108
环纹硫黄菌　6, 174, 178, 179, 187, 188, 189
黄白盖灰蓝孔菌　226, 231
黄淀粉伏孔菌　20, 22, 24
黄伏孔菌属　5, 33, 62, 65, 97
黄灰蓝孔菌　226, 228, 229
黄假索孔菌　59, 60
黄孔菌科　1, 5, 41, 61
黄孔菌属　3, 5, 7, 41, 42, 61
黄索孔菌　46, 49, 51, 52, 53
灰白波斯特孔菌　291, 293, 296, 308
灰波斯特孔菌　291, 294, 296
灰黑孔菌属　2, 4, 62, 133, 134
灰红层孔菌　158, 160, 162
灰蓝孔菌属　1, 7, 213, 225
灰拟层孔菌　102, 109, 111, 123, 124

J

假薄孔菌属　61, 150
假茯苓沃菲卧孔菌　190, 203, 205
假索孔菌属　5, 6, 7, 45, 58, 59, 61
胶孔绵孔菌　316, 322, 324

胶囊波斯特孔菌　10, 292, 297, 298, 305
胶质孔菌属　5, 16, 19, 26, 27, 61, 65
焦灰孔菌科　1, 5, 16, 45, 61
焦灰孔菌属　5, 16, 17, 65
金黄黄孔菌　42, 43
橘黄黄孔菌　42, 43, 45
具柄苦味波斯特孔菌　7, 214, 216, 218

K

苦味波斯特孔菌属　7, 61, 214
宽丝小沃菲卧孔菌　190, 193

L

腊肠孢迷孔菌　87, 89
蜡绵孔菌　294, 316, 318, 320
蜡索孔菌　46, 49, 51
冷杉拟层孔菌　102, 104
栗褐暗孔菌　2, 8, 200, 203
栗灰黑孔菌　134, 135
莲座绵孔菌　316, 320, 322
硫黄菌科　3, 4, 5, 7, 61, 172, 173, 190, 200
硫黄菌属　1, 2, 3, 5, 6, 59, 61, 173, 190, 200, 207
硫色硫黄菌　2, 174, 180, 181, 182, 183, 187
瘤盖拟层孔菌　102, 112, 119, 121
罗汉松褐腐干酪孔菌　13, 279, 280
洛梅里褐腐干酪孔菌　279, 282, 283
洛氏波斯特孔菌　291, 302, 308
落叶松层孔菌科　1, 3, 4, 5, 197
落叶松层孔菌属　2, 197

M

马尾松拟层孔菌　102, 116, 117, 126
毛盖灰蓝孔菌　226, 238, 240
毛褐波斯特孔菌　266, 275, 276
毛灰蓝孔菌　226, 234, 235
玫瑰红层孔菌　157, 158, 160, 162, 164
玫瑰孔菌属　4, 5, 7, 10, 16, 32, 33
玫红拟层孔菌属　6, 62, 152, 166, 168
迷孔菌属　1, 2, 3, 4, 5, 8, 59, 61, 62, 65, 79, 86,

87, 101, 136, 157, 171
绵孔菌属　2, 213, 214, 315, 316, 327
棉絮索孔菌　46, 48, 53, 54
墨脱硫黄菌　6, 174, 178, 179

N

奶油波斯特孔菌　2, 291, 298, 300, 302, 305, 308
奶油硫黄菌　6, 174, 176, 177, 178, 189
囊体波斯特孔菌属　7, 61, 214, 257, 258
囊体粉红层孔菌　168, 169
拟层孔菌科　1, 2, 3, 4, 5, 6, 7, 8, 9, 10, 11, 12, 13, 14, 15, 60, 61, 134, 173, 207, 213, 285
拟层孔菌属　1, 2, 3, 4, 5, 6, 59, 61, 62, 65, 82, 101, 102, 132, 148, 157, 158, 166, 171, 197
拟沃菲卧孔菌属　173, 194, 195
牛舌孔菌属　3, 61, 82, 101
牛樟芝　5, 10, 334, 335, 336
牛樟芝科　1, 5, 332, 334
牛樟芝属　4, 6, 7, 334

P

平伏波斯特孔菌属　213, 312
平伏拟层孔菌　102, 121, 123
苹果褐伏孔菌　79, 81

Q

谦逊迷孔菌　87, 89, 93, 94, 95
秦岭波斯特孔菌　10, 292, 305

R

热带红薄孔菌　152, 154, 156, 157
热带新镜孔菌　8, 146, 147
日本绵孔菌　316, 324
绒毛波斯特孔菌　248, 291, 293, 299, 300
柔丝褐腐干酪孔菌　279, 283, 285
乳白新薄孔菌　136, 138, 140
软体孔菌属　2, 62, 84

S

萨尔克孔菌科　1, 5, 331, 332
萨尔克孔菌属　2, 5, 7, 10, 332
三角小剥管孔菌　207, 209, 211, 212
三色灰蓝菌　226, 254, 256
伸展杨氏孔菌　277, 278
双色灰蓝菌　226, 229, 231, 235
丝盖囊体波斯特孔菌　258, 260, 263
松胶质孔菌　27, 29, 30
酸味玫瑰孔菌　33, 36, 38
梭伦小剥管孔菌　207, 209, 211, 212
梭囊体灰蓝菌　226, 237, 253, 254, 256
索孔菌科　1, 5, 45, 61
索孔菌属　3, 4, 5, 6, 7, 45, 46, 65

Y

桃红褐波斯特孔菌　266, 272, 273
桃绵孔菌　316, 325, 327
梯形新薄孔菌　136, 144, 145
蹄迷孔菌属　6, 61, 101, 168, 170, 171
蹄形灰蓝菌　226, 254, 256
天山玫瑰孔菌　33, 39, 41
天山拟层孔菌　102, 104, 128, 130
田中薄孔菌　65, 68, 76, 77, 78
贴生软体孔菌　2, 84, 85, 86

W

弯孢小沃菲卧孔菌　190, 191, 193
弯边骨质孔菌　285, 286, 289, 290
威兰索孔菌　46, 48, 54, 56, 57
沃菲卧孔菌属　3, 5, 195, 200, 203

X

希玛囊体波斯特孔菌　258, 263, 264
锡特卡胶质孔菌　27, 29, 30, 32
狭檐新薄孔菌　136, 138, 140, 142, 144, 145
香绵孔菌　316, 318, 327
小剥管孔菌科　1, 5, 61, 206, 207
小剥管孔菌属　6, 7, 59, 61, 101, 207

小红孔菌科　1, 5, 328, 329
小红孔菌属　2, 5, 59, 61, 329
小孔灰蓝孔菌　226, 240, 241, 243, 250, 256
小沃菲卧孔菌属　173, 189, 190
斜管玫瑰孔菌　33, 38, 41
斜纹焦灰孔菌　17, 19
新薄孔菌属　5, 62, 65, 136, 150
新疆硫黄菌　6, 7, 174, 186, 187
新镜孔菌属　3, 61, 146
新热带薄孔菌　65, 71, 72
雪白拟层孔菌　102, 117, 118, 119, 123

Y

亚爱尔兰囊体波斯特孔菌　258, 264, 266
亚斑点澳洲波斯特孔菌　221, 222
亚脆褐波斯特孔菌　267, 273, 274
亚鲑色玫瑰孔菌　33, 38
亚红缘拟层孔菌　102, 125, 126
亚黄淀粉伏孔菌　20, 21, 22
亚楝树拟层孔菌　102, 123, 124
亚洛氏波斯特孔菌　291, 306, 308
亚毛盖灰蓝孔菌　226, 234, 240, 243, 247, 248
亚热带红薄孔菌　152, 154
亚热带拟层孔菌　102, 126, 128
亚肉色红层孔菌　158, 160, 162, 164, 166
亚蛇形薄孔菌　65, 72, 74, 76
亚碳硬伏孔菌　24, 26
亚蹄形灰蓝孔菌　226, 250, 251
亚弯边骨质孔菌　285, 286, 287, 289
亚小孔灰蓝孔菌　226, 249, 250
亚异形薄孔菌　65, 73, 74

亚砖红平伏波斯特孔菌　312, 314
杨生灰蓝孔菌　226, 244, 246
杨氏孔菌属　214, 276, 277
药用落叶松层孔菌　197, 198
伊比利亚拟层孔菌　102, 112, 114, 115, 116
沂蒙拟层孔菌　102, 130, 131
异形薄孔菌　6, 65, 67, 68, 69, 72, 74, 76, 77, 78
异质褐波斯特孔菌　10, 266, 268, 270, 271
翼状孔菌属　61, 214, 309, 310
银杏拟层孔菌　102, 111, 112
硬伏孔菌属　5, 10, 16, 24, 65
硬骨质孔菌　3, 6, 12, 285, 286, 287, 290
硬灰蓝孔菌　225, 246, 247
油斑钙质波斯特孔菌　223, 225
原始新薄孔菌　136, 140, 141
圆孔迷孔菌　87, 89, 91
圆柱波斯特孔菌　291, 296, 297
云南红薄孔菌　152, 154, 156, 157
云杉灰蓝孔菌　226, 243, 253, 254

Z

窄孢新薄孔菌　136, 138
赭白波斯特孔菌　291, 303, 305
榛色褐波斯特孔菌　267, 268
竹生薄孔菌　65, 67
竹生拟层孔菌　102, 104, 105, 123
竹生索孔菌　46, 48, 49
砖红平伏波斯特孔菌　312, 314
锥拟沃菲卧孔菌　195, 196

真菌学名索引

A

Adustoporia　5, 16, 17
Adustoporia sinuosa　17
Adustoporiaceae　1, 16
Amaropostia　7, 61, 214
Amaropostia hainanensis　7, 214
Amaropostia stiptica　7, 214, 216
Amylocystis　61, 213, 214, 218
Amylocystis lapponica　219
Amyloporia　4, 16, 19
Amyloporia subxantha　20
Amyloporia xantha　19, 20, 22
Anthoporia　62
Anthoporia albobrunnea　62, 63
Antrodia　2, 26, 62, 64
Antrodia bambusicola　65
Antrodia heteromorpha　65, 67
Antrodia macra　65, 69
Antrodia neotropica　65, 71
Antrodia subheteromorpha　65, 73
Antrodia subserpens　65, 74
Antrodia tanakae　65, 76
Auriporia　3, 41
Auriporia aurea　41, 42
Auriporia aurulenta　42, 43
Auriporiaceae　1, 41
Austropostia　214, 221
Austropostia subpunctata　221

B

Brunneoporus　5, 62, 78
Brunneoporus malicolus　79
Buglossoporus　3, 61, 82
Buglossoporus eucalypticola　8, 82

C

Calcipostia　7, 61, 213, 222
Calcipostia guttulata　223
Cartilosoma　2, 62, 84
Cartilosoma ramentacea　2, 84
Cyanosporus　2, 213, 225
Cyanosporus alni　226
Cyanosporus auricomus　226, 228
Cyanosporus bifaria　226, 229
Cyanosporus bubalinus　226, 231
Cyanosporus coeruleivirens　226, 232
Cyanosporus comatus　226, 234
Cyanosporus flavus　226, 235
Cyanosporus fusiformis　226, 237
Cyanosporus hirsutus　226, 238
Cyanosporus magnus　226, 240
Cyanosporus microporus　226, 241
Cyanosporus piceicola　226, 243
Cyanosporus populi　226, 244
Cyanosporus rigidus　225, 246
Cyanosporus subhirsutus　226, 247
Cyanosporus submicroporus　226, 249
Cyanosporus subungulatus　226, 250
Cyanosporus tenuicontextus　226, 251
Cyanosporus tenuis　226, 253
Cyanosporus tricolor　226, 254
Cyanosporus ungulatus　226, 256
Cystidiopostia　7, 61, 214, 257
Cystidiopostia hibernica　258,
Cystidiopostia inocybe　258, 260
Cystidiopostia pileata　258, 261
Cystidiopostia simanii　258, 263
Cystidiopostia subhibernica　258, 264

D

Daedalea 1, 59, 62
Daedalea allantoidea 87
Daedalea circularis 87, 89
Daedalea dickinsii 87, 91
Daedalea modesta 87, 93
Daedalea radiata 87, 95

F

Fibroporia 3, 45
Fibroporia albicans 46
Fibroporia bambusae 46, 48
Fibroporia ceracea 46, 49
Fibroporia citrina 46, 51
Fibroporia gossypium 46, 53
Fibroporia radiculosa 46, 54
Fibroporia vaillantii 46, 56
Fibroporiaceae 1, 45
Flavidoporia 5, 62, 97
Flavidoporia pulverulenta 10, 97, 98
Flavidoporia pulvinascens 97, 99
Fomitopsidaceae 1, 60
Fomitopsis 59, 61, 62, 101, 197
Fomitopsis abieticola 102
Fomitopsis bambusae 102, 104
Fomitopsis betulina 102, 106
Fomitopsis bondartsevae 102, 108
Fomitopsis cana 102, 109
Fomitopsis ginkgonis 102, 111
Fomitopsis hengduanensis 102, 112
Fomitopsis iberica 102, 114
Fomitopsis massoniana 102, 116
Fomitopsis nivosa 102, 117
Fomitopsis palustris 3, 102, 119
Fomitopsis resupinata 102, 121
Fomitopsis submeliae 102, 123
Fomitopsis subpinicola 102, 125
Fomitopsis subtropica 102, 126
Fomitopsis tianshanensis 102, 128
Fomitopsis yimengensis 102, 130
Fragifomes 6, 62, 131, 132
Fragifomes niveomarginatus 128, 131, 132
Fuscopostia 7, 61, 213, 266
Fuscopostia avellanea 267
Fuscopostia duplicata 10, 266, 268
Fuscopostia leucomallella 9, 266, 270
Fuscopostia persicina 266, 272
Fuscopostia subfragilis 267, 273
Fuscopostia tomentosa 266, 275

J

Jahnoporus 214, 276
Jahnoporus brachiatus 277

L

Laetiporaceae 1, 172
Laetiporus 1, 6, 59, 172, 173
Laetiporus ailaoshanensis 6, 12, 174
Laetiporus cremeiporus 6, 174, 176
Laetiporus medogensis 6, 174, 178
Laetiporus montanus 6, 174, 179
Laetiporus sulphureus 2, 173, 174, 181
Laetiporus versisporus 6, 174, 183
Laetiporus xinjiangensis 6, 7, 174, 186
Laetiporus zonatus 6, 174, 187
Laricifomes 2, 197
Laricifomes officinalis 197
Laricifomitaceae 1, 197
Lentoporia 5, 16, 24
Lentoporia subcarbonica 24

M

Melanoporia 2, 62, 133
Melanoporia castanea 134

N

Neoantrodia 5, 62, 136
Neoantrodia angusta 136
Neoantrodia leucaena 136, 138

Neoantrodia primaeva 136, 140
Neoantrodia serialis 136, 142
Neoantrodia serrata 136, 144
Neolentiporus 3, 61, 146
Neolentiporus tropicus 8, 146
Niveoporofomes 6, 62, 148
Niveoporofomes orientalis 148

O

Oligoporus 2, 213, 214, 278
Oligoporus podocarpi 13, 279
Oligoporus rennyi 278, 280
Oligoporus romellii 279, 282
Oligoporus sericeomollis 279, 283
Osteina 3, 61, 214, 285
Osteina obducta 3, 6, 12, 285, 286
Osteina subundosa 285, 286, 287
Osteina undosa 285, 286, 289

P

Phaeolaceae 1, 199
Phaeolus 2, 199, 200
Phaeolus schweinitzii 2, 8, 200
Piptoporellaceae 1, 206, 207
Piptoporellus 6, 59, 206, 207
Piptoporellus hainanensis 207
Piptoporellus soloniensis 207, 209
Piptoporellus triqueter 207, 211
Postia 1, 59, 120, 213, 214, 291
Postia amurensis 292
Postia calcarea 291, 293
Postia cana 291, 294
Postia cylindrica 291, 296
Postia gloeocystidiata 10, 292, 297
Postia hirsuta 248, 291, 299
Postia lactea 2, 291, 300
Postia lowei 291, 302
Postia ochraceoalba 291, 303
Postia qinensis 10, 292, 305
Postia sublowei 291, 306

Postia tephroleuca 291, 308
Postiaceae 1, 61, 213
Pseudoantrodia 61, 150
Pseudoantrodia monomitica 150
Pseudofibroporia 5, 6, 45, 58
Pseudofibroporia citrinella 59
Ptychogaster 61, 214, 309, 310
Ptychogaster albus 309, 310
Pycnoporellaceae 1, 328
Pycnoporellus 2, 59, 328, 329
Pycnoporellus fulgens 2, 329

R

Resinoporia 5, 16, 26
Resinoporia crassa 26, 27
Resinoporia pinea 27, 29
Resinoporia sitchensis 27, 30
Resupinopostia 213, 312
Resupinopostia lateritia 312
Resupinopostia sublateritia 312, 314
Rhodoantrodia 62, 152
Rhodoantrodia subtropica 152
Rhodoantrodia tropica 152, 154
Rhodoantrodia yunnanensis 152, 156
Rhodofomes 3, 62, 157
Rhodofomes cajanderi 158
Rhodofomes incarnatus 158, 160
Rhodofomes roseus 157, 158, 162
Rhodofomes subfeei 158, 164
Rhodofomitopsis 6, 62, 166
Rhodofomitopsis monomitica 166
Rhodonia 4, 16, 32
Rhodonia obliqua 33
Rhodonia placenta 32, 33, 34
Rhodonia rancida 33, 36
Rhodonia subplacenta 33, 38
Rhodonia tianshanensis 33, 39
Rubellofomes 6, 62, 168
Rubellofomes cystidiatus 168

S

Sarcoporia   2, 331, 332
Sarcoporia polyspora   2, 332
Sarcoporiaceae   1, 331
Spongiporus   2, 213, 214, 315
Spongiporus balsameus   316
Spongiporus cerifluus   316, 318
Spongiporus floriformis   316, 320
Spongiporus gloeoporus   316, 322
Spongiporus japonica   316, 324
Spongiporus persicinus   316, 325
Spongiporus zebra   316, 327

T

Taiwanofungaceae   1, 334
Taiwanofungus   4, 334
Taiwanofungus camphoratus   10, 334, 335

U

Ungulidaedalea   6, 61, 170
Ungulidaedalea fragilis   170, 171

W

Wolfiporia   3, 195, 200, 203
Wolfiporia hoelen   190, 203
Wolfiporia pseudococos   190, 203, 205
Wolfiporiella   173, 189, 190, 195
Wolfiporiella cartilaginea   190
Wolfiporiella curvispora   190, 191
Wolfiporiella dilatohypha   189, 190, 193
Wolfiporiopsis   173, 194, 195
Wolfiporiopsis castanopsidis   194, 195

(SCPC-BZBDZF14-0019)
ISBN 978-7-03-078758-3

定 价：398.00 元

图版 I

1. 斜纹焦灰孔菌 *Adustoporia sinuosa* (Fr.) Audet (BJFC 029552); 2. 根状索孔菌 *Fibroporia radiculosa* (Peck) Parmasto (BJFC 027760); 3. 黄假索孔菌 *Pseudofibroporia citrinella* Yuan Y. Chen & B.K. Cui (BJFC 020707); 4. 亚异形薄孔菌 *Antrodia subheteromorpha* B.K. Cui, Y.Y. Chen & Shun Liu (BJFC 035277); 5. 苹果褐伏孔菌 *Brunneoporus malicolus* (Berk. & M.A. Curtis) Audet (BJFC 037039); 6. 圆孔迷孔菌 *Daedalea circularis* B.K. Cui & Hai J. Li (BJFC 034953); 7. 亚红缘拟层孔菌 *Fomitopsis subpinicola* B.K. Cui, M.L. Han & Shun Liu (BJFC 010729); 8. 热带新镜孔菌 *Neolentiporus tropicus* B.K. Cui & Shun Liu (BJFC 028781)

图版 II

9. 玫瑰红层孔菌 *Rhodofomes roseus* (Alb. & Schwein.) Kotl. & Pouzar (BJFC 034269); 10. 环纹硫黄菌 *Laetiporus zonatus* B.K. Cui & J. Song (BJFC 034588); 11. 茯苓沃菲卧孔菌 *Wolfiporia hoelen* (Fr.) Y.C. Dai & V. Papp (BJFC 031710); 12. 亚斑点澳洲波斯特孔菌 *Austropostia subpunctata* B.K. Cui & Shun Liu (BJFC 031543); 13. 淡黄灰蓝孔菌 *Cyanosporus flavus* B.K. Cui & Shun Liu (BJFC 035423); 14. 毛盖灰蓝孔菌 *Cyanosporus hirsutus* B.K. Cui & Shun Liu (BJFC 030382); 15. 桃红褐波斯特孔菌 *Fuscopostia persicina* B.K. Cui & Shun Liu (BJFC 030385); 16. 亚洛氏波斯特孔菌 *Postia sublowei* B.K. Cui, L.L. Shen & Y.C. Dai (BJFC 037475)